美学的历史 增订本

20世纪中国美学学术进程

Chinese Aesthetics
in the 20th Century

汝 信　王德胜　主编

图书在版编目（CIP）数据

美学的历史：20世纪中国美学学术进程/汝信，王德胜主编.—增订本.—合肥：安徽教育出版社，2016
ISBN 978-7-5336-7863-0

Ⅰ.①美… Ⅱ.①汝…②王… Ⅲ.①美学史－研究－中国－20世纪 Ⅳ.①B83-092

中国版本图书馆CIP数据核字（2016）第322772号

美学的历史——20世纪中国美学学术进程
MEIXUE DE LISHI——20 SHIJI ZHONGGUO MEIXUE XUESHU JINCHENG

出 版 人：郑　可
质量总监：张丹飞
策划编辑：张丹飞
责任编辑：钱　江
装帧设计：许海波
责任印制：王　琳

出版发行：时代出版传媒股份有限公司　安徽教育出版社
地　　址：合肥市经开区繁华大道西路398号　邮编：230601
网　　址：http://www.ahep.com.cn
营销电话：(0551)63683012,63683013
排　　版：安徽时代华印出版服务有限责任公司
印　　刷：安徽联众印刷有限公司

开　　本：787×1092　1/16
印　　张：37
字　　数：750千字
版　　次：2016年12月第1版　2016年12月第1次印刷
定　　价：78.00元

（如发现印装质量问题，影响阅读，请与本社营销部联系调换）

本书撰写者（按章节先后排序）

王德胜	刘士林	张　法	傅　谨	聂振斌	薛富兴	罗筠筠
封孝伦	杨春时	周来祥	王向峰	童庆炳	彭立勋	胡经之
李西建	徐碧辉	周均平	牛宏宝	袁济喜	陆贵山	凌继尧
姚文放	皮朝纲	刘　方	马　驰	李　健	杜寒风	潘黎勇
劳承万	彭　锋	唐善林	刘彦顺	宛小平	刘建平	韩德民
王善忠	邹　华	叶　朗				

目 录

第一版序 ………………………………………………………… 001

第一编　问题的提出

一　百年美学：学术史的追寻
　　——研究 20 世纪中国美学的几个问题 ………………… 003
　（一）学术史研究的可能性 ……………………………… 003
　（二）学术史的着眼点 …………………………………… 005
　（三）关注百年 …………………………………………… 008
二　走向回归之路
　　——20 世纪中国美学的提问方式 ……………………… 012
　（一）"美学的提问方式" ………………………………… 012
　（二）"本质论"与"存在论" ……………………………… 013
　（三）两种命题的混淆 …………………………………… 016
　（四）回归美学自身 ……………………………………… 018
论析 1　思之未思
　　——20 世纪中国美学与中国思想 ……………………… 022
　（一）美学现象：思之辉煌 ……………………………… 022
　（二）美学实相：思之未思 ……………………………… 024
　（三）美学真相：不敢思想 ……………………………… 026
　（四）回顾意义：呼唤思想 ……………………………… 029
论析 2　遭遇挑战
　　——20 世纪中国美学留下的三个问题 ………………… 030

(一)"美学"是什么? ………………………………… 030
(二)美学民族化的可能性与前景 ……………………… 035
(三)审美文化与美学的第三种可能 …………………… 040

第二编　历史与反思

一　世纪回望
　　——20世纪中国美学概观之一 ……………………… 049
　　(一)坎坷历程与发展阶段 ……………………………… 050
　　(二)思想来源与中西融合 ……………………………… 055
　　(三)审美与现实的关系 ………………………………… 060
　　(四)美学发展的历史起点 ……………………………… 066
二　美学的荣耀与遗憾
　　——20世纪中国美学概观之二 ……………………… 070
　　(一)清代朴学:现代学术史的真正起点 ……………… 070
　　(二)荣耀:学科近代化任务的基本完成 ……………… 072
　　(三)遗憾:功利主义幽灵的缠绕 ……………………… 076
三　美学研究:历史分期与学术特点
　　——20世纪中国美学概观之三 ……………………… 081
　　(一)与古典美学的本质不同 …………………………… 081
　　(二)美学研究分期 ……………………………………… 082
　　(三)美学各时期学术特点 ……………………………… 084
　　(四)美学立足点转变 …………………………………… 098
四　美学方法:寻找理论的通途
　　——20世纪中国美学的方法论问题 ………………… 100
　　(一)译介法与注经法 …………………………………… 101
　　(二)归纳法、演绎法与比较法 ………………………… 103
　　(三)控制论、信息论、系统论方法 …………………… 106
　　(四)结构主义方法与解构主义方法 …………………… 109
　　(五)辩证逻辑方法 ……………………………………… 112
五　美学论争:学术形态的内与外
　　——20世纪中国美学论争及其历史经验 …………… 114

（一）美学论争与学术转型 …………………………… 114
（二）美学论争与意识形态变革 ……………………… 119
（三）美学论争与知识增长 …………………………… 122
（四）美学论争的历史经验 …………………………… 124

论析1　20世纪中国美学的两次转型………………………… 126
（一）古代和谐向近代崇高的转型…………………… 126
（二）近代崇高理想向现代辩证和谐的转型 ………… 128

论析2　20世纪中国美学开创期的四个问题 ……………… 132
（一）以现实改造之心探求美学 ……………………… 132
（二）关注文艺实践 …………………………………… 133
（三）创造审美话语 …………………………………… 134
（四）认识艺术特性 …………………………………… 135

论析3　心理学美学在中国 ………………………………… 137
（一）中国心理学美学的诞生 ………………………… 137
（二）20—30年代:中国心理学美学第二波 ………… 138
（三）30年代:中国心理学美学第三波 ……………… 140
（四）80—90年代:中国心理学美学第四波 ………… 141

论析4　20世纪中国审美心理学建设 ……………………… 144
（一）向西方学习 ……………………………………… 144
（二）走向繁荣 ………………………………………… 145
（三）审美经验研究 …………………………………… 148
（四）艺术创造的心理阐释 …………………………… 151
（五）立足本土的探究 ………………………………… 155
（六）理论建构的方法论基础 ………………………… 158

论析5　文艺美学的理性探问 ……………………………… 161
（一）理论的建构行程 ………………………………… 161
（二）对文学艺术性质的认识 ………………………… 164
（三）关于艺术构思的认识 …………………………… 168
（四）意匠经营:文艺的审美创造 …………………… 172

论析6　中国实践美学问题的发展历程……………………… 177
（一）"前实践美学":社会与个体、物质与精神 …… 177
（二）实践美学:积淀与突破、理性的凝聚与感性的超越
　　　…………………………………………………… 181
（三）后实践美学:回归心理本体与超越实践美学 …… 187

论析7　20世纪五六十年代美学大讨论：理论前提与局限性 ……………………………………………………… 192
　　（一）美学与哲学：错位的学科定位 ……………… 193
　　（二）理论前提：唯物与唯心的偏执 ……………… 195
　　（三）学科性质：功利主义化与政治化 …………… 199
　　（四）美学遗产：历史虚无主义 …………………… 202
　　（五）研究方法：全面政治化 ……………………… 204
论析8　转型研究：20世纪90年代中国美学话题 ………… 207
　　（一）多重背景与多种动因 ………………………… 207
　　（二）多元取向与多种建构 ………………………… 210
　　（三）意义、问题与前景 …………………………… 223

第三编　承续与转换

一　美学：知识背景中的问题
　　——关于20世纪中国美学知识特性问题的思考 ……… 229
　（一）"两脉整合"及其他 ……………………………… 230
　（二）"西方"的"中国化" ……………………………… 233
　（三）方法的借用 ……………………………………… 237
二　中国与西方
　　——1949年前中国对西方美学的接受 ………………… 239
　（一）结构性倾向的意义 ……………………………… 240
　（二）"借思想文化以解决问题" ……………………… 242
　（三）西方启蒙美学与道德心智一元论的改造 ……… 247
　（四）中国艺术精神与西方启蒙美学 ………………… 254
三　现代与传统
　　——20世纪中国美学对传统的承续与超越 …………… 266
　（一）忧患意识与启蒙追求 …………………………… 266
　（二）"反传统"与承续传统 …………………………… 269
　（三）梁启超、王国维与鲁迅 ………………………… 272
四　马克思主义与中国
　　——对中国马克思主义美学研究的认识 ……………… 280

（一）马克思主义美学研究的中国历程 ………………………… 280
　　（二）马克思主义美学研究的学术思路 ………………………… 283
论析 1　问题与出路：中国的西方美学史研究 …………………… 292
　　（一）向原著深入 ………………………………………………… 292
　　（二）向横向深入 ………………………………………………… 295
　　（三）向纵向深入 ………………………………………………… 297
论析 2　深沉凝重的理论反思 ……………………………………… 301
　　（一）在反思中走向自觉 ………………………………………… 301
　　（二）批判期：引进国外美学的标准 …………………………… 303
　　（三）建构期：守持中国美学本位 ……………………………… 305
　　（四）发扬期：走向世界美学舞台 ……………………………… 308
论析 3　现代建构中的承续与转换 ………………………………… 312
　　（一）传统：资源利用与转化 …………………………………… 312
　　（二）现代美学建构中的传统特质 ……………………………… 315
　　（三）范畴、话语及文体 ………………………………………… 318
论析 4　任重道远的革命
　　——马克思主义美学在中国的传播与发展 ………………… 322
　　（一）革命性与间接性 …………………………………………… 322
　　（二）曲折的努力 ………………………………………………… 326
　　（三）开放性前景 ………………………………………………… 329

第四编　历史中的个人

一　文体、地理与趣味
　　——梁启超与 20 世纪中国美学 …………………………… 333
　　（一）文体革命：传统与欧西选择背后的工具论美学 ………… 334
　　（二）地理："天然之景物"与人的性情、审美之关系 ………… 340
　　（三）趣味：寻求生活与审美的原动力 ………………………… 343
二　美学启蒙及美学现代性
　　——王国维与 20 世纪中国美学 …………………………… 348
　　（一）美学启蒙与超功利主义美学 ……………………………… 348
　　（二）美学的悲剧性与体系建构 ………………………………… 354

(三) 20世纪中国美学的逻辑起点 …………………… 360
　　(四) 美学现代性 …………………………………… 366
三　美育:现代美学的中国话语形态
　　——蔡元培与20世纪中国美学 ……………………… 373
　　(一) 美学的知识论与价值论 ……………………… 373
　　(二) "以美育代宗教说"的价值诉求 ……………… 378
　　(三) 美学的"美育"化 …………………………… 385
四　融会中西的理论体系
　　——朱光潜与20世纪中国美学 ……………………… 388
　　(一) 体系结构与特点 ……………………………… 388
　　(二) 当代意义与历史贡献 ………………………… 394
五　生命哲学与"散步"美学
　　——宗白华与20世纪中国美学 ……………………… 401
　　(一) 生命哲学背景 ………………………………… 401
　　(二) 对生命本体的理解 …………………………… 403
　　(三) 以生命哲学为基础的美学 …………………… 408
六　"心本"美学:传统的现代转换
　　——邓以蛰与20世纪中国美学 ……………………… 416
　　(一) "心本"的提出 ……………………………… 416
　　(二) "心本"的"人心"内涵 …………………… 418
　　(三) "心本"的"道心"内涵 …………………… 421
　　(四) 传统的现代转换:"心本"的文化渊源 ……… 424
七　艺术家的美学情怀
　　——丰子恺与20世纪中国美学 ……………………… 430
　　(一) 艺术即宗教 …………………………………… 430
　　(二) 美育基本特征的认识 ………………………… 435
　　(三) 日用品审美设计的美育思想 ………………… 443
八　艺术之内与艺术之外
　　——冯友兰与20世纪中国美学 ……………………… 452
　　(一) 艺术作品的本然样子 ………………………… 453
　　(二) 对"意境"的独特理解 ……………………… 461
　　(三) 人生境界的美学维度 ………………………… 466
九　生命、美感、宇宙三位一体的本体与价值统合美学
　　——方东美与20世纪中国美学 ……………………… 474

（一）美学方法和问题 ························· 474
　　（二）生命、美感和宇宙三位一体的体系 ············· 486
　　（三）《人生哲学讲义》的美学思想 ················· 496

十　民族审美心灵的再造
　　——徐复观与20世纪中国美学 ················· 505
　　（一）美学思想的理论背景 ····················· 505
　　（二）中国艺术精神：新美学"范式"的形成 ············ 509
　　（三）承上启下的美学大家 ····················· 518

十一　从"实践"到"主体性"的迁移
　　——李泽厚与20世纪中国美学 ················· 523
　　（一）创立"实践美学" ························· 523
　　（二）构建"主体性" ·························· 526
　　（三）"积淀"的探索 ·························· 529
　　（四）"情感本体" ··························· 532

十二　唯物主义的美学家
　　——蔡仪与20世纪中国美学 ·················· 536
　　（一）用"新的观点"研究美学 ··················· 536
　　（二）背景及其他 ··························· 538
　　（三）方法论与认识论 ························ 541
　　（四）对评价的评价 ························· 545

十三　美学上的浪漫主义
　　——高尔太与20世纪中国美学 ················· 548
　　（一）"美是自由的象征" ······················ 548
　　（二）"美感点燃了美" ························ 553
　　（三）"美必然是负熵的" ······················ 555

论析　从朱光潜"接着讲" ························· 560
　　（一）朱光潜是中国现代美学的代表人物 ············ 560
　　（二）对"意象"的重视与研究 ··················· 562
　　（三）宗白华是中国现代美学的另一位代表人物 ······· 566
　　（四）朱光潜的局限性与50年代对朱光潜的批评 ······· 569

第一版后记 ·································· 573
增订本后记 ·································· 576

第一版序

汝 信

1998年,在中华美学学会召开的一次学术研讨会上,一些与会的学者建议:在即将跨入新世纪的时候,需要对本世纪我国的美学研究作一全面的回顾和梳理,以便于在已取得的成就的基础上继续前进,更上一层楼,使美学研究在21世纪的中国更加繁荣。这个建议得到了热烈响应,在王德胜教授的努力组织和推动下,一批在美学研究各个领域内卓有成就的学者积极参加了这一很有意义的工作。现在和广大读者见面的这部著作,就是大家共同协作、辛勤劳动的成果。

人们常说,美学是既古老而又年轻的学问。说它古老,是因为早在人类的童年时代就可以发现它的雏形。在西方,美学的源头可以一直追溯到古希腊。说它年轻,是因为它作为一门独立的专门学科产生很晚,一般认为直到18世纪才正式呱呱落地,连"美学"这个学科名称也是由"教父"鲍姆加登命名后才出现的。在中国,情况也差不多。我国有悠久的学术文化传统,早在先秦诸子那里就有丰富的美学思想,以后延续发展两千多年,这在世界史上是罕见的。可是,在我国过去传统的学术文化中,美学研究并没有形成独立的专门学科。应该说,近代意义上的美学学科在中国的诞生,是"西学东渐"的结果,基本上是20世纪中国的产物。但是,美学研究一旦在中国开始,发展是相当迅速的,特别是在中华人民共和国成立后,几度出现"美学热",学术界对美学问题的探讨表现出极大的兴趣和关注。在美学领域内不同的学派和理论,出版了大量美学论文和专著,呈现出一片繁荣景象,令人瞩目。为什么美学会成中国学术研究的显学?究竟是什么推动和促进了美学的发展?有什么经验教训和规律性的东西值得我们加以总结?中国美学将朝着什么方向继续发展?这些都是需要我们认真研究和探讨的问题。我们也正是希望通过对本世纪中国美学学科发展史的研究,回答以上这些问题。

按我粗浅的看法,本世纪中国美学学科的发展史,至少可以给予我们以下几点启示:

第一,美学研究必须从中国的实际出发,深深地扎根于中国的土地,紧密地联系现实的社会生活,从中华民族优秀的历史文化传统和丰富的文学艺术实践中吸取营养,才能茁壮成长,开花结果,形成有我们自己特色的中国美学。西方美学进入中国,的确带来了许多新理论、新观点、新概念、新方法,给中国的学术研究注入了新的活力。但它们如果不与中国的实际相结合,脱离中国的现实生活,不能适应中国社会的需要,那它们就不可能在中国生根发芽。历史证明,脱离中国的实际,照抄照搬外国的东西,没有不失败的。马克思主义在中国的传播,正因为解决了与中国的实际相结合的问题,所以才取得了巨大的成功,对中国的美学研究产生了决定性的影响。美学这个学科在21世纪的中国能否发扬光大,关键在于我们能否在马克思主义思想指导下创造出有中国特色的美学理论。

第二,美学的发展需要有适宜的学术环境和良好的学术氛围。为了创造这样的学术环境和氛围,需要大力提倡学术民主,开展自由的学术讨论,鼓励人们解放思想,发扬勇于创新的探索精神。在不同学派的争论中,要坚持真理面前人人平等的原则,实事求是地进行批评和自我批评,通过平心静气的学术讨论以理服人,决不可用粗暴的、简单化的批评去压服人或用行政手段进行干预。"百家争鸣,百花齐放"的方针是美学繁荣发展的保证,这是过去几十年的经验教训已经证明了的。

第三,美学的发展应体现时代精神,适应时代的要求,紧跟先进文化的前进方向。中国的美学需要面向未来,面向世界,才能在21世纪世界美学中取得一席之地。我们不仅要批判地继承中华民族的优秀的文化遗产,而且应该吸收人类所创造的一切文明成果,研究和借鉴世界美学发展所取得的新成就。在信息化的时代,闭门造车、故步自封是绝对没有出路的。改革开放以来,我国的美学研究通过国际学术交流得益不少,开阔了眼界,增加了对世界美学发展的了解,但主要仍停留于介绍国外美学情况,缺乏相互间的对话和真正的思想交流。中国美学未来要在世界舞台上发挥影响,看来还需要作很大努力。

在过去的一百年,中国美学研究所走过的路是不平坦的。对这一发展道路究竟应该怎么看,对这一过程中出现的各种理论和人物究竟应该怎么评价,美学界的朋友们肯定会有不同见解,参加本书写作的各位同仁也未必意见一致。如果本书的出版能够引起大家对探讨本世纪中国美学发展历程的兴趣,引起学术界更多的讨论、批评和思考,那么编写本书的目的也就达到了。

第一编

问题的提出

一 百年美学：学术史的追寻
——研究 20 世纪中国美学的几个问题

（一）学术史研究的可能性

现代意义上的中国美学，迄今已有百余年的学术积累历程。从学科形态的改变方式来看，中国古典美学那种直觉体验或艺术感悟性质的"发散性"理论话语，在 20 世纪中国美学学术历程中，以一种相对自觉的方式，逐步转向对于思想体系化、理论逻辑性和方法科学性的现代追求。这种学科形态上的逐步转换，一方面确实产生并规范了 20 世纪中国美学学术活动的新内容，使得中国美学在百年来的学术增长过程中形成了更大的思想包容性；另一方面，它也使得 20 世纪中国美学从具体观念到整体思维形式都与以往产生了很大的不同，得以不断尝试从本体论、认识论以及方法论等方面进行各式各样的学术建构。

而从更加具体的方面来看，20 世纪中国美学的学术积累过程其实又包含了多个层面的形式。这其中，既有以一种"拿来主义"、"对外开放"姿态引进、吸收外来（主要是西方）美学思想的理论准备活动，以及对于各种本土传统美学思想（包括传统的艺术经验和理论观念、范畴）所做的学科规范化的重新阐释；同时，许多具有现代性质的理论探索，也常常在这一个世纪的学术进程中呈现出自身独异的风采——尤其是 20 世纪 80 年代以后的二十多年里，形形色色的理论求新、求变努力在中国美学学术活动中变得益发鲜明，仿佛 20 世纪中国美学又开始了一场最后的"世纪冲刺"。

基于此，我们完全有理由认为，在学术发展的意义上，20 世纪中国美学确乎表现了一种特有的价值，对于它的探讨将从两个方面给予我们非常有益的帮助：其一，对于中国美学的现代发展过程有一个总体性的把握，从中发现 20 世纪中国美学在自身理论道路上的基本精神；其二，反思性地寻求中国美学的学科建设特性和规律，在对历史的深入思考中获得新思想的创造性根据，进而构造 21 世纪中国美学的学术前景。

不过,从现有关于20世纪中国美学的研究状况来看[①],有一个现象显得相当普遍,即:绝大多数学者的工作基本上还保持在一种"美学理论史"的逻辑叙述层面上,其重点或是讨论美学的各种具体理论概念、命题以及理论方法等的自我独善的逻辑演化进程和相互联系,或是对20世纪中国美学史上一些个别美学家的理论建树进行总结和评论。这样的结果,一方面是在20世纪中国美学发展过程上设置了一个相对封闭、线性的逻辑框架;另一方面,其在尽力复现理论的原有表现样态之际,却又往往遮蔽了纯粹美学逻辑之外的各种思想文化进程的存在意义——在一般理论史的逻辑叙述框架中,美学概念、命题以及美学家的个人工作总是占有不可替代的地位,对美学理论本身逻辑关系的不断演绎,已经从历史的进程上驱逐了各种复杂的、难以用逻辑形式去描述的外部思想关系的存在,同时也无须重新考虑美学理论形态的学术生成机制。于是,一般理论史的叙述常常可以是非常简练而条理化的,任何一种理论概念、命题几乎都有可能在这个纯净的叙述体系里找到它自己的确定位置。然而,倘若我们想更深入一步地把握问题,试图从20世纪中国社会的总体思想和文化进程上,来讨论20世纪中国美学的学术积累过程及其学术意义,那么,仅仅凭借这种理论史的逻辑叙述方式,便显然是有一定困难的。因为很明显的一点,作为一种既定历史存在形态的20世纪中国美学活动,不可能仅仅以其逻辑必然的形式超然于整个世纪的思想文化意识之上;20世纪中国美学的学术生成及其展开,总是以一定思想的潜在关系而同中国社会思想文化的复杂生存形态保持了特殊的联系。换句话说,20世纪中国美学的学术发展过程,既与其理论的逻辑演化有一致性,同时它又具有比一般理论史形式更为丰富的文化内涵和意义,体现了更为广泛的思想建构性质。因此,对于20世纪的中国美学,我们不仅要关注其理论的逻辑演化,更要看到在其历史发展中,影响美学学术价值的各种具体复杂的社会文化因素。也许,在我们探讨美学在20世纪中国的真实发展过程中,一般理论史的叙述可以提供一种必须重视的、具有史料学意义的研究方式和结论。而我们要想对20世纪中国美学有更充分的理解,特别是,要想从它的思想历程中获取对于中国美学百年学术发展性质的反思性把握,还应当更全面地进入到整个20世纪中国社会及其思想文化的历史真实之中,在一种整体联系性中考察包括理论演化在内的美学学术活

[①] 截至1999年,已出版的这方面著作主要有:封孝伦的《20世纪中国美学》(长春,东北师范大学出版社,1997),邓牛顿的《中国现代美学思想史》(上海,上海文艺出版社,1988),赵士林的《当代中国美学研究概述》(天津,天津教育出版社,1988),姚全兴的《中国现代美育思想述评》(武汉,湖北教育出版社,1989),张涵主编的《中国当代美学》(郑州,河南人民出版社,1990),聂振斌的《中国近代美学思想史》(北京,中国社会科学出版社,1991),卢善庆的《中国近代美学思想史》(上海,华东师范大学出版社,1991),邹华的《和谐与崇高的历史转换——20世纪中国美学研究》(兰州,敦煌文艺出版社,1992),陈辽、王臻中主编的《中国当代美学思想概观》(南京,江苏教育出版社,1993),阎国忠的《走出古典——中国当代美学论争述评》(合肥,安徽教育出版社,1996)。

动——这正是一般美学理论史研究与强调"思想整体性"和"文化联系性"的美学学术史研究之间的不同旨趣。

(二)学术史的着眼点

对于20世纪中国美学学术史研究来说,各种具体的美学概念、命题以及美学观念等的内在关系和逻辑深度,包括重要美学家的个人工作,必须被认真讨论并得到具体的阐释,以便我们能够对20世纪中国美学学术演进与该时期中国的各种社会、思想文化运动之间关系的理论表现方式,有一个基本的把握。也就是说,美学的学术史研究是可以而且应该包容了一般理论史工作的。所不同的是,对于美学的学术史研究来说,要想把问题往更大的方面、更深的层面去思考,就必须对提出问题的方式和问题的存在性质进行再探讨,亦即纳入学术史探究范围的各种美学理论关系、演化逻辑,不是作为一些孤立的文本,而是作为学术史考察的具体出发点来提出的。其结果不在于形成某种美学的历史知识,而是发掘美学历史深处的学术价值构造。因此,在我们看来,美学学术史研究的基本着眼点,主要应该是:

1. 各种重要美学学术话题的提出与深入,以及相应理论观念的形成与发展,与整个时代思想文化运动之间的具体联系及联系方式,进而在学术活动和学术思想的社会发生学意义上进行两个方面的确定——确定美学学术演进的文化契机和发展机制,确定美学历史建构的宏观思想模式,由此形成一个美学学术史研究的文化视野。

必须承认,着眼于此,其目的是为了能从某种学术积累的有机整体中,来理解美学活动的历史根据。一方面,确认历史过程中的美学之作为一种特定价值话语,是如何可能把时代的精神理想和文化目标转换为自身学术发生前提的;另一方面,确认美学理论所体现的历史客观性和具体性。比如,对于一个时代的美学活动(包括理论热点的形成、学术论争的发生方式、学术思想中心的出现等等)以及美学范畴的性质、美学观念的演变过程的考察,只有从特定社会的政治、经济结构变动所带来的文化氛围,以及大众审美方式改变、审美趣味变异所形成的社会审美意识这样一些宏观历史条件来着手分析,才能在一个比较客观的立场上,对美学学术积累过程形成深刻的认识,并透过美学的知识性层面来把握其学术发展的历史规律。

2. 美学与其他学科,尤其是哲学、艺术学、文学理论、史学、文化学、人类学等学术研究活动之间发生相互影响的可能性——包括不同学科之间在理论资源、研究结构、学术形态等方面发生具体交流的过程、形式和结果,以及在建构一个时代的整体学术景观方面,美学同这些相关学科理论成果之间的关系性质,从而在美学与整个时代的学术发展过程之间建立起一种必要的理论联系,既将各种具体美学活动的学术资源问题纳入整个学术史研究对象之中,以便把握美学历史形成中的客观学术前提;又从一个时代的整体学术活动方面来考察美学的学科建设特性,充分理解美学"何以如此"的知识性根据,在美学的历史存在状态中找出其学术进程的时代意义。

这里,从什么样的角度和思想层面,来全面综合分析一个时代的学术活动规律、学术发生和展开的形式、学术思想的历史互动及其价值等等,显然是我们在进行学术史研究时首先要思考的问题——角度和层面的不同与更迭,势必导致对美学活动的学术前提和知识性根据产生不同的理解与把握方式,并进而影响我们对于美学历史中各种学术关系的把握。

3. 不同文化背景的学术话语之间的交流和冲突,是影响美学学术展开,进而不断深化或改变美学的思想形式、理论方向甚至学科建构性质的重要条件之一。这也是我们在寻求美学学术变异的深层动机、把握美学发展的内在学术机制时,所必须涉及的一个重要方面。

尤其是,作为一种对于学术经验和历史过程的整体把握形式,美学的学术史研究只有深入到这种不同文化的学术话语交流与冲突的特殊文化性质当中,才有可能从一个时代的各种具体美学成果的积累中有效把握其所反映的思想的本质特征,以及美学学术活动的真正历史价值。

在这里,需要强调指出的是,美学的学术史研究与一般理论史叙述之间存在很大区别的地方,就在于一般理论史的叙述也可能有意识地探讨诸如西方美学对中国美学学术活动的渗透、中国学者对异域美学理论的研究成就等一些具体问题,但在实际研究中,由于出发点、讨论形式和思考层面并不相同,因此,同一个问题在学术史和一般理论史的探讨中,就完全可以产生出不同性质的理解。更何况,美学的学术史研究不仅关心这种不同文化背景的学术话语之间交流、冲突的具体理论表现,还特别强调考察它们在历史变动中的实际发生、发展过程,以及对于新的美学理论命题的提出方式、学术观念的历史表达方式、理论思维的实际转换方式等所构成的深层影响效应。这样,在美学的学术史研究中,我们其实既依据了特定时代美学理论的成果形式,又在不同文化的学术话语交流与冲突层面超越了既有理论形式的有限性,能够看到以一般理论史叙述方式所无法看出的美学发生、转换的文化整合特性。

4. 美学家群体在知识结构、文化意识乃至社会地位等方面的实际存在状况,是美学学术活动中的主体制约因素,其对于美学研究的深化、美学思维的形成与转化、美学的意识形态特性,尤其是对于美学的学术认知形式——内化在研究主体理论观念中的特定学术建构意图和价值立场,是一种潜在地规定了主体意识指向的深层根据,也是决定整个理论逻辑图形的思想前提。

当然,作为美学的学术史研究,问题不在于我们是否涉及了上述内容,而在于我们如何能够从美学学术活动的持续性展开中,把这方面的讨论引入到整个学术史性质的确定之中;在于我们如何能够从美学学术活动的主体形式来界定整个学术进程的历史客观性。应该说,通过对于这一着眼点的具体把握,我们可以更加确切地了解美学进程本身的知识含量及其对学术积累过程的具体影响,从而更加深入地理解美学理论建构活动中主体存在的历史意义。

在我们看来,上述四方面着眼点的提出,根本上是为了全面揭示美学历史形成过程的思想持续性特征及其意义,将美学史的研究形态从单纯的理论逻辑演绎,引入到对于学术发生、演化活动的整体性考察,以此把握美学理论、美学观念以及各种美学问题的学术建构方式和历史——文化规定性,理解美学历史变动的深层文化蕴涵,进而在学术史范围内"重构"美学发展的历史价值。这样,我们在美学的学术史研究中所获得的,将是一种生成于宏观思想文化进程中的美学——它不限于某种理论命题、理论观念和方法本身自我独善的逻辑行程,而是集中关注了美学学术积累过程所体现的特定时代的思想线索和文化命运,集中思考了一个时代的美学活动的学术价值。

同一般理论史叙述形式相比较,美学的学术史研究更加突出美学理论发展的文化和思想意义。因此,如何从复杂纷繁的理论材料中发现那些直接体现整个时代的社会、思想文化运动精神的学术追求,如何从理论推演上升到思想意义的把握,如何从整个时代社会、思想文化运动的客观事件中把握美学问题生成与深化的精神实质,便成为我们确定美学学术史研究形态时必须注意的几个难点问题。以20世纪中国美学来说,当我们以一种学术史探讨方式思考其中的问题提出方式时,我们显然既无法完全绕过对于20世纪中国社会思想、文化运动的某种细微性特征的认识,也不可能刻意回避对于整个20世纪中国社会历史进程的具体分析。事实上,整个20世纪中国社会的思想、文化变动特性及其意识形态特点,正是我们思考20世纪中国美学学术规律、特性的具体内容之一。比如,对于20世纪中国美学学术论争问题的考察,就必须着眼于这些论争发生的基本的社会意识形态动机及其转换过程,以便从中看出美学论争形成、展开的学术前提。无论是对于20世纪五六十年代的"美学大讨论"以及其中有关美的主客观性问题的论辩,还是对于20世纪80年代改革开放条件下出现的"主体性"问题的激烈争执,或是对于90年代"当代中国美学转型"问题的研究,包括"实践美学"与"后实践美学"的对立、审美文化研究的兴起等等,很显然,学术史研究的具体视线,无论如何都不可能脱离1949年以后中国社会意识形态的转换问题。

总之,一般理论史研究致力于美学自身理论逻辑的重新整理,而学术史研究工作则必然要求呈现美学在客观历史进程中的整体学术形象,从而以历史阐释方式来把握美学的价值论图景,并以此反观一定时代的社会、思想文化运动的特殊面貌。

(三)关注百年

从上述着眼点出发,在我们看来,20世纪中国美学学术史研究有必要重点探讨这样几个方面的问题:

1.在20世纪中国学术历程上,美学领域的各种学术活动是十分引人瞩目的——在一定意义上,美学研究已不仅仅是"美学的",而是更充分地映照出整个20世纪中国学术的面貌。从20世纪20年代开始,一直到90年代,除去那个学术研究普遍荒芜并被残酷的现实政治斗争所取代的十年"文革"时期以外,理论话题相对集中的美学讨论便发生过多次。如关于"美的本质"和"美的规律"问题的讨论,关于"美学方法论"的讨论,关于"美学学科性质"的讨论,关于"中国美学特征"的讨论,关于"实践美学"和"后实践美学"的讨论,以及关于"当代审美文化"问题的讨论等等。许多在20世纪中国学术史上有着相当成就的学者纷纷介入其中,提出了各自对于这些美学问题的具体看法或理论观点,甚而在讨论中形成了具有一定理论体系、思想方法的美学学派,如"实践派"、"客观派"、"主观派"、"主客观统一派"及"审美关系派"等。这一切都足以表明,在20世纪中国的学术发展中,美学研究活动确有其特殊的意义和地位。

那么,从学术建设的整体过程来看,20世纪中国美学的这种学术"意义"、"地位"到底是什么?它们又是如何——以怎样的方式和怎样的形态——具体体现在20世纪中国美学理论建构之中的?或者说,美学为什么能在20世纪中国学术史上成为一门"显赫的"学科?很显然,这个问题如果只是从美学自身的理论逻辑层面来进行探讨,很难得出真正令人满意的有效结论——这也正是我们从诸多相关著作中无法看出20世纪中国美学特定学术史价值的确定判断的原因所在。

具体来说,尽管20世纪中国美学理论建构的特定学术"意义"和"地位"具有多方面的成因,而且人们对此也可以有不同层面的理解,但是,在这里,至少有一点是我们不能不考虑到的,即:在20世纪的学术历程上,中国的美学和美学研究始终就没有"纯粹"过。20世纪中国美学研究的关注方向、美学理论的生成与展开、美学热情的高涨与低落,总是同20世纪中国社会文化的转换进程、意识形态的变动保持着具体而密切的联系,呈现了特有的思想风采:面对衰微国势,救亡图存的社会变革理想和文化建设的现代性实践,决定了自20世纪初以来,中国的新美学便总是试图把自己放在一个社会伦理实践的"进步"范畴之中,在对旧社会、旧理论的否定性批判方向上,通过建构"美"的纯洁高贵的人性价值规范,来标举社会进步的理想之途(如梁启超、王国维、蔡元培);20世纪三四十年代中国思想界在对待马克思主义、苏俄社会主义革命与资产阶级自由主义理想、资本主义民主政治模式等问题上的认识分歧和争执,既是中国美学界对反映论和价值论两种美学采取截然不同立场的具体意识形态语境,同时又对美学怎样才能反映时代精神、造就社会"新人"这一理论功能问题提出了不同的思想要求(如周扬、蔡仪和朱光潜)。而20世纪50年代中国社会的政治实践与社会主义"思想改造"运动,一方面为发端于"批判资产阶级美学和文艺思想"的"美学大讨论"确立了基本的意识形态前提,另一方面又为以后中国美学的发展规定了一套极其严格的"马克思主义"话语。由此,各种美学流派的形成与理论分化过程中,便不能不内化着具体的意识形态运动要求和特点,进而也在中国美学学术进程上强化了各种现实利益的相互矛盾和制约性,突出了美学理论建构与转换的现实动机。及至20世纪80年代,在"解放思想"这一社会政治—文化运动和"人道主义"、人性解放的文化呼吁面前,诸如"实践论美学"这样的理论体系进一步获得了不断深化自身的客观前提。围绕人性发展和文化建构的诸多话题,逐渐形成20世纪最后二十年间中国美学新的学术景观。依此而言,在整个20世纪的历史进程中,美学和美学活动之所以在中国人文学术领域占有显赫地位,同它在理论上始终保持与现实思想—文化运动的具体关系是密切相关的。也因此,在学术史范围内把握20世纪中国美学的学术"意义"、"地位",便应当同样深入到整个20世纪中国社会思想、文化运动的内部当中:"体现了什么"和"如何体现"的问题,在学术史考察过程中具有超出一般美学逻辑之上的性质。

2. 美学的学术演进过程与20世纪中国人文学术发展及其规律的历史关系。

这个问题的核心,在于从20世纪中国美学学术发展的既有历史形式中,找到其特定的关系结构以及具体理论的发生机制,为从整体上揭示20世纪中国美学的学术价值构造提供具体而明晰的依据。为此,我们有必要注意两点:

第一,从总体上看,20世纪中国人文学术的发展,体现了一种非常鲜明的、极具时代特征的文化建设理想和追求,即致力于通过学术方式来践行全社会的思想启蒙任务,实现传统中国社会和文化的现代性转换,为现代中国设计民族振兴、文化进步、生活幸福的理想发展模式。这是20世纪中国人文学术活动的一个不容忽视的特点,也是其具体实践自身学术追求的一个基本立足点。因此,包括美学在内,20世纪中国人文学术发展的一致方向,便是力图把那种现实与理想、困厄与超越的矛盾以及克服矛盾的强烈意愿,深深地融入形形色色的理论努力之中,由此既影响了人文学术工作本身的存在形态,又制约了各种理论的具体学术表现形式。我们探讨20世纪的中国美学,也无疑应从这一方向去求取有关历史客观性的具体把握,理解美学历史的精神脉动。

第二,从整个20世纪中国人文学术的发展状况来看,美学在其中到底是一个怎样的存在?在这个问题上,我们主要不是要去说明美学的学科特性,而在于能够更深入地理解美学在20世纪中国人文学术领域所可能存在的学术影响力,揭明美学学术进程对于建构20世纪中国学术文化的价值——这一点，较之讨论其他学科对美学活动的影响，常常更容易被人们忽视。当人们考虑诸如哲学、文学或艺术史等对美学理论话语的渗透形式时，往往很少去深思美学活动对于其自身之外各种理论深化过程的意义。而事实上，如果美学仅仅是其他学科学术话语的单方面受益者，我们便很难设想，20世纪中国美学还有什么自己的"学术史"可言。比如，当我们思考20世纪80年代的文学理论时，是不是经常能够从中寻觅到某种同美学的具体关联呢？又比如，"主体性"除了是一个哲学性的话题以外，它在20世纪80年代以后的中国文学理论话语体系中，是不是与"实践美学"的固有旨趣有着更为内在直接的联系？再比如，美学本身提出问题的过程及其追问问题的方式，对于建构20世纪中国人文学术话语产生了什么影响？又是如何影响的？这些问题，显然都有赖于我们从学术史层面予以总体的回答。

与此相关的另一个问题是：既然20世纪中国美学同整个世纪的中国人文学术发展相互关联，那么，作为20世纪中国学术史上的重要事件，西方学说及其理论观念、方法等的引进、接纳和消化问题，就不能不被纳入我们的研究视野。这里，需要提出讨论的主要课题，不是20世纪中国美学接纳了西方美学，而是它"如何接纳"西方美学？也就是说，对于一个已经成为客观历史事件的对象（问题），美学学术史研究所关注的是其产生和展开过程中所形成的某些共时性东西，以及这些共时性方面在历时性过程中的存在本质。对于20世纪中国美学的历史发展而言，西方美学理论、学说及方法等的引进与吸收，不仅有力地改变了美学在中国的具体存在形态，而且，它在更深层面上，使中国美学获得了从未有过的新的思想材料，确立了20世纪中国美学走向现代理论之路的思维构架。可以说，在很大程度上，20世纪中国美学的演进，是一个不断向西方学习的过程——在具体形式上，它是一次又一次的引进、介绍与应用工作；在总的精神本质上，则反映了20世纪中国美学吸收与借重异邦学术思想、学术规范的必然性。因此，面对这个20世纪中国美学历史中的重要问题，我们有必要从两个方面去追究。首先，接纳西方美学的中国学术语境（特别是中国美学的历史资源和时代境遇）有什么特别之处？这一点，关系到中国美学家具体理解、应用西方学术话语的可能性和差异性。其次，在20世纪中国人文学术语境中，西方美学从具体概念到基本方法又出现了什么样的变异？其变异过程的基本特征和规律是什么？这种变异之于20世纪中国美学学术积累的根本影响又是什么？实际上，作为一种外来文化力量，无论古典、近代或现代的西方美学，它们之所以能在20世纪中国出现并产生某种具体的学术影响，除了其自身价值和理论必然性起作用以外，很大程度上又是为中国社会的文化现实所决定的。就像有了20世纪80年代全中国社会高涨的人性呼吁，始有现代西方人本主义美学和心理学美学的大规模引入，西方学术话语在中国美学学术积累中的存在根据，正在于引入和保存其具体形式的中国人文学术语境本身的趋势和特点。正因为这样,在20世纪中国美学的学术进程上,西方美学理论的每一特定变异便总是呈现出某些特殊的"中国语境"的意义。而把这个问题纳入20世纪中国美学学术史的研究范围,就是力图从西方美学的变异景观中,发现20世纪中国美学的自身精神取向、内化外来思想的学术依据及能力,由此把具体理论的演化同20世纪中国美学学术发展的真实性质联系起来,加以进一步的考察。

3. 对20世纪中国美学的学术史研究,必定涉及如何重新认识和确定近代以来中国美学的自身历史结构这一问题。对此,我们一方面必须以一种整体的文化考察立场,来认真看待中国美学在20世纪的演进程序,既不是将其依照某个机械的线形"时间表"而肢解为近代、现代和当代等段落,使美学的历史完全成为一种"时间的片段",或一个又一个片段的线性连缀(这已经是许多美学史研究者非常拿手的套路了);又非单纯将其理解为一套合乎某种逻辑体系要求的理论概念、命题的排列组合,从而令美学的历史变成诸多概念、命题的整理和堆砌。学术史研究所需要的,是我们能够从20世纪中国社会、思想文化运动的实际进程上,寻找到美学历史的具体而客观必然性的一面,发现美学活动的历史特性和总体规律,以便美学的历史同时能够映照百年中国文化的精神变动,揭示出一个完整的、具有内在相关性的思想的历史存在图景。

另一方面,我们还应该看到,学术史探讨的重点,又在于把握美学理论演进中的主要历史结构规律、结构性质及结构的方式。因而,需要强调的是某种学术思想本身的结构连续性,而不是历史的时间构架——美学理论的逻辑完整性必须首先体现出思想的有机延续,以及延续过程的思想进化价值。更何况,对于20世纪中国美学来说,其历史过程的客观性虽然是既定的,但理论的具体结构活动又存在种种或然性。这样,在历史结构的客观性与或然性之间,便存在着某种需要我们去揭示的规律、性质和方式。这些对于那种纯粹以理论逻辑为目标的一般美学史叙述来说,当是无法全面了然的,而需要学术史研究来逐步予以澄清了。

(王德胜)

二 走向回归之路
——20世纪中国美学的提问方式

(一)"美学的提问方式"

回首20世纪中国美学研究走过的百年发展之路,我们很想追问一句:其中有多少问题是作为美学问题被提出并研究的? 即:在20世纪中国美学讨论、争鸣、反复纠缠的众多问题中,究竟有多少问题是出自美学研究的理论需要,出自探索美本身、美的本质、审美经验抑或美学史的内在驱动? 究其根源,主要是在中国美学研究中一个重要的理论前提——美学提问方式,一直没有得到学术处理与解决。所谓"美学的提问方式",是指在研究主体及其对象之间建构起来的意象性结构;它是主体方面"未发"的审美认知图式,与客体方面"已发"的作为主体对象的审美现象的统一。这种统一性是建立美学的对象与范围,尤其是确立其活动规则的最重要的基础。这是因为,一方面,美学提问方式所提出的问题,都是最纯粹的美学问题,因而也都是在美学范围之内可以讨论和解决的;另一方面,它也可以拒绝其他的非美学问题,即不可在美学领域中讨论的伪问题,以保证其逻辑的不矛盾性与话语的可交流性。

但另一方面,美学作为一门年轻的人文学科,20世纪中国美学作为一门更年轻的人文学科,并不是在一开始就能够找到属于其自身的提问方式,当它的"自我意识"还不足以把它自身同其他事物相区别之时,其意象性结构必然要借助于其他学科。具体言之,它主要包括两方面。一是就学科形态自身而言,由于美学是从哲学中分化而来,因而必然带有浓重的哲学胎记;又由于20世纪中国美学研究源于西方,因而它又必然带有浓郁的西方哲学色彩。二是从研究主体的角度,他们大都是非专业的劳动者,所受训练也大都来自西方,尤其是西方哲学和心理学,这些烙印也都自然影响到其对美学的意象性结构,影响到其提问方式。所以,20世纪中国美学的提问方式,主要是一种以西方哲学为本体内涵的哲学提问方式;百年来中国美学所讨论和研究的,也主要是一些哲学问题,是美学研究的哲学基础。也就是说,它们是非美学问题,或与美学本身距离比较遥远的问题。

(二)"本质论"与"存在论"

美学提问方式的产生与演进,根源于人的本体论结构,根源于对人的本质之认识以及对人存在本身的价值观。也就是说,美学提问方式必然要依赖于哲学对人的存在的意象性结构。实际上,不仅美学提问方式的产生依赖于哲学所提供的认识论基础,其演进与变化也同样依赖于哲学中关于人的价值观念的变革。这一点,从美学史的角度更容易看清楚:由于美学在初创阶段不可能摆脱其时代的哲学制约,又由于美学在发展中总是不得不依赖于哲学中产生的新鲜思想血液,所以,美学史的逻辑演进与哲学本身的演进密切相关。

从本体论角度,西方哲学主要表现为两种基本的提问方式:一是来自德国古典哲学,其意象集中在"人是什么";另一种则是现代存在主义哲学,其意象集中在"人如何是"。前者关心的是(与动物性不同的)人的本质的构建,后者则关心(包括人的感性本能在内的)人的存在整体的澄明。毋庸讳言,这也是对20世纪中国美学影响最大的两种哲学提问方式。依此可以将20世纪中国美学提问方式分为两类,即以人的理性本质为根源的古典哲学提问方式,以及以人的非理性为根源的现代哲学提问方式。就前者的核心范畴是"本质先于存在"而言,这里简称为"本质论";就后者的核心范畴是"存在先于本质"而言,则将后者简称为"存在论"。也就是说,抛开20世纪中国美学研究中形形色色的问题、主义、流派之争,从提问方式的角度,大体上可以将其区划为两大美学话语体系。

具体言之,从本质论角度来看,20世纪中国美学主要表现为三种提问方式,即以认识论为根源的"具体概念"论,以心理学为根源的"审美表象"论和以主体性哲学为根源的"自由形式"论(积淀说)。"具体概念"是蔡仪美学思想的核心范畴,它是在理性话语的语境中展开的,所以始终要把形象思维理解为概念思维的一部分,而不肯为之提供本体论证明。其美学研究的目的,就是要论证艺术作为形象认识与理性认识的内在统一性。所以,美学在蔡仪这里,始终未能超出认识论的范围,审美思维只能是隶属于理性概念的"具体概念",美学也只能是一种隶属于理性哲学的"具体科学"。沿着这个古典哲学所提供的逻辑起点,朱光潜以心理学融合认识论中感性与理性的二元对立,在确立心理的本体性或者说确立心理能力的认识论地位时,将蔡仪美学中混为一谈的"个别表象"与"概括性表象"区别开来,亦即将其中统摄"抽象"与"具体"的"概念",明确区分为"物甲"与"物乙"两个范畴,从而产生了心理学美学的核心概念:审美表象。继之,李泽厚则以主体性实践哲学的积淀本质为基础,从人的主体性历史生成的高度,进一步融合了认识论与心理学,开创出本质论美学的新局面,提出了"自由形式"理论。李泽厚认为,正是在人类历史实践中,感性的积淀为理性的,自然的积淀为社会的,概念的积淀为心理的,内容的积淀为形式的。它打通了旧哲学中对人的本质的抽象割裂与形而上学看法,从人类学和历史唯物论的高度,阐释了美之所以产生的历史根源:美作为自由的形式结构,来源于人类在历史实践中的积淀活动,是合规律性及合目的性的统一。这也就是所谓的"实践美学"。要强调的是,"积淀说"主要是讲、同时也局限于讲美的发生学问题,所以李泽厚对"审美表象说"的最大不满,就在于它只能说明艺术的本质特征,而无法阐释美的根源与本质。①

总之,这三大美学思潮虽然相互之间有对立和否定,但就其美学提问方式的哲学根源来看,它们既是古典哲学的三个组成部分,又是其向现代发展过程中的三个重要环节,即认识论哲学、心理学哲学与本体论哲学,所以它们在逻辑进程上是相互发展、相互补充的。认识论哲学认为理性思维是人的最高本质,所以美的本质就成为一种可以被认识和把握的客观存在,审美思维也就必然成为理性一元论大家族中的具体概念;心理学哲学认为只有建立起一种心理科学,才能理解和把握住人的存在,所以"审美表象论"强调的是心理中介在认识过程中的决定性作用,想要认识世界,首先要认识心灵;"积淀说"强调改造现实同时也改造人类自身的社会实践活动才是人存在的最高本质,在实践一元论的基础上,感性与理性、认识与心理、主体与客体具有不可避免的统一性,即上述两组理论上的矛盾对立,必然要在实践活动中被克服,其总体性成果就是人的主体性结构。所以说,在上述三者之间,只存在对人的理解、对人本质的内在构成的理解上的差异,但又都没有越出古典哲学"本质高于存在"这一基本规定。所以,其美学提问方式可以分别描述为"认识高于存在"、"心理高于存在"和"形式高于存在"。在此顺便指出,李泽厚从人的社会实践角度来阐释美的发生学根源,从人性不同于动物性的角度来规定人的审美能力,实际上已经将美的本体论等同于人的本体论。② 因此,对美的本质的研究,也就被偷换为对人的本质的哲学探讨。而由于在哲学系统中对人的本质的不同认识,这就使得实践美学理所当然地成为"存在论"者的众矢之的。

从"存在论"的角度看,20世纪中国美学中也有三次冲击值得我们重视,分别是高尔太、刘晓波和以杨春时为代表的"后实践美学"。与西方存在主义相一致,高尔太强调美来源于生命的感性动力,认为人的感性存在,诸如需要和痛苦,生命、力量和热情等,它们的活跃,就是人本身存在的证明,就是人的存在形式。而没有感性动力的存在,则是没有根据的非现实的存在。③ 所以,高尔太不同意"自由形式论"以

---

① 参见李泽厚:《美学四讲》,第183页,北京,三联书店,1989。
② 所以李泽厚说:"美的本质是人的本质的最完满的展现,美的哲学是人的哲学的最高级的峰巅。"见《批判哲学的批判》,第82页,北京,人民出版社,1984。
③ 高尔太:《美是自由的象征》,第98页,北京,人民文学出版社,1988。

"积淀"来解释美的本质(实质上是人的本质),认为历史积淀只是过去事件的静态存在,它趋向于保守、固定和单一,作为一种既成的理性结构,它与作为未来创造的动力、以动态方式存在的审美创造,是格格不入的;审美活动在本质上"不是'积淀'而是'积淀'的扬弃,不是成果而是成果的超越"。① 因此,美在本质上就不是什么理性形式,而是一种"自由的象征",一种召唤起人的生命力、使人摆脱其异化状态的感性冲动。其后,刘晓波提出了"突破说"来与李泽厚进行美学对话。再其后,杨春时等人则提出以"生存"(替换"积淀")作为当代美学的逻辑起点,从而达到全面超越"实践美学"的目的。而究其实质,其根本冲突在于对人的本质的不同理解。因此也可以把它们之间的矛盾,看作是西方古典哲学与现代哲学之基本矛盾在20世纪中国美学研究中的反映。虽然这三家之间也有一些细部的分歧,但在强调人的存在不可能被理性化、本质化,在坚守"存在先于本质"这一基本哲学信念,以及要以审美方式来反抗人的异化等方面,却是高度一致的,并由此形成另一种美学提问方式,这是一种真正不能被"本质论"所同化、所辩证统一的提问方式。

  这里,我们不拟讨论其提问方式之间的孰是孰非这种隶属于二律背反的问题。我们所关心的,是这两种以哲学语境为基础的美学提问方式共同遮蔽了什么?无论"本质论"还是"存在论",都一致地把美的本质看作为人的最高本质,所以要解决的问题,也就不再是美的本质(存在),而成为人的本质(存在)。其不同处仅在于:"本质论"者充分注意的是人的审美活动与工具符号之间的矛盾及其解决途径,所以才有了蔡仪的"具体概念"、朱光潜的"审美表象"以及李泽厚的"自由形式"。他们醉心于作为批判武器的工具符号本身的研究,以便把人从本质上同动物真正区别开来,这是因为他们只注意到:不与动物从根本上区别开来,人就不可能进行审美活动或成为自由的存在。而"存在论"更看重的是人与异化的人之间的矛盾及其解决方式。他们注意到,以工具符号为手段来解决人的存在本质问题,固然可以区别开人性与动物性,但同时它也使人异化为工具符号或理性结构,从而更彻底地丧失掉生命的自由本质。所以,高尔太才竭力为"感性"提供本体论证明,刘晓波强调对理性积淀的"突破",杨春时则试图以"生存"来取代"实践",其目的都在于要避免人异化为符号工具,因为异化的人同样不可能进行审美活动或实现其自由本质。上述这些,单就"人的本质"角度来看,并没有什么问题;或者说,当人们尚不能区分开"人的本质"与"美的本质"这两个理论命题时,它们也没有什么问题。而一旦美学作为一门人文学科的"自我意识"遽然醒来,开始反思自我、寻找自我之际,上述两种美学提问方式的问题也就暴露无遗。也可以总结地说,它们都是在借"美学"名目做人的哲学文章。进而言之,它们遮蔽的恰是美本身,所以也就不再适合担当美学研究的提问方

---

① 高尔太:《美是自由的象征》,第109页,北京,人民文学出版社,1988。

式。因此,现在的问题就成为对20世纪中国美学中这种哲学提问方式本身的批判。

(三)两种命题的混淆

对上述两种提问方式的总体批评,在此可以概括为:它们都从根本上混淆了"人的本质"与"美的本质"这两个不同的命题。

诚然,我们可以说"美的本质"不可能脱离人的本质,甚至美的本质也是人的本质的重要构成部分,但这并不表明美的本质就直接等同于人的本质。进而言之,只要这两个命题不是毫无意义的同语反复,它就表明,在人的本质中总会有在逻辑上无法被美的本质所涵盖的质的规定性。虽然把这个问题从逻辑上区分开来并不困难,但在上述两种美学的哲学提问方式中,由于其总是针对着人的本质的哲学意象性结构,因而在理论建设中常常必然地忽视了其差别。具体言之,就是依据哲学提问方式所提出的美学问题,在其本质规定性上就是人的问题,并最终要归结于哲学所关注的人生问题。这也是20世纪中国美学两种貌似不同的美学提问方式间的深刻共通处:一致忽略了美的本质与人的本质的本体论差异,对美的本质研究必然地、经常性地被替换成对人的本质的研究。对它们共同的批评就是:并非人的本质不可说,而是不应该在美学语境中来说,尤其是在说美的本质之时不能以说人的本质的方式来说。由于以人的本质取代了美的本质,所以无论"本质论"还是"存在论",在谈美的本质之时所讨论的都是人的本质问题,并一致地希望用美学方式来解决人生的现实问题,这就必然导致美学研究被偷换成一种哲学研究,而美学本身也就在这种偷换中被深深遮蔽了。

造成这种"偷换概念"的原因,主要有两点。其一来源于中国哲学的"天人合一"、"知行合一"传统。又因为这种传统不合于西方的逻辑思维,而较合于西方的审美思维,因此它在20世纪中国美学理论建设中便成为一个圆融中西古今的核心枢纽。这种研究一方面本于东方传统的"天人合一",另一方面又源于西方浪漫美学中美的桥梁功能,二者直接成为用美学方式来解决本属于哲学的人生大问题的双重动力,至少它使美学成为哲学的核心。所以,李泽厚才强调"庄子的哲学是美学"、"以美启真"和"以美储善"说、美学解决的是"'自然的人化'这样一个根本的哲学—历史学问题"[①]、美学代宗教又超道德的本体境界以及哲学是"人生之诗"这样一种浪漫哲学观。另外,从相反的角度,这一问题还可从20世纪中国美学对康德哲学中"真善美"三分结构的批判中得到证明。康德正是在区分真善美三者不同的存在方式基础上,使美学真正独立出来的,而要保持美学本身这种独立性,也就必须保持三者之间

---

① 李泽厚:《批判哲学的批判》,第410-411页,北京,人民出版社,1989。

充满张力的对立。但另一方面,要取得哲学上对人性、人的本质的整体理解,则必须打破知识、伦理与审美的界限,所以中国美学家在把美学哲学化时,曾这样批判康德:"逻辑与现实的转化,逻辑与历史的统一,则康德远未能触及。"①而"存在论"一派则以一种更直接的直指本心的方式,取消了哲学与美学的本质区别,他们唯一承认的哲学就是诗化哲学。在这种时代精神的驱动下,美学超越其界限来取代哲学就成为在所难免的了。

另一个更重要的原因,则是来自20世纪中国美学最重要的逻辑起点,即"巴黎手稿"中"人的本质力量对象化"理论。在关于"巴黎手稿"的美学讨论中,不少论者都认为人学即美学,美学即人学,对人的本质的揭示就是对美的本质的揭示。还有人喜欢把美学理想同人的现实解放联系起来,把人的和谐发展、人的本质的复归、人的本质力量的实现当成美学的目的,于是就产生了"美是人的本质力量对象化"这个理论命题。这一理论对中国当代美学非常重要,它是"实践美学"的逻辑起点,美的根源、美的本质、美感的生成以及美的理想,都与这个基本理论密切相关。但是,与美的本质包含在人的本质结构之中而两者并不能完全等量齐观一样,"人的本质力量对象化"理论实际讲的是人的本质的历史发生根源,它囊括了人类精神的总体发生之谜,这一精神总体至少可划分为真、善、美三个方面。所以,李泽厚也是同时用它解释了自由直观(认识)、自由意志(伦理)以及自由感受(审美)的发生过程。因此只能把它作为美学存在的一种"人的哲学"基础,而不能把它当作一种具有本体论意义的审美哲学。②

但遗憾的是,由于同样束缚于哲学的提问方式,上述"本质论"混淆"美的本质与人的本质"的根本缺陷,并没有能为作为其对立面的"存在论"所把握。两者虽在许多方面尖锐对立,但在要用美学解决人生存的现实问题,在把美学哲学化这一理论倾向上,却又殊途而同归。其所不同的只是对"人的本质"的理解,是"美的本质"要与何种哲学上的"人的本质"相统一。所以高尔太说:"研究美……也就是研究人。美的哲学是人的哲学,它的目的是使我们思想和行为具有一种美学的规律。所以它的主要的和根本的任务不是指导艺术创作,而是证明一种有价值的、进步的生活理想和人格理想,以及我们对于这些理想的渴望和追求何以是正确的和必要的。通过这种证明,它也推动历史前进。"③姑且不论这里所谓的"美的哲学是人的哲学",同实践美学关于"美的哲学是人的哲学的最高级的峰巅"的密切关系,单就所谓的"生活理想和人格理想"来看,从常识的角度,它们也属于哲学研究的世界观或人生观问

---

① 李泽厚:《批判哲学的批判》,第82页,北京,人民出版社,1989。

② 参见刘士林:《从审美到伦理的还原分析——对"巴黎手稿"的再认识》,载《南京师大学报》1997年第4期。

③ 高尔太:《论美》,第210页,兰州,甘肃人民出版社,1982。

题。由此可以看出,受哲学提问方式制约,中国美学在学科分界上混乱到了什么程度。而作为其衣钵传人的"后实践美学"也一仍其旧,其理论意象性仍然是人的问题,而不是美的问题;是人在现实世界中的"生存"问题,而不是美的本体论问题。所以,在"美的本质即人的本质"、以审美方式来解决人的现实问题这一根本点上,"后实践美学"与实践美学不仅不存在逻辑上的超越关系,而且分外地一致。这也就是它们之间不仅不能互相超越,反而总是存在着功能互补或辩证统一的根源所在。

但必须强调的是,美学以哲学提问方式发问,在企图独占哲学的广阔领域时,遭受否定的恰是美学自身。这一扩展,一方面使得大量的非美学内容挤了进来,另一方面也使美学本身一些更基本的问题被束之高阁,所以最后也只能使自身湮没于哲学的嘈杂话语之中。

(四)回归美学自身

从李泽厚的实践美学之后,20世纪中国美学在原理建设方面就陷入停滞不前的困境之中。究其原因,虽然许多人都注意到实践美学有问题,但却没有发现这个问题在于其哲学提问方式。所以,无论回归低于实践论哲学水平的认识论或心理学,还是站在作为其对立面的现代哲学基础上,其论争的焦点只是哲学提问方式问题,而与美学理论本身无关。大家都在说一个非美学的问题、一个超出了美学本体范围因而无法进行美学讨论的假问题,即都是在讲"人如何"而不是"美如何"。这种状况表明了美学研究本体内涵的混乱,它是20世纪中国美学中的哲学提问方式作为一种意象性结构所带来的必然结果。所以,当代美学理论的批判性任务,就是要使美学研究回到其本身,即从哲学话语回到美学话语,从哲学问题回到美学问题,从人的本质回到美的本质,从人的实践活动回到人的审美活动,从人的现实世界回到人的审美世界。它意味着对20世纪中国美学研究中哲学提问方式的彻底消解,而不是去消解某种哲学的提问方式,唯此才有可能走出美学的困境。

在这一意义上,再回顾和总结20世纪中国美学研究之时,那些与上述主流美学研究不同的美学家及其观点,不仅因此具有了十分重要的学术史意义,而且对其美学提问方式与话语形态进行认真分析与阐释,还有助于我们面向未来的美学思考。关于这一方面,限于篇幅,这里只拟将其学术理路略作剖析,以展示它们对中国美学的重要意义。

具体言之,它可以分为两个方面的内容。一种是因其思维方式的缘故,天然地就拒绝了美学研究的哲学提问方式。这里主要是指美学老人宗白华先生。他是凭借对中国文化与艺术的深刻了解与洞察,以一种直观的、无须言辩的方式,直接地把艺术形式与审美情感当作了美学研究的对象,也当作了美的本质所在。所以,在那些大谈美的本质的哲学文章中,根本看不到任何美的存在,而宗白华虽然从来没有谈过美的本质或者美学的对象与范围,但是他的美学文章却是最能展示美的本体内涵的。也可以说,宗白华是以一种"目击而道存"的方式,把美的存在与秘密,直接地、直观地澄明于世界中,让它的存在显明出来。

如果说这是一种未受污染的天然方式,那么,按照逻辑来推算,当然还有一种"先污染,后治理"的方式,即从美学研究的哲学提问方式中觉醒。其实,这种觉醒意识一直存在,不过由于它属于一种非主流形态,又加上它是从主流中渐变而来,所以这种新生意识往往不为人们所注意。它还可以再分为两种类型:一种是对主流美学问题与话语的有意回避,例如以王德胜为代表,他紧紧抓住当代艺术的大众化倾向,①以审美文化为研究对象,来取代主流美学中认识与情感、积淀与超越的二元对立,并由此而放弃美学的哲学提问方式;另一种则是针对着主流美学的核心命题,通过对它的批判与清理,从逻辑环节上重建审美活动的本体论内涵。这其中最值得注意的是潘知常的美学基本理论研究。他的最大成就在于确立了实践活动与审美活动的本体差异。实践美学混淆人的本质与美的本质,"存在论"一派又一直和实践美学在人的本质问题上纠缠不休,这实际上构成了当代美学研究的最大误区。它摆在美学研究面前的,是一个类似于禅宗公案式的谜面,即总是以为在人的本质中可以找到美的本质,而事实恰恰是,一旦被卷入人的本质即哲学语境中,就很难再回到美的本质上,不得解脱;只有彻底放弃它们,既放弃人的本质,也放弃美的本质,以及与此相关的形式、关系、实践、生存等从哲学提问方式出发最关心的美学问题,才可能为美学研究找到一个更为纯粹、更具自明性的对象,这就是审美活动。潘知常指出:"实践活动是审美活动的根源,而审美活动则是美的根源。"②对它的理解是颇需花费些精力的。它不可以理解为:实践活动不存在,就不会有审美活动,当然也不会有美。这种理解正是实践美学所设立的"理性的狡黠":既然实践是人的本质,那么审美活动也自然就是人的实践活动之一;既然实践是一切活动的总根源,也就理所应当的是审美活动的根源,于是就可推出实践活动也就是美学的根。一旦落入这个圈套,就会取消审美活动的本体论根据,也就不可能不以哲学提问方式来从事美学研究。摆脱这一圈套的关键,在于阐明审美活动与实践活动(其实质即人的本质力量对象化)的本体论差异。所以它的正确表述应该是:说实践活动是审美活动的根源,是指实践活动生成了人类本身,而没有人类的存在,当然也就不会有美的存在及审美活动;而说审美活动是美的根源,则是指美只存在于人的审美活动之中,因为以自

---

① 王德胜:《扩张与危机——当代审美文化理论及其批评话题》,第93页,北京,中国社会科学出版社,1996。

② 潘知常:《诗与思的对话》,第242页,上海,三联书店,1997。

由为本体内涵的美的本质，它在逻辑上就只能根据同样以自由为本体内涵的审美活动。

由于不了解审美活动与实践活动的本体差异，由于不能把美的本质存在同人的本质力量对象化方式区别开来，所以实践美学既是人的本质力量对象化理论的实践者，也是它的牺牲品之一。实践美学紧紧抓住实践活动是审美活动的根源，所以只能从哲学角度论证人与动物的本质区别，只能揭示人的本质之存在结构，而远没有揭示出全面发展的人与片面异化的人、人的自由本性与人的理性本质、人的审美存在方式与人的现实存在方式之间的巨大区别。另一方面，"后实践美学"虽然直观地注意到了实践美学对人的异化这一事实的遮蔽，但由于尚未注意到其根源在于将审美活动混淆于实践活动，没有注意到人的审美冲动与生理本能、人的审美生成方式与人的自然活动方式之间的根本区别，所以审美活动作为美的本质的根源性、审美活动对于人的生命本体论内涵，仍没有被揭示出来。

在区分审美活动与实践活动的基础上，我们就可以充分论证审美活动所具有的生命本体论根据：它既是与实践活动分道扬镳这一超越过程的结束，同时也是建设一门独立的美学体系的逻辑起点。人在实践活动中的基本方式，是人的本质力量对象化；他在改变对象世界的同时，也使自身变成对象世界的一部分。在这一过程之中，人不断地变成他的对象，变成不同于他自身的东西。无论这对象性存在最后是什么，也无论人们怎样解释它，它与人本身总是不同的即异己的存在。因此，实践活动只能实现人的理性目的，其最后成果是人的理性本质，而不是人的自由本性。人的现实活动所构成的只是一种片面的、异化的生活方式，它不可能实现人的自由本质，并成为人类最高的生存方式。而审美活动与此不同。由于按照其内在规定性，它就是生命的自由活动；只要它实现了其内在本质，人所禀有的自由本性也就可以得到实现。这就是审美活动的本体论根据，是从逻辑上讲不可能被实践活动所包含的质的规定性。

把它在当代进一步展开，人在现实实践中不外乎有两种对象化形式。其一是在符号学解释向度上，即人对象化为符号的人。这也正是卡西尔对人所下的定义：人是符号的动物。它对西方现代美学与20世纪中国美学也都影响巨大。但与工具实践论一样，它所实现的也不是人最高的自由本质。符号功能固然是人最基本的本质力量之一，但它更是人的理性本质力量。所以这个定义虽然可以用以区别人与动物的不同，并以符号化功能来突出人的本质特征，但却不能消解人与符号之间所存在的巨大矛盾，符号化的人同样不是自由的人。其二是在感性实践向度上，人对象化为非理性的人；其针对理性思潮或符号机能过于发达的现代人而发，以取消人的现实实践活动、取消人作为文化存在物的符号功能为唯一目的，但其结果最多只会使人得到一种动物的自由。这是一种更不能忍受的异化，即使人的东西成为动物的东西。在这个意义上,西方当代哲学中的两大主潮,无论是存在主义,还是语言哲学,它们所提供的哲学提问方式与实践美学一样,也都不能作为中国美学的提问方式。归根结底,在人的现实活动中,在区别人与动物的哲学层面上,它们具有无可置疑的本体论根据;但在人的审美活动中,在区别人与异化的人的审美层面上,它们却变成无根的东西。而用以区别自由的人与异化的人之原则,只能到审美活动中觅得本体论根据。

如果说,实践活动之所以秉有生命本体论内涵,在于其对象化活动可以区别开人与动物的本质不同,那么,关于审美活动的生命本体论内涵,一言以蔽之,它是区分开自由的人与异化的人的根本性标志。如果说前者论证的是人"存在"的理论根据,那么,后者要论证的课题则是人的"自由"是如何可能的。从正的角度来看,正是因为人的生命本体结构中秉有自由本性,所以它才能够进行与实践活动在价值向度上完全不同的审美活动。反之,也正是因为人能够超越作为其所属物种的理性规定,人也才可能实现其本体论意义上的自由本性。这是一个无法被实践活动、理性活动所吞食的"剩余物",也是人之所以为人的最基本的规定;它甚至比符号、工具等规定性更为基本、更为内在,具有更深刻的本体论依据。在必然王国以及作为它的精神系统的哲学语境之中,我们尽管可以说"人是理性的动物"、"人是政治的动物"、"人是符号的动物"、"人是积淀的动物",但是,我们还必须注意的是,在自由王国以及作为其精神内核的美学语境之中,我们却只能说"人是理想的动物"、"人是自由的动物";甚至"动物"二字也应该抹去,我们只能满怀深情地说:人是美的!

(刘士林)

论析 1　思之未思
——20 世纪中国美学与中国思想

当世纪末来临的时候,时间突然显示出了巨大的操纵力量,逼着各色人等纷纷出来竞演回顾、总结、沉思的人间"正剧"。细想一下,如果我们没有采用公历纪年,还是用天干地支纪年,那么,我们的时间观念就是 60 年一个轮回。公历的 2000 年对于我们来说,还远未到一个新的甲子。总之,世纪末的思考是人为的。人创造了一种文化,又反过来被文化所抓住、所摆布,同时也享受着这种摆布所创造出来的不少意外惊喜。在公历——这一人为的纪年方式——的世纪末到来的时候,应该说,是我们主动地来思考了。

(一)美学现象:思之辉煌

思,对人来说确实是重要的。不思不觉得,一思,就猛然发现,很值得一思。美学在 20 世纪中国的百年历程中,扮演了非常重要的角色。从某种意义上,可以说它代表了中国学术最活跃的心灵。且不说中国近代学术的开创者王国维先生,运用西方现代学术来开拓中国学人的视野,他首先从西方抓过来的就是美学。为什么这样?也不去说,中国现代教育和现代学术机构化、体制化最重要的人物蔡元培先生,提出了用美育代宗教,最敏锐地直觉到中国学人在从传统向现代的剧烈转型中面临终极信仰缺失的问题。这一中国文化现代性的重大课题,在政治实用信仰业已崩塌的今天,显得尤为突出。这里,只谈谈美学在百年中国学术史中最醒目的三块亮色,也就足以呈现其重大意义了。

一是朱光潜的美学。他的体系性美学著作《谈美》发表于战乱和救亡的年代,这需要最大的智慧和最深的信仰,而《谈美》确实可以作为当时的高智慧和真信仰的一种代表。《谈美》的"开场话"说:"谈美!这话太突如其来了!在这危急存亡的年头,我还有心肝来'谈风月么'?是的,我现在谈美,正因为时机实在是太紧迫了。朋友,你知道,我是一个旧时代的人,流落在这纷纭扰攘的新时代里面,虽然也出过一番力气来领略新时代的思想情趣,仍不免抱有许多旧时代的信仰。我坚信中国社会闹得如此之糟,不完全是制度的问题,是大半由于人心太坏。我坚信情感比理智重要,要洗刷人心,并非几句道德家言所可了事,一定要从'怡情养性'做起,一定要于饱食暖衣、高官厚禄等等之外,别有较高尚、较纯洁的企求。要求人心净化,先要求人生美化。"①而《谈美》确实以一种最大的智慧和最浅的语言,讲清了审美与人生的辩证关系:人如何从现实人生中抽离出来而获得美感,而这与现实人生保持距离的美感又如何大有益于整个人生。这一对世界各文化来说都是最难讲清的问题,基本上被《谈美》讲清楚了。

二是20世纪五六十年代的美学大讨论。20世纪后半期,中国被实用政治抓牢,日益走向政治化的时代,学术的百家争鸣变成了两家争鸣——资产阶级一家和无产阶级一家,从而实际上是一家独鸣的时候,只有美学,意外地显得热闹。关于美的本质是什么,争吵得不亦乐乎,至少出现了四种相互对立、各有特色的观点:美是客观的;美是主观的;美是主客观的统一;美是客观性和社会性的统一。在哲学上的唯心唯物被看作是最重要的大是大非的路线问题的年代,对于"唯心""主观",在哪一个学科、哪一个领域中,人们不是避之唯恐不及呢?而美学上,也只有在美学上,敢于、也可以提出:美是主观的!美学成了20世纪五六十年代中国学术天地中的一抹独秀的亮色,在不能思考、失去思考的中国学术界里展示和享受了得"美"独厚的独立思考。

三是李泽厚现象。中国文化之所以伟大,"能思想"是其重要标志之一。孔子、老子的智慧至今仍然誉满全球。然而从20世纪50年代开始,中国思想家们都失去了自己的思想。本已在20世纪前期取得相当成就的思想家,如冯友兰、金岳霖、贺麟……纷纷主动检讨自己的思想,批判自己的思想,放弃自己的思想。直到20世纪80年代的改革开放和思想解放运动,中国学人才开始重学独立思考。然而,在潮流涌动、众思纷纭中,正像20世纪80年代初的"美学热"带动、反映了从学界到社会的多方面观念更新,美学出身的李泽厚独占鳌头。李泽厚提出的一系列思想,基本上主导了80年代人文学科各领域的思想潮流。在20世纪即将结束的时候回头望去,20世纪后半期的中国并没有产生出真正的思想家,而李泽厚则勉强能够成为无思想家时代的思想家。他的《批判哲学的批判》、《主体性哲学论纲》以及中国思想史古代、近代、现代三论,呈现出一条独特的思想的林中路。对于我们来说,重要的不是他的思想内容究竟如何,而是最能代表中国学人之思的"思想"为什么从美学领域而不是从其他领域蛹化出来?

从以上三例可见,美学,是20世纪中国思维最活跃的场地。在这里,思想最容易摆脱流行的时尚,获得最大的飞翔空间。

---

① 见《朱光潜全集》,新编增订版,第3卷,第7页,北京,中华书局,2012。

(二)美学实相:思之未思

禅宗智慧告诉我们,一旦使用语言,在获得语言好处的同时,也获得了语言的局限。同样,当我们说好或坏,都是以一种有限的视角为前提的。上一节,我们把百年中国美学放在中国百年学术语境中,看出了它的辉煌。这一节换一个角度,不沿着上一节的思路纵深进去来思考百年美学的独特内容——虽然这一内容非常值得思考,而是通过百年美学的独特内容来思考中国学人的思考。既然百年美学的一系列现象可以成为中国思想的一面镜子,那么,我们就面对这面镜子,审视中国思想是怎样思想的。这样做的同时,也许反而可以看到仅从美学自身角度所看不到的东西。

谈到"思想",它的首个要求应该是:创新。上面讲的三大美学现象,无疑充满了智慧。然而,如果我们从最严格的思想高度去看,也就是说,从创新的角度去审视,那么三种智慧现象中的"思想"究竟是怎样的呢?或者说,它们达到了一个怎样的思想高度呢?

朱光潜《谈美》的主要元素,来自于西方美学资源;构成他关于美的基本观点的,是克罗齐的"直觉说"、布洛的"距离说"、立普斯的"移情说"。他先从现实审美现象入手,阐明美感的特点,然后将之引入艺术问题,以美感本质立论,剖析清楚艺术中的美感基质和非美的因素,同时从美学的立场对各种文艺理论一一进行精彩的析辨,最后通过西方的形而上学资源,辩证地讲清楚了审美与人生的关系:审美与实际人生无关,却与整个人生有关,只有与实际人生拉开距离,才有审美;又只有洞悉整体人生的意义,审美的大用才得以彰显。因此,从始至终,朱光潜在《谈美》里都是以一种创造性的方式介绍西方美学的思想,但其中的思想本身却没有创造性。他的功绩只是把西方美学思想中本来分散的构件(直觉、距离、移情等等),归纳、综合、总结为一个理论整体。而这种归纳、综合、总结,在方式上达到了一种艺术的化境。朱光潜在写《谈美》之前,通过写作《文艺心理学》,他对西方美学的诸种相关思想已经了然于心。在写作《谈美》时,只是"面前一张纸,手里一管笔,想到什么便写什么,什么书也不去翻看"[①],任凭思绪文心流泻出来。套用一句古人的话来说,他写作之时真正做到了:平居有西人,学力方深;下笔无西人,精神始出。虽然由他的叙述方式而来的作品结构是创造性的,但由这种创造性结构所包蕴的思想内容却是非创造性的。因此,如果不从很少有人能够做到的这种创造性结构立论,而从思想内容的思想性即思想的原创性立论,《谈美》虽然闪耀着智慧,却并没有呈亮出思想。

20世纪五六十年代的美学大辩论,与中国学术界的其他领域比较起来,确实显

---

① 见《朱光潜全集》,新编增订版,第3卷,第8页,北京,中华书局,2012。

得生气蓬勃、精神活跃。不同意见，多种观点，相互交锋，你来我往，激烈论辩，由此产生出了有名的四派。而能称一派，当然首先是有一派的思想。因此，学术大辩论的首要成果，应该表现为独创的思想成果。

美学四派，都有自己独创的思想成果吗？

前面说过，美学四派，就是对当时认为美学最根本的问题——关于美的本质是什么——的不同回答而产生的。四派的观点是：美是客观的，美是主观的，美是主客观的统一，美是客观性和社会性的统一。如果我们不局限于中国，而放眼世界，就可以看到，这些思想与当时中国的社会主义老大哥苏联美学学术界的思想如出一辙。20世纪五六十年代的中国美学大讨论，可以说就是苏联美学大讨论的一次复演。苏联美学分为三派。一，客观派（他们自名自然派），即认为美的本质在于事物的自然属性。他们坚持唯物主义的反映论：先有事物，后有人对事物的反映；先有客观事物的美，后有人对客观事物的美感。因此，美在客观事物本身，是客观事物的自然属性。二，社会派，也称新的审美学派，认为美是客观性和社会性的统一，事物是客观的，但客观的事物并不是美的，是事物的社会性使自然事物获得美的属性。三，主客观统一派，它综合前二派的观点，再加上一点新因素：人。美的本质在于事物的自然属性和社会——人的标准的统一。与中国比起来，苏联没有主观派。那么，美在主观是否中国学人的独创呢？不是，整个四派都是从一个统一的哲学思维模式上出来的。根据这个思维，一切东西，归到最后，只有两种区分：客观的，还是主观的。在这两个基础之上，还可以衍生一些出来，综合客观和主观就成了主客观的统一。主客观的统一本就建立在把一切作主观—客观划分这一基础上，因此可以说它已经预含在区分主观—客观这一基本模式中了。在客观和主观中再细做文章，客观中可以分出客观性和社会性的统一。从哲学思维上讲，客观方面要再分，只能为一是自然（客观）、一是历史（社会），所谓客观性和社会性统一的观点已经预含在主客二分的哲学模式中了。主观方面也还可以再分，但在以辩证唯物主义为指导思想的国家，拥护主观是反动的。因此苏联没有主观派。中国由于传统思维与苏联不同，出现了主观派，但这是一个非常危险的观点，持此观点的人本来就只有两人（高尔太和吕荧），这一学术观点也给主张者之一的高尔太带来了巨大的个人不幸。因此未能从此再细分。

由此可见，美学四派并没有严格意义上的自己的思想，而是在已有思想上的再思想。在一种已有的思想中演绎思想，初看之，好像得出了自己的思想；深究之，其实是在演绎别人的思想。中国学人与苏联学人一样，并没有串通，也不存在着谁学谁、谁抄谁的问题，二者共同的"悲剧"都在于：好像有思想，其实没思想。

与前两种不同，李泽厚现象显出了复杂得多的内容。从思想的严格性上讲，他是怎样思想的呢？作为美是客观性和社会统一理论的代表，李泽厚的思想来自于马克思《1844年经济学—哲学手稿》。《手稿》从西方进入苏联,产生了苏联美学的社会派;从苏联进入中国,产生了中国美学的社会派。为什么《手稿》在西方也很热,但没有产生一个社会派,而在苏联和中国就不谋而合生地出了一对双胞胎?大概因为苏联和中国学者是用同一种思维方式去理解《手稿》的。这种"不谋而合的相同",对于理解和衡量李泽厚的理论深度是非常重要的。《手稿》中"自然人化"和"人的对象化"的观点,成了李泽厚思想的理论核心。能不能站在当今思想高度来反思这一理论核心,可以成为衡量李泽厚思想深度的又一种尺度。20世纪80年代以后,李泽厚用了三个方面的资源来丰富《手稿》的思想:一是与西方学术史潮流相适应,从马克思上溯到康德,获得"主体性"概念;二是与苏联哲学的变化相适应,苏联哲学界有人要反对传统的从辩证唯物主义到历史唯物主义,而把这个基础颠倒过来,从历史唯物主义到辩证唯物主义,李泽厚则把"历史"基础注入"主体性"概念之中;三是吸收西方现代思想,从精神分析的荣格派那儿吸取了"集体无意识"思想,得出"积淀"概念,由此形成了他的"主体性实践哲学",也称"人类学本体论"。这样,它用人类—主体—实践—历史四大概念,构成了以主体的历史实践活动为中心,一方面外化为自然(人的对象化)、一方面内化为心理(自然人化)的宏伟叙事。这就是李泽厚的辉煌。对于中国思想界来说,也许算得上辉煌,但从世界思想角度看,李泽厚基本上固着在他自己五六十年代的思想核心上。虽然他在20世纪80年代展开了这个核心,并形成了自己的体系。但其体系的两个最基本点,从当今世界的思维水平看,真是难以恭维:其一,他把建立在19世纪人类中心主义之上的"自然人化"和"人的对象化"这个在发生学上还有那么一点意思的思想,作为人类本体论的基础,在思辨、逻辑、实证三方面都是困难的,且不说在人类已经极大地破坏了自然、扭曲着自身的20世纪它会招致的反感;其二,其由思想核心筑构起来的体系所显出的"宏伟叙事",从20世纪60年代起就是世界思想史的质疑对象。从这一角度看,李泽厚的新思想其实思想的仍是旧思想,即沿着"自然人化"和"人的对象化"这一原点展开思想。而这正呈现出中国思想走出思想的艰难和走进思想的艰难。李泽厚的思想腾飞,有点像《西游记》中的一段故事:"八卦炉中逃大圣,五行山下定心猿。"

(三)美学真相:不敢思想

把"20世纪中国美学"作为研究中国思想的个案,它呈现出什么样的特点呢?且归为三:

一、不敢思想

自中国近代一次次惨遭失败以来,中国思想也遭受了巨大的自信创伤。其影响好好坏坏,非常复杂。这里不谈社会历史的实用功效,只从思想本身来看,中国美学基本上就是一个不敢思想的历史。但是这种不敢思想,又是以勇敢地去思想的形式表现出来的。所谓勇敢思想,就是勇敢地去思想当代最先进的思想。这里还得谈谈朱光潜。朱光潜对美学的理解,可以说是非常之深,其在《谈美》中对西方美学的介绍已达到一代大师的化境。这使人感到他是完全有思想能力的。然而,他的思想能力就是表现在勇敢地去思想当时西方最先进的美学思想——审美心理学各个流派:直觉说,距离说,移情说,内摹仿说……1949年前,朱光潜的美学思想就是这些西方美学思想的思想。1949年以后,马克思主义美学思想成了世界最先进的美学思想,于是中国美学最能思想的思想家,都勇敢地按照马克思主义的美学思想去思想。质言之,是按照苏联马克思主义美学思路去思想。其结果,就是以别人的思想为思想。而不敢思想最典型的表现,是中国美学关于美的本质的思想史。马克思主义美学继承了整个西方古典美学传统,认为美的本质问题是美学最基本、最重要的问题。于是,中国美学家们就勇敢地去思想美的本质问题,热热闹闹地得出了至少四种关于美的本质的结论。到20世纪80年代末期,这是中国美学勇敢地去思想那个时代认为最先进的西方现代美学思想的时代。当中国美学突然发现,美的本质问题在现代西方美学中已被判定为一个伪问题而被否定了,于是很少有人再敢思想这一问题。问题不在于现代西方美学对这个问题的看法是对的,而中国美学家只是从善如流。问题在于,中国传统美学从来就不思考美的本质问题!在现代西方美学对美的本质问题下判决书之前,中国美学家为什么不在自己的传统中去思考这一问题呢?我们看到,在国人听说西方的判决之前,面对传统美学,中国人不但不去思想为什么中国古典美学没有美的本质问题,反而千方百计、牵强附会地在中国古典美学中去找美的本质问题。这一点,最能说明中国的思想状态:只敢勇敢地思想自己认为最好的思想,把最好的思想化为自己的思想,而不敢从思想本身的角度去思想。中国人的敢于思想后面,是不敢思想,不敢思想却又表现为敢于思想。

二、在权威下思想

中国人的不敢思想表现为勇敢地思想一种权威的思想,把自己化为权威,用权威话语讲述权威的也是自己的、自己的也是权威的思想。中国美学较有代表性的三部体系性著作:王朝闻主编的《美学概论》、蒋培坤的《审美活动论纲》、李泽厚的《美学四讲》,都是这种权威型思想。三部书都以"马克思主义"作为最后的权威,都把古今中外的美学思想描述成低于"马克思主义"。由于时代不同,三部书对于美学史、特别是西方美学史的把握又是不同的。《概论》代表了1949至1978年的观点,马克思主义以前的西方古典美学都是有长处、有局限,并以各种方式最后通向马克思;马克思以后的现代西方美学则只能是反动、腐朽的。而古典美学的发展一定按照唯心唯物两大阵营相互斗争的方式进行,柏拉图(唯心)——亚里士多德(唯物)——普罗丁(唯心)——狄德罗(唯物)——康德、黑格尔(唯心)——车尔尼雪夫斯基(唯物),

最后到马克思。《论纲》和《四讲》代表了1978年以后的观点。西方美学无论古今，基本不按唯心唯物来组织，而从理论本身进行组织。但古今各种美学都是有长处、有局限，只等着马克思主义美学来克服它们的局限，达到正确的理论。因此，三本著作谈重要问题，都从美学史讲一讲哪些人论述过这一问题，然后用马克思的观点作总结。但是，三本书中的马克思又是不一样的：《概论》是旧一点的马克思，《论纲》是以《手稿》为核心的马克思，《四讲》则是从《手稿》中发展出来又吸收其他思想而成的主体性实践哲学。因此，都用马克思的权威，讲的却是三个不同的美学体系。正是这种不同，显出了这种权威型思考的共同特点：首先，它们神化了马克思；其次，神话马克思的结果，就成了书中的叙事者"我们"就是马克思，因而神化马克思又是为了神化书中的叙述者。由于书中的叙述者实际并不是马克思，因此，当叙述者变成了马克思之后，其实是"俗化"了马克思。这种权威型思想有着非常复杂的历史背景和现实原因，不在这里展开。仅从思想的角度看，其结果，不是用严格的思维去达到正确思想，而是借权威的名义来宣布自己的思想正确。

三、集体型思想

真正的思想需要思想家有勇敢的承担精神，必然表现为一种独特的个人话语。不敢思想而又表现为勇于思想，就升华为一种集体话语。权威型思想中的叙述者"我们"，就不是一个真正的自我，而是一种集体话语，一种有时代高度、也有时代局限的集体话语。对美学来说，集体思想的坏处特别明显。审美首先是一种个人经验。朱光潜《谈美》所揭示的美学深度，至今中国美学的后来者依然无人能及，就在于《谈美》是从个人的审美现象开始立论。而后来的各种体系，往往讲了一大堆"自然人化"、"人的对象化"之类，最关键的是，这些概念并不是在讲具体的现象，而是在讲一种人类、一种最大的集体现象，它既难以从理论上和历史上予以严格证实，又难以同个人的审美经验实际相一致，蜕变为一种非审美的概念游戏，而这种概念正是分析哲学要拒斥和清洗的"形而上学概念"。

集体型思想本身并不是一种错误。当把集体型话语作为一个问题讨论时，只是在于：其一，在美学上，集体型话语丢掉了个人的审美经验，在掉进一种不当的逻辑体系时，就失去了以自身实际去做本真辨识的能力；其二，从思想上说，集体型思想掉进了对时代的依赖之中，只感受到自己站在时代的高度，看不到自己受到的时代局限，甚至把一种高度的受局限理解成超越局限的高度；其三，当集体型思想把自己变成一种权威型思想时，也就把开放的思想场地变成了封闭的独立王国，阻碍了思想的思想。在这三种情况下，集体型思想都变成了不敢思想的勇敢思想形式。

(四)回顾意义:呼唤思想

对于一个复杂的思想历史,可以只表扬其成绩和优点以鼓励思想前进,也可以只指出缺点和不足以激励思想奋起。在前一种工作有很多很多人做、后一种工作很少很少有人去做的今天,我们要做的是后一种工作,从而用了一种最严格的尺度来审视百年中国美学。在这最苛刻的标准中,才可以说,百年中国美学看起来思想了很多很多,其实思想得很少很少。

其实,对于发展中国家来说,思想得很少很少是正常的。从世界史看,世界史分为三大段。从人类社会产生到轴心时代,此前是大致相同的原始社会和神庙社会,此后在哲学突破的基础上形成三大主要文化:以希腊和希伯来为代表的地中海文化、以印度为中心的南亚文化、以中国为中心的东亚文化,这些文化按照自身的规律分别演进。然后,现代型社会在西方兴起并向全球扩张,产生了以西方文化为主流的世界史。而非西方文化从传统向现代的转变,是被西方文化从外力"带动"的。世界现代史的这一事实,即西方文化强势,非西方文化弱势,西方文化率先进入现代化并主导了世界史的现代演进,决定了非西方文化进入世界史的初期、甚至很长一段时间,是师法和学习西方的先进方面。从这一大背景考虑,从1840年到2000年,中国文化在进入统一世界史的160年中,一直都处在追赶世界先进的漫长路途中,方方面面都有大量以西方思想为思想的现象,是可以理解的。从中国文化从传统向现代的转化看,以别人的思想为思想,也是一种思想。只是希望这种正在思想着的思想,不要老是停留在一个水平上。对一个有自立于世界民族之林抱负的民族,应该真正地拥有自己的思想。正是在这一意义上,我们的百年美学之思,以如是的方式进行,其用心一言以蔽之:呼唤思想。

(张 法)

论析 2　遭遇挑战
——20世纪中国美学留下的三个问题

20世纪中国美学的发展道路，既蜿蜒曲折又内涵丰富。一百年的历程，留下了可堪承继的珍贵精神财富；一百年的历程，同样也留下了可以继续开拓的广阔空间，留下了许多值得细加咀嚼的世纪难题。揭示美学在20世纪中国所取得的辉煌成就，固然是总结中国美学历程最好的方法之一，但指出中国美学尚存的那些最关键、也最有争议的问题，同样是对近百年中国美学历程的一种总结。

(一)"美学"是什么？

任何一个学科的成立，首先需要从事该学科研究的业内人士对学科研究对象有基本的认同，建构一个共享的学术话语空间。但是，当我们回顾并考察中国美学近百年所走过的历程，不能不指出，就中国美学发展的现状来看，还不能说已经达到了这个在学术研究领域最起码的要求。如果说，中国从事美学研究的学者们在"美学是什么"这个最基本问题上还没有达成应有的共识，这绝对不是危言耸听。

有许多因素影响着20世纪中国美学的学科定位，因而也使得美学领域充满了误解。所谓美学包括"艺术美"、"自然美"、"社会美"三大类对象的说法，由此再生发出来的所谓"科学美"的讨论，以及以这三个方面或四个方面构成的整个美学领域的理论构想，至今还充斥于各种各样的美学教科书。我们每年都能读到许多其实与"美学"这门学科并无多大关系，却借"美学"为名的著作、论文。这些文献以十分认真的态度研究着"美"的本质以及它的制造方法。更令人遗憾的是，像这类与表现为某种理论形态的人文学科——美学（Aesthetics）毫无关联、与艺术和审美这一特殊精神活动毫无关联的文献，经常可以很轻易地混迹于美学界以及一些本该地位很高的学术杂志、学术会议论文集和学术文献索引中，从而加剧了美学领域的混乱，使得美学作为一门完整而独立的学科更难以成型。

当然，20世纪中国美学发展历经百年而学科定位尚未完成的原因很复杂。20世纪中国美学确立学科定位之步履艰难，首先或许是因为"美学"作为一门人文学科，在学科定位方面本来就包含了与生俱来的困难。

美学究竟是一门研究艺术理想或艺术思维的学问，还是一门研究人们日常生活中经常提及的"美"（漂亮）的学问？换言之，所谓"审美活动"究竟指的是哪些人类活动？这里一直存在含混不清之处。这种含混不清远不只是20世纪中国美学所遇到的问题。当西方美学家把柏拉图（或柏拉图笔下的苏格拉底）、亚里士多德看成他们最早的先驱时，其中多少也包含有类似的含混。然而，自从使美学作为一门学科得以真正成立的奠基之作——18世纪德国鲍姆加登的《美学》问世（1750年），此后一些年，与现在我们称之为"美学"的这门学科有关的一些重要理论著作相继出版。博克发表于1756—1757年的《论崇高与美》，更使得美学超越了狭隘的"美"的研究领域。随着这门学科的发展，最迟到康德《判断力批判》与黑格尔《美学》出版的时代，至少在欧洲，美学已经不再是一场关于日常生活层面上的"美"（漂亮）的且必定会人云亦云的讨论，而已经彻底转向艺术理想与艺术思维这些有可能建立学科规范、有关感性和艺术，更深入地说是关乎人对世界的某种特殊把握方式的研究。至于西方美学此后的发展，从叔本华、尼采到存在主义美学、现象学美学和分析美学，更是非常清晰地远离把美学当作研究"美"（漂亮）这种日常生活中屡见不鲜的视觉感受的非学术研究：这些美学理论"不是对美是什么作讨论，而是对人如何审美作讨论。美的本质、美是什么这样一些一直作为美学的最根本主题被放弃了，或者按现象学的说法被悬搁起来"①。西方美学的发展历程，暗示了这样一个理论基点——尽管许多美学家都同意，在古希腊，"美"是艺术的普遍理想，然而，研究人们在日常生活层面上所说的"美"，就像研究人们在日常生活层面上所说的"真"与"善"一样，都不足以成为一个独立学科的研究对象；只有将真、善、美这样一些概念从日常生活层面提升到形而上学层面，使之成为具有特殊含意、关乎人与世界关系之本质的哲学范畴，才有可能出现逻辑学、伦理学、美学这样一些哲学的分支。

要研究和考察美学作为一门学科在20世纪中国的发展，我们不能忘记这是一门从西方引进的学科。它并不是像西方美学那样，从其自身内在的审美意识演变史与艺术发展史的学术基础上自然形成的。美学在西方发展了一百五十年左右才传入中国，它对于当时的中国人文学者是一门全新的学问。在中国古代堪称发达的人文研究领域，比起逻辑学、伦理学之类的哲学分支，美学更难以找到确切相对应的学科。所以，美学之所以能够出现在中国并且成为像今天这样一个拥有众多研究者的人文学科，必定要有所承继。

需要特别指出的是，20世纪中国美学所承继的，并不只是从鲍姆加登开始，以康德、黑格尔为典型代表的欧洲近代意义上作为一个独立学科的美学。实际上，早

---

① 牛宏宝：《20世纪西方美学主潮》，第381页，武汉，湖北人民出版社，1996。

到古希腊，迟至叔本华、尼采甚至更晚近的西方美学家的著作与思想，都以共时性的形态进入中国，同时影响了20世纪中国美学研究的先驱与后来者。我们所看到的几乎所有美学史，都是从柏拉图和亚里士多德开始，而不是从鲍姆加登开始。由于从古希腊哲人直到尼采这样一些极其不同的思想家的美学理论同时传入中国，我们并不容易清醒地认识到，欧洲古希腊与古罗马时期的艺术理论与那个时代哲人们有关"美"（漂亮）的讨论并不完全是一回事；同样也不容易认识到，与近代美学更接近的，并不是古希腊时代哲人们有关"美"（漂亮）的讨论（比如柏拉图《文艺对话集》里的《大希庇阿斯篇》和《会饮篇》），而恰恰是他们那些可能并不提"美"、艺术（诗）的讨论。从这里，我们可以达致对20世纪中国美学内涵混乱的一种善意解释，即：这种混乱是由于人们不分轩轾地接受了那些实际上大相径庭的西方经典文献，而这又是一种虽不合理、却很合情的现象。

但是，问题还不完全在于20世纪中国美学所继承与接受的西方理论资源本身的复杂性。正如人生中许多巨大的不幸可能肇始于一个很小的失误一样，20世纪中国美学的不幸是：最早将发源于欧洲的"Aesthetics"这门学科引进中国的学者，套用了日文中的"美学"这个名称。至少在中国，所谓"美学"这个术语不是从"Aesthetics"直接翻译过来的，从表面看也没有它原初包含的"感性学"的意思。"美学"这个称呼虽不能说与西方美学所用的"Aesthetics"这个词语全无关系，但毕竟它在字面上所表达的那种意思，与"Aesthetics"基本上是两回事，与美学在近现代的表现形态更完全是两回事。

"美学"这个名称无法准确体现出"Aesthetics"这一学科的形成历史，反而有助于导致误解。柏拉图有关"美"（漂亮）的论述受到的特殊关注，最能说明问题——古希腊哲学是欧洲所有人文学科的源头，而像柏拉图这样一些古希腊哲人有关"美"（漂亮）和艺术的思想又经常是犬牙交错的。对于学科创建时期的中国美学而言，其中那些有关"美"（漂亮）的思想虽与鲍姆加登后来确立的"美学"相距很远，却又确实充满智慧和魅力。对于许多从一开始就误解了美学研究对象的人来说，柏拉图有关"美"（漂亮）的睿智思考，远远比黑格尔佶屈聱牙的论证更易于接受。而在这样的基础上发展而来的美学，当然会成为一门很可疑的学问。

而且，我们不能忘记，20世纪中国美学的发展过程中还遭遇到特殊的不幸，那就是20世纪中国学术发展除了接续着西方学术传统，几乎同时还接续了苏俄美学传统。像俄国的车尔尼雪夫斯基《美就是生活》[①]这样一部逻辑混乱的小册子，却缘于其拥有的特殊意识形态地位，成为影响20世纪中国美学发展的不容置疑的经典。20世纪中国美学是在苏俄意识形态成为最具影响力的思想资源这一特殊背景下成

---

① 车尔尼雪夫斯基：《生活与美学》，周扬译，北京，人民文学出版社，1957。

熟起来的，尤其是20世纪40年代直到70年代中叶特殊的政治与学术环境，使得车尔尼雪夫斯基等人著作的影响力远远超越了他在美学领域的实际贡献，相当多的美学家自觉不自觉地接受和传播了"车尔尼雪夫斯基式的美学"。在20世纪中国美学走向成熟的道路上，这一强有力的干扰整整影响了几代人。车尔尼雪夫斯基的帮助，至少使得对"美学"这个名称望文生义的理解获得了权威性的支撑。①

美学在进入中国之前就已经基本定型。因此，在中国，这门学科并没有经过一个大浪淘沙式的逐渐规范化过程。过多而又相当芜杂的理性材料一拥而入，在西方美学演进过程中曾经存在过的那种思想与思想、范畴与范畴在承继变迁中渐次走向成熟的过程，也就不可能在20世纪中国美学发展过程中重现。从苏格拉底和柏拉图，直到车尔尼雪夫斯基、日丹诺夫，这样范围相当广的思想资源对20世纪中国美学发展的影响程度，远远不是可以通过其在西方美学史上的重要性来衡量的。某些重要和深刻的思想，未必就受到中国人的重视。固然，一个方面，当从古希腊直到20世纪欧美和苏俄思想家繁复多样的美学观念、汗牛充栋的美学著作同时传入中国时，人们很容易以"六经注我"的态度而各取所需。另一方面，也是更重要的，相当多西方思想家的"前美学"著作很容易被误作为美学著作，甚至被当作美学经典。立足于这个非常混乱基础上建构20世纪中国的美学，内涵的混乱与不确定就可能在所难免。

20世纪中国美学这一先天不足的特征，决定了孕育着它的那些思想资源并不全是真正意义上的美学资源。然而，美学研究对象的含混不清，还有内在的原因，那就是相当多的学者至今仍缺乏研究美学所必需的历史方法与历史视野。

人类的审美理想是不断演进的，不同时代的艺术风格与审美理想之间可能存在非常大的差距，因而，不同时代的美学所研究的内容，也就必然出现相当大的差别。作为一门人文学科的美学，如果不能从艺术与人类审美活动历史变迁的角度去把握人与对象的审美关系，也就不可能真正完整准确地理解美学这一特殊学科的研究对象。而人类审美理想的演进史上，对于美学这门学科最重要的转折点，就是"崇高"作为一个重要美学范畴的引进。如同鲍桑葵所说的那样，在审美理论的发展史上，"我们可以把古代人的基本理论看作是近代人包容赅博的概念的基础"，然而自从博克和康德把"崇高"这一革命性的、与传统意义上的"美"截然不同的审美感受作为基本范畴，引入到美学研究领域之后，"美的"和"美"已经具有了更丰富的包容性。鲍桑葵是这样叙述美学史上这一重要事件的：

---

① 从20世纪80年代初过来的人，都不会忘记当时的小说家经常讽刺爱打扮的姑娘误把美学著作当作美容指导书。其实这样的误解又何止出现在虚荣的时髦姑娘身上！

随着近代世界的诞生,浪漫主义的美感觉醒了,随之而来的是对于自由的和热烈的表现的渴望,因此,公正的理论已经不可能再认为,把美解释为规律性和和谐,或多样性的统一的简单表现就够了。这时,出现了关于崇高的理论。最初,它的确并不是在美的理论范围之内出现的。但是,接着,关于丑的分析也出现了,并且发展成为关于美的理论的一个公认的分支。结果,丑和崇高终于都划入美的总的范围之内。①

在这个意义上说,只有在美学发展史的最初阶段,尤其是在美学尚未成为一门独立学科的西方古典美学时期,艺术以及与艺术欣赏相关的审美感受集中在狭义的"美"的时代,欧洲社会普遍的艺术理想与人们日常生活中所称的"美"(漂亮)之间才具有特殊的同一性。而美学恰恰出现在浪漫主义艺术理想勃兴之时,出现在人类的艺术理想超越了"美"(漂亮)而进入更广义的、包括崇高和丑在内的更丰富复杂的审美感受的时代。虽然很难说是由于人类审美需求与艺术理想的丰富化,才推动美学作为一个独立学科的出现,但是,美学这门学科诞生的背景,确实是欧洲主流社会审美观念出现了从纯粹的"美"向着崇高、丑等更具现代色彩、更丰富多样的审美理想演变的特殊时代。由于美学产生在这一特殊时代,它又被视为哲学的一个组成部分,因此,只要能够认识到人类艺术与审美理想总是不断发展变化的,学者们就不至于对美学研究对象产生普遍化的误解。

历史也许并不完全是一种巧合,如同美学诞生于欧洲审美理想出现重大变异的时代一样,美学传入中国的时代,也正是中国人的普遍审美理想产生巨大变异的时代,虽然这种变异具有外来文化移入的背景。如果中国的美学家能够体会到这一变异对于美学的意义,把这门学科的研究真正集中在人与对象的审美关系范畴之内,以人类"艺术地把握世界"这一特殊的思维方法为核心来开展研究,那么,20世纪中国美学也完全可能走上一条正确的道路。

但困难显然在于:20世纪中国美学在发展过程中并没有普遍接受美学研究的历史方法。相当多的学者深信,不同民族与不同时代的美、审美以及艺术规律、美学理想,拥有某种永恒的、一成不变的规律。人们惯于从静态角度界定美和审美。这一现象不仅导致美学的研究对象与研究内涵招致普遍误解,更表现在一些重要的美学基本范畴招致的普遍误解——将那些重要的美学范畴视为静态的、凝固不变的范畴的现象,在美学研究文献中随处可见。正如有学者所指出的:

美学范畴是在逻辑与历史相统一的运动中产生的,范畴的发展既是逻辑的

---

① 鲍桑葵:《美学史》,张今译,第9—10页,北京,商务印书馆,1985。

运动,也是历史的运动,那么,美学范畴就不仅是一个逻辑范畴,而且也是一个历史范畴。但是,在我们现有的美学原理和美学史包括美学范畴史的著作中,往往对美学范畴的流动、发展和转化缺乏足够的认识。这种把美学范畴仅仅看成逻辑范畴,而忽视它也是历史范畴的情况,不仅在我国美学研究中存在,而且在别的国家如苏联美学研究中也存在。[①]

而20世纪中国美学存在的这一缺陷,其在研究持续进展中的阻滞作用,理应得到充分评估。

当然,即使就欧美学术界而言,美学也没有像物理学、逻辑学之类学科那样极明确的研究对象与内涵。但至少有一点,当美学这门学科被引进中国时,有关美学研究对象这样的问题,在欧美学术界已经存在近两百年时间了。而我们在发展这门学科的过程中,这一问题甚至都没有真正受到重视。至今,我们或许只能叹息、抱怨当初人们选择"美学"这个词来翻译"Aesthetics"是一个错误。但既然这个学科名称已是约定俗成的事实,重要的就不再是徒劳无益地试图改变这门学科的称呼,而是建立学科本身的学术规范。假如说美学有可能成为一门科学,就至少要使美学研究有可能成为一门有相对明确研究对象的学科。而就目前的情况而言,要做到这一点并不是没有困难。这决不仅仅是美学研究队伍素质良莠不齐所致,还有更深层的理论原因。而解决这个问题,可能是21世纪中国美学需要致力的最重要的基础工作。

(二)美学民族化的可能性与前景

尽管20世纪中国美学已经走过了近百年的历程,但从学理角度说,"中国美学"这个短语的含意恐怕还有待于厘清。在某种意义上,近百年的中国美学更多像是"西方美学在中国",而很难说是真正意义上的"中国美学"。

且不谈那些有关"漂亮"的研究,即使从20世纪中国美学最前沿的研究成果以及发展前景来看,仍然有某种尚未被学术界普遍清醒地意识到的潜在危机——已经走了百年路程的中国美学,至今还没有找到很好利用民族美学资源的途径;本民族的美学资源虽然在近年来不断得到发掘,但是说它的价值还没有得到充分估价和认识,也许并不夸张。即使是在20世纪中国美学已有百年历史的今天,"美学的民族化"仍然是需要众多美学家共同努力才能实现的理想。

类似的问题当然并不仅仅出现在中国。事实上,即使是曾经担当了西方美学输入中国之"二传手"的日本,其美学研究的主要成果也主要集中在西方美学领域,而

---

① 周来祥、彭修银:《中西美学范畴的逻辑发展》,载《文艺研究》1990年第5期。

日本民族颇为独特的审美感受与艺术经验同美学研究之间也存在着明显的疏离。美学家们不应该默认这种疏离。美学是发源于西方文化环境中的,因而无论它怎么发展,总不可避免地带上浓厚的西方文化色彩。但更重要的问题在于,假如美学是一门跨文化的,或者更进一步说是一门世界性的学问,它的最终目标是从人类文明发展过程中寻找并抽绎出世界各民族在审美领域与艺术领域共同遵循的某些规律,那么每个民族都有责任和义务,尤其是非西方民族更有责任和义务努力发掘本民族的艺术与美学资源,在虚心接受与继承西方美学丰富遗产的基础上,用本民族的审美经验来丰富全人类意义上的美学,使美学更像是一门世界性的学问。

美学的民族化之所以有可能成为一个问题,缘于人类文明的丰富内涵与西方思想的局限性之间不可克服的矛盾。各民族在走向文明的道路上,都发展出了审美能力与审美意识,都在审美活动中表现出了艺术创作与欣赏能力。然而,虽然各民族的审美能力、审美意识以及艺术发展的互相交流并不罕见,但无论如何,不同民族在审美取向与偏好上(当然也包括艺术的表现手法以及风格),都必然表现出与其他民族不同的民族特点。既然美学作为一门学科是在欧洲发展起来的,古希腊的柏拉图、亚里士多德,德国的康德、黑格尔、马克思、尼采,对20世纪30年代以后中国美学发展影响深远的别林斯基、车尔尼雪夫斯基、日丹诺夫等苏俄美学家,直到构成20世纪西方美学发展主潮的弗洛伊德、萨特、海德格尔等等,都是在西方思想体系中成长起来的,或者更准确地说,都是通过对西方人的审美经验的抽象与总结而发展出他们的美学理论体系的。尽管从"地理大发现"时代以来西方的军事与经济扩张就波及世界上相当广阔的区域,但是直到二战前后,非西方文化也一直没有以其本来面目进入到西方美学家的视野之中。如果说,美学应该是对人类审美意识及审美活动整体上的哲学考察与总结,那么,仅仅凭西方人的审美经验和审美活动历程,是否足以抽绎出具有世界意义的哲学与美学理论?或者说,如果我们可以将美学视为哲学家、美学家们对无数人类个体的审美意识、审美经验与审美活动的内在规律的理论把握,那么,仅仅通过对欧洲人的审美活动与历史的考察,能否达致某种适用于人类整体的美学理论,也就非常值得怀疑。

因为人类文化具有共性,所以美学尽管是从西方文明基础上生发出来的,却也能够被引进到东方的中国,在某种程度上也能够被用以阐释中国的审美现象与艺术。然而,也正因为人类文化还存在个性,所以美学进入中国之后,它将如何包容、帮助我们解读中国人的审美经验,尤其是包容凝聚着中国漫长审美历程之精华的传统美学观念,也就成为美学能否很妥帖地"嵌入"中国现当代文化与中国哲学的关键。

无论后来者如何试图从中国先秦以来漫长的思想长河中寻找传统与民族的美学资源,美学在中国作为一门独立学科、作为一门因其具备独立性也因此同时具备了渐次走向成熟的可能性的学科,无疑是从王国维对西方美学的介绍开始的。正如王国维很顺理成章地将叔本华的美学理论用于解读中国古典小说《红楼梦》一样,美学在中国之所以能够迅速发展,首先是因为能够不断地从西方美学在中国的可应用性上获得它前进的动力。百年来,我们总是自觉不自觉地试图从西方美学中撷取现成的答案,来阐释中国艺术漫长与复杂的历程,以及这个历程中暗含着的规律。我们甚至将欧洲18—19世纪的现实主义与浪漫主义两大艺术流派当作两种最基本的创作方法,以它们的互动关系来构成整部中国文学史。我们也在美学教科书中加入了不少中国艺术的例子。但是,这非但不是"美学的民族化",更意味着美学家们事实上是将中国的审美活动史看作世界美学中的一个具体个例,是在用中国的审美活动史印证着西方美学的全球可应用性。

这就是说,自从西方美学被引进到中国之后,所谓"西方美学"并没有真正被20世纪的中国美学家们视为"西方"的美学,而一直是被视为"世界美学"的。这就决定了近百年来中国美学的基础理论研究领域,虽然出现了不少具有创见的美学思想成果,但中国漫长的美学发展史中所积淀的丰富而独特的美学思想,却一直未能真正进入到今人构筑的这些美学理论框架之中。甚至像"意象"、"意境"这样一些从汉魏六朝以来在中国美学思想史上占据了极为核心位置的范畴,在各种各样的当代中国美学体系中,也没有获得它应有的地位。周来祥以"和谐"这个浓缩了中国古典美学理想的概念,作为其美学理论与美学发展史的元范畴。这个以"和谐"为基本范畴的美学体系,在利用民族美学资源方面体现了一定程度的创造性。但即使在周来祥的体系中,对"和谐"的解释仍然是康德和黑格尔式的;"和谐"这个民族色彩很浓的美学范畴,依然被放置在以黑格尔式思维方法所构筑起来的美学体系里,从而流露出"西学为体,中学为用"的痕迹。[①] 夏之放曾经建议,应该"用审美意象作为文艺学体系的第一块基石"[②],但迄今为止,我们还没有能够看到基于这一范畴建构的、为中国美学界及文艺理论界公认的体系,更没有以此为基础的美学教科书。美学家们在处理民族化的美学材料,尤其是中国古典美学中那些最常见的概念和术语时,经常陷入一种令人困惑的两难境地。在很多场合,他们也就不得不在体系的完备性与丰富的民族审美材料的运用之间,做非此即彼的取舍。

在中国古典美学研究领域,中国古典美学与西方美学之间的关系更显得非常之微妙。如前所述,20世纪中国的美学研究是在美学从西方引进这一背景下展开的。所以,在美学发展之初,人们较少注意到中国本土美学思想史的发掘。20世纪中国

[①] 参见周来祥:《论美是和谐》,贵阳,贵州人民出版社,1987;《再论美是和谐》,桂林,广西师范大学出版社,1996。

[②] 夏之放:《论审美意象》,载《文艺研究》1990年第1期。

美学界最有影响的学者,从王国维、朱光潜、宗白华、蔡仪,到李泽厚、蒋孔阳等人,其主要成就即使不全是介绍引进西方美学思想,也多以西方美学思想为基础而建构其理论体系。但是,美学的发展必然会刺激学者们从单纯引进与接受西方美学思想,转而寻求浩如烟海的中国古代典籍中所蕴含的丰富美学思想果实。近百年来中国美学史的研究,已经波及从老庄、孔子、《易经》等先秦时代的重要思想家与著作,一直到晚近康有为、梁启超等启蒙思想家这样一个相当广泛的范围。这就足以说明,从先秦时代开始,中国的思想家们就已经非常关心人的审美意识、审美体验以及艺术活动中的美学规律。然而,这一研究当然不能仅仅满足于指出中国古代某个美学家具有与西方著名美学家相同或相似的某些观点,仅仅停留于说明或证明"中国历史上曾经出现过伟大的美学家与深刻的美学思想"这一简单的历史事实,而本该通过这样的研究,从中国美学迥异于西方的审美理想及其发展过程中,探索和建构具有民族风格、符合民族精神的美学史学科。

但至少到目前,我们在这一领域所能见到的最多的研究,依然是在用西方美学的观念直至美学术语"翻译"中国古典美学。即使是一些较好的研究成果,也在不同程度上存在着用西方美学观念解读中国古典美学论著的现象。中国美学史几乎成了西方美学史异样的翻版与重演:各种理念出现的时序或许略有不同,但似乎中国美学与西方美学在审美与艺术领域所关注的都是一些相同问题,并无二致。学术的发展总是由对一些基本范畴、带有普遍意义的关键问题的探讨来推动的。在中国美学发展史上,像对"形"与"神"的关系等具有民族特征的问题的日益深入的讨论,就在相当长的历史时期中推动着中国审美意识的发展演变。汪裕雄既准确又言简意赅地指出,正是"重意象、尚感悟的思维传统",支撑着中国审美与艺术的辉煌:

> 中国传统美学一直将意象作为自己的中心范畴,围绕审美意象的创造、传达和读解,衍生出自己的审美原则。《诗》之"比兴",建基于物类相感、触类引申的《易》理之上,正与"易象"相表里。《骚》之"发愤抒情",倚重庄学的"逍遥游"理想,强调主体备受压抑的内在动力在推动艺术家诉之于意象,向超越境界升腾远举。经过魏晋玄学的洗礼,诗骚两大传统在六朝之际相互融贯,"即目所见"直指"象外之意",有限的眼前景物直通无限的人生体验,在唐代演为"境生于象外"的意境说。意境说远非有人所论是源于佛教的另一系美学,它只是意象论的延伸与拓展,即强调意象必须向形而上境域超越。这种以意象为中心的美学及其支持下的审美实践,反过来又强化、深化着民族的思维传统。①

---

① 汪裕雄:《意象探源》,第21页,合肥,安徽教育出版社,1996。

既然如此,如果中国美学史不是从这样一些具有民族特点的基本范畴和关键问题出发,不同民族在文明发展历程中思维的巨大差异、审美取向上的巨大差异,就不可能得到具有理论意义的解释,也就不可能从中国漫长的艺术与审美发展史中寻到源于它自身的发展动力。从先秦迄今,中国文化中蕴含着的丰富而又独特的审美经验,没有得到历史的总结与解释,中华民族特有的审美意识与审美理想这一丰富宝藏,也就很难得到真正有价值的开发。更关键的一点在于,像这样一些深刻揭示了中国传统美学特点的研究,还远远没有被当代美学家自觉地运用于创建具有自己民族特色的美学理论,更不用说在此基础上建构有可能超越西方审美与艺术经验、更具全球性的美学理论体系。

当然,要做到这一点是有困难的,因为哪怕最基础的工作也还有待于开展,中国古代美学资源所拥有的诸多审美范畴还远未得到足够系统的清理。如同封孝伦指出的那样:

> 中国古代由不同的思想家、艺术家、文学家提出的范畴太多了,哪些范畴历史价值较高,哪些范畴较低,需要做出挑选。挑选的标准和原则又是什么,这一点不确定,范畴的铺排陈列不但芜杂,而且很随意,有无历史价值让人怀疑……这恐怕……是所有研究中国古典美学史的人面临的共同难题。[①]

最近一些年,中西美学比较研究引起了中国美学界的高度关注,大量审美事实揭示了中国美学与西方美学许多本质性的差别。它至少说明一点,那就是西方美学思想与西方美学发展史并不能替代人类各民族丰富多彩的美学思想与发展历史。即使西方美学在任何意义上都是我们研究中国美学的一个无法忘却的参照系,百年来我们习惯于以西方美学来解读中国艺术创作及发展历史的研究模式,以及用中国美学证明西方美学的全球有效性的研究方法,确实应该得到清理和扬弃。通过美学与艺术的跨文化交流,推动世界美学的发展,才有可能使中国美学的研究以及美学的民族化获得跨文化的意义。

提倡美学的民族化,并不意味着要采取排外的文化态度,因为"民族化"正应该是二战以来兴起的文化全球化思潮的题中应有之义。"民族化"与"全球化"是一枚硬币的两面:没有真正意义上的民族化,跨文化的沟通与交流就失去了所有价值,而所谓全球化就必然变成西方化。因此,美学的民族化之成为当务之急,恰恰是出于全球化必须建立在文化多样性前提下的考虑。唯有从全球化的角度,才能够发现目前人们普遍接受的过于西方化的美学之本质上的局限性。

---

① 封孝伦:《20世纪中国美学》,第452页,吉林,东北师范大学出版社,1997。

然而,在这个文化发展水平与影响力极不平衡的世界环境里,包括美学在内诸多人文学科的民族化,都不可以一蹴而就。在某种意义上说,这也正是中国美学亟须解决的众多问题中最具有时代意义,但也是最困难的问题。

(三)审美文化与美学的第三种可能

美学以人与世界的审美关系为研究对象。但是,人与世界的审美关系可以通过多种途径研究,更不用说其研究结果可以采用完全不同的多种多样的表达方式。因此,有关美学理论以及美学著作的存在方式,多少也算是一个值得深入探讨的问题。而目前这个问题之所以渐渐显得重要,是因为考察20世纪中国美学的发展,以及探讨中国美学走过百年历程之后的走向时,我们已经不能忽视美学研究领域出现的研究方法与表达形式的多元化现象。无论是就目前仍然居于无可争议的主流地位的欧美国家的美学研究而言,还是就尚处于成熟过程中的中国美学研究而言,当代美学研究与经典美学之间的区别都是显而易见的。而种种区别之中,最重要的区别之一,就是随着美学研究对象与方法等呈现出多元化格局,审美文化研究越来越成为美学研究中一个迅速崛起的新领域。

美学自从诞生以来就具有多种学术层面上的可能性。而且,从美学传入中国伊始,这多种可能性也就同时展现在中国学人们面前。当王国维在20世纪初叶几乎是同时尝试着用叔本华的悲剧理论解读中国古典名著《红楼梦》,用中国传统的诗话方式评价中国古代诗词、写作《人间词话》时,他肯定没有想到,他在为中国的人文科学开创"美学"这门新学科时所用的方法也极具象征意义。王国维的《〈红楼梦〉评论》和《人间词话》之所以具有象征意义,并不止于这两部篇幅不大、内容多少有些杂乱、也很难说具备必要的理论系统性的著作的开拓性价值,而在于通过王国维颇具探索性的研究,使得20世纪中国美学从一开始,就出现了它将在整个世纪里渐次展开、可能具有的三种最主要的形态。这三种形态其实也意味着美学的三种存在方式、三个层面的人类价值,代表了它的三种主要功能:作为哲学或曰形而上学的美学、作为艺术理论的美学,而它的第三种存在方式与功能,则是人们容易忽视的,那就是它作为一种人文读物的存在方式与功能——这种存在方式与功能确实是超越学术层面的,但在20世纪中国美学发展进程中,它使美学成为一种个人情感表达手段的价值,却日益凸现在学术领域。

从哲学层面看,王国维的《〈红楼梦〉评论》把《红楼梦》这部小说作为一个与生命哲学相关的对象加以研究,同时也使得"悲剧"作为一个哲学概念而获得了它超越日常生活语言的意义。如果说,概念与范畴的确立是一门学科得以成立的最起码前提,那么,从日常生活语言中抽取出具有特定学术所指的概念、范畴,或者说赋予某些日常生活语言以某种学术内涵并在此基础上建构某种特定的学术话语,就成为一门学科的奠基者最重要的学术贡献。当然,王国维远远未能完成这一工作,甚至都没有能够为这门学科提供一个后人公认的名称。在他的著作里,"美术"这个词更多地被用来指称我们今天所常称的"美学"。但毕竟王国维已经自觉地开始从事对于艺术的形而上学研究,并借此深入研究人类生命活动中最本质的那些问题,自觉地接续着从康德以来的德国美学传统。

从艺术理论的层面上看,王国维的《〈红楼梦〉评论》和《人间词话》试图揭示中国传统小说戏剧和诗词所特有的结构方式,并把它放在世界文学艺术的整体背景下加以研究、评价,努力为文学艺术建构理论规范。王国维的《〈红楼梦〉评论》和《人间词话》之所以具有文艺美学层面上的价值,就在于它们不仅仅是从个人角度评价艺术对象,更是在品评这些古典名著基础上,建构新的艺术理论话语。这种艺术理论话语既不是只着眼于纯粹技巧层面上的,也不是只注目于艺术与人生(包括政治)密切关联的现实层面上的。它所着眼的,主要是人类深层的艺术感受与艺术思维特征。在这个意义上,王国维比起他同时代的其他人都更像是一位真正的美学家。

虽然王国维的《〈红楼梦〉评论》和《人间词话》都具有一定程度上的形而上学与艺术哲学价值(当然,也许可以说,《〈红楼梦〉评论》更偏重于形而上学,《人间词话》则更偏重于艺术哲学),不过,《人间词话》无论就其在中国美学发展历程中的地位,还是就其受公众欢迎的程度而言,都要远远大于《〈红楼梦〉评论》。究其原因,一方面固然是由于《〈红楼梦〉评论》在运用叔本华理论时多少显得有些生硬,远不如《人间词话》那种感性化的评论可以允许作者挥洒自如,容纳进作者的连珠妙语。另一方面,《人间词话》采用了与理论著作截然不同的特殊写作方式,这更是一个重要原因。也许这才是《人间词话》的美学意义与影响力之所在。如果我们可以认同《人间词话》这样一种形态特殊的美学著作存在,我们就不能不同意,与其说它是形而上学或艺术哲学,毋宁说它更接近于中国传统的艺术批评文本,而这种高度感性化的批评文本的美学价值,正是需要讨论的。

在整个20世纪,文学艺术批评日益受到社会广泛关注。20世纪几乎可以称之为一个"批评的时代"。推究这一现象出现的社会背景,当然与教育的普及,尤其是高等教育的普及密切相关。近代大学所推崇的研究方法成为被社会广泛接受的智力活动范式,使得理论与批评著作的读者对象急剧增长。教育的普及,同时也引发了学术的一种另类取向,那就是为了适应读者对象的增长,文学艺术批评渐渐从一个非常专门的领域转而趋向于探讨那些有可能赢得更大多数人关心的问题,使文学艺术批评越来越多地介入到社会文化层面。正因为读者对象的泛化对理论与批评的写作产生了影响,阅读对象的多元化和理论著作普及化的可能性都在诱导理论家们用更感性化的、更易于为一般读者接受的方式写作,从而使理论与批评渐渐得以改变它严肃、高深的面貌,甚至开始变得更接近于文学本身,更接近于中国传统文学领域常见的那种以韵文形式(其中包括诗词曲赋等多种文体)撰写的诗词评论著作。如果用中国传统批评与理论著作相比附,那我们就会说,20世纪作为一个"批评的时代"的重要标志,就是文学艺术的美学批评以及美学理论著作变得更接近于《诗品》而不是《文心雕龙》。这一趋势无疑对美学的现代发展产生了重大影响,而且这一影响也不失时机地促使20世纪90年代以来中国美学的研究方向出现了某些变异。美学正在出现某种泛化的倾向。更极端地说,它正在开拓一条超越学科限制的新道路。从这个意义上说,90年代以来中国美学出现的新转向,虽然并不是从《人间词话》所接续的中国古代文艺理论传统发展流变而来的,却与之有着一种内在的契合。

当然,在讨论中国美学的泛化现象时,我们不会忘记80年代以来中国美学曾经出现过更大范围、更大程度上的泛化。美学研究以及对文学艺术的美学批评的影响范围,远远超出了美学领域,而扩张到把美学作为一种社会批判与文化批判的工具。[①] 虽然这个时代的美学在中国当代历史进程中所起到的史无前例的作用不容忽视,尤其是像李泽厚这样的重要美学家,甚至从改革开放以来,就始终不断地为中国人文学科的发展与重建提供着至关重要的思想资源。但是,他们所起到的作用,主要并不是表现在美学领域内部,而在某种意义上说,这也不是康德以来以"美的无功利性"为理论前提的经典美学所能认同的学术方向。因此,我们所要讨论的美学的泛化现象,主要是指20世纪90年代以来,美学在开始关注现实生活的同时,力求受到现实社会更多关注的努力。这一转向在近年来的中国(欧美则更早)显然已经成为一种值得注意的学术思潮。如果说,80年代诸多学者热衷于把美学作为社会批判与文化批判的工具,这多少应该看成是其特殊的学术与思想策略,其美学层面上的理论价值在今天还很难给予恰如其分的评价,那么,当我们将视野集中于90年代以来中国美学界以所谓"审美文化"研究为代表的比较狭义的"美学泛化"现象,就确实会发出一些更值得深入探讨的美学领域内部的疑问——"审美文化"研究的崛起,至少非常现实地表现出了美学继其作为一种形而上学、艺术哲学之后的第三种存在方式与可能。

所谓"审美文化"究竟是一个美学研究新领域、一种新类型,还是一种美学研究新方法或新思路,这在美学界尚未有较为一致的看法。[②] 但假如从功能角度、美学的存在方式角度看,当代审美文化研究最明显的特点之一,就是注重美学研究与批评

[①] 比如说刘晓波的著述,虽然从表面上看他也在讨论一些美学领域的问题,但其意旨却完全脱离了美学,应该说是更纯粹的社会批评与文化批评。

[②] 杜卫把"审美文化"解释为"从审美角度切入的文化研究",这可能是目前对"审美文化"的多重界定中一种既讨巧又比较准确的界定。参见杜卫、傅谨:《审美文化论》,第46—58页,天津,天津人民出版社,1998。

文本本身的构成,注重文本的可读性与传播,尽可能使其表现为一种语言的艺术。这使得审美文化批评即使没有任何学术上、艺术理念上的创新,至少就其重视批评文本的感性表现力而言,也足以成为一股学术新潮。当然,审美文化本身至今仍然是相当复杂的,它的特点也不仅仅表现在表达形式与文献的构成风格方面。王德胜曾经这样谈及审美文化研究:

> 在"审美文化"里,"美"却不再是一种抽象理性的专有权力象征,也不再是具有终极本体属性的价值实现形式;"艺术"不再是"美/审美"的同义物或唯一通道,也不再是纯粹理性的显现与观照活动。由经典形式的美学话语所规定的感性向理性的投入、"直接性的取消",在"审美文化"概念中失去了它那种由严密的思辨逻辑所限制的必然性,感性作为现实生活的表现性存在而向理性价值理想炫耀自身的力量……在当代形态的审美文化研究中,"审美文化"概念超越了经典的"美"或"艺术"概念,呈现出某种"非美"或"非艺术"的特征。它较之经典美学话语的逻辑性规定形式,更加突出了对于各种当代性现象的描述性把握……
>
> 就此而言,在当代形态的审美文化研究中,"审美文化"之于大众日常生活活动的普遍的、日常的价值存在方式的认同,在性质上,便同当代文化的商业性结构、当代传播制度有着内在的关联,成为当代文化特有的制度性表现。可以说,作为概念的"审美文化",无法拒绝把包括艺术活动在内的当代文化活动的商业性及大众传播特征包容在自身之中。①

在这里,所谓"审美文化"首先被理解为一种研究者的理论取向;其次,它同时还被理解为一种研究的态度。如果说,把目前中国审美文化研究的勃兴,理解为美学理论的世界性转向的一个组成部分,这种学理层面上的解释还不够,因为对于审美文化研究而言,更重要的一点则是它本身已在相当程度上融入大众传媒之中,既关注着大众传媒,同时又娴熟地利用着大众传媒手段。

这一趋势说明,美学仅仅作为形而上学和艺术哲学的存在方式,已不足以构成它的全部。在美学研究领域,从美学角度开展的趋于公众而非面向同行的文学艺术批评,其价值受到越来越多的肯定,甚至在一定程度上出现了超过学理探究的存在价值的趋势。而人们对于文献的语言魅力及传播手段的注重,甚至超过了对其内涵及学术深度的重视。它还具体表现为中国美学界相当一批新秀,已经从研究者转而

---

① 王德胜:《文化的嬉戏与承诺》,第261页、263页,郑州,河南人民出版社,1998。

成为深受大众传媒欢迎的批评文本或学术文本的制作者,而文本自身的文学性、可接受性以及为读者提供的愉悦和快感,正在成为衡量一个学者成就及影响的日益重要的标准之一。无论是出于主动抑或被动,他们与大众传媒的紧密合作,都是此前任何时代学者不曾有过甚至曾经招致鄙薄的。这一现象不仅是在回应王蒙曾经提出过的"学者文人化"诉求,更是"学术大众化"的表现。从负面角度看,它是学术对媒体霸权的屈服或趋附,但我们也可以从更积极的方面,赋予它以更合理的价值。如果说,沉醉于自身独特个体经验的精心描述,沉醉于构筑个体审美经验高度艺术化的表达模式,这些是20世纪中国美学的一种很有特色的传统,那么,虽然这一直到王国维还在延续的传统在王国维那里已经终结,但是在审美文化研究领域,也可以说这一传统正在以新的形式复活。

当然,我们只能在很有限的意义上,把审美文化研究的崛起看成中国传统美学文本的复活。必须看到,它们之间存在的相似性其实是非常表面化的。审美文化研究的崛起,依托于一个重要背景,即:一个世纪以来,特别是近二十年中国文化整体与学术品格所发生的极大变化。如同这一现象出现的世界背景一样,这一变化也是与中国社会基本结构的变化相关的,是与教育的平民化与现代教育的普及相关的。教育使平民更接近知识分子,同时也使知识精英平民化,更使学术平民化成为可能。由于教育的普及拉近了知识精英与平民之间的知识距离,也就使得艺术批评文献有可能成为一种可供大众阅读的文本,不必像中国传统文学艺术批评那样,仅仅与少数知识界的学术贵族共享。它使美学与艺术批评文献越来越趋向于成为面对一般民众的大众文化消费品,进入到日常生活领域。而且,由于美学所研究的对象——艺术具有特殊的情感魅力,它可能比起其他领域的学术研究更宜于与大众传媒相结合,为大众传媒所重视,进而为大众传媒俘虏。比起中国传统艺术批评的影响,大众传媒的诱惑要远为有效。

学术与大众传媒相结合,虽然能在相当程度上扩大其影响,开拓其社会覆盖面,但它也会必不可免地在一定程度上失去其深度。这正是美学研究日益感性化所必须冒的学术风险。然而,从中国拥有上千年历史的感性化艺术批评发展过程看,这样的批评也可能有其特殊的审美和理论价值。假如审美文化研究能够有意识地汲取中国古老的艺术批评传统所留下的丰富资源,审美文化研究以及美学研究并非没有可能进入一个新的天地。当然,纵使这样,如何在保证美学的学术品位以使它能够继续在学术层面上有所进展,和兼顾学术的大众传播之间,找到一个可以为学术界与大众接受的平衡点,仍然是21世纪中国美学界需要认真思考和谨慎选择的策略。

思考20世纪中国美学留给我们的诸多问题,与思考中国美学在20世纪走过的道路密切相关。几乎可以这样说,20世纪中国美学曾经遇到过多少难题,也就给21

世纪留下了多少难题。置身于现在来回思美学在中国的发展,可能留下的问题不是越来越少,而是越来越多。这并不是说,经历了整整一个世纪的中国美学没有任何重大进展,没有能力解决任何问题,而是说中国美学所遭遇的几乎所有真正具有挑战性的问题,都不是短短几十年时间所能彻底解决的。经历了这样曲折复杂的历程,21世纪的中国美学将何以自处?对此,美学界所有人都必须认真对待。而学术发展的空间要得以拓展,正有赖于我们不断去发现与解决所有问题。

(傅 谨)

第二编

历史与反思

一 世纪回望
——20世纪中国美学概观之一

18世纪50年代,德国哲学家鲍姆加登首创"美学"学科体系,从此它走出哲学宗门而自立门户,很快就为西方学术界所承认。经过整整一个半世纪,近代中国著名学者王国维将西方的"美学"介绍到中国,中国人始知有"美学",并开始自觉地构建中国美学学科的独立体系,至今已近百年。因此,人们常称与20世纪同时开篇的中国美学为"百年美学"。不过,"百年美学"作为一个研究范围,不仅仅是一种时间规定,更主要还是一种学术思想的性质规定。也就是说,中国古代美学思想发展到19世纪和20世纪之交,由于社会和时代提出了新的要求,由于西方美学思潮的冲击、渗透、融合,而使中国美学思想的性质、内容、形式、方法、体例以及思维方式等,都发生了转变,显示出自己独特的发展过程和规律,从而与古代美学有了根本性的区别。这种区别主要表现在这样四个方面:

第一,中国古代没有"美学"之名,美学思想主要包含在各种艺术论如乐论、诗论、画论、文论,以及经、史、子、集和诗、文、记、传之中,没有自己的独立学科。这些在中西方的古代是相似的。但西方从古希腊开始,"美"就是一个独立范畴,一直追问美的本质是什么,而中国古代极少有这种情形,"美"更多是作为形容词,附丽于善、德、真、道之内。20世纪伊始,中国学者才学习西方的榜样,建设美学学科体系,"美"才真正成为一个独立范畴。

第二,树立了以个性、自由、博爱、同情、人格独立等为主要内容的新的审美观,取代了以温柔敦厚、等级观念为基本内容的旧的审美观;建立了审美教育、艺术教育的独立体系,彻底摆脱了封建礼仪的束缚。这些都具有反封建的性质和意义。

第三,用科学分析方法和科学实证取代中国古代那种用道德观念和阴阳五行观念附会审美现象的方法,使美学向科学靠拢,促进思维方式的转变,弥补了中国古代美学在理性的抽象思辨和严密的逻辑推导等方面的薄弱环节。

第四,真正为通俗文艺正了名,使千百年来一直被视为"末技"的通俗文艺如小说、戏曲、俗乐、白话文等提高了社会地位,成为文艺的主要门类。

20世纪中国百年美学作为一个历史发展过程,时间并不算长,与两千多年中国古代美学思想发展史相比，可以说不成比例。即使与古代某个阶段（如先秦、两汉等）相比，也短暂得多。然而它的内涵却异常丰富，矛盾错综复杂，历史上任何一个一百年也无法与它相比。这是因为，世界进入20世纪，科学技术突飞猛进，经济发展日新月异，商品交易、文化来往已无时间与地域的限制。因此，世界的各种文化思潮源源不断涌了进来，与中国固有的传统文化相碰撞、融合。中西之论，古今之争，新旧之别，体用之辩，此起彼伏，构成了异彩纷呈的新局面。然而，这也为20世纪中国美学的研究、梳理增加了难度。尤其是，百年间，中国社会政治斗争激烈，"改朝换代"频仍。沧桑之变，常常令人目不暇接。而每一次社会政治的演变，都对包括美学在内的学术以及文艺、文化、教育产生或积极或消极的影响，起到或促进或制约的作用。因此，20世纪的中国美学发展并不一帆风顺，各个时期的发展也很不平衡。它有兴旺发达时期，吸引了政界、学界、文艺界、文化教育界的很多人，被誉为"显学"。它也有冷清、断流的时候，被说成"反动"。它走的是一条坎坷不平的路程。也许因为这样，过去人们对于"百年美学"的研究，大多是以政治变化为标准，将20世纪的百年分为"近代"、"现代"、"当代"几个阶段，各自进行"断代"的研究，忽略了20世纪中国美学作为一个整体的普遍联系，也不可能系统、深入地揭示美学思想发展的内在规律。因此，把20世纪中国"百年美学"作为一个统一的历史过程加以研究，是非常必要的，也是迫切的。

（一）坎坷历程与发展阶段

20世纪中国美学是在一个广阔的社会文化背景下发生与发展的。20世纪中国社会变化多端，而最根本的变化则是以中华人民共和国的建立为里程碑，把百年中国社会一分为二：

前五十年，是半封建、半殖民地社会，是革命时代。帝国主义的侵略、压迫，封建统治者及封建军阀腐败昏庸、卖国求荣，陷国家民族于危亡的边缘：山河破碎，赤地千里，人民在水深火热中挣扎。内忧外患，丧权辱国，中华儿女、志士仁人奋起反抗斗争，一方面以武装斗争抵抗、最终消灭反动暴力，另一方面不断向西方寻求唤起民众、振兴中华的真理，从而也极大地刺激了中国现代学术的产生与发展。社会不统一，常常妨碍文化的正常交流。但社会不统一，军阀割据，政治多元，却也为西方文化的传播、新文化的成长留下了很多空间。五四新文化运动的兴起和美学的大发展，正是处于这样的一种境况之下，当然，也因为当时有蔡元培这样一位德高望重、高瞻远瞩而又十分热心倡导美学学术和美育事业的文化教育界领袖人物的缘故。

后五十年，是社会主义初级阶段，人们鼓足了干劲，怀着美好的愿望，迎接经济文化建设高潮的到来。然而，现实并非人们设想的那样美好。刚放下"枪杆子"，又举起"阶级斗争"之纲。政治运动一个接着一个,经济建设完全服从政治需要,社会生产力落后,生态环境遭到破坏。文化政策上,对外服从于政治外交上的"一边倒",对欧美资本主义国家的文化思想采取封禁态度;对自己的文化遗产或废置不理,或做批判的靶子,或做某种政治的点缀,就是不想继承与发扬。到了十年"文化大革命","破四旧",焚书禁学,学术权威遭揪斗、批判,知识分子到干校"劳改",青年学生上山下乡被"再教育",对文化及文化的创造者、传承者来了一次全面大扫荡。美学断流,也可想而知。这样一折腾,就是二十五年!所幸,我们终于送走了破坏教育、毁灭文化的野蛮时代,迎来了改革开放的新时期。

总之,一百年来,风起云涌的民族民主解放运动,反抗侵略、救国图存的革命以及激烈而持久的政治斗争,繁重而艰难的经济建设,都不断地向包括美学在内的学术研究提出自己的要求,并设置各种条件以促使学术研究为政治斗争和各种"中心任务"服务。这是20世纪中国美学产生、发展的现实根源。这种现实根源生成了百年学术研究的一大优点——理论联系实际,以"有用"为根本价值取向,但同时也带来了急功近利的缺点,忽略了学术研究"无用之用"的一面,并且养成了一种急于求成的心理惯性。

20世纪中国美学产生和发展,也是本土文化与西方文化结合的产物,在它身上至今仍带有浓厚的"洋味"。本土文化与外来文化的融合,在中国文化史上发生过多次,并且一次比一次广泛而深入,推动了中华文化的新发展。如先秦时代的文化交流,那是在中华民族内部各"国"及南北方之间进行的。魏晋南北朝时期的文化交流,是在华夏汉族与周边少数民族、中华民族与印度及西域各国之间进行的,从世界范围看,乃是东方文化内部之事。而20世纪这一百年,则是东方的中国与远隔重洋的欧美文化的大交流,规模空前,不同的因素更多、更难于融合。但真正融合起来,对中华文化的发展将是一次更大的飞跃。这正如蔡元培所说:"综观历史,凡不同的文化互相接触,必能产生出一种新文化。"①

综观20世纪中国美学的坎坷历程,我们可以划分以下五个发展阶段加以介绍、描述:

一、从20世纪初至新文化运动(1915年开始)前,是20世纪中国美学的发端阶段,其代表人物主要是王国维。他在19世纪末年来到上海,开始接受西方新学的影响,1902年立志从事哲学研究,以探索人生的真理,陆续把叔本华、康德、尼采、席勒等人的哲学、美学、文艺观点和教育思想介绍到中国。王国维对美的性质、美学范畴、审美心理以及美育等基本问题都有自己的发挥,并且运用西方美学新理论进行

---

① 蔡元培:《东西文化结合——在华盛顿乔治城大学演说词》,见《蔡元培全集》,第4卷,第50页,北京,中华书局,1984。

文艺批评,产生了全新的文艺观,并由此成为20世纪中国美学和近代资产阶级文艺观的第一座里程碑。在这一阶段,青年鲁迅也接受了西方美学和文艺思潮的影响,并立志以文艺改造落后的国民性。《摩罗诗力说》是他早期美学思想的集中反映,也是本时期重要的美学著作之一,与王国维的美学著述属于同一思潮。另外,本时期也有人如黄人、徐念慈等运用黑格尔的观点,批评、纠正梁启超等人小说理论的偏颇,强调文学的审美特性。不过,王国维等人的美学思想产生于清王朝统治时期,没有政治上的支持,因而在学术界和社会上都未产生多大影响。1912年,民国临时政府成立之后,教育总长蔡元培第一次把美育确立为国家教育方针,与道德教育、科学教育、体育等处于同等地位,公开发表了他的美学思想和教育观点(《对教育方针之意见》)。但由于袁世凯大搞封建复辟,蔡元培当教育总长不到一年就辞职了,美育在本时期也未得到真正实施。

二、从新文化运动至20年代末,是20世纪中国美学大发展时期,以蔡元培为代表。辛亥革命前,蔡元培在德国留学,接受了康德的影响,对美学产生了极大兴趣。但在1912年之前,他的美学思想尚处在准备、酝酿、形成的过程中。他终生不渝地坚持美学思想的传播和普及,大力倡导和实施美育。他从民国元年直到1940年逝世,一直是教育、科学、文化界公认的"领袖",崇高的威望和重要的社会地位,使他的美学思想产生了广泛的影响,他所倡导的美育事业也卓有成效。在蔡元培的有力推动下,从新文化运动到20世纪二三十年代,美学学术和美育事业在中国得到空前的发展,美学和美育有了相当程度的普及,与王国维等人的初创阶段很不一样。美学不仅是少数学者专门研究的课题,也不仅是大学一门新增设的课程,而且与培养德、智、体、美全面发展的学校教育,与移风易俗的社会教育,与革命救国的斗争实践紧密地结合起来。本时期出版了相当数量的美学专著、译著,现代欧美和日本的重要美学流派都不同程度地被介绍到中国,同时也初步形成了一支美学研究队伍,其中吕澂、黄忏华等人更为突出一些。本时期还应该特别提一下梁启超。20世纪20年代的梁启超,在美学上已从早期的功利主义者变为一个超功利主义者。他运用新的美学观点研究、批评中国文学史,发挥了较卓越的美学见解。他提出的"趣味教育"很有独到之处,也产生了重要的影响。

三、从20年代末至40年代末,是20世纪中国美学进一步发展和分化的阶段。在这个阶段中,一种新的美学——中国马克思主义美学诞生。20年代后期,由于政治上的原因(即国共两党统一战线的分裂),促使反帝反封建的文化统一战线发生了分化。到了30年代初,这种分化在美学理论领域也明显反映出来,形成了对立的两大派:一派是继续在西方资产阶级美学体系影响下深入发展,其中以朱光潜、宗白华、邓以蛰的成就最突出,并以朱光潜为代表;另一派是运用马克思主义的立场、观点、方法批评文艺和研究美学,主要是共产党人和进步的文艺家,如鲁迅、瞿秋白、冯雪峰、茅盾、郭沫若、蒋光慈、周扬、蔡仪等人，可以鲁迅与蔡仪为代表。

鲁迅虽然没有进行专门的美学研究，但他的美学思想很丰富、很卓越，包含在其博大精深的文艺思想体系之中。20世纪初年至五四运动，鲁迅接受了尼采等人和西方浪漫主义文艺思潮的影响，追随蔡元培提倡美育，也认为审美是超功利的，是"无用之用"。五四运动之后，鲁迅又接受了厨川白村的观点——文艺是"苦闷的象征"，提倡反叛精神，以冲破中国精神界"萎靡固蔽"的状况。20年代末，他接受了卢那察尔斯基和普列汉诺夫的影响，用马克思主义的阶级论、历史唯物论来观察文艺，强调文艺的阶级性、功利性，激烈地反对"超阶级"、"超政治"的文艺观，与前期相比观点有了明显的变化。以鲁迅为代表的这一派美学，主要是把文艺与革命事业紧密联系在一起。这一派中专门从事美学研究的人当数蔡仪，他在20世纪30年代接受了马克思主义，从唯物主义认识论出发考察文艺、研究美学。到40年代中期，蔡仪的美学思想基本形成，认为美是典型，美的本质是由客观事物属性决定的，不以人的意志为转移，并以此批判朱光潜的唯心主义美学，揭开了20世纪50年代唯物主义美学与唯心主义美学大辩论的序幕。

20世纪20年代到40年代，美学研究最有成就者要数朱光潜。他融合中西，贯通古今，翻译介绍与著书立说都表现出比同时代许多人更成熟、更专深的思想。在文艺观点上，朱光潜深受王国维影响，特别是完全接受了王国维的意境说，并结合对中国诗的研究做了进一步的创造性发挥。属于这一派美学的宗白华、邓以蛰、滕固等人，也把意境作为艺术美的最高范畴，从不同侧面丰富和发展了这一古老的理论。

四、20世纪50年代后期至60年代前期，是美的本质大讨论时期。那是一个在没有学术自由的时代所出现的一次比较自由的学术讨论。说它比较自由，是因为它不是"一边倒"的批判，而是可以互相争论、互相驳难，学理讨论多于政治鞭挞。这是20世纪中国美学领域的一次偏得。这次"大讨论"形成了美学四大学派。第一派以吕荧和高尔太为代表，主张美是主观的，是人的观念或人的社会意识，客观的美并不存在。第二派主张美是客观的，以蔡仪为代表，认为美是物的形象，而物的形象是不依赖鉴赏者的人而存在；进一步说，美的东西就是典型的东西，美的本质就是事物的典型性。第三派以朱光潜为代表，主张美是客观与主观的统一，认为美必须以客观的自然事物为条件；客观事物加上主观意识形态的作用，然后使"物"成为"物的形象"，这时才有美。第四派以李泽厚为代表，主张美是客观性与社会性的统一，认为美是客观的社会生活的属性，社会生活是客观的，所以作为社会生活属性的美既是社会的，又是客观的，社会性与客观性是不可分割的两个方面。这次美的本质大讨论重新激发了很多人的美学兴趣，促进了美学的学术研究，为中国美学的发展真正奠定了马克思主义哲学基础。但由此也产生了一种简单化倾向：以哲学上的唯物与唯心作为美学判断是非的根本标准，把历史上许多有价值的美学观点及美学学派否定或排斥了,把马克思主义美学变成"孤家寡人"。与此相关,心理学的美学、社会学的艺术批评以及用其他方法研究美学等,因怕沾上"唯心主义"而无人问津了,成为不成文的"禁区"。同时,美学研究只限于对美的本质的追问,因而也没能把美学理论贯彻到文艺批评和教育实践(美育)中去,使美学成为纯粹的"玄学",未能对普通的社会生活产生影响。这与20世纪二三十年代的情形相比,不能不承认是大为逊色的。当然,这不是美学工作者的过错,而是客观条件不允许——美育已从教育方针中砍掉了;不要了美育,就意味着它的理论(美学)是无用的,它的实践(审美活动和情感教育)也是多余的。而文艺批评则"政治标准第一",哪有美学说话的份儿!

五、1978年至今,为第五个发展阶段,也是20世纪中国美学复兴与大发展的时期。由于政治开明,思想解放,"双百"方针得到贯彻,美学研究十分活跃。除掉精神枷锁后的欢乐,重展才智的渴望,以及美学本身的魅力与新奇,使很多人一下子被吸引过来,并在20世纪80年代形成了一次空前的"美学热"。只是任何一种热潮都不是持久的,美学"热潮"更是如此。赶潮流者、凑热闹者、猎奇者等很快失望地离去,剩下来的是真正的美学研究者和爱好者。这才是中国美学学术发展的生力军。短短二十年,科研队伍壮大了,后继有人;科研成果丰收了,不乏精品。

首先,在这个阶段,以往的薄弱环节与缺陷得到了某种加强与弥补,尤其是心理学美学、部门艺术美学和审美教育研究,都得到长足发展。虽然美育尚未恢复其原有的政治地位,但在教育实践中却受到普遍重视。还有一点值得一提,那就是20世纪90年代兴起的审美文化研究方兴未艾,它是市场经济条件下美学研究的新开拓。这种研究把美学理论与社会生活、文化娱乐、文学艺术欣赏紧密联系起来,也是对过去理论脱离实际偏向的一种"补苴罅漏"。也正是在这二十年里,由于彻底突破了以往的文化封闭政策,西方的现代主义美学、后现代主义美学及其艺术批评陆续被译介进来,使人们扩大了眼界,了解了近半个世纪西方美学发展的新趋势、新理论、新流派,使中国的美学建设无论思想或方法都有了新的、丰富的、可资吸取的营养。如审美文化研究正是受到西方后现代主义美学思潮的启迪而兴起,并为中国美学研究带来新的气象。

其次,在这个阶段,对中国美学史的研究以及对中国传统艺术的美学研究,不仅极大地拓展了美学研究的领域,而且通过这种研究,人们逐渐认识到中国传统美学思想的民族特点、发展规律、价值意义和局限,为新美学的建设找到了历史起点。

这方面的研究,在20世纪二三十年代已经起步,不少人早已进行尝试与探索,并且取得了一定的成果。如滕固、陈师曾、潘天寿、俞剑华、朱杰勤、郑昶等人对中国美术史的研究,朱光潜对中国诗歌的研究,邓以蛰对中国书法绘画的研究,宗白华对中国艺术的综合研究与批评,都具有重要的美学价值和开拓意义。但在1949年以后的一段时间内,这些方面的研究却中断了。不仅很少有人去研究先贤们的探索与贡献,也很少有人知道,造成了二三十年的空白阶段,直到80年代初才得以接续。

经过最近二十多年的努力,中国传统美学思想研究已取得突飞猛进的进展。中国美学史的研究,无论是通史还是断代史,都已有多部论著出版;部门艺术美学研究如书法、绘画、诗歌、建筑、音乐、戏剧、小说等,都结出丰硕的成果,不仅门类较为齐全,也不乏精品之作。通过这种研究,人们对中国固有的美学思想有了新认识、新发展,对过去照搬西方模式或苏联模式的做法进行了理论上的反思批判。

再次,近二十年的美学研究虽可谓"人才辈出,硕果累累",但大家、精品还是凤毛麟角,而平庸之才、平庸之作似乎又多了一些。

(二)思想来源与中西融合

任何一种思想体系的形成,任何一种社会思潮的兴起,不仅要以现实为根据,同时也总是以前人的研究成果为自己的营养和起步的出发点。正是客观的现实性与历史的连续性的紧密结合,才形成了无限发展的思想史长河。也可以说,任何一种思想形式,既是对社会现实的反映、回答,又是对历史的继承与发展。所以,对于一种具体思想,不仅要从社会现实中寻求它的根据,还要从历史上探索它的思想来源,才能看清它的来龙去脉,认识它的性质、意义。

20世纪中国美学是西方资产阶级美学体系直接影响下的产物。欧美各种美学思潮既是中国百年来美学产生、发展和分化的外部环境,又是其构筑自己体系、建立自己学派的标准和模式。因此,在20世纪中国美学百年发展史上的重要人物、重要论著,都可以从欧美某个或某些美学流派找到其思想来源。

1. 德国"哲学的美学"

德国近代美学与其哲学一样,所取得的成就在世界近代史上无与伦比。它对20世纪中国近代美学的影响也最为突出。特别是,中国百年美学的发端阶段,主要是来自康德、叔本华、尼采、席勒、黑格尔等人的思想影响。尤其是康德的美学观点,不仅较早被介绍到中国,而且在中国近代美学思想发展过程中始终起着重要作用。不过,上述诸人都有一个复杂的、深奥的、甚至是庞大的哲学—美学体系,在那样的启蒙时代,是不可能一下子全部系统地被接受,而只能接受他们的某些重要观点。

首先是康德的审美超功利性观点。审美超功利性观点是康德美学理论的根本之点,它的影响之深广,是有"美学"以来不多见的。20世纪中国美学最早启蒙者王国维关于美的性质是"可爱而不可利用者"的论述、关于美的分类(范畴),都是以康德的超功利主义美学为其理论出发点的。他的重要美学论文《古雅之在美学上之位置》,就是康德影响的集中表现。如果说,康德的影响对于王国维来说仅仅是一个重要方面——因为他还有叔本华影响的另一重要方面,那么,对于蔡元培来说,康德的影响则构成了他的美学思想整体。蔡元培关于美的特性一曰"普遍"、二曰"超脱"的思想，就直接来源于康德的美学。他发挥了康德美学思想的积极方面，强调审美的道德意义，认为审美是解脱利害关系束缚、淡化占有冲动、培养创造冲动和献身精神的最佳教育方式。这也是他积极提倡美育的理论出发点。朱光潜在20世纪20年代所写的处女作《无言之美》，也是康德美学思想影响下的产物，其中甚至把"超脱现实"作为衡量艺术价值的根本标准，认为"美术家的生活就是超现实的生活；美术作品就是帮助我们超脱现实到理想界去求安慰的"，"所以我们可以说，美术作品的价值高低就看它超现实的程度大小，就看它所创造的理想世界是阔大还是窄狭"。①

总之，在20世纪前50年，康德的超功利主义美学观点在中国被普遍接受，并成为美学的根本观点。

其次是叔本华的悲剧观。叔本华作为"唯意志论"哲学和悲观主义的鼓吹者闻名于世。王国维本来从研读康德《纯粹理性批判》入手，因为不懂，转而攻读叔本华的《作为意志和表象的世界》，"大好之"，并陆续写出《叔本华之哲学及其教育学说》、《叔本华与尼采》、《书叔本华遗传说后》等，评述叔本华的哲学、美学、教育思想及其与尼采的师承关系、异同点等，同时以叔氏哲学、美学为"标准"，考察中国文艺、美育与教育，撰写了《孔子之美育主义》、《〈红楼梦〉评论》、《人间嗜好之研究》等美学论文。尤其是《〈红楼梦〉评论》，最早运用西方悲剧理论进行文学批评和《红楼梦》研究，具有重要的美学价值。它把叔本华的悲剧主义和老庄的厌世哲学结合起来进行发挥，形成王国维自己的悲观主义悲剧观。他对《红楼梦》悲剧价值的揭示，用悲剧观念批判中国"大团圆"的旧传统，用新的美学理论批评"红学"研究中"索隐派"的非美学方法，都具有反对封建文艺旧传统的启蒙意义，因而成为五四文学革命的先声。

五四前后的宗白华，也是从研究叔本华开始其哲学研究生涯的。不过，宗白华侧重哲学方面，而王国维侧重美学。蔡元培虽是康德的信徒，却认为解释天体运行、动植物生长等现象，叔氏的"意志论"要比康德知识论更易说得通。鲁迅对叔氏"兀傲刚愎"的为人并没有好感，但却很欣赏他"主我扬己而尊天才"。朱光潜认为叔本华的悲剧理论要比黑格尔的悲剧理论更有价值，具有更大的历史贡献。当然，王国维与以上诸人不同的是，他不是接受叔本华的个别观点，而是他的整个思想体系。

第三是尼采的"超人"天才论。尼采既是叔本华意志论哲学的继承者，又不同于叔本华。叔本华对生命意志持否定态度，导致悲观主义的人生观。尼采却充分肯定人的生命意志，主张积极求生。王国维说："尼采亦以意志为人的本质，而独疑叔氏伦理学之寂灭说。谓欲寂灭此意志者，亦一意志也。于是由叔氏伦理学而趋于其反

---

① 朱光潜：《无言之美》，见《朱光潜全集》，新编增订版，第1卷，第71页，北京，中华书局，2012。

对之方向,又幸而于叔氏伦理学上所不满足者,于其美学中发现其可摹仿之点,即其天才论与知力的贵族主义,实可谓超人说之标本也。"① 尼采对 20 世纪中国思想界的深刻影响,与其说是在美学,不如说是在哲学、伦理学方面更为恰当。鲁迅说尼采是"个人主义之至雄桀者矣,希望所寄,唯在大士天才;而以愚民为本位,则恶之不殊蛇蝎",②"此其深思遐瞩,见近世之伪与偏","以反动破坏充其精神,以获新生为其希望,专向旧有之文明,而加之捂击扫荡焉"。③ 鲁迅本身正是以尼采的个人主义与天才论,开始他对封建主义旧思想、旧文化的批判,认为"是故将生存两间,角逐列国是务,其首在立人,人立而后凡事举;若其道术,乃必尊个性而张精神"④。新文化运动伊始,陈独秀在《新青年》发刊词《敬告青年》(1917)中,援引尼采关于奴隶道德和贵族道德的论述,批判封建主义道德观念,高喊打倒奴隶道德。其他如蔡元培、傅斯年、郭沫若、沈雁冰等人,对于尼采的"汰弱存强"、"超人"、"天才"等思想,都曾给予充分的肯定,并以之作为反对封建主义旧道德、旧文化的理论武器。在文艺界,20世纪 20 年代出现的"为人生而艺术"一派,提倡血泪文学,究其思想根源,也来自尼采。而在美学方面受尼采影响最突出者,是朱光潜。他在 30 年代初出版的《悲剧心理学》,正是运用了尼采以日神精神与酒神精神的矛盾冲突来解释悲剧诞生的思想,来阐述悲剧的本质意义。

第四是席勒的"游戏说"与美育思想。在王国维美学思想中,席勒"游戏说"占有很大的比重。他曾把康德"审美超功利说"、叔本华"生活之欲说"和席勒"游戏说"糅合在一起,解释文学艺术的本质,进行审美分析,阐述审美教育的性质和心理学基础。蔡元培则把席勒"游戏说"和亚里士多德"摹仿说"结合在一起,解释艺术的起源和创作冲动。席勒是最早提出"审美教育"的一个人,并且系统论述了审美教育的性质、意义与功能,是近代美育理论的奠基者。而从 20 世纪初年到 20 年代,从王国维、蔡元培到吕澂等许多人,都接受了席勒美育思想的影响,把美育看成是改造社会、美化人生的根本途径,对于中国近代美育思想的传播和美育的实施,起了积极的推动作用。

第五,黑格尔虽然是美学大家,但他对 20 世纪中国美学的影响,远没有上述诸人深广。辛亥革命前,徐念慈等人用黑格尔美学观点批评新小说,纠正"小说界革命"的偏颇。20 世纪 20 年代,邓以蛰接受了黑格尔的影响,用黑格尔的观点进行文艺批评,积极参加文艺界的斗争。但他们对黑格尔美学思想的传播都比较零碎,直

---

① 王国维:《叔本华与尼采》,见谢维扬、房鑫亮主编:《王国维全集》,第 1 卷,第 81—82 页,杭州,浙江教育出版社,2009。
② 鲁迅:《文化偏至论》,见《鲁迅全集》,第 1 卷,第 53 页,北京,人民文学出版社,2005。
③ 鲁迅:《文化偏至论》,见《鲁迅全集》,第 1 卷,第 50 页,北京,人民文学出版社,2005。
④ 鲁迅:《文化偏至论》,见《鲁迅全集》,第 1 卷,第 58 页,北京,人民文学出版社,2005。

到30年代,马采等人才有了较为系统的介绍。

2. 近代心理学美学

从五四新文化运动开始一直到20年代末,中国现代的美学思想获得了一次空前大发展。欧美和日本各派美学都源源不断地介绍到中国。除了"哲学的美学"继续发生影响外,一部分人又接受了西方近代心理学美学的影响,特别是立普斯的"移情说"影响更为突出。吕澂、范寿康、陈望道等人以"移情说"作为理论出发点,分别撰写了《美学概论》以适应教学需要,并公开出版发行。另外,与心理学美学密切相关的其他美学,如柏格森的"创化论"美学、克罗齐的"直觉说"美学、弗洛伊德的"精神分析美学",以及厨川白村的"苦闷的象征"说等等,也是20世纪中国美学的思想源泉。"哲学的美学"主要是研究美的本质,追问"美是什么",而"心理学美学"则主要研究美感经验,描述"美是怎样的"。这种研究方法的转变,在朱光潜那里至为明显。他最初接受康德、克罗齐的影响,认为美在形式,美是直觉表现。后来在心理学美学的影响下,尤其是受布洛"心理距离说"的影响,朱光潜的美学研究方法有了改变,他对自己的观点也作了修正。正如他在《文艺心理学》一书的"作者自白"中所说:"从前,我受从康德到克罗齐一线相传的形式派美学的束缚,以为美感经验纯粹地是形象的直觉,在聚精会神中我们观赏一个孤立绝缘的意象,不旁迁他涉,所以抽象的思想、联想、道德观念等都是美感范围以外的事。现在,我察觉人生是有机体;科学的、伦理的和美感的种种活动在理论上虽可分辨,在事实上却不可分割开来,使彼此互相绝缘。因此,我根本反对克罗齐派形式美学所根据的机械观,和所用的抽象的分析方法。"①

3. 马克思主义美学

马克思主义美学是20世纪中国美学最重要的思想来源之一,其影响产生于20年代,但却后来居上。首先,从20世纪20年代中期开始,马克思主义广泛传播,影响到一部分从事文艺和文化宣传的共产党人和进步知识分子,他们试图用马克思主义的思想方法来解释文艺与现实的关系问题。主要是:第一,关于文艺与社会生活的关系,认为"艺术是生活的反映"②,"无论我们怎样夸称天才的创造力,文学始终只是生活的反映"③。第二,关于文学与革命的关系,认为文学是激动感情的"最有效的工具","要有革命感情,才会有革命文学的","希望做一个革命文学家,你第一件就要投身于革命事业,培养你的革命的感情"。④ 第三,提出文学的阶级性与无产阶级文学问题,认为包括文学在内的整个文化都有阶级性,并且要求建设无产阶级自己

---

① 见《朱光潜全集》,新编增订版,第3卷,第111页,北京,中华书局,2012。
② 萧楚女:《艺术与生活》,载《中国青年》第38期,1924年7月5日。
③ 沈泽民:《文学和革命文学》,载《国民日报》副刊《觉悟》,1924年11月6日。
④ 见《恽代英文集》(上),第532—533页,北京,人民出版社,1984。

的新文艺。第四,要求作家深入生活,到工农兵群众中去。这些都是在马克思主义唯物论哲学和阶级斗争学说启示下提出的新见解,是中国的革命者、革命文艺家对马克思主义观点在文艺上的运用与发挥,它们促使了中国马克思主义美学的萌芽。

其次,在20年代末至30年代末,普列汉诺夫、卢那察尔斯基等人的美学观点和苏联文艺界的斗争被介绍到中国,40年代,车尔尼雪夫斯基的唯物主义美学和别林斯基等人的文艺思想又陆续被翻译、介绍进来,使中国马克思主义美学的形成找到了理论样板,并且形成一个以"左联"成员为基本队伍的无产阶级美学派别,开展对资产阶级美学的批判与斗争。他们以马克思主义为指导,批评文艺上的超阶级、超政治观点,批评唯心主义美学思想,要求艺术和审美活动与革命斗争紧密地结合,成为反帝反封建的一条重要战线。

再次,中华人民共和国成立之后,苏联马克思主义美学(包括以上提到的诸人和他们的教科书)的影响,已不是局部的,而是普遍的;不是个人的选择,而是必须接受。

4. 后现代主义美学和西方马克思主义美学

这两种思潮作为20世纪中国美学的一个思想来源,是改革开放之后的80年代后期到90年代才大量翻译、介绍进来的,在一部分中青年学者中影响比较明显。

谈到20世纪中国美学的思潮来源,不能只看到外国、西方而遗忘了自己的历史。虽然西方的影响是20世纪中国美学主要思想来源,但它毕竟是一种外部条件,既不能代替中国美学自身的发展,也不能割断20世纪中国美学与古代美学传统的天然联系。近代先贤们一方面感到中国传统美学已不能适应客观发展的需要,因而才引进外国、西方的新理论和新观念,并以此改造传统的文艺观、审美观。另一方面,他们又自觉不自觉地把传统美学观念与新引进的美学观念相互诠释、融会贯通。而且,在继承传统方面,他们也有各自的选择。中国古代儒、道、释三大美学思想传统,在中国近代美学大家那里也能明显看出各自的余绪。如王国维明显表现出道家倾向,而蔡元培却继承了儒家传统,梁启超则把佛家思想溶于自己的审美观中,他们都是超功利主义美学的拥护者。王国维明确提出,文艺要超越道德、政治而独立,不屑于去做劝善惩恶的工具,反对中国历代诗人、艺术家、哲学家总是以能参与政治为荣光,而不一心一意去克尽自己的"天职"。这显然与道家超现实、不与政治统治者合作的人生态度相一致。他的文学批评,他的意境思想,追求的是庄子那种以物观物、物我两忘的审美境界,而不是儒家"诗教"、"乐教"所达到的道德境界。特别是他的《〈红楼梦〉评论》,对庄子"形同槁木,心如死灰"的警语和佛家色、相、空、无等观念的玩味,对"茫茫大千"、"渺渺真人"自由行踪的赞美,以及把艺术审美看成是逃离现实的利害纠葛、解脱人生苦痛的理想境界,都表现了庄子消极出世的思想倾向和人生态度。而蔡元培却在青年时期就确立了积极用世的历史观和人生观,对道家庄子

"出世"思想采取严厉批判态度。他高度评价儒家美学的历史地位,把康德的超功利主义美学与儒家的功利主义美学调和起来,继承和改造了"礼乐相济"的传统,建立了德、智、体、美全面发展的近代教育体系。在蔡元培的审美分析中,高扬了儒家孟子的"富贵不能淫、贫贱不能移、威武不能屈"的人格精神,批判种种利己主义思想。他虽然认为美是"普遍"、"超脱"的,却不主张超道德,反而认为审美教育也是以完成道德教育为宗旨;他所说的"超脱",是超政治、超个体的利害观念、官能欲望,而不是超社会道德目的。与王、蔡不同,梁启超则经常把佛家概念、词语运用于审美批评之中,把佛家的"无我"与西方的自由、平等、博爱结合起来发挥,以构造他的高尚人生境界,尤其是佛家的"境"完全成为梁启超的审美境界。

总之,20世纪中国美学发展史说明,外来思想只有符合现实的需要并与历史传统结合(互释、比较、取长补短、吐故纳新),才有生命力。如果没有这种"结合",外国先进的思想即使完整无缺地搬进来,仍然是外国的东西,与我何干!在传播、研究外国美学的过程中,用外国的美学批评外国的文艺,用外国的方法演绎外国的美学概念,这虽然是不可避免的,甚至也是需要的,但毕竟不是我们的目的。在20世纪百年中国美学史上,如此"研究"美学的大有人在,然而终因他们没有和历史传统、现实需要紧密结合起来,没有自己的创造,因而站不稳脚跟,时过境迁,很快被人们遗忘了。

(三)审美与现实的关系

审美与现实的关系,是中国美学在20世纪始终不能回避的一个根本问题,其实也是中外美学史上的一个根本问题。只是20世纪百年间中国社会极不寻常、复杂而尖锐的现实关系,使这一问题显得更为迫切罢了。对审美与现实关系的不同解释,形成了功利主义审美观与超功利主义审美观的矛盾与斗争,推动着20世纪中国美学的发展。也就是说,功利主义审美观与超功利主义审美观,是围绕审美根本性质而产生的两面观:二者既是对立的,又是统一的;既是片面的,又是互补的;既不断互相批判、互相揭短,又以自己之所长弥补了对方之所短,制约着对方,使其避免走向死胡同,从而推动美学思想不断深入发展。这才是20世纪中国美学发展的基本线索,二者的矛盾则是20世纪中国美学思想发展的内在动力。

中国古代美学思想史上的儒道互补,实质上就是功利主义审美观与超功利主义审美观的互补。儒家始终把审美与社会现实紧密联系在一起,提倡"礼乐相济"的教育路线,强调审美的社会意义,具有积极"入世"的倾向,把个体的情趣和审美价值完全放在从属地位,是比较典型的功利主义美学。道家与儒家正相反,属于超功利主义美学。它崇尚自然无为,强调审美的独立地位和个体的高尚情趣,认为真正的美即"大美"与功利实用、感官欲望是完全绝缘的。因此,道家所追求的审美理想境界是超尘脱俗的,即超越社会道德政治,具有"出世"的倾向。这既是它的缺点所在,又是它的优点所在。它为审美的自由发展争得了独立地位,充分肯定了个体在审美活动中的主动性和决定意义。这在理论上要比儒家美学深刻得多,并且正好弥补了儒家美学的缺陷。但道家割断了个体与社会、审美活动和功利实践活动的联系,这是它的致命缺点,这个缺点又正好为儒家美学的优点所克服。总之,由于儒道的对立、互补,促使中国古代美学思想不断深入、发展、完善,也使儒道两大美学传统延续下来。

一般地说,功利主义美学主张审美要为社会功利目的服务,甚至甘愿去做某种政治宣传、道德说教的工具,不惜牺牲审美的自身价值,因而比较受统治者的欢迎,这大约就是儒家美学经常能取得正宗地位的一个重要原因吧。特别是,在封建主义专制统治强化的时代,或者在阶级斗争、政治斗争激烈的时代,这种美学理论也往往走向极端化,从而成为审美发展的障碍与桎梏。康德等人的美学观点传入中国美学界之后,对以儒家功利主义为代表的封建主义审美观的批判有了更直接的理论根据。这个批判比道家对儒家的批判更具理论性,给中国传统的功利主义美学以很大的打击,使得旧的功利主义美学传统毫无还击的力量,几乎被完全否定。但超功利主义美学毕竟存在严重的缺陷。认识上的片面性,使它不能正确解释审美的终极根源,不能辩证地解释审美同社会、政治、道德的关系。它要求审美摆脱封建专制主义的桎梏而"独立",是有其进步意义的。但是,把审美的"独立"加以绝对化,使片面的真理走向谬误,在根本理论上又是站不住脚的。特别是处于反帝反封建革命斗争十分紧迫、民族民主解放运动的政治任务"压倒一切"的历史环境下,要求文艺超道德政治而独立,也是不太适宜的。因此,它受到新的功利主义美学的批判,也是一种历史的必然。新的功利主义美学用马克思主义的阶级论和唯物论研究美学,认为审美具有功利目的性,并激烈地批判超功利论美学。

20世纪中国美学的发展,就是以超功利主义美学与功利主义美学为基本矛盾,并经过了一个个否定之否定的圆圈。第一个否定,即超功利主义否定传统的功利主义,使认识提高了一步,否定了过去那种片面从外部关系规定美的性质的做法,而肯定"美之自身"的存在,强调从美的内部关系来研究美的性质和规律。它强调美的特殊矛盾性是有积极意义的,但它忽视甚至抹杀了审美与其他事物如政治、道德、物质生产的关系,仍然是片面的,并因此受到新的功利主义美学的否定。这后一个否定,也是有积极意义的:它从唯物主义认识论出发,指出审美的物质存在根源,使认识又前进一步,虽然比较笼统。但是,毋庸讳言,新的功利主义美学与旧功利主义美学一样,忽视乃至抹杀了审美的特殊规律,在审美功能上只强调政治作用,连道德教育、提高人性的作用也不要了,变得比旧功利主义美学还狭隘。更为严重的是,在20世纪50年代之后的一个很长时期内,这种狭隘的功利主义审美观借助政治力量变为"独尊",不仅不准超功利主义审美观对它进行批评,甚至不允许超功利主义美学的合法存在。因此,当20世纪中国美学进入第五个发展阶段之后,超功利主义审美观从被压抑中解放出来,又显示出它的生命活力,并对产生于20年代末的功利主义美学观点进行了一次较彻底的批判与清算,又走完了一个螺旋式的圆圈。直至20世纪90年代,受后现代主义美学思想的影响,起而批判康德以来的超功利主义审美观,一种新的功利主义审美观开始形成。

在20世纪中国美学中,审美与现实的关系更集中地表现为文艺与现实的关系问题,尤其是文艺与政治的关系问题。如何认识、处理文艺与现实、文艺与政治的关系,在20世纪中国美学的百年发展过程中有着丰富的经验与教训,值得我们认真地反省与总结。

1. "为人生的艺术"与"为艺术的艺术"

这是20世纪20年代的两种针锋相对的主张,也是西方文艺思潮影响的结果。19世纪的西方,有人从康德的超功利主义美学出发,提出"为艺术的艺术"的口号,而坚持功利主义美学观点者则提出"为人生的艺术"以抗衡。这两种主张传到中国后,为不同的文艺团体所信奉、所标榜,并因此发生了激烈的争论,成为不可调和的对立面。当时的文艺界、美学界,乃至整个学术界的许多作家、学者,都对这一争论发表了意见,表明了态度。到了30年代、40年代,一些文艺批评家、美学家仍要旧话重提,进一步探索争论的历史根源和理论基础,分析争论的性质。由此可见这个问题在20世纪中国美学发展中的重要性。过去出版的有关论著、教科书等,对这个争论既不考察它们的历史根源,也不进行理论分析、论证,更不全面地研究、吸取当时各方面的意见,往往从某种成见出发,先入为主,武断地做出肯定一方、否定另一方的结论。这不仅不公平,而且也抹杀了这种争论的理论意义。

其实,"为艺术的艺术"不见得全错,"为人生的艺术"也不是一贯正确,二者都有真理在手,又都有明显的缺陷。就20年代中国文艺界的具体实际而言,二者都有切实的针对性,试图从不同侧面防止文艺走向某个极端,因而都有存在的必然性与合理性。"人生派"是针对当时有人如鸳鸯蝴蝶派"将文艺当作高兴时的游戏和失意时的消遣",因此提出"为人生的艺术",强调文艺的社会责任和自觉目的,认为"文学是一种工作,而且又是于人生很切要的一种工作"[①]。文艺,就其根源说,离不开社会;就其功用说,它必然对社会发生影响。因此文艺成为发扬正气、振奋精神、塑造高尚理想的"一种工作",不应纯属个体的一种"玩物"。尤其在国难当头、民族危亡的时代,这种提倡是完全必要的。但是,是不是在任何情况下、在任何时候(包括20年代

[①] 见《文学研究会宣言》,载《小说月报》第12卷第11号,1921年1月10日。

在内),文艺都不能作为"游戏"与"消遣"呢?这都应该做具体分析。不能把文艺的教育作用和审美娱乐作用、社会的统一目的和个体的"游戏""消遣"等审美需求绝对对立起来,把本可调和统一的事物变成永不相容的"敌人"。"人生派"正是犯了这种"绝对"、"片面"的毛病。而"艺术派"却又走到另一个极端,过分强调个体的"内心的要求"而忽视文艺的社会责任;要求保障文艺作品的高质量,但又往往提出不切实际、甚至是"左"的口号。他们针对"新的阵营内的投机分子和投机的粗制滥造,投机的粗翻乱译"①,坚持"以唯美唯真的精神来创作文学"②。事实上,文艺要真正有益于社会人生,发挥激情导欲、移风易俗的作用,没有一定的质量,不达到文艺之所以为文艺的标准,那么,"为人生"、"为革命"的口号喊得震天响,仍然是一句空话。所以,提出"为艺术的艺术",以限制"为人生的艺术"走向取消文艺的极端化,也是很有现实意义的。不过,既然是"为艺术的艺术",那么,文艺同社会人生、政治道德等到底有无关系呢?文艺要"唯美唯真",那么"善"是不是与文艺一点边都不沾呢?对于这些问题,"艺术派"都是不了了之。总之,这两种主张的提出都有现实根据,各自所针对的偏颇也都有反对、纠正的必要。但是,如果把各自的合理因素推向极端,把"理"变成"绝对",也就成了谬误。所以,二者不仅是对立的,也是互补的。既是"为人生的艺术",又是"为艺术的艺术",才能既保证文艺的质量,不把它降低为一般的道德教训和政治宣传,同时又能保证它同社会人生的有机联系,而不堕落为纯个体的感官欲望的"玩物",使个体与社会、感性与理性和谐起来。

"为人生的艺术"与"为艺术的艺术"要在对立中求得统一。对于这一点,当时及其后都有不少人论述。20 世纪 20 年代,唐隽在《艺术独立论——艺术人生论的批判》、梁启超在《情圣杜甫》等文中,黄忏华在《美术概论》一书中,以及 20 世纪 30 年代李安宅在《美学》、朱光潜在《文艺心理学》和《谈美》中,40 年代蔡仪在《新美学》中,都有深入论述和公正的评价。

2. 文艺有无阶级性?

20 世纪 20 年代,一部分人用马克思主义的唯物论和阶级论观点来观察文艺,认为文艺源于社会生活,具有阶级性,公开反对超阶级(政治)、超现实的美学观点,并导致一次又一次的公开论战。这就是:1928 年"新月派"等以"人性论"反对文学上的阶级论,反对提"革命文学"的口号,反对把文艺作为阶级斗争、政治运动的工具;1930 年"民族主义者"提倡"民族意识中心论",认为艺术都是民族意识的产物,文艺的最高意义就是民族主义,实质上也是反对文艺上的阶级论;1932 年"第三种人"以

---

① 郭沫若:《文学革命之回顾》,载《文艺讲座》1930 年第 2 期。
② 郁达夫:《创造日的宣言》,见《中国新文学大系》,第 10 集,第 105 页,上海,良友图书印刷公司,1936。

"创作自由论"反对政治"干涉"和"侵略"文艺,认为文艺"至死也是自由的,民主的"。① 这些主张都是反对文艺有阶级性的观点,反对文艺为政治服务的说法,因而一次一次地受到以鲁迅为代表的革命文艺家的批判。不过,这一系列的批判,都是偏重于政治思想方面,对于文艺理论和美学理论自身的建设,并没有提供多少新东西。例如,对"第三种人"的批判虽然很激烈,但并不深刻。因为"第三种人"是以超功利主义美学理论向"左联"文艺理论提出挑战,以普列汉诺夫的历史唯物主义艺术论,批评"左联"一些人将文艺政治化、宣传化因而导致简单化的毛病。而"左联"的反批评,由于其强烈的政治色彩,由于对马克思主义的历史唯物论理论准备不足、掌握不深,因而只限于扣政治帽子和揭露"莫须有"的"政治阴谋"。这一点,在当时就已有人指了出来。陈望道说:"最近胡秋原、苏汶两先生的文章,主要点都在对于左翼理论或理论家的不满,我们不应把这对于理论和理论家的不满,扩大作为对于中国左翼文坛的不满,甚至扩大作为对于无产阶级文学的不满,把理论家向来不切实际不尽职的地方暗暗地躲避了不批判。而将来还是原来的那一套,以致理论永无进展。"又说:"他是一个极其坚定的马克思主义者,自然不会离开阶级的立场,但又要他是一个优秀的趣味和渊博的知识的人,才不会对于一切复杂的文艺现象不耐烦细心研究,对一切复杂的文艺现象不耐烦细心的检讨,只知以抽象的一般阶级理论来硬套在文艺现象上,使人动弹不得,而于别人树着大纛来攻的,又只懂得回到阶级的立场上架搁遮拦,并无乘势进攻的力量。"②批评可谓中肯。当时,"左联"主要负责人冯雪峰也坦率承认,"左联的批评家往往犯着机械论的(理论上)和左倾宗派主义的(策略上)错误"③,并且公开批评了这种错误。但后来谈论到这些历史上的争论,很少有人吸取陈、冯等人的正确意见,而是不加分析地把这些争论统统都看成资产阶级向无产阶级争夺文艺领导权的斗争,实在是以偏概全,继续坚持着"机械论"和"左倾宗派主义"的错误。不仅如此,连发生在革命文艺队伍内部的"为人生而艺术"与"为艺术而艺术"的争论,也是偏袒一方(前者)而贬斥另一方(后者)。是丹非素,这并不是一种正确态度。

3. "政治标准第一"与"艺术标准第二"

毛泽东《在延安文艺座谈会上的讲话》中说:"文艺批评有两个标准,一个是政治标准,一个是艺术标准","以政治标准放在第一位,以艺术标准放在第二位"。这是把政治和艺术看作不同的事物或领域,再从全社会的角度衡量它们的地位、作用,因而有"第一"与"第二"之分。处于革命战争年代,政治作用更为突出,因此把它作为

---

① 胡秋原:《阿狗文艺论》,载《文学评论》创刊号,1931年12月25日。
② 陈望道:《关于理论家的任务速写》,见《陈望道文集》,第1卷,第501—502页,上海,上海人民出版社,1979。
③ 冯雪峰:《论文集》(上),第103页,北京,人民文学出版社,1981。

"第一"尺度去批评文艺,是很必要的。但这两个概念后来被弄得含混不清。一些人用"政治性第一"与"艺术性第二"的提法,与毛泽东的提法混淆起来,从而造成理论上的混乱。遍查《讲话》,毛泽东多次用了"艺术性"概念,但并没有说艺术中还有一个"政治性"存在。如果把政治与艺术作为不同的属性、因素,而且要区分为老大、老二,安在艺术身上就是一种不伦不类。因为艺术之所以为艺术,首先或说"第一"的,是它具有艺术的根本规定性,即艺术性;可是有人却把"政治性"(即政治的根本规定性)硬套在艺术身上,而且要当艺术的"家",做艺术的"主",那么艺术只好改变其性质以符合"政治性",这不是取消艺术,又能是什么呢?我们之所以把"政治标准第一"、"艺术标准第二"的文艺批评看成一种权宜之计,不赞成把它普遍化,更反对把它绝对化,是因为这种要求忽略了艺术的特殊性。也就是说,它不是把艺术提高到美,而是把艺术降低为宣传(这里所谓的"高"、"低"是指其美学价值,并非指社会价值)。然而,宣传不等于文艺。就像鲁迅曾经说过的,"一切文艺固是宣传,而一切宣传并非全是文艺……革命之所以于口号,标语,布告,电报,教科书……之外,要用文艺者,就因为它是文艺"[①]。

艺术与宣传的区别,正如一幅花鸟画同一幅花鸟标本一样:前者是情感的感染、激动,后者是知识的说明、灌输;虽然它们都是由感性形式因素所构成,但前者是创造,后者是摹仿或复制。当然,宣传也可能不光是说教、讲道理,而是同情感的激励、鼓动结合在一起的,如过去经常用"忆苦思甜"的形式进行宣传教育,就含有很强的情感色彩和感性材料。但是,这种情感、材料是和利害关系直接结合在一起,同经过审美化了的情感和形式是不同的:前者粗浅,后者精深;前者狭窄,后者普遍;前者短暂,后者永久。抗日战争年代的街头剧《放下你的鞭子》、《兄妹开荒》等,曾经使人激动不已,然而时过境迁,就再也不能发挥当年那种巨大作用。其根本原因,就在于它是利用艺术形式进行宣传,而不是高水平的艺术创造;它不过是利用艺术的技巧、方法,表达某种思想观点、政治主张,借以增强宣传的效果,离艺术创造尚有一定距离。可是,我们随便举出一出戏剧、一部小说,只要它是成功的,配称为"艺术"的,那么无论什么时候观看、阅读,人们都会感到它意味无穷、魅力长存,哪怕它们距离我们已是几百年、几千年。这样一种经验,只要具有一定的审美能力就可以体会到,不需要证明。总之,文艺和政治是性质不同的两种事物、两个领域,虽然二者关系极为密切,但却不能混同为一。至于把它们的地位说成是"第一"、"第二",或者说是"首要的"、"次要的",都是可以的。但这样一种区分,只能存在于一个统一的社会系统中,存在于一种特殊的历史条件下,而不是普遍适用的。同时,作为批评标准上的"第一"、"第二",严格地说,还并不是一种文艺批评,而是一种社会政治批评。而真正的

---

① 鲁迅:《文艺与革命》,见《鲁迅全集》,第4卷,第85页,北京,人民文学出版社,2005。

文艺批评标准应该是构成文艺的各种规定性,如真情实感、趣味纯洁、理想高尚、形象生动、有独创性等,而美则是对这些规定性的综合与概括。以此来衡量文艺的好坏优劣,才是真正的文艺批评,"美"才是文艺批评的最高标准。

20世纪20年代至40年代出现的文艺政治化倾向,是在特殊历史条件下即政治斗争的非常时期的一种不得已而为之的选择。坦率地说,那时看重文艺,并不在于它能给人以"美的享受",而在于它能为政治所用,能激发爱国热情。也因此,在文艺与政治的关系上,反复强调文艺从属于政治,而较为忽视文艺的特殊性和自身规律;在文艺创作上强调客观反映论和现实主义方法,而较为忽视主体的独创性和浪漫主义方法;在文艺的功用上,强调社会教育、阶级教育,而忽略了个体的审美娱乐。由此,文艺帮助了政治,却也妨碍了它自身的提高。总之,文艺的政治化倾向对于文艺本身的发展是弊多于利:为了紧跟革命斗争的政治潮流,为了配合"中心任务"和宣传政治主张,为了表扬某种典型以实施教育等,"及时"、"遵命"是绝对必要的。然而,这两点恰好又违背了文艺创作的基本规律:它强迫作家缩短、甚至抹掉对于现实生活的深入体验和审美化过程,忽略了作家的创造性,因此作家便很难创作出完全成功、具有永久魅力的艺术作品,大多数作品随着某个政治运动的结束、某项中心任务的完成,它们的"生命"亦即告终。

我们在这里所说的"有所失",主要的还不是指上述这些事实,即主要不是指20世纪20年代到40年代这一历史时期的"有所失",而是指此后的50年代、60年代、70年代。前者的"有所失",是不可避免的,是为了"有所得"而付出的代价。而后者的"有所失",完全是一种"浪费"!革命成功了,人民共和国成立了,本该随着工作重心的转移,及时放弃战时的文艺政策,正确认识"有所得也有所失"的历史经验,提出新时期的文艺政策,并把它建立在系统、深刻的理论基础上,自觉地为文艺繁荣创造充分的条件,给文艺家以更多的创作自由。可是,结果正相反,在一个时期里,一些人死守着原来的经验不放,不承认当年文艺实践的历史局限性。特别是政治标准第一、艺术标准第二的批评原则,原本只能在一个相当有限的范围内实施于一时,可是一些人却把它奉为普遍、绝对的真理,最后竟走到不是"第一",而是"唯一"的死胡同!

(四)美学发展的历史起点

在20世纪中国学术史上,"百年美学"并不是一个成熟、完整的历史阶段,而是一个正在运动中的发展过程,还需要不断地充实、完善乃至导引。这是因为,百年来,中国美学所面对的问题与挑战尚未真正解决,有的还刚刚开始,需要带到21世纪乃至更远的未来去加以完成。虽然经过几代人的努力,我们已有一个中国现代美学的学科体系,但是这个学科体系有多少是自己的创造?是否具有民族文化的生命活力?百年来,尤其是近二十年来,我们收获了颇丰的学术成果,形成了一支可观的学术队伍,但我们出版了那么多美学著作,有多少能经得住历史考验而成为精品?有那么多的学者,又有多少做出自己独到建树而成为名家、大家?我们应该认真总结经验,汲取教训,为走向21世纪的中国美学探寻正确的历史起点。

一、建设有自己特色的中国马克思主义美学。中国马克思主义美学产生于20世纪20年代,至今已有七十多年历史了。20年代至40年代,是革命与反动、侵略与反侵略相互对抗、斗争最激烈的时代。反动派视马克思主义为"洪水猛兽",千方百计要扑灭它,而革命者也无余裕之力为其发展创造充分条件。中国马克思主义美学在这种环境中成长,会是一种什么情形可想而知。中华人民共和国成立之后,马克思主义成为"指导我们思想的理论基础",本该有一个大发展,但事实并非如此。狭隘的政治观点视美学为无用,甚至认为是资产阶级的东西因而有害。而教条主义满足于照搬苏联模式,懒于自己动手创造。在这种眼光下,在这种环境中,中国的马克思主义美学怎能成长壮大?20世纪最后二十年,时逢大好时机,然而拨乱反正、正本清源的工作很费一番工夫,哪有时间着手新的建设?所以,建设具有民族特色的中国马克思主义美学,路程还长,任务很重,需要有志于此的学者加倍努力。

二、跨学科研究与文化人类学。美学是个多边缘的学科,需要许多学科为其体系的建立提供理论、方法和成果,其中尤为重要的是哲学、伦理学、心理学等人文学科。这已是共识。但是,文化人类学与以上诸学科同样重要,属于美学研究必不可少的方面。特别是审美的起源和本质、艺术和劳动实践的关系问题,必须借用文化人类学这把钥匙才能揭开其奥秘。

过去,由于人们机械地理解马克思主义关于经济基础决定上层建筑、社会生活决定艺术创作的基本观点,忽视了文化传统、思想观念对美学和艺术的深刻影响,更忽略了处于这些关系的轴心地位的人本体。这也是造成文艺批评政治化、简单化的一个重要原因。经济基础和社会生活固然对艺术和审美起决定作用,但这种"决定作用"是通过一系列中间环节才得以实现的。特别是文化人类学方面的观念、情趣、才能、习俗、信仰、理想等,更直接影响人的艺术创作和审美能力。也就是说,艺术创作的实现和审美能力的培养,并不能直接到经济基础和社会生活中找答案。有的人从"艺术起源于劳动"、"审美起源于功利实践活动",以及"劳动创造了美"的命题出发,便认为劳动和功利实践是艺术创作和审美能力形成的直接原因,并且有意无意地否定了天赋才能、审美趣味等文化修养的巨大意义。这是一种十分有害的简单化倾向。要知道,"艺术起源于劳动"等命题是内涵丰富的历史命题,也是高度抽象的哲学命题,而不是艺术创作论的命题。劳动对艺术和审美的"决定作用",是经过漫长的历史过程才得以实现,而这"漫长的历史过程"其实是文化与人类渐进的发展过程。人类的劳动实践产生了元文化,元文化经过发展、演变、分化、提升的历史过程,才有了真正的艺术和纯粹的审美。我们切不可把具体劳动和具体功利实践视为艺术创作与审美的直接原因。这一切都说明,文化对人类艺术创作和审美能力的培养,其制约与影响作用是绝不应忽视的,因而对美学的文化人类学研究是不可缺少的。

当然,文化人类学的研究与马克思主义并不是对立的,它仍需要马克思主义的指导。我们所说的"指导",主要是指要以马克思主义的哲学观和方法论,即历史唯物论和辩证唯物论对各种具体研究加以综合,而不是排斥或取代具体研究。在中西文化乃至世界各种文化大交流、大碰撞和大渗透的今天,更需要这种综合,否则难以把文化人类学研究,尤其是跨文化研究深入下去。因为马克思主义的哲学观与方法论,最深刻、最全面;它以实践论为基础,高扬革命的批判精神,使自己立于不败之地。在当代乃至历史上,某些主义的哲学可能在某些方面比它更精细、更尖锐,解决某些问题可能比它更优越一些,但从总体看,它仍然是一座未被超越的高峰,只有它才能胜任综合出新、整合为一的历史重任。

三、跨文化研究与中西美学比较。中国近百年的美学是在中西方两种不同的文化背景下产生和发展的,因此需要跨文化研究,即在中西文化的广阔背景下进行中西美学比较研究。这种研究在近些年来已引起美学界的普遍重视,并且取得了初步成果。但浅尝辄止,中西美学比较多限于比高低异同的层面——这固然也需要,但毕竟离我们的目的尚远。我们应该通过表层的比较,去探索造成差距和异同的原因,揭示各自发展的内在矛盾和生命力。在这种基础上才能择善而从,吐故纳新,经过长期的孕育过程而产生新的生命。

具体来说,以往中西美学比较研究的经验教训,主要有如下三点:

一是中西美学的融合出新,这是中国未来美学建构的主要途径,也是历史发展的总趋势。但中西美学的融合出新,必须建立在中国传统文化的基础上,不能割断历史,否则未来美学的发展便失去了根基,没有了生长发展的条件。这也就是说,中国未来美学的发展既要吸收西方美学的异质因素加以消化,同时又必须扎根于传统文化的土壤之中,才能具有自己的独创性与民族特点。这样的中西比较既反对"全盘西化",又反对"抱残守缺"。

二是中西美学比较研究,要求研究者采取一种平等态度和对话方式。而要做到这一点的关键,在于对文化的复杂性与多层面要加以认识与区分,尤其是对于科学技术与文学艺术、自然社会与人文的区别,必须有清醒的认识,才能正确掌握比较的标准。20世纪中国百年美学的建构,就基本情况来说,一是照搬西方美学的模式,二是照搬苏联马克思主义美学的模式。无论是编著基本理论,还是撰写自己的美学史、文艺批评史,框架体例、概念范畴、判断尺度等基本上都是来自外国的,中国的思想观点不过是外来理论的一种印证。为什么如此?从认识上说,主要是盲目与片面。因为看到人家科技先进、政治进步、国家富强,便觉得其整个文化都先进、都优于我们,照搬过来既省力又见效快,何乐而不为?但文化并不如此简单。文化是一个非常复杂的系统和网络,从表入里、从低到高又有许多的层面。某些层面如科技可以用先进与落后以及是否符合科学性去说明其性质,可以用实证方法检验之,而更深刻的层面如哲学、美学、文学艺术等表现民族精神的文化,用先进与落后以及是否符合科学性去说明它们是远远不够的,它们的许多方面也无法用实证方法去检验。即使与科技同属于文化表层的风俗习惯、礼仪、伦常等,也不能用实证方法去检验其存在的价值意义。总之,科学不是万能的,实证也不是到处都能适用的。

三是中西美学比较要求研究者对中西文化要有基本的了解、体验,对自己所比较的范围要有系统深入的研究,才能达到一定的深度,做出独到的建树。在这一方面,宗白华为我们树立了典范。他是在中国传统文化熏陶下成长起来的,对儒、道、释都有深入的把握,对中国传统艺术有深切的体验和很高的鉴赏眼光。他的青年时代,正逢五四新文化运动,西方文化的引进进一步开阔了他的眼界,尤其是德国的哲学和文学艺术更吸引了他的研究兴趣。他到德国留学五六年,进出艺术博物馆、音乐厅、展览会,进行实地考察和观光,从而对西方文化也有深切的体会。因此,他在20世纪三四十年代所做的中西美学、中西艺术的比较研究,其认识之深刻,见解之独到,至今也很少有人能够达到,更不要说超越了。

四、学习与创新。我们在谈中西文化交流时,曾多次使用了"照搬"、"摹仿"等概念,并带有一定的贬义。但这种"贬义"应该限制在与"创新"、"独创"等概念相比较的范围之内,不能将其普遍化。这是因为:第一,在文化交流、人类交往中,相互照搬、摹仿已有的经验和现成的东西是不能避免的,而且具有重要的积极意义,这是创新、独创的准备、条件或启示。没有这些做基础,创新、独创等将成为一句空话。正因此,鲁迅才主张在向先进学习时,采取"拿来主义"。"拿来"不就是"照搬"吗?第二,"照搬"、"摹仿"本来就是人的本性,有了这种本性,才有接受教育的要求,才能把这种内在要求变成学习文化、学习知识的自觉能力。"学习"与"摹仿"本质上是相通的。第三,"学习"是学术研究的根本前提。古人说"读万卷书,行万里路",之后才能有自己的创造。读书、走路,就是学习已有的知识与经验;多读书、多走路,才能避免杜撰,也才能真正做到创新。

(聂振斌)

二 美学的荣耀与遗憾
——20世纪中国美学概观之二

(一)清代朴学:现代学术史的真正起点

要真正弄清20世纪中国美学的学术演进源流和得失成败,前此一二百年的清代朴学便是一个绕不开的题目。其实,岂止是美学,整个20世纪中国人文学科的学术追溯都不应离开它,因为它是20世纪中国人文学科学术研究的真正源头。

有清一代学人在短短的一二百年里,把数千年重要的古代文化典籍翻了个遍,做了一番地毯式的轰炸。他们从语言文字角度对典籍的整理,成为后人研究古代文化绕不过的问学门径,形成了一代学术奇观。那么,清人何以能有如此大的成就呢?概而言之,有二。一是"为经学而经学",不计功利的纯学术追求。用梁启超的话说:"治一业以终身之,铢积寸累,先难后获,无形中受一种人格的观感,使吾辈奋心向学。"①二是敢怀疑、重证据的实证方法。他们毕其一生而治一经,不问有用与否,所以其心也专一,其学也精深。为求一字之顺、一经之真,其始也务弃成见,由疑而求证,证而不执一端,惟众是务,坐实而始信,将"格物致知"的精神真正落到了实处,就像搞自然科学那样严谨地治人文学科,因而其所学也广博、所成也细密。

包括美学在内,中国人文学科在近代化之路上的最大障碍是什么?是儒家经世致用的功利主义知识价值观,以及一以贯之、尽心明性的整体直觉和主观内省的民族思维形式。清儒对这两大传统均有所超越,而这正是20世纪中国人文学科发展最需要的东西。可以说,清代朴学家们所取得的成就和治学经验,为20世纪整个中国学术史的发展奠定了十分重要的基础。我们不难想象,如果没有清代朴学,进入20世纪之后,我们所尊奉的仍然是"学而优则仕"的功利主义问学观和尚义理、尊德性的内省直觉思维形式,那么域外传来的近代科学精神和方法就不会如此快地奏效,整个近代学术规范的建立也不会如此顺利。

---

① 梁启超:《清代学术概论》,第48页,上海,上海古籍出版社,1998。

所以,在我们看来,在20世纪中国学术史上,清代朴学是从纯古典学术向近代学术转变过程中一个十分重要的准备阶段和过渡环节。没有清代朴学家们的成就和经验,20世纪中国学术的演进肯定会慢得多。这便是清代朴学与20世纪中国学术的正面联系。

然而,对于清代朴学的成就,我们也不宜作过高的估计,尤其是在目前"国学热"的情况下。过高估计清代学术成就,在对其成就的景仰中却见不到其致命缺陷,则容易对中国学术史的成就与近现代特征产生方向性的误解。

毫无疑问,清儒在科学精神和科学方法上只是开了个好头,但并未来得及将其充分发展;其成也在此,其败亦在此。可以说,在思维形式和知识价值观上,他们根本上仍属于古典、传统的范畴。这正是清代朴学与20世纪学术在本质上的区别。

首先,其"为经学而经学"的独立问学精神尚处于不自觉的层面。这种独立研究只是一种客观事实,而非他们自觉追求的核心理念。我们不应该忘记,清代朴学是以顾炎武"天下兴亡,匹夫有责"的积极用世情怀开其端的。顾氏对天下地理山川的调查考辨,有其非常明确的反抗异族、恢复旧国的目的;其对明代理学"束书不观,游谈无根"之批判的立足点,也并非是学术的,而依旧是一种实用主义的"清谈误国"论。进入康乾时代,清朝政局稳定,复邦无望,而新朝又神经过敏,舞文弄墨成为性命攸关的危险行当。如此情形之下,才有了朴学研究的繁荣局面。因此,清人的向学,并非出于自觉自愿的行为,很大程度上乃是在政治高压下,经世无望、致用无门后的不得已的选择,而其卓越成就也实在是一批发奋负气之作,是其以学术酒杯来浇用世块垒的副产品。

正因为"为学术而学术"并没有在清代学人心中真正成为一种自觉自愿的崇高价值追求,独立问学的近代科学精神并没有在清代学术界真正地培养起来。这一坚实基础的缺乏,就为20世纪中国学术留下了先天不足的后遗症。

其次,在科学方法上,清儒自觉地运用了实证归纳的方法,而逻辑的分析概括则基本上处于空白。正因为这样,他们的知识观念仍然受缚于传统的"经史子集"知识体系;他们的研究信守了"述而不作"的道路,其研究对象附属于某一部单个的前朝文化典籍,只作一个个"点"的研究,缺乏以研究对象内在性质分析为基础、以人类文化活动要素间联系为内容的宏观的基础理论研究,没有形成超越于单个典籍、以研究对象内在属性为依据的整体"学科"意识。由于单个的实证研究没有逻辑的分析概括相配合,因而其整个学术成就仍然是零散的、不成系统的,依然是古典学术体系"经史子集"的附庸物,而未能建立起以学科为单位的新的近代知识体系。

之所以如此,仍是由于传统的整体直觉思维形式。这种思维形式尚整合而疏分别,满足于"恍兮惚兮"的整体直观印象而不屑于做深入细致的分析研究,从而导致整个古典时代浑然一体的泛文化观。而这一文化大系统下各部类的分门别类的学科形态的研究,则难以发展。

可见,认真总结清代朴学的学术成就和思维局限,是正确总结20世纪中国学术史的前提条件。清代朴学既是20世纪中国美学得以完成其基本任务的可贵基础,也是其未能轻易超越的极大制约因素。

(二)荣耀:学科近代化任务的基本完成

20世纪中国美学的基本任务是什么?就是美学由古典形态向近现代形态的转变,或符合近代学科规范的美学学科的建立。这一任务在20世纪40年代前就已经基本完成。这是20世纪中国美学的最大成就,是它的荣耀。

如果把20世纪中国美学最需要的东西——科学精神和科学方法,归结为"主义"和"方法"两个方面,那么,20世纪中国美学历史任务的完成,最主要地应该归功于方法的胜利。

在整体直觉思维传统下,古典学术的不足主要有两个方面。一是对自然界和人类社会诸事物,仅仅满足于浑然整体的大致把握,不屑于做更细致深入的研究。由此,知识体系分类过粗,分门别类的学科研究难以形成。在古希腊,亚里士多德就曾对物理学、逻辑学、哲学、生物学等进行了分门别类的研究,其中光是对动物就有八种分类方法。而在中国,作为整个古典学术总结形态的《四库全书》,所沿用的也还是唐代开始出现(《隋书·经籍志》)且极为粗线条的经、史、子、集分类体系。二是具体的形而下研究中,又缺少将基础理论概括提升的整合功能,走入了烦琐细碎的"只见树木,不见森林"的死胡同。从汉代经学到清代朴学,走的都是这条路线。这说明,在中国古典学术传统中,在最高哲学本体论与形而下的对文字及事物器用的研究中,缺少一个能够联合、综合二者的中介环节,致使道与器成了各不相扰的两张皮,最终使实证研究失去了学科形态的基础理论的依托而流于零碎片段。造成这一缺憾的根本原因,还在于作为"一切法之法"(严复语)的形式逻辑这一关于人类思维的科学在古典时代的缺席,因而未能形成分析与综合思维形式平行发展、相互制约的格局。

对于这种古典学术史上学科意识薄弱的状况,20世纪前期的学者们就已有清醒的认识。"中国学术,以学为单位者至少,以人为单位者转多,前者谓之科学,后者谓之家学。家学者,所以学人,非所以学学也。历来号称学派者,无虑数百,其名其实,皆以人为基本,绝少以学科之别而分宗派者。纵有以学科不同而立宗派,犹是以人为本,以学隶之,未尝以学为本,以人隶之。"① 显然,这一问题在中国古典学术体系

---

① 傅斯年语。引自刘梦溪:《中国现代学术要略》,载《新华文摘》1997年第3期。

内部是无法解决的。要想局面有所改观,除了引进近代西方以形式逻辑为基础的科学方法以外,别无他途。

1. 20世纪中国美学在方法上的自觉,首先表现在对人类审美活动内在性质、独特价值等,第一次作了明确的界定。

近代学术规范的要义之一,就是廓清研究对象的内在性质,并根据对象的内在性质来确定一门学科的研究范围及相应的研究方法。这是学科意识中的首要因素、学科建立的基本条件。20世纪中国美学的先驱者们,大多亲受西方近代科学思维的浸染,不满足于古典学术传统的那种笼而统之的泛文化观。从一开始,他们就注重从概念层次上对人类审美活动内在性质进行界定。梁启超就对人类文化活动的各个方面作了近代式的初步廓清,将人类审美活动界定为富有创造性的"爱美的要求心及活动力",从而将其与政治、宗教、科学等明确地区别开来。① 王国维则更明确地以"无功利性"将审美与人类其他活动相区别:

> 美之性质,一言以蔽之曰:"可爱玩而不可利用者是已。"虽物之美者,有时亦足供吾人之利用,但人之视为美时,决不计及其可利用之点……②

王国维在《奏定经学科大学文学科大学章程书后》中,就已经提出美学的研究对象和范围是"定美之标准与文学上之原理"③,以为文学批评决不能寄托在经学和考据学篱下而处于附庸地位,要有自己独立的地位和价值。

蔡元培立足于近代西方对人类精神心理结构的知、情、意三分法,也对审美的性质做出了明确的界说:

> 美学观念者,基于快与不快之感,与科学之属于见知,道德之发于意志者,相为对待。科学在乎探究,故论理之判断,所以别真伪。道德在乎执行,故伦理学之判断,所以别善恶。美感在于鉴赏,故美学之判断,所以别美丑。④

早期的鲁迅,其见解也同样:"主美者以为美术之目的,即在于美术,其于他事,更无关系。诚言目的,此其正解。"⑤

---

① 梁启超:《什么是文化?》,见《梁启超全集》,第14卷,第4063页,北京,北京出版社,1999。
② 王国维:《古雅之在美学上之位置》,见谢维扬、房鑫亮主编:《王国维全集》,第14卷,第106页,杭州,浙江教育出版社,2009。
③ 见谢维扬、房鑫亮主编:《王国维全集》,第14卷,第37页,杭州,浙江教育出版社,2009。
④ 蔡元培:《哲学大纲》,见《蔡元培全集》,第2卷,第379页,北京,中华书局,1984。
⑤ 鲁迅:《拟播布美术意见书》,见《鲁迅全集》,第8卷,第52页,北京,人民文学出版社,2005。

以对人类审美活动内在性质的界定为基础,蔡元培进一步明确划分了美学研究的对象范围,认为:审美主要研究感性的世界,具体而言,就是"美学上专从美术作品研究,可以包括自然的美"①。

20世纪中国美学真正近代式的研究,应是从王国维《〈红楼梦〉评论》开始的。它的研究已不再限于作家之本事考证,而是以全新的视角,分别从人生哲学、美学和伦理学的角度,对这一作品进行分析。这实在是清代朴学家们所不具有的视野了。以此为开端,学科式的研究才真正开始。蔡元培曾专门就美学研究方法做过系统的讲演,其中介绍了四个方面、二十七种方法,内容涉及心理学实验、传记资料分析、文化学、比较美学等领域。在他看来,"照上列各种研究法,分门用力,等到材料略告完备了,有人综合起来,就可以建设科学的美学了"②。

显然,蔡元培也意识到,仅有分析是不行的,还需要综合的配合,才能成就真正"科学的美学"。

等到1927年郁达夫的《文学概论》发表,在短短两万五千余字的篇幅里,讨论涉及人类文学活动的各个环节,可谓"麻雀虽小,五脏俱全"。

20世纪20年代,包括美学在内,中国学术界进入了一个近代科学研究的启蒙时代。学术界普遍意识到,从事科学研究,既要有严格的概念界定、细致的实证观察、丰富的材料积累与分析,还要有高度的综合概括过程,甚至还要有超前性的假说。它们对于真正的科学方法是缺一不可的。只有在方法上实现了分析与综合、实证与演绎的二元互补,才能实现对于古典学术的近代性超越。至于这种方法论自觉的具体成果,则可以用胡适的一句话来总结,即"大胆设想,小心求证"。对此,熊十力曾有评价,认为"在五四运动前后,适之先生提倡科学方法,此甚要紧。又陵先生虽首译名学,而其文字未能普遍。适之锐意宣扬,而后青年皆知注重逻辑,视清末民初文章之习,显然大变"③。

方法的自觉,引来了20世纪中国美学的显学时代。当时,几乎所有的文科刊物都发表过美学论文或译文。仅在五四前后,就有数十人发表了百余篇美学文章。梁启超、王国维、蔡元培、鲁迅等启蒙者之后,20年代更掀起了现代中国美学的第一个高潮。舒新城、黄忏华、吕澂、李石岑、范寿康、陈望道、宗白华、邓以蛰等新秀崭露头角。他们或提倡美育,或译介西方美学,或用新方法研究中国古典美学,或介绍美学、艺术原理等;研究范围广,成果丰富,形成了一个生动的局面,实现了美学作为一个学科的全面、充分的自觉。

---

① 蔡元培:《美学的研究法》,见《蔡元培全集》,第4卷,第28页,北京,中华书局,1984。
② 蔡元培:《美学的研究法》,见《蔡元培全集》,第4卷,第31页,北京,中华书局,1984。
③ 转引自刘梦溪:《中国现代学术要略》,载《新华文摘》1997年第3期。

2. 逻辑综合方法的运用，研究对象从微观到宏观的转换，美学基础理论研究的兴起，是20世纪中国美学方法自觉的又一具体成果。

自王国维首倡在大学的哲学（经学）、中文、外文等系（科）开设美学课，①蔡元培最先在北京大学实践了王国维的这一建议，并且自己编写美学讲义。在蔡元培的积极倡议下，以美育作为国民素质教育重要组成部分的思想为社会普遍接受，一时间，各高等院校及艺术专科学校纷纷开设美学课程。在形势的鼓舞下，许多大学教师也纷纷加入美育行列，自己动手编写美学教材，成为20世纪前期中国美学界的生力军。这其中，突出的有范寿康的《美学概论》（1927年）、吕澂的《美学浅说》（1931年）、赵景深的《文学概论》（1932年）、向培良的《艺术通论》（1940年）等。据不完全统计，从20年代到40年代，社会上流行的概论类美学著作就有二十多部。

在我们看来，这些概论类美学著作的理论深度并不很重要，重要的是它们形成了一种群体优势。它们的出现，在美学界起到了一种研究方法、思维形式转换的作用，从根本上扭转了清代朴学家们的传统的研究思路，在研究对象、研究方法上成功地实现了由微观到宏观、从点到面的转换，在基础理论研究方面填补了传统的古典美学最不擅长的一项空白。

如果说，上述美学概论、文学原理等大量著作，主要是对人类审美活动、审美现象作一种空间静态式的基础研究；那么，与此相对应，此时中国美学界同样出现了大量对人类艺术审美各部类进行动态研究的断代史或通史式著作，其中突出的有林传甲的《中国文学史》（1903年）、王国维的《宋元戏曲史》（1912年）、胡适的《白话文学史》（1919年）、陈钟凡的《中国文学批评史》（1927年）、吕澂的《现代美学思潮》（1931年）、王光祈的《中国音乐史》（1934年）等。相比较起来，这种动态、宏观的研究著作数量更多。

也就在此时，人们的美学史观随着原理研究的变化而发生了根本的变化。它不再是一般史的补充部分，也不只是某一经典、某一作品的研究史，而是有着各自独特性质和对象的相对独立的、真正属于自身的运动史。就审美而言，它是真正为满足人类感性愉悦的审美活动之各个具体部类的自身发展史，如美学中的一般史——美学史，美学史中的部类史——文学史、音乐史，部类史中的亚部类史——文学批评史，一般及部类史中的通史与断代史等。

而在外在形式上，那种前人作品注疏的附骥形式被扬弃了，代之以更符合近代科学规范的论文与专著。它们完全是按照近代学科规范和形式逻辑来撰写的作品，这使得美学研究的最终成果形式真正实现了与西方的接轨。

---

① 王国维：《奏定经学科大学文学科大学章程书后》，见谢维扬、房鑫亮主编：《王国维全集》，第14卷，第32—40页，杭州，浙江教育出版社，2009。

作为基础研究的最高理论形态的总结,是朱光潜、蔡仪美学体系的形成。它们是中国学者借鉴西方的逻辑思维形式和近代科学研究方法进行美学基础理论研究的最高成果,标志着在思维水平与研究方法上,现代中国的美学家们已经最终完成了对以清儒为代表的古典学术形态、研究方法的超越,并且在古代学者所最不擅长的领域有了自己实际的成果。

(三)遗憾:功利主义幽灵的缠绕

对于我们来说,20世纪中国美学的最大教训是什么?是功利主义的恶性膨胀给美学研究造成的灾难性后果。

如果说,20世纪中国美学的荣耀在其前期即已基本铸就,那么,其令人遗憾的记录,则集中显露于它的中、后期。

就像20世纪中国学术史的其他部门一样,50至70年代是20世纪中国美学发展中的一个特殊阶段,它因中国国内政治格局的变迁而显得命运奇崛。

从20世纪50年代开始,中国的美学研究就有了一个新的语境:意识形态的除旧布新。就像在审美创造中要求文艺为政治服务一样,美学界的理论研究也要为时事效劳,成为一条与政治斗争相配合的思想战线。于是,从20世纪中期以后,中国的美学研究走上了一条功利主义的不归之路。

本来,1949年后的中国美学研究,是从一场兴致勃勃的纯学术讨论开始的。但很快,学术观点的不同被说成是政治路线、阶级属性的分野,平等的讨论演变为地位悬殊的意识形态讨伐。进入60年代,当被宣布为新生意识形态对立面的一方彻底失去了话语权之后,思想文化领域的战役宣告结束。政治斗争的胜负一旦揭晓,学术这一工具也就失去了存在的理由。终于,在"文革"开始后,真正懂行的美学界专家们销声匿迹了,专题讨论不见了,基础研究废弃了,学术期刊停办了,学术专著难以面世。最后,连清儒式的学术避难也不再可能。除了偶尔有几声单调薄弱的"样板戏"文艺的赞歌外,整个中国美学界成为一片名副其实的荒原,呈现出一派"千村万落生荆棘"的惨淡景象。从为政治服务开始,以被政治抛弃、摧毁而告终,这便是20世纪中期中国美学研究的悲剧道路。权利与义务本来就是相交而相随的。美学的学术研究曾因参与了政治运动而领受过本不应有的热闹和殊荣。当政治不再需要它时,它随之被冷落,甚至摧残,这难道不是很可以理解的吗?

事过境迁之后,我们不禁要问:20世纪中期中国美学的损失何以会如此之大?难道仅仅是由于外力的影响吗?在这其中,作为当事人的中国美学学者本身应当承担怎样的责任?如果可以假设当时中国美学界的学者们面对政治运动都能够持平常之心,那么结局也许就会有所不同了。

实际上，正是1949年中华人民共和国的成立，又一次激发了中国学人们积极入世的生活热情。对于当时的大部分人来说，以学术批判为政治服务乃是一种自觉自愿、积极主动参与了的革命行动。除了少数人可能是以学术的名义来发泄私愤、排除异己外，更多的人则是出于一种自以为高尚的目的——批判者如此，接受批判者亦以为如此。

可以想象，如果只有外界的压力，没有学人们自身积极主动地普遍参与，功利主义绝不可能为害如此之深。从某种意义上，我们可以认为，这场悲剧乃源于现代中国学人自身的心理缺陷，具体地，是源于他们自己内心深处根深蒂固的"经世致用"情结，源于其对学术研究本来就没有足够的热爱与忠诚。正是这种"情结"，使他们面对政治的诱惑与压力而不能自持；正是这种"情结"，使他们走上了由内讧而自毁的道路。

今天看来，不论是政治家们理直气壮地提出学术要为政治服务的要求，还是中国学人自觉自愿地以学术闹革命，都不能仅仅被理解为中国现代史上特有的极"左"思潮的误区。其实，20世纪五六十年代的"美学大讨论"有其更为深远的历史根源。只有把现代中国美学的学术历程与整个古典美学学术史联系起来，我们才能对那些貌似偶然的东西有更深刻的理解。

实践理性乃是中国古典哲学的重要特征。依儒家的知识观，只有对现实政治、伦理、人生日用有实际效用的知识，才是值得探求的知识。世界上有而且只有一门知识，那就是修身、齐家、治国、平天下。知识本身不能成为价值，求知是为了践履施行。在知行之间，"知"是手段，"行"才是根本、归宿。由是，这种功利主义的知识观就演变为历代中国知识分子内心中"经世致用"这一根深蒂固、"剪不断，理还乱"的心理情结，演变为历代中国知识分子的"集体无意识"。

实际上，从孔子那里开始，历代中国知识分子都有着以官为体、以学为用的二重人格与"准官僚"心态。他们既以文化自傲，又为自己仅仅是一个文人、未能将文化兑换成乌纱帽而自卑，以此而有"宁为百夫长，胜作一书生"、"一命为文人便无足观"之说。作为知识分子，他们自己就并不以知识为意，不把求知视为足以安身立命的终极价值。

在儒家看来，离开了政治、伦理、人生日用的知识探求，不仅是无益的，而且于世风国运还是有害的。因而，中国历史上才充斥了各种"清谈误国"论，对魏晋玄学、宋明理学的批判，则代不乏人。

实践理性作为儒家功利主义的知识价值观，铸造了历代中国知识分子"经世致用"的心理情结，而这一情结则成为中国古典学术史上一个致命的消极因素。无论孔子的"朝闻道，夕死可矣"，还是董仲舒的"正其谊而不谋其利，明其道而不计其功"，均未能成为古典学人们的普遍信仰。其实，上述格言即使用来描述孔、董本人的行状,也是极不准确的。因而,功利主义知识观实际上严重制约了中国学术研究的独立进行,无法培养出一种"为学术而学术"的视真理为至上、为知识而献身的科学精神。可以说,功利主义知识观是一种贯穿中国古典学术史始终的消极传统。"中国传统,重视其人所为之学,而更重视为此学之人。中国传统,每认为学属于人,而非人属于学。故人之为学,必能以人为主而学为从。当以人为学之中心,而不以学为人之中心。"①

这种学术研究中"以人为中心",而非以学术为中心的状况,便是功利主义知识价值观以及哲学认识论上的"知行之间以行为本"在学术史层面上的具体表现。

理出了中国古典学术史上这条功利主义传统的线索,我们对20世纪中期中国美学的学术命运就可以有更深入的了解。显然,那种颇具时代色彩的"革命情结",其实并不新鲜,它不过是古老的"经世致用"情结在现代的喜剧性表现形式而已。

即使仅仅在现代史的范围来看,这场悲剧的发生也并非偶然。

我们不能说20世纪前期的中国美学只有成就,没有不足。如果这样的话,则中期所凸现出来的消极局面就匪夷所思了。实际上,功利主义在前期也有很突出的表现,只不过由于当时还未出现一统天下的强势话语,因而这种功利主义未能造成严重后果罢了。当然,即使这样,这种功利主义在美学发展的前期,依旧有其特殊的表现,即它主要是作为一种审美意识体现于艺术创造领域。美学界的"审美他治论"成为整个现代美学的主潮。

在我们看来,"自治"与"他治"是一对贯穿于20世纪中国美学始终的基本矛盾。虽然审美的独立自治是20世纪中国美学的逻辑起点,但由于现代中国的特殊时代条件和"文以载道"的功利主义审美理想的强大历史惯性,在审美意识,特别是审美创造意识中,"他治论"的功利主义审美观才是中国现代美学的主潮——从启蒙文艺到抗战文艺,再到革命文艺,就是一条现代中国文艺史的主线。②

其实,对于学术层面的功利主义,前期中国美学家们也是有所警觉的。

> 呜呼!我中国非美术之国也。一切学业,以利用之大宗旨贯注之。治一学,必质其有用与否;为一事,必问其有益与否。③

> 吾国今日之学术界,一面当破中外之见,而一面毋以为政治之手段,则庶可

---

① 钱穆语。转引自刘梦溪:《中国现代学术要略》,载《新华文摘》1997年第3期。
② 参见薛富兴:《自治与他治:中国现代美学的现实运动》,载《文艺研究》1999年第2期。
③ 王国维:《孔子之美育主义》,见谢维扬、房鑫亮主编:《王国维全集》,第14卷,第18页,杭州,浙江教育出版社,2009。

有发达之日欤。①

可见,20世纪中国美学的先驱们对功利主义学术传统还是有清醒认识的,也曾不遗余力地倡导"为学术而学术"的科学精神。1925年9月,梁启超在《清华周刊》上发表《学问独立与清华第二期事业》一文,专论学术独立。冯友兰、萧公权、朱光潜等亦均对此有专论。但是,迫于当时中国社会内忧外患的特殊情势,更由于"学以致用"传统知识观的潜在影响,最终,这种学术独立的新的科学精神未能成为中国学术界普遍接受的核心理念。这种最需要建立、最需要发扬光大的新的知识价值观,最终被声势更为宏大的"审美他治论"所淹没,学术独立的近代科学精神最终并没有确立。王、梁之音成为绝唱,转眼之间就获得了现世报。

"为学术而学术"的科学精神未能如逻辑综合与分析的方法一样,在20世纪前期的中国美学界获得胜利。这说明,有清一代学人们近两百年的惨淡经营,虽其具体成果卓然,但并未能从根本上斩断数千年"经世致用"的功利主义学术传统。随之而来的声势更为宏大的异域文化的冲击,也未能奏效。它不仅再一次证明了功利主义学术传统的强大历史惯性,也让我们对五四新文化运动在除旧布新方面的实际功效有了更为清醒的估计,对中西文化交流中各自的消长以及传统与现实之间的关系有了更为深刻的了解。

其实,这一点,20世纪初的中国学者也早有预料。"西洋之思想之不能骤输入我中国,亦自然之势也。况中国之民,因固实际而非理论的,即令一时输入,非与我中国固有之思想相化,决不能保其势力。"②

这便是20世纪中国前期美学与中期美学的深刻内在联系。它说明,在中国美学的现代进程上,功利主义一直是一股强大的势力,只不过它先表现在审美意识领域,后表现在美学研究领域,而二者的精神是相通的。在此基础上,我们才能真正理解,何以一进入50年代,中国的美学学术研究便受到如此大的冲击。

20世纪70年代末,中国美学迎来了拨乱反正的复兴时代。学术界没有了外界功利主义的压迫和干扰,学者们开始能以"平常心"对待自己的研究活动,而且在方法上也掀起了一个大量引进西方新方法的热潮。这是20世纪中国美学的第二个黄金时代。

20世纪90年代,中国学术界又面临了一个新的语境:市场经济。以文化的名义泛化学术,或以课题形式追求急功近利的学术效益,最终导致了"泡沫学术"的泛滥。在我们看来,它实际上仍然是功利主义幽灵在作祟,只不过功利主义目的、"经世致

---

① 王国维语。转引自刘梦溪:《中国现代学术要略》,载《新华文摘》1997年第3期。
② 王国维语。转引自刘梦溪:《中国现代学术要略》,载《新华文摘》1997年第3期。

用"情结在此时获得了新的时代的独特内涵：经济效益。从某种意义上说，这次市场经济的浪潮，对学术界、对学者个人心灵的冲击力更猛烈、更深远，因为它直接牵动了每一个学者最直接、内在的个体物质生命需求，而不仅仅是外在的号召。

20世纪中国美学已经受到过功利主义的两次强烈冲击。现在，中国的美学研究正需要一种自觉的自我反省和戒慎恐惧精神，充分估计传统力量对现实的牵制作用，警惕形形色色的功利主义对学术的浸染，时刻反省自己的"经世致用"情结；以"平常心"面对世事变迁，以恒久心坚守自己的园地；既不为人捧场，也不妄生利心。只有这样，中国学者才能真正在社会上获得自己的尊严，美学研究也才能真正避免劫难、有所创获。

（薛富兴）

三　美学研究：历史分期与学术特点
——20世纪中国美学概观之三

把握20世纪中国美学研究的学术特点，必须弄清三个方面的问题：20世纪中国美学研究与古典美学研究（或现代美学学科与我们所讨论的古代美学）的本质不同；20世纪中国美学各个发展阶段的学术特点与当时社会政治背景、文化思潮的关系；西方美学在20世纪中国美学学科形成、发展过程中的影响。

（一）与古典美学的本质不同

首先，20世纪是"美学"第一次作为一门从哲学、文学及艺术理论中分离出来的独立学科或一种自觉的理论在中国出现。在中国古代史上，尽管有丰富的美学思想，但美学始终没有成为一个有着自身研究对象、规律的独立学科，而是从属于哲学及文艺理论，即使是像王夫之、叶燮这样一些具有相当完备美学思想的大家，他们的美学观点也是散见在其文论及艺术论著中，而没有专门的美学著作。

其次，20世纪中国美学的另一个标志，是全新的美学理论体系的形成。这主要体现在现代人审美观念的转变，以及一些美学特有的概念、范畴、命题的出现。这些概念、范畴、命题大部分是从西方美学中翻译而来，也有的是从中国古典美学中借鉴、改造而来。此外，在美学理论体系的构建上，也主要是吸收了外国美学的东西。

再次，方法论上的改变，也标志着20世纪中国美学与古典美学的不同。对近现代西方科学理论及方法论的引进，使20世纪中国美学有了新的理论基础，特别是心理学、人类学、社会学的成果，以及科学分析、符号学等方法在美学中的应用，使20世纪中国美学具有了与古典美学迥然不同的新面貌。

第四，与古典美学与文学艺术紧密相连有所不同，20世纪中国美学始终与各个发展时期的社会政治背景和文化思潮关系密切，而相对来说，其与文学艺术实践的结合却不甚紧密。

第五，特别要提出的是，关于审美主体与客体的关系问题，是整个20世纪中国美学始终无法摆脱的核心问题。这一对于主张"天人合一"的中国古典美学而言并不太重要的问题,却成了直到今天仍然困扰着中国美学界的难题,或者说是束缚其向新的理论形态发展的"阿喀琉斯的脚跟"。

第六,西方美学的影响,以及在建构一个美学理论体系时如何处理中西美学融合的问题,也是20世纪中国美学研究所特有的学术难点。

(二)美学研究分期

从中国现代美学研究的学术发展历程看,可分为五个时期:

一、20世纪初到20年代末,可称为"形成期",并且又可细分为世纪初到辛亥前的"萌芽期"、辛亥革命到20年代末的"探索期"。代表性人物及学术成果包括:梁启超《小说与群治的关系》(1902)、《趣味教育与教育趣味》(1922)、《美术与科学》(1922)、《美术与生活》(1922)、《情圣杜甫》(1922)、《屈原研究》(1922)、《中国韵文里头所表现的情感》(1924),王国维《〈红楼梦〉评论》(1904)、《叔本华之哲学及其教育学说》(1904)、《文学小言》(1906)、《屈子文学之精神》(1906)、《古雅之在美学上的位置》(1907)、《人间词话》(1908—1909),蔡元培《对于教育方针之意见》(1912)、《以美育代宗教说》(1917)、《文化运动不要忘了美育》(1919)、《美术的起源》(1920)、《美术的进化》(1920)、《美学的研究法》(1920)、《美学讲稿》(1921)、《美学的趋向》(1921)、《美学的对象》(1921)、《美育实施的方法》(1922)、《美感》(1924)、《以美育代宗教》(1930)、《美育》(1930)、《二十五年来中国之美育》(1931)、《美育代宗教》(1932),鲁迅《摩罗诗力说》(1907)、《拟播布美术意见书》(1913),吕澂《晚近的美学说和"美的原理"》(1919)、《西洋美术史》(1922)、《美学概论》(1923)、《现代美学思潮》(1924)、《康德之美学思想》(1925)。

二、20年代末到新中国成立,可称为"分化期"。主要代表人物及其主要成果有:朱光潜《无言之美》(1924)、《给青年的十二封信》(1928)、《文艺心理学》(1931)、《谈美》(1932)、《悲剧心理学》(1933)、《诗论》(1933)、《孟实文钞》(1936)、《谈文学》(1942—1945)、《克罗齐哲学述评》(1948),宗白华《美学与艺术略谈》(1920)、《艺术生活——艺术生活与同情》(1921)、《艺术学》(1925)、《哲学与艺术——希腊哲学家的艺术理论》(1933)、《略论艺术的"价值结构"》(1934)、《论中西画法的渊源与基础》(1934)、《中西画法所表现的空间意识》(1936)、《论〈世说新语〉和晋人的美》(1941)、《中国艺术意境之诞生》(1943)、《论文艺的空灵与充实》(1943)、《"意境"的没落与教育的悲哀》(1944)、《中国文化的美丽精神往哪里去?》(1946)、《艺术与中国社会生活》(1947)、《中国诗画中所表现的空间意识》(1949),邓以蛰《艺术家的难关》(1928)、《书法之欣赏》(1937),瞿秋白译著《列宁论托尔斯泰》(1932)、《高尔基论文选集》(1932)及编译《马克思主义文艺论文集》(1933),周扬《艺术与人生》(1937)、

《我们需要新的美学》(1937)、《唯物主义的美学》(1942)、《车尔尼雪夫斯基〈生活与美〉译后记》(1942)、《马克思主义与文艺》(1944),蔡仪《新艺术论》(1941)、《新美学》(1944)、《论美的认识》(1947)、《再论美的认识》(1947)。

三、20世纪五六十年代的美学大讨论,可称为"争鸣期"。代表人物及其主要著述有:朱光潜《关于美感问题》(1950)、《我的文艺思想的反动性》(1956)、《美学怎样才能既是唯物的又是辩证的——评蔡仪同志的美学观点》(1956)、《论美是客观与主观的统一》(1957)、《美必然是意识形态性的——答李泽厚、洪毅然两同志》(1958)、《美就是美的观念吗——评吕荧先生的美学观点》(1958)、《"见物不见人"的美学》(1958)、《克罗齐美学的批判》(1958)、《美学研究些什么,怎样研究美学?》(1960)、《生产劳动与人对世界的艺术掌握——马克思主义美学的实践观点》(1960)、《美学的新观点不能是"主观和客观相分裂"的观点——答蔡仪同志》(1960)、《美学中唯物主义与唯心主义之争——交美学的底》(1961)、《了解了艺术,有助于了解现实美》(1961)、《关于美学问题》(1961)、《从美学讨论中体会"百花齐放、百家争鸣"的政策》(1961)、《典型性格说在欧洲美学思想中的发展》(1961)、《表现主义与反映论两种艺术观的基本分析——评周谷城先生的"使情成体"说》(1963)、《西方美学史》(1963),蔡仪《谈"距离说"与"移情说"》(1949)、《略论朱光潜的美学思想》(1950)、《朱光潜美学思想的本来面目》(1956)、《评"论食利者的美学"》(1956)、《论美学上的唯物主义与唯心主义的根本分歧——批判吕荧的美是观念之说的反动性和危害性》(1956)、《吕荧对"新美学"美是典型之说是怎样批评的?》(1957)、《批评不要歪曲》(1957)、《朱光潜美学思想为什么是主观唯心主义的?》(1957)、《李泽厚的美学观点》(1958)、《朱光潜先生旧观点的新说明》(1960),吕荧《美学问题》(1953)、《美是什么》(1957)、《美学论原——答朱光潜先生》(1958)、《关于"美"与"好"》(1962),李泽厚《论美感、美和艺术》(1956)、《美的客观性和社会性——评朱光潜蔡仪的美学观》(1957)、《关于当前美学问题的争论——试再论美的社会性和客观性》(1957)、《论美是生活及其它——兼答蔡仪先生》(1958)、《以"形"写"神"——艺术形象的有限与无限、偶然与必然》(1959)、《山水花鸟的美——关于自然美问题的商讨》(1959)、《美学三议题——与朱光潜同志继续论辩》(1962)、《典型初探》(1963)、《审美意识与创作方法》(1963)、《两种宇宙观的分歧——评周谷城及其支持者的"统一整体"论》(1964)。

其他主要参与讨论者及代表文章还有:黄药眠《答朱光潜并论治学态度》(1950)、《论食利者的美学——朱光潜美学思想批判》(1956),高尔太《论美》(1957)、《论美感的绝对性》(1957)、敏泽《朱光潜反动美学思想的源与流》(1956)、《主观唯心论的美学思想》(1957)、《美学问题争论的分歧在哪里》(1957),洪毅然《辩证唯物主义哲学是马克思列宁主义美学与艺术学的理论基础》(1956)、《美是什么和美在哪里?》(1957)、《论美学的研究对象——美学与艺术学的区别》(1957)、《论美》(1957)、

《"雅"与"俗"》(1957)、《美是不是意识形态?》(1958)、《略论美的自然性与社会性——与李泽厚同志商榷》(1958)、《美是客观存在的性质,还是意识形态的性质?——与朱光潜先生再商榷》(1958)、《再论美是什么和美在哪里》(1959)、《关于形象及其他——与继先同志商讨》(1960)、《论"人对世界的艺术掌握"及其相关问题——对朱光潜先生美学近著的几点质疑》(1960)、《论美学的几个根本问题——试解朱光潜先生美学思想的疙瘩》(1964),蒋孔阳《简论美》(1957)、《关于〈简论美〉的补充意见》(1957)、《批判许杰唯心主义的美学观点》(1957)、《关于当前美学问题的讨论》(1959)、《略论生活美与艺术美的关系》(1962),叶秀山《美学讨论中的主要分歧》(1958)、《"美是主客观统一"说质疑》(1958)、《是批判呢还是宣扬——朱光潜先生的〈克罗齐的美学批判〉一文剖析》(1958)、《"美学"正名》(1961)、《评周谷城先生的"绝对境界"说》(1964),周谷城《美的存在与进化》(1957)、《史学与美学》(1961)、《评〈关于艺术创作的一些问题〉》(1963)、《评茹行先生的艺术论评》(1963)、《统一整体与分别反映》(1963)、《论朱光潜先生的艺术论评》(1964),姚文元《论生活中的美与丑》(1961)、《关于美学讨论的几个问题》(1961)、《艺术的辩证法》(1961)、《美学笔记》(1961)、《论艺术作品对人民的作用》(1961)、《论艺术分类的问题》(1963)、《略论时代精神问题》(1963),周来祥《反动美学中的修正主义——评朱光潜先生美学观点的新发展》(1958)、《浅谈艺术的形式美》(1962)。

四、20世纪70年代末、80年代初的美学热潮,可称为"深化期"。

五、20世纪90年代以后,可称为"反思期"。

后两个时期因参与美学研究的学者众多,著述甚丰,所论问题尚不集中,故不将代表人物和著作开列于此。

(三)美学各时期学术特点

20世纪中国美学各时期学术研究的侧重点及所表现出来的学术特点均有所不同,尤其前四个时期是有一定共性的——这种共性也就是前面所说的20世纪中国美学的特点,更突出地表现在它们深受政治文化背景影响、与西方美学的紧密关系、以主客观关系问题以及实践问题为美学核心问题(如果作个案研究的话,只需了解朱光潜一生所走过的学术道路,就可以对中国现代美学的前四个时期的特点一目了然)。

1.形成期

20世纪中国美学萌芽的产生,是与中国社会现代化进程同步的,因而必须联系当时的社会背景来考察。20世纪初到辛亥革命前为"萌芽期",当时的社会背景是"要救国,唯有维新"。中国知识分子处在民族危亡的历史时刻,他们在向西方探索真理并进行严肃的政治与哲学思考的同时,也萌发了对文艺和美学的崭新思考。以康有为、梁启超为代表的有识之士在发表救国救民的真知灼见时,也写下了不少关于文艺与美学的论著。通过向西方学习,他们对中国传统文艺与美学作了新的估价,这主要表现在他们对美的功利性问题的重新解释上。这一阶段的美学特点在于,代表性的美学家正是那些提出了震撼时代口号的改革者、政治家。他们对纯美学问题研究不多,却对美学和文艺启迪心灵、消除痛欲、怡养人性、治国安邦的作用议论颇丰。他们所讨论的问题,以文学为主、美术次之;对问题的研究有深有浅,有的论述详细,有些则点到为止,所以显得零乱、没有完整体系。尤其是,出于启蒙沉闷的众生心灵、重新唤醒在帝国主义和封建统治下人们已麻木的情感良知的目的,这一时期的美学高扬"主体"的作用,夸大主体的审美趣味和文艺的作用。从研究方法上看,在这一时期,无论是深掘古典传统,还是借鉴西方文明,都是"六经注我",目的是为政治改革服务,唯有"启蒙"是当务之急,唯有"维新"是光明之路,唯有"强国"能救我民族。所以,这一时期的美学也必然围绕这一宗旨,具有强烈的启蒙特色。除了这一主流外,王国维则代表了美学的另一发展方向。他是现代中国第一位脱开政治、专门从学术角度进行研究的美学大师,也是将西方近代美学引入中国的第一人。不过,王国维的引进是立足于中国美学传统之上的,他结合中国的艺术成果,对"美学"这一当时出现在中国的崭新学科的性质、范畴以及审美心理、审美教育等问题进行了较深入的研究。特别是,王国维对于美的功利性的否定,标志着两千年来旧的审美观念已被新的审美观念所代替。王国维美学在当时独树一帜,远离政治,抛开功利,没有如火如荼的政治气息,也没有康、梁等人的感召力量,但正是他的"躲进小楼成一统",使他成为中国现代美学研究历程的真正起点。

辛亥革命后到20年代末的美学发展之所以被称为"探索期",是因为在这二十年间,中国进步知识分子开始自觉地以纯学术的目的来学习西方的艺术和美学。他们的探索范围扩大了,研究深入了,并且已经有人把眼光投向马克思主义,从而使20世纪中国美学有了初步的多元发展趋向。这一时期,许多人(如朱光潜、宗白华等)通过出国留学,对西方文艺和美学有了更加全面深入的理解,同时还出版了大量的美学专著、译著,一些大学也开设了美学课,报纸杂志上的美学文章也多了起来,《东方杂志》、《学艺》、《教育杂志》、《新中国》、《觉悟》、《晨报副镌》、《学林杂志》、《民铎》、《哲学》、《创造周报》、《月报》、《北新》、《哲学月刊》、《清华周报》、《学衡》、《未名》、《一般》、《社会科学论丛》、《青年进步》、《小说月报》、《大公报》以及一些大学学报上,都曾刊载了讨论美学的论文。其内容涵盖从美学原理、艺术美学、美育到中西方美学史,甚至对当时一些西方较新的现代美学流派(例如印象主义文学批评、心理学美学、科学美学、新康德派等)也有介绍,从而形成了中国现代第一次美学研究高潮。

2. 分化期

20世纪20年代末到40年代末,中国经受了一次次战火的洗礼,大多数知识分子都怀着关切的心情,注视着国家的命运,但同时也并未削减对于文艺和美学的热情。在这段时期里,美学研究的内容丰富了,人们对文艺和审美的兴趣扩大了,参加讨论美学的人也比上个时期大大增加,并且开始出现分化。在此之前,中国现代美学所接受的多属于西方资产阶级的美学体系,由于强调主体的作用,多以"唯心"面目出现,尽管观点上有分歧,但却没有本质上的对立。而自五四前后马克思主义传入中国,其辩证唯物地看问题的立场以及阶级地、历史地考察文学艺术问题的方法,促成了马克思主义美学在中国的初步传播。中国最早的一批革命知识分子,如鲁迅、瞿秋白、冯雪峰及后来的周扬、蔡仪等人,开始以此为理论武器,建构新的美学体系并开始批判资产阶级唯心论美学,它实际上直接延伸至中华人民共和国成立之初及20世纪五六十年代的那场美学大讨论。但是,由于为中国社会性质所决定,此时中国的马克思主义美学并未真正形成,一些赫赫有名的美学家、文学家和艺术家,如朱光潜、宗白华、邓以蛰、梁宗岱、丰子恺、朱自清、黄忏华等人的美学研究,仍然以西方现代美学为主导,并在当时中国美学界占主要地位。从这二十年间出版的著作、译著和发表的论文来看,虽然涉及的内容和关注的范围都更加广泛了,并且因为参与的学者和报纸杂志的增多,影响也比前一时期更大了,但却仍然没有真正形成独立的、代表中国现代美学家学术主张的美学学科体系。很多人尽管提出了纲要性的理论主张,并在大学教学过程中也提出一定的理论框架,但这些框架基本上是引进西方再加一些中国的材料。对于一些后来在美学界引起长期争论的问题,此时虽有所涉及,但由于两种美学的直接交战只是在40年代的最后一两年才发生,而大部分时间里是各行其道地发展,所以观点上的争论并不多。

3. 争鸣期

这一时期是20世纪中国美学发展的第二次高潮。1956年到1964年持续了八年的美学大讨论,可以说在20世纪中国美学研究学术历程中起了承上启下的重要作用。之所以这么说,一方面是因为它的导因早在共和国成立之初(甚至成立前)就已经埋伏下了,而且中国现代美学已经发展了半个世纪,各种观点已较为成熟,是到了说服对方的时候了。另一方面,在经过十年"文革"的文化断裂后,当人们重又开始关心美学问题时,十年前的那些老问题、旧官司便是最先引起人们注意的,而此时的美学学者又大都是在那场大讨论中成长和成熟起来的。更重要的是,在那场讨论中所形成的几大派别及其代表人物的观点以及讨论中所关注的问题,不仅在当时影响极大,而且对于十多年没有接触更多新知识的中国学者来说,也仍然是悬而未决、十分重要的问题。而当时几大派代表人物经过"文革"后,观点更为成熟,并开始在较为宽松的环境下将自己的观点形成体系、写成著作,而其他从那个时代过来的学者也纷纷著书立说。因为教学需要课本,20世纪70年代末、80年代初美学新热潮中大量出版的美学著作,多是这个时期不同观点的延伸。平心而论,直到今天,这场讨论的"后遗症"(无论学术的,还是其他方面的)仍在隐隐作痛。

(1)三种背景

许多人对20世纪50年代"左"的社会背景下,中国竟能兴起那样一场轰轰烈烈的美学讨论感到诧异。这就需要我们对20世纪中国美学发展的这一次"意外"高潮的诸多复杂背景有所了解。在这方面,最起码有三点是应该强调的,即个人背景、政治背景和学术背景。

为什么大讨论最后会形成以朱光潜、蔡仪、李泽厚、吕荧(及高尔太)为代表的四个流派,表面看起来偶然,实则从个人背景上看又是必然的——这里所说的个人背景应该包括他们每个人所走过的学术道路、一直所持的学术主张和新中国成立前的政治立场。

朱光潜和蔡仪实际上早在1949年前就已经成为两大对立美学阵营的代表。尽管1949年前,朱光潜已经不满于国民党的腐败并且最终既没有南撤台湾,也未移居国外,但他毕竟是国民党当政时的知名学者,其《谈修养》和《谈文学》都是发表在国民党的《中央周刊》上。在1948年12月解放军包围北平时,国民党派飞机由特辟的东单机场预备接走的"知名人士"中,他是位于胡适之后的第三位。同时他一直所宣扬的也是资产阶级的美学观点,所以革命文艺阵营将他看作"反动作家"、"反动文人"在所难免。蔡仪则是革命学者和马克思主义美学的代表。他1926年就加入了共产主义青年团,后来在郭沫若领导的"文化工作委员会"做革命宣传工作,30年代受到马克思主义文艺理论影响,40年代又以之为理论基础写下了旨在以新艺术、新美学观代替旧美学的重要论著。1949年前夕,文化领域同样也进行着激烈的斗争,除了郭沫若、邵荃麟等在政治上对朱光潜进行批判以外,蔡仪也在地下党组织要求下,写了长文《朱光潜论》,对其学术观点进行批评。这种批评一直延续到中华人民共和国成立初的两三年里。《文艺报》第三期就发表了蔡仪的《谈"距离说"与"移情说"》一文,其中不仅批评了朱光潜的"超脱说",更说明了"艺术标准是服从政治标准的"。朱光潜作为被管制和改造的对象,于《人民日报》发表政治上的《自我检讨》的同时,在学术上却未让步。在《文艺报》第八期上,他针对蔡仪的批评,写了《关于美感问题》进行反驳,严肃地提出了"在无产阶级革命的今日,过去传统的学术思想是否都要全盘打到九层地狱中去呢?还是历史的发展寓有历史的连续性……"而同期发表的蔡仪的《略论朱光潜的美学思想》、黄药眠的《答朱光潜并论治学态度》及第十二期上的黄药眠《论美与艺术》,本来可能把问题引向深入——尤其是蔡仪和朱光潜之间的学术争论(黄药眠基本上还是从政治方面进行批判),可能由于朱光潜忙于一次次的检讨和接受改造批判而无暇应战,因而很快结束了。这样,几年后的美学大讨论仍然以他们之间的论战开始并成为讨论中的两种对立观点,也就不足为奇了。李泽厚成为实践派的代表,当然也可以从其个人背景上找到理由。他是出身贫寒的新中国大学生,接受的是马克思主义教育,对哲学和历史问题感兴趣,所以他的学术立场以马克思主义为指导应是理所当然的。他上学时的北京大学哲学系主要以苏联教材为主,他在学术上也一定深受影响。苏联恰巧也在1956—1966年爆发了一次热烈的美学大讨论(这是后面要说的学术背景),其中不少观点对李泽厚肯定是有影响的。至于吕荧,他在1947年就曾发表《论创作的艺术》,1953年又在《文艺报》上发表《美学问题》一文批评蔡仪的《新美学》并提出了"主观论"观点,但当时没有引起反响。等到1957年,蔡仪才对吕荧进行反驳,而吕荧则在坚持自己主张的同时,对蔡仪和朱光潜的观点同时给予了批评。尽管大多数学者对这种观点不以为然,但由于拥有少数的支持者(如高尔太),因而成就一家之说的条件也就有了。

说到这场大讨论的政治背景,除了前面提到的1949年前到中华人民共和国成立之初,共产党与国民党、资产阶级哲学与马克思主义的斗争外,更应该被提到的,是中共中央自1954年10月因毛泽东《关于〈红楼梦〉研究问题的信》而在文艺界掀起的又一次对资产阶级唯心主义思想进行批判的运动。这场由批判电影《清宫秘史》、《武训传》开始的运动,已不仅仅停留于清除封建、买办和法西斯思想,而是上升到了对资产阶级哲学——唯心主义思想进行系统批判的高度。"系统地宣传了唯心主义美学思想"①的朱光潜,不可避免地与"资产阶级唯心论的头子"胡适及"暗藏在革命阵营的反革命"胡风一起,成为重点批判对象。所以,从政治背景上看,五六十年代的美学大讨论实在不是学术的发展使然,而是人为的。而这样一场起因于严肃政治斗争的论战转变为"百家争鸣"的美学学术大讨论,还是得益于政治。1956年5月底,就在这场政治论战的战火刚要烧到美学领域时,中共中央却已经开始警惕在知识界,尤其是文艺界进行了一年半的"三反"、"五反"及"三大改造"中的"左倾"思潮,提出了"双百方针"。这无疑拯救了随后到来的这场美学讨论,不仅使其能够"百家争鸣",而且基本上是学术讨论而非政治斗争,从而也才可能有了这一次的美学高潮。这一点,朱光潜深有体会。他在1957年《文艺报》第1期发表《从切身的经验谈百家争鸣》中说:"'百家争鸣'的号召出来了,我就松了一大口气。不但是我一个人如此,凡是我所认识的有唯心主义烙印的旧知识分子一见面谈到这个'福音',没有一个不喜形于色的……就是在'百家争鸣'的号召下,《文艺报》发动了对于我的美学思想的批判和讨论。整个的气氛就和从前大不相同了。首先我有机会和批评我的人见面,在友好的气氛下交换意见,他们对我的检讨提意见,我对他们的批评也提意

---

① 《文艺报》1956年6月30日发表朱光潜《我的文艺思想的反动性》一文时的"按语"。

见,这样就解除了过去那种如临大敌、严阵以待的紧张形势,彼此虚心静气地说理。"①尽管朱光潜当时并不清楚批判他的运动与"双百方针"的推出之间巧合的背景,但他显然是由衷地说出这番话的。

除了政治背景以外,原来不太为人重视的学术背景也应该在这里提到,即前面所说的苏联同时进行的美学大讨论,因为它对当时中国美学四派中一派——实践派的形成产生了重要影响。朱、蔡、吕三派的主张是早已形成的,只有李泽厚的主张是在这场美学讨论中才问世的。在苏联的那场关于审美本质的论辩中,不仅前期有以斯托洛维奇、万斯洛夫、包列夫、塔萨洛夫、帕日特洛夫等为代表的主张美的本质在于对象的社会属性的"社会派"和以德米特里耶娃、波斯彼洛夫、叶果罗夫、柯斯塔霍夫、别立克、科尔年科为代表的认为美的本质在于对象自然属性的"自然派"之间针锋相对的观点,而且还产生了后来以帕日特洛夫、达维多夫、什拉金等人为代表的认为审美是社会实践产物的"生产—实践说"。这一派受马克思《1844年经济学—哲学手稿》的启发,认为体现在生产实践中的人的本质力量和创造力是审美的唯一源泉。当时,苏联美学讨论的一些观点在中国国内杂志上已有译文,如《学习译丛》,1955年发表了万斯洛夫的《客观上存在着美吗?》,1956年发表苏联《哲学问题》编辑部的《关于马克思列宁主义美学对象的讨论》、布洛夫的《美学应该是美学》、斯托洛维奇的《论现实的美学特性》,1957年发表了阿历克塞耶夫的《关于审美实质问题的讨论》;《外国学术资料》1962年发表柯斯塔霍夫的《美学中几个问题的争论》、柯尔年科的《论审美本性问题》、纳波洛娃的《关于美的争论中的两种极端》;《美术》则在1956年发表了盖拉的《人类的美在劳动中》;等等。而1955年至1964年间,中国国内先后出版特洛菲莫夫《马克思列宁主义美学原则》(新文艺出版社,1955)、德米特里耶娃《论苏维埃艺术中美的问题》(上海人民美术出版社,1957)、吉谢夫等《马克思列宁主义美学基础教学大纲》(中国人民大学出版社,1957)、斯卡尔仁斯卡娅《马克思列宁主义美学》(中国人民大学出版社,1957)、万斯洛夫《美与崇高》(上海文艺出版社,1958)、聂多西文《艺术概论》(朝花美术出版社,1958)等著作中已经存在的上述观点,也都对当时中国学者有所影响。特别应该说明的是,1957年,人民出版社出版了马克思的《1844年经济学—哲学手稿》,对于当时争论中的各家学说都是一个新的理论源泉。从李泽厚当时发表的几篇重头文章来看,其中引用的大量依据,均来自马、恩、列及当时苏联学者的著作。可以说,由于有苏联的美学讨论这一学术研究背景,在当时形成李泽厚这一派主张也是必然的——即便不是李泽厚,别的学者也会提出来。而事实上,李泽厚的观点后来之所以得到广泛认同,也与大部分

---

① 朱光潜:《从切身的经验谈百家争鸣》,见《朱光潜全集》,新编增订版,第10卷,第218页,北京,中华书局,2012。

1949年后投身美学领域的学者多在这样的学术背景下成长起来是分不开的。

了解了"争鸣期"的政治及文化背景,再来把握20世纪五六十年代美学大讨论在20世纪中国美学学术历程中的地位和作用,就比较容易了。

(2)学术特点

这一时期中国美学的学术对象,主要是美的本质、自然美和美的对象问题。关于美的本质问题的讨论,目的是要回答"什么是美"。当时的学者认为,搞清楚这个问题,是美学学科成立的前提;阐述美学主张,就必须首先对美的本质是什么的问题进行表态。而这个问题不仅在西方美学中是一个长期难以形成一致看法的难题,即便对于年轻的中国现代美学来说,也不是一个新问题。20世纪三四十年代朱光潜、蔡仪的美学论著中,已经表明了两种相互对立的看法,即所谓唯心与唯物的对立观点。从上述背景看,五六十年代美学讨论的发生,即以对唯心论的批判为导因,在美学领域则是以朱、蔡两种观点的继续争论拉开序幕。当然,由于朱光潜和蔡仪当时处境不同——一个是"反动文人",其观点为反马克思主义的唯心论;另一个则是革命者,观点符合马克思主义的唯物论——所以一个是被批判的对象,另一个则是批判者,争论开始时,双方地位是不对等的。不过,虽然当时的社会文化背景是机械简单地以无产阶级和资产阶级、唯物主义和唯心主义两种标准来划分人的思想,人人都在争取成为无产阶级和唯物主义者,但是,美学讨论毕竟不是简单的政治争论,所以尽管朱光潜对其唯心观点作了检讨,但他检讨的只是唯心主义,而非自己关于"美的本质"问题的看法,因而不仅争论不可能很快地以唯物战胜唯心而结束,而且使人感到对这个问题还必须进行深入的讨论。此外,朱光潜在检讨自己的思想渊源时,大段地介绍了康德、黑格尔、叔本华、尼采、柏格森"之流"的观点,这正如荷兰学者D. W. 佛克玛在《中国文学理论与苏联影响(1956—1960)》里所说:"作者认为在西方思想方面克罗齐是他的主要老师,他是用克罗齐的眼光去理解康德、黑格尔、叔本华、尼采及柏格森的。当他具体说明这点时,其忏悔的语调几乎完全消失了,而代之以对克罗齐和他自己的艺术观点的详细描述。"这说明,朱光潜对自己在《文艺心理学》、《谈美》等文中所持的有关"美之中要有人情也要有物理,二者缺一都不能见出美"的"美的本质是主客观统一"的主张并没有真正地"清除掉",随后讨论中他的一系列文章都说明了这点。"百家争鸣"的文化背景,为这次讨论没有走向非此即彼的二元对立提供了条件。蔡仪批评黄药眠《论食利者的美学》一文"表面上是在批判主观唯心主义的美学思想,实际上却出乎他的意料之外地根本上是在宣传主观唯心主义的美学思想",则把这场讨论真正引向了深入和多元的发展。所以,不仅朱光潜的"主客观统一说"、蔡仪的"客观说"继续各持己见,就连吕荧、高尔太的"主观说"也未被一棍子打死,其文章仍然可以见诸《人民日报》。同时,在这三种主张之外,又涌现出受苏联和《1844年经济学—哲学手稿》启发影响的第四种主张——"社会实践说",从而使有关"美的本质"的研究达到了20世纪中国美学的学术高峰。

关于自然美问题和美的对象的争论,也是上述分歧在美学其他问题上的延伸和表现。如主张美是"主客观统一"的朱光潜认为,自然美"也还是自然性与社会性的统一,客观与主观的统一",并认为美的对象就是最能表现这二者统一的艺术;主张美是"客观"的蔡仪,则认为自然美在于自然本身的属性,不依存于人类存在;李泽厚也从其"社会实践说"出发,说明"自然美既不在自然本身,又不是人类主观意识加上去的,而是与社会现象一样,也是一种客观的社会性存在",因此美的对象应为研究"美—美感—艺术"的过程。讨论面的扩大,使更多学者加入了讨论,对问题的考虑也更为全面深入。

以上四种观点之所以在当时影响极大,彼此不能说服,且吸引了众多美学学者、文艺理论家参与讨论,是因为其主张者都有一套理论,对于问题的阐述和论证也都比较深入,并且都从中、西美学传统中找到了支持。朱光潜的观点基本上源于西方,又根据《1844年经济学—哲学手稿》中的实践观点进行了修正;蔡仪的理论则以"典型论"和"反映论"为坚实基础;吕荧和高尔太以车尔尼雪夫斯基"美是生活"的观点为武器;李泽厚也以《1844年经济学—哲学手稿》为主要依据,但强调了人的社会性。这次长达八年的美学大讨论,主要论战对象在后期从朱光潜转向了周谷城,争论的要点也从"美的本质"问题转向了艺术及其时代精神问题。虽然"文革"的爆发彻底打断了这次讨论,但实际上,后期争论重点的转移,已经表明许多学者意识到这样争论下去难以解决问题或这个问题并非那么容易解决。今天来看,这个在美学史上由来已久的关于美的本质的争论,并非一两次讨论或几本书就可以说清楚的。在西方,这个问题从古希腊的苏格拉底、柏拉图、亚里士多德开始,就一直争论不休,到了现代反而没有太多学者执着于这个问题。20世纪中国美学之所以对这个问题如此重视,乃是因为相对于中国古典美学来说,这是一个关系到美学学科建立的新问题,似乎不把这个问题搞清楚,美学就无法确立自己的学术对象和学科地位。的确,研究美学,连究竟什么是美也说不清楚,还能说清楚什么问题?正是由于这种根深蒂固的想法,使这一问题成为中国美学在20世纪里的首要问题。而多年的争论也恰恰说明了,这个与哲学基本问题紧密相关、与现实的艺术与审美有一定距离的问题,可能终究是个难以说清的问题。所以,20世纪80年代以后,虽然这一问题仍然是每个学者、每本美学原理著作在阐明自己学术观点时所必须面对的问题,但是人们(尤其是青年学者)大都根据自己的理解,采取上述四家既成的观点之一。这样做,一般是为了对这个美学基本问题表一个态,而并非为了将这一问题推向深入。但也有一部分学者(尤其是参加过那场美学大讨论或在那时进入美学界的学者),则继续对此刨根问底,张扬他们所拥护的一派观点,从而使这个问题的争论一直没有休止。到了20世纪80年代后期和90年代,随着美学四派创始人的谢世或淡出,更因为大多数学者已经感到过分纠缠于这个问题,对于未来的美学发展弊大于利,而绕开这个问题一样可以进行美学研究,这个问题才不显得那么突出。但这并不是说它就不再是问题或再没有人关注了。随着"超越实践美学"、"回到朱光潜"、"从朱光潜接着说"等主张的提出,这个问题仍然是美学原理研究以及建构新世纪中国美学所不能回避的问题。也正是从这一点上说,20世纪五六十年代的美学大讨论,可以说是中国现代美学发展的一个里程碑,在未来中国美学发展中,人们也许可以绕开或回避对上述几家之言的评价,但却很难彻底消除它们的影响。

(3)四种主张的主要论点、理论根据以及对它们的反驳

以最简单的话来概括美学四派对"美的本质"的看法,即:美是主观的(吕荧、高尔太);美是客观的(蔡仪);美是主观与客观的统一(朱光潜);美是客观性与社会实践性的统一(李泽厚)。我们下面对各派的主要观点及其理论根据、其他人对它们的反驳作一概述。

第一,吕荧在1953年《文艺报》第16期发表《美学问题》,提出"美是人的一种观念"的看法,从而使他成了"主观派"的代表人物。尽管有些学者认为将吕荧归为"主观派"是对他的误解(强调吕荧是以生活论证美),但我们从吕荧自始至终的观点及其理论论据来看,无论他将美怎样同人的生活相连,他始终认为美是人的观念或社会意识。他的主要理论根据,是"对于美的看法,并不是所有的人都相同的。同是一个东西,有的人会认为美,有的人却认为不美。甚至同一个人,他对美的看法在生活过程中也会发生变化,原先认为美的,后来会认为不美;原先认为不美的,后来会认为美。所以美是物在人的主观中的反映,是一种观念"[①]。四年后,他在《美是什么》中又一次提出:"我仍然认为:美是人的社会意识,它是社会存在的反映,第二性的现象。"[②]吕荧的主要问题,出在他把美和美感混为一谈,从美感的差异性与特殊性来说明美的主观性和随意性,由人类生活的社会性和复杂性来说明美的观念性与非客观性。吕荧提出这种观点的初衷是不难理解的:一方面,他反对把美与客观事物相等同(也就是反对"客观论"),认为美应该与人有关,所以"辩证唯物论者认为美不是物的属性或者物的种类典型,它是人对事物的判断或评价"[③];另一方面,受到车尔尼雪夫斯基的影响,同时也看到了文艺与美的社会与现实性的特点,吕荧把美理解成由社会生活决定的意识或观念。由于他对于美与美感的关系所代表的客观事物与人的认识之间关系问题理解混乱,导致他想用辩证方法来解决问题,却显然没有成功,并且马上遭到其他几种主张的反对。与之针锋相对的客观派代表人物蔡仪,以他的

---

① 吕荧:《美学问题》,见《吕荧文艺与美学论集》,第416页,上海,上海文艺出版社,1984。
② 见《吕荧文艺与美学论集》,第400页,上海,上海文艺出版社,1984。
③ 吕荧:《再论美学问题——答蔡仪教授》,见《吕荧文艺与美学论集》,第503—504页,上海,上海文艺出版社,1984。

马克思主义唯物论与反映论为武器,从非此即彼的严格的哲学立场出发,对吕荧的观点进行了批判,不仅指责它不符合马列主义反映论的原则,而且认为吕荧"认为美是主观的,不是客观的,否认客观事物本身的美,也否认美的观念是客观事物的美的反映,就是和唯心主义一致的,而这种论点就是唯心主义美学的根本论点。"①朱光潜的批评则学术味道浓厚。朱氏首先指出,吕荧对他所使用的"美的观念"、"美的概念"、"美的意识"、"审美观"等抽象名词,没有进行科学的、明确的分析。在对"美是观念"提出质疑的同时,朱光潜对它之所以会出现问题并造成混乱的原因做了说明,认为吕荧的严重错误主要在于把"美感"、"快感"、"感觉"都看成同义词:在感性阶段取消了美感而代之以快感,在理性阶段则取消美感代之以判断;理性认识是审美过程的终结阶段,而所谓"理性认识"就是美的概念、观念。但朱光潜对他认为合理的一些观点也给予了肯定,如关于美是"第二性的现象",认为这与自己的观点相一致。李泽厚对"主观派"的批评主要集中于高尔太的观点。高尔太的"主观派"观点的确更加坚定。他在《论美》中说:"美发生在人脑中,我们无法把它移植到物那一方面去……离开了人,离开了人的主观,就没有美","有没有客观的美呢? 我的回答是否定的:客观的美并不存在","美,只要人感受到它,它就存在,不被人感受到,它就不存在"。② 在《美感的绝对性》中,高尔太说得更直接:"人的心灵,是自然美之源泉,也是艺术美之源泉。"③李泽厚首先批评高尔太在"健全常识"上也有两点困难:一是美感要有个来源,二是美感要有客观标准;然后指责其哲学根本观点是反对反映论的。只是李泽厚本人也不满意反映论者对高尔太的批评,而认为高尔太的主张其实把美学史上的老问题又提了出来,是值得重视的。

第二,早在20世纪40年代的《新美学》中,蔡仪就已经提出了"美是客观事物的典型"的主张。作为马列主义者和无产阶级革命者的蔡仪,其理论的主观意愿在于弘扬马列主义,坚持无产阶级艺术反映现实生活的传统主张。这一点是十分清楚也是可以理解的。问题在于,蔡仪为了坚持唯物论而把这一理论简化并推向了极端,从而使他对美的问题的看法也简单到了说一不二的程度,无法不暴露出其弱点。依照他的观点,"美的本质就是事物的典型性,就是个别之中显现着种类的一般。于是美不能如过去许多美学家所说的那样是主观的东西,而是客观的东西,便很显然可以明白了"④。进一步他还认为:"至于美的观念的内容显然是相反的,它不是主体对于美的事物特征的感受,而是美的事物的特征,它不是属于主体的,而是属于客体

---

① 蔡仪:《批判吕荧的美是观念之说的反马克思主义本质》,见《美学论著初编》(下),494页,上海,上海文艺出版社,1982。
② 高尔太:《论美》,第7页、1页、4页,兰州,甘肃人民出版社,1982。
③ 高尔太:《论美》,第33页,兰州,甘肃人民出版社,1982。
④ 蔡仪:《新美学》,见《美学论著初编》(上),第238页,上海,上海文艺出版社,1982。

的,甚至如关于自然事物的美的观念的内容则不是属于人类的,而是属于自然事物的。"① 由于坚持这种客观论、典型论的主张,蔡仪对于一切把美与人联系起来的主张便一概采取了否定态度。但是,把美推给了客观和典型,只用反映论是无法彻底解决人的审美问题的,也无法把美学问题深入下去。由于这一观点代表了唯物主义反映论的观点,所以对它的反驳必须小心谨慎。李泽厚显然就回避了更深刻的讨论,但却一针见血地指出蔡仪的弱点是"静观的机械唯物论反映论,未注意到美的社会性质"②。吕荧的批评看起来很有说服力,"如果说,美是典型,这就是说,一切典型都是美的。可是,为什么有许多典型,如典型的猴子、鳄鱼、苍蝇、蛔虫……通常都认为不美呢?这些都是自然界的事物,还有社会中的事物,如典型的高利贷者、恶霸、帝国主义者,为什么都不是美的呢?看到了这些事实,我们觉得典型说不能够解释美"③。但是,由于吕荧犯了一个明显的逻辑错误,把属于关系(或包含关系)与等同关系当成一回事,因而无法驳倒对方。因为说"张三是人"不等于说"一切人都是张三"。只是蔡仪在进行反驳时,并未抓住吕荧的这个逻辑错误,而是继续补充说明典型的问题,如对于猴子的解释是"就它是动物来说,具有一般动物所没有的智慧而活动敏捷的猴子,却不是丑的"④。这个补充成了公说公有理、婆说婆有理,你说猴子丑,我看它倒不丑,其实还是无法根本解决问题。而蔡仪对社会现象的补充则是"所谓典型的反动地主、典型的帝国主义分子,只是在他们本阶级的范围之内,在他们的阶级的主观方面看来是典型的,也就是美的;但是,在客观方面,在整个的社会范围和总的历史发展倾向来说,他们是和社会人群的总的倾向相反的,是和历史发展的必然性相反的,它们实质上不是典型的,也就不是美的"⑤。这一补充也难圆其说。难道说反动地主和帝国主义分子不是客观存在吗?对于长期存在的整个资本主义世界来说,他们不是典型吗?朱光潜对"客观派"的批评比较系统,也具有说服力。他对蔡仪的观点作了很好的归纳,指出其毛病在于:一是没有把美感对象与物本身进行区分,从"物不依赖于认识的人存在"这个正确原则推出了"物的形象不依赖于鉴赏的人存在"这个错误结论,结果美成了一个绝对观念,超于"欣赏的人",超于时代、民族、社会形态、阶级以及文化修养而独立存在;二是否认美可随美感发展而发展。所以蔡仪的观点虽然是唯物的,却不是辩证的。

---

① 蔡仪:《批判吕荧的美是观念之说的反马克思主义本质》,见《美学论著初编》(下),第494页,上海,上海文艺出版社,1982。
② 李泽厚:《关于当前美学问题的争论》,见《美学论集》,第67页,上海,上海文艺出版社,1982。
③ 见《吕荧文艺与美学论集》,第399—400页,上海,上海文艺出版社,1984。
④ 蔡仪:《吕荧对〈新美学〉美是典型之说是怎样批评的?》,见《美学论著初编》(下),第520页,上海,上海文艺出版社,1982。
⑤ 蔡仪:《吕荧对〈新美学〉美是典型之说是怎样批评的?》,见《美学论著初编》(下),第520页,上海,上海文艺出版社,1982。

第三,朱光潜的观点其实也是他自己在三四十年代观点的延续。很显然,在接受了马克思主义观点之后,朱光潜对自己的观点进行了完善。虽然他批评了自己过去的观点,说"我的《文艺心理学》、《谈美》、《诗论》之类书籍本是一盘唯心思想的杂货摊,与中国过去的封建的文艺思想,与欧美许多反动的哲学、美学、心理学和文艺批评各方面的思想,都有千丝万缕的联系"[①],但实际上,他在美的本质问题上的基本观点却没有多大变化。朱光潜在《文艺心理学》中谈美感问题时,把美感看成"形象的直觉",并且说"形象是直觉的对象,属于物;直觉是心知物的活动,属于我"[②]。显然,美感是人心对于物的感知,但只是对物的形象的感知。而到了五六十年代进行美学讨论时,朱光潜为了把这个问题说得更清楚,又提出"物甲物乙说"来进行补充。所谓"物甲",就是自然物,而"物乙"则是自然物的客观条件加上人的主观条件产生的,是社会的物。美学的研究对象是"物乙"而非"物甲",也就是"物的形象",它是"物"在人的既定的主观条件(如意识形态、情趣等)影响下反映于人的意识的结果。这样,美的对象就既非纯客观的"物",也非与客观物毫无关系的纯主观的"观念",而是主客观统一的"物的形象"。立足于这种观点,朱光潜对其他各种主张中不圆满的地方做出了他的解释。如他否定"客观派",就因为自然物还只有美的条件,并不就是美。对于朱光潜的观点,其他各派都进行了批判,其中李泽厚的批评最为尖锐。李泽厚在《论美感、美和艺术》中有这样一段话:

> 所谓"心物的关系"(或"主客观的统一")实际上就是反映者与被反映者的关系,把这种关系抽出来作为一个超然于心物之上或之外的独立的东西,这不过是我们所十分熟悉的近代主观唯心主义的标准格式——马赫的"感觉复合""原则同格"之类的老把戏,而这套把戏的本质和归宿仍然只能是主观唯心主义……朱先生自己在《文艺心理学》中就已经亲身作过一次这样的证明。先是就美既要有物(客观),也要有心(主观),是心物的关系,接着立即走向美是"心借物以表现情趣"了,这就是所谓美在"心物之间"中"主客观统一"的结果。所以,从哲学根本观点上说,不在心,就在物;不在物,就在心。美是主观的便不是客观的,是客观的便不是主观的,这里很难"折中调和"(这是针对朱的自我批评说的),中间的路将导致唯心主义。[③]

---

① 朱光潜:《我的文艺思想的反动性》,见《朱光潜美学文集》,第3卷,第20页,上海,上海文艺出版社,1983。
② 朱光潜:《文艺心理学》,见《朱光潜全集》,新编增订版,第3卷,第119页,北京,中华书局,2012。
③ 李泽厚:《论美感、美和艺术——兼论朱光潜的唯心主义美学思想》,见《美学论集》,第21页,上海,上海文艺出版社,1980。

而对于朱氏的补充,李泽厚则进一步批评说:"物甲"相当于康德的"物自体"上一个不起作用的、被动的却是产生知识的必要条件。① 至于蔡仪对朱光潜的批评,很显然是不满于朱氏把主观的东西加入了美的对象,认为"这个加着主观成分"的"物的形象",既是认识的结果,又是认识的对象;既是一种主观意识,又是物,仍是《文艺心理学》中的老调,是主观唯心主义的。② 针对这些批评,朱光潜再次对其观点进行了补充。他这次利用了马克思主义的实践观点,并在《生产劳动与人对世界的艺术掌握》中引用了马克思的几段话,如"我在我的生产过程中就会把我的个性和它的特点加以对象化","对象化的感性的可以观照的因而是绝对无可置辩的力量","而且在我的个人的活动中,我就会实现我的真正本质,我的人的社会的本质"。而其中最重要的、成为朱氏新的理论根据的,是《1844年经济学—哲学手稿》中的一段话:"从主观方面来理解,社会人的感觉力和非社会人的感觉力是不同的,因为只有音乐才能引起人的音乐感觉,因为最美的音乐对于不懂音乐的耳朵没有意义,不是一种对象——这是因为我的对象只能是我的某种本质力量的肯定,只有当我那种本质力量本身作为一种主观能力而存在时,对象对于我才能存在,因为一种对象的意义(它只有对于一种适应它的感觉才有意义)能达到多么远,就要看我的感觉力能达到多么远……"马克思这段肯定认识对象与人的感觉能力的关系的话,无疑成为朱光潜最有力的证据。而马克思关于"人化的自然"、"人的本质力量的对象化"等理论,则成为朱光潜说明"艺术创造与劳动创造一样都是使人产生美感的原因"、"也正是在劳动实践中人与自然、主体与客体形成了矛盾的统一关系"的有力依据。所以朱光潜说:"从马克思的实践观点看,'美感'起于劳动生产中的喜悦,起于人从自己的产品中看出自己的本质力量的那种喜悦。劳动生产是人对世界的实践精神的掌握,同时也就是人对世界的艺术的掌握。在劳动生活中人对世界建立了实践关系,同时也建立了人对世界的审美的关系。一切创造性的劳动(包括物质生产与艺术创造)都可以使人起美感。人对世界的艺术的掌握是从产生劳动开始的。"③虽然朱光潜在他的这些理论补充中,充分运用了马克思主义的实践观点,却并不能让"社会—实践派"满意。在他们看来,朱氏实践观中的"主客体统一"乃是统一于意识,注重的是人的本质力量的对象化。李泽厚便批评说:"朱光潜说因为马克思主义认为艺术是一种意识形态和上层建筑,所以艺术美就不能说是一种客观的社会存在,而只能是一种社会意识……但我看这也是一种曲解或误解。因为所谓艺术是一种意识形态和上

---

① 李泽厚:《关于当前美学问题的争论——试再论美的客观性和社会性》,见《美学论集》,第68页,上海,上海文艺出版社,1980。
② 参见蔡仪:《朱光潜美学思想旧货的新装》,见《美学论著初编》(下),上海,上海文艺出版社,1982。
③ 朱光潜:《生产劳动与人对世界的艺术掌握——马克思主义美学的实践观点》,见《朱光潜全集》,新编增订版,第9卷,第146页,北京,中华书局,2012。

层建筑,是指它是经济基础的反映的意思,而并不是说所有意识形态都不是物质的存在。"①蔡仪也对朱光潜的实践观点进行了批评,认为朱氏曲解了马克思原意,如对"人的本质力量对象化"的理解,马克思是讲劳动的对象化,而朱光潜却解释为人的主观愿望的对象化,"这位美学家却要由马克思的话来论证美和美感是统一不可分的,美是不能离开美感而独立的,更进一步证明他从来所主张的是主客观统一的、'美在于心物关系',即自三十年代以来,他的美学思想就是马克思主义的。然而实际上不外是对马克思原意的歪曲篡改罢了"。

第四,李泽厚的"社会—实践说",是20世纪五六十年代美学大讨论的直接成果。这一学说的产生,从学术背景上看,既有它的优势,也有其缺陷。其优势在于,在它出现之前,美学界已经存在的三种学说都不能令人满意,都有自己的弱点。而李泽厚在创立自己的理论时,尽量避免同样的缺陷。此外,上述三位美学家都是文学家出身,而李泽厚却是学哲学的,对于哲学史很熟悉,思辨能力也很强,这些都有利于他的理论的形成。而李泽厚学说的缺陷则在于,当时的大辩论中尽管提倡"百家争鸣",但政治味道仍然很浓,并且意识形态中非唯物即唯心、非马克思主义即资产阶级唯心论的氛围相当浓重。尤其是,由于朱光潜是被批判的对象,所以李泽厚在对朱光潜进行理论批判时基本上没有进行良莠区分,而是一概抛弃,朱氏理论中许多有价值的东西也被他否定了。具体到李泽厚"实践美学"的发展,一般认为它经历了三个阶段:第一个阶段是五六十年代美学讨论期间的建立阶段,主要是在对上述三派美学观点进行批判的基础上,利用马克思《1844年经济学—哲学手稿》,对实践、自然人化、人的本质力量对象化、人对世界的艺术的掌握、美的规律等进行解释,提出"美是包含着现实生活发展的本质、规律和理想而用感官可以直接感知的具体形象(包括社会形象、自然形象和艺术形象)……它已包含了我们以前说过的美的两个方面、属性和条件:(1)客观社会性,(2)具体形象性"②。这一说法,实际是把蔡仪的客观性、朱光潜的形象直觉和李泽厚本人的社会性都涵盖了,很难找出破绽。第二个阶段是70年代末以后的"新时期",李泽厚在实践美学的基础上,又提出了"人类学本体论哲学"和"主体性实践哲学"。这些新的论点是在当时关于人性、人道主义及主体性问题的讨论背景下形成的,也可以说是他对实践美学以及后来这些讨论的一个理论反思,其中他又提出了"工具本体"、"心理本体"、"文化—心理结构"、"外在的自然人化"与"内在的自然人化"、"积淀说"、"新感性"等一系列新的范畴和命题。其中,作为"主体性实践哲学"主题的,是主体性的文化心理结构问题,亦即李泽厚所说的"主体性的人性结构"。它又分为智力、意识和审美三种结构,其中审美结

---

① 李泽厚:《关于当前美学问题的争论》,见《美学论集》,第71页,上海,上海文艺出版社,1982。
② 李泽厚:《关于当前美学问题的争论》,见《美学论集》,第98页,上海,上海文艺出版社,1982。

构是人的主体性的最终成果、人性结构的最高层次,是历史、社会、理性在心理、个体、感性自身中的统一。第三个阶段是从80年代末到90年代初,李泽厚通过再次反省自己在第二阶段的理论,提出了感性的生命本体等问题,最终将美学推向了完全的形而上学玄思之中。从李泽厚前后思想的变化,我们可以看出他始终在试图自圆其说,却又始终不能满意。而在五六十年代的美学大讨论中,对于李泽厚的主张,其他几派理论也同样给予了批评。蔡仪就认为,李泽厚最初虽主张"美的客观性"、"美感是美的反映",似乎是唯物主义,但他谈论具体的美的问题时,实际又是与朱光潜如出一辙,如自然人化、移情作用等。蔡仪还认为,李泽厚所主张的美的两个基本选择性即客观社会性和具体形象性是完全错误的,因为所有的社会事物都有形象性和社会性,却不能说所有的社会事物都是美的。① 朱光潜则认为,从李泽厚的《论美、美感和艺术》、《美的客观性和社会性》两文来看,他的基本观点是与蔡仪一致的,即认为美是纯粹客观的,他们的分歧只在于蔡仪把美看成物的自然属性,而李泽厚则视之为物的社会属性。朱光潜看出了李泽厚试图调和他与蔡仪观点的想法,认为这是一种新的论点,然而却又是不能成立的,因为李泽厚美学体系的出发点是自然物同时是一种社会存在,这种观念本身是混乱的,因为自然与社会有别是常识所公认的。李泽厚对于自然的社会性的解释,近于贝克莱的"自然符号主义",把艺术是社会意识形态或上层建筑这一马克思主义基本原则一笔抹杀了。李泽厚给美下定义时,想把车尔尼雪夫斯基的"美是生活"与黑格尔的"理念照耀"定义合并在一起,以为美不是从自然物的自然性而来,而是从自然物的社会性而来,从而宰割了自然物本身对于美的作用。② 不过,在当时,由于李泽厚的观点不仅是一种新的论点,而且调和了几种不同主张,又以马克思主义为理论武器,因而在当时得到多数人的认同。蒋孔阳、马奇、刘纲纪、程代熙等人也都持"实践观点",并依据自己的理解对其内涵作了更进一步的解释,从而使实践观点成为一种流行的观点。

(四)美学立足点转变

通过考察20世纪中国美学学术历程,可以发现,每一代美学家在其研究过程中,尤其在建构自身美学理论框架时,其立足点是有所不同的。如果说,"中西融合"问题是20世纪中国美学家在从事美学研究时所面临的一个主要问题,那么,在这种融合中,是以"中学"还是"西学"为体?马克思主义美学传入中国后又有什么变化?

---

① 参见蔡仪:《李泽厚的美学特点》,见《美学论著初编》(下),上海,上海文艺出版社,1982。
② 参见朱光潜:《美必然是意识形态性的》、《"见物不见人"的美学》,见《朱光潜全集(新编增订版)》,第14卷,北京,中华书局,2012。

这些都是我们把握20世纪中国几代美学家研究立足点的一个切入点。

以王国维、梁启超等人为代表的第一代美学家,在这个问题上所采取的,基本是"中学为体,西学为用"的态度,即他们的立足点还是站在中国古典美学的立场上。虽然他们是把西方美学引入、介绍到中国的最早的美学家,但他们并非要以西方美学代替中国美学,而是为挽救中国古典美学、解决当时的现实问题,而从西方美学那里寻找新的视野。

以朱光潜、宗白华等人为代表的第二代美学家,所采取的基本上是"西学为体,中学为用"的另一种立场。他们所接受的是西方文学、美学的系统教育,因而他们的主要美学著作以及三四十年代美学教学中所采用的,基本上是西方近代美学体系。尽管如此,由于他们的国学基础深厚,所以,虽然大的框架体系甚至一些命题、概念是西方的,但他们能够融会贯通地将中国例子用于其中。他们实际上是中国现代美学真正的奠基者。也可以说,他们的立足点的转变,使中国现代美学变成了如今的形态。

20世纪五六十年代美学大讨论中第三代美学家思考问题的立足点再次发生转变。其最大的特点,是马克思主义美学理论的全面确立(相对于三四十年代的传入和初步确立)。现在有人把马克思主义列为中、西之外的第三种理论立足点,这种说法虽然违反逻辑,但对于中国的特殊文化背景来说,还是有一定的道理的。所以,第三代美学家的立足点是"马学",或称"马学为体",不论其观点如何,以马克思主义为基础,以苏联美学体系为框架的大前提是共同的。

20世纪80年代美学的"热"代表了第四代美学家的兴起。这一时期虽然大量翻译出版了西方当代美学的著作,但是学者们在建立自己的美学理论框架时却没有明确提出以"西学"为体。这时期的特点,是既非完全中国,也非全盘西方,同时也不是完全苏联式马克思主义美学的框架,可称之为"己学为体"。大家纷纷建立自己的美学体系,出版了大量美学著作及教材。而这些新体系的特点,则是无论中、西、马,凡是合适我的就采用。然而,这种"己学为体"所建构的体系,大多没有对前几个阶段形成突破,也就是说并未找到真正坚实的立足点,所以往往是将中、西、马相糅合,但却很生硬。正因为如此,学术界大多对这些体系不甚满意,希望能寻找到更合理的立足点以建构新的中国美学体系。

回顾并认真研究20世纪前四代中国美学家研究立足点的转变及其对20世纪中国美学研究的影响,在似乎找不到"体"的今天,对我们的研究应是有帮助的。

(罗筠筠)

四　美学方法：寻找理论的通途
——20世纪中国美学的方法论问题

20世纪中国美学理论所发生的变化，是同美学研究方法的变化直接联系着的。这种美学方法的变化，大致可以分为三个阶段。1949年以前为第一个阶段。在这个阶段，中国美学的研究方法逐渐从过去那种感悟归纳式、点评式和考据式方法，向学习西方美学的逻辑演绎式方法改变，其中哲学的、心理学的、体验感悟的、传统考证的等多种方法并存。也可以说，这是"唯心主义"方法和"唯物主义"方法并存的时期。此时中国美学面临的任务，主要是处理从国外译介进来的美学材料。美学研究因此可以分为许多营垒或派别，既有以朱光潜为代表的以心理学方法为主的"关系派"，也有以蔡仪为代表的强调美在自然的"客观派"；既有唯美主义，也有联系现实、"为人生"的现实主义。这个时期，虽然是中国现代形态的美学初创期，虽然社会生活中充满了苦难和斗争，却也因思想的活跃而出现了许多具有中国特色的现代美学思想的萌芽，有些还结出了丰硕的理论成果，比如宗白华的许多美学研究成果，到现在看来，仍然熠熠闪光。

第二个阶段是1949年以后至1978年"真理大讨论"时期。这个时期，美学的主要的思维方法是唯物主义的。中国研究美学的各路人马，通过各种不同的方式，集结在马克思列宁主义的旗帜下，高举唯物主义的大旗，向"唯一正确"的顶峰攀登。坚持美在"主观"者被批判了，坚持美在"主客观关系"者通过检讨回到了"唯物主义"轨道上。不论是什么样的"唯物主义"，不论人们有多少不同意见，都得想方设法让自己的美学研究和美学理论贴上"物"的标签，都得小心翼翼地避免被戴上"心"的帽子。种种热烈的争论，目的只有一个：高举"唯物主义"、"马克思主义"、"实践"的旗帜，争取把马克思主义的美学精髓理解得更准确、揭示得更彻底。

第三个阶段是1978年"真理大讨论"以后，特别是80年代中期的方法论大讨论之后，中国美学界开始以现实的态度来面对美学的研究，开始学会用自己的眼睛来观察审美世界，用自己的思想来思考纷纭复杂、矛盾重重的审美问题。美学不再满足于从一个窗口、以一种方法来看问题，而开始从"唯一"变成"多角度"、"多层次"、"多侧面"地关注审美现象。人们不断寻找新的方法、新的视角和新的思路，以求美学研究有新的突破。除了继续使用马克思主义的唯物辩证法以外,"科学"的观点越来越受到美学研究的重视。人们纷纷向科学学习,凡是科学中出现过、归纳出来的方法,都进入了中国美学家的视野,如人们所熟知的"三论"(控制论、信息论、系统论)、实验心理学、全息理论、模糊数学、熵理论等。可以说,只要挨得上边的科学理论,都被人们试用过了。到了20世纪90年代,西方又有一些否定"科学崇拜"的方法被介绍进来,也被中国美学界热烈地关注和学习。这些不同的思想方法,几乎都被中国的学者尝试并产生了一定的研究成果。有的学者直接用新的方法论命名自己的成果,而大多数学人则努力将新的方法或自觉或不自觉、或显或隐、或多或少地贯穿在自己的美学思考和研究之中。

方法的选择直接与研究者对理论的态度与追求有关,并与其掌握学科的深度和广度有关。比如,注重考辨的学者和愿意构建宏大理论体系的学者所使用的方法不同,知识基础相对薄弱者与理论功底扎实的学者所使用的方法有一定差异性。但是,我们也看到,构建宏大理论体系以期总体把握审美世界的学者常常是多种方法并用,并且没有一种理论方法会被某人专用。

由于方法的运用并不绝对具有时间性或历史性,前一个历史时期使用的方法,在后一个时期仍然可以广泛使用,因此,我们不以分期来谈方法论问题,而是选取几种主要的方法及其在美学研究中的实际运用来分析陈述。在20世纪中国美学研究中,一般存在这样几种主要的方法:译介法、注经法、归纳法、演绎法、比较法、"三论"法、结构主义方法、解构主义方法、辩证逻辑方法等。这些方法,各自呈现出不同的特色,在20世纪中国美学研究的交响乐队中,演奏出不同的音色。

(一)译介法与注经法

译介法与注经法是20世纪中国美学建构中常用的一种方法,其中又以翻译介绍西方的美学思想为主,东方美学思想相对少,因为东方美学思想与中国美学思想有更多的相似之处,而所介绍的东方美学主要是日本美学思想和少量的印度美学思想。

20世纪初,王国维介绍叔本华和康德。随后,朱光潜大量介绍西方美学中的各个流派和各种观点,翻译了许多有名的美学著作,如柏拉图的《文艺对话集》、黑格尔的《美学》。宗白华也译介了康德的《判断力批判》等。20世纪80年代,在李泽厚倡导下出版了"美学译文"丛书,李泽厚本人则在《序》中说:"有价值的翻译工作比缺乏学术价值的文章用处大得多。"[①]这些译著对于打开中国美学家的眼界和思路,在一

---

① 见《美学译文丛书·序》,北京,中国社会科学出版社,1984。

定意义上起到了启蒙的作用。

"译介法"主要是以文字的翻译为主,但也不排除在翻译基础上对译介对象作主观的分析和评价,并在此基础上提出自己的美学观点。如朱光潜的《西方美学史》、滕守尧的《审美心理描述》、刘东的《西方的丑学》、刘小枫的《诗化哲学》等,都是既译介西方的思想、又阐发自己观点的代表性成果。"译介法"绝不仅仅是两种文字的沟通,它包含有对译介对象价值的判定和取舍。这种方法在打破中国美学理论的沉寂与僵化上所发挥的作用,是别的方法所不可替代的。它为中国美学构建提供了大量的理论资料和构架模型,同时也为中国现代美学的繁荣提供了许多前所未有的视角。

运用译介方法需要具备两方面条件。首先当然是外语水平,更重要的是译者有较好的美学理论修养,有对美学的深情关注和对美学问题的深入思考。这两点,缺其一都可能使译介的内容半生不熟,不知所云,贻害无穷,这样的情况不论在老一辈翻译家还是年轻一代学者中并不少见。译介过多过滥,也会产生负面影响。由于所选译著并不都是精华、并不都很精彩,却受到一味的炒作,让人产生"外国人也不过如此"的自大和"跟着别人炒冷饭"的鄙夷。而且,译介始终代替不了自己民族美学的构建,民族审美文化的差异实质上是民族生存模式的差异。因此,别的民族的审美需求和审美眼光,永远不能代替本民族的美学探索和美学建设。中国美学仅仅有译介当然是远远不够的。

"注经法"则是我国传统的治学方法,当然也是美学研究的主要方法之一。这种方法不大正面宣扬自己的思想主张,而是对圣人、伟人的思想言论进行阐释:以圣人、伟人的思想为"经典",自己的解释和阐发为"注",后来的人又对"注"作"注"称为"疏"。此法从古代沿袭往后,人们不但对圣人、伟人的思想言论作注,而且也对历史上有影响的经书典籍甚至文学作品作注。对搜集、整理、介绍前人的思想和学术成果而言,这是一种很重要、很有用的方法。中国的学问家、特别是传统型的学问家,十分推重这种方法。这种方法有两种方式:一是"我注六经",一是"六经注我"。所谓"我注六经",就是忠实于"经典"原意,尽可能准确地给予解释和说明,对经典中某种鲜为人知的字、词、句的含义等,通过广泛的资料对比和分析,揭示它的本来面目,以便人们更好地了解"经典"本身。所谓"六经注我",就是借助解释和阐发经典中的文意、段意、词意,表达自己对某一问题的认识。这种认识,或许是经典中原有的,或许是经典中隐而不显的,或许是经典原意中没有而"注"者引申出来的。"我注六经"是我围绕着经典转,而"六经注我"则是用经典中的内容为表达自己的思想服务。采用"注经法"治学,一般比较含蓄稳妥。在20世纪后半期中国美学研究中,对马克思的《1844年经济学—哲学手稿》以及马克思、恩格斯关于现实主义和典型的理论、列宁关于党的文学的理论、毛泽东文艺思想的阐释,大量采用了这种方法。在对西方的许多美学专著的评析与介绍中,许多人使用了这种方法;对中国古代美学思想的搜集与整理,也基本采用这种方法。可证材料太多,不必一一列举。

首先,采用这个方法的一个最大的好处,是它使人们对一些重要的典籍的思想理论价值有一个明确的理解和认识,从而为新的理论推演提供可用的资料或逻辑起点。第二,"注经法"似乎是中国学者"登堂入室"的一张门票,不会引经据典,一般会被认为不会做学问。像尼采那样旁若无人、滔滔不绝地阐述自己的思想,历来为中国学者所不为。第三,使用这个方法做学问比较安全。在处理学术与政治的关系上,这种方法比任何一种方法保险系数都大。但是"注经法"也有不足之处,即它不能痛快淋漓地阐发自己的思想,含糊、躲闪,似有若无,常常要读者再度揣摩。同时,它难以对理论有革命性的突破,虽每有新意的阐发、振聋发聩的高辞妙句,但总割不断"经"与我的脐带,使人感觉新者不新。再者,几千年来文化累积,当注者、可注者、被人注了又注者汗牛充栋。当代的学问家,没有几十年的潜心苦读,恐怕也消化不过来。这又令处于信息瞬息万变时代急欲表达思想的当代学人耗费掉大量宝贵的生命。

(二)归纳法、演绎法与比较法

"归纳法"可以分为三种:观点归纳、材料归纳、经验归纳。

观点归纳是将前人的理论观点分门别类,将某一类相同相近的观点归纳起来,以提出一个新的观点或强调一个原已出现过的观点。观点归纳实际上是"注经法"的延伸,但注经只是解释别人,归纳却能创设自己的思想。比如陆子明的《西方典型理论发展史》,就专门把西方各个历史时期论述典型问题的理论归纳起来,以说明典型问题的历史永恒性。

材料归纳,是将文献资料中尚未形成观点的材料、现实生活中的调查材料或科学实验的材料分类别归纳起来,以提出某个观点或揭示某种规律。在美学史、文学史、艺术史的编撰中,这种方法使用得相当普遍。但是使用这种方法,许多人容易犯的一个毛病是:罗列材料,没有观点。由于没有观点,罗列的材料也就没有取舍、详略。对于理论研究来说,搜集大量的第一手资料归纳起来,形成一个巨大的材料库,这一步工作是十分有意义的,但还是相当初步的。材料的后面隐藏着规律,归纳的后面包含着思想。美学理论研究的目的在于寻找规律和提出思想。这一点,我们以前似乎还做得不够。

经验归纳,是将自己或别人在现实生活中所经历过的事件、体验加以整理,寻找出事物的规律。传统美学家如王国维,在这个方法的运用上独有创见。《人间词话》就是一个范本:不用证明,直接将经验用生动形象的语言陈述出来,由于感悟较深,符合文艺创作与欣赏的实际,加上文字功底好,成为学术史上不可忽视的名篇。这种类型的归纳,在西方的美学研究中用得比较普遍而且影响巨大。比如阿恩海姆的《艺术与视知觉》、弗洛伊德的精神分析,都有许多实际经验归纳的例子。但在20世纪中国的美学研究中,这种经验归纳法却用得少,而且往往是理论家不用,在艺术家手上做得比较精彩。但许多艺术家都不愿意谈理论,只有少量艺术家做了这方面的工作。王朝闻作为艺术家的美学思考带有很强的经验性,这种感悟真切的经验使他的美学思想独树一帜。他的《审美谈》、《会见自己》是这方面的代表性著作。画家吴冠中根据自己的创作体验写过很多精彩的美学散文,具有很高的研究价值。但是,严格说,这还不是研究性的著作,只是审美经验的描述,为经验的研究准备了材料。画家翟墨编著的《当代人体艺术探索》,编选了许多名画家阐述绘画审美追求的心理体验和理性认识的文章,很有参考价值和进一步研究价值。这本书也可视为经验归纳的美学著作。权雅芝主编的《让美在性生活中荡漾》,由于"涉性",许多人不认为是严肃的美学著作,其实这部书写得很严肃很认真(虽然笔调灵活生动),其中有许多有价值的美学思想,而且多数来源于经验的归纳。

事实上,经验的归纳最能够孕育新思想的萌芽,说明问题比较生动、真实、有力。在中国美学研究工作中,有许多问题用实际经验来证明,可以避免空对空的理论清谈,比如自然美、人体美问题。但至今,还很少有人用问卷的方式搜集审美经验,谈审美就经常重复几个老例子:黛玉读书、杜甫感时、"情人眼里出西施"、登徒子好色等。黑格尔书里那个扔石头的孩子,不知在多少人的笔下扔过多少次,也许还得扔下去。运用经验归纳法不难,也很有价值,却少有人做,可能经费是一个问题,思路和研究习惯也是一个问题。中国学者习惯于一张纸、一支笔,在书斋里冥想玄思。放下架子到实际中去调查很苦,什么时候,美学真的走出了书斋,它也才能真正获得再生。

"演绎法"这个在西方古典学术中与"归纳法"平分秋色的方法,在中国原不怎么流行,也许这是导致中国后来科技落后的原因之一。但它在20世纪中国的理论研究中,使用的频率和有效程度完全可以和"注经法"相媲美。

所谓"演绎法",就是根据一个众所公认的大前提,再利用现在掌握的一个小前提,推导出一个结论,如此进行而无穷尽。"演绎法"推演的法则主要是形式逻辑的,它强调A就是A,不是非A。

20世纪后半期中国美学研究之所以"演绎法"比较流行,一个重要的原因是:理论研究的各个领域中,存在着一个不可撼动、不可更改、不可怀疑的大前提,就是马克思、恩格斯、列宁、斯大林、毛泽东的有关思想和语录。每个理论家都只能在这个圈子里做文章。既然如此,与其煞费苦心去调查、做实验、归纳总结思想,还不如就他们的某些语录加以推演来得稳妥便当,把本来没有体系的思想演绎得有体系,把本来没有关系的论述演绎得有关系。这样做，又与中国传统的"注经法"不谋而合。

运用这个方法最巧妙的，恐怕数20世纪60年代编撰的一些《文学概论》教材：从马克思的经济基础决定论出发，经过列宁的反映论，推演出文学是一种特殊的反映；反映是认识，要求个性之中显现一般，是典型，这又把恩格斯的典型理论纳进来了；认识要深入生活，就又把毛泽东的理论纳进来了。这个理论雄霸了中国美学、文艺界三十多年，至今余威犹存。

另一个把"演绎法"用得比较精彩的，是李泽厚。他从马克思关于人的本质是实践的定义出发，演绎出了"人的本质力量对象化"、"自由的形式"等重要概念。这些概念在中国美学界产生了深刻的导向性影响。

"演绎法"得出的结论一般比较严密，有较强的说服力。但是，它的结论的价值在于其演绎的两个前提。西方许多哲学家喜欢把演绎和归纳割裂开，从而互相否定。"演绎法"论者认为"归纳法"不能得出科学的结论，因为归纳难以穷尽事实。太阳每天升起，但明天是否还会升起，谁也说不定。而"归纳法"论者则攻击"演绎法"的大前提可疑。事实上，真正靠得住的演绎是与归纳结合的演绎。演绎的大前提，靠归纳来提供。没有一定的归纳作为演绎的前提，演绎就在冒一种架空立论的风险：一旦大前提失去支持，整个结论就会坍塌，特别是前提如果不是来自事实，而来自某人陈述思想过程中的一句"言语"。按照结构主义语言学的理解，言语的意思只有在它所存在的那个语言结构中才是生动准确的，把它抽离出来，就可能产生哈哈镜变化，以此推导，很可能得出违背本人原意的结论。

而且，单独的"演绎法"在认识审美事实上显得力不从心。它可以推演出一个个单独的结论，但由于它遵循的法则是形式逻辑的A是A，不是非A，一旦面对众多的常常自相矛盾的审美现象，往往就束手无策。这一点，它不如辩证逻辑方法。

"比较法"在科学研究中是一种非常有效的方法。可以这样说，没有比较就没有研究。所谓比较，就是为主要研究对象找到一个相似、相近或相反的参照系，在比较中发现它的特点、识别它的价值、确定它在整个理论框架或逻辑演变中的位置。比较的方法在比较美学研究中最为常用。比较中既重异也重同，既重迥异也重微殊。迥异长于粗线条勾勒，微殊长于工笔细腻的分析。比较方法运用得好，能使思想表现得鲜明深刻，增强理论的说服力。但是，"比较法"如果没有一定的逻辑方法相辅助，容易流于"为比较而比较"，显得静态，给人一种僵化和死板的感觉。

在20世纪中国美学中期（1949—1978），"比较法"使用不多。国门紧闭，可供比照的理论参照系不具明显特征，只是在文艺作品的具体分析中少量使用，比如作品的风格比较、人物的性格比较等。茅盾分析《水浒》中人物形象，生动地使用了比较方法，效果极好。改革开放以后，特别是80年代以后，比较文学受到重视，进而有比较史学、比较政治学，也有了比较美学。西方许多新的理论和材料介绍进来，国内许多曾受批判的材料也重被激活,比较美学有了较大的空间。宗白华早在 20 世纪 30 年代,就已深入地运用了比较方法。他的《论中西画法的渊源与基础》、《中西画法所表现的空间意识》等篇章,可以说是中国比较美学的先驱之作。此外,钱锺书《管锥编》中有关文艺的内容,把比较方法运用得非常自然优美;蒋孔阳的《美学新论》,有五分之一的篇幅是对中西美学的比较;周来祥在《论中国古典美学》中普遍运用比较方法,把一些美学难题阐述得深刻生动;徐复观的《中国艺术精神》,也广泛使用了比较的方法;曹顺庆的《中西比较诗学》、阎国忠的《近代中西美学比较》等,也显示出"比较法"已在 20 世纪中国美学研究中得到广泛运用并结出丰硕的成果。

(三)控制论、信息论、系统论方法

这三个理论,通常称为"三论"。"三论"方法在 20 世纪 80 年代中期被鼓吹得很热,但实际应用效果却并不如人们所期待的那样神奇。

所谓"控制论",是关于输入信息,以使一个系统实现一定目标的理论的综合。控制论提供给美学研究的,大致有三个有价值的理论范式或模型。

第一,是它提供的角度和思考方向区别于决定论。美国戏剧理论家罗伯特·科恩在论述这一点时说得比较明确。我们以往对人的研究总在注意他的动力机制,即其行为发生是由什么决定的,这是决定论的思考角度。科恩则从控制论的角度要求注意人的意图,"动力和意图绝不是同义语,实际上它们恰恰是两种相反的观点,两种都是解释行为的,'动力'来自过去的观点,而'意图'则来自未来的观点"。他认为,这种控制论思想在复杂系统中较为精确,"并且它在活生生的、正在不断发展的系统中更为有用"。① 确实如此。比如,一个中学生学习,考试的压力、父母的催逼是决定论;想成名成家、出国留学、出人头地是目的论。研究艺术的起源,追寻它的始因,是决定论;而注意人们想要从艺术中得到的东西,则是目的论。从决定论,我们有巫术起源说、劳动起源说、游戏起源说、摹仿起源说,等等,莫衷一是。但当我们按照控制论方法往前看,追索艺术家创作艺术、读者观众欣赏艺术追求什么,也许会有更有价值的收获。

控制论可以向美学研究提供的第二个方法是"黑箱方法"。黑箱法的特点是不必完全解剖分析对象,而只通过信息的输入与输出来控制对象。这种方法似乎为研究人的审美心理提供了一个可参照的模型:我们不必把人的大脑解剖开,也不必精密测量审美者在面对某一对象时的情感波动曲线,而只是根据输入信息——给他某种美的刺激、让他欣赏一个作品,再看他输出的信息——他对某一个对象的情感反

---

① 见《美学文艺学方法论》(下),第 468 页,北京,文化艺术出版社,1985。

应,来认识对象在人心理上引起的审美效应,从而总结归纳出审美和美感的规律。

黑箱方法也为审美经验与非审美经验相同和相异的可比性实验提供了某种依据。一个美人和一个画有美人的作品,对一个普通受试者所产生的情感反应是不是一致呢?如果一致,说明审美经验与日常经验没有质的不同;如果不同,说明审美经验与日常生活经验有不同,从而结束抽象的哲学上的同与不同的争论,进而揭示人的审美心理中所包含的关于美的秘密。

第二,是控制论的负反馈方法为研究文艺创作、文艺欣赏、文艺批评三者的关系提供了一种理论模型。负反馈控制是把系统输出的信息返回到系统的输入端,根据系统的原定目标与现实目标的差距来调整系统。这对文艺的社会功能(特别是怎样才能最大限度地发挥文艺的社会教育价值)的研究,具有相当明显的价值。比如,我们希望某一类作品在青少年中引起强烈反响、产生教育作用,但事实相反,他们不但冷漠,而且厌烦。这种期望与结果的差距,通过负反馈系统返回输入端——创造这类作品的作家和推荐这类作品的领导机关——使作家对自己的创作意向进行调整,从而创作出更多的令人们喜闻乐见的好作品。

事实上,控制论的后两种方法,也可以说是信息论方法。"信息论"最早产生于通讯领域,早期又叫通讯理论。它主要是研究信息的获取、变换、传输、处理等问题。信息论方法就是运用信息的观点,把系统看作是借助于信息的获取、传递、加工、处理而实现其有目的性的运动的一种研究方法,其特点是以信息的运动作为分析和处理问题的基础,完全撇开对象的具体运动形态,把系统的有目的运动抽象为信息变换过程。从系统对信息的接收和使用来研究对象的特性、系统与外界环境之间的信息输入和输出关系,从而把不同的对象加以对比研究。信息方法不必割断系统的内在联系而用孤立、静止、局部的观点去研究事物,也不是在剖析对象的基础上进行机械的综合。它是用联系、转化的观点,综合研究系统运动的信息过程。用这种方法对复杂事物进行研究,不需要对事物的整体结构进行解剖,只需从其信息的流程加以综合考察,就可以了解系统的性能和知识。审美对象是一个信息源,欣赏是输入,反应是输出,这种信息变换能充分显示审美规律。只是,我们目前对输出信息采集得不全面、不真实,有的信息,当事人甚至碍难出口,所以还难以最终揭示审美规律。信息论方法在一定范围内可以对审美活动做出有效研究,比如研究通俗文学,研究民歌;研究作者在编码时选择哪些信息和如何传递这些信息;研究读者在处理这些信息时如何解译,其本身又显示什么样的美学规律。如此等等。

在"三论"中,被人们提到并使用得最多的可能是"系统论"。系统论方法就是用系统思想来研究对象。其特点一是注重整体。它要求把对象作为整体来对待,而不视为元素、部件、局部的机械总和。如果各个局部互相协调,产生的系统值可能大于各部分值的和;如果不协调,系统值可能是各部分值的差,甚至可能是个负数。从这个观点看,其实任何对象的审美价值都是一个系统,有一处败笔,整个系统就会受到根本性的破坏。系统论的第二个特点是强调联系和制约。我们不仅要研究组成系统的元素,而且要研究系统内元素之间、层次之间、系统与环境之间的关系。"关系"可以说是系统的秘密所在。从系统论角度看,美学中所有问题都是有联系的存在,而不是一个个单独孤立的存在。而且,一个对象之所以美,恐怕也只能对人与对象的"关系"加以考察才能得到充分说明。系统论的第三个特点是注意对象的有序性。元素之间互相联系和制约是有规律、有秩序的。它们的时间顺序、空间顺序、功能行为顺序,不是随意、偶然的,而是有机的、必然的。我们只有用有序的观点去分析系统,才能如实地发现元素之间、系统和环境之间本质的、规律的关系。第四个特点是强调动态。系统是一个活的机体,在元素之间,在元素与系统、系统与环境之间,都存在着物质、能量、信息的流动。系统的平衡和稳定是一种动态的平衡和稳定。五是强调最优化。它选择的摹本是最优化的,它研究的目的也就是要使系统达到最优化。比如我们研究审美对象,可以选择最纯净、最具有代表性的作品,从而揭示美的规律,并运用这个规律来使我们的审美创造达到最优化。

系统论初看起来很像我们后面将要谈到的辩证逻辑方法,但细加比较,又不完全一样。首先,由于系统研究主要以人工系统工程为对象,它的向度是向前的,一般不问系统的终极原因,而只是对一个给定的(已然存在的)对象进行分析描述,考察它的运转过程、组织关系和寻找实现其目的的最佳运作方式。而辩证逻辑方法是全向度的,不但对过去进行追问,还对未来进行预测,对现在的各个方面也进行横向的剖析。其次,辩证逻辑要寻找或确定事物发生发展的逻辑起点,由这个逻辑起点演绎出发展变化的不同环节,显示事物的规律性。而系统论并不要求这样一个逻辑起点,它的每一个系统的关系,是一个已经存在的功能的关系;它并不太关心这个系统是从哪个母系统或子系统生发出来的。或许我们更客观一点说,这些方面在系统论方法中还没有明确。因此,对一个具体对象或者子系统的解释,我们常常可以知道它怎样,而不清楚它为什么。这大概与西方流行的反决定论和片面强调偶然性的理论倾向有关系。第三,辩证法注重对对象必然性的揭示,而系统论由于发生在西方对必然性的批判与否定的时期,因此它注重的是系统实现其功能的优劣,强调"择优性"。因此可以说,辩证法更具有认识论意义,而系统论更具有价值论意义。辩证法是立足于认识之后对实践的指导,而系统论则是立足于指导实践的一种对事物的认识,其目的是认清系统的关系,通过调整使系统达到"最优化"。

事实上,"三论"要想真正成为能指导人们创立一种理论体系的方法,还不是十分成熟的。它可以提供一些具体个别的研究手段,为解决某一个具体问题或解释某个具体问题提供一定的框架或思路,能够把已有的系统调试得更完备,但对于提出某些有创意的新问题、新见地,目前尚未显示出超越其他方法的优越性。在中国美学界,从1984年方法论大讨论以来,尝试用"三论"论美者不乏其人,获得明显收获的却并不多见,比较令人瞩目的有黄海澄的《系统论、信息论、控制论美学原理》。

(四)结构主义方法与解构主义方法

"结构主义"于20世纪60年代兴起于西方,80年代后期译介到中国。它既是一种社会思潮,又是一种思想方法。作为思想方法,它有两个重要的观点:一是结构主义认为,世界并不是由"独立存在"的客体组成的,我们不能孤立地分析一个一个认识对象。按照传统观点,我们只要对一个研究对象的方方面面进行解剖分析,就认识了这个事物了。结构主义认为不然,如果不找出这个事物在特定系统中与他事物的"结构关系",这个事物就不具有任何意义,它只有在特定的结构关系中才获得意义,我们也才能够认识它。比如"gou"(汉语拼音)这个音,纳入英语系统的结构关系中,"Let's go to the cinema",它就获得了"走"的意义。纳入汉语系统中说:"那只狗太可爱了。"它就获得了"狗"的意义。而单独孤立地存在,它就什么意义也没有,也就无从把握。二是结构主义认为,对个别实体的完全客观的感觉是不可能的,任何观察者必定从他的观察中创造出某种东西。因此,观察者和被观察对象之间的关系就显得至关重要。这种关系成了唯一能被观察到的东西。人在观察世界时,他总是带有一定的思想范式。符合这个范式的,他注意到了,不合的则忽略了。他可以通过观察调整他的思想范式,但这是一个渐变的过程,一种二者相互作用的"建构过程"。

结构主义方法对美学研究有明显的价值。首先,它能对繁复考证和机械反映论起到一种纠补作用。繁复考证的哲学前提是:世界是由一个个独立存在的客体堆砌而成的,把这些客体逐一弄清了,世界也就搞清楚了。它忽视了客体与客体的"关系"这个方面,因而很难显示出事物的规律性。比如写文学史,只罗列一个个作家、作品,不找出这些作家、作品之间的关系,文学史也就很难显示规律。再说机械反映论,它认为认识世界可以绝对客观而不带任何主观色彩。它制造了"镜子"神话,而结构主义恰恰摧毁了这个神话,有力地强调了主体在反映世界时的主导作用,为文艺创作中主体的作用提供了有力的支持。其次,结构主义方法在对具体的审美现象的解释中也颇有用武之地。比如,盆景中的"巨峰"、古柏能否称为崇高?王希孟《万里江山图》里的万里江山能否称为崇高?按结构主义的观点,纳入它自身的那个"结构"之中,它的比例就是巨大的,也就是崇高的。这符合审美实际。再就理论范畴而言,如果不把"崇高"放在产生它的科学乐观主义时代和文化大背景的"结构"之中,就难以明了崇高何以是一种美,难以想象对象愈是可怕、巨大,就愈是美。

奇怪的是,结构主义在中国并没有引起太大的理论波澜和产生以"结构"为旗帜的理论成果。它的淡入淡出,与精神分析法、存在主义哲学思潮引起的轰动效应形成鲜明对比。仔细一想,却又必然,因为有两个明显的因素制约了它,一是"唯心主义"恐惧病。在中国做理论研究,一旦被认为是"唯心主义",连分辩的余地都没有。朱光潜的"美在主客观关系"说,就与结构主义方法有相通之处,50年代他检讨不已。周来祥在1983年提出"美在主体与客体的和谐的审美关系"说,也能看出结构主义方法的影子。他突出强调"关系"的承担者"主体"与"客体"都是物质存在,因而"关系"也是一种客观存在,机智地绕过了"唯心主义"暗礁。但是,他似乎没有更深入地陷进结构主义方法。因为结构主义的"结构",一旦抽象为一种绝对,它的出处就变得模糊了。结构主义者都认为它是出自人的心灵无意识结构,难免不令中国学者望而却步。第二个因素是,"结构主义"逻辑上不承认单个存在物的"独立自由"权,单个存在(包括人)不过是"关系"的承担者,它受"关系"制约。而"自由"在80年代以来的中国美学理论中几乎成为不可撼动的核心概念,谈美必谈自由。既然卖"矛",也就不必再为"盾"做广告。

不过,说结构主义方法从此在中国美学界销声匿迹,为时尚早。

"解构主义"与其说是一种思想方法,不如说是一种研究态度。它对对象采取的基本倾向是:否定本原,疏离中心。解构主义十分强调边缘,坚持对中心权威加以颠覆而消解中心,而且并不承诺以某一边缘为新的中心,坚持若干边缘的"多元齐生"。解构主义的代表人物德里达说:"这里没有中心,在在场——存在模式中,中心是不可想象的,它没有自然场所,不是一个固定的点而是一种功能,一种使无数符号补替的游戏得以进行的无定点(non-locus)……在中心和本原缺席的时刻,一切都变成话语……毫无疑问,非中心化已构成我们时代的总体的一部分……"①

解构主义方法与结构主义一样,主要产生于语言学研究,因此它也被人们称为"后结构主义"。它也和结构主义一样,一经产生就对人文学科的各个方面产生了巨大影响,迅速成为一种人文态度和思考、研究问题的角度和思路。由此它也就具有了方法论的意义。

解构主义作为一种阅读和批评的模式,其焦点集中在诸如言语和文字、在场和缺场、本质和边缘等一系列话题之上。解构之道经库勒归纳,可以列为六点:第一,颠覆不对称的二元对立概念,但不简单以被压抑的后者来替代前者的本原地位,而是以后者为前者的可能条件所在;第二,搜索凝聚各种反差义的关键词,以此作为突破的契机;第三,留意文本的自相矛盾处,不仅包括文本自身内部的矛盾,也包括文本与其阐释、特别是权威阐释之间的矛盾;第四,以其人之道,还治其人之身,如德里达用弗洛伊德理论解构弗洛伊德、用康德的框架理论解构康德的《判断力批判》;第

---

① 转引自王一川:《语言乌托邦》,第214页,昆明,云南人民出版社,1994。

五,以文本内部的冲突,反证该文本不同阅读模式之间的分歧;第六,注重"边缘",抓住以往批评家视而不见或不屑一顾的细节发难,以此推倒文本的既定结构。很显然,所谓"解构主义",就是寻找对象的一切破绽,把对象赖以存在的凝聚点和团结框架消解掉,把对象还原为一些难以显示什么意义的文字或符号。

解构的结果,就是作者的存在变得可有可无,文本亦不再是一个透明的窗口。解构批评致力于揭示文本中盲目混乱的非理性因素,证明人们认为存在于这个文本中的东西并不存在。因此,如果想要批评,就像过去那样能从文本中揭示出某种科学规律,便成了一种奢望。批评只能是阐释,阐释,再阐释。美学与其用文学作品引出某一种一劳永逸的叙事诗学,不如来仔细看看作品是怎样抵制并且最终否定了叙事的逻辑。这样的批评意味着:第一,任何文本都不具有确定的意义;第二,一个文本虽然可能指涉其他文本,然而它绝不指涉文本以外的任何事物;第三,一个文本同样合理的各种解释,可能会互不相容,甚至毫无共通之处;第四,由于文本并不反映作者的意识状态,换言之,作品并不将读者引向作者的意识,故从任何意义上说,文本都无从使读者认识作者、二者实现心与心的"交流";第五,批评家的使命因此不是解释文本意指什么,而是挖空心思将它注入一个新文本,作品实际上由作者的文本变成了批评家的文本。

德里达有句名言:"放弃一切深度,外表就是一切。""深度"属于他批判的形而上学,包括理性和逻辑。活动只浮在表层,不考虑深层的形而上学,这是解构主义在价值领域的革命,后现代主义正是从这里出发摧毁传统意义观。德里达含蓄又明了地表达出这样的意思:也许我又不自觉地陷入形而上学语言,但生活本身并不遵守逻辑,它是非逻辑的、无标准的,就像文字学,以一种陌生的逻辑在舞蹈。①

解构主义的方法,在中国20世纪后期的美学研究中,几乎成了一面旗帜,形成了一种最新的理论话语。最明显的标志,是美学界几乎集体放弃了对美本质问题的深究,或者说美本质研究不再成为一个中心话题("无中心"成了"中心",这是一个悖论)。没有人著书立说号称自己是解构主义者,但解构之法却悄然运用在许多学人真诚的理论思考之中。如陈炎研究中国古代儒、道关系,就用了结构与解构的对立关系进行把握,对儒、道思想的研究又多了一个视角。王一川的《语言乌托邦》,就通过对语言乌托邦的构成和解构,阐述了对西方语言论美学的一系列认识。四川一批中青年学者以《中外文化与文论》为阵地,组织力量专门对"边缘批评"进行了有力度的讨论,形成了一次关注解构主义方法的不大不小波澜。②

解构主义方法的运用,对消解20世纪中国美学研究在50年代以后形成的"唯

---

① 参见徐友渔、周国平、陈嘉映、尚杰:《语言与哲学》,第229页,北京,三联书店,1996。
② 参见曹顺庆主编:《中外文化与文论》,第1—3期,成都,四川大学出版社。

一"观,有着积极的理论意义和实践意义。20世纪中国美学已被形而上学"中心"折磨得太久,暂时从中心走向边缘,也许是必要的、有益的。

然而,解构主义不会长期支配中国的美学研究则是显而易见的。解构主义的理念本身使得它不可能成为一个持续久远的中心话语。否则就是对解构主义自身的背叛。王一川在1994年就提出疑惑:如果"解构"确属必要,那么屡遭解构而正走向支离破碎的美学,究竟应当持续解构下去乃至无穷,还是应当同时再构(re-construction)以成新的大厦?① 冯宪光的回答是有道理的:解构并不是目的,解构指向的是一种新的结构。非中心化、边缘化的合理走向是建构新的、更有生命活力的中心。如果非中心化、边缘化走向了中心的虚位,任何理论的创设都不啻为心智的虚掷。②

(五)辩证逻辑方法

把辩证逻辑方法放在最后陈述,是因为对这个方法我们太熟悉,运用最多,有大量的事实可以为证,似乎不用多说什么,我们也已明白。然而这个方法对20世纪中国美学研究的影响是如此巨大,大得我们不对它说点什么就会觉得是一种缺憾。而且,它确实是一种非常有用的思想方法,绝不因为曾经被定于一尊而减损它的价值。对它的重新认识和把握,于中国美学的深入研究仍然是有意义的。

辩证逻辑方法古已有之。中国《周易》、道家的思想中所使用的思想方法,就明显包含有辩证逻辑思维的特征。但真正影响和指导20世纪中国美学研究的辩证逻辑方法,来自德国哲学家黑格尔和马克思。

辩证逻辑方法的根本特点,是强调从运动、变化、全面的观点来分析研究对象。它强调事物与事物之间的联系,强调对立统一,强调质量互变,强调否定之否定的辩证发展;从方法特色上讲,很像系统论。但是,它在好几个方面又不同于系统论。首先,辩证逻辑对事物界定,并不固守A就是A、不是非A的形式逻辑规则,而强调A是A,又是非A。说A是A,是质的相对稳;说A又是非A,是指量的不断变化。古希腊人说人不能两次踏进同一条河流,也就是这个意思。第二,辩证逻辑一般要找到一个思维发展的逻辑起点,这个逻辑起点应该包含有思想体系的所有基因。如果说一个理论体系是一棵参天大树,逻辑起点就是长成这棵大树的种子。在美学研究中,许多学者想要寻找的逻辑起点,往往就是美本质,认为美学研究中的基本问题都包含在这个美本质的规定之中。第三,辩证逻辑强调从抽象上升到具体。"抽象上升到具体"在黑格尔哲学中比较好理解。他的"绝对理念"是抽象的,而"外化"出

---

① 王一川:《语言乌托邦》,第217页,昆明,云南人民出版社,1994。
② 冯宪光:《边缘与中心的定位与换位》,载《中外文化与文论》,第3期,第191页。

来的自然界是具体的。但是,这个辩证法经过马克思的改造,"具体"只能是从"现实具体"中归纳抽绎出来的一个"思维抽象",比如通过桃、梨、葡萄等抽象出"水果"。"水果"在没有经过任何说明之前,是一个抽象存在;而"从抽象上升到具体"的这个"具体",是指思维具体,是理论用一系列的论证与说明逐层地分析界定这个"抽象概念",使它最后成为一个有丰富内涵的概念,它就成了思维"具体"。比如分析说明"水果":是圆的、酸甜的、富含维生素的……经过这样一层层界定,"水果"就成了一个有着丰富内容的思维具体。具体到美学上,一个美学概念的提出,需要经过多层次的界定和解剖,它也才能成为一个包含着丰富理论内涵的范畴。第四,辩证逻辑强调逻辑与历史相统一。就是说,理论的推演不能架空,必须符合历史发展的实际。理论推演可以忽略历史发展中的偶然因素,而只注重把握其中带必然性的东西,但总体上不能违背历史真实,这就能在一定程度上保证理论的真实性与可靠性。

辩证逻辑方法的一个重点和难点,就是确定逻辑起点。这或许也是它的致命弱点。一个使用辩证法建立起来的思想体系,如果逻辑起点被攻击、反驳,或者被推翻,整个体系的逻辑联系就会瓦解。另外,辩证逻辑方法的抽象性和思辨性可能是所有方法中最强的,这对于惯于使用感悟思维,强调领悟、直觉、体验的中国人来说,思辨起来太累了一点。这也使得许多学者在它面前望而却步,或者不知道用它来做什么。但是客观地说,辩证逻辑思维方法是一种很有力、很有用的方法,它尤其长于对宏观历史的把握和庞大体系的构建。一般说来,当代中国美学界运用的思想方法,主要是辩证逻辑方法。因为1949年以来一直独尊地强调唯物辩证法,中年以上的学者几乎都接受过辩证法的洗礼。也有相当一些成果可以证明辩证法的高明,如李泽厚的中国美学史框架,体现出鲜明的辩证法思想;周来祥对美学原理的考察分析,也显示出明显的辩证逻辑特色。完全可以预料,辩证逻辑方法在中国美学思想的构建或重建中,仍将发挥极其重要的作用。

中国美学研究在方法的寻找中,还尝试过数学中的模糊数学方法(王明居写了《模糊美学》)、全息方法(陶同写了《全息正负美学》)以及精神分析方法等,但都还处于探索和尝试之中。由于读者对这些方法还很陌生,作者往往要花太多的笔墨解释其方法,反而使美学问题本身变得零散和不透彻。不过这种探索和尝试本身是积极的、有意义的。值得一提的是,许多学者并不是单独采用某一固定的方法,他们熟悉各种方法,往往以一种方法为主,同时在适当的地方和适当的研究对象上采用相应的其他方法。

(封孝伦)

五　美学论争：学术形态的内与外
——20世纪中国美学论争及其历史经验

在20世纪中国美学学术发展历程中，有一个很重要的现象值得研究，这就是它始终贯穿着持续不断的学术论争。20世纪上半叶，当时中国美学还处在引进、草创的阶段，谈不上真正意义上的学术论争。虽然其间也有蔡仪在40年代对朱光潜美学的批评，但终究没有形成全国范围的大面积学术论争。只是到了20世纪的下半叶，随着中国社会的意识形态变革和美学转型，全国范围的美学论争才开始不断展开。纵观半个世纪以来最重大的美学论争，主要有三次：第一次是20世纪五六十年代有关美的主客观性问题的大讨论；第二次是80年代关于美的本质问题的大讨论及"美学热"；第三次则是90年代有关"超越实践美学"问题的论争。应该看到，这三次大的美学论争，都有其意识形态变革的背景、学术转型的内因和知识增长的基础，并且直接推动了20世纪中国美学的学术发展。在这个意义上，我们也可以说，20世纪中国美学史就是一段学术论争史。

（一）美学论争与学术转型

20世纪下半叶以来中国的美学论争，实际可以看作为一个由古典到现代的学术转型过程。

中国古典美学的基本特征是理性主义，即把审美当做理性精神指导下的感性活动，而这个"理性"也就是道德理性。所谓"美善相乐"、"文以载道"、"以理节情"等，就是这种美学观的具体体现。当然，除了这种儒家思想影响下的主流美学学派以外，还有道家、禅宗思想影响下的一派，即把审美当作归返自然的感性活动。只是这种美学也没有超越理性的界限，它在一定程度上偏离、逃避理性，却没有走到非理性那么远的地步。总之，中国古典美学的核心精神是集体理性，它体现了古典时代的审美理想，亦即人的个性尚未充分发展、还未挣脱理性襁褓的时代的审美理想。

现代美学则体现了现代人的审美理想，即个性充分发展、冲破理性规范、反抗现代性的审美理想。因此，现代美学以重个体、超理性为基本特征。而中国古典美学在20世纪的现代化过程,乃是受西方美学冲击的结果。五四前后,已经有王国维、蔡元培、朱光潜、宗白华等引进西方近现代美学,并融合中国古典美学思想,加以创造、发展,逐步形成了中国现代美学的雏形。这其中,我们要特别提到朱光潜先生。他不仅系统介绍了西方美学的历史,而且具有自己的理论创造。但是,朱光潜的美学观主要是糅合了康德、叔本华、克罗齐等人的美学思想,其学术思想渊源主要在西方。因此,20世纪前半叶可以看作是中国古典美学向现代美学转型的起步阶段。

但是,到了20世纪的下半叶,中国美学的这种现代转型过程被人为中断了。前半个世纪引进的西方美学,被50年代以后以强势进入中国学术界的苏联美学取代了。这就是五六十年代发生的第一次美学论争。

应该指出,苏联美学是一种建立在唯物主义反映论基础上的美学,美被当作一种客观属性,审美乃是美的反映。这种苏联美学在中国的服膺者为蔡仪,其在20世纪40年代发表的《新美学》,可以说就是苏联美学的某种翻版。而到了50年代中期,苏联发生了"非斯大林化"运动,苏联哲学也有所变化,主要是由强调客观规律的辩证唯物主义体系向强调主体性的历史唯物主义体系倾斜,由反映论向实践论倾斜。于是,苏联美学也由强调客观反映转向了强调主体性,美被当作实践的产物、人的创造物。这种美学思想同样也传播到中国,其在中国的代表就是李泽厚。其实,不管前期的苏联美学还是后期的苏联美学,它们都带有浓厚的古典美学色彩,亦即大多偏重集体理性。前期的苏联美学把客观自然规律当作美的本质,从而使主体性被抹杀。这乃是一种古典自然哲学和机械唯物论的美学。而后期苏联美学肯定了主体性,只是这个"主体性"是集体而非个体,它强调的是社会而非个人;这个"主体性"又是理性化主体,审美仍然是理性精神主导下的活动。所以,在我们看来,整个苏联美学是属于古典形态的美学体系,其与强调个体性、超理性的西方现代美学有质的不同。

从20世纪50年代后期开始,中国美学界展开了对朱光潜"资产阶级美学思想"的批判。这实际上是一场发生在中国学术界的苏联美学思想对西方美学思想的征战。蔡仪之成为这场批判中的主将,就具体证明了这一点。现在看来,这场美学论争有三个后果:一是苏联美学完全取代了西方美学而主导了中国美学的学术发展;二是中国美学的现代转型过程被打断,已经形成的现代美学思想成果被清除,重新回归到苏联式的古典美学形态中;三是苏联美学内部所发生的分歧,使得这场以批判朱光潜美学思想开始的运动,转化为苏联美学体系内不同派别的争论。

在批判朱光潜美学思想的过程中,朱光潜本人作了"自我批判",宣布放弃渊源于西方的"资产阶级美学思想",改宗苏联美学思想,从而使得这场批判失去了对手。与此同时,批朱的各派在关于美的主客观性问题上也发生了分歧,进而展开争论,而朱光潜则加入了这场讨论。于是,批朱运动转化为一场学术论争,尽管它基本上是在苏联美学体系框架内进行的。

就在这次讨论中,形成了四个美学派别:

客观派。以蔡仪为代表,主张美是客观的自然属性,"美是典型"。

客观—社会派。以李泽厚为代表,主张美是一种社会属性,而由于美是人类集体创造的对象,因此对于个体而言又是客观的。

主观派。以吕荧、高尔太为代表,主张美是主观的感觉,不存在客观的美。

主客观统一派。以朱光潜为代表,主张美是客观事物的属性并符合主体需要,因而美是主客观统一的产物。

可以说,在这美学四派中,除了"主观派"以外,其他三派都属于苏联美学体系。朱光潜自己后来用实践观点论证美是主客观统一,表明他已经接受了苏联美学。虽然朱光潜与李泽厚、蔡仪有所不同,他还更多地从主客体之间的关系来说明美的主客观统一性质,但这毕竟已经远离了他原有的美学思想(如认为审美是直觉等)。而"主观派"虽然没有服膺苏联美学,但也没有能够真正找到现代美学的理论根据,而更多的是依据了人的审美经验,因而也大体上属于古典的经验美学形态。后来,"主观派"受到严厉的政治迫害,便表明非苏联化的美学思想在中国学术界的不合法性。

五六十年代的美学论争,一方面中止了20世纪中国美学的现代转型进程,同时又在新的基础上开始了一种现代性的跋涉。这个跋涉过程注定是艰难的,因为它是通过苏联美学体系的内部分裂起始的。当时的中国美学家并没有完成这个新的转型,直到80年代人们才又重新开始了向现代美学的进军。

20世纪80年代,在思想解放的大背景下,中国美学界开展了第二次美学论争。五六十年代形成的四派美学,在80年代都有所发展,形成了各自的理论体系。这其中,蔡仪美学突出了反映论,把审美当作客观美的反映活动,形成了反映论美学。李泽厚一派从马克思《1844年经济学—哲学手稿》中找到了自己的哲学依据,把审美建立在实践活动基础上,并把审美当作"人化自然"的产物。进一步,李泽厚还提出了他的"积淀"说,认为审美心理(以及总体的文化—心理结构)都是实践的积淀物,由此而建立起了"实践美学"。蒋孔阳、刘纲纪等"实践派"美学代表人物,也在这个时期形成了自己的理论特色。高尔太的"主观派"美学则把审美与人类自由联系起来,提出了"美是自由的象征"的命题。至于朱光潜,他也接受了实践观点,把审美当作一种特殊的实践即艺术生产,从而为美是"主客观统一"说建立了理论体系。

值得说明的是,马克思的《1844年经济学—哲学手稿》成为经典,乃是20世纪80年代中国美学各派学术论争中的特点。李泽厚、朱光潜实际上应该说是"实践美学"的两种派别;而高尔太也从《手稿》中汲取了思想力量。蔡仪虽然反对"实践美学",并认为《手稿》是马克思的早期著作,带有人本主义残余,但他也仍然企图在《手稿》中寻找对自己有利的东西。如对马克思的"内在固有尺度"一语,蔡仪就力图解释为物自身的尺度。总之,80年代中国美学界学术论争的主导倾向,是向"原初"的马克思回归。这是马克思主义美学内部的自我改造——由于传统马克思主义美学的非主体化倾向已经严重阻碍了美学发展和人的解放,而"实践美学"之向"主体性"回归,并以此为起点来重新启动中国美学的现代转型运动,这就是80年代中国美学论争的实质。

进一步说,上述美学四派论争,主要集中在美的本质问题上,其中最有代表性的是李泽厚的"实践美学"与蔡仪"反映论美学"的对立。蔡仪美学对于20世纪五六十年代美学讨论本身没有多大发展,而李泽厚却明确提出了美是人化自然的产物以及实践积淀为审美心理结构等理论。蒋孔阳等则提出了"美是人的本质力量对象化"命题。相比之下,"实践美学"的理论优势是很明显的,特别是在80年代呼唤主体性的气氛中,"实践美学"更具有一种感召力。而蔡仪的"反映论美学"由于不能适应新的理论转型趋势,在此次争论中明显处于不利之境。结果,这次美学论争,造成了"实践美学"在当代中国美学中的主导格局,几乎人人都成了"实践美学"的拥护者。80年代的"美学热"实质上就是"实践美学热"。

"实践美学"还催化了当代中国文艺理论的变革。刘再复运用李泽厚的主体性理论,发表了《论文学的主体性》一文,引起轩然大波。坚持反映论文艺观的人对他进行了激烈批判,而更多的拥护者则起而维护主体性文学理论。争论的结局,是文学的主体性观念得以确立。即使批评刘再复的人(如敏泽等),也开始接过"主体性"概念,只不过他们更强调自己的主体性理论是马克思主义的,而刘再复的主张却是非马克思主义的。

80年代的美学论争,使20世纪中国美学恢复了对主体性的肯定。但是,这只是找到了中国美学现代转型的起点,而不是终点。因为这种"主体性"仍然是集体主体和理性主体,是由实践的集体性和理性活动性质决定。要向现代美学转型,还需要有新的美学变革,包括新的美学论争。

进入90年代,由于中国社会现代化进程的加速进行,以及现当代西方美学思想的影响,中国美学的现代转型急剧发生。这主要体现为"后实践美学"对"实践美学"的批判。

早在80年代后期,刘晓波就对李泽厚的"积淀说"发起了进攻。他从个体感性出发,批评"积淀说"的集体理性倾向,认为不是集体理性积淀为个体感性,而是个体感性反抗、突破集体理性。只是由于刘晓波的极端感性主义偏颇,以及感性主义作为思想武器的陈旧,更由于"实践美学"其时正如日中天,刘晓波的"进攻"并没有引起学术界太大的反响,最终归于沉寂。

到了90年代初期,杨春时再次发起了"超越实践美学"的论争,并对"实践美学"进行了总体性批判。不同于刘晓波的是,首先,杨春时在指出"实践美学"的理论缺陷及其被扬弃的历史必然性的同时,也充分肯定了"实践美学"相对于"反映论美学"的理论合理性和历史地位。其次,他不仅批评李泽厚的"积淀说",更从"实践美学"的根基——实践本体论加以批评,指出:从实践范畴出发推导出美学体系,必然以实践的集体性、物质性、理性、现实性而抹杀审美的个体性、精神性、超理性和超现实性。潘知常也著文批评"实践美学",指出它混淆了审美起源问题和审美本质问题,把实践当作审美本质和决定性因素,抹杀了审美的自由性质。张弘则指出,"实践美学"并没有摆脱主体与客体、感性与理性、必然与自由的对立,仍然是古典哲学的命题。而在这个前提下用实践去统一对立的双方,并不能正确地揭示审美的本质。与此同时,"实践美学"一方如刘纲纪、杨恩寰等也加入了论争。他们坚持"实践美学"的基本观点,认为只有实践才能科学地揭示审美的起源、本质以及审美的发展,并反驳了对"实践美学"的批评,认为"实践美学"并没有抹杀个体性,也不是理性主义,而是强调在实践基础上达到的社会性与个体性、理性与感性的统一。就在这次讨论中,还出现了第三种观点,即朱立元、王德胜、陈炎等人认为,"实践美学"作为马克思主义美学的基本框架,有其合理性的一面,只是它还存在着许多严重的缺陷,特别是李泽厚的"积淀说"弊病更多,需要加以改造、修正;"实践美学"本身只有在批评基础上不断发展,才能有出路。

持续数年的"超越实践美学"的论争,在一定程度上终结了"实践美学"一统天下的局面,形成了"实践美学"与"后实践美学"相对峙的新的学术格局。尽管"实践美学"仍然是当代中国美学中学术势力最大的一派,但"后实践美学"已经崛起,并开始与之分庭抗礼。"后实践美学"作为一个多元的体系,远没有"实践美学"那样统一。这个新的多元体系至今尚未成熟,仅是初具理论轮廓,但是它毕竟已经显示了鲜明的现代美学特征,亦即针对"实践美学"的集体理性倾向而表露出来的那种强烈的个体性和超理性特征。在这其中,杨春时提出了他的"生存—超越美学",主张从生存(个体存在和解释活动)出发,把审美当作超现实的生存活动和解释活动;强调"超越性"是审美的本质特征,超越即自由。潘知常提出其"生命美学"的主张,认为审美的根据在于人的生命及其超越之中。张弘则主张建立"存在论美学";王一川则提出了"修辞论美学"的理论构想。

很明显,"后实践美学"深受西方现当代哲学和美学的影响,它已经走出了古典美学的范畴。这与从马克思早期著作中去寻找理论根据的"实践美学"价值取向,有着本质的不同。在这个意义上,我们说,20世纪90年代"后实践美学"与"实践美学"的论争,乃是一种古典与现代之争,是20世纪中国美学现代转型的表现。当然,"实践美学"仍然有它自己的发展空间,它如何适应美学的现代转型要求,如何修正、发展自己,还有待于"实践美学"家们的努力。而"后实践美学"如何在吸收现当代西方美学成果基础上,建设成熟的、中国化的美学体系,这还有很长的一段路要走。

总之,中国美学的现代转型刚刚开始,远没有结束。

(二)美学论争与意识形态变革

半个世纪以来,中国的学术论争几乎都有其意识形态的背景,有时就是一种意识形态的斗争。这既是由于美学作为哲学分支学科以及艺术哲学,很难超然于意识形态之外,也由于中国社会的意识形态往往渗透于一切学术领域之中,美学则难逃社会意识形态斗争的影响。从消极方面说,意识形态斗争,特别是"左"的思潮干扰美学论争,常常使其变成一种政治批判。从积极方面说,美学积极介入社会的意识形态变革,从而也争取了自己的独立、自由。不管哪一方面,20世纪中国美学论争总是与意识形态斗争结下了不解之缘,而研究20世纪中国的美学论争,就必须从意识形态斗争的视角来加以考察。

20世纪五六十年代中国第一次大规模的美学论争,其意识形态背景是苏联意识形态与西方意识形态的斗争,以及苏联意识形态内部的变革。

五四以后,西方的自由主义思想在中国知识界有很大影响,从而与30年代形成的苏联意识形态的影响相冲突。虽然经过延安整风,在革命队伍内部清除了自由主义思想,但在"国统区"的广大知识分子中间,自由主义仍有很大的市场。1949年以后,中国社会开展了大规模的思想改造运动,以肃清自由主义影响,同时也在各个学术领域批判西方学术思想。苏联意识形态适应其"国家社会主义"体制,强调阶级意识、集体主义,反对自由主义、个人主义;在哲学领域,苏联哲学把自然、社会规律当做黑格尔"绝对精神"式的本体,而把主体、特别是个体当作其工具和支配物;在美学领域,苏联美学也渗透了反主体性、非个体性的思想。50年代对朱光潜美学思想的批判,就发生在这种背景下。由于朱光潜在美学领域代表了五四以来的"西方资产阶级意识形态",他的审美超功利、超现实的观念,以及对生活采取静穆观照的审美态度,也体现了自由主义、个人主义思想,从而与强调阶级斗争、强调为政治服务的意识形态相对立。因此,当时把朱光潜当作批判的靶子也就不足为怪了。

对朱光潜的批判,既然从一开始就是一场意识形态的斗争,因此也就谈不上学术讨论,而只是某种政治批判:什么"反动思想"、"食利者的美学",甚至还有人身攻击(声讨朱光潜是"反动的官僚")。而朱光潜本人在强大的政治压力下,也作了政治检查(《我的文艺思想的反动性》)。朱光潜之放弃自己的美学观念,并不是由于学术交锋的结果;苏联美学思想在中国取得霸权地位,也不是由于其学术上的优势。

当然,20世纪五六十年代的美学论争,并不是只有意识形态干扰学术讨论的一面,它也有积极的方面,这就是美学论争本身促进了意识形态的变革,甚至走到了意识形态变革的前面。因为美学毕竟不是意识形态的附庸。它作为自由的学问,也会顽强地抵制意识形态的压制，积极地为人的解放而呼吁。在中国社会的特定情形下，美学的这种自由品格只能以非常隐晦曲折的形式表现出来，不过，它毕竟发生了。

正当"批朱"运动开展起来，朱光潜主动进行自我批评之时，苏联美学内部的分歧也开始暴露出来。因此，从表面上看，当时中国美学各派在美的主客观性问题上发生争论，并且形成了不同的学术派别；而实际上，它仍然是苏联社会新旧两种意识形态斗争的某种反映。苏联在30年代形成了斯大林哲学体系。这个体系是物质本体论和反映论哲学，它抹杀了主体性，而适应了苏联国家社会主义体制下的意识形态，即对于人的压制和反人道主义性质。到了50年代中期，苏联开始了"非斯大林化"运动，人道主义在一定程度上被肯定，这在哲学领域反映为对"主体性"的肯定，以及历史唯物主义与辩证唯物主义的二元体系开始发生了向前者的倾斜，美学也由肯定美的自然属性转向肯定其社会属性。这种苏联社会意识形态的变革，在中国，首先是在美学领域反映出来的。由于中国对"非斯大林化"运动并不十分赞同，因而意识形态和哲学的变革被延迟。然而，五六十年代的美学论争却敏感地透露出这种变革的信息。当然，当时参与美学论争的各派并未意识到这场论争的意识形态意义，而只是在学术领域内讨论。但事实上，他们又不自觉地做了意识形态变革的工具——对意识形态变革的自觉，发生在80年代，李泽厚以及高尔太等人自觉地把美学当作思想解放的武器，而蔡仪也自觉地把美学当作坚守传统马克思主义的阵地。

总之，五六十年代的中国美学论争，不自觉地反映了马克思主义体系内部的两种意识形态的斗争，而且成为这种斗争最敏感的领域。这场美学论争对意识形态变革的促进，被1957年"反右派"斗争所阻碍，没有结出现实的果实。从此以后，中国社会的意识形态开始向"左"的方向急剧滑落，直至文革深渊。直到80年代，这场学术论争才得以继续发展，并在意识形态领域结出了果实。

20世纪80年代的中国美学论争，在一定程度上可以看作是五六十年代美学论争的延续，而且其意识形态意义也得以彰显。

80年代是中国社会改革开放、思想解放的高潮期。其时，人们对于移自苏联的"国家社会主义"体制和传统意识形态进行了改造。这种意识形态的变革，是在马克思主义体系内部发生的。尽管当时西方的科学、民主和人道主义思想重新得到了张扬、传播，但在总体上，意识形态的变革仍然是在马克思主义框架内进行，或者说，是在马克思主义中找到了根据，而新意识形态的合法性也在于此。这种新马克思主义的意识形态，就是肯定人的价值，肯定人道主义；在哲学上，就是肯定主体性。马克思《1844年经济学—哲学手稿》的重新翻译、出版，为这种新的意识形态和哲学提供了思想资源。由此，80年代的中国才发生了哲学变革，也才有李泽厚的"主体性实践哲学"或"人类学本体论哲学"的应运而生。而在美学领域，李泽厚在五六十年代形成的"客观—社会派"理论,其时发展成为"实践美学"。同时,伴随着《手稿》热,80年代的中国也形成了持久不衰的"美学热"。究其原因,主要还不是因为一种学术兴趣,而是源于一种对意识形态的关注。由于对主体性、人道主义的肯定,在哲学领域遇到的阻力比较大,而在相对自由、超脱的美学领域则阻力较小。因此,各个学科、各行各业的人都来探讨美学问题,形成了盛极一时的美学研究热潮。也许,只有在审美的自由理想面前,现实的异化才彰显出来;只有在审美活动中,才最鲜明地凸现出人类生存的主体性。美学的人道主义性质,使其成为20世纪80年代中国社会思想解放运动的主战场之一,并成为最先攻陷旧堡垒的突破口。

20世纪80年代的美学论争,主要在李泽厚派的"实践美学"与蔡仪派的"反映论美学"之间展开。朱光潜、高尔太虽然与李泽厚美学有分歧,但他们也都以《手稿》为经典,都主张人道主义、主体性,因此在本质上与李泽厚派是一致的,从而在事实上结成了一个美学的"统一战线"。李泽厚不但用美学思想来肯定主体性、人道主义,而且直言不讳地批判苏联哲学把人当作自然或社会规律的工具。高尔太高呼反抗异化的口号,以审美的名义呼吁个体的自由。朱光潜则较少直接谈意识形态问题,但其美学思想鲜明地体现着对人的关怀精神。相形之下,蔡仪美学固守机械唯物论,并且指斥李泽厚等人的美学思想为唯心主义、反马克思主义。不过,总的说来,80年代的美学论争还限制在学术范围内,尽管在学术的硝烟后面是意识形态的武器。

意识形态斗争色彩较浓厚的,是文艺理论界关于文学主体性的论争。刘再复发挥李泽厚的主体性哲学思想和美学思想,发表了《论文学的主体性》一文,引起文学理论界的激烈论战。论战的结局,是在文艺领域为人道主义找到了理论根据,主体性观念得以普及,并事实上拥有了合法性。从此,文艺进一步挣脱了陈旧的意识形态束缚,成为思想解放的尖兵。

总之,80年代的美学论争带有自觉的意识形态变革意识,而且成了中国社会意识形态变革的先锋。这显然是由中国社会文化的特殊性所造成的特殊现象。

20世纪90年代的中国美学论争,则具有了完全不同的意识形态背景。尽管90年代中国社会意识形态色彩开始淡化,美学论争也具有了更强的学术性,但其中仍然一定的隐含着意识形态变革的意义。

90年代,中国社会的思想解放运动转化为市场经济运动,社会的思想文化氛围为之一变。政治中心转为经济中心,文化激进主义退潮,文化保守主义高涨。李泽厚等人开始由文化激进主义转向文化保守主义,并对自己曾经主张过的自由主义也加以反思、批判,转而主张回归集体理性,"以儒为主,儒道互补"。这表明,一部分80年代的中国启蒙知识分子对正在开始到来的现代性的焦虑心态。正是在这种文化思想背景下,"实践美学"也日益凸现出其前现代性,即集体理性倾向。与此相对,一部分80年代成长起来的知识分子开始走出古典启蒙主义,向现代哲学、美学迈进。其在意识形态上,也由古典人道主义转向对个体自由的肯定。这样,"实践美学"的队伍发生分裂,有的回归传统,有的走向现代。"后实践美学"与"实践美学"的论争,实际上就是现代人与古典人的论争,是现代性与前现代性的论争。"实践美学"作为苏联意识形态的异端,完成了其促进意识形态变革的使命。"后实践美学"对于"实践美学"压制个体性、非理性的尖锐批评,在某种程度上也反映了现代意识形态对古典意识形态的扬弃。

(三)美学论争与知识增长

任何一种学术论争,不仅有其意识形态变革的背景和学术转型的内因,也有其知识增长的基础。学术更新要有相应的知识积累作前提。哪一种理论体系拥有了最大的知识含量,拥有最新知识体系的支持,它就能在学术论争中处于优势。美学是一个综合学科,不仅仅是哲学分支,而且包含着心理学、人类学、符号学、文艺学、社会学等学科的知识。美学变革也是一种知识更新和知识增长;"知识即权力",它也参与了美学论争。同时,美学论争也促进了知识更新和知识增长。20世纪的中国美学论争,可以说也是知识学意义上的竞争。旧的美学体系容纳不了新的知识增长,于是就被知识含量更高的新的美学体系所击败,并取而代之,这是基本的发展趋势。

20世纪五六十年代中国美学论争的前期,是批判朱光潜的美学思想。由于这种批判根本上是一种意识形态的讨伐,不具有真正的学术意义,因而谈不上知识增长。朱光潜美学吸收了西方近现代美学和心理学、文艺学的丰富知识,有着相当的学术价值。苏联美学则建筑于斯大林哲学基础上。由于斯大林哲学本是一种单一的认识论(反映论)体系,缺少价值论部分,因此其容纳科学知识的空间很小。同时,苏联哲学又是排他性的,它被当作关于自然、社会、人类思维的总的规律的科学,具体说,就是科学的科学,一切科学问题似乎都在这个体系里解决了,而科学不过是其仆从、工具。这样,苏联美学必然就缺少科学知识的内涵,变得简单独断,不能容纳心理学、人类学、符号学、社会学、文艺学等学科知识。

20世纪五六十年代美学论争的后期,虽然转入了关于美的主客观性的争论,但缺乏知识学内涵的局面也没有多大改变。论争各派基本上没有走出苏联美学范围,因此也就很难容纳其他学科知识。特别是诸如现代心理学、人类学、文艺学、符号学等,还被视为"资产阶级学术",成为人们不敢涉足的禁区。因此,这场争论基本上是在认识论范围内进行的,所争论的"美的主客观性问题",本身就是一个认识论范围内的问题,价值论问题却被摒除了。李泽厚虽然反对蔡仪的美学观,但他的"美是客观的社会属性"命题,也是在认识论范围内做出的,其中所蕴含的价值论问题被掩盖了。只有朱光潜在当时提出了价值论问题,认为美是人对事物的一种评价,并将之归为意识形态论。只是朱光潜也没有充分展开,最后他还是陷在了"美是主客观统一"的认识论之中。可以认为,由于缺乏价值体系的支撑,第一次美学讨论只能在认识论框架内进行,没有可能深入到各个学科领域内,因而其知识学意义薄弱,争论各派都没有显示出太大的理论优势。

20世纪80年代的第二次美学论争,打破了五六十年代的认识论框架,引进了众多的学科知识,促进了知识的增长。虽然80年代各派美学仍是在五六十年代理论起点上进行建构的,但它们已经突破了认识论局限,而深入到本体论层次并扩展到了价值论领域。尤其是李泽厚的"实践美学",找到了实践哲学(或人类学本体论)这一基础。而实践哲学以其主体性与多种新学科知识兼容——如向人类学、社会学知识的开放、吸收。而李泽厚的"积淀说"更明显吸收了荣格的集体无意识理论、皮亚杰的发生认识论和苏珊·朗格"有意味的形式"说,具有了诸如心理学、符号学、人类学的知识内涵。可以这样说,李泽厚的"实践美学"之所以能够在80年代成为中国美学的主流学派,除了其价值取向外,知识含量大、能够容纳众多现代新学科知识,也是一个重要原因。李泽厚主编"美学译文丛书",大量译介现代西方美学理论,也证明了其体系的开放性。其他如朱光潜、高尔太也努力使自己的理论体系包含有更多的知识,从而也富有生命力。

20世纪90年代"超越实践美学"的努力,也是建立在知识增长基础上的。80年代的中国美学论争,不但造成了美学体系(首先是"实践美学")的开放性,又引进了多种现代新学科知识。它们不仅充实了如"实践美学"等美学体系,增强了其生命力,同时还有另一方面作用,即起到了冲破、瓦解旧的美学体系的作用,为新的美学体系开了路。不过,由于"实践美学"包容了众多现代新学科知识,因而也造成了其知识与体系的矛盾。即以李泽厚的核心学说"积淀说"为例。它虽然暂时弥合了实践与审美的裂缝,但随着美学研究的深入,很快就又暴露出其不合理性:如果说,人类历史实践积淀为文化—心理结构,那么,这种积淀是如何发生的?是一种生化过程吗?而且,荣格的"集体无意识"是指原始心理结构化为现代人的深层心理结构,而原始活动并不包括现代实践,原始时代也没有实践(原始劳动不是实践劳动)……这一切都产生了问题。更重要的是,现代哲学和人文学科都肯定了个体性和非理性(超理性)的一面,这与"实践美学"的集体理性倾向是相冲突的。于是,美学界一部分中青年学者开始质疑"实践美学",并试图建构新的美学体系——"后实践美学"。

在"后实践美学"与"实践美学"的论争中,新的美学理论更充分地吸收了现代美学和其他人文社会科学的知识,因而也更具有某种理论上的优势。由于"后实践美学"的哲学基础就是现代哲学,如存在哲学、解释学、生命哲学、语言哲学等,因而其与现代科学知识有着天然的亲和性。如杨春时提出的"生存—超越美学",运用了存在哲学、解释学的理论,而且还把心理学、符号学、人类学知识融合进去,从而具有丰富的知识内涵。潘知常、王一川等都同样充分运用了现代西方哲学和人文社会科学知识,以建构自己的美学体系。相比之下,李泽厚虽然也试图努力吸收现代哲学和人文社会科学知识,但这些知识与其实践哲学体系总有抵触,运用起来显得牵强,所以有时他只能对西方理论加以变化改造。如他引述海德格尔哲学,认为海德格尔肯定群体存在的第一性,这就不符合海德格尔的原意。因为海德格尔恰恰认为个体存在才是本真的存在。由是,西方现代哲学知识不但不能为他的"实践美学"辩护,反而起到了相反的作用。这显然是由体系与知识的矛盾使然。"后实践美学"与中国美学的主流学派——"实践美学"进行论战,最后形成分庭抗礼局面,除了其美学体系的价值取向适应了现代性的需要外,它对现代知识的充分开放性和包容性也是重要原因。

(四)美学论争的历史经验

20世纪中国美学论争不但促进了美学的学术发展,而且也留下了丰富的历史经验。

第一个历史经验:学术论争必须有一个宽松的社会环境,并且首先需要意识形态的宽容。

学术讨论要求学术独立,不受意识形态干预。各种学术观点一律平等,不能借助意识形态力量来抑此扬彼。意识形态对学术要宽容,容许学术派别存在,甚至与意识形态有所抵触。由于在"左"的思潮影响下,意识形态干扰正常的学术讨论,甚至以政治批判代替学术讨论,运用意识形态权威压制一种学术观点、扶植另一种学术观点,造成了学术事业的挫折。20世纪五六十年代对朱光潜美学的批判,就属于这一种情况。其结果,是使得五四以来形成的中国现代美学萌芽遭受摧折。而在以后的美学讨论中,意识形态也不同程度地干扰着学术论争,有的派别就使用意识形态语言进行政治批判,从而降低了学术论争的水平。即使在90年代,由于习惯性的力量,也还是有人对不同意见加上"唯心主义"、"非马克思主义"等意识形态标签。这种思维方式如今应该终结。必须使学术论争非意识形态化,严格地在学术领域内进行,严格使用学术语言。只有这样,学术讨论才能健康发展。

第二个历史经验:必须改变引经据典的论争方式和注经解经的研究方式,真正依靠理论本身的力量展开学术论争。

由于受传统的注经解经方式以及苏联教条主义模式的影响,20世纪尤其是后半叶中国美学论争,仍然存在着单纯从马克思主义的论述出发引经据典的方式。这种论争方式,在根本上并不注重学术思想本身的逻辑性及其是否符合实际,而只注重对马克思主义经典的逐字逐句的解释,仅仅是从教条文字中寻找思想根据。早在50年代的中国美学论争中,就存在这个倾向。而在80年代的美学论争中,这种倾向又有所发展,形成了"《手稿》崇拜",对马克思《1844年经济学—哲学手稿》中的一字一句都进行演绎、考证。如马克思讲"劳动创造了美",其实并不是讲美的起源,但许多人却将之作为一个独立命题加以演绎,并成为审美起源的理论。又如对于"内在固有的尺度",各派解释不一,争论不休,都把它当作自己观点的合法性根据。当然,对于马克思的话,我们可以探讨、研究,但如果仅仅把理论基石放在马克思主义的经典论述而不是科学方法上,这便是有问题的。我们应当从事实出发,找出理论的逻辑起点,而不是从结论出发去进行演绎。这种倾向到了90年代有所扭转,但却同时也产生了对现当代西方美学的经典崇拜,引述发挥多、批判分析少的情况仍然存在。只有从根本上转变那种注经解经的研究方法和引经据典的论争方式,代之以科学的研究方法和实事求是的论争态度,中国美学学术事业才能健康发展。

第三个历史经验:不能以学术论争代替学术研究;学术论争必须建立在扎实的学术研究基础上才是有价值的。

20世纪中国美学论争不断,热点频出,这固然是一件好事,它在一定程度上推动了中国美学的学术发展。但是,另一方面,我们也必须看到,这种论争之频繁、持久地发生,其中也有不正常之处:首先是意识形态斗争的影响,而不完全是学术发展的需要,这在五六十年代和80年代都有所体现;其次是缺乏长期、坚实的学术研究准备,仓促上阵,争论不休,最终却解决不了问题。五六十年代关于美的主客观性问题的争论,80年代关于美的本质问题的争论,都存在这个问题。尤其在知识积累不够,对现代哲学、美学和人文、社会科学知之甚少的情况下,争论不休更属无益。针对这种情况,我们应该认真译介、学习、消化、思考,而不是发起争论。只有待知识和理论准备充足了,再进行讨论,才可能有所收获。当前,中国美学研究尚没有形成成熟的现代理论体系,就更需要打好基础,下长期功夫,自甘寂寞,面壁十年,才有可能出现让世界承认的成果。

(杨春时)

论析1 20世纪中国美学的两次转型

研究20世纪中国美学,首先需要有一个宏观的整体把握,否则,对于某些具体的美学家、美学著作就很难做出恰当的历史定位和具体评价。当然,这个宏观的把握来自对美学具体现象的感知,但这一感知还是感性的具体,而不是理性的具体。若想掌握理性的具体,还需要在感知的基础上进行思维抽象,再由抽象概念上升为具体真理。而要整体把握,首先必须了解中国20世纪美学和艺术的总体特征及基本的发展规律。我们认为,20世纪中国美学是从古代美学向近现代美学转型的时期,它大体上又分为两个阶段。其一,从18世纪末到19世纪初,这是由古典素朴的和谐美学向近代对立的崇高美学转型时期。相应地,在艺术上是由古典主义向浪漫主义、现实主义发展的时期。其二,是从19世纪中叶到现在,这是由近代的崇高理想走向辩证和谐的现代理想,由浪漫主义、现实主义、现代主义、后现代主义,甚至还有残留的古典主义多元并存、相互影响、相互碰撞,在辩证和谐理想的光照下,向高度综合的新型的社会主义艺术发展的时期。这个时期还要经历一个很长的阶段,还有一个长期、曲折、复杂的发展过程。

(一)古代和谐向近代崇高的转型

20世纪中国美学的第一次大转型,是在大喊大叫的剧烈冲突中,在铁与火的斗争中完成的。它首先表现为人的觉醒,主体的上升,个性的解放,以及在此基础上,冲破古典的和谐圈,展开了人与社会、人与自然、人与自身(灵与肉、感性与理性)的裂变与日趋对立。在艺术中,相应地出现了主观与客观、再现与表现、现实与理想、情感想象与感知思维、内容与形式的分裂和对立,浪漫主义和现实主义否定了古典主义而向两极发展。

梁启超是向陈旧的古典美学挑战的第一人。他虽然仍然带着"熔铸新理想以入旧风格"的改良色彩,但他毕竟喊出了"诗界革命"、"文界革命"、"小说界革命"的新时代声音。他希望出现"诗界的哥伦布、玛赛郎①",去发现诗歌的新大陆和麦哲伦海峡;他呼唤创造"可惊可愕可悲可感,读之而生无量噩梦,抹出无量眼泪"的小说,以代替那些和谐、宁静、单纯、愉悦的古典艺术。而王国维则是中国古典美学的终结者和近代美学的开创者,是由古代美学向近现代美学转折的关键性人物。这突出表现在他对康德、席勒、叔本华、尼采等人美学思想的引进,以及对崇高理想、悲剧观念的倡导与确立上。虽然王国维当时讲的是"壮美"和"宏美",但他的"壮美"已经根本不同于古典和谐圈中的壮美,而是在分裂对立基础上萌发的崇高内涵。他说:"若其物直接不利于我人之意志,而意志为之破裂,惟由知识冥想其理念者,谓之曰壮美之感情。"②这同知、情、意素朴协调、单纯愉悦的古典壮美有天渊之别。而王国维倡导的普通人的人生悲剧,冲破了古典大团圆的"悲剧",其近代特色就更为鲜明了。他的《人间词话》既总结了以意境为核心的中国古典美学的光辉成就,又放射出一缕近代的曙光;它交织着新与旧、和谐与崇高的矛盾。"有我之境"与"无我之境"、"造境"与"写境"都呈现出主观与客观、心与物、理想与现实的深刻裂变。

鲁迅是推动崇高理想向纵深发展的一员最勇敢的猛将。他批判"金要足赤,人要完人"、"十景病"、"大团圆"等古典和谐完满的观念最彻底;他召唤"立意在反抗,指归在动作"的拜伦式的浪漫诗人最强烈。③ 其哲学、美学正是建立在个人与社会、物质与精神、现实与理想深刻对立的近代基础上的。在《文化偏至论》中,鲁迅主张的"掊物质而张灵明,任个人而排众数",正是张扬主体、个性、理性精神的时代强音。④ 如若说鲁迅是第一个提出了"伟美"、"力之美"的拜伦式的浪漫主义,那么,陈独秀则是第一个提出了"写实主义"。他在《文学革命论》中旗帜鲜明地举起"吾革命的三大主义":"曰推倒雕琢阿谀的贵族文学,建设平易抒情的国民文学;曰推倒陈腐的铺张的古典文学,建设新鲜的立诚的写实文学;曰推倒迂晦的艰涩的山林文学,建设明了的通俗的社会文学。"⑤打倒古典主义,倡导写实主义,口号何等响亮!顺便说一句,我们认为中国古代文学是古典主义的,有些人不理解,其实对于这一点,陈独秀以及瞿秋白都谈到过,只是后来受到高尔基关于现实主义、浪漫主义"自始就有论"的影响,把这些有识之见忘却了。当然,浪漫主义和写实主义的成熟和完备,还要有一个艰难的过程。郭沫若可以说是中国近现代浪漫主义的代表,其美学理想在朱光潜、宗白华的著作中有较多体现;鲁迅、茅盾是中国近现代现实主义的巨匠,其

---

① 玛赛郎,今译麦哲伦。
② 王国维:《叔本华之哲学及其教育学说》,见谢维扬、房鑫亮主编:《王国维全集》,第1卷,第38页,杭州,浙江教育出版社,2009。
③ 鲁迅:《摩罗诗力说》,见《鲁迅全集》,第1卷,第68页,北京,人民文学出版社,2005。
④ ·见《鲁迅全集》,第1卷,第47页,北京,人民文学出版社,2005。
⑤ 见《新青年》,第2卷第6号,1917年2月。

美学观念在胡风、蔡仪的著作中得到了深刻的理论表述。

但是,中国美学由古代和谐向近代崇高的转型,并不像西方那样纯粹、典型。它一开始就是复杂的、交织的、曲折的。这主要有三种美学观念:一是几千年积淀下来的传统的和谐观念还很顽强,如京剧、地方戏曲、国画等领域,基本上还是和谐美的天下。一是西方的丑和现代主义思潮,如表现主义、象征主义等同时涌进,一时间古今中外大汇聚,令人眼花缭乱。更为重要的是,马克思主义的美学观念和共产主义的理想,也在中国生根发芽,逐步长成参天大树,日益发挥其指导作用。这在五四前后的理论思想和艺术实践中就已有所表现,而到李大钊则已经非常明朗了。这位伟大的革命先驱已初步掌握和运用了马克思主义的辩证思维,敏锐地感受到了时代的新动向,第一个提出了"调和的美",同时也第一次触及辩证调和的美。他在《美与高》一文中说:"盖美者,调和之产物;而调和者,美之母也。"①但他认为"调和"有两种,一是有自毁和牺牲的调和,一是既竞立又两存的调和。前者大体是近代的崇高和悲剧,后者则是辩证和谐之萌芽了。他明确说:"余爱两存之调和,余故排除自毁之调和。余爱竞立之调和,余否认牺牲之调和。"②这种新的因素,在鲁迅的《呐喊》、郭沫若的《女神》中也有所反映,所以他们的现实主义和浪漫主义已不同于西方的现实主义和浪漫主义,而有中国近现代艺术的特色了。这一思潮的发展、壮大,则表现为由近代崇高向现代辩证和谐的转型。

(二)近代崇高理想向现代辩证和谐的转型

第二次转型比第一次更深刻、更复杂、更伟大,并且还要经历相当长的时间才能最终完成。

中国的崇高观念没有像西方那样走极端,走向丑和荒诞,而是对立的两极既相互撞击、相互斗争,又相互融合、相互补充,逐步趋向于两极的辩证结合。中国的浪漫主义和现实主义也没有像西方那样相互彻底否定,走向现代主义和后现代主义,走向自然主义和表现主义,走向超级写实主义和抽象表现主义。茅盾的《子夜》虽然也有左拉的痕迹,也有自然主义的某些影响,但他的现实主义绝不同于巴尔扎克,也不同于托尔斯泰,而更多的带有理想的色彩。这种互相补充、融合的要求,第一次自觉地表现在《在延安文艺座谈会上的讲话》里,表现在毛泽东的美学思想和哲学精神中。

毛泽东是辩证法大家,他一生最强调、论述最精辟的是对立统一的规律。他在

---

① 李大钊:《美与高》,见《李大钊文集》(上),第406页,北京,人民出版社,1984。
② 李大钊:《调和之法则》,《李大钊文集》(上),第550页,北京,人民出版社,1984。

《矛盾论》中突出而集中地阐述了这一根本规律,"事物的矛盾法则,即对立统一的法则,是唯物辩证法的根本法则","是自然和社会的根本法则,因而也是思维的根本法则"。任何事物都具有矛盾性、对立性、斗争性和统一性两个方面,毛泽东非常重视对立性、斗争性,同时也非常重视在对立基础上达到的统一性。因为只有统一性,才能实现矛盾的解决,促使一个新的稳定有序的和谐整体的出现。毛泽东以深刻的辩证理性来考察社会主义新的美、新的艺术,必然把它看成各种构成因素既对立又和谐的高度统一体。美与善、文艺与革命、艺术与政治的关系问题,是毛泽东关注的最根本问题。在这个问题上,他提出了几大观点。第一,他认为"为艺术的艺术,超阶级的艺术,和政治并行或互相独立的艺术,实际上是不存在的。无产阶级的文学艺术是无产阶级整个革命事业的一部分"。既然文艺是革命事业的一部分,那么在评判艺术时,政治要求、政治标准就必然"放在第一位","以艺术标准放在第二位"。第二,但是,文艺并不是消极的,而是"反过来给予伟大的影响于政治",而这种影响的力量又决定于作品的艺术质量,因此"缺乏艺术性的作品,无论政治上怎样进步,也是没有力量的"。第三,毛泽东既反对政治倾向错误的作品,又反对没有艺术力量的"标语口号式"的作品。他要求"政治和艺术的统一,内容和形式的统一,革命的政治内容和尽可能完美的艺术形式的统一"。第四,毛泽东还认为,政治是阶级的政治、群众的政治,无产阶级的政治集中着群众的意志、人民的心愿、历史的规律,所以"我们文艺的政治性和真实性才能够完全一致"。以政治倾向性为中介,达到政治性、真实性、艺术性的统一;以善为环节,实现真善美的高度谐和,这可以说是毛泽东以其辩证理性所提出的新型的辩证和谐的美学观和艺术观。政治性和真实性、真和善的统一,实际上是人民群众与其自身历史实践的走向相统一,它同时也体现为革命现实和革命理想的结合。在毛泽东对艺术审美本质的规定中,就蕴涵着一种理想与现实相结合的精神。他指出:"文艺作品反映出来的生活却可以而且应该比普通的实际生活更高、更强烈、更有集中性、更典型、更理想,因此就更带普遍性"。到了1958年,他又明确地提出了"革命的现实主义和革命的浪漫主义相结合",把两者辩证地统一为一个和谐的整体。在这里,不是现实主义和浪漫主义各自的极端裂变,而是相互融合、相互补充。这个辩证和谐的艺术美的理想,其重大的现实意义和深远的历史意义,还未被人们充分认识到,这还需要经过一段历史过程——特别是在江青的"两结合"在样板戏中变成"伪古典"之后,更需要这样去作充分的认识。

20世纪50年代末、60年代初,周来祥在大学统编教材《美学原理》的一次讨论会上,提出了"美是和谐"说,并逐步发展为三大美的理论。周来祥认为,和谐主要是审美主体和审美对象的对应与和谐,它要求:第一,审美对象构成因素的和谐。这首先是构成审美对象的内容因素的和谐组合。和谐的内容要求着和谐的形式,和谐的形式又反过来陶铸和物态化着审美的内容,形成内容和形式完美的和谐整体。第二,审美主体构成因素的和谐。这里包括审美知觉、审美心理、审美情趣、审美理想等各构成因素的和谐组合,特别是感知与理性、情感与想象的和谐组合。第三,从发生学的角度看,审美对象与审美主体是在实践过程中同时诞生的,是实践的孪生子,二者相互对应,构成为特定的审美关系;二者缺一不可——没有审美对象,就没有审美主体;没有审美主体,也无所谓审美对象。从反映论的角度看,审美对象是决定性的,审美主体也具有相对的能动性,二者的对应及和谐的结合,才构成美的观照与艺术的欣赏。而从逻辑上解剖,"和谐"有三个侧面,其一是人与自然的和谐,这是自然美;二是人与社会的和谐,这是社会美;其三是人与艺术的和谐,这是艺术美——它由前两者制约,又是前两者的审美反映。同时,和谐又内含着并且历史必然地展现为三大历史形态:在古代,构成美和艺术的各种因素还未分化,只是素朴地、和谐地结合在一起,因而它的和谐是单纯的、宁静的,缺乏复杂、深刻和激荡。到了近代,构成美和艺术的各种因素逐步分化和裂变,日益向极端发展,这便导致对立的崇高的出现,并不断向丑和荒诞发展。相应地,在艺术中便出现了浪漫主义和现实主义的两极对立,以及浪漫主义经由具象表现主义向抽象表现主义、现实主义经由自然主义向超级写实主义的极端演进。这种极端在现代主义和后现代主义那里已经走到尽头,和谐之光似已在夜幕的天边闪烁。

　　古典的和谐美、近代对立的崇高,都可以由历史来验证。而现代的辩证和谐美还带有某种预测性,特别是"现代的丑"和"后现代的荒诞"的引进,使某些人对新型美产生了疑虑。不过,周来祥却依然认为,"随着社会主义之代替资本主义,并不断地向共产主义的历史发展,随着自觉的辩证思维之代替形而上学思维,新的对立统一的和谐美,也将否定近代的崇高。"① 他认为:"现代辩证和谐美和艺术,是人类美和艺术发展的最新阶段,它彻底否定近代形而上学的绝对对立,而复归为古代的和谐统一;但它也彻底否定了古代素朴的和谐,而跃进到现代对立基础上的和谐,它真正把近代的对立和古代的和谐予以辩证的综合与发展,成为既追求对立又追求和谐的美与艺术。它的矛盾性质和结构特征是把构成美和艺术的各种元素既深刻对立又和谐统一地结合为一个复杂的有机整体,它既有近代的无序、动荡、不平衡、不稳定,又有古代的有序、稳定、平衡和宁静。"② 在他看来,1949年以后的中国文艺实践中,虽然有不少成功的作品已经显露出某些"现代辩证和谐美和艺术"的征兆,但总的说来还没有成熟、典型的范例出现。不过,1999年中国昆明"世界园艺博览会"开幕式,却带给他意外的惊喜。他发现,大型文艺晚会"天地浪漫曲""通过'蓝色乐章'、'金色乐章'、'绿色乐章'、'彩色乐章'等四个部分,展示了一幅人与自然和谐相处、

---

① 周来祥:《古典和谐美与近代崇高的对立》,载《中国社会科学》1987年第4期。
② 周来祥:《古代的美、近代的美、现代的美》,第6页,吉林,东北师范大学出版社,1996。

共生共荣的壮美画卷。在这里,草木繁茂,万紫千红;蜂蝶相戏,众生相融,天人一体,和谐永恒",以为"这是一场和谐美的舞蹈,也是我国第一支和谐美的颂歌"。① 在他看来,整个"世博会"园林艺术的设计体现了以花取胜的要求。"何人创下和谐美?""天地浪漫曲"在"金色乐章"中发出这不答自明的"设问"的同时,却又明确地昭示,它正是在自觉地追求着人与自然新的和谐。

这是一个划时代的伟大的艺术创造,具有巨大的现实意义和深远的历史意义。"世博会"的美的追求和艺术创造启示人们,新型的和谐美很有可能首先在人与自然的和谐中实现,而且它的第一个形态又可能是"壮美"。这是与中国改革开放的宏伟气势和豪迈精神直接相关的。

(周来祥)

---

① 周来祥:《人与自然和谐美的赞歌》,载《齐鲁晚报》1999年5月31日。

论析2　20世纪中国美学开创期的四个问题

从20世纪初开始到1919年的五四运动,这是中国现代美学的开创期。其主要标志是:人们开始用现代的新眼光,向西方和古代寻求美学思想,建立了新的美学范畴,并以其施之于生活和艺术,赋予美学以独立的理论和实践价值。由于当时中国社会发展的落后和艺术成就的有限性,美学家们的许多论述多半是讲艺术的重要性,多以中国古典和外国的文艺现象为话语对象,但其理论范畴形态却具有中国化的特点。五四新文艺运动开展以后,新的文艺作品不断多了起来,美学的视界开始有些变化,但美学理论所关注的主要仍是古典和外国的艺术。这种情况在整个20世纪中没有发生根本的改变,这也可以说是中国现代美学发展滞后的一个原因。

(一)以现实改造之心探求美学

从20世纪初到五四运动发生,现代中国美学的开创期经历了一个发生奠基过程。此间,美学先驱者们以新的眼光、新的目标,开始了前所未有的探求。从王国维、梁启超、蔡元培、鲁迅美学思想的表述中,我们可以看到,他们都是在当时先进的历史视野上、在为推进中国社会和文化发展的目标下发言著论,因而显示了对于中国社会现实与文化发展的迫切关注。

现代中国美学的先驱者王国维,在甲午战争失败后,"始知世界尚有新学",从而彻底放弃了科举道路而转向新学。他由哲学而文学,开始用中国人的眼光介绍西方文学,并将其置于"中国文化艺术"的土地之上,进行中国文艺的新的研究,广涉文学艺术的诸多领域,进行了有方法、有逻辑体系的美学建树。

与王国维并驾齐驱的是蔡元培。他博学传统文化,25岁进士及第,授翰林院编修,仕途顺利。但他思考中国社会问题,走的是非改良、非革命的"教育救国"道路。在他看来,如果中国"不先培养革新之人才,而欲以少数人弋取政权,排斥顽旧,不能不情见势绌"。由是,蔡元培辞官赴浙、沪开办教育,以从个人到社会众人的教育开始改造社会,"凡一种社会,必先有良好的小部分,然后能集成良好的大团体。所以要有良好的社会,必先有良好的个人,要有良好的个人,就要先有良好的教育"①。当他在辛亥革命前留学德国莱比锡大学并听到美学课后,渐渐移心于美学,确立了以美育促进教育育人的认识路线。

梁启超是在戊戌变法失败后转入文坛的。他发现,以改良社会而求文明的路走不通,从"精神入"则可以有出路,"求文明而从形质入,如行死巷,处处遇窒碍,而更无他路可以别通,其势必不能达其目的,至尽弃前功而后已。求文明而从精神入,如导大川,一清其源,则千里直泻,沛然莫之御也"。② 他在1902年写成的《论小说与群治的关系》中表述的"欲新一国之民,不可不先新一国之小说"③,就是这种新认识、新行动的表现。而此后《饮冰室诗话》中提出的"盖欲改造国民之品质,则诗歌、音乐为精神教育之要件"④,更表现了他的这种以文艺美育改造社会国家的见解。

鲁迅的改造社会思想倾向更是果决明确。他走上美学之路就是为了救治人的灵魂,唤醒民众。他在1908年写的长篇论文《摩罗诗力说》,是现代中国美学的重要著作,其考察对象皆取"立意在反抗,指归在行动"的作家,以使"闻者兴起,争天拒俗",⑤其后他一直坚持这种激进的美学思想。

(二)关注文艺实践

20世纪的中国美学研究,虽然是从介绍西方美学思想开始的,但其一开始所关注的则是如何对中国的文学艺术进行历史与现实的说明。

中国现代美学最早直接受到德国哲学美学的影响,其中康德、叔本华、尼采、席勒、黑格尔的影响更为突出。对此,聂振斌在《中国近代美学思想史》⑥中,曾将其概括为五个基本方面,即:康德的审美超功利性观、叔本华的悲剧观、尼采的"超人"天才论、席勒的游戏说与美育思想、黑格尔的艺术论。这些中国现代美学开创期引进的理论话语,无疑使人们找到了一种对于审美世界的新的思想视点,对于许多现象有了新的拾取和说明的话语,对于中国美学走入现代进程起到了有力的推动作用。如果我们进一步思考一个问题,即在接受西方美学时,为什么对这几个问题最先引进并加以运用,我们就可以得出一个新的认识,这就是:这些观点,尤其是其中的超功利观、悲剧观、天才论、游戏说,是中国传统美学与文艺思想中少有或不入正统地

---

① 蔡元培:《何谓文化》,见《蔡元培全集》,第4卷,第12页,北京,中华书局,1984。
② 梁启超:《国民十大元气论》,见《梁启超全集》,第2卷,第267页,北京,北京出版社,1999。
③ 梁启超:《论小说与群治的关系》,见《梁启超全集》,第4卷,第884页,北京,北京出版社,1999。
④ 梁启超:《论小说与群治的关系》,见《梁启超全集》,第18卷,第5333页,北京,北京出版社,1999。
⑤ 鲁迅:《摩罗诗力说》,见《鲁迅全集》,第1卷,第68页,北京,人民文学出版社,2005。
⑥ 聂振斌:《中国近代美学思想史》,北京,中国社会科学出版社,1991。

位的。而从适应新的历史发展、开创文学艺术的新局面来说,又是符合特殊需要的思想。在当时如果没有超功利的思想冲击,就不能把艺术与传统的"载道论"隔阻开来;没有超人天才的见识,就不能张扬人的独立自主精神;没有游戏说与美育思想,就不能实现艺术家创作的主体自由;而悲剧观则是从本质上认识中国艺术审美思想的一个新的归结点,具有极大的思路开通意义。上述情况表明,中国现代美学思想史上最早向西方吸收美学思想,是有其深刻历史原因的,并不是个人随心所欲的动机所致。这个历史的动因一直贯穿着20世纪中国百年的美学思想史。

由于当时的美学家们是为了认识、分析中国的文学艺术问题才求新知于西方,所以,他们运用西方美学观点所面对的对象是中国的传统艺术,并且是具体分析的。不论其理论与实际对象结合得如何,它们对人的启发却是不小的。王国维对《红楼梦》的评论,用的是叔本华有关人的欲望导致痛苦并借文学以解脱的悲剧观,以致有"所谓玉者,不过生活之欲之代表"[①]之说,很显然这都是不足为训的。但他还有许多观点,却是很有启发意义的,如庄子观鱼与渔夫对鱼"袭之以罔罟",曹霸、韩干所画之马与"计驰骋之乐"的实用者之一系列区别,以及把《红楼梦》视为社会人物的位置与关系的"不得不然"的悲剧,是"非常之势力,足以破坏人生之福祉者"[②]所造成,这个认识又是很深刻的,比较切近悲剧的历史必然的本质。他对于艺术能通过所写之个人"而发见人类全体之性质"的分析,在理论上已沟通了《周易》中各类观点与西方典型论的联系,达到了最早的思想对接。

比起王国维,蔡元培引进德国美学更具有社会人生的关注性。他虽然较多涉及西方美学思想范畴,但与他的"教育救国"方针更密切的美学问题,乃是美育。所以尽管他论述了美的各个方面,但最后都归于美育,即他后来所概称的国人的"宁静而强毅的精神"[③]的培养。

(三)创造审美话语

现代中国美学的先驱者们在广泛吸收西方美学思想的同时,在理论表述上不仅侧重于中国传统艺术实践经验的分析,也注意造就适于凝聚和传达中国艺术经验的理论话语,为后来美学理论的发展提供了比较稳定的理论范畴。

---

① 王国维:《〈红楼梦〉评论》,见谢维扬、房鑫亮主编:《王国维全集》,第1卷,第61页,杭州,浙江教育出版社,2009。

② 王国维:《〈红楼梦〉评论》,见谢维扬、房鑫亮主编:《王国维全集》,第1卷,第67页,杭州,浙江教育出版社,2009。

③ 蔡元培:《在香港圣约翰大礼堂美术展览会演说词》,见《蔡元培全集》,第7卷,第212页,北京,中华书局,1989。

以王国维《人间词话》而论。他在阐发诗歌美学时,所用的"写实"、"理想"、"轻视外物"、"天才"、"人力"等范畴,原本是西方文论话语,但他能将其化为不带外来痕迹的中国文论话语,使其不论形态与内涵都在对中国诗词的审美阐释里中国化了。

在20世纪初期的中国美学范畴建立过程中,有一些新设立的范畴虽与西方美学话语系统不无关系,但更多的是与中国传统文艺美学术语相接近、相关联,有的还带有中西对接的意味。以王国维的话语来说,其诸如"悲剧"、"喜剧"等,自然是西方美学范畴的移入,但他也注意将其与中国道家美学相联系,引老子的人之大患、忧生以证之,使初见之人也并不感到特别陌生。至于王国维从历史上取来"意境"以立说,以其为中心范畴,衍化、生发,展开层次分析,造成了似而不同的派生范畴,如"造境"、"写境"、"有我之境"、"无我之境"、"有境界"、"无境界"等。正是这些派生范畴的展开论述,才形成了他的理论之超诗话体的逻辑构成。其后的朱光潜、宗白华都在他的理论基础上,继续深化着这一范畴的内涵,以致中国现代美学史上任何其他范畴都没有如此先后被集中地加以阐发和研究,达到了历史性的共识。

再以"趣味"来说。这在中西美学史上是共有的范畴。宋人严羽以趣味论诗,西方的康德、休谟等对趣味也都有论述。当王国维、梁启超以"趣味"为话头时,人们似乎也无法分辨他们到底是本于"中"还是本于"西",属于"趣味"的话语权力已看不到影子了。这是不是与西学东渐过程中,运用西学的人心中有更多中国文化的"主心骨"有关?无疑,一个强大的文化主体与一个软弱的文化主体,在对待外来文化的消化能力上,一定会有强弱的差别。

20世纪初期的中国美学话语,经由纳外、化古、自创的生成形式,创成了经由百年实践检验过的话语系统,它是可以而且也必须在历史的不断发展过程中进一步完善的。但是,它又是不可能被废弃和改换的。悲剧还是那个"悲剧",意境还是那个"意境",如此等等。这都是历史与当下、认识与实践的统一体,也是中国20世纪美学开创期的开创功绩。

(四)认识艺术特性

20世纪中国美学开创期的理论对象,主要是文艺创作与审美教育两大方面。然而,这两方面在当时的实际状况却都很薄弱。以文艺创作来说,直接与现代美学相联系的,是戊戌变法前后兴起的"小说界革命"和"诗界革命"的作品。这些作品具有从旧文学向新文学的蜕变性质,但在思想上急功近利,艺术上浅白粗糙,不仅很难有多少推衍审美理论的余地,反而成了当时一些美学理论界有识之士的批评、指责对象。

徐念慈根据黑格尔的美学思想,对小说的地位和审美性质进行了评析,认为"小说者,文学中之以娱乐的,促社会之发展,深情之刺激者也。"虽如此,他也不赞同"所谓风俗改良,国民进化,咸惟小说是赖"。① 而就小说本身来说,他则从黑格尔的艺术"醇化于自然"的理想性、兴味性、形象的个性、美之快感等特点来加以阐发,强调文学必须通过审美性而"鼓舞"和"感觉吾人之理性"。②

黄人在《〈小说林〉发刊词》中,也明确肯定了小说的审美本质,"考小说之实质。小说者,文学之倾于美的方面之一种也",认为如果一个写小说的人"号于人曰:吾不屑为美,一秉立诚明善之宗旨,则不过一无价值之讲义,不规则之格言而已。恐阅者不免如听古乐,即作者亦未能歌舞其笔墨也"。③ 这就是说,放弃小说作为艺术的审美追求,即使最后剩有真与善,即"一秉立诚明善",也没有了小说的艺术价值,不过是学理讲义、冗长训诫而已,令读者昏昏、作者笔涩。

对于20世纪初期的中国文艺状况,如就事实而论,能从正面总结以至施用西方美学来加以说明者并不太多,而执意要从中升华经验为美学理论,自然也局限性太多。所以,当时不少美学理论的阐述者,不是回顾古典艺术,就是放眼西方艺术。当时的王国维、鲁迅都是如此。文艺创作的局面直到五四之后才有相当程度的改变。但美学理论直接向这方面的转移,也并不是与文艺发展共时的。即使后来有朱光潜和宗白华这样的文艺美学大家出现,但他们所侧重的仍在中国古典艺术的审美规律方面。

20世纪中国美学在开创期,乃至在以后的多年发展过程中,与美学同期的文艺创作成就的有限性,始终是影响中国美学理论创造性发展的一个对象性原因。这个早期历史过程中遇到的问题,在后来竟致成为一种习惯,即不少研究美学的人对于同时期艺术发展的关注意识淡薄。像王朝闻那样几十年中一直紧密关注现实文艺的美学家不是很多,这已经成为中国现代美学发展滞后的一个原因。对比西方现当代美学与其同时期艺术发展关系的密切性,我们可能会看得更清楚一些。

20世纪中国美学开创期经过许多人筚路蓝缕的努力,在引进西方美学、衍化中国古代美学、创造审美话语、认识艺术特性等方面,都取得了相当的成就。对此,我们理应给予历史的肯定,并实事求是地看到其不足。这不仅对于总结百年美学史是有益的,而且对于推进21世纪中国美学的新发展,有力地促进社会人生的审美创造和艺术的审美创造,也是极为必要的。

(王向峰)

---

① 徐念慈:《余之小说观》,见黄霖、蒋凡主编:《中国历代文论选新编·晚清卷》,第281页,上海,上海教育出版社,2008。
② 徐念慈:《小说林缘起》,见《中国历代文论选》,第4册,第248页、249页,上海,上海古籍出版社,1980。
③ 见《中国历代文论选》,第4册,第247页,上海,上海古籍出版社,1980。

论析3 心理学美学在中国

现代美学有三个分支:哲学的美学、社会学的美学和心理学的美学。心理学的美学的特征是从审美主体的视角来考察美和美感,在鉴赏美的时候,往往取微观的视野而显示出它的优长。

(一)中国心理学美学的诞生

中国现代心理学美学的诞生,可以追溯到20世纪初的王国维。1904年,王国维发表了具有划时代意义的《〈红楼梦〉评论》。这是一篇以叔本华观点来观照中国文学的批评兼理论著作。它的中心论点,是把人的生活的本质看成是欲望的追求与满足。生活的欲望得不到满足,人生不免感到无尽的痛苦;人生欲望若得到满足,又不免感到厌倦。所以人生就像一个钟摆那样,在痛苦与厌倦中摆动。文学与艺术则为人生的痛苦与厌倦找到了一条"解脱"之道,因为文学可以"使吾人超然于利害之外,而忘物与我之关系","故美术之为物,欲者不观,观者不欲,而艺术之美所以优于自然之美者,全存于使人易忘物我之关系也"。① 这种理论,从今天的观点来看,是有严重缺陷的,因为它把文学的社会性这一重要维度取消了。但在20世纪初,正当中国人民进行反对封建主义、改造旧中国的斗争的重要时刻,王国维以"解脱"说来解构封建阶级的"文以载道"说,又是有明显的进步意义的。更重要的是,王国维的"解脱"说,完全依靠了现代"审美心理距离说"来进行解释。人们如何去"忘物与我的关系"而不受欲望的束缚呢?这就必须使人的功利和欲望的考虑与对象物保持一定的心理距离。王国维认为,文学艺术可以使人沉迷于澄明的世界之中,在物我两忘中摆脱"欲望"的纠缠,并从痛苦或厌倦中解脱出来,进入一种审美的自由境界。考虑到瑞士的心理学家布洛(Edward Bullough,1880—1934)是在1912年才发表《"心理距离"作为一项艺术因素与审美原则》,那么,王国维以"审美心理距离"理论为支持

---

① 王国维:《〈红楼梦〉评论》,见谢维扬、房鑫亮主编:《王国维全集》,第1卷,第56页、57页,杭州,浙江教育出版社,2009。

的"解脱"说,就不能不说是中国人自己的现代的心理学美学的原创之论。

六年后,王国维发表了《人间词话》,把他的"解脱"说变化为带有中国色彩的"境界"说,但其具体解释中仍然处处使用心理学美学的理论。王国维有一段很有名的论述:"诗人对于宇宙人生,须入乎其内,又须出乎其外。入乎其内,故能写之。出乎其外,故能观之。入乎其内,故有生气。出乎其外,故有高致。"①这种"出入"说,我们可以理解为西方的"移情"说和"距离"说结合而产生的"中国版"。这里所说的"入乎其内",就是诗人作为主体移入对象之内,写花鸟,就"与花鸟同忧乐"。所谓"出乎其外",就是与所写的对象保持一定的"心理距离",这样才能超脱,也才能品出所写对象的韵味来,才会有"高致"。考虑到立普斯(Theodor Lipps,1851—1914)是在1897年到1905年间提出并论证他的"移情"说的,同时又考虑到王国维对德国学术的关注,那么王国维很有可能看到过立普斯有关"移情"说的论文。他可能从德国的"移情"说受到启发,同时又不忘他的"解脱"说,这样他就把两说结合起来,改造成了他的"出入"说。这样,"出入"说就成了中国现代心理学美学的最早成果。王国维对现代心理学美学并没有"自觉",但他的天才在于不自觉中为中国的美学建设开辟了一个新的方面。

(二)20—30年代:中国心理学美学第二波

中国心理学美学的自觉起步期,是在20世纪二三十年代,其代表人物是郭沫若和鲁迅。早在1920年,郭沫若在其《论诗三札》中,就用如下的"算式"来定义诗:

$$诗=(直觉+情调+想象)+(适当的文字)$$
$$\qquad\qquad\text{Inhalt}\qquad\qquad\qquad\text{Form}$$

对于这个"算式",郭沫若还作了这样的解释:

> 我想诗人的心境譬如一湾清澄的海水,没有风的时候,便静止着如像一张明镜,宇宙万类的印象都涵映在里面;一有风的时候,便要翻波涌浪起来,宇宙万类的印象都活动在里面。这风便是所谓的直觉、灵感,这起了的波浪便是高涨着的情调,这活动着的印象便是徂徕着的想象。这些东西我想来便是诗的本

---

① 王国维:《人间词话》,见谢维扬、房鑫亮主编:《王国维全集》,第1卷,第478页,杭州,浙江教育出版社,2009。

体。只要把它写了出来,它就体相兼备。大波大浪的洪涛便成为"雄浑"的诗……①

对这个诗的"算式"和解释,郭沫若用了"心境"、"直觉"、"灵感"、"想象"等概念,可以清楚地看到后来的"创作心理美学"的"影子"。后来的创作心理美学无非是对这一"算式"和解释的进一步的、详细的、或好或差的发挥而已。郭沫若自己在20年代还运用心理学美学对作品进行解析。他的《〈西厢记〉艺术上的批判与其作者的性格》和《批评与梦》两篇文章,自觉地以弗洛伊德"精神分析心理学"、特别是以文学是"性欲的升华"的观点,来解释《西厢记》作者王实甫的创作动机以及作品中的具体描写。郭沫若的论文,受弗洛伊德"泛性主义"的影响,并不十分成功,但它是20世纪中国第一篇现代心理学美学的论文,是值得注意的。

鲁迅的美学思想就其总体而言,也是把文学看成是革命的"一翼",强调文学的社会性。但这并没有妨碍他对心理学美学发表真知灼见。关于创作心理,鲁迅除了那些广为人知的"天才"、"灵感"、"想象"等观点外,还就诗的情感特质提出了独到的看法:一方面,"诗歌是本以发抒自己的热情的"②;可是另一方面,"感情正烈的时候,不宜作诗,否则锋芒太露,能将'诗美'杀掉"③。这意思是说,诗人抒发的感情,要经过再度体验的沉淀,使感情在回忆中变得清醇,这才符合"诗美"的要求。这就揭示出"回忆"所具有的审美功能,其中所含的创作美学思想是很深刻的。特别值得提出的是,鲁迅翻译了日本学者厨川白村的专著《苦闷的象征》。厨川白村显然是自觉吸收了弗洛伊德"精神分析学"的基本观点与方法,并有所改造。弗洛伊德的理论生物性太强,把文学统统看成是人的性欲的升华,而忽视了人的社会性以及社会性对文学的作用。厨川白村吸收了精神分析学的方法,但修正了弗洛伊德过分重视生物性的弱点。《苦闷的象征》一书在方法上注重对人的深层心理的研究,注重动力心理分析,注重对梦的象征意义的分析,等等;但它在内容上摈弃了"泛性主义",从社会学角度把作家的无意识看成是因社会的压迫而生的苦闷。显然,鲁迅看重的是厨川白村对弗洛伊德的社会学的筛选、批判和改造,同时也认为《苦闷的象征》一书"实质本好",才将之翻译了过来,并把它当作其在北京大学、北京师范大学任教时的教材。

郭沫若、鲁迅可以说是继王国维之后,为中国现代心理学美学建设掀起了第二波。

---

① 郭沫若:《论诗三札》,见《郭沫若全集》,第10卷,第205—206页,北京,人民文学出版社,1959。
② 鲁迅:《诗歌之敌》,见《鲁迅全集》,第7卷,第248页,北京,人民文学出版社,2005。
③ 鲁迅:《两地书·三二》,见《鲁迅全集》,第11卷,第99页,北京,人民文学出版社,2005。

(三) 30 年代:中国心理学美学第三波

20世纪30年代,中国的心理学美学掀起了第三波。代表人物是朱光潜和胡风。

1933年,朱光潜以《悲剧心理学》(英文)论文获得博士学位,并在国外出版,同年商务印书馆出版了他的《变态心理学》,1936年开明书店出版了他早在1931年完成的《文艺心理学》。这三部书的出版,标志着中国现代形态的心理学美学正式成熟。特别是《文艺心理学》一书,将西方20世纪以来文艺心理学的几个具有原创性的观点加以消化,结合中国古代的诗论、文论以及古今中外的创作实例,作了专题研究。尽管其观点未必周严,但却为中国现代形态的文艺心理学研究做出了重大的贡献。朱光潜的《文艺心理学》这个书名起得并不确切,可能会被人误认为心理学的一个分支;它的确切书名应是《心理学美学》,因为作者自己说他在书中要讨论的中心问题是"美感经验的特征"。书中认为美感经验是一种凝神的境界;美感经验是物我两忘的境界的形成;美的观赏必须在观赏者与对象的功利属性之间保持"不即不离"的心理距离;美感经验与移情作用密切相关;美感经验还与生理的运动相关;美的形象的创造是情趣、个性的返照。① 不难看出,朱光潜在《文艺心理学》一书中对美感经验特征的概括,实际上是通过自己的消化和理解,把产生于西方20世纪初的理论,包括克罗齐的"直觉说"、布洛的"心理距离说"、立普斯的"移情说"、谷鲁斯的"内摹仿说"、黑格尔的"个性返照说"等进行了综合和概括,并渗透了自己的主张和系统化的努力。朱光潜对中国现代心理学美学的建立的功绩是不可磨灭的。

如果说,20世纪30年代的"京派"朱光潜是在书斋里完成他的心理学美学建设的话,那么,30年代的"海派"胡风则是在革命的文艺实践中,提出了他的独特的创作美学。胡风创作美学的基本观念是:"真正艺术上的认识境界只有认识的主体(作者自己)用整个精神活动和对象发生交涉时候才能达到。"② 这个"交涉"过程决定创作的成败。而所谓"交涉",就是主体发挥自己的全部心理功能,对创作客体进行体验、渗透、选择,形成互相交融的类似化学的"化合反应"。胡风还不很规范地用过"熔炉"、"战斗"、"燃烧"、"沸腾"、"化合"、"交融"、"纠合"等词,意在强调主体对客体的把握的多样性和复杂性。③ 胡风的创作美学完全是从创作实践中总结出来的,它的学理性不如朱光潜那么强,但它生动、活泼,也切合创作实际。

朱光潜和胡风的心理学美学思想是相通的,二人可以说是中国现代心理学美学

---

① 以上五点参见《文艺心理学》第5章作者自己的总结。见《朱光潜全集》,新编增订版,第3卷,北京,中华书局,2012。
② 胡风:《为初执笔者的创作谈》(1935),见《胡风评论集》,上册,第230页,北京,人民文学出版社,1984。
③ 胡风:《人道主义和现实主义》,见《胡风评论集》,下册,第67页,北京,人民文学出版社,1985。

自觉时期的双峰。他们从不同的道路走来,为中国美学建设做出了自己的贡献。至今,他们的著作仍然是有待我们进一步研究、吸收的宝贵遗产。

(四)80—90年代:中国心理学美学第四波

20世纪八九十年代,中国的心理学美学在经过了半个世纪的沉寂之后掀起了第四波。

一条条小溪终于汇成了大河,这是一个大发展的时期。在解放思想的方针指导下,美学界也实现了"拨乱反正",出现了喜人的局面。这主要表现在:在几次大的讨论中,研究的中心都由客体转向了主体。首先是1977年9月号《人民文学》发表了何其芳的《毛泽东之歌》,其中记录了1961年毛泽东的一次谈话。在这次谈话中,毛泽东提出了"共同美"的问题。毛泽东说:"各阶级有各阶级的美,不同阶级之间也有共同美,'口之于味,有同嗜焉'。"由此引起了文论界和美学界的广泛讨论。其次是《诗刊》于1978年1月号刊登了毛泽东给陈毅谈诗的信,其中毛泽东提出"诗要用形象思维",从而在全国范围展开了关于形象思维问题的大讨论。这次讨论的主题是作家作为创作的主体,有不同于普通人的思维形式。这一思想可以说深入人心。第三次是70年代末和80年代初围绕着"自我表现"问题的讨论,即"自我表现"能不能成为一种"新的美学原则"?第四次是1986年发表的《论文学主体性》一文也引起了学术界的争论,这次讨论一直持续到1991年。

我们应该如何来估计这几次主要涉及创作主体和欣赏主体问题的讨论呢?应该说,这几次讨论的主要收获,是引导人们认识文学与人的关系。通过讨论,多数人认识到文学不是生活的简单的摹仿;生活现实必须经过作家的心理事件所掀起的心理风暴,然后才能产生文学作品。对文艺来说,人的问题、主体的问题,是无法回避的。但是,对于这几次讨论的学术成果却不能估价过高。这主要是因为参加讨论的人大多匆忙上阵,而且由于理论的惯性,使大家仍然在认识论的范围里来讨论这些问题,所以问题并没有得到彻底的解决。然而,这一情况对沉寂了半个世纪的中国心理学美学建设来说,是一个好消息。一方面,这几次讨论的问题转移到了创作和欣赏的主体方面,这就成为心理学美学重新起步和发展的直接契机。另一方面,心理学美学作为一个现代的、有一定学术背景的学科,可以把讨论文艺主体的种种问题深化和系统化,从学科的独特视野做出具有学理性的深刻回答。因此,当上面几个问题开始讨论之际,文艺心理学也随之悄悄地重新恢复了活力,并终于在很大程度上把形象思维问题、共同美问题、自我表现问题、文学主体性问题等,都纳入到心理学美学的研究范围。

作为美学理论整体的一部分,这些年,中国心理学美学所取得的研究成果是显著的,数量是十分可观的,所涉及的方面也是十分广泛的,而且也的确把研究触角深入到了心理学美学较深的层次。从20世纪80年代到90年代,心理学美学的研究非常活跃,并取得了丰硕成果。仅文艺心理学方面的丛书就有三套,这就是鲁枢元主编的《文艺心理学著译丛书》(5种,黄河文艺出版社)、童庆炳主编、程正民副主编的《心理美学丛书》(13种,百花文艺出版社)、陆一帆主编的《文艺心理学丛书》(10种,海南出版社)。活跃在心理学美学这块园地里的主要代表人物有金开诚、余秋雨、吕俊华、滕守尧、陆一帆、童庆炳、程正民、王先霈、畅广元、鲁枢元、刘烜、孙绍振、彭立勋、王晓明、夏中义、王一川、陶东风、周宪、丁宁、杨守森、高楠、黄鸣奋等一批实力派学者。他们研究的具体对象、研究的方法各不相同,提出来的观点和见解也有很大的差异。从研究对象看,有研究审美经验或体验的,有研究艺术类型审美心理的,有研究艺术家审美心理或心态的,有研究创作审美心理的,有研究作品审美心理的,有研究接受审美心理的,有着重评介西方理论的,有阐释古代审美心理理论的,方方面面,无所不至。从研究的方法看,有倾向于人文主义方法的,有倾向于科学主义方法的,有倾向于中西比较方法的;视野各异,见解丰赡。

总起来说,20世纪八九十年代的中国心理学美学研究主要在这样一些方面取得了成果:

1. 西方现代心理学美学的评介;
2. 审美心理定式问题;
3. 审美体验问题;
4. 审美创造动力问题;
5. 审美创造的人格心理问题;
6. 审美情感问题;
7. 审美想象问题;
8. 艺术知觉和直觉问题;
9. 审美作品心理;
10. 审美阅读心理;
11. 艺术类型心理学;
12. 变态心理与艺术;
13. 作家创作心境和创作心态的个案研究;
14. 审美心理与社会心理;
15. 中国古代审美心理学的梳理与阐释。

不过,中国现代心理学美学的进一步发展也还存在若干问题。

问题之一:学科名称。是"文艺心理学"呢,还是"心理学美学"?"文艺心理学"这个名称是30年代朱光潜起的。他当时清楚地说,他写的是"美学",因为要研究审美中的"心理事实",才起名"文艺心理学"。名称问题关系到学科的性质。如果说是"文艺心理学",那就是心理学的一个分支,只是以文艺创作和文艺接受的例证来说明"心理学"原理。我们看到,周冠生、刘兆吉等几位心理学专家所理解的文艺心理学,可能就是属于这一种。如果名称是"心理学美学",那么它就是文艺学或美学的一个分支,它从审美心理学的角度来解释和研究艺术家、艺术创作、艺术作品和艺术接受中的问题,现在搞文艺学或美学的学者所研究的可能就是这一种了。

问题之二:研究方法。现代心理学美学是从西方引进的,而西方的心理学美学分成几个互不相同或者是互不相容的流派,如精神分析心理学派、格式塔心理学派、人本主义学派、社会文化历史学派,等等。各种学派从观念到方法都不相同,各有优势,也各有弱点。如精神分析学派属于深层心理学,而格式塔则属于浅层心理学。前者用来解释创作动机比较合用,后者则用来解释艺术知觉比较合理。这里面临选择:或者是选择其中自己喜爱的一派,排斥他派;或是将各派优点进行创造性的综合,形成交叉互补的新形态、新方法。目前在方法上的自觉不够,出现混乱也就不可避免。

问题之三:心理学美学的研究成果如何自然地融入整个美学?心理学美学需要自足性,但又不需要封闭性,可以自成系统,又不能完全自成系统。

问题之四:如何与变化了的时代和变化了的艺术实践相结合?

一个学科出现新的问题,证明这个学科在进步,这并不是什么坏事。我们的看法是,只要美学还活跃着,心理学美学就仍然会活跃着。就像一个人赶了一阵路之后需要休息一下,以便积蓄新的力量再往前走。现在研究心理学美学的人们,也在沉潜于新的积累之中。新的成果正在酝酿,年轻的中国学者正在成长。我们没有悲观的理由。我们相信,在新的世纪,中国的心理学美学会迎来自己新的曙光。

(童庆炳)

论析4 20世纪中国审美心理学建设

20世纪以来,在各种心理学思潮和流派的推动下,在美学研究重点向审美经验转移的发展趋势影响下,西方心理学美学得到了长足的发展。与此同时,中国的审美心理学研究也在几代美学家的努力下,不断向深度和广度突进,历经曲折,终于在八九十年代形成蔚为壮观的研究局面,成为20世纪中国美学发展中取得突破性进展的一个重要部门,对中国美学的现代建设产生了有力的推动作用。

(一)向西方学习

20世纪中国审美心理学的发展经历了巨大起伏和波折,形成了两次研究热潮。第一次发生在二三十年代,第二次发生在八九十年代。这两次热潮的形成都有其特殊的社会文化背景,在研究上也表现出不同的特点,并对中国现代美学的形成和发展产生了重大的作用和影响。

20世纪中国美学是在西方美学直接影响下起步和形成的。最初对中国美学思想发展影响最为显著的西方美学思想,一个是以康德、叔本华、尼采等为代表的德国"哲学的美学";另一个便是克罗齐的直觉美学和以"移情"说、"心理距离"说等为代表的近代心理学美学。这两部分美学思想,都极重视审美主体和审美心理的研究,有的就是专门研究审美主体和审美心理的。这就使得20世纪初直至二三十年代的美学研究自然把审美主体和审美心理的研究作为重点。一些有影响的美学家和美学著作,甚至把审美主体或审美心理研究作为建构自己美学理论体系的核心。如20年代出版的范寿康《美学概论》和陈望道的《美学概论》,几乎都是以立普斯"移情说"作为主要的理论出发点。而吕澂的《美学概论》和《美学浅说》,不仅分别以立普斯的"移情"说和莫伊曼的"美的态度"说为蓝本,而且也是以研究美感经验为核心的。至30年代,朱光潜的《谈美》和《文艺心理学》陆续出版,标志着中国现代审美心理学已经形成。《文艺心理学》一书不仅是中国第一部审美心理学的专著,而且也代表了当时中国审美心理研究的最高水平。它综合了康德、克罗齐形式派美学和布洛、立普斯、谷鲁斯等人的心理学美学两大思潮,并以此作为自己的根本观点和根本方法,同时又融入中国传统美学思想和艺术审美实践经验,建立了中国第一个以美感经验分析为核心的完备的心理学美学体系,从而对中国现代美学的发展产生了重大影响。与此同时,他还在国外出版了《悲剧心理学》,填补了审美心理学研究的一项空白。此外,宗白华写于30年代和40年代初的一些美学论文也涉及审美心理或美感的许多重要问题,特别是对审美"静照"、艺术的空灵和意境的创造等所做的深入研究和精当的阐发,对中国现代审美心理研究也起到了开拓作用。

  20世纪二三十年代在中国出现的审美心理研究热潮,固然是"西学东渐"、各种现代心理学美学思潮被引进中国的结果,但也同中国当时的现实需要和文化状况有密切关系。只要我们认真分析一下五四新文化运动后接踵而至的教育界对于美育的倡导、文艺界对于"美化人生"和"生活艺术化"的追求等思想和文化现象,便可知对审美态度和美感经验的热切探究,和上述现象一样,都这样那样地反映出人们在黑暗现实中的苦苦精神追求。二三十年代的审美心理研究成果对中国现代美学的开拓作用和主要贡献,主要体现在两个方面。首先,它追随当时世界美学发展的新思潮、新趋势,引进和介绍了西方现代心理学美学的新观念、新学说、新方法,从而扩大了中国美学的研究视野和领域,促进了中国美学理论结构和观念的变化。其次,它试图把西方现代美学,特别是心理学美学的观念和方法,与中国传统美学观念以及传统艺术实践经验结合起来。不论是用中国传统美学思想和艺术实践经验去说明西方美学观念和学说,还是用西方美学观念和学说来阐释中国传统美学的观念、概念和范畴,这些探索对于20世纪中国美学包括审美心理研究迈上中西结合的道路都起了开创作用。但是,20世纪二三十年代的审美心理研究毕竟还是中国现代审美研究的起步阶段,它的局限性也是明显的。如对于西方现代美学思想的全盘吸收,并以此作为根本观点和根本方法来立论或建立体系,就明显表现出研究中的批判性、选择性和创造性的不足。这当然同研究者在哲学方法论上的偏颇是有密切关系的。

(二)走向繁荣

  20世纪80年代在中国兴起的"美学热"中,对审美主体和审美心理的研究一扫长期以来备受冷落、无人问津的状况,再一次成为美学研究的重点。审美心理学的异军突起和突飞猛进,对审美经验和审美心理的全面探讨和深入开掘,构成了这一时期中国美学研究的一大特色。除了大量翻译和评介西方当代心理学美学思潮和流派的代表著作之外,大批研究成果接踵而至,不仅见解纷呈,呈现出学术争鸣的局面,而且新意迭出,表现出勇于探索的精神。特别值得注意的是,一批努力开拓、各具特色、自成体系、影响较大的审美心理学或文艺心理学的专著陆续出版。其中较有代表性的有《审美谈》(王朝闻)、《文艺心理学论稿》(金开诚)、《创作心理研究》(鲁枢元)、《审美心理描述》(滕守尧)、《美感心理研究》(彭立勋)、《文艺心理学》(陆一帆)、《审美中介论》(劳承万)、《文艺心理学教程》(钱谷融、鲁枢元主编)、《审美经验论》(彭立勋)、《喜剧心理学》(潘智彪)等。到了90年代，虽然"美学热"已经过去，但审美心理研究仍然方兴未艾，而且又集中出版了一批有新意、有深度、有特色的审美心理学或文艺心理学专著，如《艺术创作与审美心理》(童庆炳)、《文艺创造心理学》(刘烜)、《文艺欣赏心理学》(胡山林)、《走向创造的世界——艺术创造力的心理学探索》(周宪)、《审美心理学》(邱明正)、《现代心理美学》(童庆炳主编)、《新编文艺心理学》(周冠生主编)等。无论从数量还是从质量来看，80年代以后出版的审美心理研究著作都超过了20世纪中国美学发展史上的任何时期。

　　审美心理研究在这一时期形成如此繁荣昌盛的局面，其原因是多方面的。首先，由20世纪70年代末开始的对解放思想、实事求是思想路线的倡导，导致了人文社科研究的思想大解放。久被忽视的关于人的研究和主体性研究重新得到重视，从而直接推动了审美心理研究的开展。其次是直接受到西方当代美学研究重点转向审美经验和审美主体的影响。西方美学研究重点的转移，在19世纪末、20世纪初已经开始，到了20世纪中叶以后，随着各种心理学美学和经验美学流派的形成与发展，其主流趋势更为明显。但是，由于中国五六十年代的美学讨论主要集中于美的哲学问题，美学研究主要受苏联影响，故而不仅忽视了审美经验研究，甚至把审美心理学等同于唯心主义。随着对外开放和西方当代美学影响的扩大，美学研究的重点必然会发生变化。第三，它也是20世纪中国美学研究发展自身的要求和必然趋势。在70年代末解除了长期的思想桎梏之后，美学理论呼唤新的突破。而在美的本质的哲学探讨难有进展、艺术理论研究又不易形成新突破的情况下，审美经验的心理学研究便成了美学发展的突破口。而长期以来对审美主体、审美经验研究的忽视和理论上的停滞状态，又为这个领域的探索者提供了创新机会和用武之地。正是审美心理研究的突破，带动了一系列美学和艺术问题的深入研究，并促进了美学研究方法的变化，从而推动了80年代以来中国美学研究向着纵深发展。

　　20世纪八九十年代的审美心理研究热潮，与二三十年代的审美心理研究热潮既有联系，又有区别。前者对于后者是继承中的发展、吸收中的创新、接续中的跨越。这种发展、创新和跨越，使八九十年代审美心理学研究表现出如下的重要特点：

　　第一，研究范围十分广泛，视野非常开阔。美学家、文艺理论家和心理学家等从不同角度、不同层面，对审美经验的性质和特征、审美心理的结构和过程、审美心理的各个要素及其相互关系、艺术创作和审美欣赏的心理过程和各种特殊心理现象、艺术家的创造力和个性心理特征、中西审美心理学思想中的基本理论和范畴等等，都做了十分有益的探讨。过去的理论禁区——被冲破,几乎所有与审美心理和审美经验有关的领域和问题都被涉及。国外审美心理学的最新发展及其思想成果,迅速在中国审美心理研究成果中反映出来。几十年的禁锢和封闭所导致的中国审美心理学与国外审美心理学发展之间的落差,似乎一下子都被弥补起来。

第二,研究不断深化,在一些重大理论问题上取得了突破性进展。纵观20世纪80年代中期到90年代中期已出版、发表的审美心理研究成果,不仅涉及问题越来越广泛,而且对问题的分析和阐释也越来越深入。在充分占有资料和进行创造性思维的基础上,一些重要理论问题的探索取得新的进展,从而使中国的审美心理学研究从整体上提高到一个新的水平。如关于审美心理结构和美感形成的中介因素问题,先后有各种新说问世,大大深化了对这一问题的认识。其中关于审美心理形成的特殊机制的探讨及各种学说的提出,对于揭示审美心理的内在奥秘,无疑是一个新的贡献。尤其是"自觉的表象运动"说、"审美表象"说、"审美意象"说、"形象观念"说、"情感逻辑"说等的提出,使审美心理发生的特殊机制问题获得了许多新的阐释。此外,如审美和艺术中情感的作用和特点问题,关于审美和艺术中认识活动的特性和形象思维问题,关于艺术创造中的直觉、灵感、非自觉性以及无意识活动问题,关于艺术家的个性心理及创造力问题,等等,也都在理论上有了重要进展,其论述的深刻性和新颖性,都大大超过了以往的美学研究。

第三,广采博纳,力图兼收古今中外各种理论之长,形成自己的见解和体系。如果说,20世纪二三十年代出版的审美心理研究著作,主要还是从西方美学某一个或几个理论观点出发来建构自己的体系,那么,八九十年代出现的大批审美心理学著作,则摆脱了这种局限。许多著作虽然注意吸收当代西方心理学美学各种流派的学说,但又不只是把自己的立论局限于某一流派的某一学说基础上,而是立足于审美和艺术的实践经验,借助各种观察和实验资料,兼收中西美学各种理论之长,加以融会贯通,拿来为我所用,以形成自己的见解和构建自己的体系。可以说,这是中国审美心理学建设逐渐走向成熟的一种表现。

第四,研究方法日趋多样化,跨学科研究进展迅速。在审美心理研究中,除了思辨的方法和逻辑的推理之外,各种经验的方法和实证的研究也都受到重视。虽然人们对于审美心理学和普通心理学的联系与区别还有不同看法,但许多审美心理学著作仍然引入了心理学常用的各种方法,并把它们同作品分析、创作经验分析以及作家艺术家传记分析结合起来。一些研究者把系统论、控制论、信息论的某些原则和方法运用于审美心理研究,取得了良好的效果。多数研究者认为审美心理研究应发展成为跨学科研究,并且进行了成功的实践。这一切,都为审美心理学在中国的发展注入了新的活力。

(三)审美经验研究

尽管20世纪中国审美心理学研究所涉及的问题颇为广泛,审美心理学的基本问题几乎全都纳入研究者视野之内,但是,从整个学科建设来看,较为集中探讨和深入研究的问题主要是两大基本问题,其一是审美经验的特质和心理机制问题,其二是艺术创造的心理活动及其特征问题。围绕这两大问题持续不断地探索、争鸣和研究、创新,最充分地反映出20世纪中国审美心理学在学科建设上的成绩和进展。

审美经验的特质和心理机制问题是审美心理学研究的最基本的问题,也是20世纪中国审美心理学研究提出来的第一大命题。30年代,朱光潜在《文艺心理学》中,一开始就提出了"什么叫作美感经验"、"怎样的经验是美感的"等问题,并用了四章进行"美感经验的分析",分别从"形象的直觉"、"心理的距离"、"物我同一"、"美感与生理"四个方面分析了美感经验的性质和特征。作者得出的结论是:美感经验是一种聚精会神的观照;就主体说,是直觉的活动,不用抽象的思考,不起意志和欲念;就物说,只以形象对我,不涉及意义和效用。要达到这种境界,必须在观赏的对象和实际人生之中辟出一种距离。同时,在这种境界中,观赏者常以我的情趣移注于物,产生移情作用。显然,这些对审美经验性质和特征的认识和描述,基本上是综合了克罗齐的"直觉说"、布洛的"距离说"和立普斯的"移情说"等西方近代美学观点,在理论上还不能说有多少新的创造。但它第一次全面、系统地引进和介绍了现代西方关于美感经验的学说,并结合中国文艺的实践经验和传统美学理论,对其做了较好的综合和阐释,从而为20世纪中国审美心理学的建设提供了重要的参考和借鉴。

20世纪40年代蔡仪《新美学》出版,其中"美感论"部分批评朱光潜在《文艺心理学》中据以解释美感经验的西方诸说的错误,并以唯物主义认识论作为基础,对美感的性质和特征做了新的阐释,认为美感是在美的观念的基础上发生的;所谓美的观念,是人在对事物的认识过程中获得的具象性质的概念,即意象、意境。这种美的观念的渴求自我充足而完全的欲望一旦得到满足,便发生美感;美感就是由于外物的美或其摹写之能适合于这美的观念,使它充足的欲求得到满足时所产生的情绪激动和精神愉快。蔡仪力图克服旧美感论的局限,使美感论建立在唯物主义的基础上。这对于把美感研究引向科学的道路,是起了重要的积极作用的。

60年代,朱光潜又发表了《美感问题》一文。在当时美学界极少探讨美感问题的情况下,这是一篇极为难得的探讨美感问题的专题论文。更为难得的是,朱光潜在此文中超越了他在《文艺心理学》中对美感经验的分析,强调要研究美感中内容和形式、理性和感性这两对对立面之间的统一问题。他认为,近代西方美学在美感问题上可分两派,一派是心理学派,一派是形式主义派,这两派"实际上有一个基本共同点,都片面地强调感性,都否认理性在审美活动中起任何作用"。① 因此,必须重新研究审美的能力,即"审美的总的心理结构",研究它包括哪些组成部分,在具体场合下怎样起作用,研究其中的感性活动和理性活动以及两者之间的关系。这些观点和问题的提出,对于深化美感问题研究起了重要作用,直接影响了后来美学界对审美心理结构的进一步探讨。

在五六十年代的美学大讨论中,李泽厚提出了"美感的矛盾二重性"观点,以说明他对美感特性的新见解。所谓美感的矛盾二重性,就是美感的个人心理的主观直觉性和社会生活的客观功利性,二者互相对立又相互依存,不可分割地形成为美感的统一体。至80年代,李泽厚又深化了这一观点,提出了"美感就是内在的自然的人化"。在"自然的人化"过程中,"社会的、理性的、历史的东西累积沉淀成了一种个体的、感性的、直观的东西"②,从而表现为美感的矛盾二重性。与此同时,李泽厚对审美心理结构和心理过程做了较为具体的描述,特别是对美感诸因素(知觉、想象、情感、理解)及其相互关系做了较为精细的分析,指出审美愉快是多种心理功能的总和结构,并且描述了审美心理的发展过程。这些观点不仅吸收了西方当代心理学美学的若干新成果,而且也同审美和艺术实际结合得较为紧密,因而在80年代的审美心理学研究中产生了较大影响。

从20世纪80年代到90年代,中国美学界对审美心理的研究继续向具体化、深刻化和多元化的方向发展,致使美学研究的重点逐步向美感、审美经验、审美心理方面转移。最引人注目的,便是陆续出版了一批研究美感或审美经验的专著。这些著作对审美经验的特性和心理机制问题进行了多角度、多层次、多方面的探讨,不仅将原先已提出的某些理论观点加以展开,做了系统论述和深入开掘,而且在注意吸纳国内外有关研究新成果的基础上,探讨了许多新的问题,阐发了许多新的见解,在研究方法上也做了许多新的尝试,从而将20世纪中国审美心理学的学科建设推向更为深刻化、系统化、完整化的阶段。

首先,从宏观上对美感或审美经验的性质、特征和心理结构做了进一步探讨,提供了新的认识框架。

彭立勋在《审美经验论》③中强调,要从整体上去认识和把握美感或审美经验的性质和特点,并尝试运用现代系统论的成果,提出了"审美心理的整体性"原则,认为审美心理的整体特性不是决定于组成它的个别要素或各个要素相加的总和,而是决定于各种构成要素互相联系、互相作用的特殊结构方式。审美认识各要素、审美认

---

① 朱光潜:《美感问题》,见《朱光潜全集》,新编增订版,第9卷,第235—236页,北京,中华书局,2012。
② 李泽厚:《美学四讲》,第123页,北京,三联书店,1989。
③ 彭立勋:《审美经验论》,武汉,长江文艺出版社,1989。

识和审美情感等均以特殊方式相联系。美感的直觉性、形式感和愉悦性等现象特征,只有以审美认识和审美情感的特殊结构方式为依据,才能得到全面的、科学的阐明。

邱明正的《审美心理学》①对审美心理结构的建构、积淀和发展做了较为宏观的分析和论证,认为审美心理结构是人能动反映事物审美特性及其相互联系的内部知、意、情系统和各种心理形式有机组合的系统结构。它既是客体美结构系统和人自身审美实践内化的产物,又是主体在创造性的审美活动中能动创造的结果,是主客体双向运动、双向作用的结晶品。一切客观存在的美只有经过同人的审美心理结构的相互作用,才能被人所感知和进行能动创造。

其次,从微观上对美感或审美经验产生的特殊心理机制和中介因素做新的探索,形成了各有特色的学说。

滕守尧在《审美心理描述》中,将审美经验的情感分为"知觉情感"和"审美快乐"两种,并对两者形成的心理机制做了新的描述。关于"知觉情感"(即情感表现性),作者主要是吸收了格式塔学派的"结构同形"说,同时又试图用社会实践理论去改造它,力求为"知觉情感"的阐释提供一个新的理论支点。关于"审美快乐",作者也认为"主要取决于心理结构与外部刺激物的不自觉的同形或同构",它的产生有两个基本前提,即主体审美需要和类生命的审美对象的刺激作用。"每当主体克服重重干扰与类生命的审美对象本身的图式发生同构或契合时,内在紧张力便幻变出与审美对象同形的动态图式,有了确定的方向性和动态的奋求过程,愉快便随之产生。"②

彭立勋在《审美经验论》中提出了审美经验或审美愉快的发生是以主体审美认识结构为中介的新观点。作者认为,主体在审美实践和认识中通过形象思维而形成的形象观念或意象,是审美认识的基本形式。由形象观念发展所建构的美的观念,便形成主体的审美认识结构。从客体的美的对象的作用到主体的审美经验或审美愉快的发生,不是简单的、直接的反映或反应,而是要以主体已形成的审美认识结构——美的观念作为中介。如果客体的美的对象和主体的美的观念恰相适合,美感迅即产生。美感的直觉特点和愉快特点,通过美的观念的中介作用,可以从心理发生机制上得到较合理阐明。

劳承万的《审美中介论》③认为在审美客体到审美主体美感生成、定型之间,存在着一个由审美感觉、审美知觉、审美表象构成的"审美中介系统"。这个审美中介是造成美感差异的根本原因,也是"美感之谜"之所在。作者将这个审美中介系列称为

---

① 邱明正:《审美心理学》,上海,复旦大学出版社,1993。
② 滕守尧:《审美心理描述》,第325页,北京,中国社会科学出版社,1985。
③ 劳承万:《审美中介论》,上海,上海文艺出版社,1986。

"审美感知—审美表象"结构,认为作为审美中介的审美表象,是由感觉、知觉过渡到思维的中介环节;审美表象具有二重性,即直观性和概括性,蕴含了艺术的形象思维的胚胎,是内同型和外同型的联合。审美表象一方面联系于审美主体的共通感,另一方面联系于客体的合目的性形式,所以,美感是直接和审美表象联系着。要揭开美感之谜,抓住审美表象是重要一环。

再次,结合艺术和审美实际,对审美心理构成要素和心理过程进行全面、具体的分析和描述,深化了对审美心理活动特点和规律的认识。

滕守尧在《审美心理描述》中具体分析了审美经验的四种心理要素——感知、想象、情感、理解,认为这四种要素以一定的比例结合起来,并达到自由谐调的状态时,愉快的审美经验就产生了。同时,作者还将审美经验过程分为初始阶段、高潮阶段和效果延续阶段,并分别做了描述。蒋培坤在《审美活动论纲》[①]中则对审美心理因素和过程提出了另外的看法。他认为把审美心理要素概括为"四要素"是片面的,因为人类审美活动不仅是一种认识活动,而且是一种价值实践。在审美过程中作为心理功能发挥作用的,是两个系列的心理因素,一是由审美欲望、审美兴趣、审美情感、审美意志组成的价值心理要素,一是由审美感知、审美想象、审美理解等组成的认识心理要素;审美价值心理是人类审美的动因系统,是审美价值关系的心理表现。在审美价值心理要素中,更需要注意的是意志在审美过程中的特殊作用,甚至可以把审美意志看作艺术和审美过程中人的主体性的集中表现。邱明正在《审美心理学》中也认为,审美心理过程包括认识过程、情感过程和意志过程,其心理内容和形式则有审美直觉、审美想象、审美理解、审美情感、审美意象、审美意志等。其他一些审美心理学专著中也大都对审美心理因素及其特性做了较为具体、系统的分析,其中不乏独到的见解。

(四)艺术创造的心理阐释

艺术创造的心理活动及其特征问题,是20世纪中国审美心理学集中研究的另一个基本问题,同时也是争论得较多的问题之一。

20世纪30年代,朱光潜在《文艺心理学》中着重探讨了艺术创造中的想象和灵感问题,提出了以下主要看法。第一,艺术创造需依靠创造性想象。创造性想象具有两种心理作用,一为"分想作用",一为"联想作用"。文艺创作中的"拟人"、"托物"、"变形"、"象征",都是根据类似联想。第二,在艺术创造中,联想可以不依逻辑,却有必然性。使它具有必然性的原因不是理智而是情感。创造的想象把原来散漫

[①] 蒋培坤:《审美活动论纲》,北京,中国人民大学出版社,1988。

零乱的意象融成整体的就是情感。艺术是一种情感的需要。艺术家之所以为艺术家,不仅在有浓厚的情感,而尤在能把情感表现出来,把它加以客观化,使它成为一种意象。第三,创造的想象中产生的"灵感",大半是由于在潜意识中所酝酿的东西猛然涌现于意识。在潜意识中想象更丰富,情感的支配力更强大,创作受情感的影响大半都在潜意识中。朱光潜的论述突出了创造性想象在艺术创造中的地位作用,并具体分析了艺术创造中创造性想象的机制和特点,可说是抓住了艺术创造心理的关键,它实际上已接触到后来美学界、文艺界探讨的艺术创造的形象思维问题。

40 年代,朱光潜的《诗论》正式出版。这本著作和差不多同时发表的宗白华的若干美学论文,都深入地探讨了艺术意境的创造问题,其中也涉及艺术创造的心理特点。如朱光潜认为,诗的境界的创造必有"情趣"(feeling)和"意象"(image)两个要素。情与景的契合,我的情趣与物的意象往复交流,便是意境创造的突出心理特点。宗白华同样也认为,意境是"情"与"景"(意象)的结晶品,"主观的生命情调与客观的自然景象交融互渗,成就一个鸢飞鱼跃,活泼玲珑,渊然而深的灵境"①。这些见解都涉及艺术创造中情感活动的特点及其与想象的关系问题。

蔡仪于 40 年代初出版的《新艺术论》中,对艺术的认识特质做了新的研究,明确提出了"形象思维"的概念。他认为,概念具有抽象性和具象性二重特性,也有两种倾向:一是和表象脱离倾向,二是和表象相结合的倾向。由后者而形成的具体的概念,一方面经过意识的比较、分析、综合过程,而将现实的、一般的、本质的属性能动地予以概括;另一方面又以所概括的本质的一般属性为基础构成一个新的表象,或和某一表象比较紧密地结合。这种具体的概念便是形象的思维的基础。所谓形象的思维,也就是一般所谓艺术的想象。形象思维借助具体的概念可以施行形象的判断和形象的推理;形象思维是艺术的认识的基础,并由此造成了艺术的认识不同于科学的认识的特质。从认识过程来说,科学的认识主要的是以感性为基础的智性作用来完成的,而艺术的认识主要的是智性制约的感性作用来完成的。蔡仪的这些见解,以认识论为基础,科学地阐明了艺术认识的特质,指明了形象思维的特有内涵和认识机制,对 20 世纪中国形象思维理论的形成以及艺术认识过程的研究,产生了重要影响。

关于形象思维和创作心理问题,在 20 世纪五六十年代的美学讨论中虽然也有所论及,但并未引起重视,而且后来又受到批判,有关这方面的研究较长时间处于停滞状态。1978 年 1 月,毛泽东《给陈毅同志谈诗的一封信》公开发表,其中肯定了"诗要用形象思维"。于是,美学界、文艺界重新就形象思维问题进行了热烈讨论。朱光潜、蔡仪、李泽厚、何洛、洪毅然等都相继发表了各自的见解。其中,李泽厚的见解不

---

① 宗白华:《中国艺术意境之诞生》,见《宗白华全集》,第 2 卷,第 358 页,合肥,安徽教育出版社,1994。

同凡响,引人注目,形成了广泛的争论,对此后关于创作心理的研究产生了较大影响。在《形象思维再续谈》中,李泽厚提出:第一,艺术不只是认识,形象思维并非思维。"形象思维"一词中的"思维",只是在极为宽泛的含义(广义)上使用的。艺术创作中的形象思维不是一种独立的思维方式,它即是艺术想象,是包含想象、情感、理解、感知等多种心理因素、心理功能的有机综合体。用哲学认识论代替文艺心理学来解释艺术和艺术创作,是不符合艺术欣赏和艺术创作实际的。第二,艺术的特征重要不在形象性,而在情感性。艺术的情感是艺术的生命所在。艺术创作将作者的主观情感予以客观化、对象化,艺术想象以情感为中介彼此推移,作家、艺术家在形象思维中遵循的是情感的逻辑。第三,艺术创作、形象思维中经常充满灵感、直觉等非自觉性现象。作家、艺术家应按自己的直觉、"本能"、"天性"、情感去创作,完全顺从形象思维自身的逻辑,不要让逻辑思维从外面干扰、干预、破坏、损害它。显然,李泽厚的上述观点同以往许多论述艺术创作和形象思维的著述相比,具有反传统的鲜明倾向,从而推动了人们对艺术创作的心理特征做一些新思考。当然,由于它在论述中往往过分强调了一个方面,而忽视了它和其他方面的内在联系,也表现出一定的片面性,因此,引起较多批评和争议也是必然的。

由于对形象思维的深入探讨,加之西方现当代美学思潮的大量输入,推动美学界、文艺界、心理学界对艺术创作的心理过程和特点展开了较为全面和深入的研究。从20世纪80年代初到90年代初,有一大批论文对文艺创作中情感的作用和特点、文艺创作中的灵感与直觉、文艺创作中的意识和无意识、文艺创作中理性与非理性的含义及其关系等问题,进行了多方面探讨。其规模之大,涉及问题之广,争论之热烈,都是1949年以来所未曾有过的。

探讨和争鸣大大深化了对文艺创作心理活动中许多特殊现象的规律性认识,并使对文艺创作心理活动的分析逐步进入到深层心理结构领域。长期被忽视的文艺创作中的情感、直觉、灵感以及非自觉性和潜意识因素的作用问题,重新得到注意并得到新的阐释。同时,它们与文艺创作中认识、理性、思维、意识、自觉性的相互作用和复杂关系问题也逐步得到多方面的科学的揭示和说明。

特别值得注意的是,随着形象思维和创作心理研究的深入,陆续有一批研究创作心理的专著问世。这些著作不仅在构建文艺心理学体系方面做了新探索,而且对文艺创造的心理活动做了全面、系统、深入的研究,在许多重要问题上提出了一些新的理论观点。

第一,关于文艺创作中认识活动的特点和形象思维问题。

金开诚在《文艺心理学论稿》中提出,文艺创造的心理活动与众不同的特点,"就在于文艺创作中'自觉表象运动'占有突出的地位,它在自觉性、深广度和普遍性上都远远超过了其他创造活动所可能表现出的表象活动"①。作者认为,自觉的表象运动不同于一般的自发的表象活动,是一种有意地、自觉地进行的表象运动。这种运动主要表现有自觉的表象深化、分化和变异,自觉的表象联想以及有意想象三种心理过程,而创造想象则是文艺创造中最重要的自觉表象运动。作者还进一步指出,自觉表象运动具有具象概括作用,能够反映事物的发展、联系和本质,同时,又以表象为材料,始终带有形象性,所以是形象思维。形象思维从心理内容上讲,就是自觉的表象运动。作者以表象运动为核心来分析文艺创造的心理特点,并对形象思维的心理内容做了具体说明,是富于新意的。

陆一帆在《文艺心理学》②中对于文艺的形象思维也提出了一些新看法,认为文艺创作所用的是特殊的形象思维,而不是一般的形象思维,不应将两者混为一谈。一般的形象思维只沿着一般化道路进行形象概括,所得的是类型形象;而文艺的形象思维是沿着一般化与个性化并进的道路进行形象概括,所得的是典型形象。这有助于人们深入探讨文艺创作中形象思维的特点。

第二,关于文艺创造中情感的作用、形式及矛盾运动问题。

鲁枢元在《创作心理研究》③中,着重探讨了感情在文艺创作中的地位和作用,以及文艺创作中感情活动的形式和特点,对文艺家的"感情积累"、"情绪记忆"、"心理定式"、"知觉变形"以及"创作心境"等做了具体而新颖的分析。作者认为,文艺家的情绪记忆是艺术创造过程中一系列感情活动的基本形态,是整个艺术创造活动的基础和内核。情绪记忆是文艺家感情积累的库房,是驰骋艺术想象力的基地。情绪记忆是一种自发的、自然的、散漫的、较被动的、有时是无意识的心理活动,而艺术想象则是一种有目的的、有定向性的、有意识的、更加积极主动的心理活动。在情绪记忆基础上展开的艺术想象,往往以灵感触发的形式表现出来。此外,作者认为文艺家心理定式、特别是主观的情绪和心境,对于形成艺术知觉也具有重要影响。

童庆炳在《艺术创作与审美心理》④中,认为文艺创作的情感活动内部有两对矛盾:一是自我情感与人类情感的矛盾,二是形式情感与内容情感的矛盾。尽管艺术家表现的是人类的情感,但必须找到自我的情感与人类的情感的交切点、重合点、结合点,使人类的情感与个人的情感融为一体。同时,作者面对由内容所引起的情感与由形式所引起的情感的矛盾时,需要完成形式情感对于内容情感的征服。

第三,关于文艺创造中直觉、灵感、潜意识的作用和心理机制问题。

在《文艺心理学》中,陆一帆根据钱学森提出的灵感也是一种思维方式的意见,

---

① 金开诚:《文艺心理学论稿》,第2页,北京,北京大学出版社,1982。
② 陆一帆:《文艺心理学》,南京,江苏人民出版社,1985。
③ 鲁枢元:《创作心理研究》,郑州,黄河文艺出版社,1985。
④ 童庆炳:《艺术创作与审美心理》,天津,百花文艺出版社,1990。

具体论述了灵感思维方式的特点,分析了灵感思维的过程,明确提出灵感思维包括意识和无意识两个认识阶段,认为灵感便是在意识思维阶段的基础上,在无意识的思维中产生的。作者不仅提出了"无意识思维"的概念,还对无意识思维的种类(循轨思维、越轨思维和梦)及其思维过程做了说明,见解较独特。

刘烜在《文艺创造心理学》[①]中认为,文艺创造中的灵感是整合思维,心理上相互对立的因素在灵感状态下往往能相互配合,它总是包含着对未知事物的一种新的发现,同时它也是创作主体和创作对象的契合,并伴随着主体强烈的情感体验。作者还对创作中的直觉做了详细分析,认为直觉具有直接性、洞察性、倾向性和整体性。其动态构成是:直觉定势、对客观事物的感受、突然的领悟和直觉的发展。依作者看法,在顿悟这一点上,直觉和灵感是极为类似的。

吕俊华的《艺术创作与变态心理》[②]分别从潜意识的创造功能、潜意识与理性的矛盾、潜意识中的理性、潜意识与理性的统一几方面,对艺术创作中的潜意识做了集中论述,认为直觉、灵感、创造性思维都是在潜意识中完成的;潜意识是艺术创造力所在或创造性的前提条件。关于素有争议的潜意识与理性的关系问题,作者认为潜意识之中有潜在理性,只是没有被意识到;作为潜意识重要组成部分的本能和感情,都有理性在其中。同时,作者又指出,就创作全过程来说,意识与潜意识是你中有我,我中有你,互相渗透、互相转化、互相因依。由于潜意识属于心理的深层结构,因此,科学地阐明它在艺术创造中的地位、作用和机制,对于揭示艺术创造的心理奥秘无疑是有重要意义的。

(五)立足本土的探究

20世纪中国美学是在西方美学和中国美学及艺术传统相结合、相交融中向前发展的。这一点在审美主体和审美经验的研究中表现得尤为突出,从而成为中国现代心理学美学有别于西方现代心理学美学的一个主要特点。形成于20世纪二三十年代的审美心理研究热潮和形成于八九十年代的审美心理研究热潮虽然有许多不同,但在体现这一主要特点上却是一脉相承的。从王国维、蔡元培到朱光潜、宗白华等一批早期的著名美学家,为这一特点的形成奠立了坚实基础。尤其是朱光潜和宗白华,他们把西方心理学美学和中国美学传统及艺术审美实践紧密结合起来,融会贯通,加以创造性地具体发挥,为在审美心理学中探索中西结合之路做了一项开拓工作。当然,即使是朱光潜、宗白华,也还没有完全解决建立有中国特色的现代审美

---

① 刘烜:《文艺创造心理学》,长春,吉林教育出版社,1992。
② 吕俊华:《艺术创作与变态心理》,北京,三联书店,1987。

心理学的问题。朱光潜虽然在把中国传统美学思想融入西方美学方面做了不少工作，但他建立的审美心理学，根本观念和方法仍是西方的，体系、框架基本上也是西方的。宗白华以中国传统文学范畴为基础，用西方美学观点加以创造性的阐释，但并没有形成关于审美经验的完整的理论形态和体系。到了20世纪八九十年代，研究者综合中西古今，各自建构了一些审美心理学的体系，但从整个理论体系和形态看，仍然较缺乏中国特色，对中国传统美学和艺术实践经验的吸收是局部的、零散的，而不是体现在整个理论体系和形态上。因此，从总体上看，如何使西方现代心理学美学的观念、理论与中国传统审美心理学思想及中国的艺术审美实践经验相结合，真正建立起有中国特色的现代审美心理学，仍然是一个有待解决的问题。

如何建设有中国特色的现代美学，是20世纪中国美学发展中需要解决的根本课题。从历史和现实来看，解决这一课题的关键，似乎不在美的本质的哲学探讨，而是在审美和艺术经验的科学研究。中国传统美学的主要优势和特点，不是体现在对美的本质作思辨的、逻辑的推论，而是体现在对审美和艺术经验作直感的、具体的描述。西方美学和中国美学传统的结合和融会，主要不是表现在美的哲学上，而是表现在审美心理和艺术经验（包括创作、欣赏和批评）的科学研究上。从王国维、朱光潜到宗白华等卓有建树的美学家，都不约而同地把中国传统美学的"意境"作为美学研究的核心范畴，力图把西方美学的新观念和科学方法注入中国这一传统的美学范畴之中，使这个范畴所包含的丰富却不够明确的思想内涵获得逻辑论证和创造性发挥。这其实是适应了中国传统美学的特点，在审美和艺术经验领域对中西美学融合所做的成功探索。他们的成就和经验表明，使现代审美心理学具有鲜明的中国特色，对建设有中国特色的现代美学来说，是具有关键意义的。

历史经验证明，以审美和艺术实践为基础，把西方美学和中国传统美学融会贯通，并由此进行创造性的研究，乃是发展有中国特色审美心理学的必由之路。尽管我们在中国传统美学思想的研究上已经做了不少工作，但是，进一步深化对中国传统审美心理思想的研究，并使之与当代美学新观念和艺术审美新实践相结合，从新时代、新实践的需要出发，对传统审美理论进行创新性阐释和重新评价，以实现传统审美理论的创造性转化，仍然是建立有中国特色的现代审美心理学的一项最重要、最迫切的任务。

20世纪80年代以来，对中国古代审美心理学思想的研究已有初步成果，中国传统审美心理学思想的一些重要概念和范畴正在逐步得到较深入的阐释，中西审美心理学思想的不同特点也在比较中逐步得到较明晰的揭示。但是，对中国古代审美心理学思想进行全面清理和系统研究仍嫌不足，对中国特有的审美心理学范畴、概念和命题进行深刻挖掘和创造性阐发尤显欠缺。把中国传统审美心理学思想中某些特殊范畴与西方心理学美学中的某些概念、范畴简单化地加以类比，甚至削足适履，将前者纳入后者框架和观念之中的情况,也影响着对于中国传统审美心理学思想的真谛和精髓的把握。针对现状,今后应着重从三个方面继续加强对中国传统审美心理学思想的研究。

首先,要对中国传统审美心理学思想进行全面、系统的发掘和整理。中国传统审美心理学思想不仅包含在哲学家著作和心理学思想文献中,而且大量包含在诗文理论、绘画理论、书法理论、音乐理论、戏剧理论以至园林建筑理论中,需要进一步做好全面发掘和系统整理工作,尤其对其观念、范畴和体系,要做深入、系统的分析和研究。

其次,要进一步深入研究和揭示中国传统审美心理学思想的特点。中国传统审美心理学思想不仅有其独特的观念、命题和概念范畴,而且有其独特的理论体系和思维方式,而这些又是同中国传统文化和艺术审美实践经验的特点相联系的。准确、科学地揭示和把握其特点,使其形成具有中国民族特色的传统审美心理学思想体系,是在新的现实条件下对其加以继承和发展的基础和前提。中西比较研究对于揭示中国审美心理学思想的特点不失为一种好方法,而且可以在比较中见出中西美学思想各自的优长和互补性。20世纪80年代以来,这种比较研究有了较大进展,但要注意避免比较中的生拉硬扯、以偏概全及主观臆断等现象,使比较研究真正建立在对中西美学思想的科学分析和真知灼见的基础上。

再次,要从当代现实生活以及审美和艺术实践需要出发,从新时代的高度,对传统审美心理学思想进行新的审视和创造性阐释,使其与当代审美观念与艺术实践相结合,成为构建有中国特色现代审美心理学的有机组成部分。20世纪90年代以来,美学界和文艺理论界讨论的中国古典美学和文论的现代转型或现代转换问题,对于促进有中国特色的现代美学和文艺学建设是十分有益的。我们所理解的"现代转型"和"现代转换",就是要从新的时代和历史高度,用当代的眼光,对传统美学和文艺理论中的命题、学说、概念、范畴进行新的阐述和创造性发挥,以展示其在今天所具有的价值和意义,从而使其与当代美学和文艺观念相交织、相融合,共同形成有中国特色的现代美学和文艺学的新的理论形态和体系。做好这项研究工作,显然不是轻而易举的。它需要研究者既有对中国古典美学和文论的透彻理解,又有对符合时代要求的当代审美意识和文艺观念的准确把握,使两者真正达到融会贯通、水乳交融。这是一项具有探索性和开拓性的工作,应当提倡探索多样的研究途径、研究方法,创造多种的理论形态和理论体系。我们应在过去研究成绩的基础上,更自觉地推动这项工作,使研究更系统化、更具有完整性。只要我们扎扎实实、持之以恒地推进这项研究工作,必将有力地促进有中国特色的现代美学和文艺学、包括现代审美心理学和文艺心理学的建设。

为了全面、系统地研究中国传统审美心理学思想,并使其特点和丰富内涵得到准确、深入的揭示,需要把对中国传统审美心理学思想的研究和对中国传统艺术的民族审美特点的研究相互结合起来。这方面,宗白华的美学研究已为我们提供了一个典范。他对于中国各门传统艺术的审美特点,诸如诗词歌赋、绘画书法、音乐戏曲、园林建筑,等等,几乎都有精当入微的考察和分析,从而深刻揭示出我们民族的美感特殊性。这对于研究我们民族审美心理(创作、欣赏)的特殊规律,以及反映这种特殊规律的审美心理学思想,是有极重要意义的。美感的民族特点不是凝固不变的,它将随着时代条件和社会生活的发展变化而发展变化。考察和研究我们民族美感或审美心理的特点,既要研究传统的艺术和审美实践经验,更要研究当代中国的艺术和审美实践经验,这样才能真正把握民族审美心理在新时代、新现实、新生活中的发展变化。总之,有中国特色现代审美心理学的形成,既不能脱离中国传统艺术和审美的实践经验,也不能脱离中国当代艺术和审美的实践经验;既要反映中国传统艺术所体现的美感的民族特色,又要反映中国当代艺术所体现的美感的时代特点,或民族美感特色在新时代的新发展。只有建立在民族传统艺术和当代艺术实践经验基础上的现代审美心理学,才能真正具有鲜明的中国作风和中国气派。

(六)理论建构的方法论基础

20世纪中国审美心理学研究的发展历程还表明,要建立科学的现代审美心理学体系,必须使审美心理研究奠定在科学的方法论基础之上。方法论有不同层次,最高层次的就是哲学方法论。心理学美学研究要沿着正确的方向前进,必须有科学的哲学方法论作指导。心理学中的一些根本问题,本来就同哲学的基本问题密切联系,何况美学本身就属于哲学的领域。心理学美学研究只有在科学的哲学方法论指导下,才能取得真正科学的成果。它从经验或实验以及其他相关学科中获取的大量资料,更需要进行哲学的综合。如果没有哲学的帮助,要形成、解释、阐述审美心理学的概念、范畴、理论、假说并形成体系,将是不可能的。建构有中国特色的现代审美心理学体系所需要的哲学方法论,既不是否定审美主体在审美经验中能动作用的机械唯物主义,也不是否定审美经验客观来源和制约性的主观唯心主义,而只能是辩证唯物主义和历史唯物主义。这也是百年来中国美学发展向我们昭示的真理。马克思主义的实践论和辩证唯物主义的能动的反映论,应当是我们构建科学的现代审美心理学的方法论基础。将作为哲学方法论的辩证唯物主义的能动的反映论等同于心理学中的认识论,或者将它与心理学对立起来,都是非常幼稚的看法。哲学的方法论不仅可以使我们站在一个理论制高点上去审视、鉴别西方各种现代心理学美学流派和思潮,真正从中吸取科学的、合理的成果,避免生吞活剥、亦步亦趋,而且将使我们建构的科学的、现代的审美心理学体系真正具有不同于西方心理学美学的理论特色。

当然,哲学的方法论只能包括而不能代替具体科学的方法论。审美心理学与和它密切相关的心理学一样,还是一门正在走向成熟的学科,它的具体的研究方法还处在发展和更新之中。现代心理学的研究方法很多,例如实验法、观察法、调查法、测验法、档案法等,它们各有优势,可以互补。但不论运用哪种方法,都要遵循客观性原则。当代心理学受到习性学、计算机科学等方面的影响,着重在真实、自然条件下的研究,一般倾向于认为:心理学研究如果可能,应尽量应用自然观察法,或在实验室内进行自然观察。这种研究方法上的改变,必将对审美心理学的建设和发展产生重要影响。目前,西方审美心理学研究由于多是由心理学家进行的,能较广泛地运用各种心理学研究方法,特别注重实验法和测验法等定量研究方法,并十分注重收集量化的资料,故研究结论具有较强的客观性、精确性。而20世纪中国的审美心理学研究由于多是美学家、文艺学家进行的,在研究方法上采用作品分析法和档案法——搜集有关文献资料(如作家、艺术家的创作体会、日记、自传等)——较为普遍,而且采用自我观察法更重于采用客观观察法,收集的资料多为非量化的描述性资料,因而研究结论往往带有一定程度的主观性和推论性。在这方面,我们应该放开眼界,更多地向西方先进的、科学的、实证的、实验的研究方法学习和借鉴,以补我们的不足。从审美心理学发展趋势来看,是越来越重视多种研究方法的综合运用,既重视精细的定量研究方法,又重视宏观的定性研究方法;既强调客观的观察法和实验法所获得的资料,也不排斥自我观察和内省法所获得的资料;既注意实验室的研究结论,更注意自然观察的研究成果。总之,定量分析与定性分析、客观观察与自我内省、控制实验与自然观察应当取长补短、优势互补、互相结合、综合利用,只有这样,才能有助于全面揭示审美心理活动的规律和机制。

建立在现代科学技术新成果基础之上的一般科学方法论(如系统论、控制论、信息论等),为各门科学提供了新的观察点和生长点,也给心理学提供了新的研究方法。20世纪80年代以来,信息论、控制论和系统论方法在心理学领域得到广泛应用,对审美心理学的建设和发展也产生了重要影响。近年来,中国不少美学家已在采用这些新的科学方法论上做了许多尝试。可以预料,从实际出发,在审美心理研究中成功地运用这些新方法,对于科学的现代审美心理学体系的构建必将起到良好的促进作用。

审美心理学虽然与一般的理论心理学息息相关,但却与一般心理学又有显著区别。审美心理学要形成独立的学科并取得科学的研究成果,不能简单地采用一般心理学的方法,而必须形成适合自己对象和研究内容的独特的方法。审美心理学研究的不是一般的人类心理,而是特殊的审美心理;不是一般的心理经验,而是特殊的审美经验。我们在看到两者所具有的一般性和共同规律的同时,必须更加重视探究后者的特殊性和特殊规律,这就需要有特殊的研究方法。一般的心理实验法所获得的资料和结论之所以在审美心理研究中缺乏说服力和适用性,原因就在于它不完全适合审美心理经验本身的特点。一般心理学研究方法的发展趋势将是越来越自然科学化,越来越强调定量分析的重要性;而审美心理研究由于其研究对象本身具有更为复杂的社会人文内涵,具有社会性精神现象的微妙难测的特点,因此,要达到完全自然科学化和定量分析,肯定是行不通的。这就使审美心理学的特殊研究方法问题成为审美心理学发展中不能不高度重视的一个问题。在这方面,中国的不少研究者已有一些探索和尝试。例如,重新认识中国古代传统审美心理研究中注重经验性描述和整体性把握的思维方式和研究方法,在新的科学水平上审视它对于审美心理研究的独特意义,并力求将它与当代西方日益缜密和科学化的心理学研究方法互相结合,达到优势互补。这可能对审美心理学研究特殊方法的形成产生良好作用。

　　世界美学发展的趋势表明,哲学的美学和科学的美学、思辨的美学和经验的美学、理论美学和应用美学将会并驾齐驱、互相补充,共同推动当代美学的变革和重建。在这个多元化、全方位的研究格局中,对审美主体、审美经验的研究将仍然会处于研究重点的位置。但是,对审美主体、审美经验的研究将越来越趋向综合性和多学科性。这既是现代科学发展趋势所使然,也是审美经验研究向广度和深度发展的必然要求。实际上,近年来中国美学的发展已开始反映和展示了这一趋势。审美经验、审美心理乃至全部审美主体活动的复杂性和深刻性,审美心理区别于一般心理的特殊性质和规律,都表明审美主体、审美经验研究,既不能不靠心理学,又不能单靠心理学。只有运用哲学、心理学、思维科学、语言学、符号学、社会学、文化人类学、艺术理论、艺术史、艺术批评等多学科的理论和方法,对审美主体和审美经验进行全方位、多角度的考察和研究,并使之互相联系起来,才能使审美经验的研究得到拓展和深化,才能使审美心理学研究有新的突破。深入揭示审美经验得以产生、实现的内在机制和奥秘,使审美经验研究进入到打开"黑箱"的微观层次,无疑是深化审美心理研究的一个难点和突破口。这就要求更多地吸收现代科学的新成果,使审美经验研究更多地奠基于现代认知心理学、神经生理学、大脑科学以及人工智能等现代科学的最新成果之上。当然,吸收现代科学的新成果,也必须从审美经验的实际出发,密切结合审美经验的特点和特殊规律,而不是用一般的科学成果代替对于审美经验的具体分析,用一般的科学概念范畴代替艺术审美中特殊的概念范畴,这样才能有助于审美经验内在发生机制的研究,促进审美心理学的创新和发展。

(彭立勋)

论析 5　文艺美学的理性探问

(一)理论的建构行程

在西方传来文艺学之前,中国也有自己的文艺学,虽无其名,却有其实。我们今天可以称它为古典文艺学。

中国的古典文艺学源远流长,到刘勰的《文心雕龙》,已经把文章之学系统化了。作为其中的组成部分,艺术的文学(美文学)也包含在内,其独特的创造规律也得到探讨。以后大量出现的诗话、词话、曲话、赋论、画论、文论、剧说以及小说评点等等,都对具体的艺术、文学部类做了不同的研究。古典文艺学发展到叶燮的《原诗》、石涛的《画语录》,特别是刘熙载的《艺概》,对艺术、文学的研究有日益走向综合的趋势。古典文艺学通过漫长而缓慢的路程,也许自己会逐渐走向现代文艺学的方向。

但是,西方现代国家强行打开中国封闭的大门,也带来了西方现代文明。中国的古典文艺学受到西方美学的影响,也发生了新变。20世纪初,由梁启超、王国维、蔡元培、鲁迅拉开序幕,中国的古典文艺学逐渐迈向文艺学现代化的道路。首先,人们开始运用西方现代美学来阐发中国古典理论。如王国维用康德、叔本华、尼采的美学,来阐发中国传统的意境说、形式论、悲剧观。其次,人们探索文学艺术特点,关注揭示审美特征。如梁启超结合中国文学艺术的实际,提出新境界说;对艺术的文学(美文学)和非艺术的文学作了严格区分,把小说置于重要地位,并对艺术文学中的审美感情、审美趣味做进一步分析,区分美的感情和丑的感情、高尚趣味和低劣趣味。这些在美学上都极有价值。再次,高度重视审美教育,发扬艺术的审美作用。蔡元培倡导"以美育代宗教",把美学和德育、智育放在同一系列;鲁迅则把美术(文学艺术的总称)作为美育的重要手段,充分发挥文学艺术的"不用之用"。此时,"中学为体,西学为用"尚是主要趋向,但这种变化的意义不可低估。

在蔡元培倡导美育的推动下,美学在20世纪二三十年代的中国开始活跃起来,然后在40年代逐渐具有了自己的理论形态。"西学为体,国学为用"成为主要趋向。五四以后,蓬勃发展的报纸杂志纷纷发表美学文章,三十年间竟有五百多篇,美学论著也多了起来。① 吕澂、陈望道、范寿康、华林、李安宅、宗白华、李广田、王森然、赵景深、徐庆誉、俞剑华、邓以蛰等，都有美学方面的论著或文章。许多作家、艺术家，如鲁迅、郭沫若、茅盾、冰心、朱自清、梁实秋、丰子恺、艾青等论创作的文章，也不时触及美学问题。这时的中国美学，虽然主要也还是引进西方理论，但呈现出这样的特点：第一，对西方美学重在融会贯通，领会精神要点，避免死搬硬扯、玩弄词句；第二，注意结合中国实际，不脱离创作实践；第三，尽量使用中国自己的话语，并无"失语"之感。

美学在中国早有理论化的趋势。吕澂、陈望道、范寿康等的美学，虽还都只是"概论"性质，但都有理论化趋势，基本上都是以价值论为主导来谈美学，把美学看作是一种价值科学。20世纪20年代是中国美学的初创时期，但还缺少深入研究，尚未建立自己独立的体系。到了30年代，朱光潜的《文艺心理学》虽然也在评述西方美学，但在评述中建构自己的美学，阐发自己独到的见解，把中国传统的美学思想也融合进来，形成以研究创作心理为中心的独立的美学思想体系。到了40年代，蔡仪则依据认识论（其实只是反映论的一个维度），把艺术归结为对美的认识，写成《新艺术论》、《新美学》，构筑了自己的认识论美学。无论是朱光潜的美学，还是蔡仪的美学，都以文学艺术为材料，但两种美学所要回答的问题却不相同。朱光潜是要探究艺术之美，使艺术美发挥陶冶情性的作用；而蔡仪则重在探索艺术之美和现实之美所共具的美的本质，帮助人们认识客体。因而，这是两种不同的美学体系。

到了20世纪40年代末，美学归于沉寂，苏联的文艺学开始同中国的文艺理论相结合。在50年代，文艺政治学占了主导地位。五四运动之后也传来了马克思主义，三四十年代通过苏联、日本介绍进来不少苏联的文艺理论，大多依据的是认识论，重视文学艺术的认识作用，但根据中国的实际，经过中国的阐释，更加突出了政治倾向性，要文学艺术发挥现实的政治教育作用，要使人民从现实中惊醒、感奋起来，激发斗争勇气和胜利信心，并迅速转化为行动，改造自己的环境，打倒和消灭敌人。因此，文艺如何为政治服务，成为1949年以后中国文艺美学关注的中心，其他都是围绕此中心而展开。陶冶情性的审美学、认识世界之美的认识美学，都不可能得到发展。于是，传统的美学受到冷落。但是，美学理论还是存在的，生活美和艺术美的辩证关系、艺术美可以而且应该高于生活美，这些比黑格尔、车尔尼雪夫斯基美学更为精辟的美学火花，仍然在中国文艺美学中燃起。王朝闻的艺术论著虽然没有系统论述历史上的美学问题，但对艺术创造和艺术接受的审美规律，做了有趣的探索。50年代以来，他对艺术规律的关注贯彻始终，令人敬佩。

在"百花齐放，百家争鸣"声中，曾出现了1949年后中国第一次美学热潮。尽管

---

① 参阅胡经之编：《中国现代美学丛编(1919—1949)》，北京，北京大学出版社，1987。

在学术层面上，当时尚只是停留在探究美是客观的、主观的，还是主客观统一的哲学思辨上，但这一争论本身唤起了文艺界、美学界对审美现象的关注，并且引发了对于马克思美学思想的兴趣。加之，在提出反对苏联的修正主义之后，也在文艺美学方面引起了我们自己的反思，连当时主管文学艺术工作、曾编过《马克思主义与文艺》的周扬，也亲自到北京大学讲课，倡导建设中国自己的美学、文艺学。他已深感到以政治代替艺术、政治和艺术混淆，很难推动中国文艺的发展。所以在60年代初，依照周恩来的意见，由他主持制订的"文艺十条"第一条，就是要解决文艺和政治的关系问题，明确提出：我们不但要强烈的政治内容的作品，"也需要没有什么政治内容，但能给人以生活智慧和美感享受的作品"。接着，周扬按邓小平的意见，抓了人文社会科学的教材建设，把文艺学、美学放在重要地位，亲自关注《文学概论》（蔡仪主编）和《美学概论》（王朝闻主编）两本教材的编写过程，从拟定提纲、讨论、修改到定稿，都曾专门过问。他还亲自拜访过朱光潜，鼓励和促成《西方美学史》的撰写和出版。可惜，史无前例的"文化大革命"，把美学和艺术当作资产阶级的玩意一扫而光。斯文扫地，何来审美！

改革开放给中国带来了新的憧憬和希望，审美理想之光引发了20世纪80年代新的美学热潮。但这时的美学已不是停留在哲学的思辨上，而是着眼于思想的自由解放，美被看成了自由的象征。随着个性的解放，各种美学应运而生。"己为中心，为我所用"，使美学走向多元。沿着这条思路发展下来，美学已经流向各个实践领域，渗入日常生活，实用美学、生活美学、大众美学、旅游美学、服饰美学、饮食美学、人体美学，甚至两性美学都涌现出来。一切使人发生快感的对象，都被看作是美。那么，文学艺术还成为美学的对象吗？早在1980年的中华全国美学学会成立大会上，从事文学艺术教育实践的教师就提出：为适应艺术院校、文学系科的需要，必须发展文艺美学，以区别于研究普遍审美的哲学美学。对此，一向重视文学艺术的朱光潜、王朝闻、伍蠡甫、蒋孔阳都表首肯，认为文艺美学或艺术美学，应专注于探索文学艺术共有的审美规律，也要进一步探索不同艺术部类各自的特殊审美规律。当然，也不能把艺术现象孤立起来，而应该把艺术的审美规律和人类的普遍审美规律联系起来，但这是普遍—特殊—个别的三重审美规律，它们既有联系，又不能混同。正是从这种认识出发，北京大学的"文艺美学"丛书、王朝闻主编的"艺术美学"丛书，其内容从文艺美学或艺术美学，又扩展到电影美学、戏剧美学、绘画美学、雕塑美学、音乐美学、舞蹈美学、书法美学、小说美学、诗歌美学、建筑美学、摄影美学等领域。李泽厚主编的"美学译文"丛书，其中翻译过来的也有不少是艺术美学。诚然，美学的领域并不只限于文学艺术，但文学艺术仍然是美学关注的重要领域。

从美学的角度来看文学艺术，这不是缩小了而是扩大了文艺学的视野。更重要的是，这为文学艺术研究提供了新的视角和方法。古典文艺学对文学艺术的审视重在整体感悟,轻于分析解剖,难以做理性把握。西方美学对文学艺术的审视,则善于条分缕析、抽象推理。中国的古典文艺学应该吸取西方美学之长,从中国的艺术实践出发,由感性具体上升为知性抽象。当然,不能仅仅停留于此,还得由知性抽象上升为理性具体,回返到艺术实践,从而在更高阶段上把握艺术活动的整体。这正是中国文艺美学走向现代化、建设当代文艺美学的必由之路。

人来到这个世界上,只要还活着,就有自己的生命活动。即使是人处于睡眠状态,还需要呼吸,心脏还在跳动,血液正在流动,甚至还会做梦。这些生理、心理活动,都是人的生命活动。人死了,或埋在土中,或烧成骨灰,洒向天空,流入大海,那就转化成另一种物质,不再有生命活动了。

但是,人的生命活动和其他生物不同,它本质上是实践的。面对大千世界,人必须和对象世界相互交往,进行多样的实践活动,包括生产实践、交往实践、生活实践。丰富多彩的实践活动又内化为精神活动,反过来又参与实践活动,相互作用,相互渗透,不仅使得物质实践中的精神含量越来越高,而且出现了以追求精神价值为主的实践活动:精神实践。在各种实践活动(生产、交往、生活)中,人们不仅追求实用价值、功利价值,而且追求审美价值,以提升人生境界。审美活动进而从其他实践活动中独立出来,发展为一种独立的实践活动:艺术生产。

如果把文学艺术作为人的一种特殊生命活动来考察,可以深入探索的问题很多。例如:人类为什么需要文学艺术?文学艺术是一种什么样的生命活动、人的什么样的存在方式?人怎样在生活中产生了审美体验,又怎样转化为文学艺术?文学艺术究竟对人发生什么样的作用和如何起着作用?等等。这些问题在近年来都得到了研究。但是,当前最需要进行深入研究的,还是这个问题:文学艺术应该如何按照美的规律来创造?

文学艺术应该是美的创造,需要按美的规律来进行。但我们常见到的,却往往不是这样。平庸随处可见,丑陋也屡见不鲜。"应然"和"本然"在实践中时常对立,这本不足为奇。不按照美的规律进行的所谓"创作",比比皆是,艺术垃圾日益增多。那么,当文学艺术正在日益走向商品化的时代,还要来奢谈美的规律,岂非不合时宜、多此一举?不。正是在交换价值规律的作用范围日显广泛之时,文学艺术更不应违反自己的审美创造本性,更不能违背美的规律。我们呼唤艺术精品,就必须更重视美的规律。只有按照美的规律进行创造,才会出现艺术珍品。

(二)对文学艺术性质的认识

作为一种社会现象,文学艺术本身就是由多维度、多因素、多方面构成的复杂存在。

对文学艺术的认识,可以从不同角度、用不同方法来进行。在不同的历史条件下,突出的重心也并不一样。

20世纪中国美学家很早就认识到,文学艺术是思想教育的工具。人们常说,文学艺术是思想性和艺术性结合的产物,但思想性处在首位、第一性,而艺术性只是手段,为的是更好地突出思想性。"言之不文,行而不远",这种认识,反映了文学艺术的实际:在历史发展长河中,各种意识形态曾综合在一起,审美文学和道德文章并不区分;审美和实用也不分离,实用艺术和美的艺术结合在一起。因此,在这样的文学艺术中,功利价值(政治、道德)和审美价值密不可分,实用价值和审美价值结为一体。这种功能价值(功利或实用)和审美价值结合在一起的文学艺术,今后也不会消失。对这些文学艺术来说,思想性第一、艺术性第二,或者实用性第一、艺术性第二,应该是普遍规律。

但是,当文学艺术从其他意识形态中分离出来,成为一种独立的、特殊的意识形态的时候,我们对文学艺术的认识就不能那样简单和单纯了。

作为一种独立的、特殊的意识形态(审美意识形态),文学艺术中的艺术性是否仅仅只是技巧、手法的总和?是否也和内容有关?文学艺术的内容是否只归结为思想性?人们从那些再现性艺术作品中发现,我们常说的"思想",是要转化为形象的,"思想"就寄寓在生动的人物、情节、场面等形象之中。这些形象是否真实再现了生活本身,是文学艺术能否成功的关键。于是,"真实性"又曾被人们看作文学艺术创造的中心。

但是,文学艺术是否就是生活的再现?特别是那些主要表现人的心灵的文学艺术,都能归结为生活的再现吗?何况,那些"再现",都要经过作家、艺术家的心灵。由于人的内心生活,包括思想、感情、想象、意愿、理想等等,都能在文学艺术中得到表现,因此,文学艺术的创造往往又被人们看成自我表现,是作家、艺术家主体性的张扬。

那么,文学艺术是否只是一种主体的自我表现?从反映论的角度来说,人的精神活动都是存在的反映。文学艺术这一意识形态,是否也是对社会存在的一种创造性的反映?这也恐难否定。恩格斯说得好,"推动人去从事活动的一切,都要通过人的头脑,甚至吃喝也是由于通过头脑感觉到饥渴引起的,并且是由于同样通过感觉到饱足而停止。外部世界对人的影响表现在人的头脑中,反映在人的头脑中,成为感觉、思想、动机、意志,总之成为'理想的意图',并且通过这种形态变成'理想的力量'"[①]。人类的反映活动,是主客体相互作用的产物。只有当主体和客体处在相互作用的对象性关系中,才有反映的发生。正如皮亚杰所说:"认识既不是起因于一个

---

① 见《马克思恩格斯选集》,第4卷,第228页,北京,人民出版社,1976。

有自我意识的主体,也不是起因于业已形成的(从主体的角度来看)、会把自己烙印在主体之上的客体;认识起因于主客体之间的相互作用,这些作用发生在主体和客体之间的中途,因而既包括主体又包含客体。"①

文学艺术既是再现又是表现,既反映了客体,又反映了主体,也反映了主体和客体的关系,不过重心不同而已。"再现"着重反映的是主客体关系中的客体,而"表现"则着重反映了主客观关系中的主体。文学艺术中的再现和表现紧密结合在一起,浑然一体,反映了主体和客体的相互关系。

其实,人类的精神活动有两类最基本的活动:一是认识活动,一是意象活动。文学艺术对社会存在的反映,就是认识活动和意象活动的相互渗透、作用的动态过程。在这过程中,客体不断被内化,主体不断向外化,从而反映出了人的生活的活生生状态和过程。如果我们不是把反映过程仅仅归结为认识过程,而是也包含了意象过程(情感、意志、理想等参与其中),那么,我们又回到了一个古老而朴素的真理:文学艺术是生活的反映。但我们依据的是实践论基础上的能动反映论。这里的"反映",已是由审美理想、审美观念参与其中的审美反映;而那"生活",也有了更具体的阐释。正如马克思所说:"意识在任何时候,都只能是被意识到了的存在,而人们的存在就是他的实际生活过程。"②这"实际生活过程",按照中国最朴素的说法其实就是:人生。"人生"就是人的生命活动过程及其结果,有着丰富的内涵,它"包括了一个广阔范围的多样性活动和对世界的实际关系"③。

在人生的各种各样活动中,在人对世界的实际关系中,实践活动及实践关系是一切活动和关系的基础。在此基础上,人类又产生和发展了一种特殊的活动:审美活动;形成和发展了人与世界的一种独特关系:审美关系。人类之所以会产生审美活动,正是为了生活得更美好,和周围环境建立起动态平衡的和谐关系。

人生的活动是多种多样的,包括生产活动、交往活动、政治活动、道德活动、文化活动。它们又可以概括为两大类型:人与人的相互活动以及人与物的相互作用,或者说主体间的活动和主客体的相互活动。人类的审美活动,产生于各种实践活动的基础上,当然和这些实践活动紧密相连。人和世界的实践关系也是多种多样的。人与人、人与物的相互关系,都可能发展为审美关系。因此,人类的审美活动、审美关系并不只是限于狭隘的范围,而和广阔的实践活动、实践关系相连结。

然而,文学艺术不只是一种审美反映,而且还是一种审美创造。文学艺术的创造并不仅是一般审美活动,而且还是一种包含了审美反映的实践活动。

---

① 皮亚杰:《发生认识论原理》,王宪钿译,第21页,北京,商务印书馆,1981。
② 见《马克思恩格斯选集》,第1卷,第30页,北京,人民出版社,1976。
③ 见《马克思恩格斯选集》,第3卷,第296页,北京,人民出版社,1976。

以往的中国文艺美学只注意到了文学艺术对生活的审美反映乃是在实践基础上产生的，而不大在意文学艺术的创造本身就是一种实践活动。其实，文学艺术的创造不只是人的内部心灵活动，而且还是外部物质活动，是内部和外部两种活动的交互作用的结果。

不过，这是一种特殊形态的实践活动，马克思把它称作"艺术生产"。这是一种连结着物质生产和精神生产的特殊生产，自成系列。实用艺术、建筑艺术等紧连着物质生产；语言艺术被称作自由艺术，则紧连着哲学、道德、科学等精神生产。综合了语言和其他表演的戏剧、电影等艺术，更是融合了物质生产和精神生产的许多因素，处在艺术生产系列的中心地带。

文学艺术的创造，不是复制现实世界，而是以艺术符号建构一个与现实世界不同的艺术世界。这是人的内部心灵活动和人的外部物质活动共同创造出来的有机整体，不能仅仅归结为其中的一个或几个因素。当代的中国文艺美学对这一有机体的各个侧面曾做过分析、解剖。人们或把文学艺术说成是一种幻象、一种感情、一种想象、一种直觉；或把文学艺术说成是一种言说、一种符号、一种编码、一种程式；或把文学艺术说成是一种模拟、一种器物、一种虚构、一种假定。这些都只是抓住了这个有机整体的某些方面、因素，而不是整体的把握。其实，文学艺术这一有机体包含了这些方面、因素，但不能仅归结于此。整体大于局部之和，文学艺术创造的本性应该而且能够按照美的规律来进行。这是人类本性的发展使然。人一要生存，二要发展，三要完善，成为完整的人、全面发展的人。人不满足于现实，要使生活更加符合理想，因而要改造对象世界，创造出更加美好的世界。文学艺术的创造，乃是创造者这个主体和对象世界这个客体之间关系的自我调节，以使个体和环境之间的关系达到新的动态平衡。因此，文学艺术应是人类为了使人类生活更加美好而创造出来的一种审美模型。但是否能达到这一目的，却决定于创造者能否按照美的规律来进行。

并不只是文学艺术的创造，人类的其他实践活动，也需要按照美的规律来进行。动物也生产，蜜蜂、海狸、蚂蚁也会为自己营造住所、巢穴。但动物只会生产它自己的直接需要的东西，只能依照本能来活动，只是一代一代地复制既有的东西，不可能创造，更不可能按美的规律来创造。马克思说得好：

> 动物只是按照它所属的那个种的尺度和需要来建造，而人却懂得按照任何一个种的尺度来进行和生产，并且懂得怎样处处都把内在的尺度运用到对象上去；因此，人也按照美的规律来建造。①

---

① 见《马克思恩格斯全集》，第42卷，第97页，北京，人民出版社，1979。

这最后一句,美学老人朱光潜把它翻译成"人还按照美的规律来制造"①,也有人把"建造"两字译成"塑造"或"造型"。其实,"制造"囊括了建造、塑造、造型等的意思。

人类能超越动物所属的那个物种的尺度,不仅懂得按照任何一个物种的尺度来生产,因而能不断生产出新的客体;同时又能按照主体的内在尺度去生产客体,所以能使生产出的客体符合主体的需要。但符合主体需要的新客体,不一定必然是美的。人类还要按照美的规律来生产出新客体,不仅要符合主体的实用需要,而且还要符合主体的审美需要。只是,在一般物质生产领域,虽然也要按照美的规律来生产,但创造审美价值不是其主要目的,创造实用价值才是首要目的,审美价值从属于实用价值。就是在精神生产领域,科学、哲学等的创造,尽管也要按照美的规律进行,但也不以创造审美价值为主要目的,其审美价值从属于功利价值。

文学艺术的创造,不仅是揭示现实世界中的审美价值的反映活动,而且是创造一种新的审美价值的实践活动。这是按照美的规律,综合两种创造活动为一体的特殊的创造活动。它不仅需要通过意象经营,把作家、艺术家在人生实践中获得的审美感受、审美体验,按照美的规律组织起来,营构一个意象世界,而且,它还需要通过意匠经营,按照美的规律把物质材料加工改造,建构艺术符号,使意象世界符号化,从而创造出融两者为一体的有机体、一个崭新的艺术形象世界。作家、艺术家不仅需有审美反映能力,而且还要有创美的实践能力,亦即构造形象的能力。"艺术家的这种构造形象的能力,不仅是一种认识性的想象力,而且还是一种实践性的感觉力,即实际完成作品的能力。这两方面在真正的艺术家身上是结合在一起的。"②

因此,文学艺术理应按照美的规律来创造。违背美的规律,也就不符合文学艺术的创造本性。

(三)关于艺术构思的认识

文学艺术的创造,首先需要构思。艺术生产若要成为美的创造,就必须按照美的规律来精心构思。

人在进行生产之前,就能做超前反映,在脑海里预先建构起主体所希望的未来结果的图像,然后才按照这个内心图像去运作。还以建造房屋为例,正如马克思所说:

---

① 朱光潜:《美学拾穗集》,见《朱光潜全集》,新编增订版,第15卷,第214页,北京,中华书局,2012。
② 黑格尔:《美学》,第1卷,朱光潜译,第363页,北京,商务印书馆,1982。

> 最蹩足的建筑师,从一开始就比灵巧的蜜蜂高明的地方,是在他用蜂蜡建筑蜂房以前,已经在自己的头脑中把它建成了。劳动过程结束时得到的结果,在这个过程开始时已经在劳动者的表象中存在着,即已经观念地存在着。①

这个建筑师脑海中观念地存在着的未来结果的表象,不仅已经渗入了建筑师的思想,而且表现了建筑师的意象,即他想把房屋建成什么样。这个渗透了思想、意象的表象,已是有意之象。按我国传统文化观念的理解,称之为"意象"最为精当。

文学艺术的创造当然要比建造房屋的超前建构复杂得多,但其构思的中心也是建构意象,做意象经营。不过,这意象乃是审美活动的结果,其目的也在引发别人的审美活动,如康德所说,这是审美意象。

审美意象直接或间接来源于作家、艺术家对实际生活的审美体验、对人生价值的感悟。

在实际生活过程中,作家、艺术家面对一些对象,直接体验、感悟到对象的美或丑、悲或喜、崇高或卑下。由直接感知的映象,经由审美经验的改造,意与象迅速结合,瞬即转化为审美意象,有些构思甚至立即和物化结合起来。如有些雕塑的创造,常是从物质材料出发,审视那块玉石或竹根可以塑造什么形象,脑海中立即浮现了那未来才能实际完成的意象。但更多的艺术构思,则并非直接面对生活对象而发,而是由回想起过去在生活中得来的表象,或由联想而引发的印象,在想象中把各种印象组织起来,经过作家、艺术家的审美经验的改造,意与象结合,构成审美意象。更为复杂的一些艺术构思,还把众多的意象,如人物意象、景物意象、事物意象、心灵意象等结合在一起,融为有机整体,建构为一个审美的意象世界。《红楼梦》就创造了一个错综复杂的意象体系。艺术构思,就是作家、艺术家将自己对人生的体验和感悟转化为审美意象,将意象不断审美化的过程。

艺术构思之所以要致力于意象经营,这不仅是因为审美意象最能有效地表现复杂而精微的审美体验、人生感悟,而且,审美意象还能超越对现实的直接反映,表现对未来的理想,创造出现实中不曾有过的幻想的意象世界。作家、艺术家不仅善于把审美体验、人生感悟转化为审美意象,而且也善于把人生理想、情感意象转化为审美意象,"通过想象的活动产生纯美的理想,它基本是内在的意象,与理性对立,是自然美的变相,是按照既成客体自由创造的"②。不管这是否是马克思的原话,但这番话的确符合艺术创造的实际。在文学艺术的意象经营中,作家、艺术家把个人经历

---

① 见《马克思恩格斯全集》,第23卷,第202页,北京,人民出版社,1979。
② 汉斯·科赫:《马克思主义和美学》,佟景韩译,第336页,桂林,漓江出版社,1985。

的直接经验和从社会中获得的间接经验连结起来,把当下经验和过去经验融为一体,把再现现实和表现理想结合一起,经由审美化而融为审美意象。所以,高尔基称道文学艺术是组织经验的最经济、最有效的方法。康德之外,克罗齐、萨特、朗格等都高度关注意象的研究。以探索创造活动的秘密而著称的美国心理学家阿瑞提,在研究了包括文学艺术在内的创造活动之后,甚至把意象看作是人的创造力的第一因素,说它是"一种创新,是新的形成、是一种超越力量"[①]。阿恩海姆则说,"真正的创造性思维活动都是通过'意象'进行的"[②]。

作家、艺术家的人生越丰富,视野越广阔,从生活中获得的体验和感悟越深切,那么,可以用来创造意象的材料当然越丰富多样。从最平淡的日常生活,一直到惊心动魄的伟大斗争,只要作家、艺术家有真切的体验和感悟,这些都可以成为意象经营的材料,但是否真正进入艺术构思之中,却要视作家、艺术家的创意而定。作家、艺术家要建构什么样的审美意象,要创造一个什么样的意象世界,这要决定于作家、艺术家的审美意象。生活中充满了真、善、美,也不时出现假、丑、恶;现实中既有崇高、悲剧、苦难,也有卑劣、喜剧、荒诞。作家、艺术家对生活做什么样的审美评价、持什么样的审美态度至关重要,是肯定真、善、美,鞭挞假、丑、恶,激发起来的是对真、善、美的审美快感,还是对假、丑、恶的审美反感?是把崇高、优美毁灭给人看以激起人的崇高感、悲剧感,还是把卑劣、丑恶撕破给人看以引发人的喜剧感?艺术构思不仅要依作家、艺术家的审美意象来决定意象材料的取舍,而且也要依审美意象来把意象材料加工改造、重新组织,建构一个符合审美意象的完整的意象世界。作家、艺术家的审美意象,直接和审美理想、审美观念联系着。审美理想、观念处于审美心理结构的中心,对意象经营起制约作用。在意象建构时,正如恩格斯所说的像巴尔扎克那样,同时就是在对生活做出"诗意的裁判"。

在艺术构思中,意与象如何结合为意象,乃是作家、艺术家要解决的最基本的矛盾。"象"是客体对象的映象。无论是直接感知的映象,回忆过去而来的表象,还是由联想而来的印象,尽管各自清晰度不一样,但都要求符合客体对象,要按照客体的外在尺度来再现对象,要求真实。"意"则是作家、艺术家这个主体自身的意象。主体依照自己的意象来感知、改造客体的映象,把客体的外在尺度和主体的内在尺度统一起来,按照美的规律把意和象结合为审美意象。这个审美化了的意象,已不只是客体对象的复现,但又不完全脱离对象,处于"似"与"不似"之间,不只"形似",更有"神似"。即使是那些以线条、色彩、声音等形式美见长的艺术(所谓的"抽象"艺术,以及书法艺术,等等),那些声、色、形在艺术家头脑中的映象,也都染上主观情

---

① 阿瑞提:《创造的秘密》,钱岗南译,第62页,沈阳,辽宁人民出版社,1987。
② 阿恩海姆:《视觉思维》,滕守尧译,第37页,北京,光明日报出版社,1986。

意,因而具有"意味"。而那些较为复杂的文学艺术,其意象不仅有"意味",而且更有深层的"意蕴",因而韵味无穷。

艺术构思就是作家、艺术家将人生体验和感悟不断意象化,又不断审美化的过程。在意象化过程中,想象起着重大作用。但艺术的想象渗透着感情态度,作家、艺术家不仅要在想象中重新体验对象,而且要体验到自己的感情。要体验,就要"入乎其内",设身处地,心随物化:画竹,就要与竹化;写花鸟,就要与花鸟共忧乐。但作家、艺术家不能只沉浸在对象中,还需要"出乎其外",物随人化:理智审视,组织意象,按照主体的意象使意象审美化,符合美的规律。既要入乎其内,又要出乎其外,这在表演艺术中表现得最为明显。演员演戏,必须深入体验角色,但又必须出乎其外、理智调控。作家在创作小说时,既要真实再现人物的性格、命运,又要体现自己的创作意象,而要将两者完美地统一起来,必须精心地构思,以至像托尔斯泰这样的文学巨匠在塑造安娜的形象时,不得不改变原先的构想。

艺术构思需要思维。分析和综合、比较和概括等人类最基本的思维方法,在意象经营中都在运用。就艺术创造的总体过程来说,艺术思维是一种整体思维。概念思维也会不时参与(视需要而定)。但在艺术构思中,意象思维起决定作用。运用概念进行判断、推理,构筑概念、范畴的体系,这是科学论著的使命。科学思维从感性具体上升为知性抽象,再到思维具体,基本是概念的运动。艺术思维则从感性映象上升为意象,再到典型的塑造或意境的创造,主要是意象的运动,感情、思想等融合其中。因此,作家、艺术家和科学家的思维并不相同。俄国文艺批评家杜勃洛留波夫较早看到这两种不同思维的特点:作家对世界有着丰富的感受,但并不是把这种感受引向抽象。对于作家来说,"若是竭力把这感受引到一种确定的逻辑组织里去,把它用抽象的公式表现出来,这却是徒劳无功的"。作家面对世界,"看到了某类事物的最初事实时,他就会惊异万分","他虽然还没有作过理论上的思考,能够解释这种事实;可是他却看见了,这里有一种值得注意的特别的东西,他就热心而好奇地注视着这个事实,把它摄取到自己的心灵中来。开头把它作为一个单独形象,加以孕育,后来就使它和其同类的事实与现象结合起来,而最后,终于创造了典型"。科学家则不同,"由于以前聚集在他的意识里、不知不觉地在他的意识里保存下来的个别现象丰富多样,就使他能够一下子同它们组织一个普遍的概念。这样一来,这个新的事实,就立刻从生动的现实世界中,转移到抽象的理性领域里去了"。①

作家、艺术家经过意象经营,按照创意使意与象结合起来,把众多意象组织起来,创造出一个意象世界。这个意象世界按一定的结构方式组织而成,具有一定的意象结构,从而构成一个有机整体。文学艺术创造中的营构意象的结构方式多种多

---

① 见《杜勃洛留波夫选集》,第1卷,第273—274页,上海,新文艺出版社,1956。

样,丰富多彩。我们的文艺美学还在不断探索,可做的事还很多,有待更多人的关注。这种意象结构,乃是意象世界在内心形成的结构形式,相对于形之于外的"外形式",它只是"内形式",尚未最后完形,还有待于通过符号来外化。因此,艺术构思告一段落,但并未终结,还在符号外化过程中深化和继续。这种意象化和符号化的过程,虽有先后,但相互交错,结合在一起,如黑格尔所说:"按照艺术的概念,这两方面——心里的构思与作品的完成(或传达)是携手并进的。"①

(四)意匠经营:文艺的审美创造

当文学艺术的创作只是停留在构思阶段,还只是腹稿,不管它构思如何完美,那也仅仅只是稍为具体化了的创意,还不是创作。观念中的意象经营要转化为创作的实在,需要另一番工夫:意匠经营。

文学艺术创造中的"意匠经营",仍离不开"意",但更需要运用自己的身手,随着"意"而自由灵活地运作起来。这种运作,不仅需要受创意的制约,而且也要受物质材料的制约,因而既要按照主体的内在尺度,又要按照对象的外在尺度来运作,按照美的规律将两者完美统一起来。

作家、艺术家在生活中审辨美、丑、悲、喜,体验或感受生活的审美价值,获得审美享受。如果到此为止,也就算不上艺术创造。作家、艺术家之与众不同,不仅在于要把生活中由审美而来的体验、感悟,经过意象经营加工改造,赋予内在形式,而且还要运用一定的物质材料,创造出一种物质形式,使内在形式转化为外在形式。这种外在形式,乃是可以为人所感觉到的外在之美。只有不仅创造了内在之美,又创造了外在之美,才能使这种美保存下来,不仅供自己个人审美,而且也可供别人审美。文学艺术的外在之美,就是鲁迅所说的"音美"或"形美",而内在之美就是"意美"。② 艺术之美乃是这种外在之美和内在之美的统一:系统质。

要创造外在之美,就必须选择一定的物质材料,进行加工改造。这就不仅要花心思,而且要动身手。如鲁迅所说,要用思理以美化天物,这需要费"匠心"。这种既需要"想",又需要"作",动作和运思密切结合在一起的意匠经营,应是既不同于概念思维,又不同于意象思维的特殊思维:动作思维。这种动作思维,一头连接着符号建构,一头连接着意象世界,并要把这两者结合成一个整体。

艺术的形式美创造,关键在"作"。人的活动过程本身就可以成为创造。一些艺术,如舞蹈、戏剧,就必须由人体动作来完成。音乐中的声乐,也是由人的声音运动

---

① 黑格尔:《美学》,第1卷,朱光潜译,第363页,北京,商务印书馆,1979。
② 鲁迅:《汉文学史纲要》,见《鲁迅全集》,第9卷,第354页,北京,人民文学出版社,2005。

来完成的。器乐不依靠人声了,但也必须由人来演奏乐器,离不开人的活动。这些都是动态艺术,艺术就直接在活动中呈现、展示;人的活动停止,艺术也就中止。还有不少艺术则是以静止之物的形态来完成,是静态艺术,如绘画、雕刻、文学。但是,这都必须经过人的劳作,是人的活动的结果。动的过程转化为静态物品,也是由"作"而来,所以称为"作品"。

文学艺术的创造,既然要靠劳作,也就必然要有"作法"。在长期的艺术实践过程中,每种艺术类型都积累了一套艺术劳作的"手法"。要创造出美的作品,当然必须按照美的规律,运用精湛的技艺,精心加以制作;而那些依靠动作本身来完成的动的艺术,就更需要按照美的规律来支配自己的活动了。

艺术的形式需要美,因而本身就具有一种审美价值。这种美的形式,在艺术中具有符号的性质,是艺术符号。符号的意义不仅在自身,而且也在传达信息。无论是语言符号还是形象符号,要通过人的感觉器官为人所感觉到才能有意义。正如马克思所说:"任何一个对象对我的意义(它只是对那个与它相适应的感觉来说才有意义)都以我的感觉所及的程度为限。"[①]世界万物,种类甚多,但能用做符号的却甚有限。所以,艺术符号是有限的,信息的表达常受到限制。就是表达得最自由的语言,也常常言不尽意,因而像陆机这样的诗人,也发出"恒患意不称物,文不逮意"的感叹。人对生活的感受和体验却是无限丰富的。要以有限的符号形式来表达无限丰富的内容,这是艺术创造中要解决的最大的矛盾,它比起艺术构思来更艰难得多。这就不仅要通过意象经营,把生活中得来的人生感悟、体验组织起来(内形式),还要通过意匠经营,把一定物质材料组织起来(外形式)。而且,更重要的是把这两者完美地结合起来,使形式美和内容美统一起来,构成有机整体:艺术美。

艺术的内容和形式的关系,曾经被误解成一种机械的相加,以为形式可以不变,而内容可以不断变化;旧瓶可以装新酒,不同的内容可以装进一种形式。于是,只要押韵的就是诗,三字经、百家姓、千字文都成了诗。其实,正如卢卡奇所说:"审美形式始终都是作为某种特定内容的形式出现的。"[②]正是特定的内容,才需要特定的形式。克罗齐看到了艺术有特定的审美内容,但他又把艺术的形式和内容割裂开来,以为艺术形式与审美无关,传达是物理的事实,"审美的事实在对印象的表现加工中就完成了,至于传达,是后来附加的,是另一种事实"[③]。他只承认审美直觉才是艺术创造,而把传达活动排除在外。形式主义美学则是走向另一极端,把艺术仅仅归结为一种美的形式,"艺术中一切都仅仅是艺术手法,除了手法的总和,事实上根本不

---

① 见《马克思恩格斯全集》,第42卷,第126页,北京,人民出版社,1979。
② 卢卡奇:《审美特性》,徐恒醇译,第1卷,第3章,北京,中国社会科学出版社,1986。
③ 克罗齐:《美学原理》,朱光潜译,第6章,第59页,北京,外国文学出版社,1987。

存在别的东西"①，而其他则是"美感以外的现实性"，"形式之外非审美的事实"，因而不属于艺术作品，被逐出艺术之外。不错，在完美的文学艺术作品中，确实不应有"美感事实和非审美事实的二重性"。但是，当作家、艺术家确实从丰富多彩的对象世界获得了审美体验、人生感悟，那么，这种审美反映为什么就不能成为艺术的内容呢？当大千世界经由体验、感悟而转化为审美意象，这样，艺术的内容不也是审美的吗？为什么艺术就只能有美的形式而不能有审美的内容呢？问题还是在于：艺术的审美内容和美的形式如何有机结合。还是黑格尔说得辩证：文学艺术之所以要有美的形式，"既不是由于它碰巧在那里，也不是由于除它以外，就没有别的形式可用，而是由于具体的内容本身就已含有外在的、实在的、也就是感性的表现作为它的一个因素"②。卡西尔把文学艺术看作是一种符号形式，由内容转化而来的一个有机整体，"一首诗的内容不可能与它的形式——韵文、音调、韵律分离开来。这些形式并不是重复一个给予的、直观的、纯粹的、外在的或技巧的手段，而是艺术直观本身的基本组成部分"③。

文学艺术的创造，就是内容形式化、形式内容化的双向对象化过程，最终创造出一种独特的存在："活的形象"。在"活的形象"中，形式是躯体，而内容是灵魂，躯体和灵魂不可分离，紧密结合在一起。"活的形象"的形式，是心灵化的灌注生气、气韵生动的形象符号。它是审美想象的产物，而又引发别人的审美想象，所以是"审美想象的特殊身体"④。而这形象符号传达的，则是审美的信息、无限丰富的心灵的世界。至于这心灵世界，乃是客观世界的反映，却是另一层次的问题，那才涉及唯心、唯物，这里不说。

正是因为"活的形象"把内容和形式融合在一起，因此，"当我们沉浸在对一件伟大的艺术品的直观中时，并不感到主观世界和客观世界的分离"。我们沉浸在这个"活的形象"中了："现在我进入了一个新的领域——不是活生生的事物的领域，而是'活生生的形式'的领域。"

艺术要运用符号、通过符号思维而创造形式结构。但艺术符号不是一般的符号，自有独特的性能。使用艺术符号和使用其他符号不同，"这两种活动不管在特征上还是目的上都不是一致的：它们并不使用同样的手段，也不趋向同样的目的——一种激发美感的形式媒介中的表现，是大不相同于一种语言或概念的表现的。一个

---

① 有关形式主义，参见胡经之、张首映主编：《西方20世纪文论选》，第2卷，第2、10、37页，北京，中国社会科学出版社，1989。
② 黑格尔：《美学》，朱光潜译，第1卷，第92页，北京，商务印书馆，1979。
③ 卡西尔：《人论》，甘阳译，第198页，上海，上海译文出版社，1985。以下引文，未注明出处者，均见《人论》第9节。
④ 鲍桑葵：《美学三讲》，周煦良译，第2讲，上海，上海译文出版社，1983。

画家或诗人对一处地形的描绘与一个地理学家或地质学家所做的描述几乎没有共同之处。在一个科学家的著作和一个艺术家的作品中,描写的方式和动机都是不同的"。我们在生产实践中,把木材、水泥、钢材等组合变形,创造了一种新的物质形式——房屋;而艺术实践则使用艺术符号,创造了一种"活的形象"。"艺术家把事物的坚硬原料熔化在他的想象力的熔炉中,而这种过程的结果就是发现了一个诗的、音乐的或造型的形式的新世界"。

正是作家、艺术家使用艺术符号,把物质材料通过审美想象创造出了"活的形象"这个新客体,也就"使我们的情感赋有审美形式,也就是把它们变为自由而积极的状态"。"在这个世界,我们所有的情感在其本质和特征上都经历了某种改变过程"。贝多芬的《第九交响曲》,就表达了作者的复杂感情。其中有根据席勒《欢乐颂》的基调而表达出的狂喜的感情,但我们也会感受到整个乐曲表达出来的悲怆音调。但是,这些都构成一个有机整体,因而,"在我们的审美经验中,它们全都结合在一个个别整体。我们所听到的是人类情感从最低的音调到最高的音调的全音阶,它是我们整个生命的运动和颤动"。

文学艺术的目的,不正是要把内容和形式融合为一个有机整体,创造出"活的形象"吗?这种"活的形象",不是客观世界中事物的情景再现,而是新的创造。即使是像苏州评弹《蝶恋花答李淑一》,虽是依据同名诗词的改编,但也是"活的形象"的新创造。评弹曲调,吴侬软语,温柔敦厚,若要表达原词的意境必须有新的变化。原词一唱三叹、意深情长,对牺牲者表达了深切的怀念,但整篇充满豪迈激情。如何在评弹中表现这种精神?评弹作者就把评弹的原有曲调分解,重新组合,又吸收了陕北民歌中粗犷的旋律("河畔上开花"开头)、京剧中高亢的曲调("一马离了西凉界"结尾),融为有机整体。整个评弹曲调和谐一致,浑然一体,宛若天成,因而使人感到韵味无穷而催人奋进,给人以不尽的审美享受。

作家、艺术家不仅必须感受、体验事物的内在意义,而且必须给予这种感情、体验以外形。"艺术现象的最高最独特的力量表现在这后一种活动中。外形化意味着不只是体现在看得见或摸得着的某种特殊的物质媒介如黏土、青铜、大理石中,而是体现在激发美感的形式中:韵律、色调、线条和布局以及具有主体感的造型。"无疑,要把材料改造为形式,这需要煞费"匠心",运用高超的技巧和手法。然而最高超的技巧要消融在美的形式中,使人全然感觉不到它,这正如巴金所说:"文学的最高境界是无技巧。"[1]文学艺术的优秀之作总是这样的,"不表现什么形式,线条和颜色再也找不到了;一切都融化为思想和灵魂"[2]。文学艺术的创作把内容形式化了,也把

---

[1] 见上海《文学报》1982年6月24日。
[2] 见《罗丹艺术论》,第135页,北京,人民美术出版社,1987。

形式内容化了。所以,连高度重视形式化的符号美学家卡西尔,最后也得出结论:"只有把艺术理解为是我们的思想、想象、情感的一种特殊倾向、一种新的态度,我们才能够把握它的真正意义和功能。"

那么,这"活的形象"不就是我们常说的艺术形象吗?我们倾向于把席勒所说的"活的形象"做新的阐释,用来作为艺术形象的进一步规定:物质材料经过心灵化,按美的规律改造为美的形式,用以表达审美意象,因而成为"活的形象",这也正是艺术形象的本质特征。艺术形象具有符号的性质,但它不仅只是"能指",还包括了"所指"。在艺术形象中,能指和所指融为一体,密不可分了。没有经过心灵化的物质,只是死的物质,不是"活的形象"。要能使读者、观众、听众也能在心灵中激起共鸣,也要经过读者、观众、听众的心灵化。不然,那作品也仍然是一堆死的物质。所以,这"活的形象",乃是体现心灵和激活心灵的中介,只有在审美想象中,才使这形象活起来。

不过,艺术形象、活的形象,这"形象"二字,应作宽泛的理解。形象者,存在形态之象也。它应涵盖有形之象、有声之象、动态之象。音乐没有直接的有形之象,直接呈现的只是声音之象,如朗格所说,是时间意象的符号化,只是"音美"。但声音也是存在的一种形态,《乐记》早已把这称之为"乐象"。把乐象归属于艺术形象之下,也并不违背形式逻辑。何况,科学证明,声音虽存在于时间中,但乐音随着时间的进展,也在改变着空间结构。音乐的声音之象,也能使人联想、想象出有形之象。不过在音乐中,"音美"乃直接呈现,而"形美"乃由间接引发,由"音美"而使人联想到"形美"。无怪乎贝多芬说自己作曲时,心中常浮起画面。但我们还是愿意把艺术形象理解得宽泛些,不仅涵盖有形之象,而且还有声态之象、动态之象。这样,音乐形象之说仍可成立,把它简称为乐象,也未尝不可。当然,若有比艺术形象更好的说法,也可接受。比如,把艺术形象简化为"艺象"[①],就躲开了"形"的多解,也未尝不可。但那艺象的实质,仍然是"活的形象",是"艺术形象"。

艺术形象、艺象,是连结艺术创造者和艺术接受者的中介。两个主体之所以能沟通,乃是因为艺术形象的结构和艺术创造者、艺术接受者的审美心理结构异质同构、动态相应。但艺术形象不仅只是一个新的审美对象,而且还是一个审美创造的模型。人们从艺术形象那里得到的不只是审美的享受,还有审美创造的启示。所以,艺术教育的意义,既在帮助提高审美的鉴赏力,又在培养美的创造力。发展和完善人的创造本性,推动人们按照美的规律去改造世界,使我们这个世界更美好,个体和环境也达成新的动态平衡,这正是我们今天要重视审美教育的根本原因。

(胡经之)

---

① 参见何国瑞主编:《艺术生产原理》,第115—118页,北京,人民文学出版社,1989。

论析6　中国实践美学问题的发展历程

在20世纪马克思主义美学发展史上,中国实践美学的出现,有着十分突出的文化意义。分析中国实践美学的产生、发展以及围绕实践美学所展开的理论论争和不断提出的新命题,无疑有利于马克思主义美学在中国的深入发展和完善。

所谓"中国实践美学",是指在20世纪后半期的中国美学史上,以马克思主义实践哲学为理论基础所形成的一种美学思想或流派。马克思的《费尔巴哈论纲》揭示了实践对于克服唯心论和唯物论的重要意义。但只是到了20世纪80年代,实践哲学才借助马克思《1944年经济学—哲学手稿》的问世,得到中国美学界的广泛注意、深入研究和新的阐释。在此基础上,以李泽厚、刘纲纪、蒋孔阳等人为代表而形成的各种美学观点,体现出共同的理论意向和追求,即把实践当作自己美学体系的哲学出发点,把美定义为社会历史实践的产物,是人的本质力量的对象化或自然的人化。实践美学尽管不是20世纪后半期中国唯一的美学流派,但由于它始终坚持马克思主义实践观,从而取得了学术上的优势。自20世纪50年代末期中国四大美学流派形成以来,实践美学已成为当代中国最有影响的美学流派。从历史发展角度看,中国实践美学也经历了一个不断补充与相对完善的过程。依其不同发展阶段所提出和讨论的问题,我们可以称"文革"前的美学为"前实践美学",80年代的美学为"实践美学",90年代以来的美学为"后实践美学",而每一阶段的美学都体现出特殊的问题发展史。

(一)"前实践美学":社会与个体、物质与精神

所谓"前实践美学",并非只是一种时间上的规定,它也表明实践美学在初创期的不完善状态。众所周知,中国"前实践美学"产生于20世纪50年代的"美学大讨论"。在那种"心物对峙"的论辩中,唯一能够超出这一僵持而以综合超越方式进入实践论层面的,是李泽厚和朱光潜的美学。时至今日,我们冷静地反省和评价朱光潜、李泽厚的美学论战,就会发现,他们其实正构成了"前实践美学"在理论上的综合与互补。

以李泽厚为代表的实践美学,在20世纪五六十年代的研究格局中,基本上是一种"客观社会派"美学,其特征是侧重从自然的物质实践活动方面讲"自然的人化",讲实践的普遍性和群体性。这在李泽厚的《美的客观性和社会性》、《关于当前美学问题的争论》诸文中体现得比较清楚。尤其是他在1962年发表的《美学三题议》,可以看作是他对"前实践美学"发展的一个阶段性总结。关于美学的哲学基础问题,李泽厚认为:"我所主张的'美是客观的,又是社会的',其本质含义不只是在指出美存在于现实生活中或我们意识之外的客观世界里,因为这还只是一种静观的外在描绘或朴素的经验信念,还不是理论的逻辑说明……只有遵循'人类社会生活的本质是实践的'这一马克思主义根本观点,从实践对现实的能动作用的探究中,来深刻地论证美的客观性和社会性,从主体实践对客观现实的能动关系中,实即从'真'与'善'的相互作用和统一中,来看'美'的诞生。"①"就内容言,美是现实以自由形式对实践的肯定;就形式言,美是现实肯定实践的自由形式。"②

如上论述中,了解李泽厚实践美学内涵的关键问题是:何谓社会性和客观性?它带给李氏实践美学最本质的规定是什么?在1957年发表的《美的客观性和社会性》一文中,李泽厚指出:"要真正解决美的客观存在问题,就不能否认而要去承认美的社会性","我们所承认的美的社会性不但与客观唯心主义所讲的'观念的体现'说(体现了自由、进步观念的事物是美等)不同,与朱光潜所讲的美的社会性就是它的主观性也根本两样。因为我们所讲的美的社会性是指美依存于人类社会生活,是这生活本身,而不是指美依存于人的主观条件的意识形态、情趣,即便这意识和情趣是社会的、阶级的、时代的。所以,就不能把美的社会性与美感的社会性混为一谈,美感的社会性(社会意识)是派生的、主观的,美的社会性(社会存在)是基元的、客观的。"③

在1962年发表的《美学三题议》中,李泽厚指出:

> 美是客观的。这个"客观"是什么意思呢?那就是指社会的客观,是指不依存于人的社会意识,不以人们的意志为转移的不断发展前进的社会生活、实践……它所以是社会的,是因为:如果没有人类主体的社会实践,光是由自然必然性所统治的客观存在,这存在便与人类无干,不具有价值,不能有美。它所以是客观的,是因为:如果没有对现实规律的把握,光是盲目的主体实践,那便永远只能是一种"主观的、应有的"善,得不到实现或对象化,不能具有感性物质的

---

① 李泽厚:《美学三题议》,见《美学论集》,第160—161页,上海,上海文艺出版社,1980。
② 李泽厚:《美学三题议》,见《美学论集》,第160—161页,上海,上海文艺出版社,1980。
③ 李泽厚:《美的客观性和社会性》,见《美学论集》,第59、59—60页,上海,上海文艺出版社,1980。

存在,也不能有美……美的普遍必然性正是它的社会客观性。美是诞生在人的实践与现实的相互作用和统一中,而不是诞生在人的意识与自然的相互作用或统一中,是依存于人类社会生活、实践的客观存在,但却不是依存于人类社会意识的所谓"主客观的统一"。①

分析李泽厚的以上论述,它带给初创期"实践美学"的基本理论规定和表现特征是:

第一,"实践"是理解美的逻辑前提。因为人类社会生活的本质是实践的,而实践本源地是指以经济为目的的物质生产,表现为一种不依主观意识为转移的社会历史必然性,并且超出于个体直接的意识行为之上。诚如李泽厚所指出的,只有从实践对现实的能动作用中,从"真"与"善"的相互作用和统一中,才能理解美的问题。李泽厚引进"实践"概念对美所做的阐释,不仅成为中国马克思主义"实践美学"的理论基础和出发点,而且也在20年后的中国新时期,终于成为中国美学四派中的三派共同的哲学框架,有十分重要的理论意义。

第二,"实践"是产生美的历史根源。依据物质生产所引起的自然人化,李泽厚深入阐述和说明了美的历史来源,即物质生产作为人类基本的生存形式,不仅呈现为欲求(目的)动作与智力(工具)操作交织融合的活动,也不是单纯具有工具性,它是本体和本原,而且始终趋向人(目的)与自然(规律)、感性与理性、真与善相统一的过程,亦即趋向自由。因此,由物质生产实践产生出肯定这种统一过程的自由形式体验——即审美。美是劳动的派生物,审美是实践所产生的人化自然结构的反应性活动,艺术则是对审美的反映。在李泽厚美学的理论框架中,物质实践的自由是其审美自由的发生学证明。物质是第一性的和至关重要的,这是"实践美学"重要的理论依据之所在。

第三,实践是美的社会存在基础。除客观性的依据之外,实践的社会性也是李泽厚美学的重要依据之一。它作为人类总体(或群体)的物质生产方式,是不以个体的主观意识为转移的,并且超出了个体直接的意识行为之上,始终指向人类总体的社会进程,指向人类实践的整体性。所以,"我们所讲的美的社会性是指美依存于人类社会生活,是这生活本身,而不是指美依存于人的主观条件的意识形态、情趣,即使这意识和情趣是社会的、阶级的、时代的"②。所以,"实践美学"所谓"社会性"的含义,正是指人类生活与实践的群体性质和特征。

从"实践美学"所强调的主张和表现特征看,其理论缺陷也十分明显。概括地

---

① 李泽厚:《美学三题议》,见《美学论集》,第160—161页,上海,上海文艺出版社,1980。
② 李泽厚:《美的客观性和社会性》,见《美学论集》,第60页,上海,上海文艺出版社,1980。

讲,李泽厚依据物质生产所引起的自然人化的理论,说明的只是美的历史来源,而并未揭示美的本性和功能;李泽厚所强调的美的客观性(或物质性),强化了审美理论的经济本体论话语背景和非意识性,缺乏美的精神内涵和美的能动性价值;李泽厚所强调的美的社会存在基础,把美看作为一种"类"和"群体"的确证与价值体现,而贬抑个体的价值和意识,缺乏美的存在的个体价值依据和真实基础。"由于缺少价值本体,这种第二国际式的社会科学实证并不是哲学。因此,心体与美的能动性价值自始就是李泽厚实践观最薄弱的一环。在以艺术社会学涵摄美的本质论的李泽厚美学中,严格讲,并未给出美的实质内容。但问题还在于,当李氏倾力强调将美与'心'还原于物质生产的实践时,这种作为人类学本体基础条件的物质生产实践同时已自觉不自觉地吞并了价值的本体。"①这似乎是前实践美学在理论上的致命弱点,即注重美的物质性与社会性,轻视美的精神性与个体性。但这种理论上的贬抑与忽略,却恰恰在朱光潜美学思想中凸现了出来。李泽厚实践论美学早期理论的提出和建立,很大程度上是通过争论,尤其是通过批判朱光潜美学思想来完成的,他所贬抑和否定的东西正是朱光潜所倡导的。所以,在客观上,朱光潜美学成了前实践美学在理论上的重要补充。

朱光潜的美学思想虽然脱胎于意识论,但他在20世纪50年代末,通过翻译英国马克思主义者考德威尔的《论美》和学习马克思《政治经济学批判导言》等,逐渐转入和建立起自己新的实践论美学观点。其主要内容包括:实践作为人改造世界以实现自由的活动,具有突出的自觉意识性亦即主观(主体)性,"马克思主义理解现实,既要从客观方面去看,又要从主观方面去看。客观世界和主观能动性统一于实践。所以在美学上和在一般哲学上一样,马克思主义所用的是实践观点"②;本源意义上的劳动实践作为人的自由本质,与显现这一自由本质的审美,以及更为专门表现这一本质纯粹形态的艺术,其同一性方面是主要的。从而,审美与艺术作为自由意识的集中代表,在实践内部必然具有能动的职能作用,因而物质生产与精神生产具有内在的同一性,艺术就是一种生产劳动。他指出:

  对美学特别有意义的是人"在自己所创造的世界里观照自己"这句话。这正是"用艺术方式掌握世界",说明了劳动创造正是一种艺术创造。无论是劳动创造,还是艺术创造,基本原则都只有一个:"自然的人化"或"人的本质力量"的

---

① 尤西林:《朱光潜实践观中的心体——重建中国实践哲学—美学的一个关节点》,载《学术月刊》1997年第7期。
② 朱光潜:《生产劳动与人对世界的艺术掌握——马克思主义美学的实践观点》,见《朱光潜全集》,新编增订版,第4卷,第138页,北京,中华书局,2012。

对象化。①

有论者指出,朱光潜的心体观包含的两个主要原则,是主体性价值本体与两种生产的同一性:前者意味着发端于并基于物质生产的心体须超越物质生产所固有的生物性与人类中心性,后者意味着心体超越性的价值导向必须落实在对于物质生产的作用中,而不能抽象孤立地存在。② 尽管朱光潜在理论上并未实现两项原则的统一,心体与实践、特别是与物质生产内在的相互关联作用机制及其结构,尚未正面地成为朱光潜美学深入研究的课题。但是,强调实践中突出的自觉意识性和美的精神价值,对李泽厚"实践美学"长期贬低心体价值、以物质性和社会性取代美的意识性与精神性这一理论趋向来说,则无疑是一种至关重要的理论矫正和补充。

归纳以上所述,"前实践美学"所存在的主要问题是:美的物质性(或客观性)和社会性与美的精神性和个体意识性之间的矛盾与对立。李泽厚的"实践美学"侧重强调物质生产的本体地位以及对美的历史来源的证明。因其着力推崇物质实践的决定作用,而被视为中国"实践美学"的主流学派。而朱光潜的美学观则突出强调实践的精神性与主观能动性,"心"的地位与价值论特性成为一种非常重要的理论意象。但因其对实践的精神性和个体意识性的坚持,不仅没有被视为对李泽厚"实践美学"的重要补充,而且被排斥在"实践美学"范围之外。两种美学观点相互冲突和对立,愈演愈烈,不仅成为"前实践美学"时期论战和争议的主要问题,同时也在很大程度上规范、制约和支配着中国"实践美学"发展的总体方向。

(二)实践美学:积淀与突破、理性的凝聚与感性的超越

进入20世纪80年代后,中国"实践美学"的发展及其争议的主要问题,是围绕"积淀说"与"突破论"来展开的。这是20世纪五六十年代"前实践美学"争议的问题在新的文化背景下的深化与延续。由于这一争议更注重美学本体理论和审美问题的真实有效性,触动了美的价值根基,因而引起"实践美学"的某些内在转变。

客观而论,自20世纪五六十年代起,李泽厚在探讨人类"文化—心理"结构的历史渊源和审美心理特征时,已有了"积淀说"理论的萌芽。七八十年代,他借助本体

---

① 朱光潜:《生产劳动与人对世界的艺术掌握——马克思主义美学的实践观点》,见《朱光潜全集》,新编增订版,第4卷,第145—146页,北京,中华书局,2012。

② 尤西林:《朱光潜实践观中的心体——重建中国实践哲学—美学的一个关节点》,载《学术月刊》1997年第7期。

论哲学、人类学、认知心理学等现代思想资源的融通,以历史唯物论和实践论为基础,在吸收和改造康德"先验论"和"共通感"、荣格"集体无意识原型论"、格式塔心理学完形论等观点的基础上,逐步完善和深化"积淀说",不仅强化了以操作、制造物质生产工具的劳动为基点的实践本体论,使其早期消极的劳动派生论与审美反映论演化为中介功能性,突出强调了人类实践劳动中物质与精神彼此渗透、缠绕与同一体的特性,①是对"自然人化"理论的重大发展。

在《康德哲学与建立主体性论纲》中,李泽厚强调:

> 美作为自由的形式,是合规律与合目的性的统一,是外在的自然的人化或人化的自然。审美作为与这自由形式相对应的心理结构,是感性与理性的交融统一,是人类内在的自然的人化或人化的自然。它是人的主体性的最终成果,是人性最鲜明突出的表现。在这里,人类的积淀为个体的,理性的积淀为感性的,社会的积淀为自然的。②

在《关于主体性的补充说明》中,李泽厚进一步强调,"审美的特征正在于总体与个体的充分交融,即历史与心理、社会与个人、理性与感性在心理、个体和感性自身中的统一。这不再是理性的一般内化,不再是理性的集中凝聚,而是理性的积淀。它不再是以一般压倒个别,而是沉积着一般的个性潜能的充分培育和展现……从而理性的积淀—审美的自由感受便构成人性结构的顶峰"③。而在《美感谈》当中,他进一步解释说:"'积淀'的意思,就是指把社会的、理性的、历史的东西累积沉淀为一种个体的、感性的、直观的东西,它是通过自然的人化过程来实现的。我称之为'新感性',这就是我解释美感的基本途径。"④

分析以上关键性论点,李泽厚的"积淀说"对"实践美学"新的理论规定和思想指向,大致表现出如下特征:

第一,就美学研究的整体现状而言,"积淀说"将美学从侧重于对客体的研究,引向对主体的研究;从侧重于从客体方面探讨美和美感的根源,引向探讨主体的审美心理结构及其积淀的实践基础和历史渊源,强调主体实践对于文化心理结构和艺术文化发生、发展的意义,以及实践主体对于美和审美、文化和艺术发生、发展的能动性。这是80年代"实践美学"的基本立论之一,以至被许多人视为中国当代美学理

---

① 尤西林:《朱光潜实践观中的心体——重建中国实践哲学—美学的一个关节点》,载《学术月刊》1997年第7期。
② 《李泽厚哲学美学文选》,第161页,长沙,湖南人民出版社,1985。
③ 《李泽厚哲学美学文选》,第176页,长沙,湖南人民出版社,1985。
④ 《李泽厚哲学美学文选》,第386—387页,长沙,湖南人民出版社,1985。

论的一个重大突破。①

第二,"积淀说"在理论基础上把历史唯物论和实践论结合起来,强调"文化—心理"积淀是在人类长期的活动、实践中实现的,是人类在实践中所创造的内在精神文明的重要组成部分。审美心理及其积淀既将感性积淀于理性、形式积淀于内容,又将理性积淀于感性、情感,内容积淀于形式,使审美的感性活动成为积淀了理性的感性,使审美获得的形式成为积淀了内容的形式。正是实践过程中主体与客体的内在统一,才使审美心理积淀成为美与审美、物质实践与文化符号之间的中间环节,是社会与个体、理性与感性、历史与心理相统一的中介。

在这里,"积淀说"不仅发展了"人化自然"的理论,而且突出了主体审美心理结构的中介性及其能动作用,成为"实践美学"研究的一个重要方面。如果说,在20世纪五六十年代,"实践美学"由于以"自然人化"理论为核心,找到了"实践"这一联系审美主体与审美对象的中介环节,找到了沟通物质世界与心灵世界的真正桥梁,从而得以超越是对象决定主体(蔡仪)、还是主体决定对象(吕荧)的二元对峙局面,在真正意义上实现了主客观统一论者(朱光潜)所未能达到的目的②,那么,现在,"积淀说"的提出,更为突出地强调了"实践"活动的历史意义,从而形成审美对象与审美主体相互交织、同步建构的特性,导致李泽厚的"实践美学"把重心从外在的社会学移向主体性心理。"为什么不可以反'反心理主义'呢?""不是外部的生产结构,而是人类内在的心理结构问题,可能日渐成为未来时代的焦点。"由此可见,"积淀说"对主体审美心理结构及其功能性作用的强调,表明"实践美学"对审美中的精神要素的重视,也可视作是对朱光潜两种生产统一意象的心体论的落实与推进,是"实践美学"的重要发展。

然而,李泽厚"积淀说"远不是完美无缺的,正是这些缺陷才引起美学界的困惑、不满和反诘。"积淀说"旨在说明某种文化意识和心理结构的独立性和历史必然性,尽管也包括了审美心理结构的社会历史根源和实践基础,但就美学的本体理论而言,"积淀说"却没有进一步揭示个体审美心理结构的共时性建构和个体积淀的复杂过程及其能动作用,从而使人类审美心理的积淀成了没有广泛基础的空中楼阁,并且可能导致个体心构的决定论,甚至可能导致心构的遗传决定论和宿命论,从而也就窒息了群体或个体建构对于人类历史积淀进行超越或"突破"的可能性,使人类历史性积淀成了无本之木、无源之水,甚至成为一成不变的僵固模式。③ 有论者指出,"积淀说"所隐藏的片面性,是因为过多强调了历史的"积淀"功能而忽视了其现

---

① 参见邱明正:《建构——积淀与超越的中介》,载《学术月刊》1994年第4期。
② 参见陈炎:《"实践美学"与"实践本体"》,载《学术月刊》1997年第6期。
③ 邱明正:《建构——积淀与超越的中介》,载《学术月刊》1994年第4期。

实的"突破"意义。① 分析20世纪70年代末至80年代中国美学的发展状况,在此时期,真正对李泽厚"实践美学"构成实质性挑战,并且从理论上形成补充的,恰恰是围绕"积淀说"所展开的争论。所以,从美学问题史角度观察,我们不能不重视高尔太、刘晓波反"积淀说"的观点,以及蒋孔阳"突创论"思想对"实践美学"的补充和完善作用。

进入20世纪80年代以后,高尔太美学观的变化诚如有论者所评价的:"原为主观派的高尔太同样通过马克思主义哲学人类学而将心体社会历史化,但却保持了美之心体的价值本体地位。高氏美学不仅成为中国大陆新时期思想解放激进的一翼,也成为唯一对李泽厚构成实质性挑战的反'积淀论'学派"。② 有论者指出,高尔太美学的鲜明特色就是强调动态、开放、创新,强调面向未来,强调蓬蓬勃勃的生命力。③ 美学界何以会有这种评价呢? 其依据恰恰根源于高尔太所提出的美感作为一种感性动力结构的理论。

高尔太认为,马克思把美的问题纳入哲学范畴,把美的哲学放置在更为广义的人的哲学基础上,指出美是"人的本质力量的对象化",这的确为美学研究指出了一个正确的方向。由于马克思的启示,现在的大前提——人的本质是自由——已经有了,小前提——美是人的本质力量的对象化——也已经有了。所以,论证美是自由的象征,已经不能算是一种大胆的设想。④ 高尔太美学正是基于这样的思想背景和前提,把历史、客体、自然与人的发展联系起来,提出了美感作为感性动力的理论。"美感是人的一种本质能力,是一种历史地发展了的人的自然生命力。它首先是人的自然生命力,是人类创造世界和选择进步方向的一种感性动力,它永远是开放的和进取的,永远是通向未来的。其次它是历史地发展了的,是以往全部世界历史的成果,在其中理解转化为直觉,逻辑认识转化为感觉,历史的和社会的东西转化为个人的东西。这一切都来自以往的历史发展。所以它又是面向过去的,是一个相对静止和封闭的理性结构。美感包含这二者,但不是这二者的机械的结合。它首先是一种感性动力,在其中理性结构不过是一个被扬弃的环节。"⑤

毫无疑义,高尔太的"感性动力说"没有把美视作法则和理性结构的王国,而是视作力量的王国,它冲破了"积淀说"的保守性和封闭性,使主体的审美意识获得了

---

① 关于这一点,可参见陈炎的《试论"积淀说"和"突破说"》,载《学术月刊》1993年第5期;《"实践美学"与"实践本体"》,载《学术月刊》1997年第6期。
② 尤西林:《朱光潜实践观中的心体——重建中国实践哲学—美学的一个关节点》,载《学术月刊》1997年第7期。
③ 参见丁枫:《高尔太美学思想研究》,沈阳,辽宁人民出版社,1987。
④ 参见高尔太:《美是自由的象征》,第43—44、103—104页,北京,人民文学出版社,1986。
⑤ 高尔太:《美是自由的象征》,第103-104页,北京,人民文学出版社,1986。

自主的意义。相对于理性结构而言,感性动力的一个最重要的优越性就是使选择保持开放。

> 美不是作为过去事件的结果而静态地存在的。美是作为未来创造的动力因而动态地存在的。所以它不可能从"历史的积淀"中产生出来,而只能从人类对于自由解放,对于更高人生价值的永不停息的追求中产生出来……从变化和发展的观点看,即从人类进步的观点看,不是"积淀"而是"积淀"的扬弃,不是成果而是成果的超越,才是现代美学的理论基础。①

> 离开感性动力而谈论理性结构和历史的积淀,虽然有时有能合乎逻辑地说明许多已经形成的事实,但是这种说明至多只有艺术史或美学史的意义,而没有美学原理的意义。②

可以认为,高尔太的感性动力理论所倡导和强调的,正是李泽厚"积淀说"所忽略和缺乏的。

尽管有学者指出,刘晓波是作为文化思潮的情绪性代表,而不是在学术理论层面与李泽厚冲突的;尽管刘晓波的"突破论"的确含有很大的极端性——就像有学者所批评的,只具有否定性价值,而没有肯定性价值,但作为对"积淀说"最直接、最尖锐的批评者,了解"突破论"否定的内容及其指向,有助于我们把握和分析"积淀说"所隐藏的理论的片面性。

在刘晓波看来,以往的社会实践不仅以对象化的形式构成了外在的物质世界,而且以积淀的方式规范着内在的精神世界,即在一种无意识状态下将已有的思维方式、价值尺度和审美标准作为先验规范凝固起来,结成一种僵死的"心理板结层"来限制和压抑主体的创造力。人若屈服于这种"心理板结层"的压力,就会变得因循守旧、故步自封,既缺乏实践的革新精神,又失去了美的创造力。如此说来,被李泽厚视为美之根本的文化"积淀",在刘晓波这里恰恰成了美的障碍物。③ 刘的主要观点和结论是:"美的永恒价值不在理性的、社会的'积淀',而在于美作为一个开放而具有无限可能性的、永远指向生命本身的、活的有机体,能够不断地唤醒在理性法则、社会规范之中沉睡的感性个体生命,为人的自由开辟通向未来的道路。"因此,他认为,在哲学上和美学上,李泽厚皆以社会、理性、本质为本位,而他则皆以个人、感性、

---

① 高尔太:《美是自由的象征》,第109页,北京,人民文学出版社,1986。
② 高尔太:《美是自由的象征》,第111页,北京,人民文学出版社,1986。
③ 陈炎:《试论"积淀说"和"突破说"》,载《学术月刊》1993年第5期。

现象为本位；李泽厚强调和突出整体主体性，他则强调和突出个体主体性；李泽厚的目光由"积淀"转向过去，他的目光则由"突破"转向未来。①客观地说，刘晓波的批评虽然偏激，但却真实地指出了"积淀说"的内在缺陷，有助于人们深入反思"实践美学"在理论上的发展方向。

分析20世纪80年代"实践美学"流派的演变，蒋孔阳虽然没有明确地反"积淀说"，但他所提出的以实践论为基础、创造论为核心的审美关系理论，却从正面补充了"积淀说"的内在缺陷。众所周知，自20世纪五六十年代"美学大讨论"至今，蒋孔阳的美学观点同实践派在大的方向上是一致的，但在侧重点、基本思路、主要论点及理论的阐述和具体展开上，又是大异其趣，在某些重要观点上甚至是对立的。总的说来，蒋孔阳的美学思想是以马克思主义实践论为基础，但他并不像实践派那样，直接从实践概念来界定美，而是以马克思"人的本质力量的对象化"和"自然人化"思想为立论的主要依据，从人与现实（自然）的审美关系的历史形成入手，来揭示美和美感的诞生和本质的。②需要指出的是，蒋孔阳在美学基本问题的探讨中，把主体创造的思想放在突出地位；在人对现实的审美关系中，他总是把主体放在首要位置，而在主体方面又总是强调"创造"对建立审美关系的关键作用。对于美的创造，他还从宏观总体上，从主客体不断作用和变化方面做出了富有新意的阐发，首次提出了"美的创造，是多层次的累积所造成的一个开放系统：在空间上，它有无限的排列与组合；在时间，它则生生不已，处于永不停息的创造与革新之中"③。诚如有论者所评价的，蒋孔阳把"实践美学"推进到"创造美学"，扩展了"创造"这一概念在美学中具体而丰富的内涵，在"实践美学"中是一种必然的延伸。④蒋孔阳的"实践美学"追求不断超越的开放体系，其特点是在"强调物质创造的前提下，注重精神创造；强调社会整体创造的前提下，不忽视个体创造；在重视创造成果的前提下，强调创造过程"⑤。

由此可见，无论是作为反"积淀"学派的高尔太、刘晓波之于"实践美学"的直接批评，还是作为实践派代表的蒋孔阳从理论上对"积淀论"的补充和完善，其共同的理论指向，就是强调美的感性动力价值、突破意识与创造、超越的精神，并把诸种特征落实在审美主体的能动作用上。这就从不同方面启示了我们，"实践美

---

① 刘晓波：《选择的批判——与李泽厚对话》，第17—18页，上海，上海人民出版社，1988。
② 参见朱立元主编：《当代中国美学新学派——蒋孔阳美学思想研究》，第2页，上海，复旦大学出版社，1992。
③ 蒋孔阳：《蒋孔阳美学艺术论集》，第144页，南昌，江西人民出版社，1988。
④ 张玉能：《创造美学的建构和发展》，见朱立元主编《当代中国美学新学派——蒋孔阳美学思想研究》，第28页，上海，复旦大学出版社，1992。
⑤ 喻合平：《论蒋孔阳美学体系的动态结构》，见《当代中国美学新学派——蒋孔阳美学思想研究》，第41—42页，上海，复旦大学出版社，1992。

学"在20世纪80年代以来虽有所发展和突破,亦提出了主体论的思想,但从这一时期所讨论、争议和探讨的问题的集中性来分析,"实践美学"的问题发展史和主要矛盾依然是:在审美实践的性质上,过多地强调主体的群体特征而忽视其个体的独特价值;在审美实践的过程中,过多地强调理性的必然法则而忽视其感性的能动作用;在审美实践的结果上,过多地强调历史的"积淀"功能而忽视其现实的"突破"意义。① 而这些问题能否真正地解决,关系到中国"实践美学"的前途和命运。

(三)后实践美学:回归心理本体与超越实践美学

进入20世纪80年代末,李泽厚的"实践美学"已经出现了较为明显的变化。80年代初,他曾在《康德哲学与建立主体性论纲》中提出了"不是外部的生产结构,而是人类内在的心理结构问题,可能日渐成为未来时代的焦点"的思想。而到了《美学四讲》和《关于主体性的第三个提纲》等著作中,李泽厚的实践观则急剧转向了心理本体方面。一个不仅独立于,而且现代意义远高于"工具本体"的"心理本体",终于成为李泽厚的主题。

> 原来被悬搁的问题在当今凸现,标志一个新纪元:"人如何活"(人能活下去)大体已经或快要不成问题,所以对它提出强大的质疑……于是提出了建构心理本体特别是情感本体。②

> 哲学应该看得远一点,除了继续研究物质文明中的许多课题外,应该抓紧探究文化心理问题。把艺术和审美与陶冶性情、塑造文化心理结构(亦即建立心理本体)联系起来,就可以为发展美学开拓一条新路。③

那么,何为心理或情感本体呢? 李泽厚解释说:心理本体正是未曾失去问题并与人生之谜紧相纠缠的现代课题。在现代哲学和现代思想中,除维特根斯坦提出语言本性的重大关键外,以马克思、弗洛伊德所提示的问题最为重要。他们两个人实际上提出的是人的食、色两大课题。④ 在这里,心理本体被视为人的感性生存和生命存在。

---

① 参见陈炎:《"实践美学"和"实践本体"》,载《学术月刊》1997年第6期。
② 李泽厚:《〈答问录〉的准备提纲》,见《我的哲学提纲》,第226页,台北,风云时代出版公司,1991。
③ 李泽厚:《美学四讲》,第38页,北京,三联书店,1989年。
④ 参见李泽厚:《美学四讲》,第44页,北京,三联书店,1989年。

所以,"人类历史的遗产也包括心理本体。工具本体通过社会意识铸造和影响着心理本体,但心理本体的具体存在和实现,却只有通过活生生的个人,因之对心理本体和工具本体不仅起着充实而且也起着突破的作用"①。在这里,维系心理本体方向的,被看作是活生生的个体的生存根基。"人类学本体论的哲学(主体性实践哲学)在探讨心理本体中,当然要对'生'、'性'、'死'与'语言'以充分的开放,这样才能了解现代的人生之诗"②。

在《美学四讲》的最后,李泽厚颇带总结性地写道:

> 回到人本身吧,回到人的个体、感性和偶然吧。从而,也就回到现实的日常生活(everyday life)中来吧!不要再受任何形上观念的控制支配,主动来迎接、组合和打破这积淀吧。艺术是你的感性存在的心理对映物,它就存在于你的日常经验(living experience)中,这即是心理—情感本体。③

在这里,心理情感本体就等同于人的个体、感性和偶然,等同于不受形上观念控制和支配的人的感性存在、日常经验。这便是20世纪80年代末至90年代以来,李泽厚"实践美学"最为显著的变化。它所昭示的基本问题是:

第一,被"实践美学"长期蔑视的感性个体的存在及其突破意义,在李泽厚美学中开始受到重视。"积淀既由历史化为心理,由理性化为感性,由社会化为个体,从而,这公共性的、普遍性的积淀如何落实在个体的独特存在而实现,自我的独一无二的感性存在如何与这共有的积淀配置,便具有极大的差异。这在美学展现为人生境界、生命感受和审美能力的个体差异。这差异具有本体的意义,即那似乎是被偶然扔入这个世界,本无任何意义的感性个体,要努力去取得自己生命的意义。这意义不同于机器人的'生命意义',它不能逻辑地产生出来,而必需由自己通过情感心理来寻索和建立"④。

第二,20世纪五六十年代曾受到李泽厚批评的实践观中的心体问题和美的精神属性,到了90年代已体现和包容在心理本体理论中。"这'心理本体'不也就是'主体'所在么?许多哲学经常是从感性到理性,人类学历史本体论则从理性(人类、历史、必然)始,以感性(个体、偶然、心理)终。'春且住,见说得天涯芳草无归路'。既然归已无路,那何不就停留、执着、眷恋在这情感中,并以之为'终极关怀'呢?这就是归路、归依、归宿。因为已经没有在此情感之外的'道体''心体''Be-

---

① 李泽厚:《美学四讲》,第45页,北京,三联书店,1989年。
② 李泽厚:《美学四讲》,第47页,北京,三联书店,1989年。
③ 李泽厚:《美学四讲》,第250页,北京,三联书店,1989年。
④ 李泽厚:《美学四讲》,第249—250页,北京,三联书店,1989年。

ing'或上帝了"。① 正如有学者所指出的,人们可以从90年代后李氏的大量此类论述、抒白中察辨到,作为价值本体的"情",不仅与物质生产的工具本体结成超越性关系,而且也不再倚重心理本体的客观结构,而成为一种以第二国际马克思主义、个体生存主义、中国传统乐感世俗主义及内在超越型"天人合一"论为混合背景的主观体验。②

这大抵就是李泽厚美学在"后实践期"的最大缺陷。尽管他已经重视个体实践的独立意义,却又把它维系在诸如食饱衣暖等感性生存层面上,看不到个体生存的精神意象和价值根基。尽管他也重视心理本体的特殊作用,却又把它界定为一种与"道体"、"形上观念"失去联系的日常经验或个体感性的主观体验,表现出极强的心理随意性和价值盲点,"从而使由工具本体派生出来的心理本体便无法返回实践本体中与工具操作构成更高的超越性关系"。所以,心理本体作为一种精神意象和价值本体,其能动性和突破作用也由此丧失。这似乎正是李泽厚"实践美学"出现"命运"危机,并连续受到理论界诸多批评的主要原因。

而这一时期对"实践美学"的批评,除了理论上进行系统分析和清理之外,同时也深入到某些更为基础、更为根本的方面。如有论者批评"实践美学"在学科定位上没有领会美学作为人文学科的特点,因重社会性而轻个性、重理性自我意识而轻感性生命表现、重历史决定作用而轻个人自由选择,把主体或人抽象为单纯的社会理性存在物,把主体的活动仅仅归结为社会功利性的物质实践活动,正好成了社会理性论在新时期的代表。还有论者从反目的论、反人类中心论和反形而上学出发,批评"实践美学"陷入了本体论的误区,即继续把美学看成是一门寻问美的抽象化本质即美的本体的学问。这样一来,审美与人类自身生命活动的联系就被遮蔽和消解了。③

以杨春时为代表所倡导的"超越实践美学",是这一时期系统清理"实践美学"内在缺陷的集中代表。他从审美的超越性质出发,批评"实践美学"的理性主义、现实化倾向,以及对审美实践的精神性与个体性的忽视、对审美意识和一般社会意识的混淆,指出审美是发源于非理性(无意识),并突破理性控制,进入到超理性(终极追求)领域的过程,但"实践美学"却把审美局限在理性活动范围,不符合审美的特性。因终极的追求,审美的形式最终指向非现实的彼岸世界,但"实践美学"主张美是现实实践的产物,又把审美局限在现实活动的范围内。审美实践也不同于物质生产和社会群体活动,即使认为审美受到社会实践的影响,由于它是自主的精神生产,也不

---

① 李泽厚:《哲学探寻录》,见《世纪新梦》,第30页,合肥,安徽文艺出版社,1998。

② 参见尤西林:《朱光潜实践观中的心体——重建中国实践哲学—美学的一个关节点》,载《学术月刊》1997年第7期。

③ 参见潘知常:《实践美学的本体论之误》,载《学术月刊》1994年第12期。

是后者所能决定的。总之,"实践美学"从实践范畴出发,由实践的群体性、物质性、理性、现实性和客观性,推导出审美的群体性、物质性、理性、现实性和客观性,这种结论并不符合审美的本性。审美活动固然要以实践为前提和基础,但审美在本质上又是超越实践的生存活动,它具有超群体的个体性、超物质的精神性、超理性的自由性、超现实的理想性和超越主客观对立的同一性,这才是审美的本质规定。"实践美学"仅仅强调了审美对实践的依赖、审美与实践的同一性,而忽略了审美对实践的超越、审美与实践的差异,这正是其理论缺陷所在。①

  针对"实践美学"的理论缺陷,杨春时提出,应建立"超越美学",即以人的存在——生存为本体论基础,以生存作为美学的逻辑起点,推导出美学范畴体系与审美的本质规定。由于生存的本质在于超越,即由物质到精神、由社会到个体、由现实到未来、由必然到自由的超越,所以称为"超越美学",而不称为"生存美学"。审美作为生存的最高形式的生存方式,是超越的生存方式和解释方式,或"自由的生存方式和超理性的解释方式"。其超越性体现于审美使片面发展的现实个性升华为全面发展的审美个性,从而现实世界也因审美个性的对象化而变为美的世界。在解释学的层面上,审美超越了现实的解释,克服了现实认识与现实价值的局限,真正把握了生存的意义,使主体获得自由的意识。同时,审美还以超理性的形式,克服了理性与非理性的对立,吸收了无意识的巨大能量,形成了情感的巨大力量,使自己成为和哲学一样的人类最高级的精神活动,并足以克服"实践美学"忽视个体性、精神性和局限于主客对立二元结构及实体范畴的弊端。②尽管学术界对"超越美学"论多有批评(如有论者指出以"生存"或"生命"为基本范畴的"后实践美学"是一种倒退),但值得人们注意的是,20世纪90年代对"实践美学"的批评和指责,大多侧重从"实践美学"的哲学基础和本体论层面去反思,它无疑能使人们从最为基础、最为根本的方面去思考中国"实践美学"的前景和出路。

  归纳以上所述,可以看到,虽然"实践美学"在不同历史时期有自己特定的理论主张和核心命题,诸如从20世纪50年代对实践的物质性和美的社会性的倡导,到80年代末期以来对"心理本体"和感性个体的强调,无不显示出李泽厚从理论上对实践内涵和美学理论的深入探讨与推进。需要指出的是,从20世纪50年代至今,中国美学界对李泽厚"实践美学"的批评和质疑,也大多围绕实践问题展开。其中最为重要的争议和问题就是:在实践的性质上,表现为主体的群体特征与个体的独特价值、物质实践与精神实践的争议;在实践的过程上,表现为理性与感性、必然与自

---

  ① 参见杨春时:《超越实践美学,建立超越美学》,载《社会科学战线》1994年第1期;《走向"后实践美学"》,载《学术月刊》1994年第5期;《拓展美学的哲学基础》,载《光明日报》1997年7月12日。
  ② 关于"超越美学",参见杨春时《超越实践美学,建立超越美学》和《走向"后实践美学"》两文。

由的争议;在实践的结果上,表现为历史的"积淀"功能与现实的"突破"意义的争议。以至在美学的本体理论方面,形成了"工具本体"与"生存本体"的价值意象的冲突和对立。面对此种情形,它也同时启示我们,中国"实践美学"的深入发展和完善,需要从更为基础、更为根本的方面去着手,这就是重新廓清和思考"实践本体"问题,并完整理解马克思主义的实践观及其在新的文化背景下的变化和发展,以从中吸取有益的价值资源,发展和完善"实践美学"。

(李西建)

论析7　20世纪五六十年代美学大讨论：理论前提与局限性

关于20世纪五六十年代的美学大讨论，学界已经谈论得不少。我们想要探讨的，不是这场讨论的具体美学理论问题，而是想从哲学上和思维方式上对它进行反思。

毫无疑问，这场美学大讨论在中国现代学术史上有十分重要的意义。从美学上说，这场讨论中产生了被称为中国现代美学四大派别的学说：主观派、客观派、主客观统一派和社会实践美学。这几派美学后来各自发展，或者相互补充，从中产生了中国现代美学史上最有代表性的理论成果"实践美学"。可以说，这场讨论奠定了中国现代美学的基础。

不仅如此。这场讨论不仅在美学上孕育了20世纪中国美学的代表性成果，而且对整个中国现代学术史也有巨大的意义：在1949年以后的三十年中国学术史上，这是唯一一次较少受到政治教条干扰、带有一定"学术"意味的理论探讨。如果把它跟五六十年代先后开展的批《武训传》、批胡风、批胡适、批《海瑞罢官》，甚至70年代的批林批孔、评《水浒》、"评法批儒"等运动稍加比较，就更可以看出这场美学讨论所显示出来的难能可贵的一定学术性和相对独立性。从这个意义上说，这场美学讨论对新中国文化学术的贡献已远远超出了美学的范围。1949年以后的三十年中国学术史，因有了这场美学讨论而改写。至少，我们可以说，因为有了这场讨论，1949年以后三十年的中国学术史不再是一片空白，也不完全是只有打着学术名义开展的政治批判运动，而是有了真正的带有"学术"意味的理论探讨。

尽管如此，限于时代条件，这场讨论仍然免不了受到"左倾"教条主义的干扰。正是这种干扰，使得这场讨论的学术性打了折扣，只能在有限的范围内呈现，也使得中国当代美学研究表现出一种先天不足的弱点。从理论和思想方式上说，无论具体持何种观点，无论参与讨论的各方后来在理论或观点上怎么发展，在这场讨论中，有一些理论前提上的误区是共同的。这些共同的理论误区，有的后来被克服了，有的却至今仍在或隐或显、或多或少地起着作用。认真清理这场讨论的前提与局限性，对于美学的发展仍是必要的。

(一)美学与哲学:错位的学科定位

这种错位包括两个方面:一是横向的、学科与学科之间的错位,即把作为价值论的人文学科的美学,看作为一门认识论学科,用认识论中的反映论原理去套用美和美感的关系;二是纵向的、美学的哲学基础与美学学科本身之间的错位,把美学的哲学基础问题当成美学本身的问题,把美学本体论问题直接等同于哲学本体论问题。

20世纪五六十年代美学讨论围绕着美和美感的本质而展开。讨论各方在美的本质问题上的具体观点有所不同,但其思路都是从古典哲学的主客观分离、对峙的角度,从美是主观心理态度或者客观属性的角度去回答美的本质问题。其中,客观论、主客观统一论和社会实践论者都有意无意地把美学定位于认识论,把美和美感的关系看成认识关系。蔡仪明确地说:"美在于客观的现实事物,现实事物的美是美感的根源,也是艺术美的根源。因此正确的美学的途径是由现实事物去考察美,去把握美的本质。"①"美学是关于美的存在和美的认识的发展的法则之学,在认识的存在之上,并求改造美的存在,而创造艺术。因此美学其实就是一种哲学,就是美的哲学,是哲学的一部分,一分支。这样说来,美学不但是可以和哲学系统直接联结,而且必须和哲学系统直接联结的。不知道一般的存在和认识的关系及其发展的法则,也就不知道美的存在和美的认识及其发展的法则。"②在这里,美学被看成哲学的一种,而哲学则就是一种认识论。

朱光潜和李泽厚在美学的学科定位问题上,没有明确地把美学定位为认识论,而是以马克思的《1844年经济学—哲学手稿》作为理论根据,把美看成是社会实践中生成的价值,而不是简单地把美看成一种脱离人的客观对象,避免了简单粗暴的机械论。但是,他们此时依然把美和美感的关系看成反映关系。朱光潜就说:"我认为马克思主义美学必须建立在四个基本原则的基础上,这就是:一、感觉反映客观现实,二、艺术是一种意识形态,三、艺术是一种生产劳动,四、客观与主观的对立和统一。"③李泽厚说得更为明确:"美是不依赖于人类主观美感的存在而存在的,美感却必须依赖美的存在才能存在。美感是美的反映、美的摹写。"④这显然是把列宁在《唯物主义与经验批判主义》中论述的认识论的反映论原理,直接用到了美和美感的关

---

① 蔡仪:《新美学》,见《美学论著初编》(上),第197页,上海,上海文艺出版社,1981。
② 蔡仪:《新美学》,见《美学论著初编》(上),第211—212页,上海,上海文艺出版社,1981。
③ 朱光潜:《论美是客观与主观的统一》,见《朱光潜全集》,新编增订版,第14卷,第71页,北京,中华书局,2012。
④ 李泽厚:《论美感、美和艺术——兼论朱光潜的唯心主义美学思想》,见《美学论集》,第18页,上海,上海人民出版社,1980。

系上。

把反映论原理直接运用到美和美感关系上的逻辑结果,是把美完全看成物质的某种属性,而这显然违背了实践论者的本意。李泽厚解决障碍的办法,是把美看成一种"社会存在",把美感看成一种"社会意识"。美既是不依赖于任何意识而独立于人的,同时又具有社会属性,"美感是社会意识,是人脑中的主观判断和反映,而美却是社会存在,是客观事物的属性。美感主观意识只是美的客观存在的反映"①。但正是在这里,李泽厚的理论产生了无法自圆其说的矛盾。这种矛盾主要体现在他对自然美的解释中。在解释自然美时,李泽厚一方面批判蔡仪把美纯粹看作是自然的某种属性或规律的观点,强调美是与人类有关的,是人的社会实践的产物;另一方面又认为美的确存在于自然界本身,只不过这种美不像蔡仪所说的是自然本身的属性,而是自然界"人化"的结果,是"自然界的社会存在"。这样一来,正如朱光潜所批判过的那样,自然美成了社会存在,太阳、月亮、星星之所以美,是因为它们是一种社会存在,而这种社会存在又是自然本身的属性,是客观的、不依赖于任何人的。人类的美感仅仅是对这种存在于自然本身的社会存在的某种反映。由此,宇宙间的一切,只要它们成为人的审美对象,便都成了社会存在了。这样,自然与社会就不再有区别了,自然美与社会美也就失去了区分的意义。凡是人的活动范围所及(包括审美活动这类精神性的活动),其对象都成了社会存在。显然,按照这种说法,美作为"人化"的对象或"社会化"的对象,其"人化"的性质是由人的活动所赋予的,可是李泽厚却又一再强调美是自然界本身的属性!这个问题,直到80年代李泽厚区分狭义自然的人化与广义自然的人化,从人与自然的哲学关系变迁来考察美的本质,同时提出区分审美主体的两个层次——个体与类,才初步得到解决。

朱光潜的障碍则来自于他所运用的两条原理的矛盾。一方面,朱光潜认为,反映论是美学要坚持的第一原理,但同时强调,除了反映论,还应该坚持美和艺术是一种"意识形态"以及马克思关于"艺术活动是一种生产劳动"的原理。前者明确了美学的唯物主义基础,后者说明艺术的创造性。但是,事实上,反映论原理和把艺术看成一种生产劳动的原理,不可能同时适用于艺术。生产劳动是一种实践活动,艺术这种"生产劳动"(我并不同意把艺术看成生产劳动,因为后者往往可能是一种机械的简单的重复性活动)更是一种高级的精神性实践活动,其中包含了艰辛而伟大的创造,绝不可能仅仅是对客体的一种"反映"。朱光潜认为,在美学上,反映论的作用在于可以从一般认识论原理出发,在审美活动初期说明审美对象的物理性质。比如一棵梅花,"首先要通过感官,把它的颜色、形状、气味等等认识清楚,认识到它是一

---

① 李泽厚:《关于当前美学问题的争论》,见《美学论集》,第85页,上海,上海人民出版社,1980。

棵梅花而不是一座山或一条牛,得到它的印象,这印象就成为艺术或美感的'感觉素材'"①。但是,对于审美和艺术活动来说,并不一定要首先弄清楚对象的名称,也不一定要仔细辨认出对象的颜色、形状、气味,等等。一个画家看见一束花,觉得它很美,便去画它,他这时并不一定知道这花叫什么名字。对于一个审美者而言,美感的产生并不一定是在一一分辨清楚对象的颜色、形状、气味等之后;对象是以一种整体性的姿态成为审美对象的。其实,对于这一点,朱光潜知道得比任何人都清楚。甚至就在同一篇文章中,他已经对"应不应该把美学看成只是一种认识论"提出了疑问,但他还是要坚持把反映论看作美学的"第一原理"!其实这并不能怪朱光潜。时代的印记在这里显示了它强力的面孔。

20世纪五六十年代美学讨论的另一个学科定位上的错位,是哲学与美学的错位,或者说美学与其哲学基础之间的错位,即用哲学原理直接去套用美学问题,把哲学上的唯物主义原理直接"代入"到美学中去。其具体体现是在美的本质问题上执着于"唯物""唯心"之分,把一切主张美在主观的观点都说成是唯心主义。

美学不是哲学本体论,也不是认识论,它探讨的不是整个世界的本体或本源问题——世界是物质的还是精神的,是某个神创造的还是自然运动变化的结果,等等;而是这个世界中的一个领域、一个部分或一个方面的问题,即主体和客体的审美关系问题。美的本质、美的本体问题虽然与哲学本体问题有密切联系,后者是前者的哲学基础,但它们毕竟是两个问题。因此,决不能把哲学问题跟美学问题等同起来。美学可以而且应该以哲学观点为基础和指导,但它有自己的研究对象和研究方法,有它自己的内在规律,决不能用哲学原理直接"代入"美学研究之中。打个不太恰当却能说明问题的比方:土地是人类赖以生存发展的基础,是人类存在的"根",但是人种庄稼却不能靠土壤原理。如果直接把土壤学原理运用到种庄稼中去,无疑将会一事无成。把唯物主义的客观性原则直接运用到美学中去,也同样如此。但20世纪五六十年代的美学讨论,其基本的思维方向却正是试图直接用土壤学原理去种庄稼。

执着于"唯物"与"唯心"的区分,战战兢兢地躲避"唯心论"的帽子,同时努力把其他人的观点扣上唯心论的帽子,这既是一种学科的错位,更是思维方式上的局限与偏执,下面让我们来具体看一看。

(二)理论前提:唯物与唯心的偏执

受整个时代环境的影响,在这场美学讨论中,学者们奉行了一个似乎是不证自

---

① 朱光潜:《论美是客观与主观的统一》,见《朱光潜全集》,新编增订版,第14卷,第64页,北京,中华书局,2012。

明的公理：只要认为美是客观的，便是唯物主义的；只要认为美在主观、美是主观的，便是唯心主义的，而唯心主义则意味着错误的、反动的。因此，每个人都表白自己的主张是唯物主义，批判别人的观点是唯心主义。李泽厚批判朱光潜主客观统一说是用主观统一了客观，实质上是认为美在主观，因而是"主观唯心主义"。同时他也批判蔡仪的"机械唯物主义"。蔡仪站在客观主义立场，既批朱光潜的"主观唯心主义"，又批李泽厚的"客观唯心主义"。朱光潜则为了与自己过去的观点划清界限，避免唯心主义的嫌疑，提出了"物甲"、"物乙"说来修正自己的观点，同时批判李和蔡的"客观唯心主义"和"机械唯物主义"。参与讨论的其他学者也无不如此。但是，认为美在主观就真的是"唯心主义"吗？唯心主义就等于一无是处吗？

关于唯物主义和唯心主义的含义，恩格斯在《费尔巴哈和德国古典哲学的终结》一文中有明确的解释："全部哲学，特别是近代哲学的重大的基本问题，是思维和存在的关系问题。哲学家们依照他们如何回答这个问题而分成了两大阵营。凡是断定精神对自然界来说是本原的，从而归根到底以某种方式承认创世说的人……组成唯心主义阵营。凡是认为自然界是本原的，则属于唯物主义的各种学派。"①恩格斯说得很明白，唯物主义和唯心主义的区分只是对于世界的本原这一本体论问题才有意义。超过这个界限，在任何别的意义上使用这两个概念，都只会引起混乱。所以他紧接着写道："唯心主义和唯物主义这两个用语本来没有任何别的意思，它们在这里也不能在别的意义上被使用。"②他斥责当时的一些哲学家滥用这两个概念，指出："外部世界对人的影响表现在人的头脑中，反映在人的头脑中，成为感觉、思想、动机、意志，总之，成为'理想的意图'，并且通过这种形态变成'理想的力量'。如果一个人只是由于他追求'理想的意图'并承认'理想的力量'对他的影响，就成了唯心主义者，那末任何一个发育稍稍正常的人都是天生的唯心主义者了，这样怎么还会有唯物主义者呢？"③

马克思和恩格斯在世时，唯物主义和唯心主义两个概念已经有被滥用、泛用的倾向。一些人对唯物主义进行庸俗化的解释，比如，说唯物主义就是重视物质，不重视精神，而唯心主义则是重视精神的，等等。正因如此，唯物主义者费尔巴哈拒绝承认自己是唯物主义者。有鉴于此，恩格斯才在《费尔巴哈论》中用专门的一章，对这一问题进行了论述，弄清了这两个概念的内涵和这个问题上的是非。

时隔大半个世纪，当代中国一些学者却再次在这个问题上重蹈了恩格斯所批判过的德国庸俗哲学家们的覆辙。

---

① 见《马克思恩格斯选集》，第4卷，第219—220页，北京，人民出版社，1958。
② 见《马克思恩格斯选集》，第4卷，第220页，北京，人民出版社，1958。
③ 见《马克思恩格斯选集》，第4卷，第228页，北京，人民出版社，1958。

在美的本质问题上执着于唯物唯心之分,而且把这种分别作为一个重大的理论原则来对待,是美学研究中的一个方向性错误。首先,如前所述,它在美学的学科定位上发生了错位,把美学的哲学基础问题当成美学本身的问题,把美学本体论问题直接等同于哲学本体论问题,用哲学上的唯物唯心概念直接套用在美学上。从逻辑上说,在美的本质问题上纠缠于唯物唯心之分的这样一种研究方法实际上隐含着这样一个思维过程:美等于世界;美的本质问题等于世界的本源问题。世界本源问题上有唯物与唯心观点之分,因此,在美的本质问题上也有唯物唯心之分,只要认为美是客观的,就是唯物主义的;认为美是主观的,就是唯心主义的。

其次,由于这种学科定位上的错位,这种思路把作为审美对象的自为属性的美看成了一种自在属性,一种像"红"、"圆"等一样的可以完全不依赖于人的属性。但是,所谓"美"并不是客体本身的一种自在属性,就像善也不是客体的自在属性一样。美是客体的自为属性,这种自为属性只能是在客体与主体发生关系时才能显现出来。没有主体去发现,或者说,当客体只是一种自在客体而没有成为主体的对象时,所谓美是不存在的。换言之,美只是对人而言才存在。当然,客体必须具有对主体而言可以成其为美的那样一些属性,它才能成为主体的审美对象,否则主体也就无法进行审美了。然而,在20世纪五六十年代的那场美学讨论中,大多数美学家却把美看作客体的自在属性,看作是可以独立于人的、完全不依赖于人的客体属性。李泽厚虽然主张美是一种"社会存在",但他强调的是:美是客观的,是不依赖于人的意识的,即使这种意识是一种社会意识。朱光潜从"艺术是一种生产劳动"的观点出发,看到了美具有"意识形态性",亦即看到了美的主体性,但却仍然把唯心主义和唯物主义的划分看成美学中最重大问题,并且认为在美学中反映论仍是需要遵循的首要原理。

在美的本质问题上执着于唯物唯心之分的第三个错误,从具体概念层面上说,是混淆了审美中的主体和客体与哲学基本问题上的物质和精神两对范畴。

主体和客体作为一对在实践活动中形成的哲学范畴,实际上有两方面的含义。第一层:它们是实体范畴,具有实体范畴的性质。在这一层关系中,它们是各自独立存在的,谁也不依赖谁。当然,从根本上说,主体一般是指人,只有人才能成为主体;而客体是指整个世界。从发生学上说,先有世界后有人,人依赖于世界,而世界不依赖于人。在这个意义上,也可以说主体依赖于客体。那些把主客体关系等同于精神与物质关系的人,正是根据这一点进行置换的。但是,主体和客体作为一对哲学范畴,更重要的是作为一种关系范畴存在的,而作为关系范畴的主体和客体是相互依赖、相互规定的。主体对客体而言才成为主体,离开客体,也就无所谓主体了;同样,客体也是被主体所规定的,是对主体而言才成为客体,离开主体,同样无所谓客体。审美活动中的主客体范畴正是这样一种关系范畴。审美客体作为一种自为客体,毫无疑问,它是依赖于审美主体的,是被审美主体所设定的。没有主体的审美活动,客体只能是一种自在客体,而不能成为审美客体。

对主客体关系做上述分析之后,就可以清楚地理解主客体范畴与物质和精神这对范畴的关系了。主体和客体范畴是对于人在对象性活动中形成的与对象之间的关系的概括,物质和精神范畴则是对于整个世界的存在物的基本关系的概括。主体和客体作为一种客观性的存在,可以是物质性的,也可以是精神性的。但是,另一方面,"精神"是人的精神。也就是说,作为主体的人本身就包含了物质和精神的双重因素。从发生学上看,人的精神本身是作为物质的大脑的产物,人本身也是客观世界的产物。但是,当人作为主体与客体世界发生关系时,它和客体之间已经形成了一种非发生学的互动互设关系。这时,就已经不能用"物质和精神"的关系去概括、置换它们了。也就是说,主体和客体是实践论、认识论、价值论的范畴,而物质和精神是本体论、起源论的范畴,二者各自属于不同的范畴系统,相互之间有交叉,却不能相互替代和置换。

遗憾的是,有的人直到现在还把这两对范畴混淆起来。笔者就看到过"客体是第一性的,主体是第二性的,客体决定主体"这类似是而非的说法。这种概念的混淆正是产生许多无谓争论的根源之一。

现在,让我们来做一个简单的小结。显然,把美在主观的观点说成是唯心主义,甚至于在美的本质问题上纠缠于所谓唯物主义和唯心主义,是思维方式上的方向性错误。它首先在美学学科的定位上发生了错位,把作为人文学科的美学看成一门认识论学科,并把美学和它的哲学基础混为一谈。其次,它在具体概念层面上混淆了审美中的主体和客体范畴与哲学本体论中的物质和精神范畴。再次,把作为审美对象的自为属性的美看成了一种可以脱离人的自在属性。

从学术和文化背景上看,在美学上强调唯物唯心之分,用反映论去比套美和美感的关系,是有其社会历史和文化背景的。20世纪50—80年代,中国学术界形成了一种思维定式,即唯物主义就是绝对好的,完全正确的;唯心主义就是绝对错误的,毫无可取之处。人们谈"心"变色,像躲避瘟疫一样躲避"唯心论",唯恐被人说成唯心主义。这种思维定式与长期以来"左"倾教条主义盛行密切相关。在"左"倾教条主义者看来,唯物主义等于进步的、正确的,而唯心主义则等于错误的、反动的。这种教条主义既不对每个思想家的思想进行具体分析,找出其中合理的、可取的东西,更不对人类思想发展的整个线索和内在逻辑进行梳理,而是用简单粗暴的政治划线法去套用思想分析,给思想家们划线站队,只要一得出结论,某某思想家是唯心主义者或某种思想是唯心主义,就算是给这个思想家或思想作了判决。于是,一部丰富多彩的欧洲哲学史被说成是唯心主义和唯物主义的斗争史,博大精深的中国古典哲学的历史则被说成是儒法斗争史。

这种恶劣的用政治划线站队法分析思想和思想家的做法,影响到美学上,就是对美学思想也进行站队,追问某种美学思想是唯物主义的还是唯心主义的。在意识形态渗透一切领域并决定学术思想和思想家生死命运的时代条件下,只要被宣判为唯心主义,无异于政治上被判了死刑。因此,学者们无不战战兢兢,像躲避瘟疫一样躲避唯心主义的帽子。于是,本来属于价值论学说的美学学科被看成认识论,根本不承认价值论的存在,并把唯物唯心之争作为一个重大命题来争论。这种无益无谓的争论虚耗了整整一代学者的生命。因此,尽管20世纪五六十年代的美学讨论是新中国学术史上难得的一次较有学术意味的讨论,但总的说来,其学术性是有限度、有前提的。它把历史上大多数美学家的思想当作"资产阶级的唯心主义思想"来批判,否定了大部分前人的思想文化成果。这样,讨论便不得不几乎从零开始,白手起家。这种狭窄的视野和低下的眼界,使得中国当代美学研究在近三十年的时间中停滞不前。

(三)学科性质:功利主义化与政治化

20世纪五十六年代美学大讨论,在学科定位和学科性质上有一个共同倾向:把美完全看成一种功利主义"工具",完全忽视了美自身的超功利特点。从而,美学学科也被全面功利主义化,在某种意义上说也是庸俗化。

美学中的功利与非功利之争由来已久。从历史上看,功利化和非功利化主张都有自己的历史渊源。我国素有主张"文以载道"的传统,也有"发愤著书"、"不平则鸣"的传统。"诗言志"与"诗缘情",一直是诗歌领域中相互对立又相互补充的两种思潮。在西方,第一个较为系统地论述了美学和艺术基本原理的哲学家柏拉图,却因为认为艺术"不能表现真理"并激发人的情欲中的"哀怜癖"和"感伤癖",而宣布要把诗歌从他的理想国里礼送出境。自康德提出美是"无功利的快感对象"以来,美学中的非功利论就成了主流。非功利论一直是整个西方近代美学和艺术理论中的主导性思想。尤其是西方现代派艺术,更是高举自我表现的大旗,在艺术自治和艺术的本体性追求的口号下,拒绝一切功利主义。我国整个古典美学的发展历程,其趋势也是愈到后来,非功利的声音愈响亮。特别是到了明清之际,李贽的"童心说"、公安派的"性灵说"、汤显祖的"唯情说"等学说产生了广泛影响,极大地冲击了美学和艺术中的功利主义传统,形成了一股巨大的非功利主义潮流。

近代以来,由于深重的民族危机和社会矛盾,美学和艺术中的功利主义思想逐渐又成为主导。社会改革的先行者们希望用艺术和文学作为社会变革或改良以及开启民智的"武器"。如黄遵宪和梁启超等人大力提倡"诗界革命"、"小说界革命",就是把文艺当作鼓吹和宣传社会改良的手段和工具。到了20世纪,在内忧外患日渐深重、启蒙与救亡任务均迫在眉睫的社会背景下，美学和文艺理论中的功利主义倾向发展为一股巨大的洪流。一批左翼激进主义理论家根据当时译介的苏联模式的马克思主义美学，猛烈攻击文艺和美学的超功利主义思想，主张文艺的阶级性和审美的功利目的性。这种新功利主义美学思想便成为五六十年代美学和文艺理论的主流。

与新功利主义美学和文艺思想相颉颃的，是美学中的超功利主义。如中国现代美学的奠基人王国维强调美的东西"可看玩而不可利用"，蔡元培认为美的特性是普遍和超脱，朱光潜提出美是"孤立绝缘的意象"，等等。这一派美学以其对审美活动和文艺活动内在规律的探讨和把握，而在学术界产生了广泛的影响。从学术立场上看，这一派的学术成就无疑远远超出了新功利主义美学。但在当时，他们遭到了新功利主义美学家和文艺家的猛烈抨击。遗憾的是，这种抨击大多数时候并不是一种学术理论的批判，更多是一种政治上的评判。如果说，在当时那种民族存亡的时刻，这种政治批判还情有可原的话，那么，在和平的社会主义建设时期，就应该把这种偏颇的做法纠正过来，尊重学术自身的特点与规律，从学理上进行严谨的探讨。遗憾的是，在这场美学讨论中，对超功利主义美学的政治批判仍在继续进行，美的功利性仍然被当作一个不证自明的理论前提。

那么，这种不证自明的理论前提从何而来呢？从理论渊源和哲学基础上看，它来自于当时流行的苏式马克思主义哲学的意识形态理论。这一理论把一切思想文化现象都纳入意识形态范畴，意识形态被看成上层建筑的理论形式，而所谓上层建筑则是被经济基础所决定并为经济基础服务的。在这种理论看来，一切意识形式都是被经济基础直接决定的，并且是为经济基础服务的，文学艺术自然也不例外。因此，根本不存在什么超功利的美，也不存在什么超越现实和政治的文学。文学就是要为政治服务，为政策服务。文学只有阶级性，没有超越阶级偏见的共同人性；美只有功利性，不可能有超功利的美。

但是，这种泛意识形态化的理论显然不是马克思主义的理论，也不符合文学史的实际情况。文艺并不仅仅是一种意识形态（ideology）。从马克思主义历史唯物主义原理来看，文学、艺术、哲学等思想文化形式是一种社会意识形式（social form of ideas）。它与作为上层建筑的意识形态有一定的交叉关系，但不是等同的。它的一部分或者说某一个方面、层面可以属于意识形态。意识形式的这一部分的确属于上层建筑，应该为经济基础服务。但即使是这一部分意识形式，也不能说它们是为政治服务的，更不是为一时一地的政策服务的。它服务于社会的经济基础，而经济基础是社会生产力和生产关系的总和，其中不但包含了生产关系，更包含了生产力。从根本上说，生产关系也必须服从生产力的要求，为生产力服务，推动生产力向前发展。因此，一个社会的意识形态主要不是为政治服务的，而是要服务于经济基础，归根到底要服务于生产力。政治本身也应该服从于生产力发展的要求，为发展生产力服务。作为意识形态的文学艺术，同样也不能说就是为政治服务的，更不能说是为政策服务的。更何况，一个社会的意识形式并不是仅仅只有与当时的政治紧密结合的意识形态内容。无论从深度还是广度来说，意识形式的内涵和范围都要比意识形态更为广阔和丰富。意识形态是意识形式中涉及国家政权的那部分内容，具体说来就是一个国家的政治法律思想，它是对国家的政治和政策法规的某种解释，反过来说也是这种政策法规之所以建立的理论依据。它是具体的，灵活的，可以而且应该随时间条件的改变而改变。而意识形式则包括了一个社会的所有精神存在，其中既有理论化、系统化的表达形式，也有不具备理论形式，却同样在社会中发生作用的那些精神存在。前者如哲学、宗教、伦理学和科学理论等等，后者如社会风俗习惯中所表现出来的精神趣味和精神追求，也包括审美趣味。当然，其中也包括政治法律思想。而在意识形式的这些内容之中，就不仅仅只有与当时的政治和政策要求相关的内容，还有一些看起来与实际生活并无关系、却也是人生中至关重要、不可回避的重大问题，比如，形上精神和人的形上追求，人生的意义，生命的归属，生命中理性与感性的位置和它们之间的关系，甚至爱情与婚姻，良心与法律，等等。这些问题与一时一地的政治生活没有紧密关系，有的看起来与人们的实际生活也无直接关系。但是，这些问题正是人们存在并且生活的精神根基，是人们心灵或灵魂的寄托和归依。对这些问题的解答，一方面受社会经济基础和物质生活条件的制约和影响，另一方面，在这些解答之间本身也有内在的思想或理论联系。一个社会的政治和政策法规并不能直接提供解答这些问题的理论思路，而只能是提供一种政治环境条件，使得人们有可能从事解答这些问题的研讨工作，使人们的精神有最广泛的活动空间。因此，不是意识形式要受政治和政策的控制并服务于政治政策，而是相反，政治政策应该为意识形式的存在和健康发展创造条件，提供保障。

在所有的意识形式中，文学艺术与现实关系最为密切，因为文学艺术从根本上说是人们以形象化的思维方式对现实做出的一种反应。很多时候，人们也的确会利用这种形式来表达自己的思想感情，表达自己对现实的看法和评价。正因为文艺有这一方面的功能，因而在1949年以后的很长一段时间里，中国的文艺理论把文艺看作是对现实的直接和机械反映。而在一个高度政治化的国家，所谓现实，也就是政治和政策。按这个逻辑推论下去，文艺只能做政治的侍者或奴隶了。但是，人们在这里犯了两个错误：其一是把文艺等同于意识形态，这是当时的哲学理论所带来的错误；其二是用一般意识形式的规律代替了对文艺本身的内在规律的探索。人们忘记了，文艺除了在最广泛的意义上说是对现实的反映，具有一般意识形式的特点之外，它还有其内在的属于它自己的特性和质量。这种特性和质量就是以象征性的符号方式，创造蕴含某种精神价值的艺术文本。这种精神价值首先是审美价值和情感价值,当然也包含认识价值和社会价值。这种艺术文本可以是形象化的,也可以是非形象化而抽象化的,但无论是否具有形象性,它的媒介或载体一定是象征性的符号。① 换言之,文艺的本质特点是精神性创造,这种创造是在心灵中进行的。文艺创作就是主体把自己的全部生命力外化到作品中去的过程。当然,这是一种精神性的外化,而不是真正的物质的外化。在这个外化的过程中,心灵保持高度的自由是创作高质量作品的先决条件。而要保持心灵的自由,就不能用政治框框对之进行过多的束缚,就必须与现实保持一定的距离。只有保持一定的距离,才能不受一时一地的是非观念和利害得失考虑的局限,才能保持清醒的头脑,从而才能具有更广阔的视野和更深刻的洞察力,才能更深刻、更准确地反映现实和生活。这一点,朱光潜在他20世纪上半叶的美学和文艺理论中就已经有过很好的论述,主要体现在他对英国美学家布洛"距离说"的译介和改造。遗憾的是,后来在五六十年代的美学讨论中,朱光潜的理论被当作提倡文艺脱离现实、教导艺术家躲进象牙塔里吟咏个人狭小情感的反动理论,受到了不公正的批判。经过这种批判,文艺理论和美学中的狭隘功利主义倾向就更为突出了。

(四)美学遗产:历史虚无主义

在对待美学历史遗产问题上,20世纪五六十年代的美学大讨论采取了一种历史虚无主义的态度。除了马克思主义经典作家之外,只有很少的思想家能够荣幸地得到中国当代美学家们的首肯。这些思想家包括黑格尔、普列汉诺夫、车尔尼雪夫斯基、狄德罗等人。他们之所以能够得到美学家们的肯定,是因为他们曾经被马克思主义经典作家肯定过或引用过,而中国古代美学家则基本上是被否定的。除了上述几个有限的美学家之外,中外美学史上绝大多数美学家都属于否定和批判的对象。这种批判和否定并非学术上的批判和否定,而是一种政治上的定性。按照当时的所谓阶级分析法来看,以前的美学家,不是代表地主阶级就是代表资产阶级的利益,这些阶级在无产阶级登上历史舞台以后都变成了反动阶级,因而代表它们"利益"的思想也成了反动思想,变得一文不值。这种简单可笑的思维方式和推理,在当时人们看来却是天经地义、理所当然。作为批判对象的朱光潜在检讨自己过去的美学思想时,曾提出对待历史文化遗产不能采取虚无主义的态度,不能简单地否定了事,而要进行批判继承。他委婉地写道:"在无产阶级革命的今日,过去传统的美学思想是否都要全盘打到九层地狱中去呢? 还是历史的发展寓有历史的连续性呢?"他举例说:"如移情说和距离说是否可以经过批判而融合于新美学呢?"可是这种正

---

① 参看徐碧辉:《文艺主体创价论》,第4章,长春,东北师大出版社,1997。

确的思想却遭到了批判者的断然否定。批判者一方面抽象地肯定"历史的发展寓有历史的连续性,作为人类全部优秀文化遗产合法承继者的无产阶级及其革命,并不是不分青红皂白地把一切传统美学都打到'九层地狱中去'的",但紧接着又说:"问题在于这连续性的内涵是什么,传统又是怎样的传统。对于马克思主义说来,事实上是为形形色色的反动艺术思想所'接受'、'融合'的主观唯心论的美学传统,它和反动的哲学家克罗齐等的哲学和美学的'连续性',和马克思主义是根本对立而不兼容的。"①

抽象肯定,具体否定,所有过去的美学传统都成了"主观唯心论"的传统,成了反动思想的理论根源,自然也就成了批判的对象。这样一来,马克思主义美学还剩下什么可以继承的呢？这种愚昧无知加专横的思想,以一副"左"的革命者的面目出现,不容讨论,更不容反驳。这种历史虚无主义做法对于20世纪下半叶中国美学至少造成了三种后果。其一,中国现代美学的整体水平下降,学术视野偏狭。从近代中国国门被迫打开以后,中国人一直在努力翻译、介绍西方文化学术思想。到了20世纪三四十年代,当时西方流行的一些美学思潮几乎被同步介绍了过来。康德、叔本华、尼采、克罗齐、弗洛伊德、杜威、博格森等近现代哲学家和美学家的思想及其理论著作大都已经被译介,有的还得到很深入的研究。美学上的移情说、距离说、直觉说等,曾对中国美学界产生过重大影响。可是,这些努力和成果从50年代开始就被一笔勾销。一些最基本的、前人已经有过很深入研究的美学问题被当作了最重大的问题来争论,如美的主观性和客观性问题。这就使这次讨论在整体水平上与它所应该而且能够达到的高度不成比例,学术价值打了折扣。其二,造成了美学界的人才断档、青黄不接。由于否定了所有前人的美学成就,许多学者在治学的黄金年华无法接触到必要的书籍和数据,被切断了思想的源泉,被迫只能依靠马克思主义经典作家对美学和文艺的有限论述以及少数几个被马克思等人肯定过的学者的部分著作进行研究,甚至被迫中断研究,去从事简单而繁重的体力劳动,既折磨了身体,又消磨了意志,枯竭了思想,使得这些学者的成果与他们所付出的心血和汗水不成比例,相去甚远。结果,当他们走上学术前台时,显示出严重的底气不足和起点偏低。一个基本的事实是,在20世纪上半叶,我国曾出现了一大批学贯中西的大学者,这些人的名字可以列出一长串。而后半叶则几乎很少看到大学者产生,即便有,他们也大都是以前打下的底子,甚至是上半世纪就已经成名了的。其三,造成了中国当代美学作为人文学科近二十年的空白。人们提到中国当代美学,总是从50年代一下跨入80年代,而60年代大部分时间和整个70年代成了一片空白！也许对于历史来说,二十年只是一瞬间。但是,对于个体来说,二十年已是人生的三分之一了！

---

① 参见《文艺报》编辑部编:《美学问题讨论集》,第166—167页,北京,作家出版社,1957。

当然，这里有很大一部分时代和社会原因，不能苛责美学本身。但就理论本身来说，当时中国思想界弥漫的对历史文化的虚无主义态度，难道不该负一点责任吗？

(五)研究方法：全面政治化

20世纪五六十年代的美学大讨论中，除了少数学者以外，大多数参与者对美学研究采取了政治化、功利化方式。他们不是把美学看成一门探讨审美价值的人文学科，而是当作附属于政治、论证政治政策的一个切入口。名义上在论述美学问题，实则充满了政治批判。前面所述的这场讨论的几个缺陷，如在理论前提上执着于唯物论与唯心论之分别，在学科性质上持功利主义态度与核心理念，对待美学历史遗产持虚无主义态度，既是美学研究方法论上政治化的某种表现，也是其结果。除此之外，美学研究的政治化还表现在以狭隘的阶级观点简单粗暴地去对待美学问题，否定美感的共同性。

如果说，在战争年代，在激烈的阶级斗争和尖锐的民族矛盾斗争中，这种彻底政治化的文艺思想还有一定合理性的话，那么，在和平时期、建设时期，残酷的战争带来的视野偏狭和急功近利便应该得到克服与纠正。遗憾的是，1949年以后，这种片面的文艺思想不但没有纠正过来，反而变本加厉。几次大型的文艺批判运动，把学术问题等同于政治问题，用政治运动的方法来解决学术问题，学术批判成了政治批判，百花齐放成了一花独放，百家争鸣成了一家表演。结果，问题没有解决，学风却被破坏，政治帽子、路线棍子满天飞。文坛上假话、空话、套话盛行，甚至是泛滥成灾。在狭隘的功利主义思想指导下，甚至出现了对文艺作品像对待生产任务一样定指标的荒唐做法。在文艺创作上搞跃进，放卫星，全然不顾文艺自身的规律。

比起文艺理论，美学研究的政治化程度相对来说还算是比较轻的。也正因如此，五六十年代的美学讨论能够取得一定的学术成就。但是，美学研究中政治化程度较文艺理论为轻，却不是没有。如前所述，在美的本质问题上执着于唯物唯心之分，在方法上用反映论去"代入"美学研究，美学的功利主义化倾向等，无不是美学研究政治化的反映。在具体观点上，表现在把美的阶级性绝对化，反对美感的共同性。而所谓的阶级分析法也被当作了一个不容置疑和讨论的研究前提，常常被当作一顶方便的帽子和打人的棍子，可以很随意地扣到对手的头上。比如，引起这场美学大讨论的朱光潜在新中国成立前创立的美学理论，就曾经被戴上过各种各样的帽子，其中"唯心主义"可以说是一顶还带点"学术味"的帽子。除此之外，还有更多用所谓阶级分析法戴上的帽子。比如，下面这类语言在当时的批判文章中随处可见："照朱先生的学说推演下去，那就连革命与反革命的斗争，和平民主与好战集团的斗争，也是毫无意义的，而只有那些赏花看雾不以人民的生活为意，靠剥削利润为生活的人才是高明之士了;那些终日辛勤劳动的人们是庸俗的可怜虫,而只有那些悠然闲坐,无动于衷的懒汉才是潇洒出尘的人物了;那些鼓舞大家为建设社会主义而奋斗的文学是庸俗文学,而只有那些歌颂雾海苍茫,'伸手可以握住天上的浮游仙子',歌颂一些池塘倒影的诗歌才是非凡妙品了。"①这还是比较客气的,更有直接的断言:"朱先生的美学观,是反动的艺术文学流派在理论上的反映,而同时又是为这些反动的艺术文学流派服务的。"②"朱先生的整个美学思想体系,是敌视中国劳动人民的、反动的、剥削者的美学思想体系"③。"作为帝国主义和买办阶级反动艺术思想的一个重要流派,朱光潜先生的美学曾经广泛地流行"④。"这种理论是'为艺术而艺术'的理论基础,它反对艺术为阶级斗争服务,实际上却在这个幌子下使艺术为最坏的阶级即腐朽的即将死亡的阶级服务。"⑤

在审美感受和审美经验中,的确存在着由于阶级、民族、个体的社会地位和文化艺术修养等因素所带来的差异。但这种差异性的存在,并不否定审美经验和审美感受的共同性。正是由于这种共同性的存在,不同的民族之间、不同社会的人们之间,才有可能在审美和艺术上进行交流,才有可能产生一些人类共同的文化艺术瑰宝。而且,在审美经验和审美感受的差异性上,民族间的差异、个体的文化审美修养层次上的差异,可能还比阶级间的差异更大一些,更值得好好研究。可是在五六十年代的讨论中,阶级间的审美差异被无限夸大,成为不可逾越的鸿沟,甚至连共同的美感也被否定了。在审美经验上过分强调阶级性和功利性,否认共同美感的存在,导致中国当代美学研究在审美经验和审美心理方面相当落后,在长达三十年的时间中几乎成为空白!

20世纪五六十年代的美学大讨论距今已过去大半个世纪。它对中国当代美学的贡献是巨大的。首先,如前文所言,由于这场讨论的出现,新中国前三十年学术史有了一个相对亮丽的华彩乐章,而不仅仅只是对学术问题的政治批判。其次,这场讨论引导了20世纪第二次美学热,在一定意义上使整个社会关注到审美问题,从而间接推动了对美学问题和审美趣味、审美教育等问题的重视。第三,这场讨论为"文革"结束后20世纪中国的第三次美学热的进行了理论和人才准备。从理论上说,这次讨论涉及马克思的《1844年经济学—哲学手稿》、美和美感的本质问题、自然美问题,这也为80年代进一步的探讨奠定了基础。在这次讨论中脱颖而出的一些美学家日后成为中国美学发展的中坚,李泽厚是其杰出代表。他正是在这次讨论中崭露

---

① 参见《文艺报》编辑部编:《美学问题讨论集》,第96页,北京,作家出版社,1957。
② 参见《文艺报》编辑部编:《美学问题讨论集》,第114页,北京,作家出版社,1957。
③ 参见《文艺报》编辑部编:《美学问题讨论集》,第134—135页,北京,作家出版社,1957。
④ 参见《文艺报》编辑部编:《美学问题讨论集》,第165页,北京,作家出版社,1957。
⑤ 参见《文艺报》编辑部编:《美学问题讨论集》,第150页,北京,作家出版社,1957。

头角，成为中国马克思主义实践美学的创始人。实践美学的建立，无论在中国还是在世界范围内来说，都是美学上的一个重大进步。当然，如前所述，这场讨论也存在巨大的缺陷。最重要的是，受时代条件的局限，它存在太多非学术因素，以狭隘的政治功利主义来局限美学，限制美学。由于这种狭隘的政治功利主义，以及它对待前人理论思想成果的历史虚无主义，导致许多参与者观点偏狭、视野狭窄，立论明显经不起推敲。在学科定位上，它忽视了美学作为人文学科自身内在的特点，强行把美学纳入唯物主义认识论，在美的本质上执着于唯物与唯心的分野，导致理论上的作茧自缚，难以取得真正实质性的成果。这些历史教训亦值得今天的学术界记取。

（徐碧辉）

论析8　转型研究:20世纪90年代中国美学话题

在中国美学领域,如果说"文革"以后最突出的是美学奇迹般的复苏,80年代中期最突出的是几度"美学热"的话,那么,20世纪90年代以来最突出的就是美学转型问题研究。它提出的观点之多,涉及面之广,情况之复杂均是前所未有的,至今仍在拓展深化。可以说,不了解美学转型问题的研究,就不了解20世纪90年代美学研究的根本态势和总体趋向。因此,从宏观上把握美学转型问题研究的多重背景和多种动因,自觉反思主要研究取向和成果的得失利弊,合理评价其价值和作用,就成为20世纪中国美学学术史研究必不可少的理论任务。

(一)多重背景与多种动因

美学转型研究在中国蓬勃兴起并在短期内取得迅速发展,有着多重背景和多种动因。

从世界总体格局来看,世界多层次、多方位的转型以及人类共同的人与自然、人与社会、人与人、人的心灵四大冲突的新变化,是美学转型研究的宏观背景和间接动因。20世纪后半叶以来,当代文化明显表现出如下的特征和趋势——文化性质:从工业社会转向信息社会;文化主体:由区域文化转向全球文化;文化权力:由垄断性文化转向平民性文化;文化传递方式:由纵向传递向横向和逆向传递转变;文化方法:由分析文化走向综合文化;文化精神:由人生的量的扩张转向质的提高。仅以西方世界而言,在20世纪后半叶就经历了由工业社会到后工业社会、现代主义文化到后现代主义文化,以及由现代哲学到后现代哲学、现代美学到后现代美学、现代主义文艺到后现代主义文艺的发展嬗变。西方的美学转型研究,正是随着这种由工业社会向后工业社会、现代文化思潮到后现代文化思潮的发展而产生的。当代世界社会文化的一系列重大变化以及西方的美学转型研究,不能不对20世纪90年代中国美学转型研究的形成、发展产生重要影响。

就中国国内情况而言,中国社会指向现代化的史无前例的全方位转型,是20世纪90年代中国美学转型研究兴起发展的中观背景和直接动因。中国社会转型是指社会类型总体、全面、根本性的变迁。有的学者把它概括为六大转变:产品经济、计划经济体制向商品经济、市场经济体制社会转型,农业社会向工业社会转型,乡村社会向城镇社会转型,封闭、半封闭社会向开放社会转型,同质的单一性社会向异质的多样性社会转型,伦理型社会向法理型社会转型。① 有人认为,这场深度与广度均属空前的社会转型的内容包括三个层次:其一,从农业文明向工业文明转化,这种社会结构的变化是当代中国社会转型的基本内容;其二,从国家统制式的计划经济向社会主义市场经济转化,这种经济体制的转轨与上述社会结构变化的同时并进,正是现代转型的中国特色所在;其三,从工业文明向后工业文明转化,已经实现工业化的发达国家正在进行的这一转变所诱发的问题,有全球化趋势,当下中国也不可回避地面对诸如环境问题、人的意义危机的问题、诸文明间的冲突问题等等,这又增加了转型的普适性内容。② 这些概括对把握中国当下社会转型的基本内容和特点,无疑是有启发性的。这些重大变化直接影响到社会生活各个领域和整个社会的精神面貌,影响到每个人思想、情感的方方面面,为美学转型研究的兴起和发展提供了现实土壤。

这里需要特别提出的是,20世纪90年代中国美学转型研究的兴起与中国社会现状、文化性质及其与西方后现代文化的关系问题。这是学者们分歧最大、争论最多的问题。绝大多数学者都不讳言美学转型研究的兴起与西方后现代文化的影响有关,但对于这种影响的认识和评价却差异很大。有的侧重强调现象之同、本质之异,强调中国当今社会与西方后工业社会的根本不同,坚决反对把西方后现代的文化概念照搬到中国来。③ 有的侧重强调表面之异、深层之同,提出"东方后现代"的概念,认为乍一看中国当代的社会背景同西方后现代主义背景有着许多根本的差异,但中国所以会接受、借鉴甚至横移西方后现代主义,固然同第一世界的文化霸权主义、文化渗透政策关系密切,但更重要的还是因为中国在很大程度上具备了与西方后现代主义相同的背景。这种惊人的相似性可以从两者的整体比较中见出:西方后现代主义的总体社会背景是晚期资本主义,其总体特征可简要地概括为五个方面:两次世界大战彻底毁灭了人的理性、信仰、终极目标和价值理论;过度激化的劳资矛盾转化为技术矛盾和管理矛盾;商品化原则垄断了一切,控制了一切;信息爆炸,一切都被程式化、精密化、电脑化;高科技的发展带来了大规模的机械复制,从此不再有真实和原作,一切都成为类像和虚假。与此相比照,中国当代社会的背景也可从五个方面加以描述:"文化大革命"的剧烈震荡和商品经济大潮的有力冲击,其意义

---

① 参见包心鉴主编:《发展——跨世纪中国的战略选择》,济南,济南出版社,1997。
② 冯天瑜:《略论中西人文精神》,载《中国社会科学》1997年第1期。
③ 聂振斌:《什么是审美文化》,载《北京社会科学》1997年第2期。

和影响同两次大战对西方人的震荡与冲击有许多相似之处；以阶级斗争为中心转变为以经济建设为中心；商品化原则成为社会的中心原则；现代社会的信息化、程式化、电脑化；文化工业化和生活虚假化。① 有的则强调同中有异、异中有同，一方面认为近年来在美学理论的内部和外部，我们都感受到西方后现代主义文化的多方面影响，事实上中国美学正处在后现代主义文化的影响之下；同时又强调，西方后现代主义文化的社会基础与当代中国的社会现实之间存在着多方面、多层次的差别。这种差别不仅表现在社会制度、意识形态机制、文化生产和消费模式等方面，而且表现在美学理论问题的特殊"差异"。因此后现代主义文化对当代中国美学的影响，无论其范围和深度如何，都不可能为当代中国美学提供一个预设的理论模式和轻松的出路。②

上述情况表明，受中国社会发展特定历史进程的制约，中国社会现实和文化语境确实呈现出多元并存、诸质混合的特点。正如有的学者所描述的："本世纪80年代末、90年代初以来，中国社会在一定程度上进入到一个空前复杂的交织了多元文化因素的状态，前工业时代、工业时代以及后工业时代的诸多文化特性及其价值实践，在一种相互间缺少逻辑的过程中，却又奇特地相互聚合在一个社会的共时体系上……因而使得任何一种单一的文化因素和文化现象都丧失了或根本不存在其典型性。"③这就是当下中国社会现实和文化的特殊性。看不到这种历史特殊性，看不到这种具体规定性，就很容易把复杂的问题简单化，对当代中国文化性质和美学研究的基本问题做出片面判断，开不出对症的药方。如有人根据所谓"前工业时代"的文化现象，主张所谓"新启蒙"；有人根据"工业时代"的文化性质，强调所谓"现代性"；有的则根据"后工业社会"的文化特点，突出所谓"后现代性"。这些看法，显然忽略了20世纪90年代中国美学转型研究的兴起是多种文化元素和多种文化性质在特定历史时空中奇特聚合所形成的合力的结晶。

从美学学科本身来看，中国当代美学在迅疾变化的时代面前力不从心、难尽人意的状况，是美学转型的微观背景和内在动力。

总之，20世纪90年代中国美学转型研究的兴起和发展，是国际、国内社会全方位转型的外部压力、美学学科克服自身局限的内部要求等多重背景和多种动因综合作用的结果。这种多元多质的综合特性，既在一定意义上规定了中国20世纪90年代美学转型研究与国外美学转型研究的某种一致性，同时也规定了中国美学转型研究的某种特殊性。

---

① 参见曾艳兵：《东方后现代》，桂林，广西师范大学出版社，1996。
② 参见王杰：《审美幻象研究》，桂林，广西师范大学出版社，1995。
③ 王德胜：《审美文化研究：美学转型的要求与现实》，载《人民政协报》1997年6月12日。

(二)多元取向与多种建构

在20世纪90年代多声部的转型大合唱中,最有影响、最值得注意的,是围绕着"实践美学"反思所提出来的"改造完善实践美学取向"、"超越实践美学取向",以及与实践美学论争既密切联系、又有相对独立性的"审美文化取向"、"中国古典美学取向"和"辩证和谐美学取向"这五大取向。其中任何一种取向,都包含着倡导者对现有美学状况的反思和原有观点体系的估价、对所取方向的历史和逻辑的论证、对该方向发展的初步设想或整体建构,有的还涉及其他取向对该主张的评论或批评。这里,我们便循此思路择要予以述评。

1. 改造完善实践美学取向

这是在关于"实践美学"问题论争中出现的代表性观点。在讨论初期,又可细分为"坚持派"与"改造派"。但是,随着对问题讨论的深入,"坚持派"也注意到"实践美学"的缺陷,提出发展、修正的看法,两派认识逐渐趋于合流。有鉴于此,我们依据相关言论的相似方面,把这种观点概括为"改造完善实践美学取向"。

该取向认为,"实践美学"在20世纪50年代"美学大讨论"中发轫,并逐渐占据了中国美学界的主导地位;到80年代的"美学热"中,则进一步聚集了众多学者的研究力量,形成了相对完整的美学理论体系和蔚为壮观的宏大气势。究其原因,是由于它找到了"实践"这一联系审美主体与审美对象的中介环节,找到了沟通物质世界与心灵世界的真正桥梁,从而得以超越对象决定主体还是主体决定对象这一二元对峙局面,在真正意义上实现了"主客体统一论"者所未能达到的目的。正因为这样,"实践美学"成为迄今为止中国国内最有理论价值、也最有发展前景的一派学说。同时,该取向也承认,已有的"实践美学"成果确实存在某些缺陷,甚至是较为严重的问题。如陈炎就指出:"在实践的性质上过多地强调主体的群体特征而忽视其个体的独特价值;在实践的过程中过多地强调理性的必然法则而忽视其感性的偶然作用;在实践的结果上过多地强调历史的积淀功能而忽视其现实的突破意义。"[1]朱立元认为,论争中学者们"对'主体性实践美学'与'人类学本体论美学'本身就隐含着逻辑上不可克服的自相矛盾,'积淀说'背后日益滋长的文化保守主义倾向,片面强调审美活动中的理性、群体性、人类性的批评,都是切中要害"的。[2] 王德胜则指出:"实践美学存在种种结构上的缺失。"[3]然而,这些学者在指出上述缺憾的同时,又一致认

---

[1] 陈炎:《实践美学与实践本体》,载《学术月刊》1997年第6期。
[2] 朱立元:《在具体分析的基础上修正实践美学》,载《光明日报》1997年7月12日。
[3] 王德胜:《实践美学需要发展而非超越》,载《光明日报》1997年7月12日。

为,这些问题只能在"实践美学"的内部,即在"实践美学"的根本基点上、总体框架内加以纠正,不应该也不可能在诸如"生存"、"生命"等"前实践"范畴内得到解决。作为特定历史条件下的思想体系,"实践美学"也许终将被更高的理论形态所超越,但这种超越必须建立在更高的哲学背景上,而在此之前,"改造"较之"超越"更为稳妥。

如何改造、完善"实践美学"呢?该取向从不同角度提出了初步设想。朱立元从宏观上提出:第一,为其确立真正的实践本体论(而非主体性实践哲学或人类学本体论)的哲学基础;第二,对"实践"概念进行新的阐释,不局限于物质生产实践,而是人生实践,即人在世界中的全部生存活动及方式;第三,在人生实践基础上展开人与世界的审美关系,即审美活动的方方面面。① 陈炎在强调对"实践美学"主要命题进行必要的清理和重新厘定的同时,着重论析了"实践美学"的进一步发展对于重建哲学本体论的重要意义,即"它既不是从经验出发,用有限的现象来描述或囊括无限的本体;它也不是从主观幻想出发,用超验的幻想来解释或界定存在的意义;它要真正抓住人与自然、人与社会之间的中介环节,从实践入手而将破碎的世界重新统一起来。由实践而造成的有限与无限、经验与超验、现象与本体之间的逻辑鸿沟,也只有通过'实践',在现实上观念上和情感上加以填平。而'实践'既是群体的也是个体的,既是理性的也是感性的,既是自然的也是社会的,既是承继历史的也是面向未来的……真正的实践本体论绝不应是一种外在于感性个体的文化宿命论,而是与'此在'的'在世结构'密切相关的文化承继论和文化发展论。正因如此,'实践美学'的最大意义不在美学本身,而是从美学角度为实践本体论所提供的支持。"② 王德胜则提出,发展实践美学,关键是实践美学有必要在人类实践的整体性上,更加充分地重视个体的地位,重视个体的感性价值,在个体实践的现实中寻求人类精神与物质的辩证统一性,从而使美和审美既是一种类的价值的体现,又首先是个体实践的价值根据。③

2. 超越实践美学取向(后实践美学)

这种取向萌芽于20世纪80年代初对"积淀说"的批评,初显于80年代末对"积淀说"的"突破",深化于90年代初重评"积淀说"和"突破说"的讨论,渐成声势于1994年杨春时《超越实践美学,建立超越美学》一文的发表。虽然前后历史语境、具体观点和表述形式均有较大变化,但其理论核心和基本倾向并无实质区别,这就是:从人的生命存在本身探寻美的根源,超越理性主义,还人以个人的感性的本体。该取向也在不同程度上承认了"实践美学"的历史功绩和合理性,但它与"改造完善说"

---

① 朱立元:《在具体分析的基础上修正实践美学》,载《光明日报》1997年7月12日。
② 陈炎:《改造并完善实践美学》,载《光明日报》1997年7月12日。
③ 王德胜:《实践美学需要发展而非超越》,载《光明日报》1997年7月12日。

的最大不同,在于认为"实践美学"的哲学基础和基本观点都存在根本性缺陷,不可能在其学派或理论体系范围内真正得到解决,因而必须打破"实践美学"体系,彻底超越"实践"这一核心范畴,确立诸如"生存"、"生命"、"存在"等新的逻辑起点,建构超越乃至取代"实践美学"的新的美学形态。具体分析,该取向各代表人物对"实践美学"的基本估价以及具体观点并不完全一致,甚至有较大差异,下面分别论列。

第一,"生存美学"认为,以李泽厚为代表的实践美学的历史功绩和合理性,主要表现在:其一,它摒弃了实体概念,认为基本的存在是社会存在即人的历史实践,客体不是实体而是实践对象,为解决"美是什么"这个千古之谜指出了方向;其二,它克服了唯心主义的片面主观性和旧唯物主义的片面客观性,为解决美的主客观属性问题奠定了基础;其三,它为审美找到了社会历史实践这个坚实的现实基础,克服了传统美学的直观性和纯思辨性;其四,它从实践的主体性出发,揭示了审美的自由性和反异化性质,推动了新时期思想解放运动,形成了古今中外罕有的美学热。与此同时,"实践美学"也同样存在着在其体系内部不可克服的十大缺陷:残留着理性主义的印记;具有现实化的倾向;强调实践的物质性(物质化倾向);强调实践的社会性(非个性化倾向);未消除主客对立的二元结构;在实践与审美关系上的决定论模式;实践与美的实体化、客观化倾向;实践范畴导致审美片面的生产性、创造性,忽视消费性、接受性;缺乏解释学基础,只有实践本体论基础;以一般性命题(如"人的本质力量的对象化"等)代替审美的特殊规定性。这诸多方面的缺陷,不可能在"实践"的基础上克服,应当以"生存"作为美学新的逻辑起点和本体论基础,并由此推出整个美学体系。在人的三种生存方式和对应的三种解释方式中,只有超越现实的自由生存方式和超越理性的解释方式才是审美,因而审美的本质就是超越。这样,审美就获得了新的质的规定:它是超理性的;是超现实的;是纯精神的;是个体性的;是消除了主客对立的;是具有自身的性质、规律的;是自我创造的;是生产与消费、创造与接受的同一,具有了本体论与解释学相统一的哲学基础;而"超越现实的自由存在方式和超越理性的解释方式"的命题,则揭示了审美的特殊本质,或者说审美的特殊本质就是超越。[①]

第二,"生命美学"的基本观点,早在潘知常于1991年出版的《生命美学》中就已有较为系统的表述。该书把人类的生存当作世界的本体和美学的根本出发点,把生命美学建立在生命本体论基础上,其全部立论都围绕着审美是人的一种最高生命活动这一命题展开,探讨了审美活动与人类生存方式的关系,即生命的存在与超越如何可能这一根本问题。此后,潘知常又在一系列文章中对其基本观点作了补充和深

[①] 参见杨春时:《超越实践美学,建立超越美学》,载《社会科学战线》1994年第1期;《走向后实践美学》,载《学术月刊》1994年第5期;《再论超越实践美学——答朱立元同志》,载《学术月刊》1996年第2期。

化,认为中国当代美学的局限性表现在由理性主义思路所导致的把实践活动与审美活动简单地等同起来,而美学的重建就应从中国当代美学的局限性开始。因此,拓展美学的指导原则,即把实践活动的原则扩展为人类生命活动原则,实现美学研究中心的转移,即从实践活动与审美活动的差异性入手,以人类超越实践活动的超越性生命活动作为逻辑起点,在人类生命活动的地基上开始美学的历史性重建。①

第三,"存在论美学"认为,实践论美学抹杀了审美活动与生产劳动等其他社会实践的根本区别,恰好忘记了马克思主义辩证法的精髓——对特殊性与差异性的把握。更为重要的是,实践论美学的哲学基础与理论出发点是二元论的,始终站在二元对立的立场上理解、看待"实践"这一实际上消解了二元对立的核心概念,从而造成一系列的理论困境。只有从根本上清算实践论美学形而上学的二元论,美学才有希望走出困境。20世纪的哲学从以"我思"为中心的认识论转向以语言为中心的存在论,因此,走向以语言为中心的存在论美学就成了必然的趋势。语言中心的存在论是和海德格尔等人的名字联系在一起、以现象学为出发点的基础存在论。把立足点转移到基础存在论上,存在论美学就从二元论转到了一元论、形而上学转到了现象学、认识论转到了存在论,从而把美与审美纳入到另一种理论视野,具有明显的多方面的理论优势和传统美学所不具有的诸多新作用。②

第四,"修辞论美学"是在反思中国当代美学现状的基础上提出来的,但并不是直接针对实践论美学的。它认为,中国当代美学形态由一到多,形成了以认识论美学、感兴论美学和语言论美学为主干的多形态格局。三种美学的困境及摆脱这种困境的压力,要求把认识论美学的内容分析和历史视界、感兴论美学的个体经验崇尚、语言论美学的语言中心立场和模型化主张综合起来,相互倚重和补缺,建立一种新的美学。这实际上就是修辞论美学所要达到的修辞论视界,即任何艺术都可以视为话语,而话语与文化语境有互赖关系,这种互赖关系受制于更根本的历史。这种新的综合过程就称为"修辞论转向",这种新的美学就是"修辞论美学",而建构修辞论美学乃是摆脱当前中国美学困境的一种必然选择。③

对于"超越美学"或"后实践美学",不少学者提出了批评意见。这种批评一开始主要集中在"生存美学"上,以后又扩展到对于"生命美学"、"存在论美学"以及"后实践美学"的整体性批评。概括来看,这些批评主要集中在三个方面:

首先,超越美学对实践美学的基本观点有很多误解甚至曲解。如有的学者批评

---

① 参见潘知常:《实践美学的本体论之误》,载《学术月刊》1994年第12期;《美学的重建》,载《学术月刊》1995年第8期;《生命美学》,郑州,河南人民出版社,1991。

② 参见张弘:《存在论美学:走向后实践美学的新视界》,载《学术月刊》1995年第8期;《试论文艺学美学本体论研究的哲学依据》,载《文艺理论研究》1994年第4期。

③ 参见王一川:《走向修辞论美学》,载《天津社会科学》1994年第3期。

杨春时把"实践"说成是实践美学的基本范畴和逻辑起点,是一种最大的误解,而指责实践美学是理性主义等等也是缺乏根据的。① 有人认为杨春时对实践论美学的实践、人的本质、自由等的理解似是而非,把实践美学归入古典美学的理性主义范围则是对实践论美学的重大误解和曲解。② 也有学者指出,超越美学对历史唯物主义的实践论存在种种误解,而把历史唯物主义的实践论称为"实践一元论",如果不是有意曲解,那就是一种无知,因为"实践一元论"是西方马克思主义的一种观点,历史唯物主义实践论与它根本不同。③

其次,超越美学提出来用以取代实践范畴的生存、生命、存在等难以成立,取代不了、也超越不了实践美学。所谓超越实践美学,在根本上涉及美学本体论的置换问题。无论是"生存美学",还是其他各种超越的主张,其直接理论目标就是通过强调"实践"范畴的有限性,取消其本体规定的可理解性和客观性。而生存等范畴则含有理论上主观设定的任意性和理想化,缺乏足够的历史证明。即使实践美学存在种种结构上的缺失,也不足以说明实践必须由生存来超越。④ 有人认为,如上三种美学的理论基础即生存哲学,或是强调生存自由无意识精神性如超越美学,或是强调存在表象经验性如存在论美学,或是强调生命自由理想性如生命美学,都不过是强调生命、生存、存在的某一非本质方面,并非生命、生存、存在的基础,这三种美学自身还缺乏坚实的理论基础和系统论证,缺乏科学内容和实证。其理论深刻性和系统性以及体系的完整性,都难以令人信服,所以还没有实现对实践论美学的真正的实际超越。⑤

再次,超越美学以生存、生命、存在作为本体论基础取代"实践",是一种倒退。如有学者提出,以"生存"或"生命"为基本范畴的所谓"后实践美学",不是对"实践美学"的真正超越,而恰恰是一种后退,因为实践作为逻辑起点较之于美学已经显得过于抽象了,实践只能区分人与动物的不同,却无法进一步区分认识、道德、审美三种人类活动的不同。而所谓"生存"或"生命",不仅无法区分知情意或真善美的不同,甚至无法区别人与动物。从这一意义上说,所谓后实践美学有着从马克思退回到费尔巴哈之嫌。⑥ 有的说得更为直截了当:"说到底,超越美学,不过是一种回归或还原美学,一种回复到原始感性的生存美学。这绝不是对实践论美学的超越,而是一种

---

① 参见朱立元:《"实践美学"的历史地位与现实命运》,载《学术月刊》1995年第5期。
② 参见张玉能:《坚持实践观点,发展中国美学》,载《社会科学战线》1994年第4期。
③ 参见杨恩寰:《实践美学断想录》,载《学术月刊》1997年第2期。
④ 参见王德胜:《实践美学需要发展而非超越》,载《光明日报》1997年7月12日。
⑤ 参见杨恩寰:《实践美学断想录》,载《学术月刊》1997年第2期。
⑥ 参见陈炎:《改造并完善实践美学》,载《光明日报》1997年7月12日;《实践美学与实践本体》,载《学术月刊》1997年第6期。

倒退。"①

3. 审美文化取向

审美文化研究是20世纪90年代中国美学转型研究中一个引人注目的发展趋向。

国外审美文化研究起步较早。苏联学者至迟在20世纪50年代已开始使用"审美文化"概念,并取得了有一定特色的研究成果。② 在西方,审美文化研究是随着工业社会向后工业社会、现代文化思潮向后现代文化思潮的发展而产生的。但西方学者往往不直接使用审美文化概念。中国国内首次在严格意义上使用这一术语的,是1988年北京大学出版社出版的叶朗主编《现代美学体系》。但审美文化真正成为重要的学术问题乃至美学发展的一个主要取向,则是20世纪90年代以来围绕美学困境和出路问题的讨论而形成的。其热度不断升高,取得较大发展。特别是中华美学学会于1994年成立了审美文化专业委员会,更有力地推动了审美文化研究的蓬勃发展。

其时的审美文化研究,主要涉及审美文化的概念、对象和范围,审美文化研究与美学学科和美学史的关系,审美文化的作用、理论建构和发展前景等诸多问题。

首先,在对于"审美文化"需要不需要进行概念界定的问题上,存在不同的意见。一种观点主张先把这个问题悬置起来,认为那种先要定位、定义,然后才去研究的观念,乃是传统的思维方式,是一种方法论谬误,应该先做起来再说。③ 而另一种意见则相反,认为虽然现阶段谁也没有能力给审美文化下一个精确的、科学的、大家都能够接受的定义,但不等于这一问题不需要研究。如果真的把这个问题悬置起来,那么审美文化研究的范围、对象将是漫无边际的,研究的目标也将是模糊的,从而不利于审美文化研究的健康发展。④

主张后一种意见的学者纷纷提出了自己的看法。根据其界定的方式、角度等的不同,大致可以归纳为这样几种类型:

第一,侧重从审美文化的范围构成来概括,如提出"所谓审美文化,是指人类审美活动的物化产品、观念体系和行为方式的总和"⑤。审美文化是人类文化的审美层面,是指人以审美态度来对待各种文化产品时出现的一种精神现象,不应当被简单地看作文化家族的一个单独成员。它附丽于诸文化形态之上,具有覆盖和跨越整个文化领域的性质。而除了专供人们进行审美的艺术产品外,其他各种文化产品都可

---

① 杨恩寰:《实践美学断想录》,载《学术月刊》1997年第2期。
② 参加金亚娜:《苏联的审美文化研究》,载《国外社会科学》1991年第3期。
③ 参见李泽厚、王德胜:《关于哲学、美学和审美文化研究的对话》,载《文艺研究》1994年第6期。
④ 参加聂振斌:《什么是审美文化》,载《北京社会科学》1997年第2期。
⑤ 叶朗主编:《现代美学体系》,第59页,北京,北京大学出版社,1988。

能有条件地进入审美领域,从而成为审美文化研究的对象。①

第二,侧重从审美文化与文化的联系和区别来概括,认为审美文化包括两层意思,其一是文化应当与美相结合,其二是要达到高标准,显示出一个民族的精神风貌。因此,审美文化是文化与美的结合,是对于文化高标准的要求。它要求我们的文化不仅有实用价值、功利价值,而且有精神价值、审美价值。② 审美文化是与人类文明活动相联系、具有超越性价值的文化形态,是逐渐从人类动物性活动和物质功利性活动中脱离出来的精神文明,因此生命活动与精神超越构成的辩证运动就成了审美文化的本质特征。③

第三,侧重从历史发展角度来概括,认为社会发展到后工业社会的历史阶段,艺术与审美已渗透到文化的各个领域,并起支配作用,而审美文化是人类文化发展的高级阶段,是后工业社会的产物。④ 从文明与文化的演进历程来看,审美文化是工具文化、社会理性文化之后的第三种文化形态,代表了文化积累和文化量变的过程,是人类文化和文明的较高形式,显示出超功利性与自由性相统一的性质,是一种以人的精神体验性和审美的形式规律为主导的社会感性文化。⑤

第四,根据历史与逻辑的统一原则来进行概括,主张"审美文化是现代文化的主要形式,也是高级形式,它把超功利的愉悦性原则渗透到整个文化领域,以丰富人的精神生活"⑥。

对审美文化概念的界定,在某种意义上也包含了对其对象和范围的某种回答。但因界定方式、角度等的不同,有关审美文化的界定往往不能最充分地反映出其对审美文化研究对象和范围的看法。在涉及审美文化研究对象和范围问题上,围绕着既有联系又有区别的三个焦点,形成了相互抵触的不同观点。

其一,围绕文学艺术在审美文化中的地位问题,形成了"艺术中心论"和"反艺术中心论"的分歧。前者认为,审美文化应以艺术为中心、主体或主导。如周来祥就指出:"审美文化既包括理论形态的美学思想,也包括体现着审美意识的文学、戏剧、影视、绘画、雕塑、音乐、舞蹈、建筑、园林、工艺等感性形态的美学创造,甚至包括着富于审美因素的科学文明、宗教文化、道德伦理、环境文化以及物质文化等,不过当以前二者为主。"⑦ 也有学者认为,审美文化的对象应以文学艺术为核心。⑧ 还有学者

---

① 参见夏之放:《转型期的当代审美文化》,北京,作家出版社,1996。
② 参见蒋孔阳:《杂谈审美文化》,载《文艺研究》1996年第1期。
③ 参见马宏柏:《审美文化与美学史讨论会综述》,载《哲学动态》1997年第6期。
④ 参见聂振斌:《什么是审美文化》,载《北京社会科学》1997年第2期。
⑤ 参见马宏柏:《审美文化与美学史讨论会综述》,载《哲学动态》1997年第6期。
⑥ 参见聂振斌:《什么是审美文化》,载《北京社会科学》1997年第2期。
⑦ 周来祥:《东方审美文化研究》,第1辑,"前言",桂林,广西师范大学出版社,1996。
⑧ 参见马宏柏:《审美文化与美学史讨论会综述》,载《哲学动态》1997年第6期。

认为,审美文化的范围几乎包括了人生活的所有领域,其中文学艺术作品是人类审美文化的最为纯粹、最为直接、最为理想化的存在方式,因而在审美文化中占有不可取代的主导地位。① 而"反艺术中心论"者却认为,审美文化概念体现了审美—艺术活动向日常生活的泛化。人类审美活动的变化表明,如果继续以艺术为中心,美学或审美文化研究就将失去中心,甚至失去对象,因此应当把研究的视野放在整个审美活动上,以之作为美学继续发展的基本策略。而这个转换既是审美文化的基础,也是当代美学与传统美学的区别点。② 生活与审美同一、生活与艺术同一,这是当代审美文化最关键的概念。③

其二,围绕审美文化适用的时限问题,形成了强调当代性、现实性、当下性和主张"审美文化"概念可广泛用于人类文化始终的分歧。前者认为,审美文化是历史运动的产物,是对当代文化的规定性表述;④它是一个现代范畴,是文化现代性的另一种表述。⑤ 后者则指出,承认审美文化在中国学术界是一个现代概念,并不等于它使用的范围只能局限于现当代文化,更不能简单地认为只有20世纪才有审美文化;审美文化概念不仅适用于现当代,也适用于古代。⑥

其三,围绕着审美文化在当代的横向领域,形成了其是否等于大众文化的观点分歧。一种观点认为,当代审美文化就是指大众文化。如有学者指出,审美文化是一个中性概念,不是价值判断,在文化形态的意义上,可以把审美文化指称为大众文化。而另一种看法则相反,主张审美文化不等于大众文化,认为把大众文化等同于审美文化,此种混淆不仅不妥,而且很可能为中国以后的审美文化发展带来不良后果。⑦

在讨论到审美文化研究与美学学科关系问题时,产生了两种主要的观点。一种意见从学科分化交叉的角度,把审美文化研究视为美学与文化学的结合,是美学与文化学的分支学科或交叉学科。如赵广林就指出:"文化学研究文化,不能不研究作为整体文化组成部分之一的审美文化,而审美文化的研究又不能没有美学的指导。美学与文化学的整合,就必然产生一门关于审美文化研究的新学科,这就是审美文化学。审美文化学是美学发展高度综合的必然结果,是美学和文化学合规律性与合目的性的统一。"⑧已有的"审美文化学"著作大都持此观点。如李西建就指出,审美

---

① 参见夏之放:《转型期的当代审美文化》,北京,作家出版社,1996。
② 参见肖鹰:《当代审美文化的界定》,载《上海社会科学院学术季刊》1994年第4期。
③ 参见潘知常:《反美学——在阐释中理解当代审美文化》,上海,学林出版社,1995。
④ 参见马宏柏:《审美文化与美学史讨论会综述》,载《哲学动态》1997年第6期。
⑤ 参见潘知常:《反美学——在阐释中理解当代审美文化》,上海,学林出版社,1995。
⑥ 参见朱立元:《审美文化只适用于现当代吗?》,载《深圳特区报》1997年7月9日。
⑦ 参见滕守尧:《大众文化不等于审美文化》,载《北京社会科学》1997年第2期。
⑧ 赵广林:《美学与文化学的整合——文化系统中的美学思考之一》,载《文艺理论研究》1990年第6期。

文化学是一门介于审美学与文化学之间的边缘学科。① 也有学者倾向于把审美文化作为美学的一个新支加以研究。②另一种意见则从层次关系的角度,借用结构主义话语,认为美学与审美文化研究的关系类似于语言与言语的关系,前者是抽象理论层面的概括,后者是具体实存的现象层面,是指以文学艺术为核心、具有审美价值的具体文化形态,两者不能截然对立:美学研究不能脱离审美文化研究,否则就是走向死胡同;审美文化的具体研究也不能脱离美学的指导,更不能取消或取代美学研究;现代美学的转型不能只"转"为纯粹的审美文化研究。③

在审美文化理论的建构问题上,也存在着两种基本倾向。一种倾向与西方理论批评化走向接轨,主要把审美文化研究看作直接介入现实的话语方式,因而并不强调系统理论的建构。王德胜就主张,作为一项有别于一般美学讨论方式的学术工作,当代审美文化研究重点并不在于基本范畴体系的逻辑演绎,也不特别强调自身概念的纯粹性;相比之下,它更接近于特定形式、特定层面的文化批评。④ 潘知常也认为,当代审美文化所面对的对象只是"问题",而不像"美学"那样面对的是"体系";它从问题开始,也以"问题"结束,永远是在提问题而并不满足于答案。⑤

另一种倾向则主要是把审美文化研究视为一门学科建设,往往提出各种初步的理论构想。如李西建提出,审美文化学把属于实践范畴的人类审美活动不仅作为美学研究的逻辑起点,也作为审美文化学学科建立的逻辑起点、人的审美生成和文明形态进步的根本动力所在。它以人类的审美文化范畴为研究对象,通过分析人类审美文化活动的丰富内涵,全面考察和探究审美文化系统的生成、本质、特征、结构、功能发展及当代视界问题,以真正使美学学科成为研究人类审美各个方面及其普遍规律的学科,成为充满着人文精神和文化智慧的学科。⑥ 朱光认为,当代审美文化的自觉建构,需要达到社会与人、理想与现实、本体与过程三方面的统一,在人—社会—历史、理论—实践—操作方式、精神—物质—载体形式等多重复杂关系网络中寻找建构的纽结点和生长点,形成一种全新的范式。其理论结构包括三个层次:一是元理论层次,重在从本体上思考和建构,梳理人类文明传统的历史和逻辑进展,从美学的文化学价值和人的审美方式、文化行为演化中,思考和创立审美文化的本体理论框架;二是应用理论层次,主要从文化形式和人的活动方式的审美价值入手,对具体的文化现象作审美价值的评判和建设;三是批评理论层次,主要是指对整个社会的

---

① 参见李西建:《审美文化学》,武汉,湖北人民出版社,1992。
② 参见周劭馨:《中国审美文化》,南昌,百花洲文艺出版社,1992。
③ 参见马宏柏:《审美文化与美学史讨论会综述》,载《哲学动态》1997年第6期。
④ 参见王德胜:《开展审美文化研究,促进精神文明建设》,载《光明日报》1996年3月30日。
⑤ 参见潘知常:《反美学——在阐释中理解当代审美文化》,上海,学林出版社,1995。
⑥ 参见李西建:《审美文化学》,武汉,湖北人民出版社,1992。

文化生产—消费进行审美价值批评、指导而形成多种多样的批评观念和批评理论。①

应该指出,这些建构尽管还只是初步的,但无论如何,它们显示了20世纪90年代中国审美文化研究由倡导向建设的转移趋向。

审美文化研究之所以受到社会和美学界的高度重视,是与其多方面、多层次的功能效用直接联系在一起的。审美文化的功能,包括审美文化本身的功能和审美文化研究的功能这两个既有联系又有区别的问题。在20世纪90年代的讨论过程中,学者们对此分别做出了各有特色的概括和阐述。

关于审美文化的功能问题,有学者认为,它具有满足人的爱美天性、满足情感交流的需要、满足自我表现的需要三种功能。② 夏之放则把审美文化的功能概括为直接功能和间接功能两种:直接功能是满足人的不断增长的审美需要,间接功能是通过审美渠道达到认识真理、培养情操、传达信息等目的。③ 李西建主张审美文化具有情感传达功能、人格建构功能、符号学功能和美化关系功能。④ 肖鹰则根据当代文化的自我丧失的普遍性沉沦语境,把审美文化的实质概括为:在无信仰的时代,美学代替宗教和道德而成为生活的唯一证明。⑤

审美文化研究的功能,包括其社会功能和学科发展建设功能。对于前者,人们普遍强调了在世界文化冲突与融合及市场经济条件下,审美文化研究的人文导向功能、与科技文化的融合互补功能以及促进社会进步和精神文明建设等的功能。而对于后者,即审美文化研究的地位及其对于美学转型的意义问题,学者们分歧较大。一些学者从不同方面、在不同意义上给予审美文化研究充分的肯定和高度评价。如王德胜认为,当代艺术的发展和当今中国现实的全方位变革,要求作为一种人文学科的美学研究必须进行话语转型,即从传统的抽象理论研究转向针对当代人的文化、生存状态的批评实践,使当代美学话语的转型指向文化的批评实践,实际上也就是使批评本身本体化,因而它在一定意义上预示着经典美学话语形式和理论形态的终结。⑥ 有的学者认为,"当代审美文化是向传统美学观念挑战的美学宣言",它的最大价值就在于其所提出的问题本身,在于它是传统美学的一剂最好的解毒剂;它的唯一作用,就是让我们认清传统美学的古典性质;它给我们的感受,一言以蔽之,就是"终结":传统美学的终结,传统艺术的终结,传统"元叙述"的终结。⑦

有学者指出,审美文化研究关注人类生存的审美化与文化的审美化,为美学学

---

① 参见朱光:《当代审美文化的建构意识》,载《上海社会科学院学术季刊》1994年第4期。
② 参见蒋孔阳:《杂谈审美文化》,载《文艺研究》1996第1期。
③ 夏之放:《转型期的当代审美文化》,北京,作家出版社,1996。
④ 参见李西建:《审美文化学》,武汉,湖北人民出版社,1992。
⑤ 参见肖鹰:《泛审美意识和伪审美精神》,载《哲学研究》1995年第7期。
⑥ 参见王德胜:《扩张与危机——当代审美文化理论及其批评话题》,北京,中国社会科学出版社,1996。
⑦ 参见潘知常:《反美学——在阐释中理解当代审美文化》,上海,学林出版社,1995。

科注入了一种新的价值趋向和精神。审美文化研究为美学学科的当代转型提供了一种新的生长点,它有可能改变那种经典的理论构建和逻辑思辨,改变那种囿于艺术一隅的思考和研究,使人类广泛而多样的感性文化和审美现象成为美学学科的研究对象。审美文化研究将从理论和实践的方面逻辑地延绵人类审美活动的文化意味,拓展审美活动的文化空间,使美学学科在理论范式上逐渐从实践视角进入生存视角,在操作层面上变理论性和逻辑性的研究为一种阐释性、批评性和评价性的过程,为美学学科提供一种新的理论形态与规范。还有学者认为,审美文化在美学话语中的大量出现,也暗示了美学学科转型的一种动向,即从哲学基点转向文化基点,从绝对普遍性美学转向具体历史性美学,从思辨性美学转向可操作性的美学。[1]

与上述主张相左的是,有些学者对以上意见持一种审慎、保留乃至否定的立场。如蒋冰海就认为,美学的发展不应该停留在审美文化研究的层次,而必须着重从加强基础理论研究、加强美学与人生关系的研究两方面深入开展,因为美学的提高主要还得靠基础理论研究。[2] 也有学者指出,美学就其品格来说,是形而上的,它对现实生活的影响只能是间接的。过于强调审美文化研究的意义,以为它的出现会导致美学的转型,希望建立一种直接干预生活的美学,这只会导致美学的消解。有的学者从整体与部分的关系方面指出,审美文化是美学研究的一部分,是传统美学研究方式在当代的一种转换,但它不能代替当代美学的全部,成为一种新的"话语霸权"。[3] 也有人从当代美学转型的背景和审美文化批评的理论渊源方面,认为某些学者的理论主张,实际上是"法兰克福学派"的理论变种,在学术路径上与其代表人物并无二致。在当代美学回答"美的本质"这个形而上问题方面力不从心、对后现代艺术实践和当代各种艺术作品的审视捉襟见肘的窘况下,转向审美文化批评实践实在是一种非常聪明的躲避办法。[4] 而蒋原伦则从文化接受的角度,颇为担忧地对当代审美文化研究中符号泛滥的状况提出批评,认为批评家们制造出种种体系是为了更为有效地、合乎逻辑地阐释文化,更主动地掌握文化的精髓,但实际情形却恰恰相反:批评体系越多,在某种意义上,是加大了文化认知难度,文化的总量增加了,我们就必须付出更大的精力去对付它。[5] 有的则根本否定使用审美文化术语的必要性,认为美学研究并没有到非用一个尚待澄清的概念"审美文化"不可、没有它就不足以概括美学的研究对象与方法等实质性问题的地步。

---

[1] 参见王一川等:《从纯美学到文化修辞学》,载《求是学刊》1994年第3期。
[2] 参见蒋冰海:《一门关于人生的科学——美学研究的现状及态势》,载《社会科学报》1994年4月18日。
[3] 参见马宏柏:《审美文化与美学史讨论会综述》,载《哲学动态》1997年第6期。
[4] 参见呼延华:《美学转型:转向何处?》,载《中华读书报》1997年4月16日。
[5] 参见蒋原伦:《符号泛滥:当代审美文化剖析》,载《天津社会科学》1995年第1期。

4. 中国古典美学取向

"中国古典美学取向"的出现,与世纪之交刻意回归传统的倾向有着相互呼应的密切关系。其时,中国当代文论的"失语症"和"话语重建"成为热门话题。何谓"失语症"?如何"重建"?人们众说纷纭。一种代表性意见认为,"失语症"是一种文化上的病态,它主要表现在中国当代文论完全没有自己的范畴、概念、原理和标准。每当我们开口言说的时候,使用的全是别人的也就是西方的话语系统。这种情形由来已久,自五四反传统浪潮肇始,就造成了我们原有的几千年完整而统一的传统的断裂和失落,使我们失去母语,陷入失语状态,从而丧失了在中西对话上的对等地位。要消除这种"病态",就必须恢复断裂的传统,找回失落的话语体系,直接发扬光大。总起来看,"中国古典美学取向"反对以外来文化和美学作为构建中国美学体系的基础,强调重视中国传统美学和审美文化自身的特点,以中国传统美学、审美文化为依托,建构美学和审美文化体系。但大家的具体看法各异。

季羡林认为,美学的"根本转型就是把西方的那一套根本丢掉"。他在正面回答美学转型转向何处的文章中,旗帜鲜明地反对在美学研究上"老是跟在外国学者屁股后面走","不敢越西方学者雷池一步"的学术态度。他从中西方对审美感官的不同理解切入,强调中国美学自身的特点,认为中国美学家跟着西方美学家跑得已经够远、够久了。既然已经走进了死胡同,唯一的办法就是退出死胡同,改弦更张,另起炉灶,建构一个全新的美学框架,扬弃西方美学中无用的、误导的那一套东西,保留其有用的东西。把眼、耳、鼻、舌、身所感受的美都纳入美学框架,把生理和心理所感受的美冶于一炉,建构成一个新体系。这是大破大立,而不是修修补补;这是美学的根本转型,目的是希望中国学者开创一门有中国特色的美学。①

袁济喜从世纪之交文化转型与文化矛盾的角度,提出了中国审美文化价值系统转型的看法。他认为,由于近代以来造成的对传统文化的蔑视和商品大潮的冲击,导致中国传统审美价值系统断裂、文化创造与传统审美文化精神相脱离,目前中国审美文化可能沦为西方"后现代主义"的实验田。事实证明,依靠搬弄西学来构建中国审美文化价值体系的做法显然是不行的,应该发掘中华民族审美价值观的精华,实现传统审美文化的现代转型。②

张立斌则提出了以中国古典文化悟性思维方式为基础重建美学的主张。他认为,实践美学和后实践美学都是在外来文化基础上建立起来的美学体系,美学研究应该走以中国古典文化和传统美学超越感性和超越理性的悟性思维方式去重建美

---

① 参见季羡林:《美学的根本转型》,载《文学评论》1997年第5期;《对21世纪人文学科建设的几点意见》,载《文史哲》1998年第1期。

② 参见袁济喜:《论中国审美文化价值系统之转型》,载《文艺报》1996年4月12日。

学的道路,即恢复中华民族对美的传统认识角度——人的最高本质和人的境界修养,并通过内省的智慧,直接进入美的深层内涵,利用悟性思维的直觉认识能力透彻美的全部奥秘。这将克服实践美学以社会发展规律的研究取代美的研究的偏向,克服后实践美学以西方思想取代中国思想的偏向,并在现代科技高度发展的基础上,将最深广、自觉和高尚的人性内容与现代最丰富多彩的感性形式结合起来,认识美、创造美。①

5. 辩证和谐美学取向

"辩证和谐美学"并非20世纪90年代提出的,但由于它本身一直处于动态建构之中,其学说体系已包含了美学和审美文化的现代转型问题,而其代表人物又积极投入美学转型问题讨论并提出了有鲜明特色的见解,故我们将它列为代表性取向之一。

持该取向的学者认为,时下提出的各种转型理论都有局限和弱点。"实践美学"(应为自由美学)和"后实践美学"(应为生命美学)共同的不足,就是在思维方式上仍停留在对象性思维阶段,都把美归结为单纯的客观存在。前者是主体的物质实践,后者是主体的生物性存在,这并没有真正解决美的特殊本质问题。因为并非所有的主体实践的产物都是美的,也并非所有的生命都是美的。这种思维方式的另一个局限,就是认为只有实践或只有人的生物性存在是本源的、本体性的,看不到主客体的客观关系也是物质的、本源的、本体性的,看不到本源性、本体性是有不同层次的。对审美领域来说,主体实践、生命存在都不是本体性的,美的本体已进入主客体的审美关系系统。让美学转向审美文化理论,这既解决不了美学的困境,也不能建立新型的美学理论,只不过扩大了美学研究的范围和领域。该派学者也不同意直接从东方和古代美学中寻找作为现代形态的美学体系的基础,把现代的美学问题研究简单地变成对传统的反思和寻根。因为古典美学从问题的深度、广度和复杂程度方面都不如近代美学,简单地恢复到古典美学上去,不可能建立真正现代形态的美学体系。

在"辩证和谐美学"看来,要真正实现美学转型,必须搞清"什么是型"、"转什么型"、"如何转"三个问题。"型"包括具有新的范畴、范畴的内在结构模态是什么、这一模态结构在意识形态视野中是什么性质三层含义。解决"转什么型"的前提,是明确美学过去是什么型、现在是什么型、将来又应该是什么型。过去的型是以素朴和谐美为理想、以中国古典美学和艺术为代表,包括了由壮美经优美到萌芽崇高历史嬗变过程而趋向近代的古代的型;近代的型在其典型形态上主要指西方而言,它自康德提出崇高这一划时代的概念、打破古代和谐的圆圈模态以来,已完成了由崇高到丑再到荒诞的三部曲;我们应该转向的未来的型是充分扬弃古代、近代的型整合

---

① 参见张立斌:《实践论、后实践论与美学的重建》,载《学术月刊》1996年第3期。

而来的新型的"辩证和谐美学"。美学的现代转型,就是要突破古典素朴和谐的美学观念,吸收综合近代西方形而上学的对立的美学观念,走向一种更高的辩证和谐的美学观念。而要完成这一美学的现代转型,克服时下种种理论的缺陷,关键在于思维方式的突破,在于理论家的思维模式能不能转变到代表当今人类思维发展最高水平的辩证思维模式上来。这是心理模式的转型,是整个文化模式的转型,从根本上说也是古代人经近代人向现代人的转型。①

(三)意义、问题与前景

审美鉴赏强调距离感。距离太近,因功利感过强而不易准确评价,太远则又缺乏深入体验而难以引起共鸣。对学术问题的评价可能也是如此。由于20世纪90年代的美学转型研究距今时间不长,并且各种观点仍处在动态发展中,因而很难准确全面地把握其意义和价值。但就已有的情况来看,我们认为,至少有以下几点是可以明确指出的:

第一,20世纪90年代美学转型问题的研究,打破了美学由"热"转"冷"后的沉寂,改变了80年代后期"实践美学"一枝独秀的格局,尤其是在本体论研究方面,使美学再显生机和活力,初步呈现出多元并存、竞争发展的态势。虽然前述取向并非都是反对"实践美学"的,但它们的理论主张显然各有独特之处,即使在本体论意义上,大多也都可备一说。如审美文化取向中的审美文化批评,就有把批评本体化的倾向;辩证和谐美学提出的本体论是有层次的,本体在审美领域里应是和谐自由的审美关系;等等。而且,这些取向大多派中有派、极为丰富。如"改造完善实践美学"中就有侧重坚持、捍卫和侧重改造、完善的不同倾向;聚集在"超越实践美学"旗帜下的各种观点虽有共同性,但各自理论渊源、具体阐释亦不尽一致;"审美文化取向"中至少也有强调审美文化批评和强调审美文化学科或文化美学的不同。虽然这些观点多数仍处于初创阶段,但假以时日,真正有现实土壤和理论生命力的学说定会渐成气候乃至蔚为大观。这就宣告了旧有状况的终结和多元并存新格局的诞生,为中国美学的再度发展营造了气氛,提供了生机,注入了活力。

第二,美学转型问题的研究,为美学走向更高层次的整合融会奠定了雄厚的基础。20世纪90年代美学转型研究中多元并存的论争态势,促使每个美学流派、每种美学观点都不得不更加审慎地反思自身、审视别人,在相互论争中取长补短、相互促进。例如,"改造完善实践美学取向"在论争初始,除个别学者一开始就清醒地认识

---

① 参见周来祥:《古代的美、近代的美、现代的美》,长春,东北师范大学出版社,1996;《文化转型期的中国美学》,载《社会科学家》1997年第2期;《关键在于思维方式的突破》,载《光明日报》1997年7月12日。

到"实践美学"的诸种弱点外,大多数人则为坚持捍卫"实践美学"原有理论而对"超越美学"的所谓误解和曲解进行反驳,几乎不承认"实践美学"有什么缺陷,也没有从理论根基上对"超越美学"提出最有力的批评。但随着讨论的深入,随着"实践美学"对自身的冷静反思和对"超越美学"的精心审视,出现了诸多明显变化:由起始集中在对"超越美学"代表人物的指名商榷上,到后期将批评的范围扩大到"生命美学"和"存在论美学",并提出切中要害的批评;由起始多数不承认"实践美学"有明显理论缺失,到明确接受"超越美学"的某些批评,有的甚至把"超越美学"的一些核心概念如生存、生命等也吸收到"实践美学"中来;由初始重在批评和反批评,到后期更多地提出修正、改造、发展、完善"实践美学"的构想。就连没有直接介入论争的原"实践美学"代表人物,也在近年的论著中大谈感性、个体、偶然,悄然地调整着自己的理论重心。反观"超越美学",也有类似情况。"超越美学"的某些代表人物初始咄咄逼人、锋芒毕露,但后期也不得不对"实践美学"采取更为谨慎的态度,一再表示要以"实践美学"作为超越的基础,并在自己话语系统里给"实践"留有重要的地位。至于各种取向间理论术语的互用、研究领域的交叉,更是显而易见。如果说,"文革"前的"美学大讨论"形成了中国当代美学四派并存的理论格局,80年代大讨论各派既分立又趋同,最终确立了吸收包含了更多积极成果的"实践美学"的主导地位,那么,90年代的美学转型研究所形成的多元取向和多种建构,也肯定会相互促进,相互交融,推动中国美学理论在一个新的基点上,实现更高层次的整合。

　　第三,20世纪90年代的美学转型研究,推动了美学以前所未有的广度和深度走向现实生活,切入审美实际,在中国文明和谐美好社会建设中发挥更大的作用。"文革"前的"美学大讨论"主要是在美学界、学术界进行的,基本停留在理论探讨上。80年代的特定历史环境虽然使美学受到全社会的高度重视,几度掀起美学热潮,但也主要表现在美学理论的普及和实用部类美学的扩展上,不少美学家仅仅满足于理论的自我完善,而较少真正接触现实生活和不断发展变化的审美实践,无论在走向现实生活的理论自觉性上,还是在切入审美实践的具体途径及操作手段上,都存在着明显的缺憾,直接影响了美学社会作用的发挥。这既是美学由"热"转"冷"的重要原因,也是90年代促使美学转型的主要缘由。尤其是80年代末以来愈来愈明显的生活与审美、生活与艺术的相互渗透趋向或曰生活审美化、审美生活化趋向,给予美学巨大的影响。生活与审美的互渗趋同确实达到了前所未有的程度。这样就使转型研究中的各种取向、各种观点都不能不更自觉地考虑自己的理论主张与现实生活和审美实践的对应关系;有些研究取向,如审美文化批评理论,则旗帜鲜明地以强烈关怀现实、直接介入现实生活为主旨,不仅理论的自觉性大大提高,而且介入现实的手段、途径也更为丰富、有效。这就使美学在与现实联系的深度和广度上均超出以往。①

最后,20世纪90年代的美学转型研究,为中国美学与世界美学的对话与交流,创造了更为有利的条件。如果说,"文革"前和80年代的美学论争,更多是在国内背景下,在马克思主义理论范围内,以《1844年经济学—哲学手稿》为中心进行的,那么,90年代的美学转型研究则主要是在世界文化冲突与融合的跨世纪背景下展开的。论争中,世界文化和美学发展的现状及趋势是不同论者立论的着眼点或参照系。这样,就必然有利于我们清醒准确地认识中国美学的特点,认识中国美学在世界美学格局中的位置,更自觉地寻找中国美学自己的声音,建构既能与国际美学沟通、又具有中国特色的现代美学理论体系。

当然,美学转型问题研究中也存在着诸多值得引起重视的问题。如在对待马克思主义的问题上,言必引经据典和无根据地怀疑指斥同时并存;在对待西方现代哲学文化、美学理论上,笼统否定、绝对排斥和盲目搬用、生吞活剥兼而有之;在对待中国传统文化和美学理论上,同样存在着狭隘的民族主义和民族虚无主义两个极端。至于学风上的不良现象更是有目共睹。这些问题严重影响了美学转型研究健康深广地发展,是今后应正确加以解决的。

需要特别指出的是,新世纪中国美学承前启后,又有新气象。改造完善实践美学取向嬗变为以实践存在论美学和"新实践美学"等为代表的新实践美学,后实践美学的各个分支大多完成了体系化且登堂入室,中国古典美学取向和辩证和谐美学取向变换形式融入相关研究,生态美学研究应运而生、异军突起,审美文化取向则向具体领域深化分解为既有联系又有区别的大众文化研究、视觉转向或视觉文化研究、身体文化或身体美学研究以及生活转向或生活美学研究等等,都从不同方面、层次、角度,在不同意义上反映了美学界走出困境的努力和决心,显示出20世纪90年代美学转型研究的积极成果,展现了新世纪美学研究的些许风采。

中国美学现代转型是一个巨大的世纪性课题。面对如此重要的课题,学者们潜心研究,踊跃参与,各抒己见,百家争鸣,是理所当然的。中国美学现代转型也是一个巨大的世纪性难题。面对如此难解的问题,任何设想都显得不够完善,任何建构都似乎难尽人意,也是可以理解的。然而,就是在这百家争鸣、瑕瑜互见之中,奠定了中国美学未来辉煌的基础。

(周均平)

---

① 参见王德胜:《扩张与危机——当代审美文化理论及其批评话题》,北京,中国社会科学出版社,1996;《文化的嬉戏与承诺》,郑州,河南人民出版社,1998。

第三编

承续与转换

一 美学:知识背景中的问题
——关于20世纪中国美学知识特性问题的思考

在20世纪中国美学的学术进程上,有一个重要现象不能不引起我们的高度关注:从学术史演进层面来看,作为现代中国美学的自觉的理论先驱者,王国维、蔡元培、朱光潜等一批美学家所开启的,乃是美学研究作为一种"纯理论"活动在20世纪中国学术语境中的特定路向与旨趣。而在这一特定路向上,中国美学的现代发生、发展,明显具有一种知识融合与变异冲突的内在迹象——王国维、蔡元培、朱光潜等人的最大学术功绩,就是能够在20世纪中国美学开始自身历史进程之初,便非常自觉地探索着一种将中国传统的人文理想与人生情趣、思考对象与思想方式(包括话语表述形式)等,同近代以来西方文化的知识性成果、思想形式进行彼此协调、相互融合的新的学术可能性。如果我们能够承认,这种直接存在于20世纪中国美学现代学术发展道路上的现象,实际上已经大大地改变了美学作为一门独立理论学科在中国固有文化、知识体系中的原有形象;或者说,由于美学研究的知识背景上所存在的中国与西方、传统与现代的融合与变异,带来了中国美学在自身理论现代建构方面的特定价值特性,那么,我们就必须看到,从知识背景的具体构成及其历史演变方面来考察20世纪中国美学的学术构造和知识增长特点、规律,这一点,正是我们现在从学术史方向上对中国美学的世纪行程进行认真的价值反省的重要对象。

这里,我们应当首先明确一点,即任何一种理论学科的学术史研究,所要探讨的正是特定学科知识在自身历史演变过程中的具体增长与变异,以及这一知识演变过程所呈现的学术价值构造和特性。由于具体理论的发生、发展总是存在一定规律性的历史过程,而知识层面的历史增长与变异则是其内在的支持,因而,探讨一种学科的历史演进,其知识背景所具有的问题也必定会以一定方式凸现出来。①

很显然,对于20世纪中国美学进行学术史意义上的考察,其目的正是要从一个具体历史过程中发现美学在20世纪中国的知识性增长与变异特性。而一定时代美学思想的发生与发展,显然内在地包含了知识的演化、增值过程——它是一种具体

---

① 参见本书第一编第一部分"百年美学:学术史的追寻"。

的美学活动和理论之所以能够在一个历史体系中"如此"和"必定如此"的内在支持。这样,在探讨美学的历史架构时,其知识背景便显得十分重要——作为隐藏在理论或思想内部的制约机制,它充分规定了美学的学术形态及其价值呈现方式。在这个意义上,我们说,对于20世纪中国美学的学术史探讨,若要彻底探究美学理论活动的历史存在及其可能性价值构造,无疑就需要将美学内部的知识增长与变异问题引入具体考察范围之中,以便我们对于20世纪中国美学的价值性判断能够确立在一个有效的依据之上。

(一)"两脉整合"及其他

总的看来,在整个20世纪中国美学发生、发展的过程中,明显存在一种具有知识生成意义的"两脉整合"过程——其一是中国本土固有知识的自然传承系统,其二是西方近代以来科学知识(包括美学理论)的引进与认知系统;而"整合"则是指中西方两种不同构造、不同思维方式的知识系统,在20世纪中国特定文化语境中的融合性转换,以及它们彼此间的相互克服与交汇。

毫无疑问,作为20世纪中国美学学术活动及其具体演进的知识性存在背景(根据),"两脉整合"过程的出现与演变,其中最值得我们关注的是:第一,中西方两种不同的知识系统在这一整合过程中必然出现的矛盾与冲突;第二,这一整合过程对于20世纪中国美学学术价值构造所产生的具体影响;第三,这种影响的发生本身又有着什么样的具体特性和意义,以及这种影响的存在为20世纪中国美学学术形态的确立提供了什么样的规范。

具体来说,作为20世纪中国美学学术发生、发展的知识性背景,"两脉整合"现象明显存在着一个特定的文化前提——对于中西方文化和美学的知识性传承与认同,与整个20世纪中国学术界对于中国文化在世界范围内的现代化进程的理解和要求是联系在一起的。也就是说,对于不断试图走向现代性理论建构形态的20世纪中国美学来说,无论是对于传统美学既有思想体系的传承,还是具体认识并且借用西方美学的知识成果,这一切都直接维系在20世纪中国社会的具体文化实践及其价值意图之上,也直接联系了中国文化在自身现代转换过程中所遭遇的各种意识形态方面的表现因素。质言之,这种联系性的最主要表现,就是对于学术追求与文化建构理性之间关系的不同要求和理解——在20世纪中国社会的不同文化发展(转型)阶段,由于美学活动本身所处的具体文化语境的差异,以及作为人文知识分子身份的美学家们对于中国文化的现代性建构有着各种对立的或分歧性的要求,进而导致在美学理论思维、美学观念、美学方法等方面,也同样出现了某种源于传承过程或接受、认同方面的特定差异。而这种差异的存在乃至它们之间的相互冲突,往往便带来20世纪中国美学在自身现代性建构过程中对于知识背景的原有情状的某种变异(关于这一点,我们在下面再加以讨论)。

因此,一方面,我们说,20世纪中国美学因其知识背景的存在特性,它的学术转换过程明显具有一种深刻的意识形态特性;另一方面,也由于20世纪中国美学的学术追求本身有着鲜明的文化建构意识,它对于自身的知识背景也就存在某种变异的内在动机和价值企图。所有这一切,当然都归因于美学活动与20世纪中国文化现代化进程关系的变动。

这里,我们仅从美学活动与20世纪中国文化进程的关系这个方面来做一点概略分析。可以认为,进入20世纪以来,中国美学的知识背景发生了这样几方面重大的性质及功能转换:

1. 对于20世纪的中国美学来说,自从王国维、蔡元培、吕澂、范寿康、朱光潜、宗白华等不断将西方美学作为一种全新知识成果引入中国美学的现代建构过程之中,西方美学(尤其是以康德、黑格尔、叔本华、尼采为代表的德国美学理论及其学术形式,以及现代心理学美学考察问题的方式与立场)便一直是现代中国美学家用以审视审美活动、表达美学观念、构造思想体系、观察和批评现实生活,乃至于重新理解、阐释和进入传统中国美学思想体系的重要学术依据。如果说,这一依据在20世纪30年代中期以前主要还是作为一种具体知识形态而被中国美学家认可与应用的话,那么,在此之后,特别是经过20世纪50年代那场"美学大讨论",情况就发生了微妙的变化。随着中国文化进程中特定意识形态因素的介入及其持续强化,20世纪中国美学家对待西方美学的态度也开始由原先那种知识性认同立场,逐步转向以意识形态为判断准则的价值选择立场——包括对于近现代西方美学历史的理论反思和批评、对于当代西方美学知识体系在中国文化语境中的价值前景、对于中国美学与西方美学的交流关系以及这种关系的具体文化性质、对于将西方美学从知识论方面转向方法论方面的可能性问题,等等,都强烈地体现出一种特定意识形态的意图。这样,我们就发现,作为一种特定的知识背景,西方美学对于20世纪中国美学来说,无疑有着两个方面的功能:一是方法上的功能,即20世纪中国美学家们在从知识层面上接受、认同西方美学的同时,往往更关注这种知识体系对于研究美学问题的方法论意义,更乐意将其当作一种可以直接运用的美学方法来加以具体实施,以此达到引领中国美学走入现代学科形态的目的;二是理论体系的改换功能,即20世纪中国美学在自己的百年发展历程中,常常直接拿西方美学的知识成果和知识积累形式作为自己的具体理论建构目标。因此,尽管我们在这一过程中能够看到其中非常明显的意识形态意图,但是,从根本上说,20世纪中国美学的现代建构努力是直接维系在西方美学的知识形态之上的——对于20世纪的中国美学家来说,美学的现代建构就是走向这种以近代德国美学为模范的理论体系,而传统中国美学的现代延续则同样也是联系在人们对于西方美学的知识接受能力之上的（关于这个问题，我们下面再作进一步论述）。

2. 由于马克思主义的引进与接受，以及它在20世纪中国文化进程中所具有的强大而明显的意识形态功能特殊性，使得马克思主义的哲学、美学观念主要不是以一种知识形态（知识论根据），而是一种以真理性话语形式来体现其社会实践意愿和价值的理论认识系统，影响并规范着中国美学在20世纪里的学术建构活动及其方向。换句话说，马克思主义美学在20世纪中国文化语境中有其自身先在的确定性。这种"确定性"的意识形态内涵，决定了20世纪中国美学家对待马克思主义理论与中国美学现代进程之间关系的普遍态度——虽然在如何理解马克思主义的哲学和美学精神、如何把握"现代形态的中国马克思主义美学体系建设"等问题上，总是充满了各种各样的意识形态性质分歧（例如20世纪40年代马克思主义美学和文艺理论在"国统区"的介绍与传播、50年代的"美学大讨论"以及此后持续展开的诸美学派别之间的理论论争）。然而，至少在理论的形式存在方面，人们却又竭力标榜了一种坚定的"马克思主义"追求——从而也决定了马克思主义美学在非知识论（或超知识论）意义上的话语权力和主流地位。当然，这里也同样存在着20世纪中国美学在自身现代性理论建构过程中如何对待中国传统的问题——追求理论和观念的现代存在形态的20世纪中国美学，无论如何都无法回避把马克思主义真理性话语同中国传统理论的现代延续要求相结合的有效性（合法性）问题。于是，我们看到：一方面，由于对马克思主义及其整个思想体系的理解和运用方式、程度各不相同，尤其是对于中国的马克思主义美学体系建构的价值要求、实践维度不一样，所以，马克思主义对于20世纪中国美学家的意味便有了各种不同体现；另一方面，由于马克思主义美学在20世纪中国始终是同意识形态意图和立场联系在一起的，因而，它的出现与发展必然造成整个20世纪里中国美学学术活动的复杂性——在这个意义上，马克思主义美学在20世纪中国的重要性，也就有了不同一般的特殊含义，对此我们必须有足够的认识。

3. 当代西方的科学主义美学思潮，特别是各种心理学美学成果和理论方法的引进，直接造就了20世纪80年代以后中国美学内部的"科学主义"取向。尽管我们可以说，中国美学原本也潜藏着某种整体性的心理把握传统，而20世纪20年代以后的中国美学（以朱光潜等个别留洋学者为代表）也曾经将近代以后西方美学的心理学流派介绍到中国，但是，也只有在20世纪80年代以后，随着整个中国学术界，尤其是哲学界和文艺理论界对于西方学术的热情高涨，随着当代西方各种直接或间接地具有科学主义倾向的哲学、美学和文学理论思潮对中国学术界的大面积侵入，20世纪中国美学家才第一次在较为确定的学术意义上看到了美学中的科学主义（主要是心理主义）的功能性魅力，进而产生出对于美学进行"科学"建构的意愿和追求。

就这一点来看,20世纪最后二十年里,由于知识背景上出现的这种新的变化特点,中国美学的现代性理论建构努力开始发生了显著的方向性转移。科学主义的思维方法、理论等,以及当代西方心理学美学研究的一系列重大成就,不仅为中国美学家带来了许多全新的理论认识,并且,它通过对原有经典美学的思辨理论形态的抵制,从特定知识层面为中国美学的现代性建构活动提供了一种具有怀疑论特性的启示,即:我们曾经热切欲求的美学的"体系性"建构工作,在实证的科学价值面前必须受到质疑。这既是中国美学为完成自身现代性价值构造所进行的工作,也是中国美学拓展自身学术空间的新的前提。可以认为,虽然在理论的健全性和操作过程的有效性方面还存在许多大的问题,甚至,在如何把握美学的科学价值准则方面也暴露了许多似是而非的矛盾与漏洞,然而,20世纪80年代以来,中国美学在追踪科学主义路向方面却有着某种越来越强烈的倾向——各种形式的心理学美学探索和泛化了的部门美学研究,便充分体现了这一点。这些都显然同80年代以来中国美学知识背景的改换相关联。

4. 对于20世纪中国美学而言,由于西方美学这一知识背景的强大压力,传统中国美学在现代学术、文化语境中的重要性,已经浓缩为一种学术期待的可能性——它使我们不断产生出对于"美学的中国化"的理论热情和信心,使我们能够有意识地以一种特定的文化延续立场和学理传承方式来对待美学的现代提问形式和解答途径。显然,在这里,最重要的还不是传统理论给予20世纪中国美学的现代性建构以怎样的一种思想资源,即我们是在什么意义上讨论和实现美学内部的文化传承;而在于它给20世纪中国美学注入了一份意味深长的希望。正是这份希望,支撑了现代中国美学家的理论信念,也使美学在20世纪的中国赢得了必要的赞誉,产生出更多积极热情的冲动。尤其是,由于对传统进行阐释所必然伴随的多义性和歧义性,结果反倒使20世纪的中国美学家有可能在提出"美学的中国化"建构问题之际,对西方美学已经形成的知识性成果做出某种变异尝试。所以,作为一种知识背景,传统美学其实是实现了它对于20世纪中国美学的三重功能:一是学术积累的功能,二是融合"西学"的功能,三是形态延伸的功能。应该说,传统美学的现代合法性也正体现在这里。

(二)"西方"的"中国化"

从学术史层面来看,不同文化背景的学术话语之间的交流和冲突,是影响美学理论展开,从而不断深化或改变美学知识表达形式、知识建构方向甚至学科建构性质的重要条件之一,也是我们寻求美学理论变异的深层思想动机、把握美学发展的内在理论机制时所必须涉及的一个重要方面。① 因此,对于美学的学术史研究来说,具体探究一个时代或一个时期美学理论发生、发展中所内含的不同文化性质的学术思想间的交流过程及其关系,就是非常必要的。而从这样一个立场上审视20世纪中国美学的学术活动,有一个问题便必定进入我们的考察视野:如果我们可以肯定,致力于建构现代形态的理论体系是20世纪中国美学学术活动的基本目标,那么,在这一过程中,中国美学家们在自己的理论建构活动中又是以怎样的方式、心态,来具体理解和接纳西方美学的知识成果? 也就是说,对于20世纪中国美学家而言,西方美学(从各种具体的理论学说,到各种具体的研究思路和研究方法)是在什么样的学术前提下进入美学的知识系统? 因为毫无疑问的是,在20世纪中国美学学术积累及其价值特性问题上,事实上,"西方"作为一个特定的知识存在形态,总是同中国美学的现代学术建构努力直接相关的。

这里就涉及了20世纪中国美学的知识背景问题。具体来说,在整个20世纪的百年中,中国美学主要采取了两个相互关联的形式,来实现自身对于西方学术资源的价值意识:其一,在理论的建构形态上,有意识地吸纳或直接转用西方(尤其是近代以来)的美学理论,以此完成中国美学由传统向现代的理论转换;其二,通过"借用"西方美学较为成熟(在现代中国美学家眼里往往也是"科学的")的研究方法来讨论具体审美和艺术问题,以此形成对于现代美学课题的新的认知性表达。而在这两个相互关联的理论形式中,西方学术、西方美学一直是被当作一种现成的、可靠的知识体系来对待的。这样,在20世纪中国美学学术进程上,作为一种知识背景的"西方",便与中国美学之间存在和保持了某种特殊的关系。

概括说来,对于20世纪中国美学发生、发展而言,"西方"有着某种既定性——它不只是中国美学家进行思想活动的认识对象、思想的参照系,更是一种已经被确认的有效知识体系,是20世纪中国美学在自身现代建构路程上所寻找到的知识性根基。② 由此,作为20世纪中国美学发生、发展的特定知识背景,西方美学在被纳入中国美学家学术视野之际,便必然面临了一个如何同中国已有美学思想形式和体系

---

① 参见本书第一编第一部分"百年美学:学术史的追寻"。
② 现代中国知名学者、哲学家李石岑也早在20世纪20年代就明确说过:"自亚里斯多德、笛卡儿、斯宾挪莎、来布尼疵诸人,先后从演绎法建立思想方法,培根、洛克、谦谟、穆勒诸人先后从归纳法建立思想方法,乃至康德从认识论、黑格尔从形而上学建立思想方法,于是论理学蔚为大观,所以助吾人认识作用之增进者至巨。"(《李石岑哲学论集》,自序,第2页,上海,上海书店出版社,2010)显然,对于20世纪早期的中国学者而言,对于西方的认识,目的在于"助吾人认识作用之增进",而西学的意义也正在于此。

进行有效融合的问题。① 这也就是我们一般所说的"美学"在现代学科形态上的"中国化"问题——这里的"美学"常常与"西方美学理论"具有同一性,因而在实际上,美学的"中国化"便常常意味着在一种学术价值形态上,经由中国美学家之手而将西方美学的知识性成果加以理论转换的"可能性"与"必然性"。而从20世纪中国美学的既有情形来看,现代中国美学家们对于"西方"这一知识背景的"中国化"姿态大体可分三类:

第一,直接拿西方已有的美学理论作为知识摹本,以对中国艺术和审美现象的系统化说明,来思辨(逻辑)地构造一个明显具有"西式"学术特性的现代中国美学理论形态。在这方面,做得最出色的当属朱光潜。他的《悲剧心理学》、《诗论》等,可以说就是一些范例性的成果。其他如范寿康、陈望道、吕澂、徐庆誉、马采等人,也在这方面下过很大功夫并有不少成就。20世纪二三十年代出版的一批中国学者撰著的美学著述,如陈望道的《美学概论》、徐庆誉的《美的哲学》、吕澂的《美学浅说》、范寿康的《美学概论》、萧公弼的《美学概论》、李安宅的《美学》等等,基本上都属于这一类的姿态。

第二,以中国文化精神和审美理想为学术基点,有选择地利用西方的学术理论、参照西方的审美—艺术实践,以便在阐释中国美学和艺术问题的同时,打通中西理论和艺术实践的间隔,确立美学的"中国身份"。宗白华美学便为我们塑造了这种特定的"中国化"姿态。他的《中国艺术意境之诞生》、《中西画法所表现的空间意识》、《论中西画法的渊源与基础》等,处处体现出以西方美学理论为参照、以中国艺术理想和审美意识为根本,在具体阐释和发挥中进行现代理论建构的努力。其他如邓以蛰、方东美、徐复观等人也无不如此。

第三,在对于马克思主义理论学说的理解与接受上,有意识地根据意识形态的时代利益和需要,来张扬马克思主义对于20世纪中国美学学术建构的特定话语权。这也使得马克思主义与20世纪中国美学的关系,往往体现出相当强烈的意识形态化倾向,而在一部分美学家的意识中,马克思主义的"中国化"过程也因此显现了某种超知识性的社会学意义。周扬、蔡仪是这方面的主要代表。(20世纪50年代以后,甚至80年代"复苏"中的美学研究,通常也具有这样的基本姿态。)所谓"建设中国的马克思主义美学",往往由于意识形态本身的复杂性,而在不同美学家那里产生出学术旨趣上的差异,甚至是理论对立。在这方面,20世纪五六十年代"美学大讨论"中人们对于马克思《1844年经济学—哲学手稿》的理解和运用,就是一个十分明

---

① 梁启超曾言:"舍西学而言中学者,其中学必为无用。舍中学而言西学者,其西学必为无本。无用无本,皆不足以治天下"。(梁启超:《〈西学书目表〉后序》,见《梁启超全集》,第1卷,第86页,北京,北京出版社,1999)此话可以见证20世纪初期中国学者对待西方知识与本土文化之间关系的基本立场。所谓"本"、"用"不可偏废,而"本"也可以被理解为20世纪初期中国学者接受西学、寻找新的知识根基的立足点。

确的例证。

当然,西方美学知识成果的"中国化"过程,是一个持续的历史现象。这不仅是指它发生、展开于20世纪中国美学的现代性建构进程上,同时也意味着这一"中国化"的学术追求本身就构成了20世纪中国美学的历史形象——在这个持续的"中国化"方式上,20世纪中国美学特定地产生了自己的历史价值。作为一个历史的现象,20世纪中国美学对于"西方"的"中国化"转换,不断演绎出各种理论的变异性结果。由于这种变异,在20世纪中国美学的学术天空上,原本作为知识背景存在的西方美学,这样或那样地发生了与其原有旨趣和规范、甚或理论出发点相异的歧变。由此,在20世纪中国美学研究中,"西方"之被"中国化"的过程,便带来了某些新的学术现象或学术生长点——其根源就在于这种"中国化"本身的具体方式,总是首先被中国文化的历史和现实语境规定了的。值得我们注意的是,第一,美学的学术史研究,只有在对历史中的理论变异现象与具体文化语境之间的关系做出明确把握的基础上,才有可能获得有关20世纪中国美学学术动机及其活动过程的准确认识。因为很显然,由"中国化"的学术意愿所引发的西方理论的变异,不仅受制于20世纪中国文化语境的主导性要求,同时,它也可能直接影响中国美学在20世纪文化语境中的学术建构态度和方式。正因此,我们必须看到,在20世纪中国美学进程上,西方美学的理论变异便具有了它的特殊性,而这种特殊性正是我们进行学术史考察的重要对象。所有这一切,都需要我们首先对20世纪中国文化语境本身的特性有一种确切的认识。

第二,西方美学在中国文化语境中的变异,相应地带来了20世纪中国美学的一系列具体历史特性。这其中,尤其需要探讨的一个方面是:"变异"过程及其结果在什么样的程度上、范围里,又是以怎样的方式,对20世纪中国美学的学术建构及其价值特性产生了影响?这一点,从大的方面来看,首先是西方美学(主要是它的近代理论形式)作为一种外来的知识成果,它在中国文化语境中的变异,并没有能够完全消除它与中国本土理论在知识内容、知识结构和知识对象等方面所存在的潜在对立与冲突,这就决定了美学的"中国化"始终存在一种知识融合的艰难性与有限性。其次是在具体变异过程上,中国美学家的个人知识准备及其运用能力,显然是一个非常重要的变因:它不仅可能导致整个美学研究形态的分化,而且可能因此改变美学的历史存在形式。所以,20世纪中国美学学术建构又常常是同具体个人的知识背景及其个人运用过程联系在一起的。而在更为具体的方面,西方美学在20世纪中国文化语境中所发生的变异,又不断产生出20世纪中国美学内部的各种学术冲突与矛盾。这些冲突和矛盾具有这样的特点:其一,美学的"中国化"建构努力,最终是同人们对于"中国—西方"这个文化二元模式的价值取向联系起来的。这样,西方美学在中国文化语境中的变异过程,便具有了学术权力的争夺性质。这一情形也同样发生在有关"马克思主义美学体系"的建构问题上。其二,美学的知识含量也往往很不确定,以至于我们常常难以从知识的有效性层面上去判断20世纪百年间中国美学的实际增长。更何况,在20世纪的历史中,"知识增长"对于中国美学来说,其本身也常常是很可质疑的。

(三)方法的借用

再以20世纪中国美学对于西方学术资源的第二种意愿表达形式,即通过借用西方美学较为成熟的理论方法以形成中国美学自身对于现代美学课题的新的认知性表达这一方面来看,我们首先要承认,从古典走向现代,从心灵感悟走向逻辑分析,是20世纪中国美学在自身现代性建构道路上形成的一种有序轨迹。这一轨迹深层地潜在着一种特定的方法论立场,即:20世纪中国美学的发展,基本上是同它对于西方美学(乃至整个西方学术)具体方法的借用方式直接关联着的。这就意味着,方法论层面的某种有意识的学术行为,在以"西方"为知识依据的过程中,产生出了中国美学在整个20世纪中的具体学术建构特性,并且充分肯定了中国美学在向"现代"转型过程中的具体学科定位要求——科学理性和社会精神改造的追求,在逻辑呈现的过程中得到了方法论层面的直接保证。

进一步来说,作为一种知识背景、学术资源,西方美学方法体系对于20世纪中国美学至少有着两重意义:

第一,在知识形态上,以理性的逻辑形式出现的西方美学方法体系,由于是被当作一种可以直接"拿来"的操作手段来对待的,因此,对于20世纪中国美学来说,方法的"借用"其实已经不复考虑学术之本体依据的转换。换句话说,"拿来主义"成为一种相当普遍的学术态度,具体作用于20世纪中国美学的各种思想和理论活动——问题不在于西方美学方法是否可以让我们拿来使用,而是我们能够拿来多少"方法"以满足理论建构活动中的表达需要。于是,在美学的方法论问题上,不同文化特性之于一种理论建构的内在限度问题,会常常被20世纪中国美学家们有意或无意地忽略。这也就是为什么我们在讨论20世纪中国美学的时候,总是不得不经常回到西方美学的方法系统中去寻找中国美学现代理论形成过程的原始出发点的原因。

第二,在具体操作过程中,借用西方美学方法本身,还往往直接联系着20世纪中国美学的某些阶段性进程特征。这就是说,在不涉及美学方法的本体根据这一基础上,方法的借用过程往往在形态方面产生出20世纪中国美学的某些阶段性改变。从王国维、蔡元培等人在20世纪初正式引进康德、叔本华等西方大哲的美学观念开始,历经朱光潜、宗白华、吕澂、黄忏华、范寿康、陈望道等美学家所做的工作,20世纪中国美学从西方那里接过了近代以来几乎所有的学术方法系统。而这种方法论上的自发性认同（其自觉性过程至今仍是一个有待证明的问题），恰恰体现了一定的学术发展的阶段性特点——从20世纪之初的介绍性引进，到80年代轰轰烈烈的"方法热"，几乎每一次方法论层面上对于"西方"的热切追踪，结果总是带来中国美学研究形态的某种阶段性转换活动。这一点，很像马克思主义美学在中国的存在情形。自20世纪40年代起，虽然中国学术界对于马克思主义的热情不断增长，但与其说人们对于马克思主义美学的接受是出自一种理论本体变革的需要，倒不如说它更直接地是在方法层面上被中国美学家看中，而其目的就在于能从一种特定的意识形态下完成中国美学向新的可能性形态的迅速转换。因此，我们便看到，尽管到了90年代，中国美学的学术生存环境已经发生了非常大的改变，但从阶段性发展特征上来说，由于它仍然不断地重复了20世纪中期中国美学在方法论上所持守的特定思维立场，所以我们依旧必须将它置于同样一个学术阶段来加以把握。这里，我们便不能不提出一个问题：在学术价值特性上，应该如何去理解20世纪中国美学的这一具体现象？无疑，20世纪中国美学家们的学术经历及其理论建构意愿，构成了整个美学百年的完整线索。但是，这种方法形态上的特定现象对于中国美学家们又意味着什么？或者，它在20世纪中国美学的学术建构价值方面，能够提供给我们什么样的启发？

说到这里，我们还应该再追问一下：如果说，20世纪中国美学在对待西方美学方法系统时具有上述特点的话，那么，西方美学作为20世纪中国美学的知识背景之意义又在何处？在我们看来，这种价值应该就在于，一方面，西方美学为20世纪中国美学完成自身现代转型提供了具体的手段；另一方面，也是更重要的，它在促成中国美学的世纪转型过程中，以特定的知识材料，在20世纪中国美学中带出了诸多对于美学学科建设富有意义的新话题，包括像"美学的学科定位"这一类多少带有本体意义的学理讨论对象。如此，则我们便不能不认真地思考：

第一，如果说，20世纪中国美学的阶段性发展，在一定程度上联系着其对于西方美学方法的借用活动，那么，这种话题的形成，对于20世纪中国美学的学术价值构造产生了怎样的影响？

第二，在新的理论话题提出过程中，方法的借用本身对于20世纪中国美学家个人的知识准备方式提出了什么样的要求？

第三，作为一种知识背景，西方美学的学术方法在20世纪中国美学转型过程中产生了什么样的特定变异？这些变异的规律又是什么？

所有这些，显然都是我们从学术史层面深入探问20世纪中国美学的意义之所在。

（王德胜）

二 中国与西方
——1949年前中国对西方美学的接受

"美学"一词,最早在日本是由中村笃介于1882年翻译法国维隆(Verone)的著作Esthetique时形成的。而中国美学界自20世纪初从日本引进"美学"以来,[①]便借助日本这个"二传手",对西方美学采取了"拿来主义"的开放姿态:它的美学观念、体系、范畴以及基本问题的形成与发展,是在西方美学的强大影响下进行的。而20世纪20年代中期以后,在现代中国美学建构的影响"合力"中,又加入了苏联美学和马克思主义美学。这一多种"力"的撞击,便构成了20世纪中国美学最大的特色。

从"影响"角度来说,20世纪中国美学发展可以说是一个"影响"的"效果"史:1900—1949年为第一期,1950—1984年(中间有十年的空白)为第二期,[②]而1985年至今则为第三期。前两个时期中,西方近代以来的启蒙美学[③]和古典美学的影响占主流,第三个时期则是西方现代美学的影响占主导地位。

这里,我们仅就第一期的情况作具体分析。

---

① 近年来黄兴涛著文,对美学一词的翻译问题做了梳理,他认为是传教士花之安把aesthetics翻译为"美学"。这个翻译流传到日本,在日本变成了通译。此后又返回中国。这是一个典型的"知识旅行"个案。

② 我们之所以把第二期划分到1984年,是从接受"影响"的学术史角度来看的。1978—1984年间,中国美学所受的西方"影响"也和20世纪五六十年代一样,主要是西方古典美学和启蒙美学,讨论的主要问题也是在西方启蒙美学的学科"范式"和马克思主义美学范围之内。曾在20世纪五六十年代参加美学讨论并继续从事美学研究的学者,在西方古典美学、启蒙美学、马克思主义美学和中国传统美学的相互作用下,积极建立自己的学术体系。而从1984年开始,中国美学界开始大量引进西方现当代的美学观念。这个变化以李泽厚主编的《美学译文丛书》出版为标志。这套丛书的第一批在中国社会科学出版社出版,此后加入该丛书出版的有中国文联出版公司、光明日报出版社和辽宁人民出版社。丛书共翻译出版西方现当代美学著作(有几种为东欧的美学著作)达50种。从此,西方现当代美学对中国美学的"影响"跃居主导地位。更由于西方现当代美学打破了启蒙美学的学科"范式",在吸收后者的有效成分后形成了新的"范式",所以对它的全方位引进,便对中国此前在西方启蒙美学和古典美学影响下所形成的学科规范构成了严峻挑战,其所造成的"创伤"直到今天还未"愈合"。

③ 这里所使用的"启蒙美学"一词,包括18世纪欧洲启蒙哲学中的美学和德国古典哲学中的美学思想。因为西方近代美学基本问题和概念的形成,是在启蒙哲学中完成的。美学学科的独立,也是启蒙哲学的伟大成就之一。启蒙哲学澄清了美学的独立领域,并厘清了理性与审美的感性领域之间的复杂关系。而德国古典哲学中伟大的美学思想正是启蒙哲学中的美学的发展。

(一)结构性倾向的意义

在第一期的五十年里,中国在接受西方美学影响方面,从引进姿态和美学学科建设态度两方面来考察,又可大致分两个时段:1927年前是"知人"而不"论世",虽注重引进西方近代以来的美学,但既不论列某种观念的背景和知识系统,亦不涉及其历史地位和时代特征。学者们还无暇顾及美学的系统建设,甚至都未及完成美学与美术之间的界限划分。这也是五四前后的急切心态所致。

1927年以后,五四狂飙渐趋落定,学术建设成为一代学人的自觉。1927年,范寿康的《美学概论》在商务印书馆出版,陈望道的《美学概论》也于同年问世。此后,又有徐庆誉的《美的哲学》(1928)、吕澂的《现代美学思潮》和《美学浅说》(1931)。1932年朱光潜《谈美》在开明书店出版,影响更大——它是中国第一部具有广泛社会影响的美学原理著作。1933年朱光潜回国后,即在北京大学、清华大学等开设"文艺心理学"(其实就是美学)课程。1936年,朱光潜的《文艺心理学》出版,代表了整个第一期里中国美学学科建设的最高成就。与此同时,在第二个时段,西方美学和艺术哲学原著的翻译也开始增多,有克罗齐《美学原理》(1931和1947)、康德《优美感觉与崇高感觉》(19940)、尼采《启示艺术家与文学界的灵魂》(1935)、格罗塞《艺术的起源》(1933和1937)、叔本华《文学的艺术》(1933)、泰勒《艺术哲学》(1949)等。西方美学和艺术理论引进既多,用西方美学来整理中国传统思想并在比较中形成中国现代的美学,亦成为当时的特色,这其中尤以宗白华、丰子恺、邓以蛰、朱光潜、钱锺书等为代表。

如果说,20世纪前二十五年里,康德、叔本华美学在中国占据了统治地位,那么,20年代中期以后,叔本华的影响开始减退,而立普斯"移情论"与康德学说有平分秋色之势。同时,当时在西方正处于极盛期的精神分析美学、克罗齐直觉美学、心理学美学等,也陆续进入中国(只是当时同样在西方流行的现象学、海德格尔存在哲学,却并未为中国的引进者所关注)。

值得我们关注的问题在此出现:为什么同样是西方美学,中国只引进这些而不引进另外一些?为什么引进之后,它们在一个异文化内还会发生地位变化?在西方文化范围内完全是对立的思想,为什么会同时被同一个中国学者所接受而没有在其思想内部造成内在的矛盾和紧张(如鲁迅美学思想中就同时包容了康德和尼采)?"移情说"在西方只是作为描述审美心理现象的理论,为什么却被那么多中国学者用来解释美的本质?……

由于学术"影响"总是在文化层面行进的,因而属于"文化影响"的范围。而任何这种"影响"在具体运作上,都是一个阐释学的"域",其中影响者和接受者都各有其被动和主动两个层面,而真正的主体乃是接受者。这就使得"文化影响"成为一个接受者对影响者的选择、误读和创造性转化的复杂过程。当然,"影响"之最先是"拿来",但在"拿"的最初瞬间,就已经形成了一个阐释学的"域"。

更为深刻的是,西方文化对中国来说是一种完全的异文化。由于每一种文化的构成因素和成分都大同小异,导致不同文化间相"异"的根本性东西,不是具体的观念或具体成分,而是把这些具体观念或成分组合起来的结构。文化的核心是其结构,文化变异的根本层面是其内在结构的调整。因此,在"文化影响"的实际发生中,最有力也最有效的,是在基本结构层面上进行的东西。同样,就本土文化对异文化的接受来说,只有发生在本土文化结构层面上的东西才是有效的,才能获得在本土文化范围内的合法性和权力。这就是说,本土文化只有用自己的结构性方面来会解和转化异文化的东西,"影响"才具有实质性。总结20世纪中国接受西方美学的"影响",不能只罗列中国美学界从西方引进了哪些具体、个别的观念,而要分析本土文化以何种结构、何种内蕴来选择、会解和转化异文化的东西,把握两种文化之间所发生的结构性碰撞以及由此而来的结构性变异和演化。只有这样,才能深刻总结学术"影响"这一阐释学现象的内在肌理和规律,把握"影响"的最实质、最有效的层面。

以此观之,就会发现,在1949年前第一期中国美学界接受西方影响的过程中,有三种结构性倾向在发挥着重要的作用。

需要说明的是,所谓"结构性倾向",是指影响和左右中国学者选择、接受、解释和转化西方美学的那种带有结构性特点的态度和运作机制。由于是结构,便必然具备整体性、转换性和自身调整性的功能特征。而"结构的整体性",指它把若干成分或具体部分整合在自身体系内,使部分或局部服从于总体的原则,即在部分之间建立统一的关系;"结构的转换性"则在于化解矛盾的因素,去除不能吸纳者,以确保结构的稳定和恒常;"结构的自身调整性"则为结构划定界限和范围,并带来结构自身的增长和更新,但又保证该结构的核心原则不发生崩溃。总之,任何结构都具有动态生成的特点。① 我们将发现,1949年前,中国学者选择、接受、解释和转化西方美学的影响,正是在这种结构性倾向左右、支配下进行的——表面上看似个人行为的选择和解释,变成了必然的和合法的论断,而不再是个人的、任意的。

当然,并不是所有结构性倾向都是在明确意识的构建下形成的。其实,恰恰是那些在有意无意间发挥作用的结构性倾向,才最具有实质性意义。在1949年前的五十年中,影响并左右中国学者接受、选择和解释西方美学的三重结构性倾向,都是在未曾明言的层次上发挥着作用。

---

① 参见皮亚杰:《结构主义》,倪连生、王琳译,北京,商务印书馆,1986。

(二)"借思想文化以解决问题"

在1907年所写的《文化偏至论》中,鲁迅曾坦率道及中国引进西学的最初情况,"中国既以自尊大昭闻天下,善诋諆者,或谓之顽固;且将抱守残阙,以底于灭亡。近世人士,稍稍耳新学之语,则亦引以为愧,翻然思变,言非同西方之理弗道,事非合西方之术弗行,掊击旧物,惟恐不力,曰将以革前缪而图富强也"。① 何以如此?这里面有传统的思想模式在起作用,即"借思想文化以解决问题"。也就是说,把"言非同西方之理弗道,事非合西方之术弗行"的"西化"理路,置于"借思想文化以解决问题"的模式下,是中国学者引进西学的一个基本的结构性倾向。"在西方的冲击下,知识分子的思想和价值观念曾发生根本性的改变。然而,在思想内容改变、价值观念改变的同时,传统的思想模式依然顽强有力、风韵犹存,是现代中国前两代知识分子主张借思想文化以解决问题的根源,但他们并不一定意识到这种解决问题的观点即溯源于此。在前两代知识分子思想形成的年代,文化界充满着强调心之功能的一元论(monistic)和唯智论(intellectualistic)观点。第二代知识分子所接受的经典教育在他们心中依然生机勃勃,以致传统思想模式在他们的思想形成方面还起着决定性的作用,尽管他们很多人后来曾对中国传统进行过猛烈抨击。"②而这种"借思想文化以解决问题"的模式,其根底又在于中国传统思想模式中的道德心智一元论。正是思考问题的这个同一个模式,使得从固守传统到反传统的巨变进行得很容易。而1949年前中国美学界对于西方美学的引进和影响的接受,就是被置于这种"借思想文化以解决问题"模式的总体倾向中进行的——虽然他们每个人考虑问题的具体方面并不完全相同。

梁启超在戊戌变法失败到日本后,就已经是一个"借思想文化以解决问题"的坚定信仰者。他在总结"洋务运动"到新文化运动五十年的转变历程时指出,中国人在西方的冲击下,"先从器物上感觉不足",然后"是从制度上感觉不足",后来"是从文化上感觉不足","渐渐有点废然思返,觉得社会文化是整套的,拿旧心理运用新制度,决计不可能,渐渐要求全人格的觉悟"。③

王国维既是中国引进西方美学第一人,也是中国主张学术自由独立的第一人。但在他的自由独立精神背后,同样是以心智一元论为隐蔽的支持,透露着借思想文化以解决中国面临的问题的不可解脱的倾向。在其写于1903年的《论教育之宗旨》

---

① 鲁迅:《文化偏至论》,见《鲁迅全集》,第1卷,第45页,北京,人民文学出版社,2005。
② 林毓生:《中国意识的危机》,第46页,贵阳,贵州人民出版社,1986。
③ 转引自聂振斌:《中国近代美学思想史》,第54页,北京,中国社会科学出版社,1991。

中,他接受了西方启蒙运动以来的教育思想,认为完整的教育必须具备智育、德育和美育三个方面,"美育者一面使人感情发达,以达完美之域;一面又为德育与智育之手段,此又教育者不可不留意也"。在他看来,只有美育能够把德育和智育带动起来,渐达真善美的理想,又加以身体之训练,"斯得为完全之人物,而教育之能事毕也"。① 美学或美育被放在了获致"完全之人物"的关键环节。

王国维认为,政治家给予国民的是物质利益,文学家给予国民的是精神利益。他在对两者进行比较之后,指出中国要找到诸如莎士比亚、歌德等为国民提供精神生命的天才是很难的,而中国又无自己固有之宗教。那么,求之于美术吗?然而"美术之匮乏,亦未有如我中国者也"。王国维当时就认为:"夫物质的文明,取诸他国,不数十年而具也,独至精神上之趣味,非千百年之培养,与一二天才之出,不及此。而言教育者,不为此谋,此又愚所大惑不解者也。"②这正是心智一元论内在逻辑的必然论断。

所以,王国维在1906年向清廷上书时,批评原来的"学校章程"的"根本之误",在于废弃了哲学这门学科,并驳斥"哲学有害"、"哲学无用"、"哲学与中国古来之学术不相容"等观点,认为"以功用论哲学,则哲学之价值失。哲学之所以有价值,正以其超出乎利用之范围故也。且夫人类岂徒为利用而生活者哉,人于生活之欲外,有知识焉,有感情焉。感情之最高之满足,必求之文学、美术,知识之最高之满足,必求诸哲学"。③ 以此之故,在他所设计的大学文学科中,不仅包括经学、理学、史学、中国文学、西洋文学五个分科,而且每一分科课程中都有哲学;而除史学科外,其他四科又都开设美学。由此可见王国维是多么重视美学培养"完全之人"的作用。

在五四一代知识分子中,对尼采的接受无有出鲁迅之右者。尼采那些不合时俗的主张,本来与中国传统的主流文化之间是非常紧张的,但鲁迅以尼采的主张来张扬自己的文化变革思想,在其自身思想内部却没有丝毫的紧张和矛盾。原因就在于,尼采的"价值重估"、"文化变革"和"全盘反传统"态度,正与鲁迅当时的思想投合。同时,尼采思想虽与中国儒家传统之间有着不可调和的紧张,却与老庄及魏晋精神这些非主流文化有着内在的一致。老庄与魏晋精神所具备的"汪洋恣肆以适己"的反正统姿态,成了鲁迅接受尼采思想的底蕴和内在资源。刘半农曾送给鲁迅"托尼学说,魏晋文章"两句话,鲁迅就认为很确当。可以说,鲁迅的"国民性批判"、

---

① 王国维:《论教育之宗旨》,见谢维扬、房鑫亮主编:《王国维全集》,第14卷,第11页、12页,杭州,浙江教育出版社,2009。

② 王国维:《教育偶感四则》,见谢维扬、房鑫亮主编:《王国维全集》,第1卷,第139页,杭州,浙江教育出版社,2009。

③ 王国维:《奏定经学科大学文学科大学章程书后》,见谢维扬、房鑫亮主编:《王国维全集》,第14卷,第34页,杭州,浙江教育出版社,2009。

"全盘反传统"、"任个人而排众数"的主张，以及对"天才"的提倡等等，正是在"借思想文化以解决问题"的整体结构中得到了统一和协调。

蔡元培引进美学和提倡美育、倡导"教育救国"，也有着同样的情形。他的教育观和美育观，目标都在于培养健全的人格。显然，他是根据席勒的观点，提出了自己"以美育代宗教"的学说。"专尚陶养感情之术，则莫如舍宗教而易以纯粹之美育。纯粹之美育，所以陶养吾人之感情，使有高尚纯洁之习惯，而使人我之见、利己损人之思念，以渐消沮者也。盖以美为普遍性，决无人我差别之见能参入其中。"①这里，我们能够发现，康德的美感普遍有效性，在蔡元培的解释中渗进了孔子"群"的观念，而"群"在先秦儒家那里正是起了一种宗教的作用。

虽然在对待传统的态度上，陈寅恪、吴宓与鲁迅、胡适等人有着巨大分歧，但在"借思想文化以解决问题"这个模式上，他们是完全一致的。据吴宓日记记载，1919年，他与陈寅恪曾在美国哈佛大学谈及当时国内的新文化运动，认为当时留学国外的人都学"工程实业"，正与中国传统的重实用、慕富贵的习性相一致。但"实业以科学为根本，不揣其本，而治其末，充其极，则成下等之工匠。境域学理，略有变迁，则其技不复能用。所谓最实用者，乃造成为最不实用。""今人误谓中国过重虚理，专谋以功利机械之事输入，而不图精神之救药，势必至人欲横流，道义沦丧。即求其输诚救国，且不能得。"②

这里涉及了一个相当复杂的问题，即中国传统中的实用态度和道德心智一元论的关系。表面上看，心智一元论是反对实用、主张道德精神的决定性作用的。但是，中国传统的心智一元论是道德心智一元论，它包含有两个方面：强调心智道德的决定性作用，所以修身、立身、道德先行；而修身、立身和道德又是功能性的，必须用于治国、齐家、平天下，就是要学以致用。这正是道德心智一元论的实用方面。所以，吴宓和陈寅恪的谈话中，既强调了精神的决定作用，又批判了其所包含的实用态度。而这两个层面的分离对于美学的发展很是关键。

"借思想文化以解决问题"模式的结构作用，不仅把思想文化的作用放在首要地位，而且认为民族觉醒、国家富强首先有赖于精神的觉醒、精神的变化。所以，中国学者在引进西方美学观念、建立美学学科时，总是把美学放在树人、立人、培养健全的人这一关键位置。宗白华最初接触哲学和美学时，就有着一种自发的追求，即怎样过一种艺术化的人生、确立艺术化的人生观。在他看来，艺术教育可以高尚社会人民的人格，艺术品是人类高等精神的表示。他对歌德的毫不留余地的欣赏，主要就在于歌德伟大的人格。在他看来，西方的智慧有宗教的、哲学的和诗的，而歌德则

---

① 蔡元培：《以美育代宗教说》，见《蔡元培全集》，第3卷，第33页，北京，中华书局，1984。
② 转引自吴学昭：《吴宓与陈寅恪》，第9—10页，北京，清华大学出版社，1992。

把这三方面综合在自己独一无二的人格中,成了"近代欧洲文明的顶点":"他的人格与生活可谓极尽了人类的可能,他同时是诗人,科学家,政治家,思想家,他也是近代泛神论宗教一个伟大的代表。他表现了西方文明自强不息的精神,又同时具有东方乐天知命宁静致远的智慧……我们可以说歌德是世界一扇明窗,我们由他窥见了人生生命永恒幽邃奇丽广大的天空!"①宗白华虽然没有像鲁迅那样批判国民的劣根性,但他对歌德人格的追求,在当时为新国民人格的建立,补充了有力而进步的内容。而这也正是他赋予美学和艺术的使命。

在朱光潜对美学和艺术功用的看法中,这种思想模式是其没有明言、却又很深厚的思想。在1946年出版的《谈修养》中,他同样把美学对于人格培养的作用放在很重要的地位,认为只有智育、德育和美育并行,才能培养出"全人",而"艺术和美育是'解放的,给人自由的'",第一"是本能冲动和情感的解放";第二"是眼界的解放",即对人生抱有一种健康的审美的态度,它"给我们不少生命的力量,我们觉得人生有意义、有价值,值得活下去";第三"是自然限制的解放"。② 在《谈美》一书中,朱光潜还专列一节"人生的艺术化",曾被朱自清认为是朱光潜"最重要的理论"。

但就把美学置于"借思想文化以解决问题"的思想模式下而言,宗白华、朱光潜与鲁迅、胡适和郭沫若等人之间有着明显的区别:在鲁迅、胡适和郭沫若那里,"借思想文化以解决问题"同时伴随着明言层面上的反传统,甚至是激进的"全盘反传统"。但在宗白华和朱光潜那里,却没有这种激进的"全盘反传统"迹象:宗白华的反传统是在一种未明言的层面上进行;朱光潜的反传统思想则是明确的,不仅对儒家一套实用主义文艺观有着尖锐的批判,而且对新文化运动所可能达到的文化上的发展及其对传统的改变,有着从整体结构上的接受。在《文学杂志》"发刊词"中,朱光潜就明确地说:"现在我们新受西方文化思想的洗礼,几千年来儒家文化思想的传统突遭动摇,几千年来根深蒂固的社会制度也在剧烈地转变,这种一发千钧的时会应该是新文化思想生发期的启端。"这就意味着,朱光潜的思想中同样有着"借思想文化以解决问题"的模式,并且主张思想文化的彻底变革。正是在这一前提下,他引用英国学者安诺德的话,认为"目前中国"的"第一件急务"就是"自由运用心智于各科学问","无所为而为地研究和传播世间最好的知识与思想","造就新鲜自由的思想潮流,以洗清我们的成见积习"。③ 诚然,朱光潜一直坚持了某种程度上的学术独立精神,但"借思想文化以解决问题"的模式,却同样在他的美学研究中发挥了结构性作用。

---

① 宗白华:《歌德之认识》,见《宗白华全集》,第2卷,第1—2页,合肥,安徽教育出版社,1994。
② 朱光潜:《谈修养》,见《朱光潜全集》,新编增订版,第1卷,第230—233页,北京,中华书局,2012。
③ 见《朱光潜全集》,新编增订版,第6卷,第105页、107页,北京,中华书局,2012。

1949年前的五十年中,"借思想文化以解决问题"的思想模式,表现出这样几个考虑问题的方式和思路:第一是精神、思想和文化在社会发展和变革中的首要性;第二是思想文化变革在社会和制度变革中的优先性;第三是把社会、经济、技术和政治制度的问题与思想文化问题看作一个整体;因而,第四,要解决中国社会问题,应该首先在思想文化领域开展一场"狂飙突进"式的革命,以便对中国社会问题来一个"全盘"解决。这就导致了对传统的不同程度的批判,甚至"全盘否定",同时也出现了"全盘西化"的主张,以为通过文化思想上的大"换血",可以带来巨变,并且由此也滋生了思想文化变化的"无限可能性"的预设,这可以从当时人们普遍服膺于"进化论"而得到印证;第五,所有思想文化问题和连带的社会、政治、经济问题,都被集中在"人"这个中心,鲁迅等人对"国民劣根性"的批判,把对"人"的精神唤醒工作放在了首位,就是想从精神上首先解决人的问题,而教育也是在这个意义上被置于根本的地位。可以说,这个时期对美学有贡献的中国学者,无不把美学与人格培养、与"借思想文化以解决问题"相关联。

表面上,"借思想文化以解决问题"的思想模式,是全面引进西方进步观念的根据,也是反传统甚至"全盘反传统"的根据。但是,这种思想模式本身的根基,却是它所反对的中国传统——传统的道德心智一元论正是其本源。这种道德心智一元论的思想模式是从先秦儒家到宋明理学的共同特征,也是道、佛思想的特征。它把道德心性置于人类生活的决定性地位;而既然道德心性是决定性的,那么所有问题的解决和肯定性东西的确立,便都有赖于道德心性的牢固建立;反之,所有否定性的东西的原因,也就会归于道德心性的丧失。这种道德心智一元论的思想模式有三个方面的必然论断:一是道德心智的决定性、首要性和优先性论断,把所有问题的解决都放在道德心性的优先解决上;二是独断论和整体性的论断,认为所有问题都可以通过道德心性的重新置换而解决,个人思想如此,民族的文化亦如此;三是把所有的一切都归于道德人格培养的论断,"内圣而外王"成了最高的人格理想,"朝闻道,夕死可矣"成为最完美的人生境界。

由此,西方美学在中国的传播以及中国学者对西方美学的引进,首先就是在这种"借思想文化以解决问题"模式下进行的。这一模式成了中国美学研究者和引进者进行工作和学术发挥的基础结构。即使在那些"反传统"的人那里,这种来自传统的强大思想模式也仍在发挥巨大的塑造作用和隐蔽的结构性作用。因此,西方美学中那些有助于解决思想文化问题的主张,无论它们在其自身文化思想系统中是多么的矛盾,都可以被中国学者纳入这一思想模式之中,而又不在中国学者的思想中造成任何外部的紧张和冲突。

不过,这种思想模式有其明言的和未被明言的层面——"明言的层面"是指这种思想模式是不同学者不期然间的共同选择,"未被明言的层面"是指这种思想模式的根源正是许多学者所反对的传统,即许多学者是在一种不自知的情况下,不仅用传统思想模式来引进新学,而且用传统思想模式来反传统:在一种不自觉中,从西方引进的新学和自认为全新的思想观念不期然间被置于传统思想模式的隐在作用之下。

必须予以辨明的是,"借思想文化以解决问题"模式是以道德心智一元论为基础的。道德决定论、从实用层面来理解道德心智以及精神的作用,是道德心智一元论本然的逻辑论断,而把美学和艺术纳入"文以载道"、"文以传道"、"美教化、成人伦"的道德作用模式之中,就是其必然的逻辑。而西方近代以来的美学思想恰恰是反对这种思想的,强调把美学、艺术与道德分离开来,主张审美的"非功利"和直觉特性。那么,为什么中国学者在把美学置于"借思想文化以解决问题"模式之中的同时,又接受了西方美学的"超功利"和直觉思想呢?审美的"超功利性"、直觉特性与道德心智一元论所支持的思想模式本应有着尖锐冲突(这种冲突也确实在中国美学家的思想层面造成了一定的紧张),这种冲突和紧张是怎么解决和协调的呢?更为深刻的问题是:虽然"借思想文化以解决问题"模式所根源的传统道德心智一元论有达成道德决定论的本然倾向,为什么新文化运动中的中国学者却放弃了道德决定论,而取"思想文化"决定论的新路径呢?也就是说,思想模式是一个,但思想模式中的具体内容何以由道德改变为更为宽泛的"思想文化"了呢?这就涉及下面要说的另一个结构性倾向。

(三)西方启蒙美学与道德心智一元论的改造

朱光潜在讨论"文艺与道德"时指出:"在中国方面,从周秦一直到现代西方文艺思潮的输入,文艺都被认为道德的附庸。这种思想是国民性的表现。中国民族向来偏重实用,他们不喜欢把文艺和实用分开,也犹如他们不喜欢离开人事实用而去谈玄理。'文'只是一种'学',而'学'的目的都在'致用'","'文以载道'说……实在反映一种意义很深的事实。就大体说,全部中国文学后面都有中国人看重实用和道德的这个偏向做骨子。"①

在讨论一开始,朱光潜就设想出了三种态度:一种是"持文艺独立自主者",主张"文艺与道德绝无关系";一种是"道德家",主张"文艺的价值必以其所含道德的教训为准";还有一种则是"不喜拘执成见而好平心静气地寻求真理的人们",他们对这个问题"苦于彷徨无所依归"。其实,这第三种态度也就是朱光潜自己的态度。很显然,他对中国传统将文学、艺术当作道德附庸,是持否定态度的。然而他又不一概否

---

① 朱光潜:《文艺心理学》,见《朱光潜全集》,新编增订版,第3卷,第202页、204页,北京,中华书局,2012。

认艺术与道德的关系,而是采取了分析的态度。这其中虽有很重的调和迹象,却与传统道德心智一元论思想模式所包含的道德决定论倾向并不一致。

值得注意的是,朱光潜讨论"文艺与道德"问题,是在已经讨论了审美和艺术是形象的直觉和"超功利性"之后来进行的。显然,在他的思想内部,他所信赖的"形象的直觉"、"超功利性"与"借思想文化以解决问题"模式之间,已经产生了紧张。这就是为什么他说这个问题对于"不喜拘执成见而好平心静气地寻求真理的人们"是"最难的问题",并"苦于彷徨无所归依"。在这里,朱光潜坦率地道出了他所信赖的"形象的直觉"、"超功利性"的美学观与他的"借思想文化以解决问题"思想模式之间潜在的冲突和紧张。

那么,朱光潜是怎样解决这个问题的呢?他采取了细致、实证的具体分析方法,而反对"笼统"地说文艺与道德有关系或无关系。这个实证分析的办法,对他解决这个问题并缓解这个问题在其思想中造成的紧张,是非常有效的。比如,他精确地把问题分为这样三方面:第一,在美感经验中,从作者的观点与读者的观点看,文艺与道德有何关系?第二,在美感经验前,从作者的观点与读者的观点看,文艺与道德有何关系?第三,在美感经验后,从作者的观点与读者的观点看,文艺与道德有何关系?

在对第一个方面的分析中,朱光潜坚持"在美感经验中,无论是创造或是欣赏,心理活动都是单纯的直觉……对于它不作名理的判断,道德问题自然不能闯入","就美感经验本身说,我们赞成形式派美学的结论,否认美感与道德观有关系"。①

但在分析第二和第三个方面时,朱光潜又认为无论是美感经验前还是美感经验后,作者和读者都会有道德的和人生经验的介入和参与。在这两种情况下,文艺和美感都与道德有关系。

通过这种具体实证的分析,朱光潜破解了道德心智一元论所必然产生的道德决定论,缓解了思想内在的紧张,维护了美感作为"形象的直觉"和"超功利性"的品质。但这种分析的方法,并未彻底解决思想内在的紧张。为此,朱光潜采取的另外一个办法,就是调整概念的内涵,把文艺与道德的关系向文艺与人生自由发展和健全人性的关系方面作大幅度迁徙。他在批判"道德家"在这个问题上的看法时,就认为把美感和艺术限制在道德上,一方面是对美感经验的误解,另一方面是因为其所"根据的人生观太狭隘",因为人生不仅求道德,还有求真和求美的本性,"真和美的需要是人生中一种饥渴——精神上的饥渴","情感自由和思想自由一样,是不应受压迫而且也不能受压迫的。文艺是情感的自由发展的区域。情感的势力实在比理智的更

---

① 朱光潜:《文艺心理学》,见《朱光潜全集》,新编增订版,第 3 卷,第 225 页、226 页,北京,中华书局,2012。

大,所以文艺对于人的影响非常深广"。①

在分析主张文艺与道德没有关系的看法时,朱光潜同样认为这一观点的问题在于对人生的看法太狭窄,也就是把美感只限制在纯粹的形象直觉上,而"在实际上'美感的人'同时也是'科学的人'和'伦理的人'。文艺与道德不能无关,因为'美感的人'和'伦理的人'共有一个生命"。把"美感的人"与"伦理的人"割裂开来,是"摧残一部分人性去发展另一部分人性。这种畸形的性格发展决不能产生真正伟大的艺术,因为从历史看,伟大的艺术都是整个人生和社会的返照,来源丰富,所以意蕴深广,能引起多数人发生共鸣"。②

这里,朱光潜明显是用美感经验、艺术与人生的关系,取代了文艺与道德的关系,把美感经验和文艺建立在"整个人生"基础上,建立在人是一个"完整的有机体"基础上。在一种相对隐蔽的情况下,用"完整的人"、"完整的有机体"的人,置换了中国传统道德心智一元论所界定的"道德的人"、以"仁"为道德心性的人。于是,艺术与道德的关系、美感经验与道德的关系,被置换成了艺术与人生、美感经验与生命自由伸展的关系。这样的置换和修正,其一是改变了传统儒家仅仅从道德心性上对人的界定,用西方启蒙哲学和康德对人的心智机能的三方面划分,打破了儒家过分拘执道德的心性观,在心性道德的内涵之外增加了认知和情感。而文艺、审美既然与完整的人的心智有关,就不能与道德无关。同时,纯粹的审美经验又是建立在求美的"心性"即情感上的,因而有其相对的独立自足性。其二是摆脱了传统道德囿限之后,艺术和美感经验的价值指向了更为华严高贵的精神。借用西方的观念,朱光潜指证艺术和美不仅是一种善,而且是"最高的善",如同柏拉图、亚里士多德所说是"无所为而为的观赏","它伸展同情,扩充想象,增加对于人情物理的深广真确的认识。这三件事是一切真正道德的基础。从历史上看,许多道德信条到缺乏这种基础时,便为浅见和武断所把持,变为狭隘、虚伪、酷毒的桎梏,它的目的原来说是维护道德,而结果适得其反。儒家的礼教,耶教的苦行主义,日本的武士道,都可以为证"。③正是在这一基础上,朱光潜对道德心性论中的礼教道德进行了清算,使道德充满了近代人文主义精神。其三是为把文艺和美感经验从传统礼教桎梏下解放出来并走向健康的发展,奠定了新文化的精神。其四是通过这一方式,朱光潜既保全了"借思想文化以解决问题"的模式,又满足了这一模式内在的必然论断——否定道德决定论而趋向于精神决定论,同时也为美感经验和艺术的"形象的直觉"和"超功利性"奠

---

① 朱光潜:《文艺心理学》,见《朱光潜全集》,新编增订版,第3卷,第217、219页,北京,中华书局,2012。
② 朱光潜:《文艺心理学》,见《朱光潜全集》,新编增订版,第3卷,第222页、204页,北京,中华书局,2012。
③ 朱光潜:《文艺心理学》,见《朱光潜全集》,新编增订版,第3卷,第229页、230页,北京,中华书局,2012。

定了坚实基础。

在方法论层面放弃传统的道德决定论而代之以理性实证分析,在心性内容方面放弃狭隘的礼教道德而代之以人文精神的新价值,朱光潜的主要思想来源显然是康德美学,以及围绕康德美学并蕴涵其内的强烈的启蒙理性精神。

自文艺复兴以来,特别是17、18世纪,欧洲思想家们已经逐渐承认艺术领域中存在的特殊的直觉特征,但又由于无法把审美经验纳入已有的知识范围而面临着无限的苦恼。而"美学"之所以最终能在鲍姆加登那里被确立,正因为他是启蒙理性分析方法的完美大师。① 鲍氏秉承了启蒙哲学对于理性知识的无限渴望。当他把美学定义为"感性学"时,不是要把知识降低到感性的水平上,而是要把感性领域的东西提高到知识层位,赋予其特殊的知识形式,从而服从理性的处理。由于在审美直觉中,各种要素集合在一起,个别要素无法从浑然的直觉中分离出来,而这种直觉体又是一个明确的、和谐的整体把自身直接呈现于知觉的,所以鲍氏坦率地承认,单凭概念是达不到这种有机整体的,并且审美直觉的法则与逻辑概念的领域也不是同义的。面对这种挑战,他认为应该到"前概念"领域去寻找这种直觉体,所以他把美感经验归在了"低级能力"、"低级的认识"的范围,并认为这"低级的认识"也要受理性法则的支配。这并不是他有意贬低美感经验,相反,他在理性的法庭上为审美直觉辩护,要给心灵的低级能力以合法地位,而不是压制、消灭它们。可以说,鲍氏是最先克服了"感觉论"和"唯理论"的对立,并对"理性"和"感性"做出新的、富有成效的综合的思想家之一。② 只是鲍姆加登并未完成他的逻辑向他所昭示的一切。这个任务将由康德来完成。

康德在完成了对知性领域和实践理性领域的批判之后,发现:按他的划界和确立的各个领域原则的严密性,知性领域和实践理性领域处于互相分裂的状况。这在康德这样一位理性主义者看来,是不可忍受的。由是,康德曾经关心过的美感经验问题再次凸现出来,成为沟通知性领域和实践理性领域的桥梁和有效通道。而康德美学的核心问题,就是知性的客观领域怎样与主体相关?自然的秩序怎样与道德的秩序相关?一种快感怎么也能具有理性的性质?康德通过他所建立的"四个悖论",复杂地解决了这个问题——美感经验成了支撑其批判哲学大厦的拱顶。

康德的美学包含着西方近代美学的全部基石,并使美学获得了自身的独立领域和确定的学科界限。由康德所表述出来的启蒙美学基本框架,主要由这样几个观点构成:第一,将人的心智能力划分为知、情、意三方面,知求真,情求美,意求善,真善

---

① 鲍姆加登是沃尔夫的学生,深谙老师的逻辑分析方法,并把这种方法发展到了完善的地步,所以康德认为他是"卓越的分析家"。
② 目前对这个问题作出深刻解释的是恩斯特·卡西尔的《启蒙哲学》。

美三位一体。美和艺术被建立在人"情"这一心智能力上。第二,审美判断的法则是"自然的形式的主观合目的性",其中包含着美是就对象而形成的纯形式或形象的直觉这个重要的美学思想。第三,鉴赏判断的基本原则由无利害的愉快、无概念的普遍性、无目的的合目的性、无概念的必然性这样"四个悖论"构成。第四,美划分为"纯粹的"和"依从的",即优美和崇高。第五,将天才置于艺术之立法者的地位。

康德为美学所厘定的原则是坚实和牢固的。在他之后,无论是唯物者还是唯心者,在讨论美的时候,都不得不遵从这些原则,如黑格尔、席勒、叔本华、尼采、克罗齐等,虽然他们各自的出发点都不同,但在审美判断所遵从的原则方面却没有多少改变。

1949年前,对于康德美学的基本原则,如王国维、蔡元培、鲁迅、吕澂、范寿康、陈望道、宗白华、朱光潜等旨趣不同的中国学者,不仅全面接受,而且在接受过程中深隐了一种强烈的新文化启蒙要求。由康德所表述的西方启蒙美学的五个基本方面,不仅从学理上为现代中国美学学科建设提供了基石,而且,许多美学问题的研究和更进一步展开,包括中国学者对中国传统美学和艺术精神的重新认识和开掘,以及中国学者自己的论述,都是在这五个方面的基础框架上进行的。尤其是,虽然康德以后的西方美学,如席勒、叔本华、尼采、克罗齐、弗洛伊德和立普斯等的观点,也影响了这五十年里的中国美学学科创建,但问题是,尽管这些人的美学思想并不尽同于康德,中国学者却把它们都纳入由康德所"集成"的启蒙理性美学的学理基础上来加以接受。

这里,我们仅就1949年前中国美学家对"移情说"的接受情况来加以讨论。

1920年以后,立普斯"移情说"在中国美学界的影响渐趋强大,似有取代康德美学之势。吕澂、范寿康、陈望道等根据"移情说"来编写美学著作,并作为解释美的本质的核心理论。朱光潜虽未用"移情说"来确立美的本质,但其"形象直觉"说却有赖于"移情说"的支持。

其实,就本质言之,"移情说"乃是为康德"自然的形式的主观合目的性"原则提供了心理上的基础和证明。但中国学者由于对这个"合目的性"似乎不能够理解或理解起来有困难,所以只取了其中的"直觉"层面,而对直觉的内在层面不予涉及,这就使得对直觉的心理机制的解释变得很困难。正是在这种情况下,"移情说"填补了这个空缺。

"移情说"是从心理实验和观察基础上来描述审美心理活动的。所以,首先,它对中国学者来说是一种科学的结论;其次,它对审美心理的描述非常简洁、明确,没有任何神秘的地方;其三,它从心理学层面确立了心与物、人与对象之间在直觉中的沟通和关联,因而它也就很自然地被纳入到康德所建立的基础框架中,并被用来描述直觉中"物""我"沟通的实际过程。当然,更为重要的是,"移情说"与中国传统艺术精神中的"艺术心性论"之间契合无间的关系。对于这一点,我们后面还会论及。

由此可见,由康德所"集成"的西方启蒙美学的基本框架,奠定了中国接受西方其他美学思想的学理基础。同时,它也成了中国学者反传统的有力武器——中国儒家传统把艺术和审美作为狭隘道德的附庸,道德说教长期窒息着中国艺术精神的发展和健康成长,艺术和审美长期堕落为政治的工具。而康德美学的理性精神以及对美学学科所抱的科学的学理态度,则使中国学者对于以儒家为代表的功利主义文艺观、美学观和把审美与道德教训纠缠一起的观念的批判,获得了坚实的理论和学理基础,并使这种批判具有了进行科学分析的可能性和有效性,由此也给流传了几千年的狭隘功利主义观念以致命打击,从一个非常独特的方面完成了新文化运动反传统、反封建的重大使命。更为重要的是,由于西方启蒙美学的基本框架并不像西方现代主义美学那样彻底地反道德,而只是反对用狭隘的道德说教来确定艺术和美的性质,主张艺术、审美与人的自由发展、健康生活契合起来,从而具有了启蒙和解放的内在意蕴。这一点,既与中国新文化运动的启蒙倾向合拍,又与"借思想文化以解决问题"的思想模式中必然关乎道德的一面不发生冲突。

尤其是,中国传统的道德心智一元论对人的心智能力从来没有做清晰的划分——虽然它也包含了知、情、意,但其核心却是道德心性,即所谓"仁"、"不忍人之心"、"恻隐之心"。即便宋明理学、心学中的"心"的核心,也在道德心性。这种道德心性尽管含有天道与人道并作的意思,但"知"和"情"永远是从属、依附于道德的。这就产生了中国传统思想文化中的道德决定论模式。当康德所代表的西方启蒙理性及其科学划分知、情、意的思想被引入中国后,传统的道德心智一元论就暴露了其狭隘性和含混性。于是,借西方的启蒙理性精神,中国学者彻底改造了传统的道德心性论,把知性和情感从道德辖制下解放出来,将艺术和审美建立在"心"的独立能力即"情"的基础上。显然,通过这一改造工作,中国学者将传统道德心智一元论所支持的道德决定论的思想模式,变成了"借思想文化以解决问题"的模式;道德成为丰富心智的一部分,而不是占有全部心智。① 这样,传统的思想模式仍然发挥作用,但其中发挥作用的内容和价值却采用了最新的观念,并且也不会导致思想内在的紧张。正是这一改造,为现代中国文化的发展开辟了极为广阔的前景和道路。因为这样一来,既得到了传统思想模式这一重要资源的支持,又可以在这一思想模式中填

---

① 林毓生先生看到了"借思想文化以解决问题"的思想模式与中国传统心智一元论之间的渊源关系,但没有细分传统心智一元论实质上是道德心智一元论。这种道德心智一元论产生的思想模式是道德决定论,只有经过将道德心智一元论改造成心智一元论,也就是把心智机能变得更为丰富和全面,而不只是一种狭隘的道德心智,道德决定论才能被抛弃,才能演变出"借思想文化以解决问题"的思想模式。经过这样的转换之后,那些持"借思想文化以解决问题"的思想家和学者,才能既反传统或"全盘反传统",同时又遵循传统心智一元论的思想模式,而在其自身的思想内部又不产生矛盾和无法应付的紧张。

充全新的思想内容和从西方引进的异文化观念,使接受西方影响而独立起来的美学学科成为新文化运动的重要一翼,充满了人文精神、科学精神和个性解放的新价值。正是由于得到这种转换和改造后的思想模式的支持,从王国维开始,中国学者才在没有任何艺术和审美独立传统的中国,力主"非功利"、"超功利"的艺术和美。而这种转换和改造,确实在中国文化和艺术内部,带来了一场意义深远的"启蒙变革"——由于康德所建构的启蒙美学"范式"与中国学者所承担的反封建、"借思想文化"以解决中国社会问题的使命之间,有着内在的契合,因而在中国学术界形成了深具启蒙倾向的产生思想和知识的结构性框架,乃至于中国学者在接受康德以后的西方美学时,也都倾向于把它们的观点纳入启蒙倾向的框架之内。

例如,中国学者在接受弗洛伊德精神分析美学时,"无视"其对非理性和无意识的张扬,而把它更多地看作是有关人性解放的理论。同样,在接受和理解尼采时,中国学者也有意忽略了其非理性一面,而倾向于把他看作是反传统的斗士,把他的"超人"思想理解为对个性的张扬。至于康德美学中的"天才观",也正与此时中国的启蒙要求中"个性解放"紧密关联,从而得到了中国学者的无条件支持。鲁迅看待叔本华是"主我扬己而尊天才",看克尔凯郭尔是"愤发疾呼"、"惟发挥个性",看尼采是"个人主义之至雄桀者矣,希望所寄,惟在大士天才;而以愚民为本位,则恶之不殊蛇蝎"。朱光潜在《文艺心理学》中也专门论及天才和艺术的创造,虽然持论较康德平易,但对天才的心理质素的解释却离康德并不远。

也正是基于这种启蒙的内在精神,在学科建设中追求科学,也就成为这一时期中国美学的基本命题。蔡元培在论及美学研究方法时,对摩曼的实验美学尤感兴趣,所列举的几乎全是实验或实证的方法。可以说,对科学精神的追求,导致了中国学者对19世纪后半叶崛起的实验心理学方法的极大偏好——对"移情说"、"心理距离说"、精神分析学以及实验方法研究艺术形式所得结论的引进,就是其体现。朱光潜曾专门介绍西方的实验美学,虽然他坦率论及了这种方法在研究美学时的种种弊端,但同时又认为"理论上许多难题将来也许可以在实验方面获得解决";他一方面认为实验所获得的都是"枯燥的事实",但又说"我相信科学家最重要的训练是学会看重枯燥的事实,和在枯燥的事实中寻出乐趣"。[①] 由于是从"启蒙"信念出发"笼统"地追求科学精神,中国学者并不曾深究科学精神在不同学科中的区别——宗白华在论及人生观时,就把培养审美的人生观和培养科学的人生观相并列,而根本不论及这两者到底应处于什么样的关系。但事实上,精审这种区别,却正是科学的理性精神的精微之处。

[①] 朱光潜:《文艺心理学》,"附录一:近代实验美学"、"作者自白",见《朱光潜全集》,新编增订版,第3卷,第377页、113页,北京,中华书局,2012。

(四)中国艺术精神与西方启蒙美学

1919年11月27日,宗白华在《时事新报》发表《中国的学问家——沟通——调和》一文,反对简单地在异质文化间寻求"相似"以将两者沟通的做法,而"希望吾国学者打破沟通调和的念头,只要为着真理去研究真理,不要为着沟通调和去研究东西学说"。① 用这种观念来对待异文化之间的影响,显然是一种理想化的设想。因为在实际运作中,异文化的东西首先必须与本土文化的某些东西相衔接,才能彰显出它的有效作用,并获得在本土文化中的有效性和合理性。

对于这一点,王国维有着清醒的认识。"非常之说,黎民之所惧;难知之道,下士之所笑"。所以,在王国维看来,"西洋之思想之不能骤输入我中国,亦自然之势也。况中国之民固实际的而非理论的,即令一时输入,非与我中国固有之思想相化,决不能保其势力。观夫三藏之书已束于高阁,两宋之学犹习于学官,前事之不忘,来者可知矣"。②

不过,王国维所说的"相化",在实际运作中,有显意识层面的和隐在层面的。也就是说,在接受西方观念或学说时,中国学者的显意识层面确有着如宗白华所说的追求真理的一面,以为自己是用原有资料在正确地解释异文化的观念。然而,恰恰在这种"忠实"的解释背后,却是本土文化中某个隐在的结构在发挥作用,而通过隐在结构所进行的"相化",才是真正实质性的。王国维用叔本华悲剧思想来解释《红楼梦》就是一个例子。

在评论《红楼梦》的文章中,王国维一开始就明确地说:"吾国人之精神,世间的也,乐天的也,故代表其精神之戏曲、小说,无往而不著乐天之色彩:始于悲者终于欢,始于离者终于合,始于困者终于亨,非是而欲餍阅者之心难矣。"而《红楼梦》则"大背于吾国人之精神",它不再是乐天的,而是"解脱"的。王国维就此把《红楼梦》确定为"宇宙之大著述"。③ 这样,便有了一个问题:任何文化的发展都有其连续性,任何伟大的著述都有其自身文化上的深厚渊源,何以《红楼梦》"大背于吾国人之精神"而独出呢?难道它是割断了与中国文化的渊源而产生的吗?

从一定意义上说,《红楼梦》是中国文学中悲剧精神最足的一部,这也就为王国维将叔本华美学与中国固有文化"相化"提供了基础——"相化"的契合点是"解脱"。

---

① 见《宗白华全集》,第1卷,第114页,合肥,安徽教育出版社,1994。
② 王国维:《论近年之学术界》,见谢维扬、房鑫亮主编:《王国维全集》,第1卷,第124页、125页,杭州,浙江教育出版社,2009。
③ 王国维:《〈红楼梦〉评论》,见谢维扬、房鑫亮主编:《王国维全集》,第1卷,第64—65页,杭州,浙江教育出版社,2009。

王国维认为,叔本华悲剧美学的核心是解脱,而《红楼梦》的精神也正是解脱。应该说,他的这一认识是没有问题的。但是,叔本华从"解脱"来解释悲剧,恰恰与西方的悲剧精神相距甚远。叔本华的"解脱"思想正来源于东方佛教,"解脱"就是否定求生的意志,要求主体暂时超脱一切的意愿和烦恼,不受充足理由律的束缚,在把对象表象化的过程中忘却自己,主客体合二为一,成为一个自足的世界。在这种"解脱"中,主体已不再是独立的自我,而是一个无意志、无痛苦、无时间限制的主体,客体也仅仅是一种纯然的形式。叔本华认为,这是一种"清心寡欲","不仅是带来了生命的放弃",而且"直至带来了整个生命意志的放弃"。

这样一来,我们不禁要问:如果否定了生命和生命意志而求"解脱",悲剧还存在吗?朱光潜后来在《悲剧心理学》中就对叔本华的这一点有着清醒分析,他指出:真正的悲剧精神并不在于否定生命、放弃生命意志,而在于从失败、死亡和罪中,仍然以生命来承担生命的否定方面,并从否定中获致对生命的肯定性升华。因而,它在根本上与"解脱"正好相反,是在不否弃生命的情况下体认着生命之罪、生命的否定性。而任何"解脱"都会导致对罪和否定性的回避,最后必然是悲剧的消失,落入生命的镜像化的梦之中。

当然,审美中存在"解脱"。但从审美中寻求"解脱",并不只是《红楼梦》才有,而是整个中国艺术精神最重要的方面。尤其是由庄子一脉所发展出来的艺术精神,对"解脱"的追求更为执着。《红楼梦》并未超出中国传统的艺术精神——如果这种"解脱"中有悲剧精神,那也是中国式的而不是西方的。

王国维在《人间词话》中,创造性地用"意境"来概括词的特质,显然是受了西方美学的影响。但在解释物我关系上,他却没有走西方美学的道路,而是走了中国传统诗学中深受庄子思想影响的道路。庄子一脉的诗学观念,在兼及"兴"之外,尤其重视"与天为徒"、"入于寥天一"的"万物与我齐一"所造成的物我相化、神与物游之境界。在这种心与物、人与自然的对立和隔膜的消解中,就有"解脱"存在。

庄子思想所演化出来的中国传统诗学和纯然的艺术精神,主要包含这样几个方面:一是重视直觉在诗和艺术中的独特作用;二是在直觉中达成物我冥合、物我两忘的自由境界;三是为了达成这种直觉和这种直觉所获得的自由境界,要求主体"虚一而静"、"虚静其心"、"心斋"、"坐忘",以清澈澄明之心与万物会通;四是在这种养心、"虚静其心"的功夫中,就含着"非功利性"、远离实用道德的修养过程,所获致的境界是非功利、非实用的纯然审美境界,是一种"应目会心"、"迁想妙得"、"卧而游之"的"畅神"状态,而这种"畅神"状态就是自由;五是这种艺术精神以"心"为艺术创造的核心——儒家强调道德心性①,而由庄子一脉所演化形成的中国艺术精神,也同样有一种艺术"心性论"②。

庄子一脉思想所成就的艺术精神,与儒家之诗教确实大异其趣,但它们对"心性"的重视却是一致的:后者侧重"诗言志"、"温柔敦厚"、"思无邪"的诗教心性,前者则把艺术心性放在"妙悟"、"直寻"上。应该说,在中国古代没有理论美学的情况下,正是这种以"艺术心性论"为核心的艺术精神,滋养了中国艺术的创造——把艺术建立在艺术心性之上,是中国古代艺术精神的最显著倾向之一。其第二个显著倾向,则在于其所追求的物我两忘、物我冥合的境界中,总有一种"解脱"意蕴,而"非功利性"、"超功利性"正是从这种"解脱"的角度达成的。

王国维最初从西方引进美学时,正是用这种艺术精神来领悟康德美学的内在精神。他在1904年写的《孔子之美育主义》,就将康德美学纳入了"解脱"的系统中。从表面上看,该文是用康德、叔本华的思想来重新解释孔子,发掘孔子的美育主义,但在隐在的层面,却是用中国古代艺术精神来会解康德、叔本华。康德在审美中所发掘的,全是对人生构成肯定的东西,从未涉及否定意志、否定生活而求"解脱"的意象——即使在崇高中,当所面临的是恐怖、否定和痛苦时,最终所获得的仍然是通过"主观的合目的性"来获取人之理性的伟大与无限。也就是说,康德美学的出发点不是寻求欲望的"解脱",落脚点也不是"解脱"。但王国维却从"解脱"的角度来理解康德美学中的非功利性和超功利性,将其纳入了中国艺术精神之"解脱"倾向中。这固然与王国维是从叔本华来接受康德有关,但从他对叔本华的接受本身来看,其思想中显然早已有了从中国传统艺术精神中积淀下来的领悟之基。由是,他便根据叔本华的观念,把康德的"不关利害"理解成"无欲",而美就是无欲之境。

人类对"解脱"的追求,有宗教的和审美的。审美的"解脱"一般走着类似宗教"解脱"的道路,这在叔本华和庄子思想所衍生的中国艺术精神中有着充分的表现。但审美上还有一种表面看似"解脱",而在严格意义上却又不是的方式——它走着积极的、解放的、进取的、超越的和升华的路,对人生采取肯定态度而又不陷于利害的魔窟——这就是康德所表述的"超功利"、"无目的的合目的性"。它在古希腊艺术、文艺复兴艺术和尼采的酒神精神中有着生动的表现。前一种"解脱"所获致的非功利、超功利,是在否定人生、消极对待人生的情况下达成的,所成就的是一种消极的自由。康德美学中的非功利、超功利,由于既不是从"解脱"意义上,也不是从否定现世人生的"物我两忘"来谈的,而是从人的各种机能的自由和谐运动的超越之境来谈

---

① 对儒家的道德心性论,海外学者傅伟勋在《儒家心性论的现代化课题》中有精辟讨论。参见其论文集《从西方哲学到禅佛教》,北京,三联书店,1989。

② 北宋画家范宽的话最典型地代表了这种"艺术心性论":"前人之法未尝不近取诸物也,吾与其师于人者,未若师诸物也;吾与其师诸物也,未若师诸心。"(《宣和画谱》卷十一)。

的,所以在康德那里找不到任何自抑、内敛、自我否定以求自由的痕迹。把康德的非功利、超功利和直觉等美学思想放在"解脱"名下来理解,显然是基于中国古代艺术精神而形成的对康德的"误解"。

庄子一脉思想所成就的中国艺术精神,自六朝崛起后,便形成了与儒家诗教截然对抗的非正统传统。那些不能参与"治国平天下"的士人,由此便可放浪于艺术,恣纵于山水,这便是鲁迅所说的"魏晋风度"。而我们发现,1949年前的中国美学家,对魏晋六朝的文章和人格多所推崇,王国维、鲁迅、宗白华和朱光潜都是如此。虽然他们每个人的情况是复杂的,但又都用魏晋飘逸、解脱的自由人格来填充西方美学所追求的审美人生和人格。王国维在中国古代诸子中似乎很喜欢《列子》,他正是用《列子》的超脱了一切利害的理想国,即假想的"华胥国"之超然解脱之境,来说明叔本华的"解脱"。宗白华接触康德、叔本华的同时,也在读《华严经》,《华严经》词句的优美,引起我读它的兴趣。而那庄严伟大的佛理境界投合我心里潜在的哲学冥想。我对哲学的研究是从这里开始的。庄子、康德、叔本华、歌德相继地在我的心灵的天空出现,每个都在我的精神人格上留下不可磨灭的印痕。'拿叔本华的眼睛看世界,拿歌德的精神做人',是我那时的口号。"①从这番自述中,我们可以清楚地看出宗白华美学的基本调性。

1920年,宗白华在写给郭沫若的信中说:"你是由文学渐渐的入于哲学,我恐怕要从哲学渐渐的结束在文学了。因我已从哲学中觉得宇宙的真相最好是用艺术的表现,不是纯粹的名言所能写出的,所以我认将来最真(正)确的哲学就是一首'宇宙诗',我将来的事业也就是尽力加入做这首诗的一部分罢了。"②这里所谓"宇宙诗",其实就是泛神论的诗化哲学。而宗白华对这种诗化哲学的体会,却是在中国的庄子思想、魏晋所形成的艺术精神与西方美学(主要是康德、叔本华和柏格森)思想之间的互参互证中进行的。他在1919年就写了《读柏格森〈创化论〉杂感》,认为柏格森的《创化论》中深含着一种伟大入世的精神、创造进化的意志。他那时并不分析柏格森的反理性一面,也没有把他作为反理性哲学的代表来加以接受,而只看到了这种哲学将生命视为不可分割的整体之流,是在直觉中与世界相融为一个整体的真理性,亦即在"绵绵创化"中窥测大宇宙的真相。宗白华似乎从一开始触及哲学时,就对西方哲学中注重理性分析的方面存着反感,而对西方现代哲学中叔本华、柏格森和歌德所体现的诗化哲学有着天生的偏好。启示着宗白华进入这个诗化哲学之境的,正是歌德艺术中的泛神论精神与庄子一脉思想所成就的中国艺术精神中的泛神论之间的相互激荡。

---

① 宗白华:《我和诗》,见《宗白华全集》,第2卷,第151页,合肥,安徽教育出版社,1994。
② 见《宗白华全集》,第1卷,第225页,合肥,安徽教育出版社,1994。

1948年，宗白华在为自己的《艺境》一书所写短序中，对唐代画家张璪所说的"外师造化，中得心源"极为称赞，认为这句话"指示了我理解中国先民艺术的道路"。① 就宗白华一生的美学著述言之，我们会发现，他从未离开过庄子一脉思想在六朝时所形成的艺术精神原则。他在《论〈世说新语〉和晋人的美》中，全面总结了六朝的美学思想，认为：晋人向外发现了自然，向内发现了自己的深情，两者结合而"山水虚灵化了"；陶渊明、谢灵运对于自然都有一种身入化境浓酣忘我的趣味，"他们随手写来，都成妙谛，境与神会，真气扑人"，这种东西"扩而大之，体而深之，就能构成一种泛神论宇宙观，作为艺术文学的基础"。他引用孙绰《天台山赋》中很玄远的话，来具体展示这种人与自然冥合的自由之境："恣语乐以终日，等寂寞于不言，浑万象以冥观，兀同体于自然"，"游览既周，体静心闲，害马已去，世事都捐，投刃皆虚，目牛无全，凝想幽岩，朗咏长川"。② 在宗白华看来，西方近代哲学上所谓"生命情调"、"宇宙意识"等，在晋人的超脱胸襟里早就萌芽了，"晋人的美感和艺术观，就大体而言，是以老庄哲学的宇宙观为基础，富于简淡、玄远的意味，因而奠定了一千五百年来中国美感——尤以表现于山水画、山水诗的基本趋向"。他总结这种奠定中国美感和艺术观的晋人的美感和艺术观时，强调他们的艺术理想和美的条件是"一味绝俗"，而"这种标准也就一直是后来中国文艺批评的标准：'雅'、'绝俗'"，"这唯美的人生态度还表现于两点，一是把玩'现在'，在刹那的现量的生活里求极量的丰富和充实，不为着将来或过去而放弃现在价值的体味和创造"，"二则美的价值是寄于过程的本身，不在于外在的目的，所谓'无所为而为'的态度"，"这截然地寄兴趣于生活过程的本身价值而不拘泥于目的，显然是晋人唯美生活的典型"。③ 在这些话里，我们也可以明显看出康德的影子是怎样叠化在了中国学者对中国艺术精神的阐释中。

宗白华也正是从这种泛神论的精神来看待艺术本质的。他在1920年时说道："艺术是自然中最高级创造，最精神化的创造。就实际讲来，艺术本就是人类——艺术家——精神生命底向外的发展，贯注到自然的物质中，使他精神化，理想化。"④

从这些表述中，可以看出宗白华似乎更倾向于引进西学以发掘中国本根。只是在他总结中国传统美学和艺术精神时，其武器恰恰就是他所接受的西方启蒙以来的美学观念，特别是康德、歌德和柏格森的思想。反过来，他理解康德和歌德的知识背景，也正是庄子一脉思想所成就的中国艺术精神——两者在宗白华那里构成了互参

---

① 宗白华：《艺境》，第3页，北京，北京大学出版社，1987。
② 宗白华：《论〈世说新语〉和晋人的美》，见《宗白华全集》，第2卷，第273页、274页，合肥，安徽教育出版社，1994。
③ 宗白华：《论〈世说新语〉和晋人的美》，见《宗白华全集》，第2卷，第278页、279页，合肥，安徽教育出版社，1994。
④ 宗白华：《美学与艺术略谈》，见《宗白华全集》，第1卷，第190页，合肥，安徽教育出版社，1994。

互证、相互发明的关系。

如果说,以康德为代表的西方启蒙美学和由庄子一脉思想所成就的中国艺术精神,在宗白华那儿互参互证,并使他更多地总结了两者间的差异,那么,朱光潜美学却往往用中国传统的、特别是由庄子一脉思想所塑造的中国艺术精神,来会解西方启蒙美学的基本观念——朱光潜美学中涉及最多的是两者的"同"。从表面上看,朱光潜的工作主要是向中国引进西方美学,但在其美学思想隐在的和根本的层面,却仍然是中国传统艺术精神在起着融合西方观念的作用。

朱光潜曾在20世纪50年代坦率承认:"我由于学习文艺批评,首先接触到当时在资产阶级美学界占统治地位的克罗齐,以后又戴着克罗齐的眼镜去看康德、黑格尔、叔本华、尼采和柏格森之流。"[①]而在《悲剧心理学》中文版出版时,他又在"自序"中说:"一般读者都以为我是克罗齐式的唯心主义信徒,现在我自己才认识到我实在是尼采式的唯心主义信徒。在我心灵里植根的倒不是克罗齐的《美学原理》中的直觉说,而是尼采的《悲剧的诞生》中的酒神精神和日神精神。"[②]然而有趣的是,在《朱光潜美学文集》的"作者说明"中所提到的一位意大利研究者,却认为朱光潜是个"折衷主义者而不是一个彻底的克罗齐主义者,把克罗齐所反对的许多流派和克罗齐拼凑在一起",是"移西方文化之花接中国文化传统之木,这个传统之木便是道家"。朱先生自己认为这一评价"有对的,也有不对的"。[③]

为什么朱光潜自认"忠实"于克罗齐或尼采,而西方学者眼里的他却是从道家来理解他们的呢?

从朱光潜自身思想发展的脉络来看,他对美的体会从未脱离过中国传统,而且这个传统还是以魏晋南北朝时期所成就的中国艺术精神为典范。他自己就说过,早年对他影响最深的是《庄子》、陶渊明的诗、《世说新语》以及与它们类似的书籍。这些书对他构成影响的,又恰恰是其中"闲逸冲淡"的一面。[④] 当他以这样的思想观念来接受西方近代美学时,必定会从"超然物表"、"恬淡无为"方面来理解康德美学中的"四个悖论"。于是他由最初对社会不满而想寻找"超脱"的出路,却又不知道该怎么走,到最终从康德和浪漫主义的艺术、美学中发现了出路——因为浪漫主义的艺

---

① 朱光潜:《我的文艺思想的反动性》,见《朱光潜全集》,新编增订版,第14卷,第14页,北京,中华书局,2012。
② 朱光潜:《悲剧心理学》,"中译本自序",见《朱光潜全集》,新编增订版,第4卷,第4页,北京,中华书局,2012。
③ 见《朱光潜美学文集》,第1卷,第20页,上海,上海文艺出版社,1983。
④ 朱光潜在20世纪50年代以自我批判的口气说:"由于对于中国古典作品作这样歪曲的理解,我逐渐形成了所谓'魏晋人'的人格理想。根据这个'理想',一个人应该'超然物表'、'恬淡自守'、'清虚无为',独享静观与玄想乐趣的","这就替我后来主观唯心主义的发展准备了温床"。(朱光潜:《我的文艺思想的反动性》,见《朱光潜全集》,新编增订版,第14卷,第12页,北京,中华书局,2012)。

术和康德美学都主张艺术是作者自主创造的一个自我表现的世界,这个世界可以在情感上给人以安慰:文艺的世界就是一个"超脱"之境。"我从前所悬的'魏晋人'的理想本来就是要'超脱'现实,可是怎样才可以'超脱',当初还不知道,现在可就找到法门了","'超脱'了现实,那就等于'征服'了现实","我读到尼采的《悲剧的起源》,特别加强了这种荒谬的信念"。① 这些话真实地说明了朱光潜是以什么样的思想和知识背景来会解康德、克罗齐和尼采。所以,意大利学者说他是把克罗齐嫁接在了道家思想之上,是没有错的。由此,我们就发现,用"超脱"或"解脱"来会解康德美学中的"四个悖论"、解释康德的超越精神,恰恰是将康德"中国化"了。

如果用庄子一脉思想所形成的中国艺术精神来会解康德美学中的非功利性、非概念性、无目的性,尚且可以在部分层面上有所沟通的话,那么,对康德"四个悖论"中的第四个悖论,即审美判断不用概念而具有普遍的必然性,便不能有所论解了。实际上,康德美学中的这一条特别重要,因为康德要用它来摆脱审美判断的心灵创造性质所带来的主观随意性,要让自由的创造也有必然性可以遵循——虽然康德认为这种必然性既不是理论的必然性,也不是理性意志的行为——这就规定了审美的直觉中有其必然性。然而,由于中国传统艺术精神中的"心性论"虽然也包含有"心同此理"的意思,但它更倾向于把审美当作一种心性态度,而美就是这种态度的结果,这其中的主观随意性很强。因此,中国学者在引进康德美学时,对于这一条最少论及,也是吸收最少的。这样,20世纪中国美学在自身建构中,有时便不可避免地又陷入了康德以前有关"趣味标准问题"的陷阱,并用"审美态度说"来解释美的产生。20世纪50年代,朱光潜把美看作"意识形态性的",就与此有关。

克罗齐的"直觉=表现=艺术",具有浓厚的现代主义特征。朱光潜清楚地看到了克罗齐美学对"物"的放逐,但他对此的批判却是给直觉补充了"物象"的方面,并用中国传统艺术精神中对自然的移情来说明直觉的具体内容。下面这段话中所体现的,便绝不是克罗齐的美学精神,而是中国传统的艺术精神:

> 物我两忘的结果是物我同一。观赏者在兴高采烈之际,无暇区别物我,于是我的生命与物的生命往复交流,在无意之中我以我的性格灌注到物,同时也把物的姿态吸收于我。比如观赏一棵古松,玩味到聚精会神的时候,我们常不知不觉地把自己心中的高风亮节的气概移注到松,同时又把松的苍劲的姿态吸收于我,于是古松俨然变成一个人,人也俨然变成一棵古松。总而言之,在美感经验中,我和物的界限完全消灭,我没入大自然,大自然也没入我,我和大自然

---

① 朱光潜:《我的文艺思想的反动性》,见《朱光潜全集》,新编增订版,第14卷,第15页,北京,中华书局,2012。

打成一气,在一块生展,在一块震颤。①

中国艺术精神侧重于人与自然的沟通:沟通的方式,主要是通过主体自我之"心"的彻底净化,达到"形同槁木,心如死灰",以无欲之心、无所为之心来体道体物、委运任化,最后获致"物以貌求,心以理应"、"神与物游"的自由之境。但这个"心"的净化过程,更多地表现为"内敛"、克己,即不是通过对必然的积极夺取来获得自由,而是通过消灭自我来达致一种消极的自由。它所表现的,不是主体精神上的张扬,而是主体自我的克制;不是主体在掌握必然之后所获得的自由创造,而是主体在克己之后的委运任化;不是对必然的超越而获致的自由,而是取消自我后消极的"任自然"、随"大化流行"的自由。这就是中国艺术精神中"艺术心性论"的核心。用它来会解康德、克罗齐和柏格森的美学精神,固然有其可沟通性,但这种可沟通性也是一种"异质同构"的可沟通性。它获得了中国艺术精神和西方美学之间在最高境界上的"相似"——结构上的互通,但却不能对西方美学精神和中国艺术精神之间细微却很重要的差别有所区别。特别是,它容易造成一种"时代错误",仿佛中国古代的艺术精神是永恒的,而西方近代以来的美学精神也是永恒的,亦即仿佛两者谈论的是一个"美",而且是贯通古今的。换句话说,在这种论述中缺乏一种必要的历史意识。而正是这种"缺乏",才使得这两者的沟通没有了障碍。只是这样一来,我们也就不能对康德美学的现代性质、克罗齐美学的现代表现主义性质有所论列。

更为深刻的是,朱光潜将"艺术心性"置于创造本源的地位,而这恰是庄子一脉思想所成就的中国艺术精神的核心。在《文艺心理学》这本朱光潜自己明言为"从心理学观点研究出来的'美学'"中,他从第一章开始,就为自己的美学开宗明义:"近代美学所侧重的问题是:'在美感经验中我们的心理活动是什么样?'至于一般人所喜欢问的'什么样的事物才能算是美'的问题还在其次。这第二个问题也并非不重要,不过要解决它,必先解决第一个问题;因为事物能引起美感经验才能算是美,我们必先知道怎样的经验是美感的,然后才能决定怎样的事物所引起的经验是美感的"。②

表面看来,朱光潜选择从美感经验入手来研究美学,固然有一种舍弃形而上道路的"科学"倾向。但如果就朱光潜否定19世纪末叶的实验美学这一态度来说,他选择从美感经验来研究美学,并不简单是取"自下而上"的道路。从朱光潜前面所说的话中可以看出,他是把美感经验认作为美学的核心问题;有了美感经验,就能决定

---

① 朱光潜:《文艺心理学》,见《朱光潜全集》,新编增订版,第3卷,第124页,北京,中华书局,2012。
② 朱光潜:《文艺心理学》,见《朱光潜全集》,新编增订版,第3卷,第110页、115页,北京,中华书局,2012。

美。这里透露了其美学的一个核心，即"艺术心性论"——他是从"心性"出发来研究美的。从《文艺心理学》、《谈美》以及《诗论》等这一时期朱光潜的主要著作来看，庄子一脉思想所形成的"艺术心性论"，是他把康德、叔本华、尼采、克罗齐和"移情说"、"审美距离说"融会在一起的真正核心。下面这段话便是他的这种"艺术心性论"最为典型的表露：

> 美不仅在物，亦不仅在心，它在心与物的关系上面；但这种关系并不如康德和一般人所想象的，在物为刺激，在心为感受；它是心借物的形象来表现情趣。世间并没有天生自在、俯拾即是的美，凡是美都要经过心灵的创造。①

20世纪50年代，朱光潜在进行自我批判时，认为这段话的前半部分——"美在心物的关系"——是对的，但落脚处"不对"。所以他自认为"终于没有跳出克罗齐主观唯心论的掌心"。② 其实不光是没有走出克罗齐，更重要的是没有走出"艺术心性论"的模式。

朱光潜一方面认为康德过于注重形式，克罗齐又根本否定了直觉中有外物的介入，所以他要来一个"折中调和"。而他进行"折中调和"的思想来源，却是中国非正统的传统艺术精神和美学中的"艺术心性论"。他的"美在心物关系"思想，既不是克罗齐的，也不完全是康德的；他所谓"关系"，也不是后来他所接受的马克思的"实践"关系，而是一种心将物创造为形象、将内容与形式结合起来的"表现的"关系，即是以"艺术心性论"方式关系到物的。因此，虽然朱光潜讲"关系"，但他始终把"心"放在主动和创造本源的地位，"物"只是形式。正因为这样，50年代他为自己辩护说自己也讲"物"，但这个"物"除了是被寄托的形式以外，到底是什么，他也说不清楚。而这样来看待心物关系，恰是中国传统艺术精神将心与物沟通起来的方式。

中国传统的"艺术心性论"论诗讲"诗言志"，论音乐则讲"凡音之起，由人心生也"，讲绘画则说"心中之竹"。从汉代论诗独标"兴"体之后，儒家论艺术偏向于道德心性，老庄特别是庄子思想中的心性论对艺术创造的模塑作用更大。魏晋玄学倡悟道、尚自然，张扬反名教的纯粹精神，主张非功利和超脱世俗的神韵与人格，这样产生了以"艺术心性论"为核心的完整、卓越的中国艺术精神。这种"艺术心性"，就是刘勰的"文心"，是文之本源、文之枢纽。"心"能观道、悟道、体道，能以其"澄明"而"映物"、"味象"；"心"能感物，并因此而成"心象"，最后又形成艺术形象。这个"心"

---

① 朱光潜：《文艺心理学》，见《朱光潜全集》，新编增订版，第3卷，第252页，北京，中华书局，2012。
② 朱光潜：《我的文艺思想的反动性》，见《朱光潜全集》，新编增订版，第14卷，第26页，北京，中华书局，2012。

既有情的方面,也有理的方面;既有神的方面,也有志的方面。"心"就是一个整体的、活生生的生命的代表,人的生命中所有东西在这里处于自由开放的运动之中。

魏晋南北朝时期是中国历史上艺术的自觉时期,是中国艺术精神和美学思想获得定型的时期,也是从古代的道德心性论分裂出纯粹的"艺术心性论"的时期。中国后来的艺术就是在这个基础上发挥、发展的。所以宗白华说"晋人的美感和艺术观","奠定了一千五百年来中国美感——尤以表现于山水画、山水诗的基本趋向"。[①]

科学史家托马斯·库恩在《科学革命的结构》中认为,任何一门学科在其发展中都会形成自己的经典"范式";每一个学习这门学科的人都必须学习并遵循这个"范式",在它所奠基的全套信仰、价值和技术笼罩下从事"解决难题"的常态工作,或取得创造性的发挥。当然,"范式"形成之后,不会永远维持不变。当新的事实和学科进展使得该"范式"在解决问题时失灵或使其方法失效,就会出现该"范式""技术上的崩溃",导致"危机"和"革命";经过重新孕育,会产生出新"范式"来代替旧"范式",成为下一阶段该学科研究的楷模。[②]

以此观之,以"艺术心性论"为核心的中国艺术精神和美学,可以被看作中国传统艺术精神或美学的一个"范式",它一直延续到近代仍在发挥作用。由于特殊的原因,这个"范式"被两种思想原则所支持,并由两个互为表里的部分构成,即由儒家思想所支持的"艺术心性论"和由庄子思想所模塑的"艺术心性论"——前者主"言志"说而强调"载道",后者主以"澄明之心""味象"而"因内符外",最后成就物我齐一、物我两忘的境界。进入20世纪,在中国传统中作为主流的儒家思想出现严重危机,由它支持的那部分"艺术心性论"也同样处于"技术的崩溃"状态,被作为"传统"而受到反对。

同样,康德美学是西方美学在近代所形成的"范式",即"启蒙美学范式"。当这个"范式"被引进中国后,便给了中国美学界以强有力的影响,使得本来就出现危机的传统观念发生急剧变化和分裂,促使中国传统艺术精神中由儒家思想所支持的"艺术心性论"与由庄子思想所模塑的"艺术心性论"发生彻底分离。更由于康德的"启蒙美学范式"与庄子思想所模塑的"艺术心性论"及以此为核心的中国艺术精神有更多的可沟通性,因而也就使得后者以前所未有的姿态凸现出来,同时促使中国学者在西方"启蒙美学范式"的学理规范下,将之重新整理而使其体系化、规范化为系统的知识。这样,庄子一脉思想所模塑的"艺术心性论"及以此为核心的中国艺术精神不仅获得了正当性、合理性,显示了中国传统美学中富有魅力、非常独特的方

---

① 宗白华:《论〈世说新语〉和晋人的美》,见《宗白华全集》第2卷,第278页,合肥,安徽教育出版社,1994。

② 库恩:《科学革命的结构》,芝加哥,1970。

面,而且,它还在中国美学家接受、会解西方美学的过程中发挥了结构性的作用——尽管如前所述,用它来会解西方美学,会产生诸多"误解"、"误读",但如果没有这样的"误解"和"误读",异文化的东西便不可能被本土化,不会获致"亲近感",就会发生"好事者船载以入"的尴尬。

从一定意义上看,用庄子思想所模塑的"艺术心性论"和艺术精神来会解西方美学,并非完全在明言的层面上进行。因为从明言的层面来看,五四新文化运动曾明确反对"山林文学"、"隐逸文学"。鲁迅就不止一次地嘲笑过那些模仿陶渊明"采菊"诗的腐儒。但即便在明言层面的激烈反传统中,鲁迅仍对"魏晋文章"有所独好,并花费了很大心血来校《嵇康集》。他很看重魏晋南北朝时期发生的"文的自觉",其早年的《摩罗诗力说》、《拟播布美术意见书》,既主张艺术没有直接的功利目的,又主张艺术在于"益神"、"撄人心",并说:"故美术者,有三要素:一曰天物,二曰思理,三曰美化。缘美术必有此三要素,故与他物之界域极严。"①"与他物之界域极严"这句话,显然有着康德的影子。而前面的话,则不仅从"思理"一词可以想起刘勰"思理为妙,神与物游"一语,而且整个意思也与刘勰《神思篇》中的精神是一致的。② 鲁迅的美学思想以及他的小说和《野草》的创作中,其实就有着由庄子思想所成就的"艺术心性论"和艺术精神的很重痕迹。

余英时在《五四运动与中国传统》一文中所说的一段话,很可以帮助我们理解发生在美学中的这两个"范式"间的相互激荡、相互会解过程。他说:"我们看了鲁迅的例子便最能明白五四的新文化运动,其所凭借于旧传统者是多么深厚。当时在思想界有影响力的人物,在他们反传统、反礼教之际,首先便有意或无意地回到传统中非正统或反正统的源头上去寻找根据。因为这些正是他们比较最熟悉的东西,至于外来的新思想,由于他们接触不久,了解不深,只有附会于传统中的某些已有的观念上,才能发生真实的意义……所以在五四时代,中国传统中一切非正统、反正统的作品(从哲学思想到小说戏曲歌谣)都成为最时髦、最受欢迎的东西了。"③

作为一门学科,"美学"原是中国没有的。但中国有着未被学科化的美学"范式",尤其是庄子一脉思想中的宇宙观和"心性论",直接滋养了几千年中国最优秀的艺术,模塑了中国传统以"艺术心性论"为核心的美学和艺术精神,构成了中国美学的基本"范式"——虽然它在传统中处于非正统的地位。当以康德为代表、已形成学科的西方美学"范式"被引进中国时,恰恰是这个"非正统的传统"成为美学学科在中国本土的奠基之处。由于有这个奠基之处,中国美学在现代迅速成熟起来,成了现

---

① 鲁迅:《拟播布美术意见书》,见《鲁迅全集》,第8卷,第50页,北京,人民文学出版社,2005。
② 捷克学者马里·盖力克在一篇文章中对此有所分析。见乐黛云编:《外国鲁迅研究论集》,第346—347页,北京,北京大学出版社,1981。
③ 参见余英时:《中国思想传统的现代诠释》,第346—347页,南京,江苏人民出版社,1995。

代中国最基本的知识体系。这个知识体系是西方"启蒙美学范式"与中国传统中庄子一脉思想所形成的以"艺术心性论"为核心的美学"范式"的创造性融合——尽管它还不能严格地称为"范式",但已具备了"范式"的雏形,并且成了20世纪50年代美学大讨论的本土前提。

(牛宏宝)

三 现代与传统
——20世纪中国美学对传统的承续与超越

(一)忧患意识与启蒙追求

中国是一个有着悠久美学传统的国度。与西方相比,中国传统美学有着自己鲜明的特色,具有从远古氏族血缘亲情关系孕育而来的痕迹,即注重从天人相和、人人相和中去寻找美的价值,将美建立在道德基础之上。同时,传统美学中还具有对这种泛道德主义的反叛因素,这就是道家与禅宗追求永恒与个体的精神,他们与儒家美学并驾齐驱,构成中国传统美学的内在灵韵。可以说,中国传统美学最能表现中国文化中博大精深的显型式样与隐型式样相混融的特征,但其内在灵魂不在于显型的理论形态,而在于隐型的忧患意识。① 只有这样才能解释:为什么表面上反美学的老庄思想,恰恰是中国传统美学的精粹之一? 为什么20世纪以来的中国美学精英(如鲁迅等)表面上对传统美学有过激烈批评,实际却又是传统文化中忧患意识的真正继承者?

在美学上,中国文化的忧患意识表现为这样一些传统:对人类自身命运的关注、对群体意识的体认以及对道德失落的追怀。这种忧患意识不是儒家的专利品,而是超越其上的总体民族意识,同样体现在老庄等人的思想中,可以总称为人文忧患意识。中国传统美学的内在精神,主要是由这种人文忧患意识构成;它的一些范畴与观念,则是在这一基础上生成的。不了解传统美学的内在隐型精神,就很难真正认识与评价传统美学。

中华民族的忧患意识,源于艰苦的生存环境。传说尧舜之时,洪水猛兽无情地袭击着人们。根据法国人类学家列维·布留尔在《原始思维》中的研究,原始人由于

---

① 1987年出版的《中国大百科全书·哲学卷》"中国美学史"条目云:"审美意识的理论形态在中国古代及近现代发生、发展的历史,通常指研究中国历史中审美意识发生、发展和变化的历史。"这一定义似嫌过于简单。

面临各种生存天敌,"恐惧、希望、宗教的恐怖,与共同的本质汇成一体的热烈的盼望和迫切要求,对保护神的狂热呼吁——这一切构成了这些表象的灵魂"①,其思维特征就是忧惧、恐怖与崇拜。《周易》中对天道人事兴废的执着探求,集中表现了先民们的忧患情结。在夏商周易代过程中,人们认识到统治者的品德对于王朝兴废至关重要,从而形成了一种被现代新儒家推崇备至的"忧患意识"。现代新儒家一直将这种道德忧患作为中国儒学文化乃至整个中国文化的发展动力,这是相当有道理的。中国美学从夏商周开始就具备了浓重的泛道德主义色彩,这也是十分明显的。不过,中国传统美学忧患意识的层次绝不止于对道德的关注,而是具备了对于整个人类命运的忧患。在这一点上,道家较儒家更为深邃。老子厌恶文明社会中礼义对人性的扭曲,推崇自然天真的人性,"常德不离,复归于婴儿"②,"含德之厚,比于赤子"③。以后明代的李贽、袁宏道等也用赤子之心来比喻人的自由心态。庄子则激烈地指出:"自虞氏招仁义以挠天下也,天下莫不奔命于仁义,是非以仁义易其性与?……小人则以身殉利,士则以身殉名,大夫则以身殉家,圣人则以身殉天下。故此数子者,事业不同,名声异号,其于伤性以身为殉,一也。"④在他看来,儒家的礼法教育使人丧失了美的感觉,"文灭质,博溺心,然后民始惑乱,无以反(返)其性情而复其初"。⑤而自然界的可贵,正在于天造地设之美。这些观点深刻影响了魏晋时代一些敢于反对礼教的文士。中国传统美学在最高的境界与形态上,正体现了中国文化中的人文精神,即对人类终极意义的关注、人生意义的体认——不同的是,儒家文化将人的价值定位于社会伦理道德,道家文化则认为人生的最高意义恰恰在于突破道德束缚而回归人类自然本性。

20世纪中国美学的主要精神,就是"立人为本"的启蒙精神与传统文化中忧患意识的结合。

中国近代是一个剧烈变动而又多灾多难的时代。从深层来说,造成这种局面的原因有多个方面。除了晚清封建王朝的腐败无能与帝国主义以强凌弱之外,国民精神状态与人格的麻木,也是一个重要因素。在封建专制时代,统治阶级的思想就是统治的思想,所以近代民性凋敝主要是由统治者思想意识形态的腐朽所造成的。近代以来,封建统治者由于内部矛盾的无法克服,使整个社会处于"昏惨惨灯将尽"的危险境地。国力衰弱,民生凋敝,中国传统文化也失去活力。尤其是随着统治者的日趋腐朽,他们对传统文化的取舍越来越突出其中保守、愚昧与顽固的一面,将程朱

---

① 列维·布留尔:《原始思维》,丁由译,第27页,北京,商务印书馆,1985。
② 《老子·二十八章》
③ 《老子·五十五章》。
④ 《庄子·骈拇》。
⑤ 《庄子·缮性》。

理学与八股教条奉为圭臬,扼杀一切异端,使思想文化界沉闷僵化、了无生气。

"号角一声惊睡梦,英雄四起挽沉沦。"①面对帝国主义对中国的瓜分豆剖、人民的沉睡麻木,许多有志之士继承了中国传统知识分子"位卑未敢忘国"②、"天下兴亡,匹夫有责"③的爱国主义精神,起来挽救国家与民族的危亡。只是他们在具体认识上并不一致:鉴于1898年"百日维新"失败之后,一些激进人士痛感西太后控制下的清王朝根本不可能走上西方那样的宪政之路,于是,曾经热情参加过改良运动的孙中山、章太炎等人,将传统的民族主义与推翻清朝反动统治的革命运动相结合,主张用革命与暴力方式来推翻清朝统治、建立民主政权。而另一部分人则从更深远的角度来看待中国的进步与民族解放,通过对中西方历史文化、特别是人民素质的比较,提出要通过教育来提高国民总体素质。从梁启超、严复到蔡元培、王国维,包括辛亥革命前后的鲁迅,都持这种观点。严复在1895年2月4日至5日写的《论世变之亟》中,就比较了中国与西方在文化传统与国民性方面的差异,提出要吸取西学之长来涵养国民道德。梁启超则认为,中国所以积弱积贫、受列强欺负,除了统治者昏庸腐败之外,重要原因还是中国人的素质太差,"愚陋、怯弱、涣散、混浊",等等。要使中国真正富强起来,革命是无济于事的,关键在于使人民在民力、民智、民德三方面得到提高,进行一番自新工作。而只要有了"新民",就不愁产生不了新制度与新国家、新政府,所以他的结论是"新民"乃"今日中国第一急务"。鲁迅在日本留学期间,既学到了西方的人文学说与自然科学,同时也在一次观影中深受刺激,痛感国民的麻木不仁,从而弃医就文,走上用文艺改造国民性的文学之路。他虽然也加入过光复会,但他对暴力实践并不感兴趣(据说鲁迅同乡、光复会重要人物陶成章曾有一次要让鲁迅参加暗杀任务,鲁迅没有接受)。他在文学救国方面取得的成就说明,在一定程度上改造国民性的任务较诸政治革命与暴力斗争更为艰难,更有意义。

到了五四运动前夜,蔡元培、鲁迅、胡适、陈独秀等人从新文化运动的角度,对国民性进行了更为尖锐与激烈的批判。当时,辛亥革命虽然在形式上推翻了清朝统治,结束了统治中国达几千年的封建帝制,然而,由于资产阶级革命派的先天软弱性,革命果实最后被袁世凯窃取。袁氏复辟帝制的阴谋被粉碎后,中国又陷入了更为黑暗的军阀混战割据的局面,章太炎、苏曼殊、李叔同、鲁迅等人对此深感失望与痛苦。对此,只要看一下鲁迅《野草》、《呐喊自序》等文章,就可以看出当时一批仁人志士的灰心失望。与这种心态相通的,则是当时佛学思潮的昌盛,许多人意欲在青灯古佛前寻取人生的慰藉。辛亥革命的失败,促使许多思想家将眼光放得更远一

---

① 语出吴玉章诗《纪念邹容烈士》。
② 语出陆游《病起书怀》:"位卑未敢忘忧国,事定犹须待阖棺。"
③ 语出顾炎武《日知录·正始》:"保国者,其君其臣肉食者谋之;保天下者,匹夫之贱与有责焉耳矣。"

些,认为启发民智,从意识形态方面批判旧的文化传统,宣传西方资产阶级的启蒙主义思想,呼唤科学与民主,抨击专制与愚昧,是疗救国民灵魂的前提。五四新文化运动正是在这种历史背景与思路下产生的。当时一些启蒙思想家在救亡图存的同时,也提出了改造国民性、净化文化空气、清除精神毒素的主张。陈独秀在《新青年》上就痛切地指出:由于长期的封建专制及其思想意识的愚弄与影响,"铸成今日卑劣无耻退葸苟安诡易圆滑之国民性",这是"亡国灭种之病根"。① 显然,他的主张继承了严复与梁启超的新民说与民德说,而且在斥责封建专制主义及其文化道德体系对国民的戕害方面,言辞更为激烈。而鲁迅对于中国人的种种卑怯、自欺、自大、圆滑等可憎可鄙的根性,则作了尖锐的讽刺与嘲弄,对于"合群的爱国的自大"的病态人格更是极端鄙视与痛恨。不过,鲁迅相信"国民性可改造于将来",为此他决心"先行发露各样的劣点,撕下那好看的假面具来",以引起疗救的注意。可以认为,近代以来中国先进知识分子对国民性的批判与指摘,乃是建立在"哀其不幸,怒其不争"的认识之上的,是为了找出病根,寻出疗救的药方。他们并没有像历史上的庄周那样,在愤世嫉俗后遁入个体"逍遥游"的天地,而是继承了传统儒家经世致用的学术精神,将思想、学术同救国救民结合了起来。

(二)"反传统"与承续传统

对于传统美学,中国启蒙思想家首先从倡导科学与民主的现代精神这一总体需要出发,做了鲜明的批判与指摘,其中尤以陈独秀、鲁迅等人最为激烈。然而,这并不等于他们对传统美学的遗弃,相反,这正是他们开发传统美学的必要前提。

中国传统文化是一个复合型的概念,而传统美学集中表现了中国古代文化中的人学精神。儒家的天行健、君子以自强不息的刚健精神,道家的超越世俗、与天地往来的逍遥游放,禅宗的注重直觉、不傍他物的主体意识与屈骚的浪漫热烈,既是中国美学的精华,也是中华民族文化的精粹。当然,传统美学以儒家学说为主体,其中"中庸之道"、"发乎情止乎礼"的思想,随着整个封建社会的推移,其消极一面益发显示出来,成为近代以来束缚中国人自强自立的枷锁,而中国美学中刚健向上的汉唐气魄却日渐式微。传统文化在近代往往成了尊孔读经的代名词,成为与袁世凯复辟帝制相挂钩的产物。再加上民国之后,中国人的素质下降,国力式微,饱受外国欺负。于是,许多进步思想家很自然地将传统文化视为向西方学习的绊脚石,必欲踢开而后快。1915年,陈独秀创办《新青年》杂志,提出伦理革命,号召打倒奴隶道德。当时以《新青年》为旗帜,一批革新人物对传统伦理道德发起猛烈批判。其中比较有

---

① 陈独秀:《抵抗力》,见《独秀文存》,第24页,合肥,安徽人民出版社,1988。

代表性的人物是陈独秀、胡适及周作人等。1916年,胡适在从国外寄给陈独秀的信中提出了"文学革命"的"八不主义",即不用典、不用陈套语、不讲对仗、不避俗字俗语、须讲求文法、不无病呻吟、不摹仿古人、须言之有物。① 1917年1月,他应陈独秀之约,发表《文学改良刍议》一文,将"文学革命"改成"文学改良",以使更多的中国人能够接受。其后,陈独秀以更激进的态度发表了《文学革命论》,正式提出"文学革命"的口号,即"推倒雕琢的阿谀的贵族文学,建设平民的抒情的国民文学;推倒陈腐的铺张的古典文学,建设新鲜的立诚的写实文学;推倒迂晦的艰涩的山林文学,建设明了的通俗的社会文学"②。胡适与陈独秀发起的这场文学革命,很快就得到了许多新文化运动人物的响应。钱玄同、刘半农、周作人等唱和回应,推波助澜,在思想文化界形成了一股反对封建文化与传统道德、提倡新思想与新文化的高潮。这股思潮在文学与美学方面,主要是用悲剧理论来批判中国传统文学与艺术中的大团圆俗套,用冲突的悲剧之美来替代虚幻的人生圆满结局;用写实主义代替古典主义,大力倡导以白话文为表现形式的通俗文学,使文学从贵族文学中解放出来,为新的文化与人物服务。

与中国历次文学解放运动相比,这些文学主张具有了完全不同的时代特点,即不再是用中国传统文化中的一派学说去抨击另一派,而是用西方资产阶级启蒙学说来看待文学与人生。当时出现的"为艺术而艺术"与"为人生而艺术"之争,都体现了一种站在人的立场上看待文学的意识。事实上,中国传统文化发展过程中也曾出现过一些较大的思想解放运动,如先秦的百家争鸣,汉末魏初人的自觉为文的解放,明代后期浪漫主义文学潮流的兴起等。这些思想与文化解放运动中出现的人物及其观点的激越与反叛程度,并不亚于五四时期的那些骁将们,嵇康、李贽等人甚至为此而牺牲了自己的生命。但是,由于时代的局限,他们没有新的思想与人物的指导,用的只是传统中的另一种学说来批判正统的官方思想(政教化的儒学)。嵇康对于司马氏名教之治的抨击与批评,继承的是老庄与玄学的自然论,而且依照鲁迅的研究,嵇康、阮籍这些表面上不信儒学与礼教的人,骨子里倒是真信礼教的。李贽愤激于道学对人性的扼杀,而用左派王学、道家学说与佛教学说来抨击道学。由于他们没有、也不可能具备新的思想与理论武器,难免批判有力而出路虚幻,往往是在佛道与玄学空灵的境界中寻找解脱。越是到了封建社会后期,这种文化批判的怪圈就越是困扰着人们,使他们悲愤难抑,最典型的就是龚自珍"九州生气恃风雷,万马齐喑究可哀"的悲叹了。这种悲剧促使新的思想家与文化人物寻找新的路径。于是,西方新学说传进中国就很快被人们所吸取。同时,早已厌倦了传统文化的人们,对传统

---

① 见《新青年》第2卷第6号,1917年2月。
② 见《胡适文存》,第1集,第2页,台北,远东图书公司,1979。

发出了严厉的批判,用矫枉过正的方式来对待传统文化,甚至如鲁迅发出了要青年人不读中国书的号召。而当时中国救亡的严重局势,则使得人们对待西方文化与中国传统文化采用了最实际的功用主义,现代性中的科学主义价值观盛行一时。1925年,鲁迅在《华盖集·忽然想到(六)》中提出:"我们目下的当务之急,是一要生存,二要温饱,三要发展。苟有阻碍这前途者,无论是古是今,是人是鬼,是《三坟》《五典》,百宋千元,天球河图,金人玉佛,祖传丸散,秘制膏丹,全都踏倒他。"①这段话,让我们理解了五四时代那些文化人物为何对传统文化如此深恶痛绝。

另一方面,五四时期在社会上形成的尊孔读经风气,又成为封建余孽的护身符。李大钊在1919年10月5日作的《圣人与皇帝》一文中就说:"我总觉得中国圣人与皇帝有些关系,洪宪皇帝出现以前,先有尊孔祭天的事;南海圣人与辫子大帅同时来京,就发生皇帝回任的事;现在又有人拼命在圣人上作功夫,我很骇怕,我很替中华民国担忧。"②毋忘则指出:"民国三四年的时候,复古主义披靡一世,什么忠孝节义,什么八德的建设案,连篇累牍的披露出来,到后来便有帝制的结果。可见这种顽旧的思想,与恶浊的政治往往相因而至。"③明乎此中原因,我们也就可以知道,尽管五四一些思想家与文人对传统文化的全盘否定在学理上是说不通的,也是很偏激的,但在当时特定背景下,却又是完全可以理解的。

不过,从文化传统的接续来说,即使五四时代最激烈的反传统人物,也不可能完全地反对与超越传统。维新运动时期的重要人物,如梁启超、康有为、谭嗣同、严复、黄遵宪诸人,就受过传统文化的严格训练。即便胡适、陈独秀、周作人、鲁迅、钱玄同等,哪一个自幼没有受过封建文化的熏陶?儒家的道德信仰与处世原则,有些是很庸俗、糟糕的,但也有"先天下之忧而忧,后天下之乐而乐"的精神,这是儒家文化中最有价值的部分之一,也是中国几千年来一些优秀知识分子立身行事的深层心理动力。这种情结在维新运动、辛亥革命到五四运动的知识分子中不仅没有消弭,而且成为他们救国图强、批判传统文化糟粕的精神动力。鲁迅在《摩罗诗力说》中批评屈原《离骚》哀怨悱恻而反抗之意终不可见,但并没有摒弃其中的爱国主义精神。他在辛亥革命时期写就的《自题小像》中,就有"灵台无计逃神矢,风雨如磐谙故园。寄意寒星荃不察,我以我血荐轩辕"的自誓,其中就援用了屈原《离骚》中的诗意,是对古老的爱国主义传统的发扬。李泽厚曾指出:五四时期"启蒙的目标,文化的改造,传统的扔弃,仍是为了国家、民族,仍是为了改变中国的政局和社会的面貌。它仍然既没有脱离中国士大夫'以天下为己任'的固有传统,也没有脱离中国近代的反抗外

---

① 见《鲁迅全集》,第3卷,第47页,北京,人民文学出版社,2005。
② 李大钊:《圣人与皇帝》,见《李大钊全集》,第3卷,第61页,北京,人民出版社,2006。
③ 毋忘:《最近新旧思潮冲突之杂感》,载《国民公报·每周评论》1919年4月15日。

侮、追求富强的救亡主线。扔弃传统(以儒学为代表的旧文化旧道德)、打碎偶像(孔子)、全盘西化、民主启蒙,都仍然是为了使中国富强起来,使中国进步起来,使中国不再受欺侮受压迫,使广大人民生活得好一些……所有这些并不是为了争个人的'天赋权利'——纯然个体主义的自由、独立、平等。所以,当把这种本来建立在个体主义基础上的西方文化介绍输入以抨击传统打倒孔子时,却不自觉地遇上自己本来就有的上述集体主义的意识和无意识,遇上了这种仍然异常关怀国事民瘼的社会政治的意识和无意识传统。"①从新文化运动的发起与参加者来说,他们处于与维新运动、辛亥革命相似的"救亡"的沉重历史背景之中,这就决定了他们将救亡与启蒙交织在一起。而他们潜意识中的传统士大夫人格精神,则使他们在接受启蒙主义的时候,总是将其与自己的潜意识相融合。橘逾淮则为枳。实际上,他们的启蒙主义早已被中国"士大夫化"了。30年代,鲁迅在《准风月谈·重三有感》中回忆当年维新派的变法图强精神时,就说:"'老新党'们的见识虽然浅陋,但是有一个目的:图富强,所以他们坚决,切实。学洋话虽然怪里怪气,但是有一个目的:求富强之术,所以他们认真,热心。待到排满学说播布开来,许多人就成为革命党了。还是因为要给中国图富强,而以为此事必自排满始。"②"老新党"即维新派人物,就是用这种"图富强"的精神看待和接受西方思想的。而这第一批"老新党"也就是五四新文化运动人物的先导人物,其忧国忧民精神是一脉相承的。因此,表面看来他们激烈反传统、反孔孟之道,实际上并没有真正抛弃传统文化与道德,而毋宁说是在新的民族危机下弘扬了传统文化中的忧国忧民精神。

(三)梁启超、王国维与鲁迅

正是出于这种忧患意识,20世纪中国那些杰出的美学家在百年经纬中演出了一幕学术史上的恢宏活剧,涌现出一批学贯中西、融汇古今的大师。他们的成功,也说明传统美学与现代性是可以互相转化的。这里,我们主要对梁启超、王国维与鲁迅三位文化伟人做一点个案分析。

梁启超论美学,融合了西方与中国传统之精华,注重对国民精神的更新。孔子曾说过:"知之者不如好之者,好之者不如乐之者",强调只有将道德境界与内在的情感愉悦相结合,才算作真正达到道德的理想境界。梁启超秉承了孔子的这一美学观,认为情感是人类一切生命原创的动力所在,是理解与道德的驱动力。从人的本质来说,情感与人的理性、感官欲望相比,能够沟通实体世界与现象世界的联系,使

---

① 李泽厚:《启蒙与救亡的双重变奏》,见《走我自己的路》,第241页,北京,三联书店,1986。
② 见《鲁迅全集》,第5卷,第343页,北京,人民文学出版社,2005。

人超越自己的本能所限。"情感的性质是本能的,但他的力量,能引人到超本能的境界;情感的性质是现在的,但他的力量,能引人到超现在的境界。我们想入到生命之奥,把我的思想行为和我的生命进合为一,把我的生命和宇宙和众生进合为一,除却通过情感这一个关门,别无他路。所以情感是宇宙间一种大秘密。"①这一思想显然也汲取了德国古典哲学与美学思想,将情感作为沟通现象世界与实体世界的津梁,认为惟有在美的世界与艺术作品中,人们才能进入到天人合一的神圣境界,才能超越功利世界束缚。惟其具有如此作用,所以情感的好坏对人的支配作用很大。宋代理学家邵雍曾说过:"情之溺人也甚于水",指出了情欲对行为的支配作用与控引。朱熹甚至说过,孔孟圣人教人做人的道理千言万语,归纳起来只有六个字,就是"存天理,灭人欲"。据此,梁启超在赞美情感作为人的本质力量显现的同时,也指出:"情感的作用固然是神圣,但他的本质不能说都是善的都是美的。他也有很恶的方面,也有很丑的方面。他是盲目的,到处乱碰乱进,好起来好得可爱,坏起来也坏得可怕,所以古来大宗教家大教育家,都最重情感的陶养。老实说,是把情感教育放在第一位。情感教育的目的,不外将情感善的美的方面尽量发挥,把那恶的丑的方面逐渐压伏淘汰下去。这种功夫做得一分,便是人类一分的进步。"②梁启超以他博通中西方文化的修养,概括中国古代美育的实质就是情感教育,这是很有见地的。其实,从荀子《乐论》到秦汉时的《乐记》、《毛诗序》,儒家美学很早就看到了文艺是人的情感的发动,一再强调诗乐是人的情感表现,但对于这种审美情感同时必须加以规范,"发乎情止乎礼","反(返)情以和其志"。中国古代哲学家也看到,情感是介于理性与欲望之间的一座桥梁,善之者可以为圣人,恶之者可以为巨奸。而西方人则认为人半是天使、半是魔鬼,其中介也是情感的造设。中国人虽然没有如此简单划分,但是从荀子开始,就提出对于情感"一之于礼义则两得之,一之于情感则两丧之",将情感置于礼义陶养下,则情感与礼义可以两全;如果放纵欲望,则礼义与情欲并丧,人将沦为禽兽。以后宋明理学家之所以在天理人欲问题上大做文章,也是因为他们敏锐地看到了这一点。梁启超论情感教育当然不是站在古代儒学之士的教化立场上,而是站在开民智、立民德的资产阶级改良派立场上去倡论的。在他看来,对人的情感培养有助于塑造新的国民人格,为此传统美学中的情感教育观点也可以汲取。他写《中国韵文里头所表现的情感》,也是为了开掘中国古典文学中的情感论,以陶养当时的中国人。其中主张艺术家自己先要具备高洁的情感,然后通过艺术作品传达给别人,占领别人的心头;由于艺术作品会对人产生相应的感染与教育作用,因而

---

① 梁启超:《中国韵文里头所表现的情感》,见《梁启超全集》,第13卷,第3921—3922页,北京,北京出版社,1999。

② 梁启超:《中国韵文里头所表现的情感》,见《梁启超全集》,第13卷,第3922页,北京,北京出版社,1999。

艺术家对于自己的创作必须怀有负责态度。正因此,梁启超不赞成所谓"为艺术而艺术"的美学观。

王国维则融合叔本华的美学观与老庄美学观,形成了中国近代史上最富特色的美学思想。他的人生观受老庄、佛教与西方的叔本华、尼采哲学影响较深。由于特殊的人生经历,造成了王国维的人生悲剧观。在他看来,人生是一场悲剧,而悲剧的缘由就在于自从进入文明社会之后,人就受到各种各样欲望的困扰,它们使人迷于自我的欲望折磨而难于自拔。美就在于使人从这种欲望中超离出来,达到一种心灵净化的境界。"盖人心之动,无不束缚于一己之利害,独美之为物,使人忘一己之利害,而入高尚纯洁之域,此最纯粹之快乐也。"①这种纯粹的快乐,其特点就是情感上的慰藉,它既无须受客观必然性制约,又不必受自我欲念节制,而是完全的自由。王国维借用庄子思想来描绘这种境界的快乐:"今夫人积年月之研究,而一旦豁然悟宇宙人生之真理,或以胸中惝恍不可捉摸之意境,一旦表诸文字、绘画、雕刻之上,此固彼天赋之能力之发展,而此时之快乐,决非南面王之所能易者也。"②文艺创作是人类审美能力的集中体现。在美的创造与表现中,人感到了一种与天地相合、与宇宙并生般的快乐,它是称王道孤也不能比拟的。《庄子·至乐》中有云:"死,无君于上,无臣于下,亦无四时之事,从然以天地为春秋,虽南面王,乐不能过也。"庄子以参透死生的豁达态度,提出"死"并不可怕,相反,从摆脱人生各种生老病死的困扰来说,它是最高的一种快乐,即使南面称王也无可比拟。

王国维对美与自由的极力推崇,与他对现实人生的极度失望有关。他生活的清末民初,类似于庄子所处春秋战国的动乱年代。革命后的中国并没有像人们想象的那样光明,人们深感原先的理想受到嘲弄,陷入了更深的失望与痛苦,整个社会被一种世纪末的情绪所困扰。对此,王国维深有体会。他最厌恶的风气,就是当时人们失去理想和生活乐趣,唯知蝇营狗苟,追逐实利。这种心态与庸俗,又集中在浊臭不堪的官本位上,而这种价值观念是最能毒化社会风气、消解人格的。因此,王国维对其进行了猛烈的抨击:

> 吾国下等社会之嗜好,集中于"利"之一字。上中社会之嗜好,亦集中于此,而以官为利之代表,故又集中于"官"之一字。夫欲以一二人之力,拂社会全体之嗜好,以成一事,吾知其难也。知拂之之不可,而忘夫奖励之之尤不可,此谓

---

① 王国维:《论教育之宗旨》,见谢维扬、房鑫亮主编:《王国维全集》,第14卷,第11页,杭州,浙江教育出版社,2009。

② 王国维:《论哲学家与美术家之天职》,见谢维扬、房鑫亮主编:《王国维全集》,第1卷,第133页,杭州,浙江教育出版社,2009。

能见秋毫之末而不能见泰山者矣。①

其实,中国封建社会实行的就是孔子所倡导的"学而优则仕"的选官道路与方针,并在后来正式形成了汉代的察举、征辟制与隋唐的科举制度。这种制度一方面将有文化的人选拔到官员队伍之中,另一方面又将知识分子束缚在科举制度上,使知识分子丧失了独立的人格与精神意志,精神境界变得猥琐鄙俗。与此同时,它也使得人们无形中将治学与求利之心相结合,难免造成唯利是图的污浊风气。故而在封建社会中,为了抵消与抗衡这种"学而优则仕"的风气,也提倡仕与隐两条人生道路,并且在一般价值评判上,隐士与高士的行为往往要高于入仕之人。昭明太子萧统在《陶渊明集序》中就盛赞陶渊明隐逸的意义:"尝谓有能读渊明之文者,驰竞之情遣,鄙吝之意祛,贪夫可以廉,懦夫可以立,岂止仁义可蹈,抑乃爵禄可辞,不必傍游太华,远求柱史,此亦有助于风教。"然而,在不知道德理想为何物的年代,人们任随官本位恶性膨胀,结果便导致人们除了认官,不知道德学问为何物。对于历史上这种以官奖励学问与职业的做法,王国维深为不满,指出以官奖学的结果便是"剿灭学问",社会上都将做官作为人生的最大嗜好,"而其里面之意义,则今日道德、学问、实业等皆无价值之证据也。夫至道德、学问、实业等皆无价值,而惟官有价值,则国势之危险何如矣!社会之趋势既已如此,就令政府以全力补救之,犹恐不及,况复益其薪而推其波乎"②。对这种精神现状的解放,可以通过对美的追求来实现。美的作用就是使人臻于知情意全面发展的境地,从而造就一种新的精神生活方式与健全的人格。王国维正是从这种角度去研究美学,并将美学问题与改造国民人格的问题结合了起来,表现了中国知识分子一以贯之的忧患精神。

受叔本华思想的影响,王国维认为,人的欲望与感情总要升华与发泄,但发泄与升华的途径可以多种多样,有的通过诸如审美与艺术活动来进行,而层次不高的人则通过其他一些娱乐与嗜好来发泄,甚而通过吸食鸦片来自我麻痹。在王国维眼里,鸦片肆虐有多种原因,但从心理学来说,则是因为情感上失去了寄托与慰藉。"感情上之疾病,非以感情治之不可,必使其闲暇之时,心有所寄而后得以自遣。夫人之心力,不免于此,则寄于彼,不寄于高尚之嗜好,则卑劣之嗜好所不能免矣。"照王国维看来,要戒除国民对鸦片的嗜好,就得从感情与嗜好上使他们的精神生活有所寄托。无疑,王国维的这种见解是十分深刻的。在人的主体中有知、情、意三方面,人的灵魂与心灵最深奥之处就是情感范畴。而主司人的情感的则是审美判断

---

① 王国维:《教育小言十三则》,见谢维扬、房鑫亮主编:《王国维全集》,第14卷,第104页,杭州,浙江教育出版社,2009。

② 王国维:《教育小言十三则》,见谢维扬、房鑫亮主编:《王国维全集》,第14卷,第105页,杭州,浙江教育出版社,2009。

力,它是使人的精神世界得以归依的家园。尤其是,中国人没有西方人与印度人以宗教天国作为精神家园的习惯,他们是以入世的态度来对待周围世界的。在《〈红楼梦〉评论》中,王国维就对中国人的这种乐天精神与圆滑态度深有研究。因此,美学作为此岸世界与彼岸世界的桥梁,是最适应中国人情感世界需要的。"我国人对文学之趣味如此,则于何处得其精神之慰藉乎?求之于宗教欤?则我国无固有之宗教,印度之佛教亦久失其生气。求之于美术欤?美术之匮乏,亦未有如我中国者也。则夫茕茕之氓,除饮食男女外,非鸦片、赌博之归而奚归乎?"①既然宗教与美术均无法挽救国民的精神危机,那么怎样才能使国人的精神世界得到充实呢?当然还必须从情感提升的角度去倡导。王国维从对吸食鸦片人群的分析中得出一个结论:吸食鸦片并不是用知识文化与道德修养可以解释的,它只能从情感的心理去解释。孔子曾说:"知之者不如好之者,好之者不如乐之者",又说:"兴于诗,立于礼,成于乐"。他看到了道德的归宿并不在于一般的知之与好之,而在于乐之,即最后的情感自由与自觉。情感是人的灵魂的最后家园,而这种家园的修筑则非审美与艺术莫属。王国维认为,当时最重要的是倡明教育,而教育中最重要的则是美育,"故禁鸦片之根本要道,除修明政治,大兴教育,以养成国民之知识及道德外,尤不可不于国民之感情加之意焉。其道安在?则宗教与美术二者是。前者适于下流社会,后者适于上等社会;前者所以鼓国民之希望,后者所以供国民之慰藉。兹二者尤我国今日所最缺乏,亦其所最需要者也。"②要使中国人的感情世界得到拯救,就必须使情感有一个栖养的园地。在他看来,美术通过艺术方式来陶冶人的情趣,可以使人的情感得到升华和寄托,这方面中国很欠缺,而惟其欠缺,才需要大力提倡。其次是宗教——在这个问题上,王国维的心情是矛盾的。虽然他认为宗教并不适合中国,但对于终岁辛苦的一般劳苦大众来说,他们又没有受教育的机会,要使他们得到一丝人生的乐趣与希望,就只有宗教的慰藉了。"有"聊胜于"无"。对于普通百姓来说,精神上的寄托总比没有要好。在这一点上,王国维显然与蔡元培"以美育代宗教"的立场有所不同。但王国维将宗教与美育同当时对国人灵魂的挽救相融合,与构建人格相结合,这种思路不乏人道主义与悲天悯人的情怀。

鲁迅在其毕生所从事的文化事业中,一直倡导以文艺改造国民性。他在1925年7月写的《论睁了眼看》一文中说:"文艺是国民精神所发出的光,同时也是引导国民精神前途的灯光。"一方面,他认为要用美育与文艺的手段来教育人民,造就健康的国民人格,而当务之急是将国民从传统文艺观与文化观的积弊中解放出来,使他

---

① 王国维:《教育偶感四则》,见谢维扬、房鑫亮主编:《王国维全集》,第1卷,第139页,杭州,浙江教育出版社,2009。

② 王国维:《去毒篇》,见谢维扬、房鑫亮主编:《王国维全集》,第14卷,第64—65页,杭州,浙江教育出版社,2009。

们有可能接受新的健康的文艺与审美观。鲁迅在辛亥革命时代写就的《摩罗诗力说》,是一篇全面声讨和清算传统文化与美学中摧残、压制人性的糟粕的力作。文中对以孔孟、老庄为代表的传统文艺观念进行了批判——因为它包含着许多封建专制时代所需要的以和为美、取消反抗、萎缩人性的因素。而鲁迅倡导西方浪漫主义诗人与作家反抗专制与强权的精神,也是用来批判中国传统的"以和为美"观念——这种观念曾经在中国文艺发展史上起过重要作用,产生了许多意内言外、含蓄蕴藉的好作品,但也形成了许多禁锢人们思想的戒律。对于这种观念,五四时期如李大钊等人曾经加以颂扬,认为可以为新文化运动所用。而鲁迅则认为它的负面作用太大。他痛斥中国专制统治者以安定高于一切为理想之治,不让人们发表自己的见解、自由地伸张个性,目的就是为了维护其反动专制统治,"使子孙王千万世,无有底止"①。正是出于这种极端卑鄙无耻而又异想天开的念头,他们才不惜残暴地镇压异己、诛锄新生。而中国传统的诗学与文学观念正是在这种政教观念覆盖下而展开立论的。

在激烈批判传统美学思想的消极落后因素的同时,鲁迅早期美学观吸收了西方的进化论与尼采的超人哲学。在《文化偏至论》中,他把现代西方思想归纳为"止于二事:曰非物质,曰重个人",其中包含着对人的基本权利的肯定与尊重,而这些正是中国传统文化中最缺乏的东西,也是我们最应向西方学习的精神文化。中国封建社会思想意识最大的弊端,就是不承认并残暴地扼杀人的个性,"尚物质而疾天才",结果"中国之沉沦遂以益速矣"。为此,鲁迅强调:

> 是故将生存两间,角逐列国是务,其首在立人,人立而后凡事举;若其道术,乃必尊个性而张精神。②

鲁迅早期美学观的一个重要特征,就是反对中国文艺传统的瞒与骗,倡导文艺真实地描写人生。他尖锐地指出:"中国人的不敢正视各方面,用瞒和骗,造出奇妙的逃路来,而自以为正路。在这路上,就证明着国民性的怯弱、懒惰,而又巧滑,一天一天的满足着,即一天一天的堕落着,但却又觉得日见其光荣。"③事实上,这种病态人格有着很深的历史与文化根源。从文化传统来说,中国人的宇宙观和人生观,以幻想的和谐为指归。儒家的礼乐是天地人之和的法则与秩序,每一个人不论他一生命运如何,早已被置于这个大系统之中,故而儒家力主安命乐天、随顺世态、守中居

---

① 鲁迅:《摩罗诗力说》,见《鲁迅全集》,第1卷,第70页,北京,人民文学出版社,2005。
② 鲁迅:《文化偏至论》,见《鲁迅全集》,第1卷,第58页,北京,人民文学出版社,2005。
③ 鲁迅:《论睁了眼看》,见《鲁迅全集》,第1卷,第254页,北京,人民文学出版社,2005。

正。道家虽然认为人生充满悲剧,但是又将它放到大化运变、与道周始的宇宙循环论中去解释。在"道"即"大和"中,一切差别、遭际都同化了,剩下的是"纵浪大化中,不喜亦不忧",苦难在这里不是如古希腊悲剧那样作为惶惑、忧虑和被思考的起点,而是作为人生的起点,即善有善报、恶有恶报,结果往往是喜剧。王国维在《〈红楼梦〉评论》中就曾指出:"吾国人之精神,世间的也,乐天的也。故代表其精神之戏曲小说,无往而不著此乐天之色彩,始于悲者终于欢,始于离者终于合,始于困者终于亨;非是而欲厌(满足)阅者之心,难矣。若《牡丹亭》之返魂,《长生殿》之重圆,其最著之一例也。"①传统的和谐观念,铸造着国民性的怯懦、保守,使文明古国停滞、僵化,近代以来更是濒临死寂。作为国民精神火花的中国文艺,虽不乏含蓄蕴藉的好作品,但却缺少惨厉刚猛精神,缺少真正的悲剧作品,它对于培养中庸的国民性格,同样起到了极坏的作用。所以鲁迅毫不客气地指斥道:"中国人向来因为不敢正视人生,只好瞒和骗,由此也生出瞒和骗的文艺来,由这文艺,更令中国人更深地陷入瞒和骗的大泽中,甚而至于已经自己不觉得。"②中庸的民族性格对于本国或外国的反动统治者来说,当然是非常需要的,因为他们需要柔顺听话的奴才,但对于中华民族的进化来说,却是非常有害的。鲁迅晚年在研究明清文化时,一再慨叹文人的这种变形心态的可怕和可憎。他在《病后杂谈》一文中,考证了明代永乐皇帝杀害政敌的残酷及对其子女的惨无人道。永乐皇帝朱棣残杀建文帝的忠臣,景清被剥皮,铁铉遭油炸,他的两个女儿则发付教坊,沦为娼户。可是后来的文人却编造出二女献诗于原问官,被永乐帝知道后赦出,嫁给了土人。鲁迅考证出这种说法纯属无稽之谈,并进而慨叹:"中国的有一些士大夫,总爱无中生有,移花接木的造出故事来,他们不但歌颂升平,还粉饰黑暗。"鲁迅一直认为,这种粉饰太平的文艺观不被破除,中国就难有真正的文艺作品产生,文艺就不可能承担起改造国民性的任务。他大声疾呼:"世界日日改变,我们的作家取下假面,真诚地、深入地、大胆地看取人生并且写出他的血和肉来的时候早到了;早就应该有一片崭新的文场,早就应该有几个凶猛的闯将!"③

以鲁迅为代表的五四激进派,对于传统文艺与美学思想中保守、落后的一面看得比较深刻,但这并不意味着他们能够摆脱传统文艺观的影响。相反,越是激烈反对和批判传统文艺观念的人物,其受传统文艺"经世致用"观念的影响就越是强烈,他们批判传统文艺本身就是出于改造国民性、要求文艺承担起救亡图强责任的目的。从某种意义上说,这也是传统文艺中"文以载道"观念在新形势下的延续。在

---

① 王国维:《〈红楼梦〉评论》,见谢维扬、房鑫亮主编:《王国维全集》,第1卷,第64—65页,杭州,浙江教育出版社,2009。
② 鲁迅:《论睁了眼看》,见《鲁迅全集》,第1卷,第254—255页,北京,人民文学出版社,2005。
③ 鲁迅:《论睁了眼看》,见《鲁迅全集》,第1卷,第255页,北京,人民文学出版社,2005。

《我怎么做起小说来》一文中,鲁迅说道:"例如,说到'为什么'做小说罢,我仍抱着十多年前的'启蒙主义',以为必须是'为人生',而且要改良这人生。我深恶先前的称小说为'闲书',而且将'为艺术而艺术',看作不过是'消闲'的新式的别号。"①他对创造社成员鼓吹的"为艺术而艺术"口号深恶痛绝,而其实"为艺术而艺术"的口号倒是对传统儒家文艺观念的否定。在《魏晋风度及文章与药及酒之关系》一文中,鲁迅在评价曹丕"诗赋欲丽"主张的时候,赞扬曹丕在汉末提出的这一见解冲破了两汉儒学文艺观的束缚。但同时,鲁迅更认为,在他当时所处的忧患重重的年代,文艺必须承担起经世致用的责任,不能为艺术而艺术。再比如,在西方美育传统中,从古希腊开始,就一直强调美育重在人格的自我培养,没有那么多的政教意义,也不像中国儒家那样要求美育承担培养"内圣外王"人格的重任。而维新运动至五四时期的思想家们则主张用文艺改造国民性、提高国民素质,这显然更接近于中国传统美学的价值观。可以认为,中国美学在近代尽管受到来自西方的美学观念冲击,在观念与方法论上为西方美学观所覆盖,但这仅仅是"覆盖"而非是代替,其深层的价值观与思维方式仍然深受传统美学的制约。梁启超、蔡元培、王国维、鲁迅、胡适、陈独秀等人无不受到传统美学的熏陶,其中王国维等人更是自觉地融合中国传统美学与西方美学,创造出了具有自己特点的美学思想。后来宗白华、朱光潜与丰子恺等人的美学,也无不带有兼融中西的特点。它启示我们,现代美学的发展并不需要"革"传统美学的"命"。不仅如此,只有对传统与现代进行创造性的转化,才能完成美学的时代课题,中国的现代化不可能脱离传统而架空成立。

(袁济喜)

---

① 鲁迅:《我怎么做起小说来》,见《鲁迅全集》,第4卷,第526页,北京,人民文学出版社,2005。

四 马克思主义与中国
——对中国马克思主义美学研究的认识

(一)马克思主义美学研究的中国历程

在 20 世纪中国,占主流地位的马克思主义美学研究,影响最巨者,大体可分为三个重要的历史阶段:一是三四十年代,以毛泽东《在延安文艺座谈会上的讲话》(下文简称《讲话》)的问世为代表;二是以五六十年代掀起的"美学大讨论"为标志;三是以八九十年代美学转向主体论、价值论研究为特征。

《讲话》以系统的理论形态,全面、深入地论述了美学、文艺学的一些重大学术问题。需要指出的是,这部在特殊历史条件下产生的特殊的美学、文艺学论著,其所阐明的美学思想和文艺学思想,体现了那个时代的最高成就,其所倡导的美学、文艺观念,是适应了当时革命需要而产生的,我们只有将其置于特殊历史条件下,才能具有正确的理解和认同。而从总体的和主导的思想倾向来说,《讲话》是以辩证唯物主义反映论为基础和核心,侧重于从社会学和政治学的视野来观察和透视美学、文艺学的学科性质和功能;从民族解放的救危亡、求生存的政治任务出发,把"文艺为政治服务"强调到至高至尊,大力弘扬文艺的战斗性、革命功利性和政治倾向性。围绕"文艺为政治服务"的宗旨,《讲话》系统论述了文艺同时代、社会和现实生活的关系;阐释了文艺创作和文艺接受中主体和客体的关系,提出主体的世界观和思想感情同文艺的服务对象和表现对象相适应、相协调的必要性和重要性;同时指明了文艺的审美属性和特殊规律,主张艺术美应当比生活美更高、更集中、更典型、更强烈和更理想,并认为缺乏艺术感染力和审美情绪的"标语口号式"的作品是没有说服力的。鉴于民族解放的任务高于一切,《讲话》把文艺批评的政治标准放在第一位,而将艺术标准摆在第二位,这在当时条件下乃是顺理成章的事。所有这些论点,都是为了突出文艺为实现民族解放的伟大政治使命服务的根本目标。这种实际上以社会学和政治学为主导的美学思想,无疑是有其历史合理性和进步性的。不过,1949 年中华人民共和国成立之后,本应当及时、果断、自觉地实行战略转移,从"以阶级斗争为纲"转换为"以经济建设为中心"。相应地,文艺应当从"为政治服务"转换为"为实现四化、振兴中华"服务。然而,在相当长的时期内,由于无视历史发展的新的需要,不仅延续了战争年代的文艺思想和文艺政策,而且由于政治不断地被强化、被泛化、被僵化为神圣的教义,以致造成了带有非人性和非理性色彩的文化禁锢主义和文化专制主义。不可遏制、频繁猛烈的政治运动、政治风暴、政治批判乃至政治围剿,使不少作家、艺术家受到摧残和打击,文艺园地百花凋零、一片荒芜。以党的十一届三中全会为标志和起点,开始实现了从"以阶级斗争为纲"向"以经济建设为中心"的战略性的历史转折。这个历史转折必然相应地反映到文艺领域中来。"文艺为人民服务,为社会主义服务"的提法取代了"文艺为政治服务"的口号。这是中国当代马克思主义美学史上的重大变革。

20世纪五六十年代,中国学术界掀起了一场规模最大、持续时间最长的跨学科的美学讨论。这次美学研讨和论争,从社会学和政治学的层面进入哲学的宏阔视野。如果说,20世纪三四十年代中国美学界主要侧重于社会学和政治学的美学探讨,那么,五六十年代则主要专注于哲学的美学研究。这次学术论争尽管仍未脱净政治意志的参与,但毕竟体现出"百家争鸣"的氛围和气象,对美(包括自然美、社会美、艺术美)和美感的哲学本质进行了不同观点的交锋与切磋,几乎各式各样的学术观点都被催发和调动起来。这次美学热同时也伴随着学习和运用马克思《1844年经济学—哲学手稿》热潮,各种观点的代表人物、几乎所有的知名学者和专家,都毫无例外地通过书中的思想、特别是用马克思关于"人的对象性活动"和"人的本质力量对象化"的观点,来寻求美的奥秘。这次美学讨论形成了当代中国美学的四大学派。他们关于美的本质的哲学界定的核心论点,都可以运用马克思有关"人的本质力量的对象化"理论得到解读。其中,美的主观说实际上是认为,美完全是主观意志和情感的外射,即"人的本质力量对象化"的产物;美的主客观统一说主张美既有作为对象存在的客观属性,同时又是人的主观心灵的创造,即"人的本质力量的对象化"的结果;美的客观说的自然学派则认定美的客观存在的自然属性,不强调"人的本质力量对象化"的能动作用;美的客观说的社会学派是把美作为社会现象来考察的,确认美是经过人的实践和漫长的历史过程,由于"人的本质力量的对象化活动"的不断重复和深化所形成和积淀下来的一种客观社会属性。这次学术论争,各家所持论点彼此对峙,互不相容,都表现出极强的排他性,以致上升为政治冲突,甚至酿成政治悲剧。其实,讨论各方的学术观点所包含的学理都具有不同程度上的学术价值。美的主观说对理解美的创造的主体功能是有益的;美的主客观统一说对理解和阐释艺术美的本质是富于启发性的;美的客观说的自然学派对解释美的自然属性是合理的;美的客观说的社会学派对理解社会美和其他种类的美都具有深刻和重要的学术价值——正是这种学理上的优势,使美的客观说的社会学派在讨论中居于主导、占了上风。这次全国范围内的美学讨论对美的哲学本质问题的开掘和拓展,取得了不可磨灭的历史功绩,但也存在着明显的欠缺:第一,单纯从哲学层面叩问美的本质;第二,未能对各种美学观点进行辩证的综合;第三,仍然带有强烈的政治色彩,随意将学术问题上纲上线为政治问题,酿成了不良的政治后果。

20世纪八九十年代,由于改革开放政策的实施和思想解放运动的开展,由于西方社会思潮、文艺思潮和美学思潮的再次东渐,催动和刺激了中国美学研究向更深的层次推进;美学界表面上的冷寂和低迷只是一种虚假的幻象。实际上,美学研究正开始从社会学、政治学和哲学视角,向主体论、价值论和形式论转向,在很大程度上进入了真正审美意义上的美学研究。虽然它缺乏五六十年代的热闹场面和轰动效应,但学理上的创新和突破却取得了明显的实绩。主体论美学、价值论美学、形式语言符号论美学填补、拓展和深化了美学研究的理论空间,并使美学研究呈现着多元化的态势和格局。这一时期的美学研究带有一定的复杂的双重性和两面性:主体论美学、价值论美学、形式语言符号美学既表现出对社会学美学、反映论美学、政治论美学、哲学美学的超越和拓展,同时又表现出对社会学美学、反映论美学、政治论美学、哲学美学的厌倦和消解,甚至是疏离和反叛。而实际上,无论什么时候和情况下,从社会学、反映论、政治学、哲学的视角研究美学都是不可缺少的。主体论美学、包括实践主体论美学和价值论美学的研究尽管取得了重大进展,但有的研究者由于自觉不自觉地同反映论相脱离,同社会因素和政治因素相疏隔,一定程度上酿成主观论和意志论的倾向;有些形式语言符号美学的研究者由于排拒和消解内容因素的制约和影响,流露出形式主义和唯美主义的迹象,随意撇开正确的哲学基础,使美学研究成为无根的浮萍式的游走。这势必使美学失去马克思主义的哲学依托,从而限制了美学研究的思想深度。

综合20世纪中国马克思主义美学研究的历史经验,可以确定宏观辩证的综合研究的学术思路的重要性。事实上,美学的宏观研究和微观研究、外部研究和内部研究都是必要的。只有把对美学的社会学、政治学、反映论、哲学研究,同对美学的主体论、价值论和形式语言符号学研究统一起来,进行宏观辩证的综合研究,才能系统地把握完整的美学世界。选择宏观辩证的综合研究的学术思路,是促使美学研究全方位跃动和推进的关键。这种宏观辩证的综合研究的学术思路,就是恩格斯指出的史学的、人学的、美学的观点和方法。这种史学的、人学的、美学的观点和方法,具有极大的概括性和综合的真理性:史学观点不仅具有历史唯物主义的哲学含义,而且具有社会学、政治学和反映论的含义;人学观点包括主体论和价值论以及意志论在内的一切人学内涵;美学观点则标明对所有审美特性,即形式语言符号因素的肯定和强调。因此,我们应当把恩格斯的史学观点、人学观点和美学观点,作为对美学的宏观辩证的综合研究的基本学术思路。

(二)马克思主义美学研究的学术思路

综合20世纪中国马克思主义美学建构的经验,各种审美领域和艺术领域,包括文艺理论、文艺创作、文艺批评、文艺思潮、文艺研究乃至文艺论争等诸多方面,都应当运用恩格斯提倡的美学观点和与之相联系的史学观点、人学观点去理解、审视、分析和评价。

1. 带有母元性质的美学观念和文艺观念

恩格斯在分析歌德的世界观和创作时,提出应当运用"美学的和历史的观点"来评价作家和作品。"我们绝不是从道德的、党派的观点来责备歌德,而是从美学的和历史的观点来责备他;我们并不是用道德的、政治的,或'人的'观点来衡量他。"①恩格斯还在评论拉萨尔的剧作《济金根》时再次强调了"美学观点和史学观点",并把他所倡导的"美学观点和史学观点"提升为评论和衡量作家作品的"非常高的、即最高的标准"。②

过去相当长一段时期内,中国美学界和文论界只把恩格斯所提倡的"美学观点和史学观点"理解为一种文艺批评的方法和标准。这种解析现在看来显得肤浅和偏狭,缩小乃至囿限了"美学观点和史学观点"的内涵、意义、价值和适用范围。从文艺观念模式和文艺批评模式的关系看,文艺批评模式是以一定的文艺观念模式为基础和前提的,一定的批评模式往往体现着、折射着一定的观念模式,这两种模式之间存在着深刻的内在对应关系。观念和方法尽管包含着差别和矛盾,但从总体上说,两者基本上是一致的。从这个意义上说,方法是运动着的美学,是批评实践过程中以活生生的形态表现出来的观念。人们怎样从观念上看文艺,制约着人们怎样从方法上评价文艺。反转来说,人们怎样从方法上评价文艺,同时说明着人们怎样从观念上看文艺。恩格斯提倡用"美学观点和史学观点"分析和评价作家作品,表明他主张应当依据"美学观点和史学观点"来揭示文艺的本质。因此有理由说,恩格斯提出的"美学观点和史学观点",反映着他对文艺本质的深刻见解,是他透过文艺批评实践对文艺本质问题所进行的开掘和洞察。与其说恩格斯是在谈批评方法,倒不如说他是从批评方法和批评模式的侧面和视角,提出了马克思主义的审美观念和文艺观念:从美学观点看文艺,着重认识文艺的审美本质;从史学观点看文艺,着重揭示文艺的社会本质。恩格斯之所以提倡"美学观点和史学观点",是他首先从文艺观念上把文艺的本质理解为审美本质和社会本质的辩证统一。而正因为这种确认,他才主

---

① 见《马克思恩格斯全集》,第4卷,第257页,北京,人民出版社,1958。
② 见《马克思恩格斯全集》,第4卷,第561页,北京,人民出版社,1958。

张用"美学观点和史学观点"来分析和评价作家和作品。

这里便自然发生了一个美学观点、史学观点与人学观点的关系问题。马克思主义认为,不管是美学观点,还是史学观点,都是属人的。换言之,美学观点是人的美学观点,史学观点是人的史学观点。仅以人和社会—历史的关系而论,马克思、恩格斯认为,社会和历史不过是人的群体和个体相结合的存在方式和活动过程。简言之,人是一定的社会和历史的人,他是社会和历史的主体、创体和受体;社会和历史则是人的实践活动的成果。人的主观的目的性和历史发展的规律性的完美融合,为实现社会的全面进步和人的全面自由发展开辟了无限广阔的前景。正如脱离历史的人是不可理解的一样,脱离人类的历史同样是不可思议的。马克思主义所说的人不是抽象的、幻想的人或生理层面上的自然人,而是历史的、现实的、具体的人。因此,完全有理由从马克思主义的史学观点中合理地引申出人学观点。而既然历史是人的历史,审美是人的审美,那么文艺的本质和本体就必然包含着审美因素、史学因素和人学因素的有机统一,即必然表现为美学观点、史学观点和人学观点的完美融合。

从美学和文艺思想发展史看,用各种理论和学说考察和阐释文艺的本质,大体上都没有超出恩格斯提出的"美学观点和史学观点"以及相应的人学观点所包括的范围。有的美学家侧重于用美学观点看文艺,重视探讨文艺的审美本质;有的侧重于用史学观点看文艺,重视研究文艺的社会本质;有的侧重于用人学观点看文艺,重视探讨文艺的人学本质。这样也就形成带有母元性质的三大文艺观念,即:为审美而艺术或为艺术而艺术的文艺观念、为社会进步而艺术的文艺观念和为人生而艺术的文艺观念。这是美学史的基本事实。不同的文艺理论、学说和流派尽管千殊万类,总是被包容在文艺和审美、文艺和社会、文艺和人生这三大关系的框架体系之内,实际上都是从这三大关系概括出来的三大文艺观念所包容和涵盖的某一层面对文艺本质的开掘,从而丰富和发展了对文艺本质的全方位和多侧面的认识,揭示了文艺本质的多重结构,汇成了既壁垒分明又相互渗透、既对峙冲突又协调互补的三大学术潮流。这三大学术潮流都力图从"美学观点"、"史学观点"、"人学观点"对文艺的审美本质、社会本质和人学本质做出与所属时代思想水平相适应的理解和阐释。然而,从全局和总体上看,历史上的这三大学术潮流都是自觉不自觉地将它们所研究的文艺层面以及取得的片面深刻的真理加以绝对化和极端化:或是用"史学观点"排斥"人学观点",或是用"人学观点"抵制"史学观点";或是用"美学观点"消解"史学观点"和"人学观点",或是用"史学观点"和"人学观点"抹杀"美学观点"。因此,我们有理由说,恩格斯提出的"美学观点"和"史学观点"以及与之相对应的"人学观点",作为带有母元性质的文艺观念,是对文艺的审美本质、社会本质和人学本质的完整的理论概括和辩证综合。

2. 从"美学观点"看文艺

审美现象只不过是被审美化了的人生现象和社会—历史现象,它具有自身不可取代的特性,必须用"美学观点"去看待包容和体现人生和社会—历史内容的审美现象。马克思、恩格斯虽然没有系统的美学和文艺学著作,但他们十分重视用"美学观点"考察文艺的审美本质,发表了一系列精湛独到的见解,至今仍然闪耀着睿智的光辉。从"美学观点"看文艺,至少包括这样一些重要的内容:

首先,从审美主体方面看,马克思、恩格斯非常强调审美创造主体的能动作用,认为创造是一个很难从人们的意识中排除的观念,是人表现自己天性的需要。马克思强烈反对黑格尔宣扬的神秘的主客体,即笼罩在客体之上的主体性,而主张一种"对象性的本质力量"的主体性。文艺作品就是通过创作活动,使"对象的性质"和主体的"本质力量的性质"产生对应关系并发生交互作用的结晶;文艺的主体学包括文艺的个性学和文艺的风格学。马克思揭露和抨击普鲁士书报检查令时,十分注重从文艺个性学和文艺风格学的视角来评价作家和作品,非常赞赏法国作家布封"风格即人"的名言,尊重作家的"精神个体性的形式",认为作者有权利"表露自己的精神面貌",希望创作主体的艺术个性能像晶莹的露珠那样,"在太阳的照耀下都闪耀着无穷无尽的色彩"。所不同的是,马克思主义主张主体的反映能力和创造精神应当尽可能地遵循对象的客观规律,唯其如此,才是真正的尊重主体,从而卓有成效地发挥主体的作用。如果违背对象的内在逻辑,强行实现主体的意图,必然"像损害主体的权力那样,也损害了客体的权力"。而损害了客体的权力,非但不能正确深刻地反映客体,也不能合理有效地表现主体。因此,从与客体条件和规律的深刻联系中,合理地、最大限度地强调创作主体的作用和效能,正是马克思主义美学最大的优点和特点。

其次,从审美主体的心理因素看,马克思在《1844年经济学—哲学手稿》中集中阐明了文艺活动的心理特点。他指出:人的创造活动,表现着、显示着主体的情绪、心理意象和活跃的生命力。人的产品包括文艺作品都应当是一本打开了的关于人的本质力量的书,是形象地摆在人们面前的感性心理学。人的创造活动应当是主体意志的特殊表现,主体的激情是人强烈地追求自己对象的本质力量。

创作主体正是通过这种高级的情感和感觉,运用"美的规律"掌握世界,使自己的作品既是"社会生活的表现",又是"自己的生命的表现",因而能在自己"所创造的世界里直观自身"。然而,马克思主义美学的基本观点仍然不赞同脱离客观对象、仅凭作品单纯孤立地实现自己的意图和观念。因为,社会心理现象包括心理现象,说到底,都只能是一定时代的历史条件下的现实生活的客观内容以及同主体所发生的意义和价值,在作家、艺术家情绪、心态和审美意识中的投影和折光。各式各样唯心主义美学的偏颇和局限正在这里。尽管弗洛伊德精神分析学派的个体前意识和潜意识学说、荣格的集体无意识理论、西方马克思主义的阶级意识观念和日内瓦意识批评学派的心理学见解,都对文艺创作的心理活动和心理机制具有某些新的发现和开掘,然而,由于这些心理学派都自觉不自觉地淡化和消解社会历史因素对主体心理现象的制约和影响,使他们的学术成果以扭曲乃至病态畸变的形式表现出片面的、有限的合理性。

再次,从文艺的形式因素看,马克思、恩格斯十分注重文艺作品的形式问题,特别强调"艺术形式的完美",倡导"莎士比亚化",主张通过"诗意的裁判",生动地深化作品的内容。恩格斯借评梅林《莱辛传奇》的机会,告诫作家不要"为了内容而忽略了形式方面";赞赏德国诗人阿伦特的《忆往事》使人感到美的趣味,提倡文艺作品应当"有简练的、富有表现力的语言"和"诗情画意的手法"。马克思欣赏《一千零一夜》等"幻想作品中发现了人生经验的适当象征";恩格斯称颂拉萨尔的剧作《济金根》具有"高明"的文本"结构和情节",并鼓励他将剧作的"韵律安排得更艺术些";马克思从文艺形式学视角夸奖《济金根》的戏剧情节巧妙精当和戏剧冲突扣人心弦。当然,马克思、恩格斯尽管重视文艺作品的形式问题,但他们毕竟对文艺形式学缺乏专门系统的研究。事实上,包括对作品的语言符号、文本结构的文艺形式学的深入探讨,是在马克思、恩格斯谢世以后才引起人们普遍注目。包括新批评派、结构主义和语言形式符号学在内的各种形态的形式主义文艺学说,从理论上总结、概括、阐释了文艺的形式结构、语言符号的组合规律,拓展了文艺形式的研究领域和学术视野,填补了文艺形式语言符号学的理论空间,向我们提供了许多有益的思想启示。第一,有的新批评派理论家,如兰色姆,企图通过形式融合内容构成文艺作品的活的"机质",使诗成为具有局部机质的逻辑结构。这些新的形式观念,对具体而深刻地领悟如何通过形式组合作品内容、建构活的统一机质,富有启迪作用。第二,新批评派的权威人物艾略特和瑞恰兹所确立的文艺"本体论"或"文本中心论",诱导同派学者把透视文本结构作为文艺研究的聚光点,发现了作者意图和文本实现这种意图之间的矛盾,破悉了作品内容同读者感受之间的反差,从而创建了创作者的"意图迷误"和接受者的"感受迷误"理论,引申出作品附丽于形式的内容多义性和读者欣赏作品的主观随意性,为接受美学的产生铺下了奠基石。第三,新批评派强调文艺、特别是诗歌语言的情感性和表现性特点;崇拜形式因素的象征主义诗论力求寻觅表现主体情绪、心态和意象的"客观对应物",使诗中描绘的素材和对象成为抒发心灵世界的物质载体,从而浓化和深化了诗歌的魅力和感染力;表现主义诗论宣扬诗的语言的寓意性、隐喻性、表意性和象征性,充分宣示了一种特殊的诗歌流派的特质。也有个别理论家注重文学语言的透明性,认为"文学指向现实,谈论世界上的事情"。形式主义、新批评派、结构主义和后结构主义尽管都存在着一定程度上的脱离生活的封闭、孤立自足倾向,但他们对语言系统的论述中,仍然流露出不得不向社会、历史和人生开放的意象,对理解形式语言符号的功能、形式和内容相结合的机制,具有重要的参照价值。

3. 从"史学观点"看文艺

从"美学观点"看文艺有利于建构文艺的审美学,深入揭示文艺的审美本质。而从"史学观点"看文艺,才能便于丰富和发展文艺社会学,进一步开掘文艺的社会本质。脱离"美学观点"而孤立地强调"史学观点",或排斥"史学观点"而单纯推崇"美学观点",都是不妥当的:前者可能导致机械唯物论和庸俗社会学,后者势必滑向唯美主义、形式主义和唯心主义。

马克思主义从"史学观点"看文艺,认为文艺是一种带有美属性的特殊社会现象,只有对它进行多方面的综合研究,才能掌握文艺社会本质的全方面和全过程。首先,马克思主义从"史学观点"看文艺,阐明了文艺的社会根源,即文艺是基于一定时代的物质生活条件、生产力发展到一定水平和阶段所必然出现的社会分工的产物。时代更替、历史变迁、社会进步总是制约、规范着文艺发展的流程和走向,在文艺作品中烙上自己鲜明的印记。对具有史诗般的鸿篇巨制来说,"从一部小说看一个时代"的说法是不无道理的。其次,从"史学观点"看文艺,揭示了文艺实践同社会实践的深刻联系,摆正了文艺的社会位置,即文艺属于上层建筑,归根结底决定于社会经济基础,又同其他意识形态相互影响、彼此渗透,胶结着纵横交错、重重叠叠的中介和网络系统,呈现着系列化的极其复杂的结构形态。再次,从"史学观点"看文艺,指明了文艺的社会内容和思想内涵,即文艺作为现实的一面镜子,蕴涵、映照着巨大的生活容量、丰富的思想内涵、幽邃的历史深度、浓郁的时代氛围和多彩多姿的民俗风情,凝结着人们的智慧、情感和内心世界的感性心理学。第四,马克思主义从"史学观点"看文艺,又十分关注文艺的历史使命和社会职责,强调通过文艺从审美上培养和造就一代新人,潜移默化地影响人生经验、人的生活方式以及思维方式、行为方式和交际方式,有利于提升社会伦理道德情操,促进人的全面自由发展、人的性格和思想文化素质的优化,积极地影响未来的人的生活环境和社会结构,从而有助于预示和推动社会的发展,加速历史的进程。第五,从"史学观点"看文艺,要求在美学研究和文艺评论把对文艺现象的论述、阐释放在一定时代条件下、历史范围内加以考察,即不论任何形态的创作和作品,必然既有产生的现实生活根基和土壤,同时又会表现出一定时代历史条件下的人文状态和历史状态。只有对不同时代背景和社会环境里所产生的文艺作品做历史的、现实的考察,才能破悉所有文本的秘密。从这个意义上说,对文艺作品和创作实践活动的社会学分析,仍然是美学研究最重要、最有效的途径和方法。

如果说,马克思主义美学、文艺学属于"社会历史学派",那么,它既不同于忽视经济因素的精神历史学派,也不同于只强调经济因素而不重视精神因素的庸俗历史学派,更不同于随意解读历史的"新历史主义"所倡导的、不妨可暂称之为"文本历史学派"。即以精神历史学派而言,它的发轫可以追溯到18世纪。作为近代社会学奠基人的意大利哲学家维柯,尽管触及文艺产生的社会和历史基因,但他的学术视野主要是从精神领域中探寻文化现象的社会性质,十分明显地从意识本身来解释作为意识的一种样式的文艺,这不能不带有比较浓重的唯心史观的痕迹。随后,狄德罗从"社会风俗学"角度考察文艺现象,认为文艺是所属时代民族精神的衍射。泰纳则以孔德的"实证主义"和达尔文的"进化论"来解释文艺现象,提出了著名的"种族、环境、时代"的"三要素说",意在挖掘"人种"的精神文化构成因素。泰纳所说的"时代"和"环境",只限于一定历史时期内的人的思想感情、道德观念、宗教情结和风俗民情。正如他自己所指出的,对"艺术品的最后的解释"、寻找"决定一切的基本原因",只能也"应当到群众的思想情感和风俗习惯中去探求","必须正确的设想他们所属的时代的精神和风俗概况"。① 这里,泰纳显然是用上层建筑和意识形态来解释上层建筑和意识形态,把文艺的产生和发展理解为意识形态内部的自我繁衍和自我增值,从而在根本上忽视了社会经济基础对上层建筑和作为一种特殊意识形态形式的文艺的归根结底意义上的决定作用。

如果说,精神历史学派随意夸大精神因素和意识形态的重要影响,排拒经济基础在归根结底意义上对文艺的决定作用,那么,庸俗历史学派则把经济因素视为文艺的唯一决定因素,忽视文艺的审美特性和精神因素、意识形态等不可缺乏的中介作用。以弗里契和彼列威尔泽夫为代表的庸俗经济学和庸俗政治学的观点,实际上表现了文艺与经济、文艺与政治问题上的"左派幼稚病"。不能说这些学者没有宣传和守卫马克思主义的真诚愿望,但限于思想水平和形而上学的思维方式,他们不可能深刻揭示文艺与经济、文艺与政治的辩证关系,不理解社会生活中多种因素的合力的、综合的交互作用,只是随意地套用和泛化马克思主义所强调的归根结底意义上的经济基础对上层建筑的决定作用,铸成僵化的教条和固定的模式。恩格斯严厉批评过那些打着马克思主义旗号曲解马克思主义的"马克思主义者"。当德国社会民主党的恩斯特和奥地利作家巴尔围绕斯堪的那维亚文学所表现的妇女问题进行论战时,恩格斯就指出巴尔"还是有一点道理的",因为他抓住了恩斯特的错误——"不把唯物主义方法当作研究的指南,而把它当作现成的公式,按着它来剪裁各种历史事实"②。

4. 从"人学观点"看文艺

"文学是人学"。文学是为人的,是人写的,是写人的,又是写给人看的。文艺应

---

① 泰纳:《艺术哲学》,傅雷译,第7页,北京,人民文学出版社,1963。
② 见《马克思恩格斯全集》,第37卷,第410页,北京,人民出版社,1971。

当为人民服务,为人生服务,为人民的人生服务。对于马克思主义美学来说,这是文艺的根本宗旨。因此,只有从"人学观点"看文艺,才能深刻把握文艺的人学本质。

首先,马克思主义的"人学观点",是以历史唯物主义作为理论基础的,是历史唯物主义的"人学观点"。它从历史的联系中考察人的本质和人的关系,即从同一定时代和历史条件下的社会生活和社会环境的影响和制约的诸多因素中来研究人的生态和心态、前途和命运。马克思主义始终把人放到一定的历史范围和社会环境里加以阐发和审视,认为人不是抽象的、幻想的思辨哲学和神学意义上的人,也不是自然的、只追求原始欲望的生理学意义上的人,而是历史的、社会的、现实的、具体的人。这种活生生的人既是"社会关系的总和",又是"社会实践的主体"。从"人学观点"看文艺,必须从与历史和社会的深层关联中,揭示作为"人学"的文学所表现出来的人的一定时代的现实生活内容。尽管我们不能拘泥于对文艺的社会学分析,但从学理和逻辑上说,对文艺的社会学阐释和评价应当是带有本原性质的最基本的原则和方法。

其次,马克思主义的"人学观点"具有高尚的人学境界。这种人学理论以最终实现共产主义作为人类的远大理想和宏伟目标。马克思主义设想未来的社会模式"将是这样一个联合体,在那里,每个人的自由发展是一切人的自由发展的条件"①。马克思主义一方面主张无产阶级只有解放全人类才能最终解放自己,一方面又认为每个人的个性都应当在历史和社会的进步中得到全面自由发展。这两个极其重要的人学思想是互渗互补和相辅相成的,它把实现人类的远大理想和宏伟目标理解为一个深刻的社会实践和历史发展过程,因此,这种人学理论从个体和群体、现实和理想的结合上所倡导的对人的生存和命运的承诺和挚爱,既不同于从极其低级和狭隘层面上对人的意欲追求,更有别于空洞高唱带有宗教信仰主义和宗教神秘主义色彩的虚无迷茫、不可企及的"终极关怀"。

再次,马克思主义的人学理论具有系统和严谨的科学性。这种人学理论全面、辩证地论述了人的社会属性和人的自然属性、人的主体性和人的客体性、人的个体性和人的群体性、人的认知活动和人的价值活动、人的自由和人的必然、人的生存状态和人的社会环境等关系。所有这些关于人的全方位、全过程的理论阐释,为文艺创作、文艺理论、文艺评论和美学研究从更加广阔和深入的范围正确地表现、评价、研究文艺和人的各种领域中的内在联系,提供了理论依据,具有深刻的思想启示。马克思指出:"哲学家们只是用不同的方式解释世界,而问题在于改变世界",②并认

---

① 见《马克思恩格斯选集》,第1卷,第294页,北京,人民出版社,1995。
② 见《马克思恩格斯选集》,第1卷,第61页,北京,人民出版社,1995。

为"社会生活在本质上是实践的"①,"环境的改变和人的活动的一致,只能被看作是并合理地理解为变革的实践"②。马克思主义非常强调人和人的生活的实践本性。马克思、恩格斯曾把能否通过社会实践活动改变旧的社会环境,作为区别新人和旧人的根本标志,强调表现"有实践能力的人",以期凭借能够体现新的生产力发展方向的新人的变革现实的伟大实践,改变旧的社会环境,促进社会转折,推动历史进步,实现人的全面的自由发展。文艺创作、文艺评论、文艺理论和美学研究,都应当把马克思主义的"人学观点"作为表现、评论和研究文艺作品的重要原则。

5. 文艺的"美学观点"和"史学观点"、"人学观点"

文艺的"美学观点"和"史学观点"、"人学观点"构成一个学术框架的整体。这三大观点之间是互补的、辩证地联系着的。"美学观点"渗透着、表现着历史和人生的内涵;"史学观点"必然通过审美的方式反映一定时代背景下人们的生态和心态;"人学观点"也不能不揭示以审美形态呈现出来的人的历史和历史的人。三者的有机统一和完美融合,构成了文艺的辩证的"系统质"。从宏观的大视角着眼,我们应当从"美学观点"、"史学观点"和"人学观点"的结合上,从文艺的、社会的和人学本质的融合上,对文艺进行完整、综合的研究,全面把握文艺的系统质。然而,由于学术工作者的知识结构、专长、兴趣和精力的限制,我们应当允许并鼓励选择不同学术研究的内容和方向,应当有所侧重和倾斜:可以从与"史学观点"和"人学观点"的联系上,加强对"美学观点"的探讨;可以从与"美学观点"的联系上,深化对"史学观点"和"人学观点"的开掘;可以在尊重文艺审美本质的前提下,从与"人学观点"的结合上,努力揭示文艺的"社会本质";可以从与"史学观点"的融合上,突出对文艺的人学本质的洞悉……这样做能够把文艺的宏观研究和微观研究融为一体,既有宏伟的构图,又有精美的细部,构成美学、文艺理论框架体系的有序、系统的"完美融合"图画。

从美学、文艺学研究的现状看,已经明显地表现出"美学观点"、"史学观点"和"人学观点"相互渗透,文艺的审美本质、社会本质和人学本质彼此融合的趋势和走向。不仅文艺社会学开始注重对文艺的人学本质的揭示和对文艺的审美属性、审美本质的考察,而且长于从"美学观点"叩问文艺的审美本质的审美学派,也自觉或不自觉地向剖视文艺的社会本质和人学本质方向移动、靠拢和转换。如各种形态的形式主义理论逐渐挣脱了文艺形式语言符号的"纯化",开始发现并探索这些形式语言符号因素同文艺的内容因素即文艺的社会因素和人学因素的深刻联系。

总之,恩格斯倡导的"美学观点"、"史学观点"以及合理引申出来的"人学观点",以其带有母元性质而具有普遍的适用性和极大的涵盖面,可依次建构起马克思主义

---

① 见《马克思恩格斯选集》,第1卷,第60页,北京,人民出版社,1995。
② 见《马克思恩格斯选集》,第1卷,第59页,北京,人民出版社,1995。

宏观文艺学和美学的理论框架、思想体系。不管是从"美学观点"看文艺所形成的文艺审美学的文艺观念，从"史学观点"看文艺所形成的文艺社会学的文艺观念，还是从"人学观点"看文艺所形成的文艺人学的文艺观念，都可以经过吸收和同化，经过创造性的思考和辩证的整合，获得新的生命，有机地熔铸、置放到马克思主义宏观文艺学和美学的理论框架中，创立新质态的理论体系。因此，任何一种文艺观念，都会在这个宏观的理论框架中找到自己的确定的位置和坐标点。同时，任何一种文艺观念也只有在自己确定的位置和坐标点上，才能得到合理的强调，充分发挥自己的作用和功能；假如随意离开或超越自己确定的位置和坐标点，自行夸大和上升为一种宏观意义上的具有母元意义的文艺观念，这无异于用极端肯定的方式否定自己。因此，必须坚持文艺的"美学观点"、"史学观点"、"人学观点"有机统一的原则，守护文艺的审美本质、社会本质和人学本质辩证综合的原则，把被绝对化了的各种具有合理因素的文艺观念还原到它们所应占据的位置和坐标点上去。

俄国大戏剧家、理论家斯坦尼斯拉夫斯基曾说过一句充满辩证意味的话：一台戏要有主角，但每个演员在自己的位置上又都是主角。同理，文艺观念也要有一个主角，这只是由"美学观点"揭示的审美本质、由"史学观点"揭示的社会本质、由"人学观点"揭示的人的本质的有机统一和辩证整合所形成的宏观文艺学的带有母元性质的总观念和大观念。同时也要看到，每种文艺观念在自己的位置和坐标点上又都是主角；作为配角的主角同样是重要的、不可缺少的。全局上的主角不排斥局部位置上的主角，局部位置上的主角也不应当越位为全局意义上的主角。唯其如此，才能产生文艺观念各层面上的有序性的合理结构和学科系统，建构起"美学观点"、"史学观点"和"人学观点"完美融合的马克思主义宏观文艺学和美学的理论体系。

（陆贵山）

论析 1 问题与出路：中国的西方美学史研究

20世纪中国的西方美学史研究，经历了从无到有的过程。其突出的成就主要表现在两个方面：一是出现了一批西方美学史著作（包括断代史和专题、专人研究）。特别是朱光潜于20世纪60年代初期出版、以后又不断再版和重印的中国第一部《西方美学史》，迄今仍代表着中国学者研究西方美学史的整体水平，并为中国学者编写的其他各种西方美学史著作提供了重要的参照系；二是出现了一批高质量的西方美学名著中译本，如柏拉图的《文艺对话集》、亚里士多德的《诗学》、莱辛的《拉奥孔》、康德的《判断力批判》、黑格尔的《美学》、维柯的《新科学》等，为中国学者进一步深化西方美学史的研究打下了基础。

不过，坦率地说，整个20世纪里，中国学者对西方美学史的认识和研究还存在不少问题。我们在探讨20世纪中国美学发展的时候，应当对此有所警觉和思考。

（一）向原著深入

阅读原著是研究西方美学所必备的基本功。只有弄清西方美学是什么，才谈得上对它的评价。何况，在说明"是什么"的问题时，本身也已经包含了评价。可以说，对于中国学者来说，对西方美学史的理解，很大程度上取决于对原著的理解。然而，我们对不少西方美学原著尚未读通懂透。

向原著深入，首先要研究原著中的关键术语——在某种意义上，西方美学史就是西方美学的术语史。在西方美学史乃至整个西方思想文化史上，柏拉图的影响最为深远。对柏拉图极端贬抑的现代英国著名的批判理性主义哲学家波普尔，也认为："柏拉图著作的影响，不论是好是坏，总是无法估计的。人们可以说西方的思想或者是柏拉图的，或者是反柏拉图的，可是在任何时候都不是非柏拉图的。"[①]"理式"是柏拉图著作中最重要的术语，它在希腊文中分别由 eidos 和 idea 两个词来表示。

[①] 见波普尔为《国际社会百科全书》第12卷撰写的"柏拉图"条目，第163页。转引自汪子嵩、范明今、陈村富、姚介厚：《希腊哲学史》，第2卷，第596页，北京，人民出版社，1993。

一般说来,这两个词的含义没有区别,柏拉图在同样的意义上使用它们。这个术语的中译名已达二十多种。① 从 1930 年的《唯心哲学浅释》,到 20 世纪 70 年代末期经过很大修改的《西方美学史》"结束语",朱光潜曾多次论及这个术语的翻译和含义。可见,对这个术语的思索已在他的头脑里盘桓了半个世纪。中国学术界的希腊哲学研究前辈、"堪与当时西方学者一争高下"的陈康,在西南联大任教时,也对柏拉图的这个术语做过精湛研究。尽管如此,中国学者对理式的探讨还只能说是局部的、零星的。甚至,代表当今中国希腊哲学研究最新水平的《希腊哲学史》,也仅仅认为"在柏拉图后期对话中用 eidos 这个字比 idea 多"②。而实际上,在柏拉图的每篇对话、包括前期对话中,使用 eidos 的次数都远远多于 idea。

术语研究一般经历三个阶段。第一,确定术语本原的、初始的意义。术语在性质悬殊的范围内使用,但这个字却有原义。希腊文 eidos 和 idea 的本义为"见",引申为"所见",而所见的是形相。第二,寻求术语演变后的、在某种哲学体系中实际存在的意义。其途径如陈康所说:"必就这术语每一出处的上下文求考它的所指","术语的广泛应用皆由于从这字的原义演变而来。我们必先紧握着这个原义,然后方可就每一出处的上下文探求这演变的痕迹"③。这里,他反复强调要琢磨术语"每一出处的上下文"。据洛谢夫在 20 世纪初期统计,在柏拉图的全部著作中,eidos 出现过 408 次,idea 出现过 96 次。而我们还没有对它们"每一出处的上下文"做过系统研究。就柏拉图与美学问题关联较多的对话而言,《大希庇阿斯篇》使用 eidos 为 2 次、idea 为 1 次;《斐多篇》使用 eidos 为 16 次、idea 为 8 次;《会饮篇》使用 eidos 为 7 次、idea 为 2 次;《斐德若篇》使用 eidos 为 26 次、idea 为 7 次。如果说,在《大希庇阿斯篇》中,美的理式的特征还是隐含的、须作仔细分析才能见出,在《斐多篇》中这些特征仅仅得到了分散的说明,那么,柏拉图在《会饮篇》中则斩钉截铁、酣畅淋漓地肯定了美的理式的永恒性、绝对性和单一性。第三,术语研究应该对术语的所有意义作进一步的概括、归纳,以说明这种术语理论的建构。柏拉图的理式论主要有四方面的内容:物的理式是物的涵义,物的理式是物的各个部分相互联系所形成的有机整体,理式是规律,理式是非物质的。我们对大部分西方美学术语的研究,还远未达到对理式研究的水平。

向原著深入,也体现在对原著的细读。细读必须直面难点,无可回避。普洛丁《论美》的中译只有约九千字,但却是他最重要的美学论文。中国所有的西方美学史著作,主要都是根据这篇论文来研究普洛丁的美学思想。《论美》有两种中译,即朱

---

① 我们这里采用朱光潜的译名。
② 汪子嵩、范明今、陈村富、姚介厚:《希腊哲学史》,第 2 卷,第 660 页,北京,人民出版社,1993。
③ 陈康译注:《柏拉图〈巴曼尼得斯篇〉》,第 40 页,北京,商务印书馆,1982。

光潜译文和缪灵珠译文。朱光潜对《论美》的大部分节译收录于商务印书馆1980年出版的《西方美学家论美和美感》,全译刊于1990年安徽教育出版社出版的《朱光潜全集》第6卷。缪灵珠译文收录于中国人民大学出版社1997年出版的《缪灵珠美学译文集》第1卷。《论美》中有不少令人费解的地方,连黑格尔也承认,普洛丁的著作以晦涩著称。例如,《论美》写道:"我们的故乡是我们所自来的处所,我们的父亲就住在那里。"①这句话直义浅显,然而隐义却很含混。从上下文看,这里的"故乡"指精神家园、脱离物质世界的精神世界。那么,"我们父亲"指什么呢?当然不是指一种血缘关系,也不会是基督教的"圣父",它应当指一种精神存在。可是为什么称作"父亲"呢?无论我们怎样反复揣摩《论美》全文,也无法解答这一疑问。普洛丁的《九章集》共有54篇论文,而只有把《论美》放在普洛丁整个著作的语境中,才能够把他的这句话读通。普洛丁哲学和美学的出发点是"太一"说,认为世界万物是从"太一"那里流溢出来的:首先流溢出来的是心智(noys,音译努斯,相当于柏拉图的理式),然后从心智流溢出世界灵魂,从灵魂再流溢出物质世界。普洛丁在广义上理解"父亲"。首先,他把"太一"说成是父亲;"太一"是心智的父亲,同时,心智是灵魂的父亲。用希腊神话来比拟的话,天神乌拉诺斯是"太一",他的儿子克罗诺斯是心智,克罗诺斯的儿子宙斯是灵魂,宙斯创造了世界。普洛丁在《论理智美》第13节中说:"于是,神(克罗诺斯)不得不恢复常态,他便把统治宇宙万有之权授给儿子(宙斯),因为他集众美于一身,不愿放弃彼岸的治权,所以另找一个比他年轻的后辈青年来代劳,他放下了这责任,便尊自己的父亲(乌拉诺斯)于上位,然后他升到上方。"②宙斯也被普洛丁说成是"世界之父"。总之,相对于较低的东西而言,较高的东西被普洛丁称作为"父亲"。灵魂是物体、宇宙的父亲,心智是灵魂的父亲,"太一"是心智以及取决于心智的万物的父亲。在《论美》中,"父亲"指心智,"故乡"指心智世界。人追求更高的存在,即追求心智,就像恋人盼望期待已久的约会,恋人站在心智的门外,在入口处激动地颤抖。在普洛丁那里,与"父亲"相对应的概念是"母亲"。"父亲"的概念要远远高于"母亲"。柏拉图在《蒂迈欧篇》中也把心智比作父亲,把物质比作母亲,万物是它们的产品、它们的子女。这样的论述也见诸普洛丁的其他著作(《九章集》Ⅵ,9,5)。可见,普洛丁著作中的父亲和母亲是一种宇宙概念。阅读普洛丁《论美》使我们很怀疑,西方美学著作究竟有多少能为我们真正读通懂透?如果集中大家的智慧,细读若干种西方美学名著,不求读得多,但求读得好,我们对西方美学的理解就会上升到一个新的层次。

在西方美学史上,柏拉图和亚里士多德的著作代表了两种不同的风格。柏拉图

---

① 见《朱光潜全集》,第6卷,第418页,合肥,安徽教育出版社,1990。
② 《缪灵珠美学译文集》,第1卷,第263—264页,北京,中国人民大学出版社,1987。

的对话洒脱飘逸、生动幽默;亚里士多德的著作简洁清晰,以冷静分析见长。向原著深入还包括对西方美学著作风格的把玩和品味。朱光潜指出,在柏拉图的所有著作中,"《会饮篇》是历来诗人和艺术家们最喜爱读的一篇,也是对文艺影响最深的一篇"[1]。泰勒也认为,"《会饮篇》也许是柏拉图作为一个戏剧艺术家所有成就中最富于才华的作品"[2]。如果不把握《会饮篇》的艺术形式,不把这篇哲学对话作为一部戏剧作品来欣赏,我们就无法体会到它的精妙。柏拉图的著作都以对话形式写成,而角色对话是戏剧的基本要素,因此柏拉图的对话往往被称作为思想的戏剧。《会饮篇》的戏剧色彩尤为强烈。这篇对话由会饮的七位参与者各自所作对爱神厄罗斯(相当于罗马神话中的丘比特神)的颂词所组成,对话中正式颂词开始前的部分即为序幕。序幕过后,剧情便渐次展开。从结构上看,七篇颂词的前三篇和后三篇分别可以看作一部剧的上、下部,这两组颂词分别呈现出鲜明的逻辑结构,而每篇颂词都富于个性。喜剧家阿里斯托芬作的第四篇颂词承上启下,仿佛是幕间剧,而苏格拉底作的第六篇颂词则是全剧的高潮。

(二)向横向深入

研究某种美学思想时,把孕育这种思想的哲学体系以及与这种思想发生相互影响的其他思想文化背景也纳入研究视野中,这已成为我们在西方美学史研究中自觉坚持的一种方法。不过,由于我们在西方哲学史和西方思想文化史方面的理论准备不足,在运用这种方法研究美学时往往会暴露出一些薄弱环节,西方美学史研究向横向深入还有广阔的天地。

西方美学史上最著名的美学家首先是哲学家。我们在研究某个美学家时,都不会不涉及他的哲学思想。然而,有时候会有这样的情况:把美学家的哲学思想作为背景来介绍,然后仅就他的美学著作转入对美学思想的具体分析,从而造成美学分析和哲学分析的某种游离。向横向深入,就是要做到美学分析和哲学分析丝丝入扣、有机交融。中国的西方美学史著作在研究亚里士多德时,几无例外地都要援引他在《诗学》中的一段名言,并做出高度的评价:"一个美的事物——一个活东西或一个由某些部分组成之物——不但它的各部分应有一定的安排,而且它的体积也应有一定的大小;因为美要倚靠体积与安排,一个非常小的活东西不能美,因为我们的观察处于不可感知的时间内,以致模糊不清;一个非常大的活东西,例如一个一万里长

---

[1] 朱光潜译柏拉图《文艺对话集》题解。见柏拉图:《文艺对话集》,朱光潜译,第331页,北京,人民文学出版社,1980。

[2] 泰勒:《柏拉图——生平及其著作》,谢随知等译,第299页,济南,山东人民出版社,1996。

的活东西,也不能美,因为不能一览而尽,看不出它的整一性。"①可是,如果不用亚里士多德的"四因说"来分析它,就根本看不出它的深刻性。中国的西方美学史研究一般都阐述了亚里士多德的"四因说",然而却很少运用"四因说"具体分析《诗学》中的美学理论。亚里士多德认为,任何事物,不管人造物还是自然物,其形成有四种原因:质料因、形式因、动力因和目的因。有了这四个原因,事物才能够产生、变化和发展。在亚里士多德那里,"四因"是不可分割的整体。它们可以最完满地体现在事物中,从而创造出美的和合目的性的有机整体。如果它们在事物中的体现缺少某种尺度——过分或不及,那么,整体就受到损害,从而失去美、艺术性、效用和合目的性。物质世界的多样性取决于"四因"不同的相互关系。"四因"可以出现在最美的事物中,也可以出现在最丑的事物中,这一切取决于"四因"相互关系的尺度。这样,由"四因"直接产生出亚里士多德的尺度理论。

亚里士多德把他的尺度理论运用到伦理学和国家学说中。如他在《尼各马可伦理学》中分析道德范畴时指出:在情绪方面的道德是勇敢,它的不及是怯懦,过就是鲁莽;在欲望方面的道德是节制,它的不及是小气,过就是奢侈;在仪态方面的道德是大方,它的不及是小气,过就是粗俗,等等。

上文援引《诗学》中的那段话,正是亚里士多德的尺度理论在美学中的运用。"四因"适中、合度的关系产生出有机整体。亚里士多德要求艺术成为有机整体。朱光潜指出:"这个有机整体观念在亚里士多德的美学思想里是最基本的。"②我们对"四因说"的分析,为朱光潜的评价提供了哲学根据。对于亚里士多德来说,整个自然是艺术品,人是艺术品,整个世界包括天体和苍穹也是艺术品。与其说艺术模仿自然,不如说自然模仿艺术。泛艺术性原则是亚里士多德哲学的基本原则,如果不理解这种原则,那就无法研究他的哲学和美学。

美学思想和同时代的其他思想文化现象交织在一起,相互联系和影响。向横向深入,还要加强研究与美学思想有密切关系的那些思想文化现象,从而充分揭示美学思想的丰富性、复杂性和矛盾性,避免在单一的层面上理解美学思想。希腊美学作为西方美学的源头,在漫长的历史时期中,始终笼罩着浓郁的神话氛围。不研究希腊美学和希腊神话的关系,不研究希腊美学中的神话,我们对希腊美学的理解就是跛脚的。然而,至今我们还未对这个问题做出深入的研究。在柏拉图的著作中,哲学和诗、逻各斯和神话紧密地结合在一起。他不愿意在纯逻辑结构中结束对事物的认识,而要把凭借抽象思维所得到的理性认识,通过生动、具体的神话形象体现出来。在这里,柏拉图本身就是一个矛盾的现象。一方面,他要把诗人连同他们的想

---

① 亚里士多德:《诗学》,罗念生等译,第25—26页,北京,人民文学出版社,1982。
② 朱光潜:《西方美学史》,上卷,第78页,北京,人民文学出版社,1979。

象和虚构逐出理想国;另一方面,作为充满激情的诗人,他不仅回忆起传统的希腊神话,而且常常根据希腊神话和现实需要编造新的神话。在《会饮篇》中,柏拉图通过阿里斯托芬之口,讲了一个神话故事。原来的人和现在的人的形体不同,他们的腰、背、头都是圆的,有四只手、四只脚和四只耳朵,两副面孔分别朝前后方。这样的人骄横强大,神为了削弱人就把人截成两半。因此,现在每个只是人的一半,须要寻找自己的另一半。爱就是对于那种原始的整一状态的希冀和追求。在同一篇对话里,柏拉图通过女先知第俄提玛之口,又虚构了一个神话故事。女爱神阿佛洛狄忒(相当于罗马神话中的维纳斯)诞生时,众神设宴庆祝。聪明神的儿子丰富神多饮了几杯琼浆,喝醉了,在宙斯的花园里睡去。贫乏神想和丰富神生一个孩子,就睡在他身边,结果怀了爱神厄罗斯。厄罗斯像他的母亲贫乏神,永远是贫乏的,他不仅不美,而且粗鲁丑陋,赤着脚,无家可归;然而他也像他的父亲,爱智慧,不折不挠地追求美和善。而柏拉图在《斐多篇》中,又杜撰了关于天堂的神话;在《理想国》中,臆造了英雄埃尔死后至还阳的12天里灵魂经历的神话;在《蒂迈欧篇》中,则以神话讲述了他的宇宙生成说。

在希腊美学家包括柏拉图那里,神话往往具有象征意义。每个神话人物可以表现若干种哲学意义,或者同一个概念可以由若干种神话人物来体现。分析神话形象和哲学概念之间的关系,研究希腊神话的本质和意义,阐述它和中世纪神学的区别,比较神和柏拉图的"理式"、亚里士多德的"努斯"、普洛丁的"心智"的异同,对于我们理解希腊美学无疑具有积极的意义。唐君毅曾以"天人合一"和"天人相对"来区分中西文化。近代西方文化确实强调主客二分,理性主义重视主体、轻视客体,经验主义则重视客体、轻视主体。然而,希腊文化又是主客交融的,虽然主体或客体有时会占某种优势,但是绝对不会达到相互对立的地步:古希腊人认为,树能够像人一样说话,神在河里洗澡,这条河就成为他的妻子。我们只有从主客交融的观点出发,才能够理解希腊美学。否则,希腊美学就会成为幼稚的童话和痴人说梦。

(三)向纵向深入

在《西方美学史》"结束语"中,朱光潜选择了美、典型等若干概念,研究了它们在西方美学各个时期的演变和发展。这为我们的纵向研究提供了范例。在朱光潜看来,不做这种研究,我们对西方美学史的认识"就难免是一盘散沙或是一架干枯的骨骼"[1]。

纵向研究实际上也是不同历史时期的影响研究。而与原著研究和横向研究相

---

[1] 朱光潜:《西方美学史》,下卷,第656页,北京,人民文学出版社,1979。

比,我们的西方美学史研究中纵向研究最为薄弱。

这种薄弱,首先表现在我们对西方美学史中实际存在的某些历史影响不知不察,当然更谈不上对它们的分析评价。历时三个世纪、涉及欧洲许多国家的文艺复兴运动,是西方美学史上最重要的时期之一。在历史发展过程上,文艺复兴是中世纪的直接继承者。而在社会理想和价值取向上,文艺复兴却越过中世纪,以复兴古希腊罗马为己任。中国的西方美学史研究一般只看到文艺复兴和中世纪的尖锐对立,而没有看到两者之间的密切联系。

实际上,文艺复兴最大限度地利用了中世纪的遗产。甚至,复兴的概念和"文艺复兴"的术语本身不仅源自中世纪,而且直接源自《圣经》。《圣经·约翰福音》(3、4)写道:"人若不重生,就不能见上帝的国。"西文中的"文艺复兴"(Renaissance)就借用了这里的"重生"(renasci);文艺复兴的本义就是"重生"、"再生"(当然,它主要指"再生"古希腊罗马的科学和艺术)。而《新约》中也经常谈到复兴、新的精神发展。在中世纪,至少发生过三次对古希腊文化的复兴。第一次是8—9世纪查理大帝帝国和加洛林王朝各国的文化"革新"(主要在今天法国和德国的领土上)。加洛林王朝时代的艺术充分地利用了古希腊罗马的"形象",其人物不仅在形式上是古希腊罗马的(早期基督教艺术广泛借用古希腊罗马的题材),而且在意义上也是古希腊罗马的。在970—1020年期间,中世纪艺术发生了希腊化倾向的又一次复兴。20世纪最著名的艺术学家之一、德国的E.帕诺夫斯基把这两次复兴称为"元人文主义"。11世纪开始了另一场真正意义上的文化复兴运动,它产生于法国、意大利和西班牙南部,在13世纪达到繁荣:中世纪古典主义在哥特式风格中达到顶点,古希腊罗马时代的宗教、传说和神话前所未有地得到复兴。帕诺夫斯基把这段时期称作为"元文艺复兴"。

中世纪的三次复兴运动和文艺复兴都是对古希腊罗马的复兴,它们之间的区别主要在于中世纪和文艺复兴对古希腊罗马的态度不同。中世纪看待古希腊罗马时缺乏"透视距离"和历史感,文艺复兴对古希腊罗马的态度却有种历史距离感,古希腊世界不再是一种威胁,它成为强烈怀旧的对象,只可能在精神上重新获得。"中世纪没有埋葬古希腊罗马,时不时地祈求死尸复活。文艺复兴含泪立于古希腊罗马的陵墓中,试图复活它的灵魂。"[①]正因为如此,中世纪对古希腊罗马的理解是具体的,同时是不充分的和歪曲的,而文艺复兴对古希腊罗马的理解则是完整的和连贯的,然而又是抽象的;中世纪的文化复兴是暂时的,而文艺复兴则是持续不断的:复活的灵魂不可触摸,然而却有不朽和无所不在的优点。尽管存在这些区别,我们仍然不应该忘却中世纪所赐予文艺复兴的一切。然而,需要指出的是,对西方美学史中纵

---

① 洛谢夫:《文艺复兴美学》,第41页,莫斯科,1982。

向影响不知不察的情况,在我们的研究中还大量存在。

纵向研究的薄弱还表现为:虽然指出了某种美学思想在各个历史时期影响的存在,却未能对这些影响作具体的、深入的分析;其结果,这种影响的线索若明若暗、似断还续。朱光潜在《西方美学史》中提到柏拉图影响的"一个粗略的梗概","通过普洛丁和新柏拉图派,他的文艺思想垄断了大部分中世纪"。在文艺复兴时期,"当时意大利文化中心佛罗棱斯建立了一座柏拉图学园,研究柏拉图的思想,定期集合讨论文艺问题和哲学问题,参加这种活动的有大艺术学家琪尔·安杰罗"。关于这种纵向研究,朱光潜承认,"对于我们来说,这个工作还仅仅才开始"[①]。的确,朱光潜的分析似嫌粗略,而我们现在要做的,就是把朱光潜业已开始的工作继续下去。

3世纪的普洛丁是新柏拉图主义的最大代表。"新柏拉图主义"这一名称本身,就说明了普洛丁对柏拉图的依赖。然而,新柏拉图主义又不是柏拉图学说的简单复活,普洛丁也接受了赫拉克利特、阿那克萨戈拉、亚里士多德、斯多葛派的影响。普洛丁的著作中有三个主要概念:"太一"、心智和灵魂。其中,"太一"最为重要,它是普洛丁根据柏拉图的《巴门尼德篇》(137c—142a)和《理想国》(508a—509c)制订而成的;"心智"的概念则是在阿那克萨戈拉的学说和亚里士多德《形而上学》第12卷基础上发展起来的。这三个概念在柏拉图那里都可以找到,但柏拉图对它们的论述很简单。它们不仅在柏拉图著作中是分散出现的,而且有的概念如"太一"在柏拉图哲学中完全不占据中心地位。而这三个概念在普洛丁的著作中触目皆是,并且占有非常重要的地位。柏拉图所隐含的思想由普洛丁以展开的、明确的方式表述出来。可以说,新柏拉图主义就是关于"太一"的学说、心智的学说和灵魂的学说,这正是对柏拉图主义的补充和发展。[②] 同时,新柏拉图主义是罗马帝国的封建化过程在意识形态上的反映。一方面,罗马帝国仅靠奴隶劳动无法生存,于是通过半解放的劳动力提高生产水平。这表明了罗马帝国向封建社会的过渡,它在古代首次唤起了个人因素的绝对价值感。另一方面,为了避免政治上的多中心,罗马帝国建立了等级森严的军事官僚制度,实行君主专制的绝对统治。这种双重的绝对性(个人的绝对价值和君主专制的绝对统治)在新柏拉图主义中打下了不可磨灭的印记。

普洛丁作为一位站在古代和中世纪之交的美学家,在西方美学史上起着承上启下的作用。他和奠定了长达千年的中世纪美学基础的奥古斯丁,是西方美学史上相互衔接和承续的两个环节。奥古斯丁于384年前往米兰接受修辞学教职,当时米兰有柏拉图主义者的组织,普洛丁《九章集》拉丁语译本广为传阅。奥古斯丁对这部著作的精神力量和深刻性惊叹不已。普洛丁向他指明了在自身隐秘的心灵深处而不

---

① 朱光潜:《西方美学史》,上卷,第63、65页,北京,人民文学出版社,1979。
② 洛谢夫:《文艺复兴美学》,第89页,莫斯科,1982。

是在外部物质世界中寻求真理的途径。在奥古斯丁的所有著作中,都可以感受到新柏拉图主义的巨大影响。在他那里,美学是一种本体论,美是存在的主要标志之一;美又是有等级的,从高一级的存在向低一级的存在扩展。他的这种美的理论来自普洛丁。普洛丁就认为,美是分等级的,最高的美为理智美,其根源是"太一",其载体为心智和世界灵魂;其次是人的灵魂美、德行和学术的美;位于最低等级的是感性知觉的美。同普洛丁一样,奥古斯丁主张,在美的等级结构中,绝对美占有最高的等级。所不同的是,普洛丁把绝对美说成是希腊诸神或心智,而奥古斯丁则在美学史上第一次把绝对美同基督教的上帝完全融合在一起,视上帝为唯一的和真正的美——模仿这种美的万物也是美的,但是它们和这种美相比就是丑的了;上帝是"万美之美"[①],是其他美由以产生的"至美"。

新柏拉图主义对欧洲文艺复兴运动也产生过很大影响,意大利佛罗伦萨的柏拉图学园甚至把柏拉图当作神来供奉。而对文艺复兴时期的新柏拉图主义者来说,普洛丁和柏拉图是一回事。普洛丁主张个性极端的主观发展,把先验的"太一"视为人的意识的对象;文艺复兴者主张拥抱整个人、整个生活、整个历史和整个世界,新柏拉图主义的"太一"说正是他们确证自身的唯一手段。由此,新柏拉图主义和人文主义发生了深刻的综合。在这里,"太一"说已经远远超出宗教传统的范围,红衣主教库萨·尼古拉和坚定的反教会者布鲁诺完全同样地成为新柏拉图主义"太一"美学的支持者。

我们在这里的简要分析,为朱光潜曾经指出的柏拉图影响的"一个粗略的梗概"充填了些许内容。当然,这仅仅是柏拉图和新柏拉图主义在西方美学史中影响的一小部分。我们认为,这种纵向研究将有助于中国学者认识西方美学发展的内在脉动,从整体上、深层联系上把握西方美学。

(凌继尧)

[①] 奥古斯丁:《忏悔录》,周士良译,第41页,北京,商务印书馆,1996。

论析2　深沉凝重的理论反思

对于中国美学来说，20世纪是一个反思的时代。此前绵延数千年的中国传统美学，从先秦到明清的沿革，基本上处于自发的状态，虽然期间也不乏争辩、怀疑和否定，但总的说来，是与世推移、自然延伸的，犹如花开花落、自生自灭，缺少一种反躬自省的主体意识，不能给自身以批判性的检讨。只是到了20世纪，中国美学才以强烈的主体意识，将传统美学置于深沉凝重的反思之前，使自己在传统美学数千年演进的基础上腾跃起来。

(一)在反思中走向自觉

"反思"，使得20世纪中国美学步入了一个自觉的阶段。

20世纪中国美学得以兀然崛起，一个极其重要的原因，在于它从一开始便受到西方学术思想的有力触动。在此之前，少数敏感而睿智的美学家曾经意识到理论思维的重要性，对中国传统美学的理论状况仍然表示了不满。王夫之和叶燮就曾批评那种以考据、训诂、用事、喻示为学问，用经验归纳、现象描述来代替理论分析的旧习，认为这是"诗道不能常振"的重要原因。[①] 但他们对于如何改变这种理论思维的消极状况显得茫然，还缺乏新的理论武器和思想工具。只是到了王国维，事情才有了明显转机。王国维曾直陈传统学术的重大缺陷，"我国人之特质，实际也，通俗的也；西洋人之特质，思辨的也，科学的也，长于抽象而精于分类，对世界一切有形无形之事物，无往而不用综括及分析之二法"，"抽象与分类二者皆我国人之所不长，而我国学术尚未达自觉之地位也"。[②] 进而，王国维探寻改变这一状况的方略并身体力

[①] 王夫之："陶冶性情，别有风旨，不可以典册、简牍、训诂之学与焉者也。"(《薑斋诗话》卷一)；叶燮："评诗者……动以某人之诗如某某：或人、或神仙、或事、或动植物，造为工丽之辞，而以某某人之诗——分而如之。泛而不附，缛而不切……我故曰：历来之评诗者，杂而无章，纷而不一，诗道之不能常振于古今者，其以是故欤！"(《原诗》卷三)。

[②] 王国维：《论新学语之输入》，见谢维扬、房鑫亮主编：《王国维全集》，第1卷，第126页、127页，杭州，浙江教育出版社，2009。

行之,即引进西方学术思想以批判、修正和改造中国传统美学。陈寅恪曾总结王氏学说所取得的三大进展,其一即为"取外来之观念与固有之材料互相参证。凡属于文艺批评与小说戏曲之作,如《〈红楼梦〉评论》及《宋元戏曲考》、《唐宋大曲考》等是也"。① 王国维在这方面的理论开拓,在当时具有代表性,其与同辈人以及继起者引进国外美学和对中国传统美学所做的重新阐释,成为20世纪中国美学一项重要的前期工作。

20世纪中国美学反思特征的另一表现,在于它以某种既定观念去整合传统美学的思想资料,以建构系统完备的中国美学史——由于社会历史和思想文化方面的原因,这是到了80年代以后才着手进行的工作,但是进展却十分迅猛,在不到十年的时间内,有一批研究中国美学史的皇皇巨著相继问世。李泽厚、刘纲纪的《中国美学史》"绪论"中一段话殆可彰明这批中国美学史著作的思想方法:"所谓美学史,实际就是美学理论在一系列具体的历史形态中的表现和展开。因此,任何美学史,都是从当代一定的美学理论出发,回过头去考察各种美学理论在历史上生成的过程,把历史上的种种美学理论看成是导向这一美学理论或相反地与之背离的东西,从而分别给以不同的评价";"不以一定的美学理论作指导,对历史上的美学理论不作任何褒贬评价的所谓纯客观的美学史是不存在的,问题只在于以什么样的理论做指导。"②

虽然人们对于上述思想方法如何表述尚存有分歧,但就20世纪80年代出现的一批中国美学史研究著作来说,从既定观念出发去统摄和聚合美学史资料的取径却并无二致,尽管其所持的既定观念互不相同。

当日历翻到20世纪最后十年的时候,中国美学对于传统的反思又跃上一个更高的台阶,那就是中外比较美学的异军突起。它将中国传统美学放到整个世界美学的大范围去衡称、测量和比试,进而阐发其现代意义,探寻它与世界美学相互对话、交流和融会的可能性。从其间出现的几部比较美学的代表性论著来看,这样的主旨显得明确而又坚定:西方近现代美学与中国传统美学的猛烈撞击和相互渗透,使得以往美学研究的许多空白点暴露出来,这势必引起美学对自身的反思,从而比较美学可能是一种成熟的美学诞生的前奏;中外美学跨越不同文化之间的鸿沟而在更高层次上达到融合,不仅有助于我们了解国外美学的发展状况,借鉴国外美学以推动中国传统美学的变革和创新,而且有助于将中国传统美学推向世界,使其现代生命力在世界范围内得到发扬光大;在别国美学的参照之下,更加深刻、准确地把握我国美学的特殊规律和特有风范,进而建立有中国特色的现代美学体系。

---

① 陈寅恪:《王静安先生遗书序》,见《王国维文学美学论著集》,太原,北岳文艺出版社,1987。
② 李泽厚、刘纲纪:《中国美学史》,第1卷,第15页,北京,中国社会科学出版社,1984。

总之,20世纪中国美学对于传统美学所做的反思,采取了三种形式:批判、建构和发扬。其中每一种形式又是与一定的历史时期相对应的。

第一,从20世纪初到1949年为批判期;

第二,80年代为建构期;

第三,90年代为发扬期。

(二)批判期:引进国外美学的标准

20世纪中国美学的发轫,是从对于传统美学的批判性清理开始的。

当20世纪之初,王国维、蔡元培等先驱者最早在国外接触到"美学"并将其引进国内之时,适逢中国传统美学从成熟而至于烂熟,面临脱胎换骨以适应时代需要之日。故他们一开始便对传统美学保持了一种批判的姿态:批判"文以载道"的传统功利主义美学,张扬个性主义和浪漫倾向,以疗救病弱的中国国民性;大力提倡美育以救国新民;对于具体美学问题如悲剧论、意境说重新做出阐释等。然而,所有这些批判性工作,大都是在引进国外美学并将其援为衡量标准的基础上进行的,其中备受关注、影响最大的,当数康德、叔本华、尼采、席勒、达尔文、立普斯、布洛、弗洛伊德等的美学思想。

总的说来,此期美学不是以中国美学为本位,而是以国外美学为本位,是用国外美学的理论观念来阐释、修正和改造中国传统美学。这样做的长处在于:从其他文化系统出发反观中国传统美学,能够见出由于长期置身其中而发现不了的问题。例如王国维、蔡元培、鲁迅等运用康德、叔本华、尼采的美学理论以剖析中国传统的"大团圆"悲剧,进而诊断出中国传统文化精神以及中国国民性所存在的症结,具有深刻的启蒙意义。但是,由于将国外美学放在裁判者的位置,而将中国传统美学放在被裁判者的位置,所以如果不能很好掌握这种主客关系的"度",便不能以一种平等公允的眼光来看待中外美学各自的特色并给予恰如其分的评价。例如朱光潜在执持西方悲剧理论分析中国的"大团圆"悲剧时,便得出了"戏剧在中国几乎就是喜剧的同义词","其中没有一部可以真正算得悲剧"的结论。[①] 另外,只是将中国传统文艺置于例证和注脚的地位,不是着力阐发其美学底蕴,而是用以印证和注释西方美学理论,终究也是不合适的。王国维曾在《〈红楼梦〉评论》一文中运用叔本华的"三种悲剧说",以阐释《红楼梦》中宝黛的爱情悲剧,称之为"悲剧中之悲剧"。后来又在《宋元戏曲考》中用尼采的"权力意志说"阐释《窦娥冤》和《赵氏孤儿》的悲剧性,认为"即列于世界大悲剧中,亦无愧色也"。尽管他已表现出将中国传统悲剧列于世界艺

---

① 朱光潜:《悲剧心理学》,见《朱光潜全集》,新编增订版,第4卷,第214、215页,北京,中华书局,2012。

术之林的初步意识,但是用中国传统文艺之材料来验证西方美学的观点和结论,终究显得穿凿附会、不得要领。

由于对中国传统美学持批判和否定的基本立场,所以此期的美学常常是由西方近现代美学与中国传统的异端思想杂糅而成的混合体。在20世纪中国美学的先驱者中,许多人的观念原本在道、玄、佛、禅等本土异端思想中深埋着根柢,一旦与西方近现代美学相遇,便一拍即合、相互发明而形成新异之见。如梁启超将西方文艺美学与佛家学说相映照,王国维将叔本华、尼采美学与老庄思想相阐发,宗白华将康德美学与道家、佛禅思想相印证,朱光潜则将西方美学诸说与老庄、魏晋玄学相渗透,等等。由于这时人们看重的,往往是西方近现代美学和本土异端思想那种"深刻的片面性",所以在中外美学理论相互援引、相互诠释以解决问题时,有时能够独辟蹊径、出奇制胜,但有时也难免以偏概全,走向极端。如朱光潜用魏晋玄学来诠释康德的非功利美学和布洛的"距离说"时,将"静穆"视为诗的最高境界,以致造成对古人作品的曲解,从而遭到时人的讥评。另外,在引进国外美学以与本土学术思想相糅合之初,也往往不能避免"两张皮"的毛病,留有相互游离、相互隔膜的明显痕迹。

美学的功利主义与非功利主义之分歧,是此期的一个重大问题。但是国外非功利美学的舶来,又使得这两者的关系呈现出十分复杂的情况。某些具有鲜明社会功利取向的美学理论,恰恰是从国外的非功利美学中寻求理论根据。蔡元培在新文化运动兴起之时,以强烈的社会责任感和使命感,提出"以美育代宗教"的口号,力倡"教育救国"、"美育救国",对美育的社会功用作了充分、甚至是夸大的肯定。但他又宣称他所倡导的美育,与"专制时代""隶属政治之教育"背道而驰,是一种"超轶政治之教育"。这一理论的根据便在于康德。蔡元培指出,康德将世界分为"现象世界"与"实体世界",认为现象世界之事为政治,以造成现世幸福为鹄的;实体世界之事为宗教,以摆脱现世幸福为作用。"而教育者,则立于现象世界而有事于实体世界者也。"但在教育中,能够避免枯燥乏味而以丰富生动感发人心者,唯有美感之教育,"故教育家欲由现象世界而引以到达于实体世界之观念,不可不用美感之教育"。①在蔡元培看来,正因为美育摆脱了急功近利的政治规范,所以能够以一种超越的姿态到达终极性的实体世界,而这才是对于国家、社会、人生真正的大用。在这里,蔡元培以康德的非功利美学为标准,对我国自远古以来特别是儒家推行的伦理主义教育进行了批判性的清理,并在此基础上开创了现代美育理论。

20世纪20年代到40年代,一批美学垦拓者开始了构筑中国现代美学体系的尝试,其标志就是一大批美学基础理论著作的蜂起,其中有吕澂、范寿康、陈望道各自撰写的《美学概论》、李安宅的《美学》、朱光潜的《文艺心理学》、金公亮的《美学原论》

---

① 蔡元培:《对于新教育之意见》,见《蔡元培全集》,第2卷,第133、134页,北京,中华书局,1984。

以及蔡仪的《新艺术论》《新美学》等。这批著作初步辨析了美学的学科性质,界定了美学的对象和方法,设计了美学的理论框架,探讨了美的本质,讨论了美、美感、艺术的关系,论列了艺术特性、艺术创作、艺术类型、艺术的内容与形式之关系等问题,以至每一本书都成为一个规模初具的理论体系。但它们有一共同特点,那就是大都建基于国外美学理论之上。例如陈望道、李安宅等援引康德的"三大关系说"界定美学的学科性质;吕澂、范寿康等将立普斯的"移情说"奠定为其美学体系的基石;朱光潜将西方美学中的"直觉说"、"距离说"等作为探讨美学问题的切入点;蔡仪则从亚里士多德、康德、黑格尔的美学理论中提炼出其著名的"典型说"。其中也有不少论著主要致力译介国外美学家的观点和著述,在体例上采用"编述"、"编著"、"编译"等形式。当这种借助国外美学来构建自己美学体系的做法成为潮流时,这批著作恰恰忽略了中国传统美学对于现代美学理论建设的潜在价值和深刻意义。即便偶有涉及,也只是将其作为说明西方美学观念的例证而已。

马克思主义美学传入中国,是随着马克思主义在中国的传播而产生的一个必然结果。最先是一批早期共产党人如恽代英、邓中夏、萧楚女、蒋光慈、茅盾、冯乃超、阿英等,将马克思主义的唯物史观和阶级分析方法用于文艺批评;随后是鲁迅、瞿秋白、冯雪峰等对于马克思、恩格斯、列宁以及拉法格、普列汉诺夫、卢那察尔斯基等的美学思想的译介。毛泽东《在延安文艺座谈会上的讲话》,则从政治家的角度对文艺问题、美学问题做出了指导性的理论阐述。周扬编选了《马克思主义与文艺》,翻译了车尔尼雪夫斯基的《生活与美学》,撰写了后来结集为《表现新的群众的时代》一书的大量文艺论文,为马克思主义美学在中国的确立和推广做了重要的基础性工作。但由于新民主主义革命时期大敌当前,任何理论都必须首先考虑如何服从和服务于革命斗争需要的问题;反帝、反封建的首要任务的制定,也不能不影响到人们的价值判断和价值取向。因而,在此期间,不可能有更多的余裕来考虑中国传统美学对于马克思主义美学在中国的创立和发展的助益,也不可能对中国传统美学形成全面、客观的评价。我们在上述著述中,很少看到对于中国传统美学的充分关注和潜心研讨。

(三)建构期:守持中国美学本位

虽然20世纪中国美学对于传统美学的建构期,要到80年代才真正开始,但此前三十年的研究状况,还有必要简略地回顾一下。

50年代掀起的"美学大讨论",是20世纪中国美学的第二次热潮,参与人数之众、发表论文之多、产生影响之大,前所未有。这场讨论值得肯定的地方很多,但是有一个明显的偏差,即讨论的焦点基本上集中在美的本质、自然美以及美学的对象等问题之上,对于中国传统美学却缺少应有的重视。虽然当时已有人提出应当重视中国古代美学研究的问题①,但因与当时多数论者的意趣相左,这些意见犹如空谷足音,应者寥寥。期间也有零星、分散、少量的关于中国古代美学的研究成果问世,但终究不成气候。究其所以,一个原因在于这场"美学大讨论"为当时凡事"学习苏联老大哥"的风尚所染而不能免俗,其中某些重要话题如美学的研究对象等,原本就是从苏联美学界输入的,从而在探索美学回应新生活需要的取向时,对于如何发掘中国传统美学的现代意义并从中获得助益的问题,认识还不够充分,甚至还缺少一点自觉意识。更值得注意的是,此时某些"极左"思想的苗头已开始显山露水。在此后的"十年动乱"中,中国传统美学更是被视为"封、资、修"的东西而横遭批判和扫荡,使这方面的研究成为空白。

随着新时期的到来,美学迎来了又一个春天。如何重新认识中国传统美学的问题,也不失时机地被提上了议事日程。在80年代对于中国传统美学的建构期真正到来之前,一些局部的建设性工作已经开始并显示出良好的势头。如着手整理中国美学史研究资料②,探索中国美学史研究的目标、途径和方法等③,一些有关中国美学史的断代研究也初试牛刀④。1980年6月,在昆明举行的第一次全国美学会议,专门对中国美学史的研究工作做出具体规划,成为中国传统美学建构期的启动标志。在经过这番较为扎实的准备和积累以后,中国美学史的研究在短短十余年内取得了令人刮目相看的实绩,一批有关中国传统美学的通史著作和专题研究成果像雨后春笋般涌现,其中每一项成果都是对于中国传统美学的一次富于开拓性和创造性的建构,几乎都具有首创的意义或填补空白的性质。

这一时期对于中国传统美学的研究,有了明显的知识增长。一方面,中国第一次有了一批规模宏大、结构精致的中国美学史的通史著作;另一方面,又有了一批有分量、有新意的中国美学史专题研究成果,包括范畴研究、流派研究、部门美学研究、美学家思想研究、美学论著研究以及断代史研究等。前者以开阔的视野将三千年中国美学历程尽收眼底,后者对中国美学史的片断、细节做了沉潜精微的清理和开掘,从而在广延和纵深两个方向将中国传统美学的研究推向了新的水平,对于此前仅仅在局部区域、个别问题上取得某些突破和推进的情况有了重大的超越。

这一时期对前一时期的超越,更主要在于对中国传统美学所持的态度发生了根

---

① 如褚斌杰的《重视我国古代美学著作的研究工作》(《文艺报》1956年7月),朱光潜的《整理我们的美学遗产,应该做些什么?》(《文艺报》1961年7月),詹铭新的《漫话中国美学——访宗白华、汤用彤教授》(《光明日报》1961年8月19日)等。

② 中华书局于1980、1981年出版了《中国美学史资料选编》(上、下册)。

③ 1978年,宗白华于《文艺论丛》第4期发表《中国美学史中重要问题的初步探索》一文。

④ 1979、1981年,中华书局出版了施昌东的《先秦诸子美学思想评述》《汉代美学思想评述》两书。

本转换，即从修正、改造、摈弃到认同、整合、阐发的转换，也就是从把中国传统美学作为批判对象到作为建构对象的转换。这归根结底是立场的转换，即把立足点从西方美学挪到中国美学上来——虽然这时仍然需要借助西方美学的观念和方法来反观中国传统美学，但并不是用西方美学的价值标准来对中国传统美学做出裁决，而是守持中国美学本位，更加确切地把握自身的特质。可以作一比较的是，在此期间，人们对于中国传统美学重要范畴"意境"的阐释方法，与前一时期有了重大的区别。在前一时期，人们总是用西方美学思想来阐释"意境"，如王国维是用康德、叔本华、尼采的观点说明之，朱光潜是用立普斯的"移情说"、布洛的"距离说"、谷鲁斯的"内摹仿说"说明之。但到了此期，人们则转而在中国哲学史、美学史的思想渊源中为"意境"范畴寻根，如李泽厚、刘纲纪的《中国美学史》[①]和叶朗的《中国美学史大纲》[②]，都在老庄哲学中寻得了"意境"范畴的最早思想源头，而且对于"意境"范畴在中国美学史中发展演变的脉络作了令人信服的清理和建构。

　　用一定的观念、方法来统驭和聚合美学史的资料，将中国传统美学建构为一个既合目的性又合规律性的历史过程，是中国美学史研究建构期的根本标志所在。所谓"合目的性"，是说它符合那种统驭和聚合美学史资料的观念和方法。这种观念和方法看似是先验的东西，其实有大量的思考和研究在前，是从美学史的事实和现象中抽象和提炼出来的。所谓"合规律性"，是说中国美学史在一定观念和方法的统驭之下展开为一个合乎规律的演进过程。如李泽厚、刘纲纪的《中国美学史》以"实践美学"为基础，在社会实践基础上寻求一定时代、阶级的审美要求和审美理想的中介，进而梳理出中国美学史发展的基本线索。李泽厚的《美的历程》、《华夏美学》[③]从人类学本体论或曰主体性实践哲学的观点出发，将中国美学史视为一种文化心理结构的积淀过程，进而去考察各种美学史现象。周来祥的中国美学史研究系列论文以及他主编的《中国美学主潮》[④]，则是以现代辩证思维的两大基本方法，亦即逻辑的与历史相统一的方法和从抽象上升到具体的方法，将先秦到当代的中国美学史贯穿起来，在"古代素朴的和谐——近代对立的崇高——现代新型的辩证和谐"这一大框架中，演绎中国美学史的发展进程。而以上诸家都致力在马克思主义美学中寻求理论根据，并以此为立足点展开对于中国传统美学的建构工作。

　　运用中国美学史的理论建构所取得的思想成果，反过来推进美学基础理论建设，是这一时期又一重要收获。李泽厚在中国美学史研究中反复论证的"积淀说"、"有意味的形式"等观点，一度产生了广泛的影响，成为一些论著（也包括他自己的

---

① 李泽厚、刘纲纪：《中国美学史》，三卷，北京，中国社会科学出版社，1984、1987、1996。
② 叶朗：《中国美学史大纲》，上海，上海人民出版社，1985。
③ 李泽厚：《美的历程》，北京，文物出版社，1981；《华夏美学》，北京，中外文化出版公司，1989。
④ 周来祥主编：《中国美学主潮》，济南，山东大学出版社，1992。

《美学四讲》在内)阐述美学基本原理的重要依据。周来祥在其中国美学史研究系列论文中所归结出的上述关于古代的美、近代的美、现代的美发展的正、反、合三段论,也融入了其文艺美学的基本思路,成为其《文学艺术的审美特征和美学规律》①一书的主干内容。叶朗在《中国美学史大纲》中对于中国美学史上涌现的大量美学范畴的深入阐发,成为后来他主编的《现代美学体系》②的基本理论背景,使其在古今发明、中西辉映的现代坐标上建立的新型美学理论体系形成了鲜明特色。蒋孔阳的中国古典美学研究论文、特别是《先秦音乐美学思想论稿》③一书中形成的许多观点,也成为其《美学新论》④不可或缺的理论准备。另外,值得注意的是,此期关于中国美学史的理论建构工作,也为具体的美学分支理论提供了丰厚的底蕴,包括审美心理学、文艺社会学、文艺形态学、文艺鉴赏学、美育学、技术美学等。如童庆炳主编的《现代心理美学》⑤理论体系的铸成,就是由于吸取了一个时期以来中国美学史研究的成果,从而呈现出迥异于国外审美心理学的气度和风范。

(四)发扬期:走向世界美学舞台

20世纪中外文化有三次大的碰撞,每一次文化碰撞都促进了中外美学之间的交流,也推动了比较美学的兴起。从鸦片战争到五四新文化运动之前第一次中外文化碰撞所催生的梁启超、王国维、蔡元培等人的美学思想,就已包含有比较美学的因素,但主要是用国外美学的刀尺来裁剪中国传统美学。五四新文化运动以后的第二次中外文化碰撞,又孕育出朱光潜、宗白华、钱锺书等人的比较美学思想,它们表现出某种过渡性,用国外美学来裁断中国传统美学的情况仍有存在,但也已形成"东海西海,心理攸同;南学北学,道术未裂"⑥的全球意识,开始在融通和合中外美学的立场上探索中国传统美学走向世界的可能性。80年代改革开放后的第三次中外文化碰撞,造成了空前错综复杂的世界文化格局,这就使得将中国传统美学放到世界美学的宏观背景中去衡量、比试成为必要,也成为可能。经过一段时间酝酿⑦,到90年代建立起来并初具规模的比较美学,其学术心态有了重要的转折,"立足中国,放眼

---

① 周来祥:《文学艺术的审美特征和美学规律》,贵阳,贵州人民出版社,1988。
② 叶朗:《现代美学体系》,北京,北京大学出版社,1988。
③ 蒋孔阳:《先秦音乐美学思想论稿》,北京,人民文学出版社,1986。
④ 蒋孔阳:《美学新论》,北京,人民文学出版社,1993。
⑤ 童庆炳主编:《现代心理美学》,北京,中国社会科学出版社,1993。
⑥ 钱锺书:《谈艺录·序》,上海,开明书店,1948。
⑦ 在20世纪80年代酝酿建立比较美学的重要论文有:周来祥的《东方与西方古典美学理论的比较》(《江汉论坛》1981年第2期);蒋孔阳的《中国古代美学思想与西方美学思想的一些比较研究》(《学术月刊》1982年第3期);刘纲纪的《中西美学比较方法的几个问题》(《文艺研究》1985年第1期)等。

世界"这一流行的口号,也已成为比较美学的一个基本策略,人们更多考虑的,已经是如何使中国传统美学的精蕴在世界美学的大舞台上得到发扬光大的问题。

任何文化碰撞都是双向的,不只是别人"碰撞"我们,我们也"碰撞"别人;不只是别人"化"我们,我们也在"化"别人。如果说,以往我们更多被动地为别人所"化"的话,那么如今我们如何去"化"别人的问题已经成为一种自觉意识,而比较美学的构建便是这种自觉意识的学术表现。这一转折的契机在于:中国的现代化进程必须与世界接轨,而在思想学术上,今天国外的各种思潮、派别和"主义"也较之以往任何时候都更多地将目光投向中国传统文化,也投向中国传统美学。但是,实际上他们对于中国传统文化却又十分陌生和隔膜,大多流于误读、误解和误用。另一方面,发达工业国家的文化借助经济强势,对欠发达国家进行文化的大举进攻,在文化上发起了一场没有硝烟的战争。针对这种攻势如潮的文化帝国主义或文化殖民主义,有人倡言"东方主义",以期对此大势有所遏制,但这实质上还是站在西方文化本位上,将东方文化作为相疏离的"他者"来处理的。与之相对立,20世纪50年代兴起而至今方兴未艾的海外"新儒学",则在力图振兴传统儒家文化时,恰恰对西方文化持一种偏激的贬抑和排斥态度。这些文化上的激烈动荡,虽然与90年代中国比较美学的构建之间尚隔着若干中介,但总体上构成了重新认识中国传统美学价值和潜能并彰明发扬之的特定语境。

建设有中国特色的现代美学,是当代美学发出的共同呼声,也是当代美学仰望的崇高目标。而20世纪90年代以来,人们已认识到比较美学的建立乃是达到这一目标的必由之路。建设有中国特色的现代美学,必须以中国传统美学为基本骨架和血肉,如果在常理上,这一认识已不会有什么疑问和分歧的话,那么到了90年代,这一认识又向前推进了一步,即确认作为"中国特色"之质料因的中国传统美学,又必须是能够适应现代生活、与世界潮流合拍并与中西美学的当代发展圆融和合的,必须是在世界范围内具有生长性、未来性,从而有可能跨越中西美学的天然鸿沟,在其他文化系统中大放异彩的。而要做到这一点,比较美学乃是不二法门。因此,20世纪90年代比较美学的兴起,是以肩负起建设有中国特色的现代美学的重大使命而对以往两个时期美学研究实现了进一步的超越。

目前我们已经看到的成型的一般比较美学体系,有周来祥、陈炎的《中西比较美学大纲》①、张法的《中西美学与文化精神》②、聂振斌、滕守尧、章建刚的《艺术与生活——中西审美文化比较》③等。这几本著作的思路、构架、视角、方法各有千秋,说

---

① 周来祥、陈炎:《中西比较美学大纲》,合肥,安徽文艺出版社,1992。
② 张法:《中西美学与文化精神》,北京,北京大学出版社,1994。
③ 聂振斌、滕守尧、章建刚:《艺术与生活——中西审美文化比较》,成都,四川人民出版社,1997。

明在比较中激扬中国传统美学的精蕴，本来就可以是多层次、多角度、多进路的，本来就可以形成不同的学术风格和理论流派。《中西比较美学大纲》是将中国传统美学放进世界美学、世界艺术从古到今的总的潮流中去抉出其特质；《中西美学与文化精神》是从文化范式、整体结构、具体问题这三个逻辑层面的比试中，对中国传统美学做出精致的结构分析；《艺术与生活——中西审美文化比较》则从美学理论比较的层面转向审美文化比较的层面，以当今世界性的现代化进程为背景，界定中国传统文化的审美倾向与当今西方盛行的审美文化之间的殊异，寻求二者对话的可能性，进而对当代审美文化的建设提出建设性的构想。总之，这几本著作都是在比较美学的理论形态中，进一步体现出对于中国传统美学的问题意识，并从而形成解决问题的新思路、新视角、新方法，标志着20世纪中国美学对传统美学的反思跃上了一个新的台阶。

20世纪中国美学以批判、建构和发扬三种形式对传统美学所做的反思，无论成败得失，总是体现了在以下多重关系坐标中寻找自己定位的努力。

中国与西方。20世纪中外文化、特别是中西文化的碰撞，为反观中国传统美学提供了一个新的参照系，同时也带来新的问题：一是在中西之间以何为本位来观照中国传统美学？二是以何种价值取向和反思形式来观照中国传统美学？中外文化、特别是中西文化的撞击，将是下个世纪乃至更长历史过程中的永恒话题，从而这些问题将会变得更加突出和尖锐。

现代与传统。现代与传统处于同一自然时间过程之中，但又是两个异质的时间概念。这一固有矛盾，使得这两者在20世纪遇合时暴露出许多问题：是让现代笼罩在传统的巨大投影之下，还是让传统在现代的激发下重新焕发光彩呢？是现代成为传统的自然延续，还是用现代去重新阐释传统呢？这也是在现代与传统的分疏和交融更趋错综复杂的21世纪美学所面临的重大问题。

理论与历史。20世纪中国美学作为一种理论形态，在处理传统美学这一庞大的历史现象时，在总体上力图解答两个问题：一是如何在这一历史现象中寻找合理的理解途径和表述形式，观念地说明其合乎规律的推演和进化？二是如何在这一历史现象中发掘其现代生命力和生长性，为构建现代美学体系提供必要的资源？这二者互为因果，如果缺乏现代美学理论的理性穿透，那就不可能揭示历史现象的内在构成；反之，如果不能在历史现象中获得丰厚的资源，具有中国特色的现代美学体系也无从建立。20世纪中国美学作了很多努力，但远不能说这些问题已得到了圆满解决，很多工作还留待下个世纪的美学去完成。

美学与文化。在中外古今文化的交光互影之下，美学的问题已不仅止于美学本身，已经成为一个文化问题，从而20世纪中国美学对于传统美学的反思其实已是一种文化反思。由此可见，在研究视野中，"文化"既是一个比美学更大的概念，又是一个比美学更小的概念；说它大，是因为文化的外延比美学大，文化涵盖了美学；说它小，是因为只有对美学的特质进行深入的考察，才能获得全面而透彻的理解。于是，对于美学问题的文化特质的辨析与界定，便成为美学的题中应有之义，成为美学的要素和细部。

（姚文放）

论析 3　现代建构中的承续与转换

当 20 世纪中国学人开始从事美学学科建构与体系建设时,他们的处境十分特别:从一开始,他们就一方面面临着一种外来知识、理论的本土化,一种必须在中国与西方这一充满紧张关系的两极间做出抉择的问题;另一方面,他们同时又面临了传统与现代之间的紧张关系——同中国历史上的古今之争明显不同,20 世纪的"古今关系"由于有了西方这一"他者"的维度以及新视野、新观念的植入,而有着新的内涵。因此,20 世纪中国美学便在传统与现代、中国与西方这两组既内在矛盾又外在冲突的思想和知识背景下,展开了自身的学术思考与理论建构。

(一)传统:资源利用与转化

与中国传统学术相比较,中国现代学术的建立,是在有了西方思潮影响,尤其是输入、吸收与转化现代科学精神、科学方法、现代知识背景及种种思想观念的过程中展开的。

现代形态中国美学的发生与建构,同样是在这一知识背景、社会思潮基础上产生的。

1904 年,王国维发表《〈红楼梦〉评论》,首次借用西方美学观念和方法,来评价、分析一部中国古典文学著作,从而揭开了 20 世纪中国美学的序幕。自此,中国传统美学思想在西方近代美学的影响下,开始了一种现代性的转化进程。

王国维对于借鉴、学习、吸收"西学"以推进和改造本土文化有着相当的自觉,这是与西学东渐的大趋势相适应的。① 在《论近年之学术界》(1905 年)中,他就认为,借用外力刺激有利于中国学术的发展。20 世纪初,对于西方哲学、美学的介绍,已经到了相当的程度,特别是对德国哲学与美学的介绍尤为突出。而最初的重要媒体之一,就是王国维主编的《教育世界》(1901—1908)。而 1902 年至 1904 年,即王国维发表《〈红楼梦〉评论》的前期,《教育世界》就集中发表了十余篇有关德国文化与美

---

① 参见熊月之:《西学东渐与晚清社会》,上海,上海人民出版社,1994。

学的文章。从此德国美学在20世纪始终作为重要的思想资源与参照系,构成了中国学人普遍的知识背景,持续促进着中国现代美学的发展与学术知识的增长。王国维本人也深受德国近代美学,特别是康德、叔本华等人哲学、美学思想的影响,这些都曾在王国维的美学建构道路上发生了决定性影响。①

王国维之所以成为中国现代美学的开创者,当然不仅在于他对西方哲学和美学思想、方法的广泛接受,同时也是由于他确立了相当明确的现代学术观念与学术意识。在王国维看来,哲学与美学都是非功利的学术,是绝对不能与政治、社会活动相联系的。在这一点上,康德思想为其提供了理论支持与知识依据。② 正由于王国维自觉而明确的学术立场、学术目标及自觉吸收、学习西方哲学、美学理论与方法,从而能使他站在时代学术思想的先驱位置,成为现代中国美学的开创者与奠基人。他的研究成果也成为现代形态中国美学建构的一种范式而昭示后人。

王国维的《〈红楼梦〉评论》是一篇有严密体系的理论之作,为中国传统的审美批评所未有。由于拥有叔本华哲学、美学这一新的理论与知识依据,作品的意义阐释具有了一种新的"视界",从而使王国维对《红楼梦》做出了全新意义的阐释。王国维美学思想所具有的现代学术特征,可以通过与刘熙载、况周颐思想的对照而更加鲜明地见出。

在借助西方美学资源以建构现代形态中国美学的过程中,传统美学仍然有着潜在而有力的影响。由于西方文明这一异质因素的植入,以及中国人在民族危机的精神压力下所实行的主动迎取,一方面,中国固有的文化历史发展出现了强烈的变异,其在旧有文化惯性下的发展轨迹被打断,传统文化本身也在19世纪末、20世纪初达到高潮的激烈反传统思潮中被否定、批判和弃置。③ 但另一方面,传统又是不可能真正完全与现代割裂、隔离与被拒斥的,它作为一种强大和潜在的惯性力量,仍会发生隐在的作用。这种情形同样发生在中国美学由传统形态走向现代学科建设的创造性转化过程之中。

首先,传统美学及其相关的知识,构成了吸收西方美学的潜在基础与"前理解结构"。美学作为人类的精神科学,与自然科学不同的是,它存在一个理解问题。伽达默尔说:"理解首先就意指其自身对某种内容的理解,其次还意指区别并理解他人的见解。……无论谁想去理解,都要与在流传物中用语言表达的事物相联系,并与流

---

① 在《三十自序》(1907年)中,王国维曾谈到数度学习康德、叔本华思想的经历。
② 王国维:《论近年之学术界》,见谢维扬、房鑫亮主编:《王国维全集》,第1卷,杭州,浙江教育出版社,2009。
③ 参见林毓生:《中国意识的危机——"五四"时期激烈的反传统主义》,增订版,贵阳,贵州人民出版社,1988。

传物所说的传统具有或者获得某种联系。"① 当20世纪初中国现代美学的开拓者学习、吸收西方美学时,传统的知识背景、现实的人生意象也便规定并制约着他们的接受过程、意象与范围。王国维对叔本华哲学、美学的接受便是一个典型的例证——一方面是中国传统直觉体验的审美思维方式,另一方面是叔本华思想所具有的东方文化色彩,尤其是其中深受印度佛教影响的成分,它们对于王国维这样一位具有良好佛学知识背景的中国知识分子而言,显然具有相当的亲和性与关联性。特别是晚清以来,伴随着近代佛学复兴,学术界盛行一种以佛教来印证西方哲学的风气。② 因而,传统的承继、时代的风气、民族审美思维方式等诸种因素,对于王国维接受、服膺叔本华思想,产生了不可忽视的潜在影响与制约。

其次,由于西方美学思潮的引进与影响,中国美学家对西方美学资源的吸纳、利用并不断本土化的过程,同时也是西方美学被误读、产生变异并不断与中国既有美学传统进行有效融合的过程。这种误读的前提及本土化融合的知识性背景,正是中国传统美学思想资源的潜在作用。英国学者艾勒克·博埃默在谈到欧洲文化向殖民地输入时指出,"欧洲的文化指称被注入新的环境后,会产生同原先的意指很不一样的复杂意义","在异己环境的压力下,准则、规范和凿然的事实轻易就会发生形变和弯曲"。③ 这样的情况,在20世纪中国美学对西方美学的接受过程中,不止一次地出现过,而它恰恰说明了传统美学不可忽视的影响力。

第三,由于西方美学这一"他者"的介入与新的视域的展开,在中国美学的现代性建构过程中,传统美学资源中的有效部分被激活,得到重新认识和发现,从而被加以承继并成为重要的组成部分。从20世纪中国美学的历史来看,凡是比较成功的美学家,无一不是充分承继、利用了中国传统美学思想资源,并在西方美学的本土化背景下,使传统美学思想获得创造性转化和新的发展。诚如陈寅恪先生所言:"其真能于思想上自成系统、有所创获者,必须一方面吸收输入外来之学说,一方面不忘本民族之地位。此二种相反而适相成之态度,乃道教之真精神,新儒家之旧途径,而二千年吾民族与他民族思想接触史之所昭示者也。"④这不啻是中国传统美学向现代转化的一个理论指导原则。

---

① 见《伽达默尔全集》,第2卷,第59页,图宾根,Mohr,1986。
② 参见卢升法:《佛学与现代新儒家》,沈阳,辽宁大学出版社,1994。
③ 艾勒克·博埃默:《殖民与后殖民文学》,盛宁、韩敏中译,第78页,沈阳,辽宁教育出版社、牛津大学出版社,1998。
④ 陈寅恪:《金明馆丛稿二编》,第252页,上海,上海古籍出版社,1980。

(二)现代美学建构中的传统特质

20世纪中国美学的现代建构,是在古典美学衰落、西方美学强势植入、国家民族危机这样一种内在理论与外在社会、历史困境下开始的。梁启超和王国维分别开启了美学的认识论转向和体验论转向这两种最基本的形态,并构成了两种基本范式,启迪和影响了百年来中国美学的现代理论建构过程。

由于中国古典文化在西方文明强势压迫下的全面崩溃,以西方文化为参照系来从事现代性启蒙与民族救亡工程、重建中国自我形象,一直就是20世纪中国知识分子的迫切要求与任务。这种文化语境的特殊情形,促使重视审美和艺术的社会功能的认识论美学逐渐形成并不断得到强化,更因中国社会的特殊情状而在相当长时期里成为一种主流话语形态。梁启超在戊戌变法失败后亡命日本,创办报刊,撰写西方思想学案以介绍各种新学说,批判中国旧学及专制制度,提出了改造国民性的"新民"理论。正是在这种背景下,梁启超开始了他从现代认识论方向上对传统美学的转换与更新。他发表《译印政治小说序》、《论小说与群治之关系》,传布"欲新民,必自新小说始"的"小说界革命论"[①];连载《饮冰室诗话》,借评论众多诗人的新诗作,阐发"以旧风格含新意境"的"诗界革命论";将其以"俗语文体"写"欧西文思"的"文界革命"理想,纳诸《夏威夷游记》、《小说丛话》等文章中。那些新思想、新认识形态的美学观,正是以思想启蒙、社会改良及国民性改造为旨归的。

王国维则以中国文化及美学资源为本位,广泛吸收西方特别是德国美学的丰富思想,确立了中国现代体验论美学的新方向、新范式。体验论美学强调审美与艺术是个体生命体验的结果;强调审美体验超越了日常理智、逻辑规范,只能以"诗化"的方式去"意会"、"体味"、"感悟";强调艺术、审美对于人的个体生命存在的重要意义,重视人生的艺术化与艺术的人生化,同时反对将审美、艺术政治化与功利化。在《〈红楼梦〉评论》中,王国维指出:"美术之务,在描写人生之苦痛与其解脱之道,而使吾侪冯生之徒,于此桎梏之世界中,离此生活之欲之争斗,而得其暂时之平和,此一切美术之目的也。"[②]而在《人间词话》中,他根据康德的审美无功利说,力图把艺术与现实功利相剥离,认为"政治家之眼域于一人一事,诗人之眼则通古今而观之。词人观物,须用诗人之眼,不可用政治家之眼";"阅世愈浅,则性情愈真,李后主是也"。[③]

---

① 梁启超:《论小说与群治的关系》,见《梁启超全集》,第4卷,第884页,北京,北京出版社,1999。
② 王国维:《〈红楼梦〉评论》,见谢维扬、房鑫亮主编:《王国维全集》,第1卷,第63—64页,杭州,浙江教育出版社,2009。
③ 王国维:《人间词话》,见谢维扬、房鑫亮主编:《王国维全集》,第1卷,第519—520、465页,杭州,浙江教育出版社,2009。

这些主张，只有放在康德、席勒美学思想的背景下，才能得到很好的理解。显然，王国维的美学观与梁启超之强调艺术的政治功能是根本对立的。

值得注意的是，体验论美学作为认识论美学之外的中国现代美学理论建构方向、范式，在20世纪中国美学的整体发展过程中，长期处于边缘性地位。直到20世纪80年代后，学者们才重新开始认识、反思，并分别从现代西方和中国本土的美学资源两个向度来研究其知识理论背景、渊源。前者以刘小枫《诗化哲学》、王一川《意义的瞬间生成》等为代表，后者以皮朝纲《中国美学沉思录》、皮朝纲等合著《审美与生成——中国传统美学的人生意蕴及其现代意义》等为代表。

无论是认识论美学还是体验论美学，20世纪中国美学的现代建构均深受传统美学思想潜在而巨大的影响，都承继了中国传统美学——人生美学的性质与特征。中国传统美学是一种人生美学。传统美学观念的确立，是以"人"为中心，基于对人的生存意义、人格价值和人生境界的探寻和追求的，并旨在说明人应当有什么样的精神境界，怎样才能生活得幸福、愉快而有意义。换句话说，中国古代美学思想是在体验、关注和思考人的存在价值和生命意义的过程中生成和建构起来的，因此具有极为鲜明和突出的重视人生并落实于人生的特点。① 植根于原始生殖崇拜的中国文化与哲学，孕育了中国传统美学于生死反思之中，来展示美学的智慧之光，并突出体现了重"生"的生命美学特征（中国儒、道、释三家美学思想都鲜明地体现出这一特征）。② 在20世纪中国美学的现代建构过程中，尽管吸收、融会了许多西方美学的丰富内容，但在美学的性质和特征上，无论是认识论美学范式还是体验论美学范式，都共同体现出对传统美学思想资源的明显承继关系——虽然在语言表述上，常常没有直接指明这一点。

应该说，20世纪中国现代美学建构之于传统美学性质、特征的承继，其深层动机与原因，在于无论认识论美学还是体验论美学范式，它们虽然形态、思路不同，但根本目标都是以美学作为建构民族国家"现代性"的思想资源，只是具体侧重点和途径有所不同而已：认识论美学侧重于社会群体性方面，将美学作为建构中国现代性而进行社会动员的有力思想武器；体验论美学侧重于如何使国民在个体基础上建构现代性。

正由于这两种范式在根本目标上的一致性，因而它们在关注人生并落实于人生、寻求现实人生意义和价值这一基本性质上，与中国传统美学相一致。梁启超一方面强调指出："确信'美'是人类生活一要素，或者还是各种要素中之最重要者，倘

---

① 参见皮朝纲：《中国美学沉思录》，成都，四川民族出版社，1997；《中国美学体系论》，北京，语文出版社，1995；《审美与生成——中国传统美学的人生意蕴及其现代意义》，成都，巴蜀书社，1999。

② 参见皮朝纲、刘方：《中国传统美学的生命智慧》，载《西南民族学院学报》1998年第3期。

若在生活全内容中把'美'的成分抽出,恐怕便活得不自在,甚至活不成"①;另一方面又说:"审美本能,是我们人人都有的。但感觉器官不常用或不会用,久而久之麻木了。一个人麻木,那人便成了没趣的人;一民族麻木,那民族便成了没趣的民族"②,而"趣味是生活的原动力,趣味丧掉,生活便成了无意义"③。由此,在梁启超那里,美学的建构与提倡,也便与其思想启蒙、国民性改造与民族国家的现代性创构合而为一,与现实中国人、中国民族的生活幸福、意义、价值建构密不可分。

朱光潜虽受叔本华、尼采影响,但他根本上仍然是立足于认识论模式来建构美学体系,并且同样十分重视思想启蒙。在他看来,"思想革命成功,制度革命才能实现,辛亥革命还未成功,是思想革命未成功"④。其美学理论建构正基于这一思想基础之上。在《谈美》"开场话"中,朱光潜指出:"我坚信情感比理智重要,要洗涮人心,并非几句道德家言所可了事,一定要从'怡情养性'做起,一定要于饱食暖衣、高官厚禄等等之外,别有较高尚、较纯洁的企求。要求人心净化,先要求人生美化",因此"现在谈美……时机实在是太紧迫了"⑤。显然,借助美学以解决人生问题,以美学作为重要的思想启蒙与思想革命的方式,同样是朱光潜美学理论的指归所在。

体验论美学从另一个侧面殊途同归。王国维反复强调美的自律、自足性,反对将其政治功利化,并且也同样指出了美学这一"抽象的学问"对于普通民众开发心智、"不惑于歧途"⑥的现代启蒙意义。而进一步发展了体验论美学建构的宗白华,更是反复阐发了将艺术生命化与生命艺术化的美学观与人生观,认为"艺术创造的作用是使他的对象协和、整饬、优美、一致。我们一生的生活也要能有艺术品那样的协和、整饬、优美、一致。总之,艺术创造底目的是一个优美高尚的艺术品,我们人生的目的是一个优美高尚的艺术品似的人生"⑦。在宗白华那里,这一观念从20年代到80年代始终一以贯之。

正由于中国现代美学建构在关注人生、寻求人生意义与价值这一根本性质和目标上,保持了同传统美学的一致性,从而使得20世纪中国现代美学建构自觉地继承了传统美学的人生美学特质。

---

① 梁启超:《美术与生活》,见《梁启超全集》,第14卷,第4017页,北京,北京出版社,1999。
② 梁启超:《美术与生活》,见《梁启超全集》,第14卷,第4018页,北京,北京出版社,1999。
③ 梁启超:《趣味教育与教育趣味》,见《梁启超全集》,第13卷,第3963页,北京,北京出版社,1999。
④ 朱光潜:《给青年的十二封信》,见《朱光潜全集》,新编增订版,第1卷,第21页,北京,中华书局,2012。
⑤ 见《朱光潜全集》,新编增订版,第3卷,第7页,北京,中华书局,2012。
⑥ 王国维:《奏定经学科大学文学科大学章程书后》,见谢维扬、房鑫亮主编:《王国维全集》,第14卷,第37页,杭州,浙江教育出版社,2009。
⑦ 宗白华:《新人生观问题的我见》,见《宗白华全集》,第1卷,第208页,合肥,安徽教育出版社,1994。

(三)范畴、话语及文体

在长期的历史发展、丰富和创新过程中,中国传统美学形成和确立了自己具有鲜明民族个性的美学范畴体系、话语表述方式与文体表现形态,与西方美学形成了鲜明的差异。而20世纪中国现代美学建构在吸收、借鉴西方美学思想、观念和理论体系的同时,也大量吸收、使用了西方美学的范畴,借鉴、模仿着西方美学话语表述方式与文体表现形态。那么,在西方美学强势影响下,中国传统美学的范畴、话语与文体又面临着怎样的命运呢?

需要指出,认为中国传统美学范畴具有某种不确定性,含义模糊且不稳定,乃是几十年来学术界研究传统美学时的一个主流观点。而强调以西方美学理论、方法、语言来加以科学界说,使中国美学具备现代形态,这也是在学术界具有代表性的看法。在这种情况下,以西格中、以西方美学范畴为范式便成为一种自然趋势。然而,其结果如何呢? 近年来已有学者提出"失语症"的问题,并引起广泛讨论,而这种"失语"现象在20世纪中国美学范畴建构中显然也同样存在。

以西格中、借用西方美学范畴的更深层问题是:美学范畴作为一个民族美学思想的理论结晶,它内蕴、凝结、容括了一个民族的审美文化心理、审美趣味等,从不同方面总结、概括了历代美学家对审美经验、审美现象等的思考和理论探索。中国传统美学范畴具有生生不息的特征。它经由历代美学家的阐释和融通,不断注入了新的生命,从而形成了中国传统美学范畴体系的整体化、应变化、有机化、创新化的根本特点。西方美学范畴同样也形成于其自身特有的民族文化土壤、哲学基础及文学艺术传统之中,当它被推广、扩大为一种普泛性原则、标准时,必然与弱势文化所固有的传统范畴产生抵触、矛盾和冲突。由于文化背景、思维方式、文学艺术传统等多种因素的差异,在西方美学范畴同中国传统美学范畴之间,常常有着不可抹去的间隔、差异。所以,重要的是不仅要看到两者之同,以西格中,而且要发现、揭示两者之异,不是去遗失、遮蔽中国传统美学范畴的独特价值。[①] 在此,王国维、宗白华、钱锺书等人的一些看法,应该被我们重新审视、思考并重视。

王国维最早开始探索如何在西方美学巨大影响、冲击下,有效地继承中国传统美学对审美经验、现象、特征、性质所做的独特表述,并使之实现现代更新、转化、再生和发展。《人间词话》中的核心范畴"境界",不是用汉字翻译西方美学范畴,也不是简单地使用传统的范畴,而是赋予了传统范畴以新的内涵。它体现了王国维对中

---

① 参见刘方:《诗性栖居的冥思——中国禅宗美学思想研究》,第一编第二节,成都,四川大学出版社,1998。

国优秀传统文化的审美领悟。中国文学艺术的审美特质尤其体现于诗、词等优秀文学传统中①,而用"境界"来概括以唐诗、宋词为代表的中国抒情文学传统的基本特质,可谓直探其本,故而王国维也认为"境界"是自己首创。正是在西方美学视界中反观,才使王国维能"探其本",并吸收、融会西方美学而创造性地建构了这一"境界"美学范畴。他在使用"境界"范畴时,并未加以明确规定,而是通过实践性运用、范例来展示其多层次、多侧面的内涵,构成了一种意义域与整体性。这不仅不是有些评论者所指斥的缺欠,而恰恰是一种优点,一种对于传统美学范畴优越性的创造性发挥与运用。继王国维之后,宗白华、朱光潜、钱锺书等人也在不同程度上通过吸收中国传统美学范畴的优秀资源和与西方美学的结合、融通,使传统范畴得以创造性地转化与再生。

中西美学思想的差异性,从深层而言,是思维方式的差异。它外化为语言文字,则表征为话语表述方式与文体形态的中西差异。

冯友兰先生在谈到中国学术话语表述特征时所说:"中国哲学家惯于用名言隽语、比喻例证的形式表述自己的思想。《老子》全书都是名言隽语,《庄子》各篇大都充满比喻例证。这是很明显的。但是,甚至在上面提到过的孟子、荀子著作,与西方哲学著作相比,还是有过多的名言隽语,比喻例证。名言隽语一定很简短,比喻例证一定无联系。"②而中国传统美学也由此形成了一种富于诗意化的话语表述方式,并形成了诗话、词话等形式的文体样态。而西方哲学与美学则沿袭了自亚里士多德以来所奠定的科学理性的解读模式,以及逻辑分析话语,其基本模式是由求知而观察,由观察而追问,由追问进而推论,构成了一整套清晰、精确的逻辑分析话语模式。③

对于建构具有民族文化特色,保持传统而又充分考虑、吸收、借鉴西方美学资源以创造现代美学理论话语表述方式与文体形式,王国维是现代中国具有理论自觉的第一人。他的《人间词话》,既充分自觉地学习、认识了西方美学的长处与局限④,又在比较中重新发现、确认了中国传统美学的长处和特点⑤,从而充分融会中西美学思维、话语表述之所长,将西方美学重体系建构、逻辑分析的长处植于中国传统美学思维之重感悟、审美批评之重精微领悟的优越性之中,较好地解决了在中西美学会通中,传统美学如何继承、发展与创新的问题。

如果说,王国维《人间词话》处于文化、学术新旧交替的时代,其创造新美学话

---

① 参见陈世骧:《中国的抒情传统》,见《陈世骧文存》,沈阳,辽宁教育出版社,1998。
② 冯友兰:《中国哲学简史》,第16页,北京,北京大学出版社,1985。
③ 参见曹顺庆:《中外比较文论史》,济南,山东教育出版社,1998。
④ 王国维:《论近年之学术界》,见谢维扬、房鑫亮主编:《王国维全集》,第1卷,杭州,浙江教育出版社,2009。
⑤ 王国维:《书辜氏汤生英译〈中庸〉后》,见谢维扬、房鑫亮主编:《王国维全集》,第14卷,杭州,浙江教育出版社,2009。

语、文体努力容易被误解、遮蔽和误读,那么,钱锺书《谈艺录》和《管锥编》的出现,则让我们看到了他在话语表述与文体形态上的自觉选择所具有的某种深意。他对中西美学话语表述方式及文体特征具有入乎其内而又超乎其外的理解与把握,明确反对那种构造体系的理论,而他自己的理论建构也突出体现了一种非体系化的特征。对此,不仅国内众多学者,海外汉学家们也注意到了钱锺书主要学术著作的话语与文体现象。德国汉学家莫妮卡就指出,"诗话、词话、笔记传统……今日因为这种近乎日记式的记录一来无系统,一来用词含混,颇受批评",而钱锺书却加以取用、采纳;但她同时指出"有人认为这书也是诗话,这是片面的看法",因为钱氏所采用的其实是一种"新方法"。① 在《读〈拉奥孔〉》一文中,钱锺书明确地将中西美学、文论话语方式、文体形态加以比较,揭示了中国传统话语表述方式的长处:

> 诗、词、随笔里,小说、戏曲里,乃至谣谚和训诂里,往往无意中三言两语,说出了精辟的见解,益人神智;把它们演绎出来,对文艺理论很有贡献……不妨回顾一下思想史罢。许多严密周全的思想和哲学系统经不起时间的推排销蚀,在整体上都垮塌了,但是它们的一些个别见解还为后世所采取而未失去时效……往往整个理论系统剩下来的有价值东西只是一些片断思想。脱离了系统而遗留的片段思想和萌发而未构成系统的片断思想,两者同样是零碎的。眼里只有长篇大论,瞧不起片言只语,甚至陶醉于数量,重视废话一吨,轻视微言一克,那是浅落庸俗的看法——假使不是懒惰粗浮的借口。②

科学理论、明晰语言,自然有其极大的优越性,从而使西方美学的叙事具有明确、清晰、严密等诸般优点与特征,然而其局限、片面也是明显的。而中国传统意象式、象喻式的美学批评方式与叙事话语体系也并非一无是处。所以钱锺书认为,语言的模糊性一方面是对象原本就含混、多义,另一方面又有其特有的优势与长处。③

可以说,钱锺书采用象喻式的审美批评方法,大量运用巧比妙喻,喻之多柄,将中国传统审美批评的特点、优势发挥到极境,并采用了传统诗话、札记的文体形态,这些都是在一种世界眼光、中西比较和权衡中做出的自觉选择与重要创造。正如莫芝宜佳在《〈管锥编〉与杜甫新解》一书中所指出的:"《管锥编》不仅把中国文化析解成无数单个观念,而且还通过与西方文学或文学之外的领域如语言学、人类学和心理学的内在联系创造了许多新的关联,其中最重要的是东西方的沟通。"尤其重要

---

① 莫妮卡:《中西灵犀一点通——钱锺书的〈管锥编〉》,见《钱锺书研究》,第 2 辑,北京,文化艺术出版社,1990。
② 钱锺书:《七缀集》,第 33—34 页,上海,上海古籍出版社,1994。
③ 参见钱锺书:《管锥编》,第 1 册,北京,中华书局,1986。

是,"中西方的概念与观点彼此有了关联,而它们的独特性又都各自保持了下来"①。

王国维、钱锺书等在创造性地建构20世纪中国美学理论、范畴、话语与文体等方面的成就,启示我们:只有立足于民族文化本位,同时广泛吸收、借鉴西方美学的有益资源,在民族传统的有效资源基础上,不脱离民族文学艺术创造和欣赏的现实境况与当代审美经验,在融通中西、发挥双方所长的基础上加以创新与发展,才是一条走向成功之路。而由于这种创造一方面不可避免地要受到时代文化语境影响与制约,另一方面又是理论家的个体实践行为,是基于其自身知识背景、结构、范型及其学术观念、眼光的,因此其是否能成功地对中国美学的现代建构有突出贡献,与其是否具有中国文化的历史责任感、使命感及"脱心志于俗谛之桎梏"②的学术精神密切相关。正是上述主、客诸方面错综复杂的合力,构成并仍在构造着20世纪中国现代美学的理论图景,制约、影响着传统美学的现代性创造转换与新的发展,也将影响和制约未来世纪中国美学理论的创造与发展。

(皮朝纲　刘方)

---

① 莫芝宜佳:《〈管锥编〉与杜甫新解》,马树德译,第31—32页,石家庄,河北教育出版社,1998。
② 陈寅恪:《清华大学王观堂先生纪念碑铭》,见《金明馆丛稿二编》,第218页,上海,上海古籍出版社,1980。

论析 4　任重道远的革命
——马克思主义美学在中国的传播与发展

马克思主义美学思想在 20 世纪的中国传播与发展，并在一个占世界人口五分之一的东方文明古国生根、开花、结果，得到创造性的发展，这是马克思主义美学思想传播与发展史上的灿烂篇章。而马克思主义美学思想在中国的传播和发展过程，同时也是一个马克思主义普遍原理与中国社会实际相结合、与中国文艺实际相结合的过程，是一个马克思主义美学思想中国化的过程。它经历了曲折的历程，付出过巨大的代价，也取得了伟大的胜利。在 21 世纪新的历史语境下，以马克思主义的立场、观点、方法，全面地回顾马克思主义美学思想在中国传播与发展的历程，认真思考留待解决的问题，显然具有重要的理论与现实意义。

(一) 革命性与间接性

马克思主义美学思想在中国的传播与发展，是同马克思主义学说在中国的传播与发展同步的，它具有一些不同于马克思主义在欧美广泛传播的历史特点。

从 19 世纪 50 年代起，马克思主义经典作家就开始密切注视帝国主义在中国的行径和中国人民的革命，但中国人民并不知道当时世界上还有马克思和恩格斯。中国人民了解马克思主义经典作家以及马克思主义，是与中国走向世界、中国的先进分子向西方寻求救亡图存和独立解放的革命真理分不开的。同理，马克思主义美学思想之所以能在中国这块文明古老的土地上广泛传播和创造性地发展，首先也是因为它同中国先进分子救亡图存、寻求革命真理，同中国人民反帝、反封建的革命斗争紧密地联系在一起的。

正如十月革命胜利后，列宁向东方各民族的共产主义者指出所面临的任务时说的："你们面临着一个全世界共产主义者所没有遇到过的任务，就是你们必须以共产主义的理论和实践为依据，适应欧洲各国所没有的特殊条件，善于把这种理论和实践运用于主要群众是农民、需要解决的斗争任务不是反对资本而是反对中世纪残余这样的条件。这是一个困难而特殊的任务，同时它又是特别崇高的任务，因为卷入斗争的是一些还没有参加过斗争的群众……你们必须找到特殊的形式,把全世界先进无产者同东方那些往往处在中世纪生活条件下的被剥削劳动群众联合起来。"①马克思主义在19世纪末、20世纪初传入中国,适应了中国新民主主义革命的需要;马克思主义美学思想在中国的传播,则适应了中国新民主主义以及后来社会主义事业的建设和文艺发展的需要。中国正是在半殖民地、半封建的特定社会条件下接触马克思主义的。中国工人阶级虽然在第一次世界大战后便开始以独立的姿态登上了中国的政治舞台,但它的主要任务是以新的理论和实践武装占人口百分之九十以上的农民群众,其主要斗争目标是反对帝国主义和封建主义。这种"特殊条件",决定了中国马克思主义(包括文艺、美学思想)必定采取"特殊的形式"。

可以认为,中国的马克思主义美学理论,从传入之初就显现出这样的特点:

第一,鲜明的阶级性、强烈的革命功利目的和具体的实践精神。它不是装饰品,不是学者书斋里的事业,而是救济社会、除却弊害和解放思想的武器。

这一点,在早期中国共产党人对马克思主义文艺和美学思想的译介中可以清楚地看出。陈独秀曾直言不讳地指出:"本来没有推之万世而皆准的真理,学说之所以可贵,不过因为它能救济一社会、一时代弊害昭著的思想或制度。我们评价一种学说有没有输入我们社会底价值应该看我们的社会有没有用他救济弊害的需要,输入学说若不以需要为标准,以旧为标准的,是把学说弄成了废物的,以新为标准的,是把学说弄成了装饰品。"②为什么这一时期的理论家们都极为关注文艺的政治功能和宣传教育功能,这其实都与当时中国社会阶级斗争的尖锐复杂形势和特点分不开,是当时的中国国情所决定的。为了适应现实斗争的需要,马克思主义美学和文艺理论一经传入中国,便走上了一条"中国化"的道路。中国马克思主义美学和文艺思想的传播者们没有照抄照搬,而是根据对象和情势,尽量采取了中国老百姓所喜闻乐见的中国作风和中国气派,许多问题的出发点和归宿也都源于此。

第二,理论来源的间接性。

从我们所掌握的资料来看,中国报刊提到马克思主义美学和文艺理论,最早可追溯到1899年2月,基督教出版机构上海广学会主办的《万国公报》发表了李提摩太节译、蔡尔康笔述的《大同学》。此文原是英国进化论者本杰明·颉德(Benjamin Kidd)所著《社会演化》(Social Evolution)的前四章,其中多次提及马克思和恩格斯。但最初把马克思主义介绍到中国的,主要还是那些社会地位相对低微的留日中小知识分子,他们通过对日本学者著作的译介,知道了马克思主义。1901年1月,中国留日学生主办的《译书汇编》杂志刊登了日本学者有贺长雄《近世政治史》的译文,其中

---

① 见《列宁选集》,第4卷,第104页,北京,人民出版社,1972。
② 见《陈独秀文章选编》,中卷,第25页,北京,三联书店,1984。

便提到了马克思和欧洲的社会主义学说。1903年,上海广智书局出版了赵必振翻译、日本学者福井准造撰著的《近世社会主义》一书,书中"加陆马陆科斯"一章,介绍了马克思的生平及其学说。值得一提的是,该书涉及马恩关于文艺问题的有关论述,包括文艺的倾向性和阶级性等问题。

十月革命胜利后,马恩的论著,包括文艺问题的若干重要书信和论著,开始从俄国介绍到中国。这些文献(包括瞿秋白所译的全部马恩有关文艺问题的书信和论著)都是以俄文本为蓝本,并以俄国学者的阐释为主要依据。于是,在中国的马克思主义传播史上,便出现了一个先天不足的理论误区,即:因为当时理论界(包括美学和文艺理论界)没有把马克思主义的经典著作与一般阐释马克思主义文艺、美学思想的论著加以区别,因此在译介时也往往存在着将马克思主义经典作家的文艺观点与一些含有非马克思主义成分的文艺观混杂起来的情况;甚至把一些对马克思主义文艺论著的阐释性著作,误当作经典著作来读解。理论来源的间接性必然带来理解上的误读。毋庸讳言,在这些阐释性著作中确实存在着非马克思主义的观点与成分。这种理论来源的间接性甚至影响到中国共产党的几代领导人。如毛泽东,尽管从20世纪20年代起,他"就已经在理论上和某种程度的行动上"成了一个马克思主义者,但他与斯诺在1936年的谈话中就曾说过,他在1920年冬接受马克思主义最早的文献是三本书:陈望道从日文转译的《共产党宣言》、考茨基的《阶级斗争》和科卡普的《社会主义史》。20世纪90年代,邓小平在南方讲话中提及的马克思主义入门老师,除了《共产党宣言》外,就是布哈林与普列奥布拉任斯基写的《共产主义ABC》。以今天的眼光来看,中国共产党两代领导人所提及的四本书,除了《共产党宣言》外,都不是马恩的经典著作,余下三本书中的某些观点也不符合后来社会主义建设的某些实践经验。由于中国新民主主义革命的主要形式是武装斗争,几十年的战争环境一方面使革命工作者积累了丰富的革命斗争经验,另一方面也使他们没有更多条件去深入研究马克思主义的基础理论。这正如刘少奇后来所说:"马克思主义传入中国时,又由于中国当时是客观革命形势很成熟的国家,要求中国革命者立即从事,而且以全部力量去从事实际的革命活动,无暇来长期从事理论研究与斗争经验的总结。"① 对武装斗争的迫切需要削弱了对马克思主义基础理论的深入研究,这一倾向也直接影响着美学和文艺理论界,甚至像瞿秋白这样卓越的马克思主义理论家,在讨论文艺和美学问题,特别是在讨论创作方法时,也会不自觉地受到"拉普"的影响。

如果说,中国共产党早期领导人的马克思主义美学和文艺思想在理论形态上带有明显的革命功利目的和具体的实践精神,并且其理论来源具有间接性等特点的

---

① 见《刘少奇文选》,上卷,第211页,北京,人民出版社,1981。

话,那么,"左联"成立前后译介马克思主义美学和文艺论著方面所走过的道路就更值得我们认真思考与研究。当时的不少具有影响力的刊物,如《拓荒者》《萌芽月刊》《现代》《译文》《文艺研究》《文艺群众》《朝花旬刊》《巴尔底山》《十字街头》《北斗》等,都以大量的篇幅登载了马克思列宁主义的美学和文艺论著的译文和研究文章,以及中国学者以马克思主义观点写作的美学和文艺论文。如陆侃如在1933年3卷第6期《读书杂志》上发表了他从法文转译的恩格斯《至哈克奈斯女士书》;1933年9月《现代》第三卷第6期上发表了鲁迅的《关于翻译》一文,其中就有从日文节译的恩格斯致敏·考茨基的信中关于文艺在资本主义制度下的历史使命的一段话,1934年12月16日《译文》第一卷第4期则发表了胡风从日文转译的这封信的全文;1935年11月,《文艺群众》第3期上发表了易卓翻译的马、恩分别就《济金根》致拉萨尔的信,以及恩格斯致保·恩斯特的信。此外,郭沫若也曾从日文转译过《神圣家族》等著作的有关章节。

与译介马、恩经典作家原著相比,这一时期更多译介的是俄苏马克思主义的美学和文艺理论专著。其中有鲁迅翻译卢那察尔斯基的《艺术论》、普列汉诺夫的《艺术论》,冯雪峰翻译普列汉诺夫的《艺术与社会生活》和沃罗夫斯基的《社会的作家论》。1932年至1933年,瞿秋白根据俄文本翻译了马克思、恩格斯、列宁、拉法格和普列汉诺夫等人的文艺论著;瞿秋白就义后,鲁迅曾亲自将这些译著编辑成书,以《海上述林》为题,于1936年正式出版。同时,这一时期还出版了不少马克思主义文艺理论丛书,其中有上海水沫书店和光华书局出版、冯雪峰主编的"科学的艺术论"丛书,水沫书店出版的《马克思主义文艺论丛》,神州国光社出版的《唯物史观艺术论丛》等。可以说,这一时期译介马克思主义美学和文艺论著的工作,总的趋势也是先间接、再逐步走向直接;除少量译介马、恩经典作家的经典论著外,更大量的,还是将马克思主义文艺理论家如梅林、拉法格、李卜克内西、普列汉诺夫、高尔基、卢那察尔斯基、沃罗夫斯基、法捷耶夫、弗里契和藏原惟人等人的文艺论著译介到中国。这些论著一方面为正在寻求解放的中国无产阶级文艺战士提供了重要的理论武库,另一方面也带来了一些负面作用,如"左联"所执行的"左"倾路线在理论上与此就不无关系。

毛泽东曾不止一次地指出,我们学习马克思列宁主义,不是为着好看,也不是因为它有什么神秘,只是因为它是领导无产阶级革命事业走向胜利的科学;我们所需要的理论家,是真正能够将马克思主义普遍真理与中国革命具体实践相结合的理论家。他丝毫不避讳革命的功利目的,并且他本人也正是这样一位卓越的理论家。毛泽东的美学和文艺思想一方面是对马克思列宁主义在中国的继承,另一方面又是他运用马列的基本立场、观点和方法观察中国社会和中国文艺现状,解决中国文艺运动实际发生的种种问题所得出的新的结论。1942年在延安文艺座谈会上,当时有的作家曾依据韦伯大辞典,或是依据其他标准,大谈什么是文艺的问题。毛泽东在总结发言时就指出:"我们讨论问题,应当从实际出发,不是从定义出发,如果我们按照教科书,找到什么是文学,什么是艺术的定义,然后按照它们来规定今天文艺运动的方针,来评判今天所发生的各种见解和争论,这种方法是不正确的。我们是马克思主义者,马克思主义叫我们看问题不要从抽象的定义出发,而要从客观存在的事实出发,从分析这些事实中找出方针、政策、办法来。我们现在讨论文艺工作也应该这样做。"①严格地说,毛泽东更多的是从创作理论的角度,继承和发展了列宁的有关文艺和美学的思想。他一方面强调作家要深入生活、深入火热的斗争这个创作的唯一源泉,去观察、体验、研究和分析一切人、一切群众、一切生动的生活形式和斗争形式、一切文学和艺术的原始材料,并在此基础上进行自己的创造;另一方面,他又要求革命的文艺工作者花大力气、下大功夫去实现"立足点"的转移,从而在自己的创作中自觉而充分地表现出无产阶级,以及除极少数人在外的整个中华民族的共同思想、情感、利益和要求,充分体现出自己作为民族的、阶级的工具的价值和作用。在那个特定的革命战争年代及以后,毛泽东并没有像列宁那样明确地提出必须保证作家"有个人创造和个人爱好的广阔天地,有思想和幻想、形式和内容的广阔天地",而是把作家的主体意识更多地理解为个性和社会群体性,主要是民族性和阶级性的有机、辩证的结合,并以此为基础,提出了一系列重要的文论观点。但就其本质而言,毛泽东还是继承和发展着列宁的文艺和美学思想(以创作的主客体关系为基本框架和思路的理论模式)。不幸的是,在相当长的时期里,在中国的社会主义文艺实践中,上自党和国家的文艺政策,下至作家和艺术家的文艺实践,都没能准确地把握上述文艺和美学思想中辩证的内核,在理论与实践中都出现了不小的差错,这不仅远离了马克思主义经典作家的文艺观,也与毛泽东当年的美学和文艺思想的初衷相悖。

(二)曲折的努力

如果从19世纪末、20世纪初马克思主义传入中国算起,马克思主义及其美学思想在中国至少已传播和发展了八十余年。但是,马克思主义美学和文艺思想得以空前传播与发展,主要还是中华人民共和国成立以后的半个多世纪的事情。

社会主义政权的建立使马克思主义成为中国社会的主流意识形态。在美学和文艺领域,马克思主义的美学和文艺理论也占据了支配地位。这确实为马克思主义美学和文艺思想的传播与发展提供了前所未有的大好条件。但与此同时,我们又要

---

① 见《毛泽东论文艺》,第40—41页,北京,人民文学出版社,1992。

看到，这种有利条件的获得，是由党和国家的政治机构提供的，而非文艺自身所能完全提供。在这种情况下，党和国家政治机构也必然要求美学理论和文艺理论服从和服务于政治机构的特定政治需要。马克思主义美学和文艺理论的建设和发展，被纳入了社会主义国家的政治生活轨道，美学和文艺理论的重要问题都与党和国家的政治生活息息相关，而且往往以党和国家的政治决议形式实施于学术界和文艺界。这也就是相当长一个时期我们所走过的、后来又被我们猛烈抨击的"苏联模式"的马克思主义美学、文艺理论及其文艺政策。其实，客观地说，这种理论模式并非一无是处，它在历史上也确实起过一些进步作用。正如马克思在确立一种新的世界观时，曾经明确地指出："哲学家只是用不同的方式解释世界，而问题在于改变世界。"①马克思主义自诞生之日起，就不是一种书斋里的理论，而是无产阶级革命和建设的世界观；它应当而且必须在反对资本主义的政治斗争中，在社会主义革命和建设的政治中，发挥其应有的作用。而马克思主义的美学和文艺思想，作为马克思主义整体的一个组成部分，必然具有一定的政治倾向。这也是十分合理的。问题在于，只强调政治在整个社会生活中的重要地位，把政治完全看作高于艺术和决定艺术的因素，而把艺术置于政治的主宰和管辖之下，把政治的因素和问题提升到艺术的最高层次和最高价值的高度，这样就把艺术的重要的一个方面因素等同于整个一切的全部重要因素，甚至当成唯一重要的因素，这也就走向了形而上学的片面性，最终背离了马克思主义的立场和方法。在这种模式指导下，不能说完全没有艺术的审美分析和审美方面的理论成就，但是在政治重于或高于艺术的思考中，却没有纯粹审美分析的理论的生存空间，忽视和否定了对于艺术超越有限社会形态的永恒审美价值的探索，忽视和否定了艺术的超越一定政治和经济条件限制的文化意义。应该说，这不仅是这一思想路径的最大失误，也影响了党的文艺政策的制定。

也许，正是在这个意义上，以卢卡契为代表的一批在共产国际内部受到批判、甚至清洗的"新马克思主义"的美学和文艺思想，很值得我们认真思考。卢卡契首先提出，艺术不是纯粹的意识形态形式，并强调了意识形态的非个人性和非自觉性。这些观点具有重要的现实意义。因为在卢卡契看来，就艺术而言，虽然它不是最纯粹的意识形态形式，但它确实具有高级意识形态的属性，而且它可能是非自觉形成的，因此艺术家个人不一定要对自己的产品承担责任。他反对把意识形态理解为个别人的任意思维构造物，"某种思想或思想整体若要变成意识形态，它必须执行某种规定得非常确切的社会职能"②。由于艺术创作明显地带有"个别人的任意思维构造物"的特征，不一定有非常确切的社会职能，因此其意识形态的非自觉特性也就十分

---

① 见《马克思恩格斯选集》，第1卷，第19页，北京，人民出版社，1976。
② 卢卡契：《关于社会存在的本体论》，白锡堃等译，下卷，第487页，重庆，重庆出版社，1993。

明显了。以此为思想路径,卢卡契提出了一系列美学和文艺理论观点,特别是他的"伟大的现实主义"的文艺观,其立足点和基本的美学观念都是对"整体性"的阐释。他不但坚决反对照相式的实录,甚至也不要求艺术描写与实际生活在表面上的相似;他要求作家致力于"对隐匿在表面之下的、深藏不露的现实本质的探索"①。那么,什么是现实的本质呢?按卢卡契的解释,就是无数的社会生活中的事实在马克思主义思想指导下,通过一系列"提升"、"归并"、"扬弃"的过程,被综合成为一个完整的"整体",一种"真实的总联系",而从中体现出来的一种社会历史发展的倾向和趋势。这种历史发展的倾向是比经验事实更高的现实,就是"伟大的现实主义"。由此,卢卡契完成了从本体论的角度对文艺观的发展。从这个意义上说,卢卡契也把恩格斯所倡导的现实主义文艺和美学思想提升到了一个崭新的高度。可惜的是,卢卡契这些极有价值的观点,不仅在共产主义运动内部长期受到批判,也被日后的法兰克福学派所否定。而尽管卢卡契的有关论著早在20世纪30年代就被介绍到中国,但由于各种历史和政治原因,卢卡契的理论始终成为批判的对象,对其真正的科学研究乃是80年代以后的事情。从方法论上看,法兰克福学派反对将艺术与社会意识联系起来,而主张将文化作为一种非意识形态来研究,这显然已远离马克思列宁主义的立场了。

值得欣慰的是,自20世纪80年代初起,中国马克思主义美学理论的研究摆脱了苏联马克思主义美学和文艺理论模式的束缚,开始走向多元和多样化的发展道路。在这一时期,学术界开始重新审视马克思主义美学和文艺思想发展的"初创形态"或历史和逻辑起点,开始注意把马克思创立的"艺术生产"理论和主要由恩格斯所创立的现实主义理论加以区别,并试图准确认识其各自的理论与实践思路。在此基础上,有的学者继续向"反映论"深化,有的学者向"艺术生产"发展,有的学者向"主体论"拓展,有的学者向"形式论"努力,有的学者向"心理学"逼近,有的学者向"读者反应和接受理论"靠拢,有的学者则着意在"批评方法"和"术语概念"上翻新,有的则把研究视角伸向更广阔的文化领域。如果除却少量的干扰和杂音,我们可以清晰地看到,中国的马克思主义美学、文艺思想在这个时期得到了极大的丰富和发展,并且是沿着马克思"艺术生产"和恩格斯"现实主义"的双重轨道的丰富和发展。中国的马克思主义美学理论工作者用短短二十余年的时间,走完了恢复马克思主义美学和文艺理论本来面目,大量介绍引进国外尤其是西方现当代文艺思潮、文艺观念和文艺方法,以及建构中国特色的马克思主义美学理论体系的三个阶段。

---

① 见《卢卡契文学论文集》(2),第213页,北京,中国社会科学出版社,1991。

(三)开放性前景

至此,我们已经大体勾勒出了马克思主义美学思想在20世纪中国形成、传播,特别是其发展的大致轨迹。这其中,显然充满了差异甚至矛盾。在两位革命导师不尽相同的理论模式,即马克思所创立的"艺术生产论"和恩格斯所创立的"现实主义理论"的引导下,20世纪中国的马克思主义美学建设出现了许多不同的理论分支和实践思路。在一个相当长的时期里,特别是在以往苏联模式的理论指导之下,人们往往做出非此即彼的选言判断,即判定某一分支或其学说是马克思主义或非马克思主义,而不是根据事实做出合理的价值判断。应当承认,前述各种不同的分支系统和理论,在传播与发展马克思主义美学和文艺思想的过程中,都做出了自己独特的历史贡献,都有其自身合理的价值——当然这其中也会出现理论和实践上的失误。有失误并不可怕,只要我们勇于修正这些失误,就不会背离马克思主义的宗旨。马恩经典作家并没有为我们留下完整的美学和文艺理论巨著,建构马克思主义美学和文艺理论体系也许是几代人的共同事业;不论何种分支或何种理论观点,只要它不违背马克思主义的基本原则、立场和方法,我们就应当承认其合理价值,承认其在马克思主义美学和文艺思想发展史上的应有地位。讨论问题的出发点和着眼点应重在建设和发展,这就是说,要在世界观和方法论的最高层面上坚持马克思主义一元论,而在较低层面上允许具体研究方法的多元化。这既坚持了马克思主义和马克思主义美学与文艺思想的基本前提——"不能叛道",又对新说、新论以及具体的研究方法和观点概念,坚持了唯物、辩证、历史的原则——"可以离经"。唯有如此,我们才能说马克思主义美学和文艺思想不是一个既定的框架,而是一个发展的体系和开放的体系,它充满无限的生机和生命力。如此,马克思主义美学和文艺思想必将在新世纪发出更加夺目的光芒。

随着客观形势的发展,随着中国文艺理论和创作实践的发展,特别是社会主义市场经济理论的提出,建设中国特色的马克思主义美学又面临一些新的课题。对于马克思主义发展的历史来说,20世纪至今最重要的事件,莫过于20世纪初俄国十月革命的胜利、世界上第一个社会主义国家的诞生和20世纪末苏联这个历史最悠久的社会主义国家的解体。这一事件对全球马克思主义者都是一次巨大的精神冲击,以至于人们都在"揣度如何能够在1989年以后继续作为一名马克思主义者甚或社会主义者"[①]。这一问题的严峻性使苏联社会主义政权的解体成为一个值得从各方面来加以思考和研究的问题,它也必然涉及美学和文艺理论,并由此提出一系列亟

---

① 詹姆逊:《布莱希特与方法》,陈永国译,第24页,北京,中国社会科学出版社,1998。

待我们解决的新问题。如：社会主义市场经济体制条件下文艺的属性和特征；社会主义市场经济条件下文化产品的生产目的；文化市场与文化建设的关系和命运；如何认识和处理文艺上改革创新与继承优良传统的关系，以及在引进西方学说过程中吸收和抵制的关系；如何能够做到既坚持主旋律又提倡多样化，既体现时代精神又保留民族风格……这些问题都是在马克思主义经典论著中找不到现成答案的，但又是每一个马克思主义美学理论家所必须做出严肃回答的问题。詹姆逊曾这样描述马克思主义："马克思主义根本不是一种哲学，它的自我定位是'理论与实践的统一'。然而，最清楚的表述或许是，最好把它看作是一种论争（Argument）：即不是把它等同于特定的命题，而是把它看作对特定的复杂问题的表述。所以人们可以很容易地指出，马克思主义论争的创造性就在于它提出新的问题的能力。"①对于认为"马克思主义根本不是一种哲学"，我们当然不能苟同；但对于把马克思主义看作是一种"论争"，其"创造性就在于它提出新的问题的能力"，我们却认为颇有启发。因为只有这样，我们才能把马克思主义看成是一种"活的"科学，一种永葆生命和青春活力的科学，一种能够解答现实问题的科学。

马克思主义美学的学科形态一直是在发展之中的。这一点，只要回顾一下整个20世纪中国马克思主义美学的建设历史就可证明。像整个马克思主义学说一样，马克思主义美学也不是现成的教义，而是方法；它提供的不是现成的教条，而是进一步研究问题的出发点和方法论指南。可以深信，面向21世纪的中国马克思主义美学（包括文艺理论），必将面临一次新的综合的要求与契机。这一要求与契机是历史性形成的。马克思主义美学要显示自己的生命力，就需要证明它比20世纪特别是中后期文化土壤中生长出来的各种美学思潮更具"有效性"。而要做到这一点，它就必须随着生活实践和文学艺术实践的发展，运用其基本原理，及时吸收当代文艺和美学学科中的一切有价值的成果，去解释生活和艺术中的新情况、新现象和新问题，在这个新的综合基础上达到深化和完备马克思主义美学的目的。从这个意义上确实可以说，马克思主义美学学科形态的最大特点就是人们"通过独立的研究必然可以掌握它甚至创造它"②。

依据时代和文艺的变化而不断创新，是马克思主义美学特有的思维品格；力图实事求是地从整体上和实质上把握文艺活动的全部过程及其功能，正是马克思主义美学特有的思想品格。

（马　驰）

---

① 俞可平主编：《全球化时代的"马克思主义"》，第69页，北京，中央编译出版社，1998。
② 卢卡契：《审美特性》（一），徐恒醇译，第5页，北京，中国社会科学出版社，1986。

第四编

历史中的个人

一　文体、地理与趣味
——梁启超与 20 世纪中国美学

20 世纪中国美学经历了一个曲折的发展历程，在不断的破与立的躁动中逐渐发现并找到了自己的位置。而当我们研究、回顾 20 世纪中国美学的发展时，我们就会惊奇地发现，梁启超是我们无法绕开的一个人物。他站在中国封建社会秩序解体、新的社会秩序建立的边缘，以自己敏锐的视角去寻求美、发现美。在文体中，他发现了中西截然不同的美学精神；在地理中，他发现了地域造就人的性情以及性情与美的创造之关系。最终，他找到了真与趣味，津津乐道自然、人生、文学与艺术中所蕴含的真与趣味。在对美的追寻过程中，处于新旧时代过渡时期的美学家们大多走着一条中西融会之路，如蔡元培"以美育代宗教"的美学思路，王国维借助康德、叔本华美学观点来阐释中国古典美学，都是中西融会的具体实践。梁启超也超越不了时代的限制，从他对美的态度，尤其是对文体的态度上可以看出，虽然他竭力推崇欧西文学艺术所表现的思想境界，倡导"诗界革命"、"文界革命"、"小说界革命"，但他也没有完全倒向西方，没有从根本上抹杀中国的美学传统，而是很自然地适应了这个社会，自觉地为新秩序、新文化的建立呐喊，试图确立一种新的美学范式。从他的呐喊声中，我们能够清晰地听出他对中国传统的决绝态度，同时也能隐约感受到他对中国传统存有一种难以割舍的依恋。他要与之决绝的是中国传统美学精神中的柔婉与黯弱，依恋的是中国传统美学精神中的优雅与华丽。显然，这是一种矛盾倾向。这种矛盾倾向，使得他的美学思想也呈现出善变的特点。作为 20 世纪中国美学现代建构的一个重要开拓者，梁启超美学思想的光彩也正呈现在这种矛盾之中：一方面，他希望建立一种新的美学精神，这种美学精神"精深盘郁"、"雄伟博丽"，充满趣味，具有冲破旧传统的恢宏气势；另一方面，他又希望这一新的美学精神能够保存中国传统美学的优雅与华丽。这种梁启超式的情结，成为中国现代美学发展中的一个典型表征。

(一)文体革命:传统与欧西选择背后的工具论美学

梁启超有着重建中国美学的理想,而要重建中国美学,则必须改造中国传统的美学。梁启超对中国传统美学的改造首先是从文体革命开始的,这与其政治革命的思想血脉相连。在梁启超看来,要真正地改造中国,唤醒沉睡的中国人,必须从改造文体开始,进行彻底的文体革命。在这种思想观念的驱动下,他与黄遵宪、夏曾佑、谭嗣同等人先后发动了"诗界革命"、"文界革命"、"小说界革命",发表了一系列文体革命的主张,掀起了一场20世纪中国美学史上最为壮观的文体革命浪潮。在这一浪潮的冲击下,中国美学的现代范式逐渐确立,美学成为一种实现某种政治或伦理道德意图的工具。单单从工具论角度来看,梁启超的文体革命美学与传统儒家的"言志"与教化美学尽管有异曲同工之妙,但却有着大相径庭的立足点。"言志"与教化美学的立足点是内转,在中国传统儒、道哲学之间进行取舍,最终选择了儒家的政治、伦理、道德情怀,抛弃了道家远离尘嚣、淡泊功利的意趣,以此来实现工具的效应。而梁启超文体革命美学的立足点是外转,要求中国美学面向世界,用欧西进步思想与文化冲刷、革新中国传统美学,由此寻求中国美学的现代生成途径与方法。

1. 诗界革命

"诗界革命"作为当时的一股思想潮流,对中国现代文学与思想的影响极大。作为"诗界革命"的理论主将之一,在梁启超那里,"诗界革命"的根本目的不是抛弃传统诗歌所固有的审美品质,而是意在革除传统诗歌中陈陈相因的思想情感,在诗歌之中注入新的思想、新的理想。这种新的思想、新的理想即是"欧洲之真精神真思想",那是一种迥异于中国传统文化的进步思想。这种思想"精深盘郁"、"雄伟博丽",具有打碎一切的气概与力量,蕴涵着无穷无尽的激情。这种"真精神真思想"不仅是西方思想的精华,也是西方诗歌的意境、一种大境界。梁启超尤其赞赏西方诗歌所表现出来的这种大境界。在他眼里,这种境界是中国传统诗歌所不具备的。梁启超从形式上分析了西方诗歌大境界产生的原因,认为是西方追求大制作所产生的结果。"希腊诗人荷马(旧译作和美耳),古代第一文豪也。其诗篇为今日考据希腊史者独一无二之秘本,每篇率万数千言。近世诗家,如莎士比亚、弥儿敦、田尼逊等,其诗动亦数万言。伟哉!勿论文藻,即其气魄固已夺人矣。中国事事落他人后,惟文学似差可颉颃西域。然长篇之诗,最传诵者,惟杜之《北征》、韩之《南山》,宋人至称为日月争光;然其精深盘郁雄伟博丽之气,尚未足也。"[①]中国古代也曾经出现过一些长篇巨制,如杜甫《北征》、韩愈《南山》等,但在梁启超眼里,这些诗还都气魄不够。

---

① 梁启超:《诗话·八》,见《梁启超全集》,第18卷,第5297页,北京,北京出版社,1999。

他希望中国现代的诗歌创作能够继承杜甫、韩愈的优良传统,多出现一些鸿篇巨制的大制作,而且要能够弥补杜、韩气魄上的不足,在诗歌之中贯注一种大气魄,而唯有大制作、大气魄,才会有大境界。这里,实际上贯穿着梁启超对诗歌美学的一种整体性思考。在他看来,大制作与大气魄不是各自孤立的,而是密切关联的。梁启超所说的"大气魄",是指阔大的思想精神,昂扬的革命风貌。具体到诗歌创作,则是指西方诗歌所表现的大题材。只有大的题材,才会有大的制作。中国古代的诗歌多描写风花雪月,展现的是诗人的内心世界,这样的诗歌不可能出现大制作。唯有宏观地表现时代、展示革命精神的诗歌,才可能出现大制作。为此,他高度赞美黄遵宪的长诗《锡兰岛卧佛》是"空前之奇构",是中国"有诗以来所未有"之杰作,[①]就是因为黄遵宪描写了一个大的题材,展示了一个大的境界,具有大气魄。由此,梁启超提出"诗界革命"的具体目标便是:新意境、新语句、古风格。在《夏威夷游记》一文里,梁启超明确说:"欲为诗界之哥伦布玛赛郎,不可不备三长,第一要新意境,第二要新语句,而又须以古人之风格入之,然后成其为诗。"[②]梁启超非常满足自己的这种发现,并且坚信,只要坚守这"三长",一定会成为"20世纪支那之诗王"。为了追求诗歌的大气魄,他要求学习西方的先进理念,学习西方的精神气质,同时也学习西方的鸿篇巨制,学习西方的雄伟博丽。所有这些,都是为了一个目的,即振奋中国人的精神,彻底改造中国愚黯的现状。今天看来,这种工具论美学范式虽然存在这样或那样的偏颇,但它适应了那个时代的需求,自有其存在的价值。

然而,是否可以这样认为,梁启超要求诗歌贯注"大气魄",就是完全学习欧西、抛弃中国传统美学、否定中国传统诗歌呢?我们的结论是否定的。尽管梁启超对中国传统诗歌不满,但他还是难以割舍中国古典诗歌的文采。"诗界革命"的目标之一是"古风格",而所谓"古风格"就是要继承中国古典诗歌的长处。"风格"不仅包括传统诗歌的优美形式,更包含着传统诗歌的美的韵味。梁启超要求继承的不仅是中国传统诗歌的形式与文采,还要继承古典诗歌的格律、韵味等。从中我们可以非常明显地看出,梁启超对中国传统美学还有一种难以割舍的情结。在其内心深处,他仍然无法忘怀中国传统诗歌的美,并从内心深处崇尚这种美。这种思想其实蕴涵着梁启超的理性比较。中国传统诗歌的美是中国美学民族性的具体体现,现代诗歌创作可以学习欧西的形式,乃至学习欧西诗歌表达思想情感的方式,关心现实,具有开阔的政治视野,为革命维新鼓吹。但要保持现代诗歌创作的民族性,必须要"古风格",必须继承中国传统诗歌的美学精神。正是这种情结,使得梁启超在激进的言论背后,又能够进行理性的思索。而正是这种理性的思索,保持了梁启超思想的完整性

---

① 梁启超:《诗话·八》,见《梁启超全集》,第18卷,第5297页,北京,北京出版社,1999。
② 梁启超:《夏威夷游记》,见《梁启超全集》,第4卷,第1219页,北京,北京出版社,1999。

与合理性,使得他在偏离中国美学民族化的路途上并没有走得太远。

2. 文界革命

"文界革命"的提出与"诗界革命"同时,也是梁启超文体革命的一个重要内容。

长期以来,中国文坛上充斥着以科举考试为目的的八股文。八股文形式呆板,内容僵死,但因有功名的诱惑,文人们乐此不疲。梁启超厌烦了中国传统的八股文与桐城古文的僵死,对它们进行了激烈的抨击,认为八股文束缚人们的思想,烦琐、累赘、难学、难写,"意已尽而敷衍之,非三百字以上勿进也。意未尽而桎梏之,自七百字以外勿庸也。百家之书不必读,惧其用僻书也。当世之务不必讲,惧其触时事也"①。正因为古文僵死,不能适应当下社会的发展需要,不符合当下的审美趣味,梁启超才倡导"文界革命"。与"诗界革命"一样,梁氏的"文界革命"也是以宣扬欧西进步思想为目的,要求用欧西思想来充实文章内容,为维新政治服务。而在现实的情状下,要达到这一目的,必须找到一种适合这种思想表达的新文体。经过一番努力,梁启超最终发现了报章文字。在《夏威夷游记》中,他曾经记述了自己阅读日本政论家德富苏峰的文章的感想:"德富氏为日本三大新闻主笔之一,其文雄放隽快,善以欧西文思入日本文,实为文界别开一生面者,余甚爱之。中国若有文界革命,当亦不可不起点于是也。"②借助于他所兴办的《时务报》等报纸,梁启超大力提倡报章文字的写作。在他看来,文章可分为"传世之文"和"觉世之文"两类。"传世之文"是传统美文,由于它能给人带来审美愉悦,"无之不可";报章文字是"觉世之文",它能够唤醒人们的觉悟,投身到维新的行列,这才是目前所急需的。梁启超并对"觉世之文"提出了一些具体的要求,"觉世之文,则辞达而已矣。当以条理细备,词笔锐达为上,不必求工也"③。也就是说,"觉世之文"应追求通俗、平易,表达情感,具有强烈的鼓动力量。梁启超倡导"觉世之文",实际上是将工具性放在第一位,审美性放在第二位。这类文章是他心目中的美文。这种"觉世之文"是报章文字。所谓"报章文字"并不是指一种固定的文体形式,它包括政论、小品在内的多种文体。在梁启超看来,这些文体,新鲜而灵活,不因循古法,完全追求思想、情感的自由表达。更为重要的是,这种"报章文字"追求的是新闻效应,宣传的是革命维新思想,为当下的政治改革服务,最为适宜。梁启超曾经这样要求"报章文字":"一曰宗旨定而高,二曰思想新而正,三曰材料富而当,四曰报事确而速。"④这是梁启超工具性与实用性美学思想的典型表现。在当时社会历史背景下,政治斗争居于主流地位,适应政治斗争和革命

---

① 梁启超:《论幼学》,见《梁启超全集》,第1卷,第36页,北京,北京出版社,1999。
② 梁启超:《夏威夷游记》,见《梁启超全集》,第4卷,第1220页,北京,北京出版社,1999。
③ 梁启超:《湖南时务学堂学约》,见《梁启超全集》,第1卷,第109页,北京,北京出版社,1999。
④ 梁启超:《清议报一百册祝辞并论报馆之责任及本馆之经历》,见《梁启超全集》,第2卷,第476页,北京,北京出版社,1999。

维新的需要,这种工具性和实用性美学思想的产生实属必然。后来,由于社会发展一直伴随着革命与斗争,这种美学思想一直有着存在的市场,对20世纪中国美学影响巨大。

"文界革命"与"诗界革命"一起,共同承担着中国美学的现代建构任务。今天看来,这一任务完成得比较圆满。20世纪中国美学的发展充分证明,工具论这一奇异的美学大厦已经建立,并成为一种无可替代的美学存在。

3. 小说界革命

梁启超文体革命的核心是"小说界革命"。在对小说这一文体的革命性论述中,梁启超最终完成了其工具论美学的思想建构。

相比诗歌等其他文体,小说这种文体在中国古代并不发达,不仅成型较晚,而且数量也不多。严格地说,宋以前并没有真正意义上的小说存在。后来,由于借鉴了历史叙事,出现了唐传奇,中国古典小说的形式才开始定型,至明清时期出现兴盛局面。但是,在人们的思想观念中,小说依然是不登大雅之堂的俗文学。随着中国国门被迫打开,西方文化输入中国,小说成为文坛关注的焦点。晚清时期,翻译小说、新小说创作非常繁盛。在变法、维新、革命的浪潮中,小说充当着非常重要的角色,俨然成为革命维新的重要工具。

1902年,梁启超发表了《论小说与群治之关系》一文,这是他小说理论和文体美学的纲领性文献。梁启超准确发现了现代小说与传统小说功能上的差异,彻底扭转了传统对小说的歧视,将街谈巷议、道听途说的不登大雅之堂的叙事,改造为变法、维新、革命的激进叙事,明确提出了"小说界革命"的主张。梁启超石破天惊地论述小说的功能,"欲新一国之民,不可不先新一国之小说;故欲新道德,必新小说;欲新宗教,必新小说;欲新政治,必新小说;欲新风俗,必新小说;欲新学艺,必新小说;乃至欲新人心,欲新人格,必新小说。何以故?小说有不可思议之力支配人道故。"①他将小说的功能看得如此强大,将小说的地位提得如此之高,完全颠覆了传统的小说观念,小说不仅脱俗入雅,而且成为大雅。小说何以有如此高强的本领?梁启超从人性和人的审美趣味等方面进行分析,他的基本态度是:小说之所以会有如此强大的功能,是因为它"浅而易解"、"乐而多趣"。②"浅而易解"主要是就小说语言来说的。那时的小说运用白话,语言平易,妇孺都能够理解。这里显然有一个古今的比较。梁氏反对文言文的佶屈聱牙,肯定白话文的浅易。当然,这里的"浅易"并不是单单针对语言,它还对应于"乐而多趣"。所谓"乐而多趣"则是针对小说审美而言的,主要是指小说的故事曲折感人、寓意深远,能够给人以深刻的启迪。但是,这还

---

① 梁启超:《论小说与群治的关系》,见《梁启超全集》,第4卷,第884页,北京,北京出版社,1999。
② 梁启超:《论小说与群治的关系》,见《梁启超全集》,第4卷,第884页,北京,北京出版社,1999。

不够。在梁启超看来，小说之所以"乐而多趣"，还因为小说的创作以赏心乐事为目的，小说描写的境界超越了人自身的现实体验，它所展现的是作家自身所经历生活场景之外的另一番境界，这一境界往往给人以新奇之感。梁启超虽然强调小说的工具性，但还多少从小说的审美特质上讨论了它的魅力，这就使得他的论说具有一定说服力。然而，我们要看到，梁启超的落脚点还是要强化小说对人性的陶冶作用，最终将之落实到革命与维新，以实现他文体革命的目的。

梁启超"小说界革命"的理论有一个非常有意思的现象，那就是：他力图将小说的工具性和审美性糅合在一起，在大谈工具性的同时，也花很多精力谈论小说的审美性。他说小说"乐而多趣"就体现了这方面的意图。梁启超要用小说来实现革命与维新的目的，才会以如此实用的态度来对待小说，而在具体讨论小说的审美特质时，却又似乎超越了这种纯粹实用的意图，反而看重小说的审美价值。梁启超认为，小说对人性的陶冶主要体现在四种审美之力：熏、浸、刺、提。实际上，这就是梁启超对小说审美的深刻透视。所谓"熏"，通俗地讲就是感染。由于小说有优美的故事与情感，能够很快吸引和感染读者，久而久之，这些情感就会渗透到人们思想与灵魂的各个角落，形成强大的精神力量。因此，梁启超说它是一种力。所谓"浸"，就是渗透、感化之意。读者长期阅读小说，受小说的感染，"入而与之俱化"，小说中所表现出来的精神情感长时间浸润读者的心灵，使读者精神情感得到升华。所谓"刺"，就是讽刺、刺激。这是强调小说的警世与教育意义，回应他的工具论诉求。有些小说，读者在阅读时能够刹那间产生一种异样感，获得刺激，在这种刺激之中警醒、超越自己，获得一种清醒的认识。梁启超认为，这种"刺"就像禅宗的棒喝，它本身就有一种警醒的作用。当然，这种警醒因不同的小说、不同的读者会有不同的力度。所谓"提"，按照梁启超自身的解释，就是"自化其身"，使身心自然而然地得到净化，获得升华。这是阅读的最高境界。熏、浸、刺三种审美感受，在梁氏看来，都是外在的，唯有"提"是内在的，是"自内而脱之使出"。由于读者身心完全沉浸在小说的优美故事之中，读者自身也往往会成为小说故事、人物的一部分，不自觉地扮演着其中的一个角色。这类似于庄子所说的"物化"，也类似于西方美学史上的"移情"。至于梁启超为什么把"提"看作是阅读的最高境界（梁氏称佛法最上乘），这恐怕还是着眼于读者的审美愉悦。在梁启超那里，达到这种阅读的境界就获得了审美愉悦，修得了"度世"的不二法门。①

梁启超谈论小说工具性时，仍然具有纯艺术和审美的眼光。这种眼光似乎超越了其激进的工具论观念。实际上，在梁启超的内心深处，工具和审美仍然是有主次

---

① 以上参见梁启超：《论小说与群治的关系》，见《梁启超全集》，第4卷，第884—885页，北京，北京出版社，1999。

之分的。审美是为了工具的目的,这是梁启超"小说界革命"的真实意图。然而,由于梁启超对小说的审美性论述如此到位,这就给人以错觉,似乎他的"小说界革命"的真实目的是追求审美。我们不得不承认,梁启超的"小说界革命"比较好地解决了小说的工具性和审美性问题,它使我们更加深入地认识到工具论意图和审美并没有必然的矛盾,只要调和得当,两者是可以相互推动、美美相共的。在20世纪中国美学中,工具和审美是一个两难存在。通常情形下,它们之间相互龃龉,难以融合,但一些高明的艺术家也能够融合它们,从而构成了中国现代美学的和谐共振。

值得关注的是,梁启超在讨论文体革命时涉及了一系列新鲜而有趣的美学命题,如雅俗、意境等,这些都包含着非常丰富的美学内容。在梁启超看来,由雅到俗是文体发展的基本趋向,也是美学发展的基本趋向。从中国文学发展史上看,文体的古今演变,从诗歌主流到戏曲、小说主流,就是由雅到俗的具体表现。而在梁启超所处的时代,为了适应革命与维新的需要,这一俗化的过程便显得更加重要。这是因为文学要唤起的是普通百姓,如果太雅,普通百姓就难以理解,起不到唤醒民众的效果,而通俗更易于为普通百姓所接受。梁启超所谓意境,也不是中国传统诗学所说的意境。他的意境说是针对整个文体而言的,主要是指文学作品中所表现出来的欧西进步思想观念、艺术精神,是文学所展现的一种"精深盘郁"、"雄伟博丽"的精神世界。显然,这一意境的内涵已截然不同于中国传统的意境美学。但是,总体看来,梁氏的这种意境观格调与内涵都相对单一。中国传统的意境理论意蕴丰富,而梁启超却把它简单化了,去掉了其中所蕴含的审美价值很高的成分,硬性地将之与欧西思想嫁接,赋予其工具论的意蕴。这是对中国传统意境理论的扭曲。我们这样说,并不是强调梁启超的意境理论已经与传统没有关系,它多多少少还是有一些关联的。中国传统美学将意境分为很多类型,其中最为重要的分类方法就是将意境分为阳刚之美和阴柔之美。如果我们按照这种分类去比附,梁氏之意境只能是阳刚之美,而排斥阴柔之美。这当然是为了迎合他的政治功利需求。

梁启超关于文体革命所阐发出来的一系列美学思想,成为20世纪中国美学形成的重要理论资源,为中国美学现代理论范式的形成打下了坚实基础。中国现代美学赖以产生的基础是现代文化,那是以西方思想为核心所形成的一种文化。现代文化产生的历史背景是革命与斗争,随着现代社会发展的时段不同,革命与斗争的内容也不相同。与此关联,革命与斗争也成为中国现代美学的重要内容。为了革命、斗争,必须找到有效的策略。而中国传统的温柔敦厚和天人合一不适应现代革命和斗争的需要,因此,只能向西方去寻求。这就造就了中国现代文化、现代美学的突出特点:向外转。由此,也形成了中国现代美学的基本范式:西化+工具化。当然,梁启超只是一个先导,中国现代美学的"西化+工具化"范式的形成并不是梁氏一人之功,而是整个时代所造就的,是众多学者努力的结果。

(二)地理:"天然之景物"与人的性情、审美之关系

梁启超对20世纪中国美学的一个独特贡献,是重申并深化了中西文化与美学中关于地理与人之性情关系的观念。地理何以影响人们的性情?何以影响审美?中国古代和西方对此均有明确的论述。中国中古时期关于南北地理与文风关系的认识,法国思想家丹纳关于种族、环境、时代与艺术关系的分析,对梁启超都有所影响。不过,梁启超却对它们进行了独特的阐释,并赋予其新的意义。

在《地理与文明之关系》一文中,梁启超曾经这样说:

> 若夫精神的文明,与地理关系者亦不少。凡天然之景物过于伟大者,使人生恐怖之念,想象力过敏,而理性因以缩减,其妨碍人心之发达,阻文明之进步者实多。苟天然景物得其中和,则人类不被天然所压服,而自信力乃生,非直不怖之,反爱其美,而为种种之试验,思制天然力以为人利用。以此说推之,则五大洲中,亚非美三洲,其可怖之景物较欧洲为多。不特山川河岳沙漠等终古不变之物为然耳,如地震飓风疫疠等不时之现象,欧洲亦较少于他洲。故安息时代之文明,大率带恐怖天象之意,宗教之发达速于科学(成一科之学者谓之科学,如格致诸学是也),迷信之势力强于道理。彼埃及人所拜之偶像,皆不作人形。秘鲁亦然,墨西哥亦然,印度亦然。及希腊之文明起,其所塑绘之群神,始为优美人类之形貌,其宗教始发于爱心,而非发于畏心。此事虽小,然亦可见安息埃及之文明使人与神之距离远,希腊之文明使人与神之距离近也。①

显然,梁启超把地理与文明的关系看得看重。地理包含着地形、地貌、气候、风物等,它们都是天地自然所赋予的,一旦形成,则千古不变、恒定永久。地理还包括由于气候影响出现的随时性的自然现象,如地震、飓风、疾病等,这些都会影响人类的性情。在梁启超看来,生活在"天然之景物过于伟大"地域之人,其性情就会被伟大的自然压服,内心恐惧,迷失理性,从而阻碍了人心的发达与文明的进步。而生活在"天然之景物得其中和"地域之人,性情中就会充满爱心,满怀自信,并会想方设法利用自然、造福人类。就整个世界范围来说,亚洲、非洲、美洲的地理多属于"伟大"之"天然景物",山高、林密、河流纵横、沙漠广袤、气候恶劣。因此,亚、非、美之地的人恐怖天象,理性迷失,宗教、迷信盛行。欧洲的地理属于"中和"之"天然景物",山势平缓,土地肥沃,风和日丽,无形中造就了人自信的性情,理性占据上风。由此,梁

---

① 梁启超:《地理与文明之关系》,见《梁启超全集》,第4卷,第946页,北京,北京出版社,1999。

启超得出结论：亚非（安息、埃及）之文明，人与神之距离远；欧洲（希腊）之文明，人与神之距离近。人与神的距离远就是理性的迷失，人与神的距离近则是理性的守持。这虽与美学没有直接关联，但其内在所隐含的美学问题不可忽视。

梁启超的地理与文明观念所蕴含的第一个美学问题是人的性情问题，肯定了人的性情是自然赋予的，具有自然性。地理孕育了人的性情，由此带来了不同的创造与发明。梁启超将亚、非、美与欧洲放到一起比较，着眼的是大地域。其实，地理的范围是可大可小的，将地理范围缩小到一个国家、一个地区，依然存在着由于地理因素给人的性情带来的差异。就一个国家或地区来说，地理变化往往也很大，它同样带来了文明与性情的变化。比如欧洲，南、北的地理差异很大，由此文明与性情的差异也很大。"欧洲中火山地震等可怖之景，惟南部两半岛最多，即意大利与西班牙葡萄牙是也。而在今日之欧洲，其人民迷信最深，教会之势力最强者，惟此三国。且三国中，虽美术家最多，而大科学家不能出焉。"①地理决定了人们的性情，也决定了人们的科学与艺术才能。这一点，梁启超已言之凿凿。然而，我们应该看到，他所执着的地理与文明不可能仅仅是艺术与科学的问题，因为任何一个地域都需要艺术，也需要科学；一个地域有一个地域的艺术，一个地域有一个地域的科学。一个地域艺术与科学的发展可能均衡，也可能不均衡；不均衡者或以艺术胜，或以科学胜。梁启超所执着的是地理带来的人们性情的变化，这种变化关联着艺术创造，也关联着科学发明。在这里，我们看重的是艺术创造，即地理之中所涉及的人的性情和美学问题。

地理与性情的关系具体落实到中国，又是一种怎样的情形？延续地理与文明的视野，梁启超从大处着眼，结合中国历史的发展，进行了富有创造性的论述。《中国地理大势论》在罗列了黄河流域的朝代建都状况后做出总结："由此观之，历代王霸定鼎，其在黄河流域者，最占多数。固由所蕴所受使然，亦由对于北狄，取保守之势，非据北方而不足以为拒也。而其据于此者，为外界之现象所风动所熏染，其规模常宏远，其局势常壮阔，其气魄常磅礴英鸷，有俊鹘盘云横绝朔漠之概"。而在罗列长江流域朝代建都状况之后，他又这样表述："由此观之，建都于扬子江流域者，除明太祖外，大率皆创业未就，或败亡之余，苟安旦夕者也。为其外界之现象所风动所熏染，其规模常绮丽，其局势常清隐，其气魄常文弱，有月明画舫缓歌慢舞之观"。② 这里就涉及由地理原因所带来的第二个美学问题，即：风格与美学风尚的差异。梁启超以诗性的语言描述了这种差异，从上文两处描述中可以看出，南北各有自己的美学风尚，它们孕育出各自的文学艺术。地理左右着人

---

① 梁启超：《地理与文明之关系》，见《梁启超全集》，第4卷，第947页，北京，北京出版社，1999。
② 梁启超：《中国地理大势论》，见《梁启超全集》，第4卷，第928页，北京，北京出版社，1999。

们的性情,也决定了文学艺术的类型及其审美特征。在接下来对文学艺术特征的论述中,梁启超则分别分析了文学、音乐、美术,探讨了由地理因素所导致的文学、音乐、美术风格的差异。

在讨论文学(词章)时,梁启超说:

> 燕、赵多慷慨悲歌之士,吴、楚多放诞纤丽之文,自古然矣。自唐以前,于诗于文于赋,皆南北各为家数:长城饮马,河梁携手,北人之气概也;江南草长,洞庭始波,南人之情怀也。散文之长江大河一泻千里者,北人为优;骈文之镂云刻月善移我情者,南人为优。盖文章根于性灵,其受四围社会之影响特甚焉。①

南北文风的差异,并非梁启超最早发现。早在1200年前的唐朝初年,魏征就明确指出了南北地理对人的性情和风格、美学风尚的影响,以及由此产生的文学创作差异。《隋书·文学传序》云:"江左宫商发越,贵于清绮,河朔词义贞刚,重乎气质。气质则理胜其词,清绮则文过其意。理深者便于时用,文华者宜于咏歌。此其南北词人得失之大较也。"②"江左"、"河朔"就是地理概念,前者是长江以南,泛指江浙之地;后者是黄河以北的广袤地域。两者的地形、地貌、气候、风物差别很大,由此导致人的性情差异也很大,创作出的文学作品风格迥异。北方之文重乎气质,南方之文贵于清绮;北方之文擅长说理,南方之文讲究文采。南北具有不同的美学风尚,这都是地理赋予的。对此,与梁启超同时的刘师培,曾经从地理层面做过如此分析:"大抵北方之地,土厚水深,民生其间,多尚实际;南方之地,水势浩洋,民生其间,多尚虚无。民崇实际,故所著之文,不外记事、析理二端;民尚虚无,故所作之文,或为言志、抒情之体。"③北方的地理特征使得北方人崇尚实际,南方的地理特征使得南方人崇尚虚无,地理特征决定了性情的差异,在文章写作和审美中亦有相应的变化:北方人擅长记事、析理,而南方人擅长言志、抒情。这与梁启超对南北文学的认识异曲同工。"燕、赵多慷慨悲歌之士,吴、楚多放诞纤丽之文"。慷慨悲歌是北人的气概,放诞纤丽是南人的情怀。长城饮马,壮怀激烈;江南草长,情愫温婉。两者的美学风尚不一样,给人们带来的审美趣味也不一样。但是,我们在这里不得不强调的是梁启超的文学史视野,他明确地从中国文学发展历史来认识这一问题,把地理对文学的影响建立在坚实的文学发展历史基础之上,以此来探求美学风尚的生成,具有很强的说服力。

---

① 梁启超:《中国地理大势论》,见《梁启超全集》,第4卷,第931页,北京,北京出版社,1999。
② 魏征:《隋书·文学传序》,见周祖譔编选:《隋唐五代文论选》,第28页,北京,人民文学出版社,1999。
③ 刘师培:《南北文学不同论》,见舒芜等编选:《中国近代文论选》,第571页,北京,人民文学出版社,1981。

文学如此,南方和北方的音乐、美术又有怎样的差异?对此,梁启超讨论得稍稍细致一些:

> 吾中国以书法为一美术,故千余年来,此学蔚为大国焉。书派之分,南北尤显:北以碑著,南以帖名;南帖为圆笔之宗,北碑为方笔之祖。遒健雄浑,峻峭方整,北派之所长也,《龙门二十品》、《龙颜碑》、《吊比干文》等为其代表;秀逸摇曳,含蓄潇洒,南派之所长也,《兰亭》、《洛神》、《淳化阁帖》等为其代表。盖虽雕虫小技,而与其社会之人物风气,皆一一相肖,有如此者,不亦奇哉!画学亦然:北派擅工笔,南派擅写意。李将军(思训)之金碧山水,笔格遒劲,北宗之代表也;王摩诘之破墨水石,意象逼真,南派之代表也。音乐亦然。《通典》云:"祖孝孙以梁、陈旧乐,杂用吴、楚之音,周、隋旧乐,多涉胡、戎之技,于是斟酌南北,考以古音,而作大唐雅乐。"直至今日,而西梆子腔与南昆曲,一则悲壮,一则靡曼,犹截然分南北两流。由是观之,大而经济、心性、伦理之精,小而金石、刻画、游戏之末,几无一不与地理有密切之关系。天然力之影响于人事者,不亦伟耶!不亦伟耶!①

在梁启超看来,书法、绘画、音乐都有南北之分,都打上鲜明的地理印迹。就书法来说,北有刻碑,南有书帖。北碑"遒健雄浑,峻峭方整";南帖"秀逸摇曳,含蓄潇洒"。就绘画来说,也分北派、南派。北派擅工笔,"笔格遒劲";南派擅写意,"意象逼真"。而音乐由于表达性情的直观,南北差异更大。北乐豪迈、悲壮,南乐轻柔、靡曼。这与他所论文学之"慷慨悲歌"、"放诞纤丽"相互呼应。地理造就了人们的性情,促成了文学艺术风格和美学风尚的形成。地理对文学艺术的影响如此巨大,为此,梁启超慨然叹息:"天然力之影响于人事者,不亦伟耶!不亦伟耶!"在美学地理学的开拓方面,梁启超的意义绝对不可忽视!

(三)趣味:寻求生活与审美的原动力

梁启超非常崇尚趣味。他明确宣称:"假如有人问我:'你信仰的什么主义?'我便答道:'我信仰的是趣味主义。'有人问我:'你的人生观拿什么做根柢?'我便答道:'拿趣味做根柢。'"②趣味主义,表面看来,似乎与美的关联不大,实际上,梁启超就是把它作为一个美学问题加以阐说的,其目的是让人们生活得有趣味,人人都成为懂

---

① 梁启超:《中国地理大势论》,见《梁启超全集》,第4卷,第931页,北京,北京出版社,1999。
② 梁启超:《趣味教育与教育趣味》,见《梁启超全集》,第13卷,第3963页,北京,北京出版社,1999。

得趣味、追求趣味的人。

梁启超把趣味比作生活的燃料,认为趣味是生活的源泉,人的生活离不开趣味。然而,趣味种类纷繁,其中有被众多人认可并接受的好的趣味,也有被众多人鄙夷、嫌弃的不好的趣味。如何区分好与不好的趣味?这里存在着伦理道德的问题,也有审美和鉴赏的问题。也就是说,趣味既关联着伦理道德,也关联着审美鉴赏。梁启超提出了他自己的趣味标准,认为"凡一种趣味事项,倘或是要瞒人的,或是拿别人的苦痛换自己的快乐,或是快乐和烦恼相间相续的,这等统名为下等趣味。严格说起来,他就根本不能做趣味的主体;因为认这类事当趣味的人,常常遇着败兴,而且结果必至于俗语说的'没兴一起来'而后已。所以我们讲趣味主义的人,绝不承认此等为趣味"①。显然,梁启超的趣味是有大讲究的。他所推崇的趣味不是给别人带来痛苦,让别人厌恶,而是能给上得了台面的,给自己和别人带来快乐的,不以损人利己为前提的。虽然梁启超话说得通俗,但其中的蕴含却非常丰富。

什么样的趣味能够给人们带来快乐?什么样的趣味不损人利己?这些问题本身就比较复杂,可能要放到不同的语境中去谈论才能说得明白。但我们不得不指出,这其中包含着伦理道德和美的问题。也就是说,梁启超所谓的趣味,必须是符合伦理道德的,是真实的,同时也应该是美的。那么,如何去寻求好的趣味?梁启超给人们指出了一个明确的方向。首先,到自然中去寻找。人生在世,不可避免地要与自然接触,自然中有许多美妙的事物,都能引发人们的感动。"水流花放,云卷月明,美景良辰,赏心乐事",自然是趣味之源。人们在工作之余、烦心之际,深入到天地山水之间,领略一下大自然的风光,精神就会得到妥善的安置,生活热情也会变得高涨、充满无穷无尽的趣味。梁启超把自然作为一个美的对象,认为自然之中蕴含着大美。而自然何以能成为人的趣味之源,能够陶冶人的性灵?梁启超没有深入分析。但是,从古至今,人们对这一美学问题从没停止过探讨,仍有必要进行深层讨论。其次,到人际之间的交往中去寻求。在人的社会生活中,离不开人与人之间的交往。交往是连结人与人之间社会关系的纽带,也是通往人的心灵深处的桥梁。"人类心理,凡遇着快乐的事,把快乐状态归拢一想,越想便越有味;或别人替我指点出来,我的快乐程度也增加。凡遇着苦痛的事,把苦痛倾筐倒箧吐露出来,或别人能够看出我苦痛替我说出,我的苦痛程度反会减少。不惟如此,看出说出别人的快乐,也增加我的快乐;替别人看出说出苦痛,也减少我的苦痛。"②趣味存在于人际之间的交往之中,在交往过程中排泄痛苦、寻求快乐。趣味是人的精神拯救所,也是美的发

---

① 梁启超:《趣味教育与教育趣味》,见《梁启超全集》,第13卷,第3964页,北京,北京出版社,1999。
② 梁启超:《美术与生活》,见《梁启超全集》,第14卷,第4017页,北京,北京出版社,1999。

现所,因此人的生活自然不能缺少趣味。其三,到"冥构"的"他界"中去寻找。所谓"冥构"的"他界",是指哲学、文学、宗教等虚构的理性或想象的世界,是作家、艺术家、学者苦心经营的世界。现实世界的环境由于长期不变,困死了人的肉体,带给人无尽烦恼,而要摆脱这些烦恼,只能另寻环境。于是,人们便找到了一个"冥构"的世界——那是一个超越现实世界的自由天地,在其中,人们能寻求到无穷的趣味。梁启超尤其看重从"冥构"的"他界"中所获得的这种趣味。在他看来,诱发趣味发生的"冥构"利器有三种:一是文学,二是音乐,三是美术。这样,梁启超便最终将趣味引向了文学艺术。

文学、音乐、美术都是心的创造。梁启超有一个值得珍视的看法,即"一切物境皆虚幻,惟心所造之境为真实"①。也就是说,现实世界的一切都是虚幻的,只有心造的世界才是真实的。何以如此?梁启超有其令人信服的分析:

> 同一月夜也,琼筵羽觞,清歌妙舞,绣帘半开,素手相携,则有余乐;劳人思妇,对影独坐,促织鸣壁,枫叶绕船,则有余悲。同一风雨也,三两知己,围炉茅屋,谈今道故,饮酒击剑,则有余兴;独客远行,马头郎当,峭寒侵肌,流潦妨毂,则有余闷。"月上柳梢头,人约黄昏后",与"杜宇声声不忍闻,欲黄昏,雨打梨花深闭门",同一黄昏也,而一为欢憨,一为愁惨,其境绝异。"桃花流水杳然去,别有天地非人间",与"人面不知何处去,桃花依旧笑春风",同一桃花也,而一为清净,一为爱恋,其境绝异。"舳舻千里,旌旗蔽空,酾酒临江,横槊赋诗",与"浔阳江头夜送客,枫叶荻花秋瑟瑟。主人下马客在船,举酒欲饮无管弦",同一江也,同一舟也,同一酒也,而一为雄壮,一为冷落,其境绝异。然则天下岂有物境哉?但有心境而已。戴绿眼镜者所见物一切皆绿,戴黄眼镜者所见物一切皆黄;口含黄连者所食物一切皆苦,口含蜜饴者所食物一切皆甜。一切物果绿耶、果黄耶、果苦耶、果甜耶?一切物非绿、非黄、非苦、非甜,一切物亦绿、亦黄、亦苦、亦甜,一切物即绿、即黄、即苦、即甜。然则绿也、黄也、苦也、甜也,其分别不在物而在我,故曰三界惟心。②

在这里,梁启超所罗列的,都是文学和现实生活中经常呈现的情景。这些情景确实印证了现实的虚幻,心造的真实。比如,同样写月夜,怎么会一个欢乐,一个悲伤?写的都是桃花,怎么会一个清净,一个爱恋?这是因为文学呈现的是真实的心境。从情感的角度来看,以情感为中心,情感是真实的,因而情感观照下的万物也是

---

① 梁启超:《自由书·惟心》,见《梁启超全集》,第 2 卷,第 361 页,北京,北京出版社,1999。
② 梁启超:《自由书·惟心》,见《梁启超全集》,第 2 卷,第 361 页,北京,北京出版社,1999。

真实的;现实中的万物供情感驱使,让它欢乐它就会欢乐,让它悲伤它就会悲伤,因而现实中的万物是虚幻的。依据梁启超的这种思路,我们可以做出如此推论:文学艺术都是心造的,文学艺术是真实的;文学艺术是趣味之源,趣味的要义也应当是真实。如此一来,趣味与真实联系在了一起,而我们也就可以理解梁启超的另一种美学观念:美术是真、美合一,求美先从求真入手。

梁启超将文学、音乐、美术看作趣味的三大利器,尤其集中讨论了美术的趣味。在他看来,美术给人们带来的趣味有三件:第一件,美术能够复现曾经的"赏会"。这曾经的"赏会",就是过往的审美经验和审美体验。过往的审美经验和审美体验给人们留下极其美好的记忆,这些记忆随着时间的流逝会逐渐淡漠。要想永远保存这些记忆,只能靠美术。"一幅名画在此,看一回便复现一回,这画存在,我的趣味便永远存在。"①同时,美术还能丰富人的审美经验和审美体验,不断地欣赏,便能从中发现不一样的美,获得新的审美经验和审美体验。因此,美术的趣味无穷。第二件,美术能够调节人的心境。这就涉及梁启超所说的美术的真实问题。在《美术与科学》中,梁启超强调美术表达情感,而要真实地表达情感,最主要的功夫是观察。"养成观察力的法门,虽然很多,我想,没有比美术再直捷了。因为美术家所以成功,全在观察'自然之美'。怎样才能看得出自然之美,最要紧是观察'自然之真'。"②可见,真是美术的灵魂,美术作品只有真才能打动人。梁启超对美术之真的认识是"喜怒哀乐都活跃在纸上",只有这样的美术才能"不知不觉间把我们的心弦拨动,我快乐时看他便增加快乐,我苦痛时看他便减少苦痛"③。真在美术调节心境的过程中起着极其重要的作用。第三件,美术能够使人实现心灵超越。美术真、美合一,没有真便会失去美;同时,美术也是幻、美合一,没有幻也会失去美。梁启超强调,美术中有很多是不写实景实态而全由理想构成的,但这些不写实景实态的虚幻构想却产生了奇妙的审美效果。"有时,我们想构一境,自觉模糊断续不能构成,被他都替我表现了;而且,他所构的境界,种种色色,有许多为我们所万想不到;而且,他所构的境界优美高尚,能把我们卑下平凡的境界压下去。他有魔力,能引我们跟着他走,闯进他所到之地。我们看他的作品时,便和他同住一个超越的自由天地。"④美术的最高境界虽然是真,但美术的创造却离不开幻,真、幻并存于美术之中,是美术超越的法宝。以此类推,文学、音乐一定也同样适用。梁启超就说过:"文学是人生最高尚的嗜好",因为文学有趣味,"文学的

---

① 梁启超:《美术与生活》,见《梁启超全集》,第14卷,第4018页,北京,北京出版社,1999。
② 梁启超:《美术与科学》,见《梁启超全集》,第13卷,第3962页,北京,北京出版社,1999。
③ 梁启超:《美术与生活》,见《梁启超全集》,第14卷,第4018页,北京,北京出版社,1999。
④ 梁启超:《美术与生活》,见《梁启超全集》,第14卷,第4018页,北京,北京出版社,1999。

本质和作用,最主要的就是'趣味'"。① 真、幻与趣味,在梁启超那里实际是一体化的。

"趣味"作为梁启超最重要的美学观念之一,也是他的生活态度。他将生活与美完全融为一体,并且非常清楚地看到,人的趣味是不断变化的,人不可能永远停留在对一种单纯趣味的留恋之中。一个人有一个人的趣味,一个国家有一个国家的趣味,一个时代有一个时代的趣味。一个人的趣味会发生变化,而国家和时代的趣味也会发生变化。所有这些变化,都昭示美学的变化。如果说,生活的表现是多姿多彩的,那么,梁启超对趣味的追求也多姿多彩,呈现出善变的特点。梁启超一直走在"变"的途中。

(李　健)

---

① 梁启超:《〈晚清两大家诗钞〉题辞》,见《梁启超全集》,第17卷,第4927页,北京,北京出版社,1999。

二 美学启蒙及美学现代性
―― 王国维与 20 世纪中国美学

一代学术大师王国维(1877—1927)自杀之因虽引起过世人的争议,但这位思想巨人那种对人文的忧怀及精神不能解脱的痛苦,对动乱无序的现实的不满以及因知识分子社会良心失落而带来的愤慨,或许是其选择不归之路的主要因由。政治上的保守倒退,并不能掩蔽其学术上的夺目光辉,王国维美学就是 20 世纪中国美学的一笔精神遗产,至今还对中国美学发展产生着重要的影响。毫无疑问,如果没有王国维美学的开山之功,我们就很难想象 20 世纪中国美学理论资源的源头活水为何,很难想象我们今天是这样的来叙述王国维、蔡元培、鲁迅等人的美学经典之作,并且也很难想象如何去把握 20 世纪中国美学百年来跳动着的历史脉搏。正因为王国维学习和掌握了当时较为先进的西方哲学、美学等学科的理论和方法,并取西方美学之所长,补中国美学之所短,他的美学研究才有了革命性的突破,才能得出比较精确的结论,提出具有个人独创性的理论观点。

(一)美学启蒙与超功利主义美学

"启蒙"是一个含义较为宽泛的所指。"启蒙"就是以新思想去启迪旧思想约束下的人们的觉悟,使主体觉醒。在政治、道德、宗教等意识形态领域,都可以进行启蒙。王国维对西方近代文化,尤其是启蒙文化的精神心向往之,向国民介绍的哲学家主要为启蒙时代以来的哲学家,"力戒盲信盲从"。由于中国文化的发展有远古文化、中古文化两个阶段,独缺近代阶段,故像王国维这样开现代风气之先、比五四新文化运动精英还先知先觉的大师,将西方近代文化精神引入中国,变动了中国文化的既有格局,意义显得愈发重要。"王国维的'思想革命',即是站在西方近代文化的立场,展开对尚处于中古阶段的中国文化的批判,以实现从中古文化向近代文化的转进。他的'思想革命'的实质,是近代文化启蒙。"① 具体到美学上,也就是要用新的

---

① 张郁乎:《春归合早——诗与哲学之间的王国维》,第 32—33 页,北京,北京大学出版社,2013。

美学观去打破旧美学观对人们的束缚。王国维的美学不同于中国古典美学而具有一定的现代性,其重要的方面就在于对20世纪初期中国思想领域的启蒙。在此,我们强调王国维的美学启蒙,主要是指思想层面的启蒙,即它开启了美学学科进入中国、进入民众的大门,破除了人们对封建传统文艺的迷信与麻木,促使人们摆脱愚昧,崇尚自由与个性。可以说,20世纪之初,中国美学思想革新的重要工作,就是王国维的美学启蒙。

在20世纪的中国学术界,王国维最早引介、研究了西方美学,尤其是运用西方近现代美学理论,批判封建专制主义,批判封建文化,主要任务就是对儒家美学这一传统中国社会的主流美学思想进行激烈的反叛——离经叛道,大胆怀疑和否定,反思美学在封建文化压制下停滞不前的缘由,反思旧美学理论对文艺实践的窒息和束缚。王国维独立思考、勇于接受新鲜事物的理论勇气,直接塑造了20世纪中国美学善于接受新鲜事物的传统,即:只要有利于中国美学学科的发展,美学家就会大量吸收、容纳西方美学的理论成果,甚至不止于美学,其他如与美学联系密切的文学、艺术学、哲学、伦理学、心理学、社会学、教育学等学科成果,都可以拿来"为我所用",乃至于自然科学的方法也可吸收进美学学科中来。80年代中国美学研究"方法论热"中,就曾吸收了系统论、控制论、信息论等方法,以及模糊数学、耗散结构理论的方法,等等,从而一定程度上改进了当代中国的美学研究。由于有了新的理论资源、新的思维方法,也才能对古代美学或古代美学影响下的固有美学观念加以激活或警醒。当年,王国维的美学启蒙,就把历史上儒家"存天理、灭人欲"的性理之学之于人的压抑乃至摧残摈弃一边,把为封建政治统治服务的清规戒律摈弃一边,以对美学和艺术自身规律、内容、属性、形式等的研究,打破了专制主义垄断中国学术文化的樊篱,倡导了学术平等与自由的原则,并以清醒的学科意识猛烈讨伐了政治和道德教化的说教,鞭挞了役使国民观念的"官本位"思想。对于王国维美学那种强烈的反传统性、反封建性,我们应该加以充分认识。"如果说古典美学更多地与伦理学相联系,更多地考虑'善'与'不善'的问题,那么,现代美学则更多地与科学相联系,更多地考虑'真'与'不真'的问题,艺术家在文艺创作中偏重于'真'与'不真'的价值评判,强调现代美学的各项要求,本是就是对封建意识的冲击。重视文艺创作中的科学精神,重视文艺作品展示人的权利本位,这是中国现代美学反封建的特征。"[①]王国维的美学启蒙就具备了这一特征。

对于"文以载道"的政治道德教化传统,王国维予以了深刻的批判。他主张文艺有其独立自足性,作家、艺术家有其独立自足性;独立的人格与精神,营构出自由的精神世界,这绝非是那些外在的实用功利或道德政治所能限制或排挤的。作为美学

---

① 陈伟:《中国现代美学思想史纲》,第60页,上海,上海人民出版社,1993。

这门崭新学科在20世纪中国的开拓者,王国维启迪了人们一种科学精神,而他对于古代文化、古典美学的反省、批判,目的也就在于对封建专制间接加以否定;对封建专制的意识形态批判,也就是对其制度的批判。可以认为,王国维美学一直影响到了20世纪20年代中国的思想文化启蒙。陈独秀提出建设国民文学、写实文学、社会文学,推倒贵族文学、古典文学、山林文学的主张,就与王国维的美学启蒙有着递进的程序关系。而80年代李泽厚的"实践美学"、刘再复的"主体论文学"、刘晓波的"自由论美学",对于人们思想的解放也产生了启蒙的作用与影响。李泽厚、刘再复的美学与文学理论较为稳健,刘晓波的美学理论则较为偏激,但他们都为人们探讨美学和文学问题提供了较新的视角,活跃了人们的思路。而所有这些,不能不说都在一定程度上承续了由王国维所发端的美学启蒙。

王国维的美学启蒙,其核心集中在一个问题上,就是主张美学超脱实际的利害功用,是一种超功利主义的美学。它力图保持学科及治学之人的学术性、纯洁性,将政治、道德、实用排除在外。在这样的界定中,封建主义文化必将受到巨大冲击,而古典美学的滞后性因素也得到理论上的淘汰。王国维美学要使人解脱生活之欲的苦痛,使人超然于利害之外,忘物与我之关系,超越无穷的苦痛,不在地狱滞留,以美来灭除人的欲望。所谓美之性质"可爱玩而不可利用",美"决不计及其可利用之点",[①]等等,其实可以说就是主张美学不为政治道德服务,不为个人利益服务。一旦哲学家、美术家、诗人各司天职,就不会失去其独立位置。美学学科的独立与美学家的独立是相辅相成的,有着同一性。超功利主义美学排除美的社会功利目的,就是要为文学而文学、为艺术而艺术、为学术而学术。所有这些,都基于超然于利害之外。它注重文艺、美学自身的价值,强调的是如果把审美和文艺仅仅看成政治、道德与教育、实用的手段,就会取消它们的独立性。

王国维的美学启蒙,凭借了西方既有的理论体系,其革新古典美学和文艺批评乃是一种全新的尝试。当然,启蒙美学并不都具有现代性。只有那些能够完成古典美学向现代美学过渡并最终终结者,才能算是具有现代性的美学家——这种现代性的美学实现了美学的现代转型。有学者称,启蒙是中国现代美学的主旋律,其所限定的现代美学"是在思想文化启蒙的号角声中诞生的,是在解放战争的炮火声中结束的"[②]。实际上,中华人民共和国建立以后,并不意味着启蒙任务和使命的结束。启蒙的任务和使命贯穿于20世纪中国社会始终。由于历史阶段的不同,启蒙的具体任务和使命肯定有所不同。只不过1949年以后,启蒙的内容在中国有了新的变

---

① 王国维:《古雅之在美学上之位置》,见谢维扬、房鑫亮主编:《王国维全集》,第14卷,第106页,杭州,浙江教育出版社,2009。

② 陈伟:《中国现代美学思想史纲》,第57页,上海,上海人民出版社,1993。

化,这是由特定时代的政治社会环境所造就的,但启蒙所承载的解放思想、使人摆脱愚昧和迷信的精神却是相通的。20世纪五六十年代的"美学大讨论",由批判朱光潜美学入手,引发了对美的本质、美学的对象、自然美等问题的讨论,这可以说是马克思主义美学与思想改造运动相融的启蒙。在批判唯心主义美学、建立唯物主义美学的过程中,美学各派尽管观点、主张有所不同,甚至存在尖锐的对立,但大家都高举"马克思主义美学"这面旗帜,这也说明了一种对主流意识形态的认同和维护。再如70年代末、80年代,粉碎"四人帮"之后在中国社会所形成的"美学热",也是与拨乱反正、恢复马克思主义美学本来面目的思想解放运动相关联,其中展开了对人性论、人道主义的讨论,提倡尊重人、张扬人的价值和个性。这次启蒙把美学与"人"极其合理地贯穿起来,以至于实现了人的本质与美的本质在"自由"上的同一。再从审美理论的变化来讲,由长期受庸俗文艺社会学干扰而只偏重文艺的外部规律,转向对文艺自身内部规律的研究,由外向内转,主体论文学、心理学美学等受到了人们的广泛重视。

王国维的美学启蒙告诉我们,20世纪中国现代美学运动的开展、美学思潮的变化,是不可能从中国古典美学内部产生的。中国的现代美学并不全是中国古典美学的自然延伸。事实上,由于受封建文化形态与精神意识的局限,中国古典美学立足于农业文明之上的美学观,难以产生出现代美学的观念、思想。而立足于工业文明之上的西方近现代美学的观念、思想,是西方资本主义文化高度发展的产物。两种文明培养出两种不同的美学形态,显示着不同的美学价值取向。由是,我们必须看到中国美学启蒙的武器与西方资本主义先进文化的密切关联,可以得出结论:没有美学的启蒙,就没有现代形态的中国美学。西方美学,尤其是西方近现代美学传入中国之后,王国维等人就以之作为反对封建专制、反对古典美学滞后性的武器,这就给中国古典美学以巨大的刺激。再经由现代中国知识分子的知识积累与创造,便逐步产生了综合中西美学的理论形态。

可以说,没有西方近现代美学的大量翻译、介绍,就没有中国现代美学上的启蒙运动,现代形态的美学启蒙就无从找到可资为据的参照。而由启蒙所引发的科学的美学学科定位、美学对象和范围的确立,则奠立了美学学科在中国人文学术领域中的存在合理性。

从根本上说,美学的启蒙,就是要从审美上解放人们禁锢的心灵,追求精神世界的充分自由,打消、去除各种痛苦、烦恼,并且通过审美活动而获致审美的愉悦。作为一种超前的美学启蒙,王国维美学产生了某种革命性的影响。由于中国封建社会是一种宗法家族制的专制社会,其统治有着思想的强制基础和习惯定势,缺乏像西方基督教、天主教等教会对社会的强大协调功能,封建社会中的佛教、道教等对社会的协调功能也是有限的。而儒家思想成为社会意识形态的统治思想,专制主义的统治扼杀和戕害了学术的自由和独立,道德教化则因为维护封建统治而产生过副作用。个体的欲望、情感、要求、愿望往往被压抑,甚或剥夺。王国维提出教育之宗旨"在使人为完全之人物而已","完全之人物,不可不备真、美、善之三德",体育、德育、智育、美育全面发展,才可造就"完全之人物"。① 虽然王国维提倡美育发表文章的时间早于蔡元培,其理论水平也达到了那个时代的相当高度,但由于他没有像蔡元培那样担任过教育总长、北京大学校长等职,也就无法像蔡元培施行美育实践活动那样产生大的社会影响,但不能因此而忽视王国维美育思想的重要性:其美育主张无非是为了美学启蒙,解决人们的精神需要问题。他的美学思想虽然有价值,但当政者置之不理。蔡元培倡导"以美育代宗教",批判宗教蒙昧主义,认为美育是世界观教育的重要内容,可以培养人的高尚人格。应该说,实施美育对于培养人才、移风易俗、革命救国,都产生了广泛的影响。而蔡元培在传播和普及美学思想方面成绩卓然,其实也不外是一种美学的启蒙。聂振斌曾对王国维与蔡元培的美学思想加以比较,从思想来源、理论和社会意义上分析两个人的特点,较为公正、客观。"在中国现代史上,王国维虽然最早提倡美育,但人们却把蔡元培看成是中国近代美育从思想到实践的真正倡导者和奠基者;虽然王国维最先介绍西方美学并形成自己的美学思想,但人们却把晚于他近十年才形成美学思想的蔡元培视为中国现代美学最早的启蒙者和首创者。衡量二者的历史地位,只凭当时的社会影响,而不看其思想自身的理论价值及形成时间早晚,大概也是一种偏见(或政治的、或宗教的)。"② 除了清朝政府拒绝接受王国维的美学思想外,这也反映了王国维对社会现实的超然态度、美学上的纯学术思考在中国所受冷遇之真实情况。看来,不与文艺运动联系,不与美育实践结合,再好的美学思想也难以产生更大的社会影响,就难以治疗"感情上之疾病"。

王国维之后,20 世纪中国美学的启蒙又突出表现在新文化运动的开展、马克思主义美学的传播,以及五六十年代"美学大讨论"、70 年代末至 80 年代的"美学热"。这些重大事件对于解放人的思想,使社会接受新事物,满足人们的审美和精神需要,都曾起到了别的学科所不能替代的作用。

当然,这些重大文化现象与王国维美学的启蒙所指,在对象、任务上都存在明显差异,而且美学的功利主义与救亡图存、拨乱反正等政治和社会历史内容之间密不可分地联系了起来,从而也改变了王国维超功利主义美学路向的逻辑顺延。也就是说,王国维超功利主义美学的启蒙,在其后中国美学发展中虽有承续——如朱光潜

---

① 王国维:《论教育之宗旨》,见谢维扬、房鑫亮主编:《王国维全集》,第 14 卷,第 9 页、10 页,杭州,浙江教育出版社,2009。

② 聂振斌:《王国维美学思想研究》,第 101 页,北京,商务印书馆,2012。

强调美感态度与实用态度、科学态度的区别;即使如五六十年代"美学形而上问题的研究开始虽然背后有着确立马克思主义哲学的社会统治地位这种功利性的因素,但具体的讨论确实表现了纯思辨的、超功利的性质"①——但更多是功利主义美学的启蒙占了上风。这也是由功利主义美学的性质和要求所决定的。美学的路向发生了偏移,美学启蒙的表现方式也就出现差异,但毕竟美学学科的独特地位及其社会功能得到了人们的认可,从而强化了学科设置的合理性。

梁启超所鼓吹的"小说界革命"、"诗界革命",自然也是一种美学启蒙。只是这种启蒙忽视了文艺的自身特性和规律,直接把文艺作为政治斗争的工具。因此,它虽然同样具有反传统、反封建的叛逆精神,却是与美学的功利观念交织在一起的,并且对20世纪中国美学产生了很大的影响,形成了一种功利主义美学的传统。当然,功利主义美学与超功利主义美学代表人物的思想也不是一成不变的。如梁启超从早期的功利主义者变为一个超功利主义者,而郭沫若则由早期的超功利主义者变为一个功利主义者。可见,两种美学观念所呈现的价值判断的差别,是美学家在一定条件下受社会思潮变化而进行个人选择的结果,美学家的立场、态度的改变至为重要。功利主义美学与超功利主义美学在美学家个人身上常常发生置换倒错,是可以理解的。20世纪中国美学的"启蒙与救亡"双重变奏,说明了西方美学"中国化"过程所遇到的矛盾、冲突所形成的特殊性、变异性。救亡压倒启蒙是有的,但我们却不能得出结论说启蒙压倒了救亡。在社会变革的历史关头,美学的形态并不都是一元的:主流美学占据主导地位,不等于非主流美学没有自己的一定地位;它们都在发生影响,只是影响的范围、程度有别。事实上,当社会动荡、战乱频仍之时,美学家们能够像王国维那样固守学术研究园地,开展独立的学术研究,这对于一个国家、一个民族的学术文化发展来讲,不是可有可无的。我们不能苛责王国维那样的知识分子的学术选择和理论指向,毕竟除了政治、经济、科技等作为衡量一个国家综合国力的重要方面外,文化也不能予以排除。美学领域中的纯学术研究是必要的,它不同于一些短期的文化行为,其学术价值经得住时间的考验。过去如此,现在、将来也如此。王国维美学研究的成果发生深远的影响是注定的,某个时期的某种政治原因可能打压其学术影响,但由于其有可贵可叹的创造性,是自己理论钻研与人生探求结合的心智之光芒,虽会被一时的云雾遮蔽,终要照亮世间。我们也可看到王国维的一生在不同时期的学术转向,也不是任何时期都完全脱离政治的、对时事一点也不关心,尽管他在政治上的判断不见得都是高明的,这里除了有实际谋生的需要外,也有价值实现的需要,与他的超功利主义美学产生了龃龉。

---

① 参见穆纪光主编,李琦、刘珙、刘春生副主编:《中国当代美学家》,第24页,石家庄,河北教育出版社,1989。

有学者认为,20世纪中国美学思想的发展线索,就是功利主义美学与超功利主义美学的对立斗争和互补相成。① 也有学者认为,审美的自治与他治是中国现代美学的基本矛盾,这两者的相互对立、交织与交替,构成了20世纪中国美学的辩证历程。② 还有学者指出中国现代美学的三大内在矛盾,即宏观现实上反帝与反封建的既一致又不一致、学术倾向上合规律性与合目的性的既一致又不一致、美学形态上古典和谐型与近代崇高型的既一致又不一致。③ 这些观点都有助于我们把握20世纪中国美学的基本矛盾与发展线索。虽然他们侧重问题的方面不同,但都触及到了20世纪中国美学的实质性内容,即功利与无目的、超功利与工具之间的对立统一推动着中国美学的现代发展。

(二)美学的悲剧性与体系建构

可以说,王国维个人的命运及其美学思想都具有强烈的悲剧精神。他接受了叔本华的悲观主义和"意志论",并对叔本华的悲剧理论予以改造,在深入研讨悲剧的范畴、类型、特征等问题基础上,肯定了悲剧美的价值,认为悲剧是生活欲望为自我造成的一种人生苦痛,是先天之欲与现实的冲突。而当他个人的人生理想在现实世界最终被碾得粉碎时,他便自己结束了生命,告别了令他失意的现实世界——这位受叔本华悲观主义美学影响颇深的大师,不仅诉诸理论,而且诉诸实践。他成了20世纪中国美学命运的一个个案象征。这也就引发了我们对20世纪中国美学命运和前途的思考。

我们"既然旨在评述王国维的美学思想,不妨也用审美的眼光对其人做一下总观。在中国现代史上,王国维不愧为中国现代启蒙的思想家之一。但这位思想家并不完美和谐:伟大与渺小、崇高与滑稽、悲观与不停顿地探索、政治上的矮子与学坛上的巨人等对立因素兼备于一身,形成了思想上的矛盾、痛苦,行动上的彷徨,以致悲观绝望,终于以自杀为结局,典型地表现了王国维的悲观主义性格和令人慨叹的悲剧历史命运"④。王国维在美学学术历史上的功绩与历史的悲剧并存。他所处的社会是半封建半殖民地社会,大多数知识分子构不成强力阶层,没有独立的经济地位,有其软弱性、妥协性和依赖性。王国维为了保持知识分子的独立与尊严,为同类忧患,为中国忧患,毅然投水自尽,成为付出了生命代价的理想主义者,实现了他所推尊的人格自由,也在某种意义上显示了其作为知识分子的气节。虽然人们对王国

---

① 参见聂振斌:《试论百年中国美学》,载《文艺研究》1999年第3期。
② 参见薛富兴:《自治与他治:中国现代美学的现实道路》,载《文艺研究》1999年第2期。
③ 参见陈伟:《中国现代美学思想史纲》,第57页,上海,上海人民出版社,1993。
④ 聂振斌:《王国维美学思想研究》,第20页,北京,商务印书馆,2012。

维的死因曾有多种解释,但在这里,我们更愿意从形而上的层面看待他的人生悲剧。

王国维不主张以激进革命的方式来推动中国社会发展,而寄希望于改良、渐变。他对革命采取了不合作甚至敌对的态度,认为以革命来冲垮一切、摧毁一切,就会产生破坏性的偏执。王国维最不能接受的,就是看到本阶层的知识分子违背其角色的社会良心,媚俗顺世、随波逐流,丧失独立的意志和人格,并与知识分子应有的理念规范相悖。他精研哲学、文学、艺术学、历史、考古等多门学科,数易研究内容,最终还是未能把握永恒的绝对的客观真理,无法超脱。在现实人世中,王国维深受打击。"士可杀而不可辱",他以走不归之路了断了在人间受到的灵魂煎熬,最终也没找到解脱人生痛苦的避风港湾。叔本华是有超脱精神的强者,不主张自杀。王国维则是另一种意义上的强者,是具有牺牲精神的强者。就这一点说,他比常人更有勇气,更有意志。这种从容不迫、勇于赴死的精神,无疑受到了中国传统文化思想观念的影响,是一个有道心的知识分子的一次沉重选择。其自沉或也表明了他对乱世侮辱学者人格与尊严、以暴力滥杀本不该丧命的学者的政治势力的抗议。陈鸿祥在《王国维全传》中就指出:"他是近代中国文化学术史上仅见的为学术而生、为学术而死的学者。所以,我们说他的自沉,是在政治大变乱中为维护自己的学者之尊严,而以身殉了学术。他的'廉贞',他的人格,在学术上之最完美体现,梁启超概括为'具有科学的天才,而以极严正之学者的道德贯注而运用之'……这是知人之论。"[①]王国维决然选择以身殉学术,以身殉理想,这位学术天才这样毅然决然地别离人间,成为一个影响当时与后世的悲剧英雄!他之死永远带给中国学术、中国美学巨大的悲痛!这种悲痛并不随时光的流逝而被冲淡,恰恰时间越久,悲痛就越深。王国维个人的命运结束了,但王国维美学的命运却没有结束——虽然它们在时间形态上有不同,但无疑都打上了悲剧性的烙印。王国维美学体现了现代中国知识分子在社会剧变关口的迷茫与困惑:一方面是对美学真理的不断追求、索问,另一方面,美学学术与社会功利之间又存在着严重的脱节。如果把这位20世纪中国美学的开山大师与其后的美学家比照,我们就会发现美学在中国起伏发展的轨迹,尤其是非主流美学家的命运悲剧性。这种悲剧性不是盲目的、无从寻找到的、偶发的悲剧性,也不是单单受到打击、污辱、迫害的个体的悲剧性,而是学科本身的必然的悲剧性。在此,我们主要是指超功利主义美学的美学要求、理想与其在实际上不可实现之间的悲剧性冲突。当20世纪80年代人们把目光重新返回文艺的内部本质、属性,审视创作主体、欣赏主体在文艺中的地位和作用时,并非都是完美的结局。审美之维再推到极致,就引发了另外的话题:文艺是否只具有一种审美属性?即便找到了美学、艺术中的本体,在人类改造世界中,又与其中的非美学、非艺术的社会历史内容存在什么联

---

① 参见陈鸿祥:《王国维全传》,北京,人民出版社,2007。

系?躲避崇高、讥讽理想,全球范围由人类精神、信仰的危机、失落影响到人类的艺术实践活动,这些艺术实践活动就不像往常那样都可以用放之四海而皆准的真理来解释了。于是,80年代末、90年代,我们从西方主要拿过了解构主义美学,试图以之来解构艺术和审美,但解构之后若剩下的只是无意义的空洞、游戏,我们所寻求的意义又何在呢?这种超功利主义美学的现代变种带来了理论上的窘境,我们又如何走出?

我们说,美学在中国注定不是一劳永逸地走向成功。这一学科本身带来的悲剧性,绝不只是些许美学家不幸的个人悲剧所能代替。在动乱不安的时代,坚守人文学术的理想与追求,坚守人文学术阵地,其本身就是精神的痛苦、思想的磨难。虽然时代的变化,促使美学由形而上向形而下方向发展,应用美学较之基础美学其领域、范围更为广阔,但是,美学的学科属性并没有发生质的变化。在美学与大众日常生活、行为方式之间,形而上理论的理解障碍,把美学与一般人群隔离开来,美学不像经济实用的学科为人们所充分利用和了解。中国人之缺乏对"无用之用"的学术的接受能力,使得他们引不起思想上的重视。虽然我们在理论上可以进行架构、补正,但从世俗眼光看,由于它的思辨、纯粹的无用性,它注定遭到各种心理习惯、思维定式的某种排斥、贬抑。相对于同国计民生直接相关的自然科学与社会科学来说,美学则是次要的,不属于主导学科,不能直接带来丰厚的物质利益。有利于学术发展的社会,需要有发展人文学术的良性机制,需要有正确认识学术的民众。所谓国民素质,包括了国民对于学术的态度与理念,这也是社会文明标志的一个反映。漠视学术,甚至拒绝学术,没有一个学术独创的良好生态环境,不能不说是一个民族的悲哀。

在广泛的人类审美领域,美学理论形态往往为知识阶层所关注、研究,而与当下人生和社会的结合并不总是完美的。20世纪40年代产生的毛泽东美学,"影响了中国现、当代艺术作品的创作与批评,出现了表现新的群众的时代和形式上的民族化群众化的优秀作品"。[①] 毛泽东美学深入人心,得到广大人民群众的支持和认同,成为革命斗争的有力武器,除了与政治家的特殊地位和社会影响有关之外,我们不能不看到,毛泽东注意到了以工农兵为主的大众审美趣味和欣赏水平,鼓励文艺家采用为中国老百姓所喜闻乐见的艺术表现形式,强调文艺家要与广大民众站在同一立场,改造世界观,将文艺的普及和提高相结合,以便于文艺在更大范围、程度上被群众所接受、欣赏,也便于革命工作的开展、革命目标的实现。由此反观,像王国维这样的超功利主义美学,其在实用理性发达的中国社会,从一开始就注定了自己的某种孤独性、陌生性。只有经过几代美学家不断的认识、提升后,人们才能肯定、认可

---

① 杜寒风:《毛泽东美学思想的再认识》,载《文艺研究》1990年第3期。

其存在的合理价值,看到它对艺术特性、地位的独特认识以及对于学科发展的推进作用,其作用才能被审美化、艺术化了的人所理解。

相对于轰轰烈烈的革命或变革,王国维纯学术的美学研究显得偏于一隅。之后承继了他这一路向的中国美学家们,大多与火热的时代保持了一定的距离,在这一相对寂静的园地辛勤耕耘,由此20世纪的中国美学研究才不至于完全无存。朱光潜"静穆的美学"在革命声中显得不合时宜,其从陶冶人的性情入手来改变社会黑暗的想法,成为一种不切实际的美好愿望。只有在社会安定、政治昌明的前提下,人们的审美需要达到一定程度之后,美学的观照才有现实的意义,人们才会参与各式各样的审美活动。王国维所设定的纯学术的美学研究,虽与历史发展和中国社会现实存在着相当的距离,但这种与现实隔绝、在纯学术中获致本原性的学理研究,也不失为一条稳实、客观的研究之径。美学的隔离现实,反过来影响了20世纪中国的美学研究,美学家也便有了其学术的个性与风格。事实上,形而上的思辨并非完全没有必要,形而上的层面乃是美学建设的主干。当然,形而下的层面同样也需要展开,但并非在任何条件下,美学联系现实都是有利于美学学科合理发展的。通过对20世纪中国美学的思考,我们不难发现,主体倘若没有独立的精神和自主的选择,美学学术独立、自由的原则就贯彻不下去。美学学科的概念、范畴、命题、学说、体系,必须依照科学性、实证性设立演绎。学术理念一旦确定,就应当以之来影响社会,实现知识分子的社会理想,承当角色的使命和责任,传学术之薪火,提高全社会的文化素质,发扬和光大人文精神。

构建中国美学的现代性学科体系,确认这一学科的独立地位,是20世纪中国美学建设过程中中国学人不懈追求的目标和探索的课题。由于社会、政治和经济的诸多原因,这个目标并非已经完全得以实现。实际上,美学与文学、艺术学、哲学、伦理学、心理学、社会学、教育学等学科有着有机的联系,故而在学科的知识结构、文化背景以及方法论上,就更具开放性。多学科的构建,促使美学学科不断扩展与调整,美学的地界愈来愈宽广。但另一方面带来的问题,则是对于美学定位的模糊,美学研究中遇到更多的困惑与迷茫,甚至陷于尴尬之地。一般来讲,文学、艺术学、哲学、伦理学、心理学、社会学、教育学等学科的确定性较为明晰,研究对象和范围较为固定,美学则常常呈现不明自己身份的状况,造成学科之间理论上的多面交叉以至重复。但这也使得美学没有完全画地为牢,其交叉边缘的地带也愈来愈多。建立中国美学学科体系并非已经到了完成时态——尽管一些学者声称已建立或正在建立现代美学体系,但其为学界普遍接受则非一蹴而就之事。从20世纪中国美学先驱王国维来看,他对美的本质、美的起源、美的种类、美的创造和美的鉴赏等重要问题曾进行了理论的阐发。王国维的思辨能力和分析能力,使他的美学叙述方式有了新的变化,即迥异于传统经验感悟式美学叙述方式的那种理论分析的叙述方式。我们也不排除他把历史考据、实物考古、文字训诂与文艺批评结合起来的叙述方式的运用。"最突出者,是他用历史考据和文学批评相结合的方法,研究了中国戏曲的起源和发展历程,在这个基础上,对中国戏曲作了精辟的美学批评,具有开创意义。"①总的来说,王国维美学除了承继传统美学的优秀资源甚至加上了他个人文学创作的体悟以外,其主要成就就在于以叔本华、康德、尼采、席勒等人的理论学说来阐释艺术与审美问题,并在这一中西交汇融合过程中,铸就了一种不同于纯粹西方、又不同于纯粹中国的综合美学的新类型。这是一种嫁接后的再生,指引了一条中国美学发展的光明大道。其他如朱光潜、宗白华等美学家,走的也正是一条这样的大道。他们都学贯中西,融合了中西美学的理论成果,形成了各自的美学思想。他们建立中国现代美学形态的尝试,是留给我们的宝贵美学财富。

20 世纪中国美学学科形态的现代化建构,牵涉到中西美学的融会问题。现代中国美学研究的科学化、规范化、体系化,当然是以西方美学为模本,西方美学直接参与了 20 世纪中国美学的辩证发展运动。不同历史时期美学家的出现、美学思潮的涌起,都与西方美学在中国的不同的嫁接有着思想关联。从 20 世纪初王国维奠立中国现代美学理论形态以来,中国美学家们在中西美学的知识背景上,依据各自对美学的理解,自觉努力地建设美学学科,尝试建构中国美学体系。这是承继了王国维美学的一个传统。正是在王国维之后,现代中国美学家通过对引介过来的西方美学理论进行深入研究,并结合对中国古典美学的研究而创造发挥,逐步形成了自己的美学主张,建立起各自的美学体系——这里,我们可以 1949 年前三个年代的美学家名字来勾勒这一发展链:20 年代有吕澂、张竞生、陈望道、范寿康、徐庆誉等;30 年代有吕澂、俞寄凡、朱光潜、张泽厚、李安宅、金公亮等;40 年代有蔡仪、傅统先、萧树英、洪毅然等。这些美学家的论著,探讨了美学的许多基础理论,是 20 世纪前半期中国美学在理论上较为系统的阐述。而 20 世纪后半期,中国美学得到更大的发展,这是为大家所熟知的。马克思主义美学成为中国美学发展中的主流美学。而且,围绕 20 世纪五六十年代"美学大讨论"、70 年代末 80 年代"美学热"所出现的理论纷争,即使在马克思主义美学内部,也出现了各种学术上的分歧:朱光潜、蔡仪、李泽厚、高尔泰、蒋孔阳、周来祥等人都在坚持和发展马克思主义美学的前提下,各自又有不同的理论风格、不同阶段的发展特点。需要指出的是,中国美学界曾有反对空建理论体系的呼声,但从学术研究角度来讲,一门学科的成熟,在于其体系的宏大精深以及具有较强的系统性、逻辑性,理论之间形成有机联系并成为一个整体。对于学术发展来说,只要是花工夫认真地钻研,建立各自的美学体系未尝不是一件好事。关键是这种体系的建构是否经过科学的论证、逻辑的推理,是否是独立思考、大

---

① 聂振斌:《中国近代美学思想史》,第 116 页,北京,中国社会科学出版社,1991。

胆探索的结果。只要不是人云亦云、拼凑因袭,在理论上就会出现真知灼见。

冯友兰在《新理学》提出过"照着讲"、"接着讲"的说法,哲学史要"照着讲",讲以往的哲学;哲学要"接着讲",讲创造的哲学。这一点放在美学上也适用。我们研究王国维美学,既要"照着讲",也要"接着讲";既要有美学史的梳理,又要有美学理论上的考量,把王国维美学与20世纪中国美学的发展与命运联系起来,研讨其经验与教训,活用其有生命力的美学范畴、美学命题等,以促进当今中国美学的发展。关于王国维的《人间词话》,吴予敏认为它"是中国美学的第一个真正意义的现代性文本"①。王国维赋予境界"这一概念全新的意义,使之成为了现代美学的范畴"②。章启群评论王国维境界范畴道:"王国维据国学而熔铸西学,把'境界'这一概念,从古典过渡到现代,由诗歌拓展到人生,经诗学而沟通哲学,从而最后告别传统诗话,提炼为现代中国美学的一个重要范畴。"③"境界"作为中国美学的核心范畴之一,有它鲜活的生命力。在美学上,我们不应停在"照着讲",停在美学史上,还应"接着讲",进行美学理论的建设。美学与美学史虽不可完全分开,但美学还是要向前发展的。学者能否有自己的美学研究个性,有自己的美学史、美学理论创新就愈发显得重要。美学不能够完全亦步亦趋跟着美学史,美学史上没有讨论过的话题就不敢去探讨,美学史上没有研究过的领域就不敢去涉猎。美学要有时代的新理解、新创造。美学体系的建立需要有根基,需要中西美学的理论资源,不是白手起家的创新。但就美学发展来说,需要积极倡导与推动体系构建,这样美学理论对于美学史的研究又将产生指导作用,形成史论良性互动。虽然美学理论创新难,但知难而上,知难而进,才能有朝一日实现理论的突破。即使新理论不成熟不完美,就像王国维美学那样存在着自相矛盾之处,有不成熟不完美的地方,但有胜于无,"接着讲"才能接得下来,不至中断,理论上才能有中国学者对世界美学的贡献,发出中国学者的时代之声,拥有自己的学术话语权。20世纪后半期中国美学并不乏"接着讲"的美学论著,这样的论著延续着王国维美学独创的精神,给21世纪美学做出了好的学术创造示范,必将鼓舞后辈学者的学术创新,收获更多的美学理论之果。

进入20世纪90年代以来,美学虽然再也不像80年代那样成为全社会关注的热门学科,但在理论与实践的深化、开拓上,出现了众多研究成果,学科建设继续在稳步中发展。如对审美文化的研究、"后实践美学"的建构,就是美学上突出而重要的进展。中国美学由于受经济大潮的冲击,其发展也受到影响,这就需要我们有长远的眼光,从文化发展战略的制高点上给予必要的重视,视其为精神文明建设的重

---

① 吴予敏:《美学与现代性》,第159页,北京,人民出版社,2001。
② 吴予敏:《美学与现代性》,第160页,北京,人民出版社,2001。
③ 章启群:《百年中国美学史略》,第44页,北京,北京大学出版社,2005。

要领地。毕竟人绝不会只满足于物质需要,而放弃精神需要。作为倡导实现自我、解放个性的理论学科,美学是会大有用武之地的。

(三)20世纪中国美学的逻辑起点

从20世纪中国美学人物思想的坐标系中看,谁的美学是它的逻辑起点呢?

李泽厚在《中国近代思想史论》中谈及王国维史学时指出:"无论从题材的选择,论证的方法,追求的目的,得出的结论,都与传统封建史学确乎迥然不同。……他所以取得这些成果,完全在于他接受了当时西方资产阶级意识形态——从哲学理论到文艺作品的熏陶,特别是经过严格的自然科学方法论的训练。他研究过西方哲学和社会学,翻译过形式逻辑书籍,所有这些才使他能突破传统封建史学的方法,对中国古史能具有一种新眼光和新看法,使他的学术成果不但大不同于乾嘉考据之类,而且也比同时的革命派人物如章太炎要深刻和新颖。"①把这段话放在王国维美学上看,所言也适用恰切。正是因为王国维学习和掌握了当时较为先进的理论与方法,与中国实学传统相结合,美学研究才有了革命性的突破与转向,才能得出比较科学的结论,阐明具有独创性的观点与主张。

说到20世纪中国美学这一概念时,从某个角度说,它已经打破了传统历史分期的常规分法,即中国近代、现代、当代美学。这并不是说,按照政治或社会轨迹分法完全不当,而是具体到美学史分期问题上,20世纪中国美学有着自身在美学话语、美学规范上的一致性。按照常规分法的近代美学、现代美学、当代美学的形态,并无学科规定性上的重大变异,而从整体发展角度研究20世纪中国美学,则更能描述出20世纪中国美学思想的起承转合,使人们能够认识它的文化启蒙的历史使命,认识它的现代意义及其对21世纪中国美学提供的重大理论启示。那么,20世纪中国美学的逻辑起点源于谁人的美学? 这是一个需要认定的前提,关乎确立美学学术思想史的开端。确立了这位美学家,我们就可以从他回溯20世纪中国美学发展的思想源头,其所建立的美学理论则成为20世纪中国美学理论构架上的支撑点。

20世纪中国美学的同义语便是"百年美学",所指的是20世纪一百年间中国美学思想的发展行程。"过去的美学研究,大都把这一百年划分为近代、现代、当代三个阶段,进行分段研究,这当然也是需要的,但太突显几个阶段的区别,易于忽略它们之间的继承关系,也易于忽略百年美学发展的普遍规律。同时,单纯从政治的角度划分美学思想史,很难系统深入地揭示美学思想发展的自身规律,因为美学思想

---

① 李泽厚:《中国近代思想史论》,第436—437页,北京,人民出版社,1979。

的改变并不和政治变化完全同步"。① 邹华也看到,国内美学界确定中国现代美学的历史起点,主要是以社会历史的一般发展进程以及重大历史事件为依据的。这样,鸦片战争、戊戌变法、五四运动等近代以来的历史事件,分别成为划分古代与近现代美学的界限。"但是客观的历史进程与美学思想发展之间的关系是复杂的,直接以历史变动解说某种思想理论,反而有可能模糊二者之间的真实关系。当然这种划分也注意到美学思想本身的特点,但有时也是简单化的,即对美学思想作一般的阶级性质的归类,并以此确定其历史性质,忽视了美学思想本身的复杂性。"② 这个分析是有道理的。20世纪中国美学较之"百年美学"这一提法突出了两点,一是无论对于世界还是中国,20世纪都是一个天翻地覆的世纪。20世纪人文学术较之19世纪呈现出更为复杂的发展势态,是人文学术大发展的重要历史时期,"20世纪是美学发展空前活跃和百家争鸣的时期"③。它承前启后,继往开来,成为人类美学理论史上的重要景观。二是中国美学在20世纪走过了不平凡的道路,遇到了困难、挫折,其经验与教训都是值得加以总结、汲取的。中国美学从古代、近代向现代转型,就是在20世纪初完成的,并继续朝着更完善的现代形态美学发展。处在中西文化大交汇中的当代中国美学,对20世纪中国美学进行学术梳理与扬弃是完全必要的,也是富有学术史意义的。百年美学这一提法,虽与20世纪中国美学所指对象相同,在美学界大家也都明其所指,但它只是时间上的说明,未能突出20世纪和中国。我们所引用的一些文字谈到王国维美学时使用了"近代"一词,如果把他们用的"近代"换为"现代",其论述是有道理的;我们沿用他们所用之"近代",当理解为"现代"才妥当。我们在这里使用"现代美学"一语,而不用"近代美学"一语,是按照中国美学发展的逻辑来进行区别的。20世纪中国美学属于中国现代美学阶段,当然中国现代美学不是到了20世纪到头而结束,至今仍是中国现代美学阶段;我们限定的20世纪中国美学是历史的产物,是给21世纪中国美学一个最近的世纪参照。

20世纪中国美学的逻辑起点始于何人美学?从美学人物上讲,梁启超、王国维、蔡元培三位大师的美学是大多数人关心的焦点。

按照聂振斌在《中国近代美学思想史》中的划分,从20世纪初年至民国元年,是近代美学正式发端阶段,其代表人物是王国维;从民国元年至20年代末,是中国近代美学形成与发展阶段,以蔡元培为代表。从人物活动、理论发展的时间顺序上讲,王国维美学是先于蔡元培美学的。过去陈望道、蔡尚思等学人推蔡元培为最早,就

---

① 聂振斌:《试论百年中国美学》,载《文艺研究》1999年第3期。
② 邹华:《和谐与崇高的历史转换——20世纪中国美学研究》,第14—15页,兰州,敦煌文艺出版社,1992。
③ M.C.比尔兹利:《20世纪美学》,见M.李普曼编:《当代美学》,邓鹏译,第5页,北京,光明日报出版社,1986。

带上了有色眼镜看王国维,没有尊重历史的事实,没有客观地看待和评价王国维美学,得不出令人信服的结论。历史的事实是,中国之有现代意义上的美学,王国维为最早之人当之无愧。

"蔡元培是以积极倡导美育而对中国现代美学发生影响的。在思想理论的关联上,蔡元培的美学思想导源于王国维,是王国维美育论的扩展,那个在王国维美学思想中始终徘徊在外围的人格境界的和谐,在蔡元培的美学思想中,成为核心部分,而为王国维所关注的崇高及其包含的矛盾,在蔡元培这里却被淡化甚至排除了。"[1]当然,蔡元培在美学上也有其历史之功。如继王国维之后,蔡元培把中国现代美学必须正视的审美特性课题提到了更为明确的理论形式中,为这一问题的深化做了一定的准备。

一些学者之所以不把王国维美学作为20世纪中国美学的逻辑起点,实际上就是不承认王国维美学的现代性,带上了偏见,终不能区分王国维的学术成就与王国维的政治选择之间的区别。以王国维的政治选择代替他的学术成就,或因政治选择影响到对其学术成就的评判,都是不公允的。"梁启超、王国维诸人的美学思想毕竟是属于中国传统的,尽管它们属于传统中最先进的部分。就像中国传统的美学思想,虽然它们中的最先进者是由市民阶层在商品经济萌芽的基础上发展起来的,它们最基层的土壤却是同一的,都属于封建文化的范畴。构造这些美学观点的学者的思维模式是同一的,都属于经验归纳型的。所以,晚清学者的美学理论虽有独到之处,然而还不足以使文艺对美学指导的期望得到满足。文艺被灌注新的美学观念是在五四时代随着新文化运动的发起而开始的,由此,文艺对美学观念从和谐型向崇高型转化的要求才被实践地满足,文艺也因此进入了一个崭新的发展阶段。"[2]著者承认梁启超、王国维美学的先进性,但对梁启超与王国维美学的差别性问题却认识不够。事实上,梁启超美学是古代美学向现代美学的过渡,并不具备完全的现代性。其"诗界革命"、"小说界革命"不外把文艺作为政治改良的工具,骨子里还是"文以载道"。故从大的范围上看,未能超出古代美学的藩篱,抑或精神实质上属于儒家美学,还不能与王国维美学的先进性相提并论。梁启超、王国维的美学思想也决非产生在最基层的土壤,属于封建文化的范畴,但构造这些美学学者观点的思维模式却并不都是同一的,他们各有自己的美学的特点,也并不都属于经验归纳型。梁启超、王国维都受到西方近现代美学家理论的影响,有不同于传统美学表述的内容。西方美学的风风雨雨也使这一最基层的土壤发生了变化。中国半殖民地半封建社会的

---

[1] 邹华:《和谐与崇高的历史转换——20世纪中国美学研究》,第34—35页,兰州,敦煌文艺出版社,1992。

[2] 陈伟:《中国现代美学思想史纲》,第48—49页,上海,上海人民出版社,1993。

性质决定了现代美学与古典美学的根本分水岭之所在,封建文化的范畴不适用于梁启超、王国维的思想。至于说"文艺被灌注新的美学观念是在五四时代随着新文化运动的发起而开始的",似不确切。实际上,梁启超美学对封建社会被人忽视的小说、王国维美学对封建社会被人忽视的戏曲,都尽心倡导、研究、发展之,这就使大众的、通俗的文艺登上了大雅之堂,提高了它们的社会地位,扩大了它们的影响,逐步取代了诗文而成为主流。没有崭新的美学观念,通俗文艺不可能受到这样广泛的重视。文艺对美学观念从和谐型向崇高型转化的要求被实践地满足,亦从王国维开始,其对于宏壮、悲剧美等的研究,就不是用和谐型审美类型所能说明的。

梁启超的"'诗界革命'和'小说界革命'最早透露出近代气息,如把西方资产阶级的政治观念、道德观念、文学观念(如议会、民主、自由、平等、写实主义、理想主义等等)引进自己的文学创作和文学批评之中,描写、反映西方世界的风情等。但是也还拖着一个封建主义的尾巴,表现出一种从旧向新过渡的性质。"而"王国维的美学思想和文艺批评,同梁启超早期诗歌、小说理论形成的时间差不多而起步稍后,但却充分反映了近代美学的特点,而不同于中国古代的美学传统,因此成为中国近代美学和近代资产阶级文艺观的第一座里程碑"①。虽然梁启超与王国维的美学思想几乎是同一时期产生的,都有求新求变的意识、目的,但"梁启超的美学思想不仅不能成为中国现代美学的历史起点,反而实质上是属于古代美学的"。梁启超美学思想与现代美学之间的差异和矛盾仍然是深刻的。在这里,梁启超与王国维美学思想的分野明显地表现出来了:王国维肯定了与个体存在不可分割地联系在一起的人的感性方面,而梁启超则否定了这个感性的方面,"这两个同时出现在古代美学和现代美学交界点上的人物,都强调主体的独立和精神的解脱,但是,王国维以悲剧意识和幻灭感把人的个体和感性存在明确地提到了现代美学的开端,而梁启超则以儒佛哲学思想把主体的个性和感性消融在社会的抽象的普遍性中;在王国维那里,个性主体以与古代浑沌的社会主体截然不同的差别,体现了古代美学向现代美学的转变,而梁启超则以无我人格对个性主体的超越,退回到了古代主体的历史水平。正是在这种深刻的分歧中,王国维真正地触及了近代崇高的本质,第一次把崇高提到了中国美学的发展史上,而梁启超所涉及的崇高更偏重于外在形式,在他所倡导的激荡雄浑的气势和力量中,缺乏生活和心灵矛盾的深度。不仅如此,他所涉及的崇高更多地带有意志实践的性质,即这种崇高主要表现了意志的激发状态,并不是以主体性和矛盾对立为特质的美学意义上的崇高,这一点又拉开了他与现代美学的距离"②。

---

① 聂振斌:《中国近代美学思想史》,第 14—15 页,北京,中国社会科学出版社,1991。
② 邹华:《和谐与崇高的历史转换——20世纪中国美学研究》,第 81 页、83 页,兰州,敦煌文艺出版社,1992。

叶朗在1984年出版的《美学文献》第1辑上发表《美与丑的分界——谈李大钊的三篇有关美学的短文》(三篇有关美学的短文为《光明与黑暗》、《牺牲》和《艰难的国运与雄健的国民》),指出李大钊的"这三篇美学短文是在历史唯物主义的观点指导下写成的。就这一点来说,它们在中国美学史上具有划时代的意义。这三篇文章虽然短小,但是由于它们是我国历史上第一次用历史唯物主义观点写成的美学文章,因此它们在现代美学和近代美学(如梁启超、王国维等人的美学)之间划出了一条鲜明的分界线。它们是对于中国近代美学的否定,是我国现代美学的真正的起点"①。与王国维等人的美学相比,李大钊的这几篇短文作为美学思想的文献,多为对自然、社会、人生的感悟,而不是理论化形态的美学,没有形成系统的美学理论,不具备建立独立学科、完善体系的意义。但由于李大钊运用了历史唯物主义观点来分析美学问题,应当说在中国马克思主义美学史上占有重要的地位。李大钊美学是不是我国马克思主义美学的逻辑起点还可以讨论,但如果将其作为中国现代美学的起点,在学说建构上,似有不足之意。虽然李大钊对马克思主义的传播、宣传做了重要贡献,试图用马克思主义的世界观和方法论来解释美和艺术的问题,但李大钊"还没有自觉地建立起马克思主义美学的完整体系,一些美学观点,还没有从当时的一些非马克思主义观点中分离出来"②。

与把20世纪中国美学的逻辑起点定为人物美学不同,阎国忠将其定为年代,而不具体指某一个人。他在《走出古典——中国当代美学论争述评》的自序中,提出了"走出古典"的提法,认为"中国当代美学——我们这里仅指20世纪80年代以来的美学——是美学走出古典、跨向现代的一个重要转折时期。这么说,并不意味着否认20世纪五六十年代那场著名争论的历史意义。因为很明显,如果没有20世纪五六十年代对美学的古典概念全面地审视和批判,便不会有20世纪80年代美学如此广泛而深入的开拓。对现代美学来讲,20世纪五六十年代乃至20世纪80年代都是序幕,不同的只是,80年代差不多已经开始跨进它的门槛了"。也就是说,现代美学开始于20世纪五六十年代,或更准确地说始于20世纪80年代。一家之言,权录于此。他还讲到:

>……也正像西方后来的进程所昭示的,美学在超离了二元对立之后方进入以审美经验或审美活动自身为核心概念的现代阶段,而相对于美学的现代阶段,它已经历的种种探索不过是一个序幕而已。这就是说,20世纪五六十年代

---

① 叶朗:《美与丑的分界——谈李大钊的三篇有关美学的短文》,见《美学文献》,第1辑,北京,书目文献出版社,1984。

② 朱存明:《情感与启蒙——20世纪中国美学精神》,第184页,北京,西苑出版社,2000。

所回答的基本问题只是美的本源问题,还不是美的本体问题,即柏拉图一开始就提出的"美本身"的问题。20世纪80年代所面临的就是如何从美的本源转向美的本体,完成从古典美学向现代美学的过渡。①

阎国忠的立论排除了20世纪前半期中国美学具有现代美学的属性,而且即使"80年代差不多已经开始跨进它的门槛了",也意味着80年代中国美学才具有现代美学的属性,实际上还是历史时间跨度的区分。离我们远去的20世纪上半期中国美学如果不是现代美学,那它究竟是什么美学?是古典美学,抑或是近代美学?按照阎国忠的观点,当是古典美学。那么王国维美学对于中国古典美学的转换,用西方美学的观点、方法改造中国古典美学,如果不具有现代意识的话,难道仅仅是古典美学的继承,没有质变,没有美学形态、价值上的变化?这从美学学术发展的逻辑环节上看又不免有矛盾。

还有,阎国忠认为,美学超离了二元对立之后方进入以审美经验或审美活动自身为核心概念的现代阶段,并将其作为判断美学是否是现代美学的因由,也值得商榷。中国古典美学中,像老庄美学、禅宗美学就没有出现过超离二元对立、物我同一的审美状态、审美境界吗?那它们有没有现代性?中西美学史上,除了哲学美学家偏重哲学论证、思辨分析,还有众多作家、艺术家的理论与创作,都是围绕着审美活动而展开,而且不乏丰富的、细致的、真切的和独到的审美经验,况且哲学美学家与作家、艺术家融一身的人物也不少见。即使理论上没有超离二元对立,也可进入"以审美经验或审美活动自身为核心概念的阶段"。也就是说,既可以存在理论与创作脱节而审美活动发展了审美经验的情况,也可以存在理论内部之间脱节、形而上理论远离审美经验或审美活动、形而下理论切入审美经验或审美活动的情况。故而,衡量一个美学家、一个美学流派、一种美学思潮、一种美学方法是否具有现代性,是否属于现代美学,主要不是以时间跨度来划分,而应看它是否区别于古典形态的美学,在价值观念、方法思路上是否有不同于古典美学的变革。不具有这样的条件,即或是当下的一些美学,在观念、方法上可能还是古典的、传统的,它的精神实质与理论内涵也还不能超越古典,我们也只有把它们称为时间跨度上的现代美学才说得过去,也即现代存在着的古代美学,而不是真正意义上、里里外外都贯通着现代性的现代美学。同理,实现了美学观念、方法上的革命,用全新意识改造传统美学、构建美学学科,具有民族特色的美学当属现代美学。王国维美学恰恰符合这一界定,具有其先驱性的开拓创新意义和历史作用。尽管王国维没有放弃用古典美学的术语来构筑学说,如境界说就是用古典美学术语开创的崭新理论,但是,自王国维开始的中

---

① 阎国忠:《走出古典——中国当代美学论争述评》,"自序",第3页,北京,商务印书馆,2015。

国美学,已不同于传统农业社会所铸就的美学理论。综观王国维美学的主要贡献,他构筑美学的理论基石是叔本华、尼采等人的理论学说,而叔本华、尼采是西方现代美学的先驱,不同于西方传统美学,故而王国维美学的现代性从知识背景、理论来源上看,起码不是一个伪问题,而是与世界美学潮流发展相谐的美学。也正由于它的中国特色,它才能在世界美学的园地里独树一帜,而不是西方美学在中国的翻版,不是理论话语的照搬抄袭,而是理论思维上的难得的成功嫁接与创造。

再有,阎国忠以为五六十年代所回答的基本问题只是美的本源问题,还不是美的本体问题,这一看法是否无失?柏拉图的"美本身"关乎美的本质问题,他批判了美是使事物显得美的质料或形式、美是由视觉与听觉引起的快感等当时的流行观点,把至善至美当作真正的美、绝对的美,是一切美的本源,而绝对美又是一种既超越物质世界、又独立于人心之外的形而上学实体,而实体在古希腊哲学中就是本体的意思。"柏拉图便在一系列观念或原则的基础上,构成了自己独特的关于美的本质的理论。这种理论可以确切地称为理式论。所谓理式,就是……那些被赋予形而上学的实体性质的观念或原则。"①阎国忠在概括这个理论的主要论点时,就提出过绝对美事实上是美的本体,是美的最完全的体现,美的本体与善的本体是统一的,至美也就是至善,它们是不可分开的这一论点。可见,美的本质理论可以容纳美的本源、美的本体、美的性质、美的原则等,在此的概念区划只是角度的选择,不存在截然对立的概念。毕竟概念需要建立在普遍理性之上,要反映事物某方面的共性。正由于20世纪五六十年代美学各派对于美的本质问题理解不同,才形成了主观派、客观派、主客观统一派、社会性与客观性统一派等流派,奠定了新中国美学发展的基本格局。难道美的本体问题就从来没有被涉及吗?美的本源与美的本体就无关联吗?在某种意义上,本质与本体在中国美学学人视野里是有统一性的。五六十年代是中国"实践美学"形成的重要阶段,并在八九十年代进一步成熟,实践本体论逐步得到学术界的确认并居于主流。应当说,五六十年代美学对其产生了积极的影响。显然,以本体论的确立作为现代美学划分的基本理论问题,也是不全面的,中西古典美学都有对于美的本体论的探讨,但我们并不能得出结论说它们都是现代美学。

(四)美学现代性

王国维美学是否具有现代性,有无现代性的内涵、形态、意义?

称王国维为中国古典美学的终结者或最后一位美学家,似无异议,但称王国维为近代美学的开创者或近代美学的最初一位美学家,还是现代美学的开创者或现代

---

① 阎国忠:《古希腊罗马美学》,第62页,北京,商务印书馆,2015。

美学的最初一位美学家,则意见分歧。我们打破政治历史分期的习惯,称王国维为中国现代美学的开创者或现代美学的最初一位美学家,可能更切合20世纪中国美学的学术史真实。20世纪中国美学的开端,就是中国现代美学的开端,中国美学的现代化运动始于王国维而非他人。

张辉在《审美现代性批判——20世纪上半叶德国美学东渐中的现代性问题》中说:"从审美角度来切入现代性问题的研究,并在具体的历史语境中进行细致的审美话语分析,不仅是清理中国现代性审美思想的发生学需要,而且也可以为我们深入现代性内部来分析其构成因子的丰富性与复杂性提供了一个独特的契机。"[1]中国封建社会农业文明孕育、成熟起来的美学所具有的是古典形态的美学特征,族类群体意识浓厚,个体审美空间的拓展有限,不具有现代性,当然也不具有一套建立在一定知识背景和科学体系之上的规范、系统之学理。而现代化是20世纪中国社会发展的必然选择,也是20世纪中国美学发展的必然选择。中国美学的现代性也只是在中西文化产生冲撞、交融之后才有可能出现,故而中国美学的逻辑起点同样只能放在20世纪初中国现代美学的奠基人王国维美学之上。

对于王国维美学现代性的把握,学者们意见不尽一致。归纳学者们的研究成果,大体上从以下四个方面来论证王国维美学的现代性。

王国维美学具有现代性的第一个方面论证,就是依据美学学科在中国的现代产生而加以界定。学科的革命之变及其新的美学方法的采用,奠定了20世纪中国美学基本精神的基调。

"中国20世纪美学思想的开端就不能像有些人认为的那样起于五四运动以后,而是在19世纪后期就已开始。到王国维把'美学'引入中国,正好是这一开端的标志。正是把'美学'作为一门独立的学科介绍到中国,美学才是真正现代意义上的美学。"[2]中国五千年文化传统、思想积淀中,有许多让世界刮目相看的美学思想。但不管思想如何有价值且在现代化过程中自有其现实意义,却不容否认美学学科的科学建立不是在中国产生,而是1750年建立在德国,德国美学相对西方其他国家的美学,是纯正的美学。王国维等人选择美学资源主要选自德国美学,在知识体系的衔接上,中国现代美学是以承载德国纯正的美学资源为主的。"不管人们对审美在现代文化中的地位有怎样的观点,也不管人们怎样借助德国美学这面镜子,来反观中国美学精神的现代效应,有一点是肯定的,德国美学思想的引入与中国审美现代性

---

[1] 张辉:《审美现代性批判——20世纪上半叶德国美学东渐中的现代性问题》,第14—15页,北京,北京大学出版社,1999。

[2] 朱存明:《情感与启蒙——20世纪中国美学精神》,第42页,北京,西苑出版社,2000。

问题的发生乃是共时性的现象。这一点,从知识学的层面来看,或许更为直接。"①中国美学的现代性与德国美学的现代性是有关联的,有同步的地方,在思想演变上确有相通契合之处。

"王国维开创了20世纪中国美学的新路子,这一新的美学思想使中国古典传统美学走到了它的尽头。在异域哲学的刺激下,中国美学开始了由古典向现代的转型。王国维不仅使中国美学从潜美学发展为显美学,从自发状态走向自觉状态,从感悟状态走向理性状态,而且规定了美学的大体的框架。"②回眸20世纪中国美学历程,就不难发现王国维美学所具有的这一现代意义。伴随着现代性的历史进程,现代意义上的美学学科才会应运出现。王国维介绍西方美学,引进有关的理论,直接架构了20世纪中国美学新的理论轮廓、价值观念。朱存明在《情感与启蒙——20世纪中国美学精神》中指出:20世纪中国"美学精神的真正变革,是从王国维开始的。他最早把西方的美学介绍到中国,并对美的性质、范畴、审美心理、美育等进行了较系统的论述。他运用西方美学的新观念、新方法研究中国的古典戏曲、诗话、小说取得了突破性的成果,成为20世纪中国美学精神的开拓者。"王国维美学的现代性不能单单看作介绍西方美学、引进新方法,关键是他从根本上打破了传统美学的某种封闭性结构,实现了美学学科在中国的初步奠立,体现了崭新的美学精神。他在美学理论上决不满足或停滞于传统美学水平上,而要填补中国美学的理论空白,完成西方美学与中国美学的有机嫁接。在20世纪中国美学的发端期,"美学中包含的悲剧意识、怀疑情结、张扬性灵、呼唤生命、启发民智等都具有了现代意识,使其奠定了20世纪中国美学精神的基础"③。

王国维美学具有现代性第二个方面的论证,是联系中国美学的现代性的最深刻命题,即审美主体生存的审美实现问题而展开的。

现代性问题的发生,与审美主体的现实生存密切相关。个体感性存在被人们所关注,是对群体理性存在的一种反动;感性冲破理性的压抑,个体反抗群体的同化,凸显生命的冲动和内心的激情,此岸的感性存在有了独具的地位。"与这种审美现代性相呼应,知识人越来越突出强调个体感性存在的优先性……现代审美学从一开始就是感性学的别名,因而对审美的强调从根本上说就是对感性的强调;而且更重要的是,审美现代性将人的感性存在置于本体论位置,也将现代性问题推向了极端,它实际上意味着要从人最直接的现实与最易逝的体验中,来获得对自身的确认和对

---

① 张辉:《审美现代性批判——20世纪上半叶德国美学东渐中的现代性问题》,第44页,北京,北京大学出版社,1999。
② 朱存明:《情感与启蒙——20世纪中国美学精神》,第45页,北京,西苑出版社,2000。
③ 朱存明:《情感与启蒙——20世纪中国美学精神》,第15页,北京,西苑出版社,2000。

现在与永恒(如果还有永恒的话)的把握。"①也就是说,确认与把握就是对个体感性存在的证明;实现自己的审美要求,满足自己的审美愿望,就是在有限的生命行程中,由审美主体观照审美对象,直面人生与社会,直面自然与艺术,拓展生存的审美空间。"王国维是促成传统美学向现代美学转变的第一位关键人物……他的美学的表述形式是完全传统的,而精神内涵是现代性的。他将中国美学的现代性的最深刻的命题提了出来……中国美学的现代性的最深刻的命题是什么?我以为是主体生存的审美实现问题。"②实际上,王国维美学的表述形式不全是传统的,即使《人间词话》使用传统词话形式,也有西方的文艺新观念,如"理想"、"写诗"、"自然"等。吴予敏接着在《美学与现代性》中指出:

> 在这个命题中首要的是谁是主体?是个体自我、文化主体、族体、阶级还是国家意志?接着的就是生存方式。物质性生存还是精神性生存?意志型生存还是情感型生存?理性生存还是感官生存?依附性生存还是独立性生存?被迫求存还是自由生存?最后是审美的方式以及它与主体整个生存态的关系。中国的审美精神的现代性仍然是一种生存论和世界观的美的形式的表达,只不过它并非如西方现代美学那样体现为对绝对感性的追寻,也不是对感性生存的本体论位置的忧虑,而是体现为地地道道的"中国问题":中国或中国人是否能通过审美方式获得有价值的生存或精神拯救?

吴予敏看到了王国维之前其他人所关心的是族体、文化、语言和国家的生存的审美实现,而到王国维才发生了大的变化,那就是提出了个体自我生存的审美实现问题,关注的目光转向了个体自我身上。"王国维美学的真正的灵魂是纯粹意义上的个体自我生存的苦闷"③。为了摆脱苦闷,王国维在治学上不悬目的而自生目的,不是带着某种功利目的去研究,而是在研究中生成目的,这也是一种客观性立场。他承继了传统乾嘉学派的研究方法,在美学上寻找解脱之道,为建立中国学术信仰与理念打下了精神根基。"中国美学的现代性既不是单纯的认识论,也不是本体论,更不是道德的或艺术层面的问题,而是由美学维度所折射的实存问题。早先提出这一问题的人并不是王国维,只是非等到王国维出来,才构成了一个完整的审美现代性的问题。因为,王国维才是第一个提出个体自我生存的审美实现问题的人。"④在

---

① 张辉:《审美现代性批判——20世纪上半叶德国美学东渐中的现代性问题》,第168页,北京,北京大学出版社,1999。
② 吴予敏:《美学与现代性》,第156—157页,北京,人民出版社,2001。
③ 吴予敏:《美学与现代性》,第158页,北京,人民出版社,2001。
④ 吴予敏:《美学与现代性》,第157页,北京,人民出版社,2001。

此,审美并非为国民精神改造之途,其意义在于使人超然于利害之外,忘我与物之关系。王国维提出的个体自我生存的审美实现问题,直面人的生存的目的,亦是对人生意义的追索。精神领域的审美自由乃是个体摆脱欲念、实现超越生活的关键所在。不言而喻,它是一种精神需要的选择,个体精神从生存的苦恼烦闷中解脱,就获得实现的愉悦。

王国维美学具有现代性的第三个方面的论证,是其从古典和谐型向现代崇高型范畴的转变上体现了现代性的内涵,同时也体现了时代精神。

邹华注意到由社会历史变动引起的审美理想变化及其在美学思想上的反映,即注意到不同于古代美学的新的历史内容的出现,以及作为这个历史内容概括和标志的理论范畴的形成。他还认为,古代、近代、现代这三个范畴具有概括美学历史发展三个主要阶段的意义。"古代与以素朴和谐为总范畴的美学思想的发展过程相关,近代与以崇高为总范畴的美学思想的发展过程相关,而现代则与以扬弃和包含着崇高的辩证和谐为总范畴的美学思想的发展过程相关。美学的这三个发展阶段与以时间的自然流程为线索的社会历史的发展过程有交叉重合的地方,但也不尽相同。美学的三个历史阶段的划分主要侧重于它们与审美理想的对应和逻辑关系,因而古代、近代和现代在这里更主要的是标明和规定美学思想发展过程的历史性质。从这个角度认识问题,那么以王国维美学思想为转折而进入20世纪的中国美学的发展过程,在历史性质上是近代的,即以崇高为主导的。"[1]注重美学发展的逻辑过程及其内在规定性,为理解和叙述提供某种方便,这是值得肯定的,然而说现代史上出现美学的历史阶段是近代则让人费解。既然美学的历史性质是近代,又何来王国维为"中国现代美学奠基者"[2]的判断?现代美学崇高的历史性质不是近代而是现代,当然触及了崇高的本质和特征,但它是对崇高现代形态、现代精神的诠释,不排除采用近代崇高的理论成果来扩充自己的理论。联系中国现实社会变迁、思想革命,我们绝不能仅仅把王国维的崇高观理解为近代崇高理论的简单重复。当然,邹华在《甘肃高师学报》2000年第1期发表《后期和谐说》评述周来祥和谐说时,思路有所变化,"美学既不应固守在崇高形成的阶段上,也不应终止在荒诞扩展的阶段上,它仍然要向前推进。在对崇高的更新上,除了将其提升出来从而达到不低于古代和谐的高度而外,还应当设立一套流动开放的从属范畴,以便将现代美学的历史成果,包括与现代主义并行的丑和与后现代主义并行的荒诞,都包容在崇高之中,同时随时准备将未来的发展成果吸纳进来"。崇高观念是可以更新的,已超越了它原属的近代性质与意义。

---

[1] 邹华:《和谐与崇高的历史转换——20世纪中国美学研究》,第15页,兰州,敦煌文艺出版社,1992。
[2] 邹华:《和谐与崇高的历史转换——20世纪中国美学研究》,第20页,兰州,敦煌文艺出版社,1992。

王国维美学具有现代性的第四个方面的论证,则是强调王国维美学中反抗社会学意义的理性,反抗现代性的内容、精神。

王国维美学现代性中是否包含反抗社会学意义上的现代性内容呢?杨春时认为,文学意义上的现代性需要有文学意义上的反抗现代性的内容,20世纪中国文学没有获得现代性而实为近代性,推及美学也就是否认美学的现代性。这源于对现代性的不同理解。"文学对理性的反抗,这就是文学的现代性,它突出地表现为现代主义思潮。这就意味着:文学因反抗现代性而获得了现代性。"[①]依这一看法,文学从现代主义开始获得了现代性,现代文学才真正开始,而此前的文学史不过是古典文学向现代文学的过渡阶段。对理性统治的颠覆,才能求得现代意义上的自由。否认中国文学有现代性的重要论据之一,就是五四新文学运动对资本主义现代化没有进行根本批判、反抗,肯定理性,追求现代性,旨在反封建,呼唤资本主义文明,五四新文学运动并不是一个文学获得现代性的运动,还处于前现代性阶段。依此逻辑,中国现代美学亦然。对现代性而言,要有美学意义上的反抗社会学意义的现代性内容,把这一要求放在王国维身上,我们也不能否定他的美学中有反抗社会学意义上的现代性成分。王国维并不否定理性的存在,但在审美中,理性世界不是他精神寄托的最终归宿。他所谓理性是由直观的知识与概念的知识组成,他是看重直观的知识的。他对感性的肯定,对古典审美理想和文艺观念的批判,实现人的审美自由,超越世俗功利等等,都有反抗社会学意义上的现代性成分。他的境界论中,从"有我之境"到"无我之境",亦即"以我观物"到"以物观物",审美主体论升华至审美本体论。王国维美学的现代意义就有以审美破除人与物、人与人的隔膜、距离,打破压抑人的现实束缚,使人的精神超越,获得自我解脱等意义,"虽然用的是古典美学的话语形式,贯穿的却是现代性的矛盾和现代性的关怀"[②]。

王国维美学作为20世纪中国美学的逻辑起点,给后世以思想价值上的启示,在研究问题及治学方向上,承载了现代性的要求,发挥着特有的深广影响。作为开山之师,他为20世纪中国美学的发展开辟了创造性的理论通道,他所确立的开端对中国现代美学的发展具有规定方向的意义。

当然,美学在发展中总是不断提出新的基本问题,王国维美学自然不能穷尽未来美学所有的问题。时过境迁,新的问题不断提出,新的美学家们又试图解决,这就推进了美学学科的进一步发展。但不管怎样,作为美学价值、美学规范的设计者和创造者,王国维显示着20世纪和21世纪中国美学发展的方向,其人文学术理想与美学主张是相辅相成的,他的美学造诣与美学独创性值得后人学习和发扬。全新的

---

① 杨春时:《前现代性的"中国现代文学"》,载《文艺研究》1998年第1期。
② 吴予敏:《美学与现代性》,第160—161页,北京,人民出版社,2001。

理论话语,全新的批评模式,将旧有的中国美学改造一新,美学的转换在20世纪之初就宣告完成了。"王国维美学思想的资产阶级性质,具有不同于中国中世纪美学观的全新特点。因此王国维的美学思想的产生虽稍晚于梁启超,而从其整体的性质、理论价值来看,又大大早于梁启超而完全跨入近代。因此中国近代美学思想的历史(时间)起点和逻辑(理论)起点,应该统一在王国维那里。"[1]这是一次较好的中西美学嫁接。21世纪,我们还在沿着他开辟的路径在探索,在他所设定美学的主要框架中,我们虽然从多方位、多侧面研究了审美性质与审美规律、审美关系,吸收了不少的西方理论,但我们无法否定、推翻其主要的理论架构,否定其美学的现代性成分,即使是中国马克思主义美学体系的建设也不能完全回避王国维美学这一座美学的高峰,需要采撷它的理论之果,从而站在他的肩膀上前进。

(杜寒风)

---

[1] 聂振斌:《中国近代美学思想史》,第57页,北京,中国社会科学出版社,1991。

三　美育:现代美学的中国话语形态
——蔡元培与 20 世纪中国美学

蔡元培(1868—1940)出身翰林,旧学修养深厚,但在学术观念上表现出他那一代学人中少有的开放姿态,即以一种"兼容并包"、"媒合"中西的世界主义眼光来对待中国古典传统和西方学术,意图在古典与现代、中国与西方的激荡、融合中创构本土学术文化体系。尽管在社会上身居要职,政务缠身,但这丝毫没有减弱蔡元培的学术热忱,其著述遍涉哲学、美学、教育学、心理学、伦理学、艺术学、宗教学、社会学等众多人文社会科学领域,对相关学科在现代中国的建设发展皆产生了重要的推动作用。其中,用力最勤、影响最大者,非美学莫属。蔡元培晚年回顾自己的学术历程时,曾充满感慨地说道:"我若能回到二十岁,我一定要多学几种外国语,自英语意大利语而外,希腊文与梵文,也要学的;要补习自然科学;然后专治我所心爱的美学及世界美术史。"[①]可见他对美学确是情有独钟。而众所周知,蔡元培是因大力倡导、践行美育而成就其在 20 世纪中国美学史上的重要地位的,"美育"成了蔡元培美学思想的根本标识。在蔡元培的推动下,20 世纪上半叶中国掀起了一股美育风潮,在中国现代美学史上刻下了光辉的篇章。从美学角度看,蔡元培的美育思想虽以西方美学为知识来源,却是立足现代中国文化语境对后者所做的一种功能主义的重构,"美育"在此意义上被塑造为美学的一种中国话语形态。

(一)美学的知识论与价值论

一般认为,王国维是最早将美学(Aesthetics)译介到中国的学者。他不仅使"美学"成为定译,而且通过自己的一系列论著,在 20 世纪初的中国思想语境中准确地呈现了美学学科的学术品格。尤为重要的是,王国维对美学的学科定位一开始便是建立在学科独立的观念基础上,这使得美学成为中国现代学术发展进程中的一个关键节点。他在 1903 年的《哲学辨惑》中说:"若论伦理学与美学,则尚俨然为哲学中

---

① 蔡元培:《假如我的年纪回到二十岁》,见《蔡元培全集》,第 6 卷,第 522 页,北京,中华书局,1988。

之二大部。今夫人之心意,有智力、有意志、有感情。此三者之理想,曰真,曰善,曰美。哲学实综合此三者而论其原理者也。"①知、情、意与真、善、美的三分模式,是自启蒙运动以来西方哲学的普遍观念,是美学学科得以成立的合法性依据。可以肯定,三分思维也对中国现代美学的知识论述和价值判断产生了根本性影响,蔡元培对美学学科性质的认识就是建基于这样的三分论之上的:

> 美学观念者,基本于快与不快之感,与科学之属于知见,道德之发于意志者,相为对待。科学在乎探究,故论理学之判断,所以别真伪;道德在乎执行,故伦理学之判断,所以别善恶;美感在乎鉴赏,故美学之判断,所以别美丑,是吾人意识发展之各方面也。②

这段话出自1915年《哲学大纲》的"美学观念"一节。尽管时间上晚于王国维,且蔡元培亦不可能不关注到前者的相关表述,但我们不能简单认为以上认识是直接承袭了王国维的思想。因为正如前文所指出的,三分论早已是西方哲学的共识,而蔡元培曾多次赴欧洲留学、考察,③修习哲学、美学、艺术学、心理学等课程,对西方学术传统和思潮应该是相当熟悉的。此外更重要的是,王国维和蔡元培在美学上其实拥有一位共同的老师——康德,二人之所以对美学学科性质做出了基本一致的判断和定位,很大程度上还是由于他们都祖述康德美学。蔡元培写有《康德美学述》这样的专论,并在多种著述中反复阐发康德美学思想。1921年的《美学的进化》一文对此论道:

> 他著《纯粹理性批评》,评定人类知识的性质。又著《实践理性批评》,评定人类意志的性质。前书说的是现象界的必然性,后面说本体界的自由性。这两种性质怎么能调和呢?依康德见解,人类的感情是有普遍的自由性,有结合纯粹理性与实践理性的作用。由快与不快的感情起美不美的判断,所以他又著《判断力批评》一书。书中分究竟论、美论二部,美论说明美的快感是超脱的,与呵末(即休谟——引者注)同。他说官能上适与不适,实用上良与不良,道德上善与不善,都是用一个目的作标准。美感是没有目的,不过主观上认为有合目的性,所以超脱。因为超脱,与个人的利害没有关系,所以普遍……自康德此书

---

① 王国维:《哲学辨惑》,见谢维扬、房鑫亮主编:《王国维全集》,第14卷,第8页,杭州,浙江教育出版社,2009。
② 蔡元培:《哲学大纲》,见《蔡元培全集》,第2卷,第379页,北京,中华书局,1984。
③ 蔡元培前后五次赴欧洲留学、考察,《哲学大纲》就是他于1913—1916年在法国学习期间撰写的。这一时期的重要著述还有《华工学校讲义》、《康德美学述》等。

出后,美学遂于哲学中占重要地位;哲学的美学由此成立。①

无论是对美学在整个康德哲学体系中的结构功能的理解,还是对美学核心要义的体认,蔡元培都比近二十年前王国维的绍述更加深入和准确,达到了他那个时代理解康德美学的最高水平,而后者则构成了蔡元培所初创的中国现代美学知识体系最重要的一块基石。

蔡元培自然认识到康德美学极端重要的学术意义,并深受影响,但他对西方美学的引介是立足一种全面、客观的学术史视野的。在《美学的进化》这篇美学史专论中,占据很大篇幅的康德美学是被置入西方美学的总体历史进程来看待的。而在康德之前,蔡元培描述了从古希腊直到英国经验主义的美学简史,人物包括柏拉图、亚里士多德、达·芬奇、阿尔伯蒂(Leone Battista Alberti)、布瓦洛(Boileau Despreaux)、休谟、博克等,并认为鲍姆加通对美学的学科定义开启了"美学上第一新纪元"。康德之后,则列述了席勒、谢林、黑格尔、叔本华、赫尔巴特(Herbart)、齐默尔曼(Zimmermann)、科曼(Kirchmann)、哈特曼(Hartmann)、科恩(Cohn)、费肖尔(Vischer)、费希纳(Fechner)、立普斯(Theodor Lipps)等人的美学观点,涉及理念论美学、形式论美学、新康德主义美学、实验美学、心理学美学等众多流派。在此基础上,同样写于1921年的《美学的趋向》一文又从主观论和客观论的分辨视角对各美学流派进行了深度的梳解,指出"求真的偏于客观,求善的偏于主观",而蔡元培认为,"美学的主观与客观,是不能偏废的"。② 不过,在当时的诸多美学理论中,蔡元培最重视的还是费希纳开创的实验美学,视其为"美学上第二新纪元"。与哲学美学不同,实验美学主张用归纳法治美学,建设所谓"科学的美学",蔡元培相信,科学的美学是美学发展的方向。实验美学与其说是美学理论,不如说是美学方法,《美学的研究法》(1921)一文就反映了蔡元培对美学方法论的高度重视。他借鉴德国实验心理学家摩曼的《美学的系统》一书的观点,从艺术家的动机、鉴赏家的心理、美术作品、美的文化四个方面,列举了美学研究的二十七种方法,包括询问法、实验法、选择法、装置法、观察法、表示法、鉴别法、比较法等,从而构成了一套具有严格程式规范、客观严谨的完全是实验科学性质的美学方法体系。文章最后说:"照上列各科研究法,分门用功,等到材料略告完备了,有人综合起来,就可以建设科学的美学了。"③可见蔡元培对"科学的美学"的确抱有一种特殊的热情,而科学性、客观性正是西方近代美学知识论的根本原则。

---

① 蔡元培:《美学的进化》,见《蔡元培全集》,第4卷,第21—22页,北京,中华书局,1984。
② 蔡元培:《美学的趋向》,见《蔡元培全集》,第4卷,第105页,北京,中华书局,1984。
③ 蔡元培:《美学的研究法》,见《蔡元培全集》,第4卷,第31页,北京,中华书局,1984。

从学科史、理论派别到研究方法，应该说，在朱光潜之前，蔡元培对西方美学的介绍是最为系统、全面的，其目的显然在于借由对西方美学的大范围引介，为中国现代美学学科的创建提供理论资源和方法论的参鉴，从这点看，蔡元培是相当重视美学知识论的建构的。事实上，通过对学科性质、学科史、研究方法、研究对象的全方位阐述，一种现代美学知识体系已在蔡元培那里初具形制了，而他对美学的科学方法论的积极宣扬尤能体现出浓重的知识主义取向。然而，当我们回观20世纪中国美学史，尤其是80年代之前的美学学术进程，不难发现，蔡元培对于客观的美学知识论的经营并没有在后来的学术发展史中获得积极的回应，他的美学的后继者、研究者以及整个现代美学史对他的接受和宣传主要是聚焦在我们现在所熟知的美育思想上，而美育在中国现代学术语境中实质就是带有强烈价值取向的美学的功利主义叙事的一种典型话语形态。如果按照蔡元培对美学做出的"哲学的美学"和"科学的美学"的大体划分，①则他在中国现代美学上的深远影响主要还是来自他所谓的"哲学的美学"，即关于审美如何参与人文价值和精神文化之现代性重建的思想论述。这种对于知识本体意趣的弱化和价值功能论的高扬一方面固然是由多重复杂因素规制下的美学史叙事的结果，但问题在于，这种学术图景绝不只是来自一种历史化的建构，而恰恰是蔡元培本人关于美学的学术取向和叙述方式为其后来展现的思想面貌提供了最初的模具。

首先具有重要意义的是，蔡元培在中国美学史上第一次提出了"美是一种价值的形容词"的论断，从而在根本上确证了美学作为价值学的学科属性。他说："我们说美，是一种价值的形容词，不是一种理论的知识，为一种实物，或一种状态，或一种关系，来规定性质的。"②这里明确指出，美作为一种价值形态应该超越纯粹知识论的限囿，虽然美要依托一定的物质实体，但也只有在主体精神与客体形式的情感共契中才能显现出来。而在1915年的《哲学大纲》中，蔡元培明确将美学归入价值学。他如此解释"价值"的内涵："何谓价值？不外乎于意识中悬一种之鹄的，而欲有以达之。事物之与意志及情感无关者，即无所谓价值。"③事物之有无价值在于它是否与主体精神（意志与情感）相关，以致对后者发生作用。审美价值亦须从此方面看待："美学观念，以具体者济之，使吾人意识中，有所谓宁静之人生观，而不至疲于奔命，是谓美学观念惟一之价值，而所由与道德宗教，同为价值论中重要之问题也。"④蔡元培提出审美的价值就在建立一种"宁静之人生观"，使人摆脱世俗利益的纠扰，从而提升生命境界。他曾多次论述美之于人的生存的本质性意义，认为"爱美是人类性

---

① 参见《美学的进化》一文。
② 蔡元培：《简易哲学纲要》，见《蔡元培全集》，第4卷，第455—456页，北京，中华书局，1984。
③ 蔡元培：《哲学大纲》，见《蔡元培全集》，第2卷，第372页，北京，中华书局，1984。
④ 蔡元培：《哲学大纲》，见《蔡元培全集》，第2卷，第381页，北京，中华书局，1984。

能中固有的要求",并说:"如其能够将这种爱美之心因势而利导之,小之可以怡性悦情,进德修身,大之可以治国平天下"。①这里表达的通过审美陶养个体道德心性,进而实现社会政治"治平"理想的观念,可以说包含了蔡元培价值论美学的核心要义。

至此,我们可以看到,蔡元培是从知识论和价值论两个维度展开其美学论述的。一方面是说明审美活动的发生、性质和特点,即"审美为何"的问题,另一方面则是阐述审美之于个体、社会的价值培育意义,即"审美何为"的问题。而在蔡元培这里,美学的价值论叙事与知识论构造之间的矛盾被贯穿其整个学术实践活动的强烈的社会文化诉求所消解,明晰"审美为何"最终还是为了解决"审美何为"的问题。只要稍微了解蔡元培美学论述所依托的新文化运动的背景就会知道,即使是他热切追求的科学的美学亦绝没有停留在建构一种客观的美学知识论的兴趣上。我们知道,新文化运动将"科学"与"民主"共举为两大口号,稍后又有科学与人生观的大讨论,乃至20世纪上半叶的中国思想界普遍流行着一种唯科学主义,②这些都说明,在现代中国思想场域中,"科学"本就是一个带有价值指向性的观念,具有鲜明的意识形态特性。作为新文化运动的重要推动者和保护人,蔡元培对科学的鼓吹是不遗余力的,在此意义上,与其说科学的美学是知识主义的,不如说是借助美学在宣扬一种科学主义的价值观。

当然,最能够体现蔡元培美学中那种审美知识论向价值论的偏移倾向的,还是他对审美的普遍性和超脱性这两种特质的阐说。普遍性与超脱性来自蔡元培对康德的审美判断四大契机的理解。在康德看来,审美判断是"既没有感官的利害也没有理性的利害来对赞许加以强迫"的,它给予人"一种无利害的和自由的愉悦",③且这种无利害的纯粹的审美愉悦具有人人所同感的普遍性。到了蔡元培这里,他创造性地将审美无利害性这一由康德奠基的现代美学法则作了功利性的发挥,把它与现实人生关联起来,认为"美感是普遍性,可以破人我彼此的偏见","美感是超越性,可以破生死利害的估计"。④"既有普遍性以打破人我之见,又有超脱性以透出利害的关系"⑤,审美乃可使我们"不顾祸福,不计生死","与人同乐,舍己为群",⑥从而养成"宁静而强毅的精神"⑦。蔡元培强调美感的普遍性和超脱性,绝没有局限于对美感特性的单一言说,而是重点围绕陶养情感、完善人格这一教育目标进行阐发的,美育

---

① 蔡元培:《〈美学原理〉序》,见《蔡元培全集》,第6卷,第448、449页,北京,中华书局,1988。
② 参看郭颖颐:《中国现代思想中的唯科学主义》,南京,江苏人民出版社,2005。
③ 康德:《判断力批判》,邓晓芒译,第45页,北京,人民出版社,2002。
④ 蔡元培:《自写年谱》,见《蔡元培全集》,第7卷,第305页,北京,中华书局,1989。
⑤ 蔡元培:《美育与人生》,见《蔡元培全集》,第6卷,第158页,北京,中华书局,1988。
⑥ 蔡元培:《美育》,见《蔡元培全集》,第5卷,第508页,北京,中华书局,1988。
⑦ 蔡元培:《在香港圣约翰大礼堂美术展览会演说词》,《蔡元培全集》,第7卷,第212页,北京:中华书局,1989。

因此被看作是道德教育的重要手段。由是便不难理解，美学的知识学论述为何必须以价值论为根本的话语依据，因为只有凭借价值论美学所表彰的审美之于人生、人性的化育功能，由情感维度切入思想文化和社会政治的变造与革新才是可能的，作为人文学科的美学才能真正参与到现代中国的价值重建进程中来。

(二)"以美育代宗教说"的价值诉求

"以美育代宗教说"是蔡元培美学思想的核心命题，也是20世纪中国美学中具有重大影响力的理论话语。自诞生之日起，这个命题便引发了广泛的争议，既有大量的拥护者，也不乏批评的声音，双方的论争从20世纪初一直持续到当下的美学语境，成为我们回观百年中国美学的一扇重要窗口。就蔡元培美学而言，"以美育代宗教说"其实是为美学的价值论叙事提供了一种行之有效的思想路径和话语范式，这样的路径和范式更在相当程度上决定了整个中国现代美学的价值论述。

"以美育代宗教说"命题本身尽管具有丰富的思想内涵，但它的提出却是有现实的针对性的。20世纪初，中国一些知识分子在分析西方文明发达进步的根源时，将之归结于基督教对西方人的道德和文化所发挥的积极作用，于是提出"宗教救国论"，甚至主张重建"孔教"。但蔡元培站在社会进化论的角度认为，宗教甚至在欧洲人那里，都"已成过去问题"，中国"乃以彼邦过去之事实作为新知"，[①]实在不可理喻。他进而揭示，"彼俗化之美，乃由于教育普及，科学发达，法律完备"，[②]根本与宗教无关，因此，在中国建立宗教是完全没有必要的。在蔡元培看来，宗教的社会文化功能是完全可由美育来承担的，而美育在思想文化的建设上更具有宗教无可比拟的优越性能，因其指向一种现代的、科学的、进步的价值方向，宗教却被认为是愚昧、落后的思想形式和精神趣味，并不符合行进在现代化道路上的中国的发展要求。那么，蔡元培所说的"以美育代宗教"到底表达了怎样的价值诉求呢？总的来说，包含了三个方面的内容。

1. 启蒙主义价值观

中国现代美学是作为自觉设计的现代性工程的一部分而被建构的，其学术旨趣与改造国民性、唤起个体和民族之自觉意识的思想启蒙目标是一致的。而我们知道，由新文化运动开启的中国现代启蒙思潮将"科学"、"民主"奉为最高的价值守则，这种启蒙模式以理智教育为手段，着眼于理性认识能力的发展和以自由、民主为内涵的现代公民政治素养的培育，以此完成社会政治和思想文化的重建任务。蔡元培

---

① 蔡元培：《以美育代宗教说》，见《蔡元培全集》，第3卷，第30页，北京，中华书局，1984。
② 蔡元培：《在清华学校高等科演说词》，见《蔡元培全集》，第3卷，第28页，北京，中华书局，1984。

在学术研究中始终秉持科学理性精神,这哪怕是对于专门观照情感领域的美学也不例外。前文所述蔡元培在美学研究中热情地推介实验科学的方法就能充分说明这一点。

同样,蔡元培首先也是立足科学理性视界来证明"以美育代宗教说"的合法性的。他以一种类似韦伯意义上的价值分化理论解释了宗教世界观的解体过程。"韦伯给文化的现代性赋予了实质理性的分离特征。表现在宗教与形而上学之中的这种分离构成三个自律的范围。它们是:科学、道德与艺术。这三个方面最终被区分开来,因为宗教与形而上学结为一体的世界观分道扬镳了。"①蔡元培也凭借相似的逻辑指出:"宗教之原始,不外因吾人精神作用而构成。吾人精神上之作用,普通分为三种:一曰知识;二曰意志;三曰感情。最早之宗教,常兼此三作用而有之。"②但是,随着科学的发达,宇宙自然、社会历史中的一切现象都可以用科学方法来求得其中奥秘,于是知识便脱离宗教而独立;再次,随着人类交往的密切和生存状态的改变,逐渐明白是非善恶的标准因时因地而不同,并不能从宗教那里获得普世的道德法则,所以现代人之道德意志亦可离宗教而独立;如此,"宗教所最有密切关系者,惟有情感作用,即所谓美感"③。但蔡元培据艺术史指出,中西艺术的发展都有脱离宗教的趋势,艺术对象无不是从神而转向自然与人生。这样,在对待美育和宗教的问题上就出现了对立的两派:一派主张美育要依附于宗教,另一派主张美育脱离宗教而独立。尽管美育和宗教都以情感为作用对象,但蔡元培坚决主张美育应该摆脱宗教束缚而独立发挥情感陶养功能。因为他坚信,宗教是一种落后的前现代的意识形态,与科学、民主的理性精神和人道主义的世界理想是根本对立的,宗教桎梏下的美育因此全无陶养之益而尽显激刺之弊。科学对宗教的瓦解使蔡元培期待的"纯粹之美育"成为可能,由脱离宗教的"纯粹之美育"所陶养的情感便可获得一种祛魅之后的纯粹性,既然宗教在情感领地的守护权也完全交托给了美育,那它就没有存在的价值了。

按蔡元培的社会历史观,现代意义上的美育功能的获得是与科学理性对宗教世界观的解构过程相伴随的,没有科学理性驱散愚昧、张拔现实人生的启蒙勇气,就不会有以美育取代宗教的可能性。照此言,纯粹美育陶养而得之纯粹情感某种意义上仍是理性的战利品。基于启蒙理性的总体取向,蔡元培把美育和宗教截然对立起来:"一、美育是自由的,而宗教是强制的;二、美育是进步的,而宗教是保守的;三、美

---

① 哈贝马斯:《论现代性》,见王岳川、尚水编《后现代主义文化与美学》,第16页,北京,北京大学出版社,1992。
② 蔡元培:《以美育代宗教说》,见《蔡元培全集》,第3卷,第30—31页,北京,中华书局,1984。
③ 蔡元培:《以美育代宗教说》,见《蔡元培全集》,第3卷,第32页,北京,中华书局,1984。

育是普及的,而宗教是有界的。"①自由、进步、普及是与启蒙理性的思想属性和价值追求相一致的。这些理性主义的价值承诺直接针对以宗教为代表的强制、保守、有界的传统世界的牢笼,美育则是以情感陶养为手段来伸张一种启蒙精神,对情感的理性化培育成为蔡元培美育理论的主要价值诉求,"以美育代宗教"在一定程度上可被理解为"以理性代宗教"。

蔡元培显然认为,推进中国思想文化的现代化转型和社会政治秩序的现代性重建的要义,就是运用启蒙理性精神对传统世界观和价值观进行根本的改造,就是科学理性法则在新的价值结构与生产生活实践中的全面建立与应用。而"美学的主体中心性、普遍性,自发的一致性、亲和性、和谐性和目的性极好地迎合了社会意识形态的需要"②,蔡元培由是舍弃了理性主义的强制性,转而在情感的园地播下启蒙意识形态——理性是其核心——的种子,并循此路径建构出一种以科学理性为目标,以情感陶养为内容,以审美教育为操作机制的启蒙程式,宗教在此过程中被理解为与启蒙主义对立的消极价值观的代表,是美育必须批判和克服的对象。

2. 现代道德价值观

蔡元培相信,中国思想文化的改革及其所指向的社会政治进步在一定程度上取决于道德人格与道德精神在现代性视域中的批判和重建。这种认识源于蔡元培对传统思想文化之伦理内核的透彻体悟。他认为,在儒学主导的中国社会中,"一切精神界科学,悉以伦理为范围。哲学、心理学,本与伦理有密切之关系。我国学者仅以是为伦理学之前提",而"政治学"、"军学"、"宗教学"、"美学"都"范围于伦理也",伦理学几若"为我国唯一发达之学术矣"。③ 唯其如此,伦理道德的改造才成为中国思想文化变革的中心内容,而伦理学——蔡元培也称之为"道德哲学"或"道德论"——被看作是"价值论之实现者"。"价值论者,举世间一切价值而评其最后之总关系者也。其归宿之点在道德,而宗教思想与美学观念亦隶之"。④ 不仅古代诗赋文辞因"载道述德眷怀君父"而使美学拘囿于伦理学,即使从一般的价值哲学来看,美学似亦隶属于道德。审美与道德在历史及逻辑上的价值关联使我们相信,若能寻找一条美学路径,循之以推进中国道德观念的现代性变革或许是可行的。

实际上,蔡元培一开始就将美育定位为一种以情感陶养为手段的道德培养方案。他将道德视为个体最根本的存在属性和表现形式,说道:"人生不外乎意志,人与人互相关系,莫大乎行为","故教育之目的,在使人人有适当之行为,即以德育为

---

① 蔡元培:《以美育代宗教》,见《蔡元培全集》,第5卷,第501页,北京,中华书局,1988。
② 伊格尔顿:《审美意识形态》,王杰等译,第95页,桂林,广西师范大学出版社,2001。
③ 蔡元培:《中国伦理学史》,见《蔡元培全集》,第2卷,第7页,北京,中华书局,1984。
④ 蔡元培:《哲学大纲》,见《蔡元培全集》,第2卷,第372页,北京,中华书局,1984。

中心是也"。① 然而,道德是维系于情感的,情感的性质决定道德的发展状态,"人人都有感情,而并非都有伟大而高尚的行动,这是由于感情推动力的薄弱。要转弱而为强,转薄而为厚,有待于陶养"②。美育虽"以陶养感情为目的",但这种感情本身没有独立的意义,而只是普遍的道德主体及其相互关系的一种心理根基和行为动力。美育者,不过"与智育相辅而行,以图德育之完成者也"③。当然,道德培养从来不是美育的专属职能,在将道德托付给美育的同时,蔡元培无法回避的一个问题是,为何长期在人类——特别是西方社会——道德生活中扮演关键角色的宗教不能继续发挥其功能呢?

蔡元培受到当时实证主义哲学和进化论思维的影响,认为道德"循其进化之序以言之,则略有三种:一曰属于小己者;二曰属于社会者;三曰属于人道主义者"④。人道主义是道德发展的最高阶段,是"人类共同之鹄的",故蔡元培在他的哲学纲领中把人道主义确立为中国社会政治和思想文化重建的价值方向。在他看来,人道主义的道德理想可经由系统的美育实践来达成,宗教对此不仅无能为力,反成为最大的障碍,这可从以下几个方面来理解:

其一,从道德的进步性和相对性来看。如果将人道主义奉为道德发展的最终目标,则宗教道德便与之背道而驰。宗教家以为道德乃"神之所定,可以永久不变",所以奉为"惟一之信仰,不特不容反对,而亦无所容其拟议",⑤这种独成一尊的道德信仰大大削弱了道德进步的可能性,更与蔡元培标举的自由、平等、博爱的现代道德价值观根本相违。另外,人道主义虽是道德进化的必然结果,但亦是根据各个社会群体的道德观念及实践概括出的共同准则与规范,不承认道德的相对性就无法认识人道主义普世理想的价值实质。有鉴于此,在特定的生命情境和文化语境中展开的审美活动便有可能成为培养多元道德意识的最佳途径。审美意识随着社会的发展、文化的进步而不断改变,审美的情感陶养以及由此生成的道德观念在很大程度上是基于丰富多元的美感经验。蔡元培由此肯定,通过审美的情感陶养所培育的道德心性及其价值内涵比起宗教的道德专制更显自由、进步和开放,符合社会文化的现代化趋向。

其二,从道德主体来看。蔡元培指出,在宗教道德中,"所谓道德律者,不外乎神之命令",道德与不道德即是神之所许与所戒,"而尤以敬神为最高之道德"。⑥ 道德

---

① 蔡元培:《美育》,见《蔡元培全集》,第5卷,第508页,北京,中华书局,1988。
② 蔡元培:《美育与人生》,见《蔡元培全集》,第6卷,第157页,北京,中华书局,1988。
③ 蔡元培:《美育》,见《蔡元培全集》,第5卷,第508页,北京,中华书局,1988。
④ 蔡元培:《哲学大纲》,见《蔡元培全集》,第2卷,第375页,北京,中华书局,1984。
⑤ 蔡元培:《哲学大纲》,见《蔡元培全集》,第2卷,第378页,北京,中华书局,1984。
⑥ 蔡元培:《哲学大纲》,见《蔡元培全集》,第2卷,第378页,北京,中华书局,1984。

命令的践行者虽是"主体"的人,但道德的价值来源和最高仲裁却是神,所以,宗教道德乃是一种依他性的道德,这与人道主义关注人类自身价值,肯定人的现实幸福是背道而驰的。与此相反,在由审美的怡情悦性所达致的自由超脱、积极能动的生命体验中,主体的情感得到洗练和升华,人格意志亦趋于明净与高尚。审美对道德品性的培育完全是从主体自身情感出发,在进入情景交融、物我两忘的生命自由境界的同时获取道德的至善价值。比起宗教道德,审美道德可谓依自不依他,道德的自律、自觉来自审美情感的自由、自足。这种将道德承担与道德自主完全托付给在世生命个体的价值抉择是人性在近代走向自由解放的结果,也是人道主义道德观的应有之义。

其三,从方法论层面来看。蔡元培认为,道德研究不外演绎、归纳两种方法。道德的演绎法就是先悬置一个至高无上的看似客观的道德标准,以此来衡量人们的行为。但蔡元培指出,道德原理必然是根据各种不同的现象"归纳以得之",故只能采用归纳法,"而宗教家之演绎法,全不适用"。① 因为宗教是假托超人类的神意为人类立法,使道德律具有普遍、超验的强制性。归纳法则是首先从人的道德行为出发,归纳总结出普遍的道德规范与法则,这与宗教道德的性质截然不同。蔡元培因此认为,归纳法更能有效地应用于建构未来的道德价值观。如果宗教对神圣道德的演绎无法适应现代社会,那么,关护个体情感经验和生存意义的审美(美育)则有可能通过个体自身价值的合目的性(道德)构建以趋向人类道德的"最大之鹄的"。蔡元培对经验实证的归纳法在美学研究中的运用抱有极大的信心,审美领域的归纳法思维被认为是有利于建构一个具有普遍价值的道德世界的。

据上所论,在蔡元培的视野中,美育在培育现代道德价值观方面比宗教更具合法性和可行性,"以美育代宗教"因此成为一种道德现代性的审美化的施建方案,同时也是美学参与现代中国道德重建所依循的逻辑范式。

3. 超越的生命信仰

尽管蔡元培立足科学理性立场极力批判宗教的蒙昧性,反对它在社会政治和教育文化领域的渗透,却没有就此否定宗教的信仰价值。他说:"宗教之根本思想,为信仰心,吾人果能举信仰心而绝对排斥之乎?反对宗教之主义,非即其信仰心之所属乎?"② 蔡元培试图通过剥离宗教的前现代外壳来提炼一种普世的价值内核。他深知信仰对于国民心性之现代建构是不可或缺的,于是在激烈攻击宗教的同时却小心翼翼地呵护作为其"根本思想"的"信仰心"。在他看来,虽然"一切知识道德问题,皆得由科学证明,与宗教无涉",但"如宙之无涯涘,宇之无始终,宇宙最小之分子果为

---

① 蔡元培:《以美育代宗教说》,见《蔡元培全集》,第3卷,第32页,北京,中华书局,1984。
② 蔡元培:《哲学大纲》,见《蔡元培全集》,第2卷,第378页,北京,中华书局,1984。

何物,宇宙之全体果为何状"①等问题是科学所不能解释的,信仰便由此成立。蔡元培虽然为宗教留置了信仰的价值空间,但最终还是基于偏执的启蒙理性追求而将信仰从宗教中抽离出来,并赋予其纯粹的形而上意义。他的办法是从哲学的维度将宗教泛化,以信仰自由的名义将排他性的宗教置换为哲学,把宗教信仰变成哲学信仰,如此,"任取一哲学家所假定之一说而信仰之,是谓宗教"。既然是假定之说,就"决不能指定一说为强人信仰,故信仰当绝对自由"。② 这在一定程度上消解了信仰的强制性与统一性。然而,当蔡元培将哲学作为一种代替宗教的新的信仰形式推举出来时,他显然没有过多地顾及对生命意义的终极追问应许之于信仰的核心意义,而蔡元培说的"信仰心"其实是包含这种价值指涉的,否则他不会发出"人而仅仅以临死消灭之幸福为鹄的,则所谓人生者有何等价值乎"③这样的终极追问。但由于强烈的现实关怀和浓重的启蒙旨趣,蔡元培的终极追问与其思想中的世俗精神形成了巨大的张力,且时时表现出被后者吞噬的趋向。这种价值张力促使蔡元培决心寻求一种更加圆融的手段和宽阔的途径来兼顾圣俗两端,既能推进启蒙主义的价值构设,又有足够的力量直抵超然的实体世界,在他看来,唯有审美及其功能化的实践机制——美育方可达此效力。

蔡元培之所以肯定美育具有替代宗教信仰的功能,最切要之处是他相信审美是达致一个纯净无限的终极之域的必由之路,而直接在美学上引发蔡元培的这种彼岸性冲动的是康德的二元论哲学。康德的二元论和审美中介思想对蔡元培的影响是根本性的,后者有关现象世界与实体世界的划分完全是康德理论的中国翻版。④ 蔡元培在哲学语义和形上思维层面对康德的摹写,不仅在中国现代思想界第一次详细阐明了二元论世界观的逻辑构架,更对"现象"与"实体"做出了明确的价值评判,即将实体世界悬设为终极价值目标,现象世界的一切活动和各种目的都成为通达实体世界的手段,也就是蔡元培说的,"以实体世界之观念为其究竟之大目的,而以现象世界之幸福为其达于实体观念之作用"。⑤ 既然确证实体世界为"究竟之大目的",那该如何获取"提撕实体观念之方法"呢? 蔡元培曾将实体世界的治辖权划归宗教,但宗教是通过根本否定现象世界的合理性来澄明实体世界的应然之景。而在蔡元培看来,现象、实体实乃一世界之两面,不能以舍弃一面来获得另一面,只能通过一面来触及另一面,他说:"吾人之感觉,既托于现象世界,则所谓实体者,即在现象之中,

---

① 蔡元培:《致〈新青年〉记者函》,见《蔡元培全集》,第3卷,第23页,北京,中华书局,1984。
② 蔡元培:《致〈新青年〉记者函》,见《蔡元培全集》,第3卷,第23页,北京,中华书局,1984。
③ 蔡元培:《对于新教育之意见》,见《蔡元培全集》,第2卷,第132页,北京,中华书局,1984。
④ 蔡元培:《对于新教育之意见》,见《蔡元培全集》,第2卷,第132页,北京,中华书局,1984。
⑤ 蔡元培:《对于新教育之意见》,见《蔡元培全集》,第2卷,第133页,北京,中华书局,1984。

而非必灭乙而后生甲。"①现象是通达实体的必由之路,对现象世界的厌弃只会将以精神形式存在的实体世界推入更加虚无的境地,根本无益于信仰的建构。于是,蔡元培的策略便是"能剂其平",也就是通过在现象世界中抹平人我差别、满足人生幸福来"泯营求而忘人我",并在此基础上以饱满的生命状态去融入实体的永恒之流。"故现世幸福,为不幸福之人类到达于实体世界之一种作用,盖无可疑者。"②蔡元培终于在此引申出一条"立于现象世界,而有事于实体世界"③的审美超越之道。由于审美被认为是连接现象与实体的桥梁,美感及其教化实践——美育便成为获求实体观念的最佳手段,而审美之有此种能力是因其对现象世界抱持一种"无厌弃而亦无执着"的态度。唯其无厌弃,方可立足于现象世界,将"爱恶惊惧喜怒悲乐之情"与"离合生死祸福利害之事"作为审美对象;唯其无执着,方可从这现象世界之"情"与"事"中脱离出来,而成"浑然之美感",入此状态"即所谓与造物为友,而已接触于实体世界之观念矣"。由是可知,"欲由现象世界而引以到达于实体世界之观念,不可不用美感之教育"。④

蔡元培以美育取代宗教来探触终极实体的一个重要原因乃是审美具有兼摄现象和实体两界之能力。他试图寻找一个恰当的位置和一种有效的工具,既能深深地扎根于现实世界的土壤,同时又能摘取彼岸世界的果实,也就是说,对审美的选择不仅指向实体的超越之境,而且也寄意于此岸的世俗之域。当蔡元培确认实体世界的达成必要以现世幸福——即其所说的"最良政治"——为基础时,后者便成为当前价值活动的焦点,成为一切行动的直接目标。不能否认,蔡元培确要竭力营建一种超越实体的彼岸价值期待,但他所选择的审美中介手段却使这种彼岸期待自然地过渡到对此岸幸福的追求上去,进而将通往实体世界的逻辑起点——现象世界——变成了价值规划的中心场域。我们纵然将实体世界作为生命追求的最高鹄的,但这一最高境界的达成却是一个不断攀升、永无止境的过程。在蔡元培看来,唯有持续改善生存状态,在现实世界中营造幸福生活,才不失为追求终极实在的积极行为,而美育的感性机制能使其在经验界拥有营造幸福的价值功能。由此可以判断,蔡元培在现代中国文化语境中所达成的审美终极之思乃是建基于沉重的现实关怀之上的,审美精神的超越之维亦始终隐没在宏广的政治目的论之中。

总之,蔡元培的"以美育代宗教说"不仅是中国现代美学中一个具有重大影响的理论命题,而且代表了现代美学参与现代中国价值重建的核心逻辑。"以美育代宗教说"的典型性不仅来自它的理论影响力,更因为它所在的特殊社会情境和复杂历

---

① 蔡元培:《对于新教育之意见》,见《蔡元培全集》,第2卷,第133页,北京,中华书局,1984。
② 蔡元培:《对于新教育之意见》,见《蔡元培全集》,第2卷,第134页,北京,中华书局,1984。
③ 蔡元培:《对于新教育之意见》,见《蔡元培全集》,第2卷,第133页,北京,中华书局,1984。
④ 蔡元培:《对于新教育之意见》,见《蔡元培全集》,第2卷,第134页,北京,中华书局,1984。

史场域赋予其远远超出自身所限的文化价值意蕴。通过对这种价值意蕴的剖析,不仅可以揭示制导现代美学价值重建的思想理路,亦能藉之窥探中国知识分子在现代性价值抉择中的艰难诉求和复杂心境。

(三)美学的"美育"化

西方现代美育理论应该追溯到康德。康德提出的"自然向人的生成"的哲学命题使审美成为从自然人迈向道德人、从认识能力过渡到道德行动的中介环节,这是"第一次把美学由认识论转到价值论,并使之完成由纯粹思辨到人生境界的提升,从而开辟了西方现代美学的'美育转向'之路"。① 作为现代美育之父的席勒正是基于康德的基本原则而提出了如下的人性教育逻辑:"要使感性的人成为理性的人,除了首先是他成为审美的人以外,别无其他途径。"②这种对"审美的人"的期望是现代美育理念的第一次鲜明表述,体现了审美现代性最为深厚的人文主义关怀。尤其重要的是,席勒针对工具理性发展导致的人性"异化"现象而提出恢复感性合法权利的倡议,使他的美学进一步突破了德国古典美学的思辨性和抽象性,把人性及其存在的现实生活作为培育审美价值的主要领域,把美与艺术当作社会和政治改革的有效工具。由是我们不禁要问:是怎样的思想条件和文化契机促使席勒从德国古典美学中发展出美育学呢?现代"美育"到底是应何而生的呢?《美育书简》道出了答案:美育"同时代需要的密切程度并不亚于同时代趣味的密切程度;人们在经验中要解决的政治问题必须假道美学问题,因为正是通过美,人们才可以走向自由"③。席勒美育思想的政治现代性诉求是直接而鲜明的,美育的根本宗旨是要解决时代的政治问题。席勒认为,政治的进步应该从性格的高尚化出发,为了在现实社会中实现自由,就必须在人性中发现普遍的自由基础。

与席勒美学中的审美政治逻辑相似,中国现代美学同样表达了审美教育充当政治解放先行者的意愿,这与知识分子把现实问题归结于传统思想文化桎梏下的道德心性结构有很大关系,美学据此被转换成通过审美教化进行国民性改造的思想实践形式。不管是康德、席勒的德国古典美学还是深受前者影响的中国现代美学,其美育化倾向都和政治现代性进程对人格素质的普遍要求有关,审美观照下的情感之域因而成为改良道德心性的切入点。不同的是,德国古典美学及其美育话语为世俗世界提供意义范式的冲动很大程度上来源于宗教世界观的衰落,但中国现代美学诞生

---

① 曾繁仁:《现代美育理论》,第114页,郑州,河南人民出版社,2006。
② 席勒:《审美教育书简》,冯至、范大灿译,第181页,上海,上海人民出版社,2003。
③ 席勒:《审美教育书简》,冯至、范大灿译,第21页,上海,上海人民出版社,2003。

的传统价值语境与宗教无涉,审美由此可以更加紧密地关护人的日常生活,也更加注重艺术之于生命成长和人格锻造的现实意义。

事实上,对美学的功利化的论述在中国现代知识分子那里具有相当的普遍性。作为中国现代美学的开创者,王国维通过批判传统美学的政治(道德)功利主义发出了中国审美独立论的第一声呐喊。他说:"美之性质,一言以蔽之曰:可爱玩而不可利用者是已……其性质如是,故其价值亦存于美之自身,而不存乎其外。"① 又说:"美之为物,不关于吾人之利害者也。吾人观美时,亦不知有一己之利害。"② 王国维认为,艺术之神圣与尊贵,正在其"无与于当世之用",中国艺术的落后就在于长期被政治和道德所绑架而失去独立价值。他由此欲尝试为独立的审美价值开辟生长空间,进而保证现代美学的学术纯粹性。不过,在鼓吹审美独立性的同时,王国维相信,审美的真正价值乃是慰藉满足人类"微妙之情感",只要"哲学家与美术家之事业……尚存,则人类之知识感情由此而得其满足慰藉者,曾无以异于昔"。③ 因为现实人性无不束缚于政治、道德、经济的世俗功利之中,只有审美能"使人忘一己之利害,而入高尚纯洁之域"④,或如《〈红楼梦〉评论》所言,使人"离此生活之欲之争斗,而得其暂时之平和"⑤。可以看出,王国维的审美本质论与审美价值论是合二为一的,对审美之"无利害"性的本质言说蕴含了对国民人格精神的陶养功用。

连王国维这类准审美主义者对美学都有如此强烈的价值期待,遑论其他学者了。梁启超的美学思想同样被表诸为鲜明的美育主张。在早期的《论小说与群治之关系》一文中,梁启超充满激情地把人格的培养和社会的改造径直托付给艺术(小说),认为小说的"熏"、"浸"、"刺"、"提"四种审美作用力具有"支配人道"的力量。所谓"人道",是一个与人的主体精神相联系,广泛表现在道德、宗教、艺术、政治等社会人文领域中的价值观念体系。在后期的《趣味教育与教育趣味》、《美术与生活》、《学问之趣味》等多篇文章中,梁启超把"趣味"提升到生活原动力和人生信仰的高度,认为"趣味干竭,活动便跟着停止","趣味丧掉,生活便成了无意义"。⑥ 在梁启超这里,艺术、趣味、情感都与人性、人格、精神这些主体内涵紧密相连,是道德与信仰的本质

---

① 王国维:《古雅之在美学上之位置》,见谢维扬、房鑫亮主编:《王国维全集》,第14卷,第106页,杭州,浙江教育出版社,2009。
② 王国维:《孔子之美育主义》,见谢维扬、房鑫亮主编:《王国维全集》,第14卷,第14页,杭州,浙江教育出版社,2009。
③ 王国维:《论哲学家与美术家之天职》,见谢维扬、房鑫亮主编:《王国维全集》,第1卷,第131页,杭州,浙江教育出版社,2009。
④ 王国维:《论教育之宗旨》,见谢维扬、房鑫亮主编:《王国维全集》,第14卷,第11页,杭州,浙江教育出版社,2009。
⑤ 王国维:《〈红楼梦〉评论》,见谢维扬、房鑫亮主编:《王国维全集》,第1卷,第63—64页,杭州,浙江教育出版社,2009。
⑥ 梁启超:《趣味教育与教育趣味》,见《梁启超全集》,第13卷,第3963页,北京,北京出版社,1999。

要素和直接载体。梁启超的功利主义美学体现了中国现代美学的价值论思维,即运用艺术的力量来影响主体的人格与心理,并以之为基础实现社会的变革。但与蔡元培、王国维的美育思想是以西方美学为知识依托不同,梁启超更多的是对儒家政治美学的继承与发扬。

无论是对西方美学的引介,还是在此基础上建构中国现代美学知识体系,蔡元培都做出了重要的贡献,这一点比起王国维不仅毫不逊色,且更有过之,但显然,蔡元培在美学知识学上的创获远不如其所宣扬的美育精神具有影响力。他在努力传播美学学科理论的同时,赋予美学以明确的价值论定位,审美的心性化育和文化建设功能获得了一种本土性的强化。蔡元培美育理念的形成,还与他对现代知识谱系的独特理解密切相关。在他看来,把抽象的知识形态推置到现实教育活动中以发挥直接的启蒙作用,比纯粹的知识论建构更符合中国现代性的历史需求。这种需求即是对以世界观和价值观为核心的现代化精神动力的培养和守护,而审美无疑能够从情感层面去激发这样的精神动力。应该说,正是从美学的知识论和价值论在中国现代学术场域所形成的思想张力中,蔡元培铺设出了美育学的叙事路径,完成了现代美学向美育学的转化,并对其后中国现代美学的思想特质和学术品格产生了深刻影响。

按上述,王国维、蔡元培、梁启超这三位具有代表性的中国现代美学家都相信,通过审美的情感陶养可以提升国民的精神素质,改善社会的道德环境,中国现代化所必需的人性条件亦由此得以成熟。美学的这种价值论思维和功利主义取向无疑与深处现代性进程中的20世纪中国的社会文化重建需求深相符契,美学的美育化建构在此意义上亦是势所必然。照此来看,中国现代知识分子对美学的学术期待确实超越了纯粹的知识论层面,而执意将审美与现实的人性教育关联起来,强调审美之于人的精神修养和生存境界的重要价值,这也是中国现代美学在总体上被表征为美育思想形态的根本原因。当然,最能体现现代美学美育化叙事模式的还是蔡元培。他在这方面的主要贡献可概括为两点:其一,为美学的美育化进路作出了最完备的学理阐释;其二,凭借自己独特的社会地位和学术领导者身份在教育实践层面最大限度地发挥了美育的社会效应,真正将"美育"这一典型的中国美学话语落实到了现代思想文化的建设当中,并取得了积极效果,这一点是同时代的其他美学家无法企及的。

(潘黎勇)

四 融会中西的理论体系
——朱光潜与 20 世纪中国美学

总结 20 世纪中国美学,首先应面对朱光潜。

朱光潜(1897—1986)美学是一个庞大的、汇集中西的理论体系,认真解剖、总结这个体系的正反经验,对于中国美学的建设具有重要意义,同时也能反射出 20 世纪中国美学进展中的艰难历程。

(一)体系结构与特点

朱光潜的文艺思想和美学理论体系(尤其是前期体系)是颇具特色的。其建构体系的路向是:以"出世—入世"的二极性人生态度(艺术形而上学)和现代多学科的实证知识(心理、生理、文学、历史、艺术生理学),来融会西方哲人学说(康德、克罗齐、尼采、叔本华……后期则是马克思、恩格斯)。纵横交织,层次分明,使之成立一个五彩缤纷、斑斓驳杂的理论体系。至今,朱光潜的《文艺心理学》、《诗论》等,仍是难以匹比的美学、诗学入门书。

朱光潜建构体系的独特心灵历程,是中国现代知识分子寻求出路的一种艰苦卓绝尝试。为了追逐人生与学术之谜,朱光潜经历了怎样的艰难呵!翻开中国现代史,有谁曾不辞劳苦,从东方的香港到英伦三岛、巴黎、意大利乃至莱茵河畔,前后度过近十四年的大学生活?有谁能从缥缈的哲学玄思到精确的鲨鱼解剖,和用熏烟鼓、电气反应机测试心理反应,进行过张力距如此遥远的大脑训练?有谁曾有如此多种多样的兴趣,从中国的儒道释哲学到西方哲学(理性与非理性)、文学、艺术、心理、生理、符号逻辑,从中国诗学到西方诗学,最后用美学范式把以上万花筒式的学术成果统摄起来,成为以"情趣"为聚焦点的一家之言?有谁曾以少年身份熟练地使用非母语系统进入西方学术之林,并以自己的力作(《悲剧心理学》)引起西方学术界的注目?……凡此种种,只能使人惊讶、叹绝。这种用西方人的"火"煮自己的"肉"的学术胆识与规范,和用中国人的"灵"去灌注西方焦土的精神超度,以及二者的结合,令我们叹为观止。因此,朱光潜当年寻求人生出路和学术前景的艰苦卓绝尝试,不论在现代思想史上,还是在现代美学史上,都具有开创性的意义。它是五四以后对于"中国学术、文化向何处去"的一种探险与解答。我们必须把朱光潜文艺思想、美学体系放到这个高度,才能客观地展示它的光辉。

朱光潜早期的文艺思想、美学体系,不是一维的单一结构的学说,而是多维的理论体系,其间错综地交织着:深刻而玄妙的哲人学说,严肃而豁达、执着而超脱的人生态度,渊博而多向的学科知识,精当入微的叙述方法与行云流水般的语言表现。这里,哲人学说—二极性人生态度(艺术形而上学)—多学科的实证知识(艺术生理学/审美筋肉论)—语言表现与方法论,构成了四维度的理论体系。

所谓"哲人学说",指这个体系的哲学美学构架、逻辑起点等方面,以及所依据的学说的从属关系和继承关系。朱光潜前期思想中的哲人学说,是以克罗齐的直觉论为核心,一方面渗入西方现代哲学、美学诸派学说,如布洛的"距离说"、立普斯的"移情说"、谷鲁斯的"内摹仿说"等等;另一方面,又渗入中国文化传统中的儒道释哲学精神和中国古典诗文的神韵、意蕴,具有转型时代多向吸纳、兼容并包的大师心态。其焦点集中在审美认识论(心—物关系)上。而朱光潜后期思想中的哲人学说,则在扬弃前期哲人学说的基础上,以马克思、恩格斯的哲学(马克思主义哲学的经典形态,即原生形态)为追求目标,同时吸收黑格尔、歌德、维柯等人的哲学、美学观点,完成人生观与学术观的双重变革,建构了马克思主义形态的美学体系,其焦点由审美认识论移向审美实践论(主体论或人学本体论),而成一代美学宗师。

所谓"人生态度—艺术形而上学",是指这个体系的艺术特质。朱光潜一生都在追求艺术的性灵,提倡"人生艺术化"和"艺术人生化",并且认为在人生与艺术之间有一个中介环节,即"情趣化"。人生的情趣化就是人生的艺术化(宇宙人情化),艺术的情趣化就是艺术的人生化(艺术植根于人生)。这便构成一种"人生—情趣—艺术"三一式结构的宇宙论模式。朱光潜早期深受尼采影响,把"人生"的灵魂抬到艺术的祭坛上,"艺术是生命的最高使命和生命本来的形而上活动"[①],"只有作为一种审美现象,人生和世界才显得有充足理由的"[②]。在前期哲人学说中,他以"艺术人生化"去消解"孤立绝缘"的直觉论,使他营造的美感内在结构在"直觉论"线上得到延伸和完善。在后期哲人学说体系(主客观统一说)中,一切均以"艺术"为中介环节,完成"人—自然"(自然人化)的双向过渡。艺术形而上学把朱光潜的人生追求与哲人学说融合起来,于是他便成为:既是青年的导师,又是现代学术的泰斗。一身二任,熠熠闪光,可望而不可即矣!

所谓"审美感受(多学科的实证)—艺术生理学",是指朱光潜美学体系的近代审

---

① 尼采:《悲剧的诞生》,前言,周国平译,北京,三联书店,1986。
② 尼采:《悲剧的诞生》,周国平译,第24节,北京,三联书店,1986。

美倾向(审美筋肉论)。它把玄奥的哲人学说、灵妙的"人生—艺术"关系(艺术形而上学),落实于实证的心理—生理特征上,同时又把艺术生理学(审美筋肉论)广泛应用于诗学理论中,开创了美学—诗学的全新领域,获得了巨大的成功。因此,艺术生理学既是朱光潜美学与诗学的交汇点,又是他学贯中西所作出的巨大贡献(关于这一点,尚未引起学术界应有的注意),在中国美学—诗学史上没有任何人可以和朱光潜相比。"艺术生理学"领域至今都是朱光潜独占的高峰。

"哲人学说"构成这个庞大体系(前期与后期)的轴心,"艺术形而上学"("人生—情趣—艺术"宇宙论模式)成为这个体系的形上观照,"艺术生理学"(审美筋肉论)成为这个体系的形下实证,它同时突破了这个体系的界限,延伸至诗学领域,完成了独特的诗学理论建构。以上可以说是朱光潜美学体系的三个不同维度,它们构成了一个颇有特色的现代型美学体系。朱光潜美学的"哲人学说",由克罗齐的直觉论开始,而终止于马克思的"彻底的人道主义与彻底的自然主义相结合"的共产主义理论。他的"艺术形而上学",由尼采的"艺术是生命的最高使命和生命本来的形而上活动"开始,而终于他的中国诗学理论研究,以及"出世—入世"的二极性人生观。"艺术生理学"由近代审美筋肉论倾向和内摹仿说开始,而终止于中国古典诗文音律节奏的筋肉运动研究。在每一个维度(领域)里,朱光潜都取得了巨大的成绩。在"哲人学说"维度,朱光潜完成了中国现代知识分子人生观与学术观的双重转变①,为中国现代知识分子的人生选择、中国现代美学的发展方向,开拓了光辉的前景。在"艺术形而上学"维度(领域)里,他找到了艺术与人生的交汇点及其最高使命,沟通了艺术与人生的内在关系,解决了艺术与人生的历史难题。在"艺术生理学"维度(领域),他引入了西方近代美学的最新成果,实证了艺术与审美的"心理—生理"的微妙过程,开创了新型的诗学理论,促使中国诗学理论跨出传统的栅栏,与现代美学接轨。

哲人学说—艺术形而上学—艺术生理学虽是三个不同领域,但都是一个庞大体系上的三个维度。三维的本体就是现代美学的内在统一性。创建了这样的三维体系,应该说是中国现代美学的伟大创举、极不平凡的业绩。

但是,由于朱光潜的美学体系超越了纯学术的线形思维特征,处处是妙语玑珠、情趣横生,渗透着语言表现和方法论的神奇魔力,令人爱不释手,这便构成了这个体系的第四维——在这个维度里,他完成了审美范畴的突进与思维方式的伟大变革,缩短了中国现当代美学与西方现当代美学的距离。因此,我们姑且把朱光潜的庞大美学理论体系称之为"四维"理论体系,它以自身的丰厚和"多面体"的特征,区别于

---

① 五四以后,中国知识分子的人生观与学术观发生了巨大裂变,而完成这个使命者寥寥无几。研究这个课题,是中国现代思想史的伟大任务。

时下的一般理论体系。

如果说,"哲人学说—艺术形而上学—艺术生理学"三维是朱光潜美学体系的内容方向,那么,"语言表现与方法论"这一维,则是这个体系的形式方向。当然,内容三维中的每一维都融合着语言表现与方法论,或者说,三维中的每一维都依靠了语言表现和方法论才能呈现出来。因而,在我们看来,只有把"语言表现和方法论"作为朱光潜美学体系重要的和不可分的一维,才能取得理论视野的全面性,进入朱光潜特定美学体系的理论分析圈。

这样来讨论朱光潜美学体系的"四维"特征,应该说是有根据的。

根据之一:在中国现当代历史上,没有哪一个人、一家学说像朱光潜的"唯心主义"(或"朱光潜=唯心主义")那样充当过众人的"靶子",受到人们随心所欲的批判。任何人都敢于批判朱光潜,都以批判朱光潜为荣,甚至可以导出一个公式:凡能批判朱光潜的人,都是唯物的、进步的。然而,历史的遭遇,确凿地证明了朱光潜理论体系是"烈火金刚"。其间的奥妙是什么?就在于这个理论体系如同一个高大的丰碑,它有四个宽阔而结实的维度,面临四面八方。即使吹风刮雨,也只能飘洒其中的一面(一维)。因而,它总是光照四方,风吹雨打不动摇。朱光潜美学体系所经受的严峻历史考验,就充分地说明了这个体系内部结构的严谨与合理,它是一种具有相当普遍性的历史—文化现象,而不是低能理论家的虚构。

根据之二:来自另一位大师朱自清的认定。

朱自清在《文艺心理学》序言中,对该书作了精辟的评论(推而广之,也可以看作是对朱光潜体系的评价):

第一,开创了一个崭新的学术领域。"他这书虽然并不忽略重要的哲人的学说,可是以'美感经验'开宗明义,逐步解释种种关联的心理,以及相伴的生理的作用,自是科学的态度。在这个领域内介绍这个态度的,中国似乎还无先例。"

第二,学术情趣化。"你想得知识固可读它,你想得一些情趣或谈资也可读它;如入宝山,你决不会空手回去的。"

第三,超群卓尔的叙述方法与语言表达。"这部《文艺心理学》写来自具一种'美',不是'高头讲章',不是教科书,不是咬文嚼字或繁征博引的推理与考据;它步步引你入胜,断不会教你索然释手","全书文字像行云流水,自在极了。他像谈话似的,一层层领着你走进高深和复杂里去。他这里给你来一个比喻,那里给你来一段故事,有时正经,有时诙谐,不知不觉地跟着他走不知不觉地到了家。"[①]

以上三点正是针对朱光潜的四维理论体系而引发出来的金玉良言。朱自清当年的见解,可谓一语中的。朱自清是中国现代文学史上的散文大师和学贯中西的文

---

① 以上均见《朱光潜全集》,新编增订版,第3卷,第106—109页,北京,中华书局,2012。

化思想家,他对朱光潜学说体察入微,领悟深切,做出了极为准确的评价,为后人读朱光潜的书指出了一条正确的路。然而,十分可惜的是,这样一位大师对另一位大师的"拳术套路"的珍贵告诫,却被后来的人们忽略或被极"左"思潮所淹没了。人们只能束缚于伦理、意志上的评判,一叶障目而不识泰山。20世纪50年代一位著名理论家对朱光潜美学的评价是:"朱先生的学问,骤看来好像是很渊博,他兼收并蓄了诸家的学说,他旁征博引了许多东西,似乎也能够头头是道。但是如果认真地把他的所有著作研读一下,那我们就会发现他的学说像用许多破烂的碎布勉强连缀成的破布片","当然,我们也承认,朱光潜在过去旧中国的知识分子群中,还算是比较用功的一个,他所涉猎的知识范围也相当广泛,在某些个别问题上,也有一些见解。但是这一切并不妨碍我们做出这样的判断:就是朱先生的整个美学思想体系,是敌视中国劳动人民的、反动的、剥削者的美学思想体系"。① 这是50年代对朱光潜美学体系的有代表性的评价文章。凡属朱光潜的"真"东西(即无可否认的东西),便闪烁其词,"骤看"、"好像"、"似乎"、"但是";对于无可置疑之处,便"当然"、"但是"。应该说,这尚属有一点"良心"痕迹,在"似乎"背后还能露出朱光潜某些不容抹煞的东西。可是,当年大批判(大争论)中,有一些共同点:一是调子很高,吓唬人的大话很多;二是很少有人能够做到"认真地把他的所有著作研读一下"。何况当年中国人的"批判"传统都是攻其一点不及其余的,唯恐不能上纲上线,哪里还有余裕去"研读所有著作"? 且听朱光潜当年的灵魂叫喊:"人家要封闭我的唯心主义,我自己也就非尽力封闭唯心主义不可……我自己咧,口是封住了,心里却是不服。在美学上要说服我的人就得自己懂得美学,就得拿我所懂得的道理说服我。单是替我扣一个帽子,尽管这个帽子非常合适,是不能解决问题的;单是拿'马克思列宁主义认为……'的口气来吓唬我,也是不能解决问题的,因为我心里知道,'马克思列宁主义美学'还只是研究美学的人们奋斗的目标,还是待建立的科学;现在每个人都挂起这面堂哉皇哉的招牌,可是每人葫芦里所卖的药都不一样。"②批判者与被批判者之间根本对不上口径。历史证明,朱光潜前期的学说体系确是"打不倒,批不臭"的。道理很明显,批判者所面对的是四维体系中的一维——哲人学说(且又仅仅是其中的一小部分),而对于其余三维(艺术形而上学、艺术生理学、语言表现与方法论)则根本无法交锋。即使是对其一维中的"哲人学说",也仅能(或止于)划分一下唯物、唯心而已。原因就在于,批判者的知识结构、理论库存与批判对象相比,实在难以相称。难怪后来朱光潜在1980年时回忆说:"50年代的那场大辩论,有些题目(即范畴概念——引者

---

① 见《美学问题讨论集》(一),第134—135页,北京,作家出版社,1957。
② 朱光潜:《从切身的经验谈百家争鸣》,见《朱光潜全集》,新编增订版,第10卷,第218页,北京,中华书局,2012。

注)是可笑的。"①

如果用审美范式加以规范,我们对朱光潜美学体系的基本看法就是:

1. 分期。前期从20世纪30年代至1949年前,后期从1949年到去世(这是一般观点,朱光潜自己也大体同意这种看法。但后期又有两个阶段,即从前期体系到后期体系的过渡阶段,以及后期体系建构定型阶段——前者是20世纪50至60年代初期,后者是从20世纪60年代初期写《西方美学史》之后到80年代完成《谈美书简》)。

2. 哲人学说。前期体系以克罗齐直觉论为核心,融入"距离说"、"移情说"、"内摹仿说",以及中国的儒道释哲学精神和中国古典诗文的神韵、意蕴,汇成美感内在结构。后期体系以马克思"人—自然"("人化自然")关系的主客观统一论为核心,完善于"彻底的人道主义与彻底的自然主义相结合"的"人的科学"学说之中,展开了美感的外在网络结构。如果说,前期体系侧重于个体的瞬间性微观审美过程,属于"细胞解剖";后期体系则侧重于群体(族类)的历时性宏观审美过程,属于历史探源。朱光潜的美学理论生涯,可以说是从美感的内在结构开始,而终止于美感的外在网络结构;从美感经验的横向描述开始,终结于美感经验的纵向历史探源(这仅是就大体上和其所侧重的方面来说,因为任何审美过程都是一个现实与历史交叉的坐标结构,孤立其中的任何一方,审美都是不完善的)。两者之间构成了一种"互补"关系,或者说,"美感内在结构"与"美感外在网络结构"是一种"互补结构"。这是朱光潜前后期美学体系的一种统一性。从美感内在结构到美感外在网络结构,有其内在的逻辑发展的必然性。解开这个"内在逻辑发展的必然性",就能充分展示出这个理论体系的主轴,从而确认朱光潜是一个完整的人,而不是两个人;其理论是一个庞大的体系,而不是水火不相容的两个体系。把握住这一点,我们也就有可能以其前期预示后期,以后期反证其前期。这样,可以把许多"模糊点"弄清。例如,在前期直觉论中的"主观唯心主义",与后期主客体互逆交流中的主体能动性,是很不相同的:前者缺乏唯物的根基,后者在生产实践中形成。但这仅仅是基础与来源不同,却不能抹煞人在认识对象时必须具备的一种功能——主观性。朱光潜对这种人所独具的认识功能(主观创造性),是摆在极其重要位置上的。即使在后期,他也没有因为受到批判而熄灭其学说中的这个"亮点"。可以说,朱光潜一生都在高扬"人的主观创造精神";就审美来说,就是高扬"艺术的主观创造精神"。在我们看来,就朱光潜的整个美学体系而言,除了他前期体系的哲学基础由于缺乏唯物根基而可以批评之外,人们很难再做出其他方面的有价值批判。

---

① 《朱光潜教授谈美学》,见《朱光潜全集》,新编增订版,第9卷,第323页,北京,中华书局,2012。

(二)当代意义与历史贡献

只要我们能够客观地清理、总结朱光潜的美学体系,那么,我们就会很分明地看到其理论体系在20世纪中国美学历程上的意义和贡献——全局性、多向性的贡献和意义。

就"哲人学说"一维(领域)来说,最可宝贵的有两个方面:一是把人生观与学术观(美学本身就是一种人生观)的双重变革交融在一起;二是多学科的交织综合及其兼容并包的学术心态。

先就第一方面来说。20世纪80年代初,朱光潜在香港讲学时,曾对记者说:我不是共产党员,但是一个马克思主义者。这一点在我们总结朱光潜美学遗产时,是绝对不可忽视的。不过,朱光潜的马克思主义学术历程是怎样开始的呢?他首先把自己的全部信仰都投寄在马克思、恩格斯有一个"完整的美学体系"上,而且奋斗终生,为中国当代美学的走向和前景开拓了光辉的未来。

只看朱光潜后期的探索目标和方向,就可见其极其不平凡的意义。尤其对于那些在五四之后的中西文化碰撞中求生存的中国知识分子来说,就更难能可贵。朱光潜是在极其艰难的情况下开始自己的马克思主义学术历程的。一是"先天不足"。他过去接触的哲人学说多是唯心主义,很少接触马、恩原著,几乎一切从零开始。二是"后天气候不佳",当时他周围并不是一个理想的学术环境,批判者尽管个个都打着马克思列宁主义的"招牌",但真正懂得马列主义的人可谓少之又少。大多数批判者仅是学得一点马列主义的表皮和若干词句,便操着"存在决定意识"的大棒,在学坛上冲杀。那时,几乎人人都以批判朱光潜为荣。当朱光潜下定决心,从头开始认真学习马列主义的时候,就有人说:你朱某不配学马列。

如何回答批判者的提问,如何清理、评价和扬弃自己前期理论体系中不合适的观点,如何在"山雨欲来风满楼"的情况下迈出自己的第一步,这对于朱光潜是一个严峻的时刻。朱光潜一生有三大步是有决定性意义的:第一步是跨到欧洲去(留学),第二步是留在祖国大陆不去台湾,第三步则是踏进马克思主义的学术领域。当年朱光潜毫不犹豫地踏上陌生的马克思主义学术征途,这对他来说是人生与学术的伟大转折点,是其人生境界、学术前景的新开端。于是,一代美学大师又在新的历程上给后来者树立了榜样。

朱光潜说:"美学大辩论对我个人最大的收获,就是促使我认真学习马克思主义,从而认识到过去唯心主义看法的错误。这以后的三十年来,我的工作只搞马克思主义这一项,我没有啃别的东西。愈学愈觉得马克思主义是抓住要害的,我相信无论搞哪种东西,离开马克思主义不行。"①朱光潜前期的学术兴趣是异常广泛的,从哲学、美学、历史、文学、艺术,到心理学、生理学、符号逻辑,乃至鲨鱼解剖等等,他追求的是"人生的艺术化",是一种自由自在的、满足知识欲望的"情趣"和"兴味",而不受任何阻碍和限制。现在,他所面临的是人生道路的选择、学术生涯的去向。那种追求自由自在、满足知识欲望的"情趣"、"兴味"和"人生艺术化"的心态,早已化作一根绷紧了的弦,而且在时代的紧张气氛中,这根"人生"与"学术"纠葛在一起的弦,越绷越紧。朱光潜后期用了几十年的宝贵时光专攻马克思主义,而没有分心去"啃别的东西"。当他满怀收获之时,他又终于发现了新的"情趣"。朱光潜一旦发现一种学说有"学术价值"(而不仅仅是一种政治思想、伦理导向),那境界、那激动,又绝不是"情趣"可以比拟的。它超乎前期体系中的"情趣"境界,进入"天—地—人"系统中的最高境界,它是人生与学术的最后归宿点。

朱光潜学习马克思主义的初衷,也许是裹挟在大潮中的"百川归海"。但是他做学问又总是非常认真,处处皆是"以出世的精神,去做入世的事业"。那"入世"而执着的精神与分析问题的清晰度,决不允许有半点含糊或半途而废。他在马克思主义的堂奥中终于发现了无产者学说的"很高的学术价值",于是他把自己的人生、理想、希望……都投入了这堂奥的探索与建设之中,哪怕自己加入的是半砖片瓦,也是其乐无穷!

朱光潜就是以这样的心态,开始了新的学术历程。他首先力排众议,给我们指出了方向,"马克思主义创始人没有写过美学专著,这是事实;说因此就没有一个完整的美学体系,这却不是事实"②。他一一指出了我们长期以来造成误解的原因,那就是只从马、恩原著中选取一些与文艺相关的词句,汇集成"马恩列斯论文艺"之类的书,以为这便是"体系"了。其实,这词句并不能代表体系;真正的美学体系却融会在马克思的经济学—哲学体系大框架中。下面的这段话,反映了朱光潜后期对这个问题较全面的理解:

> 美学在他(马克思)的整个思想大体系中只是一个小体系。小体系是不能脱离大体系来理解的。马克思主义大体系就是辩证唯物主义和历史唯物主义,以及从此生发出来的认识来自实践的基本观点……应用到美学里来说,文艺也是一种生产劳动……人与自然(包括社会)绝不是两个互不相干的对立面,而是不断地互相斗争又互相推进的。因此,人之中有自然的影响,自然也体现着人的本质力量,这就是"人化的自然"和"人的对象化",也就是主客观统一的基本

---

① 《朱光潜教授谈美学》,见《朱光潜全集》,新编增订版,第9卷,第323页,北京,中华书局,2012。
② 朱光潜:《谈美书简》,见《朱光潜全集》,新编增订版,第15卷,第26页,北京,中华书局,2012。

观点。从这个基础的实践观点出发,马克思既揭示了文艺的起源与性质,又追溯了文艺经过不同社会类型的长久演变,还趁便分析一些具体文艺作家和作品,从而解决了一系列文艺创作方面的重要问题……试问这一切还不能构成马克思主义美学的完整体系吗?对我们造成困难的是这个完整体系是经过长期发展而且散见于一系列著作中的,例如从《1844年经济学—哲学手稿》、《德意志意识形态》、《关于费尔巴哈的提纲》、《政治经济学批判》,直到《剩余价值论》、《资本论》和一系列通信。要说体系,马克思主义美学体系比起过去任何美学大师(从柏拉图、亚里士多德到康德、黑格尔和克罗齐)所构成的任何体系都更宏大、更完整,而且有更结实的物质基础和历史发展的线索。我们的困难就在于要掌握这个完整体系,就非亲自钻研上述一系列的完整的经典著作不可。①

朱光潜的深入分析,为我们把握马克思主义美学体系提供了几个重要的结论:

第一,劳动乐趣说。朱光潜在分析《资本论》中论劳动过程时,认为人类美感是在劳动过程中发生的,它是一种劳动的乐趣,由此可以推论出马克思主义美学体系的逻辑起点,正是劳动过程的二重性(实用与审美)关系,艺术生产则来源于"直观自身"的审美关系。② 但人类生产过程中的审美关系,并不是一种赤裸裸的关系,它必须附丽于生产过程中的实用(功利)关系,这是一个生产实践过程,而不是大脑的思辨过程。

第二,体系结构说。马克思主义美学体系有一个鲜明的特点,就是从政治经济学中生发出来,经过哲学的思辨与升华,结合共产主义(或空想社会主义)社会前景,从而得出美学的结论,成为如下的三一式结构:

$$经济学 \to 哲学 \to 共产主义$$
$$美学$$

《1844年经济学—哲学手稿》中的美学思想,就正是由这样的三一式结构推演出来的。这个结构既是逻辑结构,也是历史过程。列宁早就说过:马克思主义有三个来源,一是英国的政治经济学,二是德国古典哲学,三是法国空想社会主义。这三个来源分别对应于三一式结构中的三项。因而,马克思主义创始人的美学体系,是逻辑与历史的统一。这个特点(三一式结构)是马克思主义美学体系最根本的特征,

---

① 朱光潜:《谈美书简》,见《朱光潜全集》,新编增订版,第15卷,第27—28页,北京,中华书局,2012。
② 参见劳承万:《美学文艺学逻辑体系探索》,天津,天津古籍出版社,1995。

离开这个根本特征所演绎出来的"马克思主义美学思想、体系、结论",都将是失真的,或者说是虚假的、充满了主观随意性。

第三,突破认识论。20世纪50年代末期,朱光潜提出了一个重大的理论问题:美学要突破认识论(包括反映论)。这在现当代中国美学史上,具有一种划时代的意义:它一方面宣告了"审美只是一种认识形式"、"一种反映"的理论时代的终结,另一方面又宣告了美学走向"实践论"、"生产论"(其实是人学本体论)时代的开始。从此之后,中国美学界才摆脱"心—物"线形关系的束缚,扩大了视野,面向人类历史的深层及其总体流程,并为20世纪80年代中国美学的"主体性"理论的繁荣打下了扎实基础,奠定了方向。

朱光潜无限向往马克思关于共产主义社会中人的全面发展以及自由人的观念。这既是他的"主观创造精神"的归宿点,也是他的全部理论体系的归宿点。突破认识论,正是到达这一归宿点的一个重要环节。如果美学不能突破认识论,我们今天的理论将在一片黑暗中徘徊。

第四,首先要坚持理性主义。不少评论朱光潜的人一直觉得遗憾的是,时至20世纪80年代,当西方思潮如洪水一般涌进中国的时候,朱光潜总是无动于衷,还在不断地讲他的"人性论"、"共同美"、"上层建筑与意识形态",等等。其实,有一点很清楚,那就是80年代人们所热衷的,基本上可以归结为一点:埋葬绝对理性主义,把非理性主义抬上历史舞台。一切的新思潮、新方法都围绕着这一点旋转,甚至连人的生命存在也一并塞进了"非理性主义"的筐里。这一切让人眼花缭乱的东西,对于朱光潜来说,真可谓"司空见惯"。叔本华、尼采、柏格森、弗洛伊德、荣格,等等;或是变态心理学、深层心理学以及鲨鱼解剖、符号逻辑……明眼人一看便知道,非理性主义及其现代时髦,是朱光潜早已胸有成竹而暂时"按下来"的东西。对朱光潜(扩而大之,对中国现当代美学界)来说,大力宣扬非理性主义,拒斥理性主义,还为时过早。中国现当代美学"弱不禁风"和"中气不足",并不是起于非理性主义的缺乏,而是起于理性主义尚未直起腰来!我们的悲哀,是离柏格森、尼采太近,离康德、黑格尔太远;离现代时髦太近,离"基础建设工程"太远。朱光潜所追求的,是重新扶正理性主义在中国的成长。不懂"人性论",不知"共同美",不知"人之所以为人"、"世界之所以为世界",何谈哲学与美学? 不说别的,仅是朱光潜对马克思论"劳动过程"的细密思考,那种深度就让我们深思与反省了。人活在世界上,就要和世界发生关系;世界来到人面前,就要在人的面前展现自身。"人←→世界"的复杂关系,是马克思主义哲学所要竭力揭示的关系,否则,人就不能活下去,世界也不能"合理地"存在下去。这首先就是理性主义所要解决的难题,非理性主义是无法承担这一历史任务的。

毋庸讳言,非理性主义在人类历史上也有巨大的作用,但它仅仅是作为绝对理性主义的一种"反动"与补充时,才显出它的历史作用。抛开历史条件和历史背景,盲目提倡非理性主义,这作为一种"标新立异"之论尚属允许,但对于历史却是"不负责任"。不理解以上的思路,我们就不能理解朱光潜晚年之所作所为。朱光潜晚年竭尽全力翻译维柯《新科学》,也是得益于马克思认真阅读和高度评价《新科学》的明示。维柯的基本观点是"共同人性论"和"人类历史是由人类自己创造的",[①]其基本方面都是人类勃兴的理性主义。可惜,80年代的时髦思潮掩盖了维柯的光辉,这也是朱光潜不曾料到的。20世纪60年代,朱光潜曾翻译黑格尔《美学》(第1卷),对当时中国美学界产生了深刻的"启蒙"作用,也对五六十年代美学讨论做了一个超前的总结。可惜的是,《新科学》虽然出版了,但它在中国美学界却没有发生像当年黑格尔《美学》那样的大作用。

再说朱光潜美学体系的多学科交织综合及其兼容心态。

朱光潜幼年(六岁)进入私塾,对中国古典诗文烂熟于心。考入武昌高师之后,尽管教师水平平庸,但他自己还是深入学习了段玉裁等人的文字学论著,受到严格的训练。到香港及西方留学,前后读了五所大学,历时近十四年之久,由心理学、教育学进入文学、艺术、哲学、美学、历史,甚至符号逻辑等多种门类、学科,无一不取得相当的成绩,而且又有随读随写的良好习惯。这种多学科交汇所形成的知识结构,是立体、多维的,而非平面、一维的;是动态组合的,而非静态呆板的。从美学角度看,哲学—心理/生理学—艺术学(其他相关学科分别统辖于这三门学科之中)三者铸成一个比较完善的理论模式:"哲学"诠释美学终极问题,提供高远视野;"心理学—生理学"展示审美心理过程,提供实证材料;"艺术学"揭示审美精神结构,导向审美主体。即如下图所示:

(高远视野)(形下实证)(精神结构)
哲学⟷心理/生理学⟷艺术学
　　　　　　　美学

朱光潜美学体系所展开的路向、线索,都与上图的模式紧密相关。他对中国当代美学的要求、希望,也是从上图的模式出发的;20世纪50年代美学讨论中,他对其他诸派美学观点的批评,也大抵以上图的模式为参照系。

多学科交织形成的立体多维知识结构,以及由此而来的美学理论一体化框架"哲学—心理学—艺术学",都使朱光潜的思维方式大异于时人,也使其在重构后期

---

① 朱光潜:《维柯》,见《中国大百科全书·外国文学》,北京,中国大百科全书出版社,1982。

体系时独得优势,更能促进思维方式的变革与突进。上图中的模式就是一个开放型的理论模式,它能够广泛地接纳现代社会科学、心理—生理学科的前沿成果,从而充实其理论自身的内在结构。这是中国当代美学理论建设中的宏远目标,也是造就大师和伟大理论家的基础性知识结构。

思维方式的变革与突进,与主体的胸怀、眼光联系密切。综观朱光潜一生,他的为人风格与学术境界,无不是以开阔的胸怀和兼容并包的心态作为出发点的。五四之后,中国学术界走向分化,有的人专守国故,有的完全投入西方怀抱,或非此即彼,只要一个"主义",等等。这些都是一种狭窄心态、短浅目光,不能容纳变革时代的汹涌风云,不能走向更高的创造。有许多评论者曾指责朱光潜的方法论是"调和折衷",其实这是转型时代造就的大师的一种特有心态,也是人的思维方式变革的良好前提。中国现当代美学如果要走向世界,要吸取营养,便首先要有朱光潜那种调和折衷、兼容并包的开阔心态。

就美学基础理论来说,朱光潜的美学—诗学理论和艺术生理学,是中国现当代美学中难以逾越的高峰。

"人生艺术化"(艺术形而上学)是朱光潜体系的闪光之塔,关系着朱光潜整个理论体系的完整性和启悟性。由此循道而入,就可以窥见朱光潜美学体系的无限风光。朱自清在《谈美》一书的序言里说,"'人生艺术化'一章……这是孟实先生自己最重要的理论"。朱自清看重的是"人生艺术化"这种思想的"宏远的眼界和豁达的胸襟",尤其对于文艺思想、美学学说来讲是更为重要,"文艺理论当有以观其会通;局于一方一隅,是并不会有真知灼见的"。① 从朱光潜的全部论著来深入分析,我们就会发现:"人生艺术化"正是其学说体系中最闪光的一维。

朱光潜前期学说主要是以直觉论为核心去营构一个美感内在结构的典型范式,从审美视角把握瞬间的永恒,此即"形象的直觉"效应。在这个"小宇宙"(美感内在结构)里,他的匠心是汇聚西方圣哲之精华,塑造艺术—审美的安身立命之所。但"形象的直觉"毕竟是整个大千世界的一瞬、一点、一滴,而非全部,在"真—善—美"整体结构和庞大世界中,也仅是"美"(审美)的一侧翼,还不是"美"的最后本体存在(真与善最后都融合为美)。在直觉论中,审美与人生是暂时的你我分离;在"真—善—美"整体结构中,审美与人生又彼此交融。从直觉论奔向"人生艺术化",确是茫茫宇宙、匆匆人生的艰难历程。到1947年,朱光潜又续写了《看戏与演戏——两种人生理想》的文章,把"人生艺术化"的主题拓展得更加宽广深远,使其美学体系除了直接汇聚哲人学说之外,还有他自己在民族传统文化和人生特定历程中撞击出来的强烈火花。如果说,前者是学说的调和折衷(兼容心态),那么后者则是理论视界、人

---

① 见《朱光潜全集》,新编增订版,第3卷,第5页,北京,中华书局,2012。

生态度的熠熠闪光（朱光潜说，"我自己在少年时代曾提出'以出世精神做入世事业'，作为自己的人生理想"①）。不难想象，如果朱光潜没有"人生艺术化"的人生主调，他怎么能够顺利地走完那艰难曲折的人生历程。

马克思所预言的共产主义社会的劳动，是自由的劳动。这也便是真正的"人生艺术化"（情趣化）。朱光潜后期的体系建构，正是从马克思主义哲学中得到了深刻启示。

作为"人生艺术化"的学理展开及其成果的，是朱光潜诗学理论。这是他理论体系中的一颗明珠，是其哲学—美学的最佳凝聚点。朱光潜的诗学理论是"人生—生命—境界"理论的集中领域。他以诗学结构对"人生—生命—境界"的底蕴作了最充分的展示。于是，艺术形而上学从"人生"走向了艺术本体。

中国现当代美学建设最需要高远的视野，像朱光潜那样有"人生艺术化"的慧眼。同时，为避免成为空头理论家，我们须走进艺术本体，如朱光潜晚年告诫的："不通一艺莫谈艺"。

最后，我们还必须强调朱光潜的独创领域——艺术生理学。这也是中国现当代美学中最薄弱的环节。所谓"艺术生理学"，就是西方近代的审美筋肉论。它把形上思辨与形下实证融会贯通起来：前者由哲学、美学、艺术学基本原理构成，后者由心理学、生理学、诗学（韵律节奏）构成。因而，其理论之网拉得很开。朱光潜的"审美筋肉论"正是西方哲学、美学与中国传统文论相结合的产物。他以西方理论作范导，以中国文论传统（主要是"气"论）并结合自己的体验，印证了这种理论的功效及其应用范围。中国人学习古典诗词有两种方式：一是"熟读唐诗三百首"的办法，一是"填词"的方法。前者是把唐诗模式沉浸到读者的筋肉活动中，使"灵魂"与"筋肉"在反复实践中达到同一。对于这种"筋肉"运动程式的内摹仿理论，朱光潜就曾在《诗论》中作了异常深刻的阐述，并因此突破了一般诗学理论。

中国现当代美学（乃至于近代美学）不仅形上功能不健全，就是形下功能也很贫乏。80年代曾兴起了一阵新方法"热"，但由于缺乏深厚的理论基础，很快便自生自灭。形下实证的功夫是在形上思维"观照"下形成的，而非那种庸俗性应用（如"××+美学"之类）。

朱光潜美学是20世纪中国美学历程中的一个丰碑。中国美学要走向世界，跳过朱光潜是不行的。当然，超越朱光潜美学又将是历史的必然。

（劳承万）

---

① 朱光潜：《以出世的精神，做入世的事业——纪念弘一法师》，见《朱光潜全集》，新编增订版，第8卷，第349页，北京，中华书局，2012。

五 生命哲学与"散步"美学
——宗白华与20世纪中国美学

宗白华(1897—1986)一生著述不算太多,但要理解他的思想却并非易事。这与他所采用的"散步"方法有关。宗白华自己曾说过:"散步是自由自在、无拘无束的行动,它的弱点是没有计划,没有系统。看重逻辑统一性的人会轻视它,讨厌它,但是西方建立逻辑学的大师亚里士多德的学派却唤作'散步学派',可见散步和逻辑并不是绝对不相容的。"①可见,宗白华的"散步"既是自由自在的,又是有逻辑的。要在这自由自在的散步中把握其逻辑必然,当然不是一件容易的事情。

更重要的问题是,宗白华美学为什么要采取"散步"的方法?"散步"方法与理论内容之间有没有必然的联系?是方法影响了内容,还是内容决定了方法?通过对这些问题的思考,我们将发现,宗白华美学中有一个更加深刻的生命哲学基础,而正是这个潜在的理论基础,使宗白华美学呈现出"散步"的方法论形态。相应地,只有把这个潜在的理论基础发掘出来,我们才能更好地理解宗白华美学。

(一)生命哲学背景

20世纪三四十年代出现的生命哲学思潮,是宗白华美学的哲学背景。当时的哲学家,或从现实需要出发,或从理论推演入手,纷纷倡导生命哲学,从而形成了具有广泛影响的生命哲学思潮。② 当时的现实是:中国饱受列强欺凌,尤其是日本侵略者发动侵华战争之后,中华民族到了生死存亡的关键时刻,迫切需要激发和凝聚整个民族的生命力量。生命哲学思潮的流行,正顺应了这一时代要求。如方东美在抗日战争全面展开的1937年,就曾应邀在南京中国广播电台举办题为《中国人生哲学精义》的广播讲座,力赞中华民族的生命智慧,以唤起国人的爱国之心和生命热情。

---

① 宗白华:《美学的散步(一)》,见《宗白华全集》,第3卷,第284页,合肥,安徽教育出版社,1994。
② 当时的哲学家都有一个信念,就是希望通过复兴中国哲学来复兴中华民族。如冯友兰在谈到他的《新理学》时曾说:"这本书被人赞同地接受了,因为对它的评论都似乎感到,中国哲学的结构历来没有陈述得这样清楚。有人认为它标志着中国哲学的复兴。中国哲学的复兴则被人当作中华民族的复兴的象征。"(冯友兰:《中国哲学简史》,第372页,北京,北京大学出版社,1985)

从学术上讲,当时已经经历了从"西学东渐"到"东学西渐"的转变。一些向西方寻求真理的有识之士,在目睹了西方文明的种种弊端之后,反而加深了对中国古老文明的珍爱。西方人在经历了第一次世界大战之后,也意识到自身文明的缺陷,转而景慕东方的生命智慧。他们发现,东方文明与西方文明的最大区别就在于,东方文明是以生命哲学为基础,把宇宙看作有生命的机体,以和平的心境爱护现实、美化现实;而西方文明则把宇宙看作机械的物质场所,任意加以利用、改造和征服,对落后民族也不例外,从而导致冲突和战争。这种思想上的转向,从宗白华自德国写回来的一封信中,可以看得非常清楚:

> 我以为中国将来的文化绝不是把欧美文化搬来了就成功。中国旧文化中实有伟大优美的,万不可消灭。譬如中国的画,在世界中独辟蹊径,比较西洋画,其价值不易论定,到欧后才觉得。所以有许多中国人,到欧美后,反而"顽固"了,我或者也是卷在此东西对流的潮流中,受了反流的影响了。①

被宗白华称作"顽固"的确实大有人在。如梁启超从力图用西方文化来救助国人,到希望中国青年用自己的文化去救助洋人的转变,就是其中最典型的一例。通过这样一场东西文化大对流之后,一些人意识到,最终能够拯救世界文明的,还是中国古老的生命哲学。

这次生命哲学思潮有两个理论源头:一是西方的,即柏格森的生命哲学;一是中国的,即《周易》中的生命哲学思想。柏格森是20世纪初西方最有影响力的思想家之一,他的生命哲学不仅在西方轰动一时,而且对中国思想界的影响也是无人能及的。梁漱溟、熊十力、冯友兰、朱光潜、宗白华、方东美、唐君毅、牟宗三等,无不深受柏格森的影响。20世纪三四十年代的生命哲学思潮,最初正是受到了柏格森的启发。不过,中国生命哲学同柏格森的生命哲学仍然有较明显的区别,它们对"生命"的理解有较大差异。相对来说,中国生命哲学中的"生命"更有秩序、有条理。许多哲学家都把思想渊源追溯到《周易》,追溯到"天地之大德曰生"、"生生之谓易"、"生生而有条理"、"天行健,君子以自强不息"等思想。《周易》和阐发儒家生命哲学思想的宋明理学,成了这次生命哲学思潮的理论源泉。

在这次生命哲学思潮中,熊十力和方东美是主要的代表。熊十力在1932年出版《新唯识论》文言文本中,全面系统地演绎了他的生命哲学。在他的哲学体系中,翕辟、能变、恒转的宇宙本体,即是一种刚健、向上的生命力。正如周辅成所说,熊十力"觉得宇宙在变,但变决不会回头、退步、向下,它只是向前、向上开展。宇宙如此,

---

① 宗白华:《自德见寄书》,见《宗白华全集》,第1卷,第336页,合肥,安徽教育出版社,1994。

人生也如此。这种宇宙人生观点,是乐观的,向前看的。这个观点,讲出了几千年中华民族得以愈来愈文明、愈进步的原因。具有这种健全的宇宙人生观的民族,是所向无敌的,即使有失败,但终必成功"①。

方东美于1933年出版《生命情调与美感》一书,开始阐发他的生命精神本体论。1937年,他又先后发表《哲学三慧》、《科学哲学与人生》、《中国人生哲学精义》等论文、著作和讲演,全面表述了他的生命哲学思想,认为不仅是人,整个宇宙万物都有一种内在的生命力量;一切现象里面都藏有生命,"生命大化流行,自然与人,万物一切,为一大生广生之创造力所弥漫贯注,赋予生命,而一以贯之"②。他同时指出,对这种普遍生命的理解,中国古代哲学家最有智慧,只有他们"知生化之无已"③。

宗白华与方东美同为中央大学哲学系的教授,并且有很好的交往。据宗白华的儿子回忆,当时宗白华与方东美常常相互串门聊天。熊十力也曾在中央大学短期授课,在中央大学有一批追随者(如唐君毅等),同时与方东美有更早的交情。在这种环境下,宗白华当然能很快、很深入地了解熊、方二人的思想并受他们的影响。

这里需要指出的是,宗、方二人更多的可能是互相影响。从已出版的《宗白华全集》来看,宗白华的生命哲学思想似乎有更早的渊源。他在1918年即参与"少年中国学会"的筹备工作,那时他谈得最多的是青年的人生观问题,并力主一种奋斗生活和创造生活。1919年,宗白华发表《读柏格森"创化论"杂感》,介绍柏格森的生命哲学。1920年,宗白华赴德留学,在随后写回的书信中,仍然透露出对乐观的、向前的、充满爱和生命力的生活的向往。同年他发表《看了罗丹雕刻以后》一文,明确把"生命"当作万物本体。30年代初,宗白华发表一系列关于歌德的文章,极力赞扬浮士德式的生命精神。而到1932年的《徐悲鸿与中国绘画》一文,宗白华的生命哲学和以生命哲学为基础的美学已基本成熟。由此可以推测,宗白华的思想也可能对方东美产生过影响,他们二人之所以常常串门谈天,与他们哲学观点上的相似不无关系。

(二)对生命本体的理解

宗白华对生命本体的理解,有一个不断演进的过程。大致说来,以20世纪30年代为界,可分为前后两个时期:前期主要接受西方的生命哲学观点,把"生命"理解为一种外在的创造活力;后期又回到中国哲学,把"生命"理解为内在的生命律动。

---

① 周辅成:《熊先生的人格和哲学体系不朽》,见《回忆熊十力》,第135页,武汉,湖北人民出版社,1989。
② 方东美:《中国哲学精神及其发展》,第98页,台北,成均出版社,1983。
③ 方东美:《哲学三慧》,台北,三民书局,1987,第18页。

1919年前后,宗白华写了大量文章,鼓吹一种积极向上的人生观,并期望以这种人生观来改造旧老的中国。这种人生观的理论基础,主要是柏格森的生命创化论和达尔文的生物进化论。1919年11月,宗白华发表《读柏格森"创化论"杂感》,明确指出,"柏格森的创化论中深含着一种伟大入世的精神,创造进化的意志,最适宜做我们中国青年的宇宙观"[①]。同年7月,他在给"少年中国"同党康白情等人的一封书信中,又说:"我们青年的生活,就是奋斗的生活,一天不奋斗,就是过一天无生机的生活。现在上海一班少年,终日放荡佚乐,我看他都是一班行尸走肉,没有生机的人。我们的生活是创造的。每天总要创造一点东西来,才算过了一天,否则就违抗大宇宙的创造力,我们就要归于天演淘汰了。所以,我请你们天天创造,先替我们月刊创造几篇文字,再替北京创造点光明,最后,奋力创造少年中国。我们的将来是创造出来的,不是静候来的。现在若不着手创造,还要等到几时呢?"[②]基于这种人生观,他对当时的妇女问题发表了一些非常进步的看法,尤其强调妇女要有"强健活泼之体格"。特别是在《中国青年的奋斗生活和创造生活》一文中,宗白华全面阐发了他早期的人生观:"我们人类生活的内容本来就是奋斗与创造,我们一天不奋斗就要被环境的势力所压迫,归于天演淘汰,不能生存;我们一天不创造,就要生机停滞,不能适应环境潮流,无从进化。所以,我们真正生活的内容就是奋斗与创造。我们不奋斗不创造就没有生活,就不能生活。"[③]

如果说,宗白华早期的这些文章,对生命本体的阐释还相当随意,甚至还没有明确提出生命本体的观点,那么,在《看了罗丹雕刻以后》(1921)和《歌德之人生启示》(1932)中,他则不仅提出了"生命本体"的观点,而且对生命本体的特点做了明确阐述。

在《看了罗丹雕刻以后》中,宗白华极力突显了"动象"、"生命"、"精神"等等(在宗白华的文本中,这三者的含义基本一致),把它们看作一切"美"的根源和自然万物的本体。

> 大自然中有一种不可思议的活力,推动无生界以入于有机界,从有机界以至于最高的生命、理性、情绪、感觉。这个活力是一切生命的源泉,也是一切"美"的源泉。

> 自然无往而不美。何以故?以其处处表现这种活力故。

[①] 宗白华:《读柏格森"创化论"杂感》,见《宗白华全集》,第1卷,第79页,合肥,安徽教育出版社,1994。
[②] 宗白华:《致康白情等书》,见《宗白华全集》,第1卷,第41页,合肥,安徽教育出版社,1994。
[③] 宗白华:《中国青年的奋斗生活和创造生活》,见《宗白华全集》,第1卷,第92页,合肥,安徽教育出版社,1994。

"自然"是无时无处不在"动"中的。物即是动,动即是物,不能分离。这种"动象",积微成著,瞬息万变,不可捉摸。能捉摸者,已非是动;非是动者,即非自然。照像片于物象转变之中,摄取一角,强动象以为静象,已非物之真象了。况且动者是生命的表示,精神的作用;描写动者即是表现生命,描写精神。自然万象无不在"活动"中,无不在"精神"中,无不在"生命"中。艺术家想借图画、雕刻等以表现自然之真,当然要表现动象,才能表现精神、表现生命。这种"动象的表现",是艺术最后的目的,也就是艺术与照片根本不同之处了。①

宗白华还直接叙述罗丹的思想说:"'动'是宇宙的真相,惟有'动象'可以表示生命,表示精神,表示那自然背后所深藏的不可思议的东西","自然中的万种形象,千变万化,无不是一个深沉浓郁的大精神——宇宙活力——所表现。这个自然的活力凭借着物质,表现出花,表现出光,表现出云树山水,以至于鸢飞鱼跃、美人英雄。所谓自然的内容,就是一种生命精神的物质表现而已"。② 其实,宗白华这时受罗丹影响所理解的"动",更多还只是一种外在的"运动",而不是后来作为宇宙本体的"生动"。这一点,从他对艺术家如何表现"动象"的分析中可以得到证明。他援引罗丹的话说:"你们问我的雕刻怎样会能表现这种'动象'? 其实这个秘密很简单。我们要先确定'动'是从一个现状转变到第二个现状。画家与雕刻家之表现'动象'就在能表现出这个现状中间的过程。他要能在雕刻或图画中表示出那第一个现状,于不知不觉中转化入第二现状,使我们观者能在这作品中,同时看见第一现状过去的痕迹和第二现状初生的影子,然后'动象'就俨然在我们的眼前了。"③这种"从第一个现状转变入第二个现状"的"动",只是事物的运动,同后来宗白华所强调的中国绘画中的"气韵生动"有着本质的区别。

在《歌德之人生启示》一文中,宗白华盛赞歌德积极奋进、自强不息的人生态度,认为歌德的生命情绪"完全是沉浸于理性精神之下层的永恒活跃的生命本体"④。当然,宗白华也发现了歌德的生活不全是非理性的生命倾泻,其中也有秩序、形式、定律和轨道,在向外扩张的同时也有向内的收缩和克制,从而使歌德的生命获得了平衡。⑤ 但在这种动态平衡中,宗白华肯定"歌德的生活仍是以动为主体,个体生命的

---

① 宗白华:《看了罗丹雕刻以后》,见《宗白华全集》,第1卷,第310页、312页,合肥,安徽教育出版社,1994。
② 宗白华:《看了罗丹雕刻以后》,见《宗白华全集》,第1卷,第313页,合肥,安徽教育出版社,1994。
③ 宗白华:《看了罗丹雕刻以后》,见《宗白华全集》,第1卷,第313页,合肥,安徽教育出版社,1994。
④ 宗白华:《歌德之人生启示》,见《宗白华全集》,第2卷,第7页,合肥,安徽教育出版社,1994。
⑤ 参见宗白华:《歌德之人生启示》,见《宗白华全集》,第2卷,第9—11页,合肥,安徽教育出版社,1994。

动热烈地要求着与自然造物主的动相接触,相融合"①。

从这些比较成熟的表述中,我们可以看到,宗白华早期对生命本体的理解,主要受西方思想特别是柏格森、达尔文、罗丹和歌德等人的影响。这时的"生命本体"主要被理解为一种潜在的、处于理性下层的生命力。它是宇宙万物的本源,其基本特点是"动"或者"运动"。相对来说,宗白华更侧重用这种生命本体来构筑他的人生观,而不是美学观。

不过,宗白华在全面接受西方思想之时,仍然保持着清醒的批判精神。在《我的创造少年中国的办法》一文中,他就指出:"我们不像现在欧洲的社会党,用武力暴动去同旧社会宣战,我们情愿让了他们,逃到深山旷野的地方,另自安炉起灶,造个新社会,然后发大悲心,再去援救旧社会,使他们也享同等的幸福。"②

然而,在同样发表于1932年的几篇文章中,宗白华对生命本体的理解却有了根本变化。这主要表现在:首先是思想根源上发生了变化,即由西方生命哲学转向了中国生命哲学;其次是思想本质上的变化,即由西方式的"动"、"运动"转向了中国式的"气韵生动";第三是思想领域的变化,即由人生观转向了艺术观。

在《介绍两本关于中国画学的书并论中国的绘画》一文中,宗白华首先将中西美学思想中对生命本体的不同理解对照起来,"文艺复兴以来,近代艺术则给予西洋美学以'生命表现'和'情感流露'等问题。而中国艺术的中心——绘画——则给予中国画学以'气韵生动'、'笔墨'、'虚实'、'阳明阴暗'等问题"③。那么,"生命表现"和"气韵生动"的具体区别又是什么?照宗白华的理解,近代西方绘画所表现的生命精神是向着这无尽的世界作无尽努力,中国绘画中的生命精神则是虽动而静,是一种"深沉静默地与这无限的自然,无限的太空浑然融化,体合为一"。他明确把后一种"动"称作"生命的动"。④ 在《徐悲鸿与中国绘画》一文中,宗白华进一步突出了中国绘画所表现的独特生命精神,认为"华贵而简,乃宇宙生命之表象。造化中形态万千,其生命之原理则一。故气象最华贵之午夜星天,亦最为清空高洁,以其灿烂中有秩序也。此宇宙生命中一以贯之之道,周流万汇,无往不在;而视之无形,听之无声。老子名之为虚无;此虚无非真虚无,乃宇宙中混沌创化之原理;亦即图画中所谓生动

---

① 宗白华:《歌德之人生启示》,见《宗白华全集》,第2卷,第20页,合肥,安徽教育出版社,1994。
② 宗白华:《我的创造少年中国的办法》,见《宗白华全集》,第1卷,第36页,合肥,安徽教育出版社,1994。
③ 宗白华:《介绍两本关于中国画学的书并论中国的绘画》,见《宗白华全集》,第2卷,第43页,合肥,安徽教育出版社,1994。
④ 宗白华:《介绍两本关于中国画学的书并论中国的绘画》,见《宗白华全集》,第2卷,第44页,合肥,安徽教育出版社,1994。

之气韵"①。

明确把西洋式的"运动"和中国式的"生动"进行对比,并肯定后者乃是宇宙生命本体的真实显现;或者说,肯定"生动"的价值要高于"运动"的价值,这是20世纪30年代以后宗白华对生命本体的基本认识。在《论中西画法的渊源与基础》中,宗白华对中西绘画所表现的不同境界做出了简明的区分,并指出了这两种不同境界各自的哲学基础,即:中国画所表现的境界特征,根基于中国民族的基本哲学——《周易》的宇宙观,把"生生不已的阴阳二气织成一种有节奏的生命"看作宇宙的本体。中国画的主题"气韵生动",就是"生命的节奏"或"有节奏的生命",画家于静观寂照中求返于自己深心的心灵节奏,以体合宇宙内部的生命节奏。西洋画的境界渊源于希腊的雕刻与建筑,以目睹的具体实相融合于和谐整齐的形式,正是他们的理想——其宇宙观是主客对立。"人"与"物"、"心"与"境"的对立相视,或欲以小己体合于宇宙,或思戡天役物、伸张人类的权力意志。②

在《中西画法所表现的空间意识》中,宗白华指出,西洋画所表现的空间意识中,体现了"物与我中间一种紧张,一种分裂,不能忘怀尔我,浑化为一"③,"而中国人对于这空间和生命的态度却不是正视的抗衡,紧张的对立,而是纵身大化,与物推移。中国诗中所常用的字眼如盘桓、周旋、徘徊、流连,哲学书如《周易》所常用的如往复、来回、周而复始、无往不复,正描出中国人的空间意识"④。

显然,宗白华在这里更重视中国哲学中的生命精神。不过,值得注意的是,宗白华在转向同情中国文明时,并不是像新儒家那样,对西方文明进行全面、严厉的批判,对中国文明则盲目地大加赞扬。他采取了一种中间的、温和的态度。这种态度,从他写于1946年的《中国文化的美丽精神往哪里去?》一文中,可以看得很清楚:

> 中国民族很早发现了宇宙旋律及生命节奏的秘密,以和平的音乐的心境爱护现实,美化现实,因而轻视了科学工艺征服自然的权力。这使得我们不能解救贫弱的地位,在生存竞争剧烈的时代,受人侵略,受人欺侮,文化的美丽精神也不能长保了,灵魂里粗野了,卑鄙了,怯弱了,我们也现实得不近情理了。我们丧尽了生活里旋律的美(盲动而无序)、音乐的境界(人与人之间充满了猜忌、斗争)。一个最尊重乐教、最了解音乐价值的民族没有了音乐。这就是说没有

---

① 宗白华:《徐悲鸿与中国绘画》,见《宗白华全集》,第2卷,第50—51页,合肥,安徽教育出版社,1994。
② 参见宗白华:《论中西画法的渊源与基础》,见《宗白华全集》,第2卷,第109—110页,合肥,安徽教育出版社,1994。
③ 宗白华:《中西画法所表现的空间意识》,见《宗白华全集》,第2卷,第146页,合肥,安徽教育出版社,1994。
④ 宗白华:《中西画法所表现的空间意识》,见《宗白华全集》,第2卷,第148页,合肥,安徽教育出版社,1994。

了国魂,没有了构成生命意义、文化意义的高等价值。中国精神应该往哪里去?

近代西洋人把握科学权力的秘密(最近如原子能的秘密),征服了自然,征服了科学落后的民族,但不肯体会人类全体共同生活的旋律美,不肯"参天地,赞化育",提携全世界的生命,演奏壮丽的交响乐,感谢造化宣示给我们的创化秘密,而以厮杀之声暴露人性的丑恶,西洋精神又要往哪里去?哪里去?这都是引起我们惆怅、深思的问题。①

由于有了对中西文化精神的批判性反思,宗白华对生命本体的理解有了新的变化。他一方面强调指出中国文化中长期被忽视的生命精神,把宇宙的生命本体理解为强烈的"旋动"和"力";另一方面又不因此舍弃中国文化特有的圆融、静谧与和谐。由此,宗白华得到了对生命精神的独特理解:宇宙生命是以一种最强烈的旋动来显示一种最幽深的玄冥;这种最幽深的玄冥处的最强烈的旋动,既不是西方文化中向外扩张的生命冲动,也不是一般理解的中国文化中的消极退让,而是一种向内或向纵深处的拓展。这种生命力不是表现为对外部世界的征服,而是表现为对内在意蕴的昭示,表现为造就"一沙一世界,一花一天国"的境界。

(三)以生命哲学为基础的美学

我们可以说宗白华美学是建立在生命哲学基础上的。但是,如前所述,他早期接受西方的生命哲学,主要是为了建立一种积极向上的人生观,以改造旧老的中国,建立强健的"少年中国"。而后期从中国哲学中发掘的生命精神,才是他的美学和艺术观的基础。因此,真正作为宗白华美学基础的生命哲学,乃是中国式的生命哲学。

宗白华晚年在反思自己的人生历程时,曾经说他"终生情笃于艺境之追求",并且说:"诗文虽不同体,其实当是相通的。一为理论的探讨,一为实践之体验。"②由此可知,宗白华的美学追求,可以分作理论探讨和实践体验两方面。

实践体验主要表现为宗白华早期的诗歌创作。20世纪20年代初,宗白华在留学德国期间创作了大量白话新诗,后结集为《流云》和《流云小诗》出版,并在当时引起了极大的反响。在创作新诗的同时,他也发表了一些关于新诗的评论。如认为:

---

① 宗白华:《中国文化的美丽精神往哪里去?》,见《宗白华全集》,第2卷,第402—403页,合肥,安徽教育出版社,1994。

② 宗白华:《艺境·前言》,见《宗白华全集》,第3卷,第623页,合肥,安徽教育出版社,1994。

> 向来一个民族将兴时代和建设时代的文学,大半是乐观的,向前的……所以我极私心祈祷中国有许多乐观雄丽的诗歌出来,引我们泥途中可怜的民族入于一种愉快舒畅的精神界。从这种愉快乐观的精神界里,才能养成向前的勇气和建设的能力呢!……我自己受了时代的悲观不浅,现在深自振作。我愿意在诗中多作"深刻化",而不作"悲观化"。宁愿作"骂人之诗",不作"悲怨之曲"。①

> 我愿多有同心人起来多作乐观的,光明的,颂爱的诗歌,替我们民族性里造一种深厚的情感底基础。我觉得这个"爱力"的基础比什么都重要。"爱"和"乐观"是增长"生命力"与"互助行动"的。"悲观"与"憎怨"总是灭杀"生命力"的。中国民族的生命力已薄弱极了。中国近来历史的悲剧已演得无可再悲了。我们青年还不急速自己创造乐观的精神泉,以恢复我们民族生命力么?……何必推波逐浪,增加烦闷,以灭杀我们青年活泼的生命力?②

把这些评论和宗白华的诗作比较起来看,我们可以发现其中有着明显的不一致性。在《流云》小诗中,我们很难看到"乐观雄丽"的诗篇。根据对《流云》小诗的统计,表示乐观进取的生命精神的意象,如"光"、"日"(含"太阳")、"海"、"云"(含"流云"、"白云")等,只有十来个,而带有抑郁、悲怨情感色彩的意象,如"夜"、"梦"、"月"、"星"等,却接近九十个,且根本没有他所提倡的"骂人之诗"。由此,我们可以断定,宗白华的理论主张和创作实践之间其实存在一定的矛盾,而造成这种矛盾的主要原因,便是其早年的政治主张同长期积淀的民族文化心理及个人性情之间的矛盾。宗白华早年认同西方生命哲学思想,旨在以其唤起国人奋发昂扬的生命热情,建立雄健的"少年中国",这是他在20世纪20年代里一贯的政治主张,其诗歌评论也不免打上这种政治主张的印记。但这种政治主张一方面有别于中国文化固有的精神气质,另一方面也不符合宗白华本人的性格特征,而诗歌创作受个人性情和民族文化精神气质的影响,则要远远大于受一时的政治主张的影响。宗白华在回忆自己当初的创作情景时说:

> 横亘约莫一年的时光,我常常被一种创造的情调占有着。黄昏的微步,星夜的默坐,大庭广众中的孤寂,时常听见耳边有一些无名的音调,把捉不住而呼之欲出。往往是夜里躺在床上熄了灯,大都会千万人声归于休息的时候,一颗

---

① 宗白华:《恋爱诗的问题——致一岑》,见《宗白华全集》,第1卷,第417—418页,合肥,安徽教育出版社,1994。

② 宗白华:《乐观的文学——致一岑》,见《宗白华全集》,第1卷,第419页,合肥,安徽教育出版社,1994。

战栗不寐的心兴奋着,寂静中感觉到窗外横躺着的大城在喘息,在一种停匀的节奏中喘息,仿佛一座平波微动的大海,一轮冷月俯临这动极而静的世界,不由许多遥远的思想来袭我的心,似惆怅,又似喜悦,似觉悟,又似恍惚。无限凄凉之感里,夹着无限热爱之感。似乎这微妙的心和那遥远的自然,和那茫茫的广大的人类,打通了一道地下的深沉的神秘的暗道,在绝对的静寂里获得自然人生最亲密的接触。我的《流云小诗》,多半是在这样的心情中写出的。往往在半夜的黑影里爬起来,扶着床栏寻找火柴,在烛光摇晃中写下现在人不感兴趣而我自己却借以慰藉寂寞的诗句。①

我们可以从这段自白中看出,宗白华的诗歌创作完全是在一种创造情绪下进行的,受着诗兴的感发,而不受观念的限制,其创作的目的则是"慰藉寂寞"而不是宣扬政治主张。

也因此,影响宗白华创作的主要因素,是其个人性情和影响个人性情的民族文化气质。从宗白华的回忆中可以看到,他从小养成的是一种闲和恬静的性格,"喜欢一个人坐在水边石上看天上白云的变幻","尤其是在夜里,独自睡在床上,顶爱听那遥远的箫笛声,那时心中有一缕说不出的深切的凄凉的感觉";上中学时,"同房间里的一位朋友,很信佛,常常盘坐在床上朗诵《华严经》。音调高朗清远有出世之概,我很感动。我欢喜躺在床上瞑目静听他歌唱的词句,《华严经》的词句优美,引起了我读它的兴趣。而那庄严伟大的佛理境界投合我心里潜在的哲学冥想";"唐人的绝句,像王、孟、韦、柳等人的,境界闲和静穆,态度天真自然,寓浓丽于清淡之中,我顶喜欢"。② 这种性格与中华民族"以静为主"的精神文化气质有密切的关系,它直接影响到宗白华的诗歌创作,从而造成了其理论主张同创作实践之间的矛盾。这个矛盾的实质,就是静观、圆融的中国文化气质同中华民族受屈辱、受欺凌的时代现状之间的矛盾,是宗白华恬静闲和的性情与其奋斗救世的理想之间的矛盾。宗白华在创作实践中明显的静谧甚至悲怨的情感倾向,刚好说明艺术创作受文化传统、个人性情的影响,要远远大于受某种外在目的或理论主张的影响。由此,我们可以得出结论,就艺术实践来说,作为宗白华美学基础的,是中国的生命哲学,而不是西方的生命哲学。

那么,宗白华的美学理论是否也是建立在中国生命哲学之上呢?尽管宗白华早年用西方生命哲学改造人生观的时候,也常常强调要用"唯美的眼光"、"艺术的观

---

① 宗白华:《我和诗》,见《宗白华全集》,第2卷,第154页,合肥,安徽教育出版社,1994。
② 宗白华:《我和诗》,见《宗白华全集》,第2卷,第149页、150—151页、151页,合肥,安徽教育出版社,1994。

察"来解救烦闷和丰富生活,①但他并没有进一步揭示这种"唯美的眼光"、"艺术的观察"同"奋斗的生活"和"创造的生活"之间的必然关系。也就是说,他还没有自觉地把美学同其生命哲学联系起来。

到了写作《看了罗丹雕刻以后》,宗白华开始自觉地把他的美学建立在生命哲学的基础上。他不仅把"生命"作为宇宙万物的本体,而且赋予艺术以表现这种本体的特殊地位。他援用罗丹的理论,认为绘画、雕刻等艺术能表现作为宇宙本体的"动",而照片(如果不经过特别的处理)则不能。而之所以如此,在于艺术能够表现事物"从第一个现状到第二个现状之间的转变"。其实宗白华这里的说明并不充分,因为事物"从第一个现状到第二个现状之间的转变"还只是事物的物质运动形式,而不是事物内在的精神和生命,在表现这种物质运动形式时,艺术并不具备特别的优越性。只有在表现事物内在的精神与生命时,艺术那不可替代的特殊地位才会显现出来。

随着宗白华对生命本体的理解由西方式的"运动"转向中国式的"生动",由外在的物质运动形式转向内在的精神生命形式,他对艺术显现宇宙生命本体的特殊地位的说明也更为充分。在《徐悲鸿与中国绘画》中,"动"成了"气韵生动"之"生动";表现"生动"的方法不是抓住运动中极富有暗示性的顷刻,而是"简练"与"布白"。"生动之气笼罩万物,而空灵无迹;故在画中为空虚与流动。中国画最重空白处。空白处并非真空,乃灵气往来生命流动之处。且空而后能简,简而练,则理趣横溢,而脱略形迹。"②由此我们可以说,照片与绘画的区别,在于绘画能"空"、能"简",照片(如果不经过特殊的处理)却不能,而不是因为绘画比照片更能抓住运动中极富暗示性的顷刻(因为在这一点上,照片与绘画实在是没有质的区别)。现在的问题是:"空"、"简"为什么就可以表现"生动"、"精神",从而使绘画成为艺术作品？宗白华强调:"美感的养成在于能空,对物象造成距离,使自己不沾不滞,物象得以孤立绝缘,自成境界",同时强调"更重要的还是心灵内部方面的'空'"。③ 显然,这种解释受了流行一时的"心理距离说"影响。而宗白华的深刻处,则在于不仅强调这种因"心灵内部距离化"而造成的"空",可以使对象呈现为孤立绝缘的"美"的对象,而且能显现对象的本来面目。因为被还原为"空"、"虚"的主体只是以最自然、因而也最真实的眼光来看事物。在这种最真实的观照中,事物显现出它最原本的面貌、那被掩盖的内在生命与精神。也就是说,在日常生活中,事物的生命本体多半被掩盖起来了,艺术通过"简"、"空",脱略缠绕在事物上的滞碍,洗尽掩盖在事物上的尘滓,从而使事物显现出其本真的"生命"。由此,艺术在表现宇宙生命本体方面的特殊地位便显现出

---

① 宗白华:《青年烦闷的解救法》、《怎样使我们生活丰富?》,见《宗白华全集》,第1卷,第178—181页、191—194页,合肥,安徽教育出版社,1994。
② 宗白华:《徐悲鸿与中国绘画》,见《宗白华全集》,第2卷,第51页,合肥,安徽教育出版社,1994。
③ 宗白华:《论文艺的空灵与充实》,见《宗白华全集》,第2卷,第346页,合肥,安徽教育出版社,1994。

来了。

从上面的分析中可以看出,只有把生命本体理解为内在的精神,理解为中国式的"气韵生动",艺术在表现这种生命本体上的优先地位才能得到充分的解释。如果把生命本体理解为外在的物质运动形式,艺术就不具备表现这种生命本体的优越性。因此,从理论探讨的角度,我们也能证明宗白华美学是建立在中国生命哲学的基础之上。

这样一种生命本体,不是也可以用哲学沉思来把握吗?为什么一定要用美学,特别还要用艺术实践来体验呢?这个问题,开始触及宗白华建立以生命哲学为基础的美学的本质问题。只有弄清这个问题,我们才能理解宗白华美学的深刻性,才能正确地确立宗白华美学在整个生命哲学思潮中的位置。

宗白华最初是专门研究哲学的。在他二十岁的时候,便发表了介绍叔本华哲学的文章,随后又有介绍康德、柏格森等西方著名哲学家的文章,对西方哲学有着比较深刻的理解。是什么原因促使他转向美学和文艺实践呢?对此,我们可以从《三叶集》中宗白华写给郭沫若的一封信里找到答案。宗白华说:"以前田寿昌在上海的时候,我同他说:你是由文学渐渐的入于哲学,我恐怕要从哲学渐渐的结束在文学了。因我已从哲学中觉得宇宙的真相最好是用艺术表现,不是纯粹的名言所能写的,所以我认将来最真确的哲学就是一首'宇宙诗',我将来的事业也就是尽力加入做这首诗的一部分罢了。"①可以看出,宗白华之所以转向美学、文艺,完全是因为他对哲学有了深透的理解,认为哲学不足以承担它为自己设定的表现宇宙真相的任务,即哲学的目的和哲学的方法之间有着内在的矛盾,用哲学的方法最终不可能实现哲学的目的;实现哲学最终目的的不是哲学,而是文艺。

现在的问题是,为什么哲学不可以实现自己设定的目的?这是因为,宗白华把哲学理解为"名言",把宇宙真相理解为"生命";名言是僵化的、有限的,生命是活泼的、无涯的,以僵化的名言述说活泼的生命,当然只能是隔靴搔痒。宗白华早年研究哲学时,就曾碰到这种困惑。在《科学的唯物宇宙观》一文中,宗白华指出:"唯物宇宙观所最难解说的就是精神现象与生物现象(生理现象)。现在有了生物进化论的发明,我们就可以将精神现象与一切生物现象的元理统归纳到那个'生物进化原动力'上去了。这精神现象的谜和生物现象的谜都合并到一个'生物进化原动力'的谜上了。我们只要证明这'生物进化原动力'是件什么东西,就可推断精神与生命是件什么东西。"但是,这"生命的原动力"或"生物进化的原动力"又是一件不可实证和确知的东西,"现代科学家还不能将原始动物的生活现象都归引到物质运动,他也不能从无机体物质的凑合造出一个生活的动物来。总之,这生命原动力的谜,还没有人

---

① 见《宗白华全集》,第1卷,第225页,合肥,安徽教育出版社,1994。

能解。精神现象的谜也没有人能解。科学唯物宇宙观也就搁浅在这两个'宇宙谜'上"。①

科学、哲学不能解开的"宇宙谜",文学却可以解开。在《新文学底源泉》一文中,宗白华指出:"我以为文学底实际,本是人类精神生活中流露喷射出的一种艺术工具,用以反映人类精神生命中真实的活动状态。简单言之,文学自体就是人类精神生命中一段的实现,用以表写世界人生全部的精神生命。所以诗人底文艺,当以诗人个性中真实的精神生命为出发点,以宇宙全部的精神生命为总对象。文学的实现,就是一个精神生活的实现。文学的内容,就是以一种精神生活为内容。这种'为文学底质的精神生活'底创造与修养,乃是文人诗家最初最大的责任。"②他还把艺术同哲学、科学、道德、宗教等进行了比较,发现只有艺术能够深入生命节奏的内核,表现生命内部最深的"动","人类在生活中所体验的境界与意义,有用逻辑的体系范围之、条理之,以表达出来的,这是科学与哲学。有在人生的实践行为或人格心灵的态度里表达出来的,这是道德与宗教。但也还有那在实践生活中体味万物的形象,天机活泼,深入'生命节奏的核心',以自由谐和的形式,表达出人生最深的意趣,这就是'美'与'美术'","所以美与美术的特点在'形式'、在'节奏',而它所表现的是生命的内核,是生命内部最深的动,是至动而有条理的生命情调"。③

由此,宗白华为生命本体找到了最恰当的显现途径,同时也为艺术和美找到了最后的根源。艺术和美之所以有价值,就在于它们能够充分地显现宇宙的生命本体。科学不能揭示宇宙的生命本体,是因为科学总是试图"说""不可说"、"捉摸""不可捉摸";艺术之所以能够表现它,因为艺术不去"捉摸",而是表现、象征,让它自己说话。"这种'真',不是普通的语言文字,也不是科学公式所能表达的真,这只是艺术的'象征力'所能启示的真实。"④正由于艺术、美具有哲学所缺乏的象征力,能充分显示哲学无法言说的生命本体,这就决定了宗白华必将从哲学转向文艺和美学。

宗白华后来的美学著述,大多是从这种生命本体上立论的。在1934年发表的《论中西画法的渊源与基础》中,他指出:"中国画的主题'气韵生动',就是'生命的节奏'或'有节奏的生命'。伏羲画八卦,即是以最简单的线条结构表示宇宙万相的变化节奏。后来成为中国山水花鸟画的基本境界的老、庄思想及禅宗思想也不外乎于

---

① 宗白华:《科学的唯物宇宙观》,见《宗白华全集》,第1卷,第127页、128—129页,合肥,安徽教育出版社,1994。
② 宗白华:《新文学底源泉——新的精神生活内容底创造与修养》,见《宗白华全集》,第1卷,第172页,合肥,安徽教育出版社,1994。
③ 宗白华:《论中西画法的渊源与基础》,见《宗白华全集》,第2卷,第98页,合肥,安徽教育出版社,1994。
④ 宗白华:《略谈艺术的价值结构》,见《宗白华全集》,第2卷,第72页,合肥,安徽教育出版社,1994。按:此处所谓"真",亦即作为宇宙生命本体之"真"。

静观寂照中,求返于自己深心的心灵节奏,以体合宇宙内部的生命节奏。"①在宗白华看来,存在一种宇宙的生命节奏,它可以与人心深处的心灵节奏相体合,而中国艺术、特别是绘画就以这种相体合的生命节奏为究竟对象。"每一个伟大的时代,伟大的文化,都欲在实用生活之余裕,或在社会的重要典礼,以庄严的建筑、崇高的音乐、闳丽的舞蹈,表达这生命的高潮、一代精神的最深节奏……建筑形体的抽象结构、音乐的节律与和谐、舞蹈的纹线姿势,乃最能表现吾人深心的情调与律动","吾人借此返于'失去了的和谐,埋没了的节奏',重新获得生命的中心,乃得真自由、真生命。美术对于人生的意义与价值在此"。② 这就是说,在体现宇宙的生命节奏方面,艺术具有无可替代的优越性。

1944年,宗白华发表了他的重要文章《中国艺术意境之诞生》(增订稿)。在这篇论文中,宗白华视中国艺术的最高境界为"舞",它"是艺术家的独创,是艺术家从他最深的'心源'和'造化'接触时突然的领悟和震动中诞生的"。他特别地强调:"尤其是舞,这最高度的韵律、节奏、秩序、理性,同时是最高度的生命、旋动、力、热情,它不仅是一切艺术表现的究竟状态,且是宇宙创化过程的象征……只有舞,这最紧密的律法和最热烈的旋动,能使这深不可测的玄冥的境界具象化、肉身化","在这舞中,严谨如建筑的秩序流动而为音乐,浩荡奔驰的生命收敛而为韵律。艺术表演着宇宙的创化"。③ 宗白华认定有一种宇宙的生命律动,即"宇宙真体的内部和谐与节奏"。当人的心灵还原到虚静状态时,就会同这种宇宙生命一起律动。他称赞"李、杜境界的高、深、大,王维的静远空灵,都根植于一个活跃的、至动而有韵律的心灵",④这种活跃的心灵也就是宇宙生命,而所有艺术都根植于艺术家活跃至动的心灵,进而都根植于宇宙生命律动,宇宙的"生生的节奏是中国艺术境界的最后源泉"。⑤ 在这篇文章中,宗白华多次用到"宇宙创化过程"、"宇宙灵气"、"宇宙的深境"、"宇宙的情调"或"宇宙的意识生命情调",等等,它们都可以看作是对宇宙生命本体的描述。宗白华认为,宇宙的真际就是生命,⑥对宇宙生命的最好表现不是战

---

① 宗白华:《论中西画法的渊源与基础》,见《宗白华全集》,第2卷,第109页,合肥,安徽教育出版社,1994。

② 宗白华:《论中西画法的渊源与基础》,见《宗白华全集》,第2卷,第99页,合肥,安徽教育出版社,1994。

③ 宗白华:《中国艺术意境之诞生(增订稿)》,见《宗白华全集》,第2卷,第366页,合肥,安徽教育出版社,1994。

④ 宗白华:《中国艺术意境之诞生(增订稿)》,见《宗白华全集》,第2卷,第374页,合肥,安徽教育出版社,1994。

⑤ 宗白华:《中国艺术意境之诞生(增订稿)》,见《宗白华全集》,第2卷,第365页,合肥,安徽教育出版社,1994。

⑥ 宗白华:《中国艺术意境之诞生(增订稿)》,见《宗白华全集》,第2卷,第368页,合肥,安徽教育出版社,1994。

争,而是音乐、舞蹈。"音乐不只是数的形式构造,也同时深深地表现了人类心灵最深最秘处的情调与律动……音乐是形式的和谐,也是心灵的律动,一镜的两面是不能分开的。心灵必须表现于形式之中,而形式必须是心灵的节奏,就同大宇宙的秩序定律与生命之流演进不相违背,而同为一体一样。"①音乐之所以是艺术的最高境界,因为它同大自然既生生不息又符合秩序的生命律动刚好吻合。我们甚至可以说,整个宇宙生命的"天籁之音"本身就是一部宏伟雄壮的交响曲。

将艺术、美落实在宇宙的生命本体之上,这是宗白华美学最为深邃的地方。它一方面为审美、艺术找到了最自明的基础,另一方面也看到了艺术、美学对哲学的贡献。有生命本体作为审美、艺术的基础,就不需要任何外在的理由来确保审美、艺术存在的合理性;换句话说,审美、艺术的价值在于它们能有效地显现宇宙的生命本体。同时,由于有审美、艺术把人类经验还原到它们的起源部位上,哲学就会因此而变得方向明确和条理清楚,②抽象的哲学概念就会拥有生动的经验内容。

宗白华美学之所以采取"散步"的方法,也正因为它有一个生命哲学基础。因为宇宙的生命本体在本质上是不可言说的,用抽象的名言把捉不到活生生的生命本体,而自由自在的"散步"也许是接近生命本体的最好方法。因此,宗白华的"散步",不完全是出于个人的喜好,其中更有深刻的思想渊源。

由于认识到哲学方法与目的之间的深刻矛盾,转而以艺术、美学显示哲学所无法接近的生命本体,这就使得宗白华美学在整个生命哲学思潮中具有了与众不同的意义。

有学者尝言:在宗白华美学中,古典和现代、西方和东方、理论思考和人生体验等困扰当今美学界的诸多矛盾,都得到了较好的解决。③也许,这就是宗白华美学能有如此持久魅力的原因所在。

(彭　锋)

---

① 宗白华:《哲学与艺术——希腊大哲学家的艺术理论》,见《宗白华全集》,第2卷,第54页,合肥,安徽教育出版社,1994。
② 参见杜夫海纳:《美学与哲学》,孙非译,第8页,北京,中国社会科学出版社,1985。
③ 叶朗指出,宗白华给20世纪中国美学研究留下的启示,最主要有两点:第一是中西文化的沟通和融合,第二是传统文化(古典文化)和现代文化的沟通融合。参见叶朗:《宗白华给我们留下的启示》,见《胸中之竹——走向现代之中国美学》,第283—287页,合肥,安徽教育出版社,1998。

六 "心本"美学:传统的现代转换
——邓以蛰与20世纪中国美学

邓以蛰(1892—1973),安徽省怀宁县人,清代大书法家和篆刻家邓石如的五世孙,与同时代著名美学家宗白华享有"南宗北邓"之美誉。但是,在中国现代美学史上,他却近乎是一个被遗忘的人,至少是一个不被重视的人。当众多中国现代美学史专著"言必称宗"(宗白华)时,却只有个别美学史专著以较少的篇幅谈到了邓以蛰美学。虽说邓以蛰在成文数量上不如宗白华多,对美学一般原理的探讨也不及宗白华明确而集中,但他同样是学贯中西的美学家,在书画美学思想的研究上,极为精湛,独树一帜。因此,从20世纪中国美学学术史进程的角度来定位邓以蛰美学,并挖掘其20世纪中国美学建构史的价值和意义,就显得尤为必要了。

(一)"心本"的提出

严格地说,邓以蛰不是一位哲学本体论意义上的美学家。他没有有意识地以一个根本的哲学范畴为基点来建构他的美学思想体系,而是主要通过考察中国传统书画艺术及其发展,无意中建构了其独特的形散而意不散的"心本"艺术审美本体论美学(以下简称"心本"美学)。

王有亮在《"现代性"语境中的邓以蛰美学》一书中认为,以"表现论"概括邓以蛰美学实有不合。他指出:"邓以蛰所谓的'表现论'和西方语境下的'表现论',虽然指向相同,其所指却有着很大区别:从哲学基础上讲,邓以蛰的表现论美学是以中国传统道家思想为基础的,其所表现者乃宇宙中的生命节奏'气韵生动';而西方美学中所说的表现论,是以科学理性精神为其哲学基础的,是在感性与理性的二元对立的基础上形成的表现论。所以,它们表面上的相似并不能掩盖本质上的差异。"[①]因此,他主张以"心物交感论"代替"表现论",把邓以蛰美学概括为"心物交感美学"。坦率地说,王有亮的确睿智地捕捉到邓以蛰美学与以克罗齐为代表西方"表现论"美学因

---

① 王有亮:《"现代性"语境中的邓以蛰美学》,第14页,北京,中国社会科学出版社,2005。

文化语境而产生的根本差异,并以更适宜的"心物交感"范畴去概括邓以蛰美学。但是,何谓"心物交感"?它的具体内涵为何?王有亮没有做出清楚的厘定,也没有很好地把它贯穿到自己的思维理路和结构框架中去,这导致核心观点与全文处于游离状态。我们认为,目前学界把邓以蛰美学仅仅界定为"表现论"美学或笼统地认为是"心物交感论"美学,存在着简单化倾向,既忽视了其美学的独特性和复杂性,又难以深入地揭示其美学与中国道家"心论"哲学的文化渊源。这可由以下他所提出的艺术审美观点看出:

> 艺术云者,是人类对于工作往往失其功用,而徒创作的称心悦意是求之谓。①

> 山水既无常形,是常形之当脱离也;而有常理,理属于心。

> 人物之生命非如禽兽之仅有生动之一面;此则兼有他方面焉:曰,内心之神情耳,顾恺之之所谓生气、神气,这所谓神仪在心者是也。

> 意者为山水画之领域。山水虽有外物之形,但直为意境之表现,或吐纳胸中逸气,正如言词之发为心声,山水画亦为心画。

> 古人画家者流果期期以天地之心,画者之心,鉴者之心为一心,求其画逼近于此心,方号成功。此心为何?吾犹曰:气韵生动是也。②

> 心画者,直写心中意境,由内而外,所谓一瘄即发,与摹写物之形似,由外而内者不同也。若理,若真,若自然,若意境,若古意,若逸气,若书卷气,若士气,若天趣之旨,将归之于气韵而得见之于画者,莫非由内而外,一瘄即发而出之意也。

> 胸有成竹或寓丘壑为灵机所鼓动,一瘄即发之于笔墨,由内而外,有莫或能止之势,此之谓心画也,表现也。

---

① 邓以蛰:《国画鲁言》,见《邓以蛰全集》,第107页,合肥,安徽教育出版社,1998。
② 以上均见邓以蛰:《画理探微》,见《邓以蛰全集》,第205页、206页、216页、224页,合肥,安徽教育出版社,1998。

> 画为心画;欲画妙,必须心妙,心妙必须人品妙,人品妙,斯气韵至矣。气韵非竭巧思、穷工力与夫凡谓之画者皆能有也;至是而为性情之流露,人品之真如。①

邓以蛰其实无意中建构了以内涵极为丰富的"心"为本体的艺术审美本体论,其美学思想应以"心本"为根本特征。因此,何谓"心本"就成了理解邓以蛰美学的一把至关重要的钥匙。

何谓"心本"?说得具体一点,就是以"心"为艺术审美活动中的根本或中心。尽管如此,这一界定对不太了解邓以蛰美学的人来说依然是一个抽象的界定。所以,要想真正具体地理解何谓"心本",关键是理解何谓"心"。换句话说,就是理解邓以蛰美学中的"心"到底包括哪些具体内涵。我们认为,它包括"人心"与"道心"两个层面的内涵:所谓"人心",是指人之性情在艺术审美活动中以直觉方式表现为意象或意境的达艺之心;所谓"道心",则指人之性情在艺术审美活动中同通"神""理""气韵"的体道之心。因为二者皆是指人之性情在艺术审美活动中精神存在状况(体道于心,达心为艺),所以"人心"即"道心"。

(二)"心本"的"人心"内涵

张载曾指出:"心统性情也。有形而有体,有性则有情,发于性则见于情,发于情则见于色,以类而应也。"②如果撇清其"心统性情"的儒家道德旨归及性情体用关系,我们认为,邓以蛰"心本"美学也存在着这样一种逻辑关系。

为什么我们能作如此比附呢?因为,邓以蛰尽管没有如张载一样明确提出"心统性情"命题,但我们通过对邓以蛰美学的整体观照和具体辨析,可以合理地抽绎出"心统性情"这样一种类属逻辑关系及其独特的"人心"内涵。

具体而言,邓以蛰所谓的"心统性情",主要是指作为人心内在要素的品性与情感在艺术审美活动中呈现出一种本体价值和意义。邓以蛰多次谈到,无论书画还是戏剧雕刻,人的品性和情感是它们作为艺术得以产生和存在的最直接、也是最根本的原因。在《六法通诠》中,邓以蛰指出:"画为心画;欲画妙,必须心妙,心妙必须人品妙,人品妙,斯气韵至矣。气韵非竭巧思、穷工力与夫凡谓之画者皆能有也;至是而为性情之流露,人品之真如"。③认为绘画艺术是人心的产物,要想创造出气韵生

---

① 以上均见邓以蛰:《六法通诠》,见《邓以蛰全集》,第 252 页、256 页、257 页,合肥,安徽教育出版社,1998。
② 张载:《张载集》,第 374 页,北京,中华书局,1978。
③ 邓以蛰:《六法通诠》,见《邓以蛰全集》,第 257 页,合肥,安徽教育出版社,1998。

动的绘画艺术,人心之性情必需得以自然流露。明乎此,我们也就不会奇怪他在《书法之欣赏》中何以认为人的情感先天具有,书法之结体是以自然情感为根据。不仅书画艺术创造如此,与社会人事关系最为密切的戏剧艺术也是如此。邓以蛰认为戏剧固然与家庭、政论、议会等文化产物一样是社会人事发展的结果,但戏剧毕竟是艺术,与它们在性质上迥不相同,促使戏剧艺术家去进行戏剧创造的原动力是人心之情感,没有它,戏剧艺术家就不可能把这些社会人事材料纳入自己的创造视野,灌注情感于其中,当然也就没有戏剧艺术产生的可能。因此,邓以蛰在《戏剧与雕刻》一文中指出:"心境又不是忽然起突然止的,它有它的原因结果,换言之,它有经过时间的发展,若从其发展方面来看,感情知觉又不是一个结晶或中心似的,乃是一条抑扬起伏的拖线。以这条拖线似的知觉感情(Pathos)为体裁的艺术,就是戏剧了。"①在他看来,戏剧艺术不过是人心(心境)抑扬起伏的拖线,是人心之情感的载体。相比于戏剧而言,他则认为:"雕刻的表现无论动静,它不过是内部流动的知觉情感的一个结晶点"。② 我们认为,这种把戏剧与雕塑艺术分别看成是情感的拖线和结晶的观点不仅新颖大胆,而且把人心之情感在艺术审美活动的本体价值突出到了一个新的高度。

邓以蛰不但对作为人心内在要素的品性和情感与艺术审美活动的关系作了具体探讨,而且还对人心在艺术审美活动中的运思方式也有着独到的认识,即认为艺术审美活动乃是人心之直觉或表现。邓以蛰学贯中西,在分析和评价中国传统书画艺术审美活动时,一方面继承了老庄"心论"哲学思想,另一方面吸取了克罗齐"表现论"美学思想,从而形成了其融中西文化于一体的"直觉或表现论"。在《书法之欣赏》一文中,邓以蛰指出:"宇宙之内,不外自我与外界。自我者,感于物而动者也;外界之所以有,以其能给自我以形体之对立。形体之有,有在自我之感得。其感得之初,原不假于知识联想而为直觉。"③也就是说,外在事物形体感的获得,真正的原因并不在于外在事物的实际存在,而在于自我感的获得。这种自我感的获得起初源于人心之直觉对外在事物的赋形。我们认为,如果把这种心灵的赋形能力纳入到艺术审美视野中来看的话,那就是克罗齐所言的"艺术即直觉即表现"。受此影响,邓以蛰也认为直觉或表现是一种心灵活动,一种超功利欲望、超知识概念的精神妙得或美感的擒获。换言之,人心之直觉或表现就是一种艺术审美活动。在《画理探微》一文中,他就认为中国山水画作为中国绘画艺术发展的最高形态的心画,其实就是人心的直觉或表现。他说:"胸有成竹或寓丘壑为灵机所鼓动,一癗即发之于笔墨,由

---

① 邓以蛰:《戏剧与雕刻》,见《邓以蛰全集》,第83页,合肥,安徽教育出版社,1998。
② 邓以蛰:《戏剧与雕刻》,见《邓以蛰全集》,第84页,合肥,安徽教育出版社,1998。
③ 邓以蛰:《书法之欣赏》,见《邓以蛰全集》,第178页,合肥,安徽教育出版社,1998。

内而外,有莫或能止之势,此之谓心画也,表现也。若象后模写,卷界而为之,或求物比之,似而效之,序以成者,皆人力之后也,非表现之事也。画至表现,非复拘挛用功之时可比,而正是解衣盘礴,人心不能丝毫之际,其敏捷如风驰电疾者正所以求其逼近心中所寓之意,不使丝毫差错,岂营营世念,偃偃趋于庭者所能耶?"①当然,我们也不能把邓以蛰的"直觉或表现论"直接等同于克罗齐的"直觉或表现论",因为它同时从根基上受老庄"心论"哲学思想的影响。(对此在下文进一步探讨)

如果说,邓以蛰对品性与情感以及直觉与表现的探讨,主要关乎人心的内在要素和运思方式,那么,他对于意象与意境的理解,则揭示了人心在艺术审美活动中的经典存在形态,即人心内在要素与运思方式的诗性融合。一直以来,中国美学理论界对意象与意境有过丰富而深入地探讨,②邓以蛰根据中国绘画艺术的发展,对其作了创造性的发挥,极大地突现了"人心"之本体价值。他把绘画艺术分为三种类型:"体"、"形"、"意",而且还认为随着绘画艺术的发展,绘画艺术对物质及其外形式的依附越来越少,当绘画艺术发展到"意"(唐以后的山水画)的阶段,绘画艺术既不再受"体"、"形"的限制,也不受眼的限制,它就是人心中意象、意境等精神内容的表现。所以,他称作为"意"之艺术的山水画为心画。他说:"意者为山水画之领域。山水虽有外物之形,但直为意境之表现,或吐纳胸中逸气,正如言词之发为心声,山水画亦为心画"。③"心画者,直写心中意境,由内而外,所谓一寤即发,与摹写物之形似,由外而内者不同也。若理,若真,若自然,若意境,若古意,若逸气,若书卷气,若士气,若天趣之旨,将归之于气韵而得见之于画者,莫非由内而外,一寤即发而出之意也。其所谓得其神明,造其县解,神明县解之于画亦莫非心中意象。画若无意,虽工无益,是画以立意为先,故曰意存笔先"。④ 据此,我们可以得知邓以蛰所言的"立意"之"意"或"意存笔先"之"意"就是指意象或意境,它不完全等同于一般而言的由情与景交融、虚与实相生的意象或意境,它一寤即发,由心而生,且涵盖了"逸气"、"理"、"真"、"自然"、"古意"、"书卷气"、"士气"、"天趣"、"气韵"等不同概念范畴的精神内涵。此外,我们还可以得出以下两点结论。一是人心之"意"的表出是山水画得以形成的根本,也是山水画最高价值得以实现的所在。山水画的创造是一个由内而外的过程,"直为意境之表现,或吐纳胸中逸气",因此,成功的山水画不在对外物形状的逼真摹仿,而是一种萧条淡泊之意或闲和严静趣远之心的呈现;反之,画若无意,虽工无益,若画尽而意亦尽,则画等同众工之事,虽曰画而非画。二是山水画作为心画,其心中之意不仅是人之喜怒哀乐之性情,而且是"一寤即发之而出之意"。也就

---

① 邓以蛰:《六法通诠》,见《邓以蛰全集》,第256页,合肥,安徽教育出版社,1998。
② 韩林德:《境生象外》,第51-66页,北京,三联书店,1995。
③ 邓以蛰:《画理探微》,见《邓以蛰全集》,第216页,合肥,安徽教育出版社,1998。
④ 邓以蛰:《六法通诠》,见《邓以蛰全集》,第251-252页,合肥,安徽教育出版社,1998。

是说,人心之意是指心统性情并通过"得其神明,造其县解"的"瘠"直觉到天地自然之生意气韵从而表现为包蕴极丰的意象或意境。因此,人之心意与天地之心意是相通的。

通过对邓以蛰美学中"性情"、"直觉"、"表现"、"意象"、"意境"等概念范畴的分析梳理,我们知道,它们要么指人心的性质内容和运思方式,要么指二者融合的人心诗性状态。总之,它们与超功利欲望和体天地万物的人心有关,是其丰富复杂内涵的表现。这不但在"人心"层面为我们尝试把邓以蛰美学提炼并命名为"心本"美学思想提供了理论支持,而且为我们在"道心"层面进一步探讨"心本"内涵构建了通道。

(三)"心本"的"道心"内涵

韩林德在《境生象外》一书中对"传神"的内涵做出了明确概括,并揭示出"神"是一种蕴含在天地万物之中的无形迹可寻的内在精神本体。① 那么如何在艺术审美活动中去把握"神"呢？它与人的心灵有何关联呢？韩林德没有作进一步的探讨,而邓以蛰早在半个世纪之前就在其著名的《画理探微》一文中对此做出了独特的阐释。邓以蛰认为,"神仪在心"②,要想为人物山水传神,只有通过心之玄解妙得方能实现；而且神(仪/明/情)、真象、真、生意、生气、自然和气韵由"心"言之实为一物。他指出:"神明为物之真象,真象同于真,则神明,生意,自然,气无不相同矣。神明为不可见之物；若画之,必先得于心所谓玄解者而后可,画出此神明为不异真,不失真,或为妙于生意。妙即恺之所谓'妙得'。玄解是物之真象寄于画者之心者,妙得是画得真象。"③可见,邓以蛰所谓的"神(仪/明/情)"还是一个具有形而上意味的概念。它不仅指一个人的内在个性、气质和情感,而且还指作为宇宙万物本体"道"的存在:真(象)、自然、气(韵)。因此,要想在艺术审美活动中"传神",还需要人心摆脱欲望功利和知性思维的束缚,以一颗虚静玄解之心体悟宇宙万物的本体之"道",然后以艺达之。"如是,真象,玄解,妙得亦即物、心、画三者混而为一"。④ 由于"神(仪/明/情)"之内涵的丰富性,玄解妙得之"心"不仅指"人心",而且还被邓以蛰提升为"道心"(天地之心)。这种以心体神纳天地万物于一心的"心本"美学在中国现代美学史上是独具特色的。

苏轼在《净因院画记》中曾说:"余尝论画,以为人禽、宫室、器用皆有常形；至于

---

① 韩林德:《境生象外》,第28页,北京,三联书店,1995。
② 邓以蛰:《画理探微》,见《邓以蛰全集》,第206页,合肥,安徽教育出版社,1998。
③ 邓以蛰:《画理探微》,见《邓以蛰全集》,第218-219页,合肥,安徽教育出版社,1998。
④ 邓以蛰:《画理探微》,见《邓以蛰全集》,第219页,合肥,安徽教育出版社,1998。

山石、竹木、水波、烟云,虽无常形而有常理。常形之失,人皆知之;常理之失,虽晓画者有不知。故凡可以欺世而取名者,必托于无常形者也。虽然,常形之失,止于所失,而不能病其全;若常理之不当,则举废之矣。以其形之无常,是以其理不可不谨也。"对此,樊波在《中国书画美学史纲》一书中认为,苏轼的"理(常理)"是从宋代理学思想中引申过来,因为苏东坡的"理(常理)"与宋代理学中的"理(天理)"概念内涵是很接近的,甚至是一致的,都是指宇宙万物的普遍规律和基本法则。① 很显然,他对苏东坡的"理(常理)"只作了纯哲学的解释。与此不同,邓以蛰在《画理探微》一文中对苏东坡的这段话理解为:"山水既无常形,是常形之当脱离也;而有常理,理属于心。"②一方面是说自然山水变幻莫测,四时不同,艺术家在创造山水画时难以靠眼力把握自然山水之常形,勉强为之,也是散漫无章,故"常形之当脱离也";另一方面则是说自然山水虽无常形,但是自然山水中自有一种常理蕴于其中,而这种常理出于"道心",故曰"理属于心"。那么这种出于"道心"的"常理"的具体内涵是什么呢?邓以蛰在《辛巳病余录》中指出:"常理之讲求,却非一目力所能办,举凡天资之敏钝,人品之雅俗,读万卷书,行万里路,心领神会,自然而得之,既得之则以为妙理,其快可知也。具体言之,如谢赫之六法,荆浩之六要,郭熙之三远。高远施之于长幅,深远施之于中幅,平远施之于横幅,此理之荦荦大者;至个人之得心应手,意到便成,因之造理入神,迥得天机者又非言语所能尽之耳。"③也就是说,"常理"是指一种妙理或神理,它们的获得非目力能及,而是人之性情以"道心"领会,自然妙得。当"常理"落实到绘画艺术审美活动中时则成为画理。画理为何?邓以蛰认为,不过是"三心合一"之"心理":气韵生动。"若乃画理,则当立于艺术之外观吾人之明赏、妙得可也。赏者何?得者何?曰:气韵而已矣。古人画家者流果期期以天地之心,画者之心,鉴者之心为一心,求其画逼近于此心,方号成功。此心为何?吾犹曰:气韵生动是也。"④可见,邓以蛰所谓的"常理(理)"并不是指宇宙万物的普遍规律和基本法则,而是指人以心体道妙得而成的"画理"或"心理"——气韵。

何谓"气韵"? 这一直是中国美学界争论不休的问题。宗白华在《中国美学史中重要问题的初步探索》一文中认为:"气韵,就是宇宙鼓动万物的'气'的节奏、和谐。"⑤徐复观则在《中国艺术精神》一书中认为,谢赫的"气韵生动"是对顾恺之"传神"更明确的叙述。"气韵"之"气"是指由作者的品格、气概所给予作品中力的、刚性

---

① 樊波:《中国书画美学史纲》,第432页,长春,吉林美术出版社,1998。
② 邓以蛰:《画理探微》,见《邓以蛰全集》,第205页,合肥,安徽教育出版社,1998。
③ 邓以蛰:《辛巳病余录》,见《邓以蛰全集》,第285页,合肥,安徽教育出版社,1998。
④ 邓以蛰:《画理探微》,见《邓以蛰全集》,第224页,合肥,安徽教育出版社,1998。
⑤ 宗白华:《中国美学史中重要问题的初步探索》,见《宗白华全集》,第3卷,第465页,合肥,安徽教育出版社,1994。

的感觉,在艺术作品中呈现出一种阳刚之美,如"气力"、"气势"和"骨气";"气韵"之"韵"则是指一个人的情调、个性有清远、通达、放旷之美,而这种美是流注于人的形相之间并显现一种阴柔之美。"气"与"韵"都是神的一面,所以气常称为"神气",而韵常称为"神韵",故要将一个人的"神"完整生动地传达出来就得"气"与"韵"兼顾。[①]而邓以蛰认为"气韵生动出乎心"[②],并在其《六法通诠》一文中认为"气韵"在中国书画理论史上具有五方面的内涵:(一)在人物画领域,它等同于传神或神韵;在山水画领域,它相当于意境。(二)于宇宙本体论层面,它是指天地生物一气运化之节奏或天地之心。(三)由书法章法形态看,它是指笔画之迟与速、留与遣而表现出来的劲利浑秀之风格。(四)据创作和欣赏体验,它是创作者心中意境之表现及与鉴赏者心意相通的精鉴之事。(五)从绘画艺术发展规律出发,它是中国画理最高之所在,超越一切绘画艺术种类(体、形、意)。[③] 如果说宗白华点明了气韵的生命节奏性,徐复观揭示了气韵的刚柔相济性,那么邓以蛰则强调了气韵的"心本"特征。为何如此说呢? 邹一桂曾说:"以气韵为第一者,乃赏鉴家言,非作家法也。"[④]对此,邓以蛰认为亦智亦愚,"智在其以鉴赏为画成以后之事,画时未有气韵生动,故气韵生动属于鉴赏家之事也。若以鉴赏于画无关,因之气韵生动于画亦无足轻重,则为愚之至矣"[⑤]。换言之,邓以蛰认为气韵不仅仅是鉴赏时的心灵所得,它也是创作时内心意境的传达。他说:"凡无形迹可见之物表而出之者方为气韵。创作须表出心内意境而非摹仿物之形似,是创作之表现当为气韵矣。"[⑥]宋郭若虚也认为气韵非师,乃得于天机出乎画家灵府,如世之相押字之术而为心印。他说:"凡画必周气韵,方号世珍;不尔,虽竭巧思,止同于众工之事,虽曰画而非画。故杨氏不能授其师,轮扁不能传其子,系乎得自天机,出于灵府也。且如世之相押字之术,谓之心印。本自心源,想成形迹,迹与心合,是之谓印。"(《图画见闻志·叙论》)由此看来,鉴赏家所体验到的萧条淡泊之意和闲和趣远之心,也正是艺术家以"道心"体验到宇宙万物一气运化后在创作中的表现:气韵。所以,我们认为邓以蛰的气韵论美学思想可以称为"心本"气韵论。这也是我们何以尝试把邓以蛰美学提炼为"心本"美学的学理根据之一。

通过对"神仪在心"、"理在于心"和"气韵(生动)出于心"三个命题的深入探讨,我们知道,在邓以蛰美学中,作为宇宙万物本体的"神"、"理"、"气"要想落实到艺术审美活动中,仍需要同通"神""理""气"的"道心"(天地之心)为其中介或前提方能实

---

① 徐复观:《中国艺术精神》,第122-144页,桂林,广西师范大学出版社,2007。
② 邓以蛰:《南北宗论纲》,见《邓以蛰全集》,第343页,合肥,安徽教育出版社,1998。
③ 参见邓以蛰:《邓以蛰全集》,第240-244页,合肥,安徽教育出版社,1998。
④ 邹一桂:《小山画谱》。
⑤ 邓以蛰:《画理探微》,见《邓以蛰全集》,第217页,合肥,安徽教育出版社,1998。
⑥ 邓以蛰:《画理探微》,见《邓以蛰全集》,第217页,合肥,安徽教育出版社,1998。

现。遗憾的是,邓以蛰美学的"心本"之"心"是上体宇宙天地万物下达艺术审美活动的中心或根本,邓以蛰并没有完全做到把"心"这一范畴提升到宇宙万物的哲学本体层面;而在这一点上,宗白华显然比他做得好,他极为成功地把作为艺术审美本体的"生命"通达转化为宇宙万物的哲学本体。

(四)传统的现代转换:"心本"的文化渊源

我们认为,一位理论家不可能仅从内心建构出自己的理论,他总需要从他生活的文化世界汲取养料,并在此基础上创造出属于自己的独特理论。邓以蛰出生于传统文化氛围浓厚的书香门第,同时又有着多年海外游学的经历,其别具一格的"心本"美学自然受到了中西文化思想资源的影响,并对其加以吸取和创化的。

邓以蛰"心本"美学主要受到哪些文化思想资源的影响?他又是如何来加以吸取和创化从而实现其美学思想现代转换的呢?这不但是邓以蛰美学研究的薄弱环节,也是我们尝试以"心本"命名邓以蛰美学应需的学理支持。

首先,邓以蛰"心本"美学受到了老庄"心论"哲学思想的影响。

老子哲学最重要的范畴是"道","道"既是其整个哲学思想的基石,也是其整个哲学思想的终极价值指向。因此,老子并不为论道而论道,他始终要把由社会、自然和人生中推设出来的宇宙本原或本体——"道"重新拉回到人的生存中来。那么,作为道成肉身的人如何才能有效地体道呢?老子认为,当人处于"虚心"、"愚心"或"无心"状态时,"人心"就能"涤除玄鉴"、"各复其根"(《老子》第十六章),回到一种澄明敞亮、自然无为和原始本真的"道心"状态;也只有在这种"道心"状态下,"人心"才能真正体认到"道"的有无相生、自然无为和整一无限的存在特性,从而达到天人合一的天地境界。此时的"人心"主要不是作为一种感官认知之心,也不是作为一种功利欲望之心,而是一种超感官认知和功利欲望的体道之心。庄子是老子思想最伟大的继承者和创造者,他生活的时代是一个"仅免刑焉"的时代,如何在全生保命的前提下达到逍遥自由的天地境界是庄子哲学中最为根本的问题。这一方面意味着人首先需要顺应这个"天下无道"的人间世以求得生存的空间。"形莫若就,心莫若和。"(《庄子·人间世》)另一方面意味着人需要在这个为名利是非所支配的人世间获得一片超越的空间。"乘云气,骑日月,而游乎四海之外。"(《庄子·逍遥游》)人如何在这无可奈何的生存中达到逍遥自由的天地境界呢?这一切最终还需落实在"心"上。通过"心斋"、"坐忘"、"游心"的方式去悟道,从而达到逍遥自由的天道或天地境界。总之,无论是"虚心"、"愚心"、"无心",还是"心斋"、"坐忘"、"游心",老庄"心论"哲学思想都主张人超越功名欲望,以心体道,方达素朴自然、逍遥自由的天地境界。

徐复观认为,老庄所谓的"道"实际上是最高的艺术精神。他说:"中国历史上伟大的画家及画论家,常常在若有意若无意之中,在不同的程度上,契会到这一点,但在理论上尚缺乏彻底的反省、自觉。"①我们认为,他的这一观点用来评价邓以蛰与老庄"心论"哲学的关联也是十分恰当的。邓以蛰从小生活在书香门第,在中国传统书画理论上有着深厚素养。因此,在构建其"心本"美学时,自然也受到了老庄"心论"哲学思想的影响。这主要体现在两个方面。一方面,受老庄"心论"哲学思想的影响,在理路上建构了"人心即道心"的"心本"艺术审美本体论。由上已知,邓以蛰的"心本"之"心"有两个层面的内涵:一是指人之性情在艺术审美活动中以直觉方式表现为意象或意境的达艺之心;一是指人之性情在艺术审美活动中同通"神""理""气韵"的体道之心。因为二者皆是指人之性情在艺术审美活动中精神存在状况——体道于心,达心为艺;所以它们体用不二,同为一心之心,"人心即道心"。可见,在艺术审美活动中,从"道"之境界到"艺"之境界,"心"起到了根本关键的作用:不但体道于心,令人心即道心,而且以艺达心,使人艺即心艺。总之,道、人、艺融乎一心。这不正是对"以心体道,人心即道心"的老庄"心论"哲学思想在艺术领域的借鉴与现代创化吗?另一方面,受老庄"心论"哲学思想的影响,邓以蛰美学重神意、气韵和自然,轻物质、形似和技巧,从而呈现出"以艺达心,人艺即心艺"的"心本"思想特点。在庄子哲学思想中,有一种重德心轻形体的倾向。他在《德充符》中描写并讴歌了如兀者王骀、兀者申徒嘉、兀者叔山无趾、哀骀它、闉跂支离无脤等一批形体残缺丑陋而内心德才完备充实光辉的得道之人。受此倾向影响,邓以蛰"心本"美学也存在着一种重精神气韵轻物质形似的思想观点。邓以蛰认为,艺术不是对客观物质对象的如实模仿,而是一种精神活动,是人的性情(灵)或心中意象(境)的表现。在《书法之欣赏》一文中,他认为书法是由形式和意境两个不可分割的部分组成的。不但书法之意境出自人的性灵,而且连作为书法之形式的笔画、结体和章法也是人的精神心灵的表现。他说"人之情感,具于先天,无或人相异也。书法之结体,莫不有物理、情感为根据"②。"书之章法,肇于自然。所谓自然者亦指贯于通篇行次间之血脉气势也。以血脉气势为章法之自然,此自然之又一面——内之一面也……若内之一面,无形质者也;换言之,即精神也,活动也。"③对于绘画,邓以蛰认为较书法而言其对物质形似的凭借要多些,但是,画至山水,从根本上讲也同样是人的精神心灵活动的表现:书为心声,画为心画。所以,他在《六法通诠》一文中指出:"心画者,直写心中意境,由内而外,所谓一寤即发,与摹写物之形似,由外而内者不同也。"④而且,邓以蛰还认为,"气韵生动"作为绘画艺术的至理,其中的"气韵"与描绘对象的物质形似并无本

---

① 徐复观:《中国艺术精神》,第35页,桂林,广西师范大学出版社,2007。
② 邓以蛰:《书法之欣赏》,见《邓以蛰全集》,第180页,合肥,安徽教育出版社,1998。
③ 邓以蛰:《书法之欣赏》,见《邓以蛰全集》,第181页,合肥,安徽教育出版社,1998。
④ 邓以蛰:《邓以蛰全集》,第251页,合肥,安徽教育出版社,1998。

质关联,而是体乎道出乎心的艺术意境。他说:"山水虽有外物之形,但直为意境之表现,或吐纳胸中逸气,正如言词之发为心声,山水画亦为心画。胸具丘壑,挥洒自如,不为形似所拘束者为山水画之开始。至元人或文人画则不徒不拘于形似,凡情境、笔墨皆非山水画之本色,而一归于意。表出意者为气韵。是气韵为画发展之晶点,而为艺术至高无上之理。"①

其次,邓以蛰"心本"美学受到了黑格尔"理想论"美学观的影响。

尽管我们说邓以蛰"心本"美学主要源于对中国传统道家"心论"哲学思想的吸收和转化,但是因为邓以蛰人生经历和学习修养横跨中西,所以西方美学思想对此转换的影响也是不容忽视的,而黑格尔"理想论"美学观就是其中之一。

黑格尔在《美学》序论中明确指出:"我们首先就要提醒一个事实:就艺术美来说的理念并不是专就理念本身来说的理念,即不是在哲学逻辑里作为绝对来了解的那种理念,而是化为符合现实的具体形象,而且与现实结合成为直接的妥帖的统一的那种理念……这种理念就是理想。"②可见,艺术美的理念就是理想。那么,何谓理想呢? 在黑格尔看来,理想就是生气灌注即心灵生命的艺术形象。黑格尔认为,眼睛是人的心灵集中处,艺术作为一个整体需要形象的每一点都应化成眼睛,通过它无限自由的心灵才能得以表现。因此,理想并不是对自然的摹仿,而是人的心灵借助艺术形式得以应该如此的表现,即理想是心灵的表现,艺术是理想的实现。我们认为,受黑格尔这种"理想论"美学观的影响,邓以蛰形成了"艺术是理想的实现或性(心)灵的绝对境界"的"心本"美学观。在《艺术家的难关》一文中,邓以蛰批驳了柏拉图艺术摹仿自然而不能造乎理想之境的观点,他说:"我们要是细细解析起来,艺术毕竟为人生的爱宠的理由,就是因为它有一种特殊的力量,使我们暂时得与自然脱离,达到一种绝对的境界,得一刹那间的心境的圆满。"③但是,艺术如何才能造乎理想令人达到心境圆满的绝对境界呢? 邓以蛰认为,这不能靠五官本能感觉,因为五官本能所感觉到的不过是现象的真实,"现象是自然界的东西,最是变动不居的,不是性灵中的绝对境界……所谓艺术,是性灵的,非自然的;是人生所感得的一种绝对境界,非自然的变动不居的——无组织、无形状的东西"④。同时,也不能靠脑府知识的认知,因为脑府知识会因程式化的认知而束缚艺术家的性(心)灵自由。那么艺术家以什么的方式才能实现理想达乎性(心)灵的绝对境界呢? 邓以蛰认为,一是靠情感的擒获,二是靠性(心)灵的创造。对于情感在艺术审美活动中所具有的"心本"价值,我们在上文已做出了详尽探讨,在此不予以重复。至于性(心)灵的创造,

---

① 邓以蛰:《画理探微》,见《邓以蛰全集》,第216页,合肥,安徽教育出版社,1998。
② 黑格尔:《美学》,朱光潜译,第92页,北京,商务印书馆,1979。
③ 邓以蛰:《艺术家的难关》,见《邓以蛰全集》,第39页,合肥,安徽教育出版社,1998。
④ 邓以蛰:《艺术家的难关》,见《邓以蛰全集》,第42—43页,合肥,安徽教育出版社,1998。

邓以蛰在《观林风眠的绘画展览会因论及中西画的区别》一文中，针对常人把绘画当成是一种设色鲜艳、摹景逼真、能给观者带来快感的娱乐的看法，他批评道："诚然：艺术是理想的实现；但是把东西抄写一番，是算不得的。理想不是外界的自然生来有的，你的机体上本能的活动，内中也没有含着理想，只是你心内新奇的收摄，心内新奇的铸造，才说得上是理想呢。"①也就是说，艺术作为理想的实现是性（心）灵创造，而性（心）灵的创造则是对自然和本能的超越。所以，他把那些用心领会自然并赋予自然以新境界和新意义的宋元山水画家，若夏珪、马远，若米氏父子，若黄子久、王蒙，若倪高士，当成是理想派画家的宗师。②其实，黑格尔对邓以蛰的影响，刘纲纪也曾指出过："邓以蛰对于艺术的根本看法是同黑格尔美学的看法基本一致的。因为，把艺术看作绝对境界，也就是理想的感性表现，反对把艺术看成是自然的摹仿，正是黑格尔美学对于艺术的根本看法。这种看法是建立在黑格尔客观唯心主义基础之上的，但它主张艺术不是对自然现象的摹仿，而应该表现出一种本质性的、深刻的、诉之于人的心灵的精神内容，这却是正确的、合理的。邓以蛰以这种看法为武器，有力地批判了那种专以记录琐屑无聊的生活现象、给人以低级官能快感为能事的所谓'艺术'。"③遗憾的是刘纲纪没有从"心本"艺术本体论层面把二者关联起来，并把邓以蛰的这一美学观纳入到"心本"内涵之中。

最后，邓以蛰"心本"美学还受到了克罗齐"表现论"美学观的影响。

在《〈艺术家的难关〉的回顾》一文中，邓以蛰明确承认其美学思想曾受到了柏拉图、康德、柏尔（Cliv Bell）、叔本华、博格森、克罗齐、莱辛等人美学思想的影响。④但相比较而言，克罗齐美学对他的影响更为显著。这尤其表现在克罗齐"表现论"美学观对他的影响上。

在《六法通诠》中，邓以蛰认为中国山水画作为心画不能入以目力为准的西方现代美学范畴；但是他又认为克罗齐是另外。他说："唯有一说，殊足引证，即意大利现代哲学家克罗齐之美学也。克氏之说，以为美为人类精神活动之一，精神活动者乃一动必有其始条理、终条理而自为一整个之结果与价值焉。美既出于一霎之感动，则其必与抽象演绎之知识不同，而为一种具体、直接而价值自在自足、由内而外之主观活动也；因其既为美感，则又与感觉或刺戟不同，故凡由刺戟或感觉而来之动作或颜色皆非美之资料，于是由颜色而成之画，根本不在美之域内也。然则如何为美乎？克氏曰：既具体而直接，自内而外，又能有感动之自在价值所谓美者，则非感觉或刺

---

① 邓以蛰：《观林风眠的绘画展览会因论及中西画的区别》，见《邓以蛰全集》，第90-91页，合肥，安徽教育出版社，1998。
② 见《邓以蛰全集》，第91-92页，合肥，安徽教育出版社，1998。
③ 刘纲纪：《美学与哲学》，第611页，武汉，武汉大学出版，2006。
④ 见《邓以蛰全集》，第396页，合肥，安徽教育出版社，1998。

戟可比,此岂非言语诗歌之表现乎?盖表现者,美之活动也;言语诗歌者,具体而直接,有自在之感情价值自内发出者也。扬子《法言》有:'言,心声也,书,心画也。'而米友仁继之曰:'画之为说也,亦心画也。'心声、心画即表现之谓也。而克氏未能将表现推之于书画,盖彼不知用笔作书作画之能表现耳。"①克罗齐把艺术(美)作为一种心灵或精神的直觉活动,这种直觉就是心灵对心中感触、感受和情感等无形式的物质赋予其形式,使心中的情感印象表现为具体直接的意象或美感。受克罗齐"表现论"美学观影响,邓以蛰认为"书为心声,画为心画"的"心本"书画艺术也是一种表现。所以,他接着又说:"盖草书乃书法中最能表现情调者。唐志契曰:'山水原是风流潇洒之事,与写草书行书相同,不是拘挛用功之物。'董迫称吴道子作嘉陵江山水为'丘壑成于胸中,既寤则发之于画'。倪瓒谓'画者不过逸笔草草,不求形似,聊以自娱'。又曰:'余之竹聊以写胸中逸气耳。'以上诸说,皆心画之注脚,而与克氏表现之说相通也。"②可见,他们都认为艺术作为一种精神活动或美感是超逻辑概念的主观情感的具体直接表现。但是,我们得明白邓以蛰的"'心本'表现论"并不是对克罗齐的"表现论"的完全复制,而是对其作了选择性吸取和创化。克罗齐的"表现论"认为"表现"是心灵主动地创造性地在心内对情感印象(包括感觉和刺戟在内的处于直觉界限之下的无形式的物质)赋予形式以形成心中之意象,不需要借助于物质技术等外在因素把它传达出来。而邓以蛰的"'心本'表现论"虽然也认为"表现"是心中情感自然流露或具体直接地抒发,但是又认为这种情感不是指一种包括感觉和刺戟在内的无形式的物质,而是指一种休悟宇宙万物本体之道后的审美情感,并且这种审美情感还需要借外在的技巧把它传达出来。"胸有成竹或寓丘壑为灵机所鼓动,一寤即发之于笔墨,由内而外,有莫或能止之势,此之谓心画也,表现也。"③此外,克罗齐的"表现"内涵是不包括"人格"的,他认为在实践生活中人格高尚的人,并不一定在艺术作品中表现高尚的情感;而邓以蛰的"表现"内涵还包括性情人品。他指出:"画为心画;欲画妙,必须心妙,心妙必须人品妙,人品妙,斯气韵至矣。气韵非竭巧思、穷工力与夫凡谓之画者皆能有也;至是而为性情之流露,人品之真如,而生动者不过为此气韵之光辉,之色泽耳,非复鬼神人物之可状者矣。"④

通过对邓以蛰美学"心本"艺术审美本体内涵及其文化渊源的探究,我们看到,在中西文化汇流的时代语境中,20世纪中国美学的现代学术进程其实就是中国现代美学家如何有效地实现传统美学资源的现代转换;而且我们还认为,邓以蛰美学思想中呈现的这一"以心为本"的美学本体特征与王国维、宗白华和李泽厚分别建基

---

① 邓以蛰:《六法通诠》,《邓以蛰全集》,第254—255页,合肥,安徽教育出版社,1998。
② 邓以蛰:《六法通诠》,《邓以蛰全集》,第255-256页,合肥,安徽教育出版社,1998。
③ 邓以蛰:《六法通诠》,见《邓以蛰全集》,第256页,合肥,安徽教育出版社,1998。
④ 邓以蛰:《六法通诠》,见《邓以蛰全集》,第257页,合肥,安徽教育出版社,1998。

于生存论、生命论和实践论哲学本体论之上美学思想有幽通之妙。他们都注重心意功能的划分、探究、培育和展现,只不过王国维"生存论"美学追问的是人心之欲的超脱,宗白华"生命本体论"美学思考的是人心之境的生命节奏,而李泽厚"实践论"美学则求解的是人心之情的历史地积淀,从而使得20世纪中国美学的学术进程或明或暗地带有某种"心"之特性。

(唐善林)

七 艺术家的美学情怀
——丰子恺与20世纪中国美学

丰子恺(1898—1975)是中国现代著名的漫画家、文学家、翻译家、艺术教育家、美学家,也是著名的美育思想家。当代学者叶朗对丰子恺的评价极为深刻和全面:"丰子恺是大画家,同时又是音乐教育家、文学家。他在美育、美术教育、音乐教育等方面写了大量的普及性的文章和著作,哺育了一代又一代的青少年。丰子恺的一生是审美的一生,艺术的一生。他影响青少年最深的是他洒落如光风霁月的胸襟,以及他至性深情的赤子之心。"①可见,丰子恺是把艺术创作、个人风格、审美追求与美育思想紧密地联系为一体的。

(一)艺术即宗教

丰子恺的美学思想与美育思想有着密切关系,尤其是他对艺术即宗教、艺术与情趣、艺术与人生苦闷之疏解等的思考,深刻影响了他的美育思想。

就丰子恺在中国近现代美学史、美育思想史中的贡献和地位来看,他不仅能够保全审美活动自身的完整性,在西方传统美学与中国美学的交流、交战、交融中独树一帜,而且能够延续儒家美育思想的优良传统,这两个方面往往又交织在一起,凝结为对审美活动在时间性维度上的完整现身。这正生发出美学学科的研究对象何以完整地而不是歪曲、残缺地显现这一问题,也滋生出中西传统美学何以比较、交流、借鉴的问题,更衍化出艺术与科学的比较、审美活动原初的呈现状态到底为何、美育与生态主义、美育与环境伦理、日用品美育等美学、美育理论中的诸多重大问题。

自美学而言,时间性是其极少数最为重要、奠基性的基本问题之一。就其呈现维度而论,主要有两端,即审美活动既是一种流畅的、前牵后挂的、视域性而非点状的、意向性的内时间意识过程,又体现为由审美价值或意义推动的兴发性、涌现性或绽出性的时间性特质。自美学史而言,在西方美学史乃至哲学史上,专题性、系统性

---

① 叶朗:《美学原理》,第9-10页,北京,北京大学出版社,2009。

和团队性地探究时间性问题,始于现象学哲学,尤以胡塞尔的音乐旋律分析、海德格尔的艺术作品真理的时间性思想、英加登的文学阅读活动现象学等为杰出代表。而在此之前的西方哲学史与美学史,皆因过于在纯粹主观、纯粹客观之间剧烈摇摆,滋生的是与发达的宗教文化、科学文化相对应的神学美学、认识论美学,而纯粹的神一如纯粹的科学真理,从不具有始—终、持存、绵延等时间特性。而在中国传统美学中,尤其是以儒家美学为主干的美学思想,却能在不过于追求绝对主观、绝对客观从而宗教与科学都不甚发达、主客不分、悦乐性的整体文化中,始终保持审美活动自身原初的兴发性状态,既不极端地在审美文化中树立一个压抑与否定审美愉悦或感官愉悦的彼岸之神,也不在审美文化中片面地强求那种仅仅以审美对象作为反映外部世界的手段或工具,从而追求一种相符性的、无时间性的纯粹客观真实。在这样一种极为注重保全审美活动自身完整性的美学中,不仅毫无偏见地公平对待来自艺术作品、日常用品、空间环境、人际交往等各种审美对象的愉悦感,而且儒家美学更把艺术视为社会治理、国家管控的有效手段,使来自家庭哲学、亲子之爱哲学中最具涌现性的"礼"与诗、乐、文、曲等相结合,更加强化或固化了其所具有的形式显现感。这意味着中国古典美学往往与中国古典伦理学合二为一,只是认同审美价值与伦理价值的分别,却不把这种分别视为一种教条,对世间万物进行割裂式的美、善截然对立的划分,而是始终尊重在某一个行为中同时出现的审美价值与伦理价值的完整性。

在中国近现代乃至20世纪中国美学中,西方传统美学这种侧重主客分离性的存在、不尊重审美活动兴发着的时间性及涌现着的呈显状态等特性所产生的影响是极为重大的。因为直至今天,中国美学俨然已经变成了"香蕉人"——黄皮白心,美学界往往只是出于中国古典美学是一种带有民族色彩的国故之学而研究它,且在研究过程中以西方传统美学主客二分的天然缺陷为理想模式,来诠释、肢解、切割中国古典美学。当然,这只是就整体趋势与现状而论,并不是说西方古典美学就缺乏积极的、肯定性的成果,如康德关于纯粹艺术作品之审美超乎利害的思想,对于中国古典美学过于强调美善合一就有纠偏匡正之益。仅就康德思想而论,同样要就其特定内涵、适用对象及其范围大小等进行具体分析,不可作为一种普适性原理断然运用于一切审美对象,如康德这一思想仅仅适用于那些纯粹的艺术作品,而不适用于对人、物品、日用品和空间环境的审美,而且康德这一思想的弱点之一,还在于仅仅强调视觉与听觉作为审美官能的作用,对于那些与触觉、嗅觉、味觉、动觉等有密切关系的审美对象则极为轻视。如果以此来权衡中国传统审美文化,或者更为具体地说,以此来权衡中国古典审美文化中尤为广泛的、强调身心俱洽的,包括视觉、听觉、嗅觉、味觉、触觉、动觉等在内且非顾此失彼、扬此抑彼的审美对象观念,那就会把无比丰富的对象割裂出去。

就西方主客二分美学之偏重于纯粹客观的美学影响而言,其中最为典型的表征之一,就是以"科学"或"科学性"面目出现的美学形态。这种美学形态往往着意于美的本质命题的探寻,而且把美的本质归于毫无时间性意味或特质的存在。在对美的本质进行探寻之时,中国美学也就遵循西方传统美学的路径,沿绝对主观与绝对客观的方向走下去,尤其是沿绝对客观的方向高歌猛进,直至把艺术作品的意蕴或内容呈现状态的时间性完全剥离开去,美学沦为像科学规律、科学结论一般的存在。

从以上陈述的各种重要命题来看,丰子恺都有极为卓著而独到的思考。

在人类所创造的精神文化财富中,科学、审美、道德与宗教是最为主要的形态,丰子恺的美学思想就是从这一宏观视野入手的。他把审美活动与其他活动进行对比,从而自然而然地凸显出审美活动的价值与意义。当然,丰子恺美学思想同时受到佛教思想、西方美学、日本美学、国内诸多师友学者们的影响,但他在根本上还是把艺术作品超乎功利的根本特性作为思想的出发点,以此来统率自己在美学上的知识系统。从艺术作品超乎功利的特性来看,它与宗教尤其是佛教超离于世的教义是极为接近甚至基本相通的。当然,这同时也反映出丰子恺美学思想是我国传统审美文化的自然延续,因为在以"乐感文化"为主要特性的中国传统文化或审美文化中,人们尤其是文人对审美、艺术的兴趣完全可以与其他文化对彼岸世界的兴趣相提并论,但这一对艺术的兴趣根本上是令人愉悦的或是一种对现实人生的自信与悦乐的精神,而不是要超离于此岸世界或现实世界之外。

1. 视觉、听觉艺术之超越性

在论及李叔同何以出家时,丰子恺对比了尘世纯粹的感官愉悦、精神愉悦以及灵魂愉悦:

> 我以为人的生活,可以分作三层:一是物质生活,二是精神生活,三是灵魂生活。物质生活就是衣食。精神生活就是学术文艺。灵魂生活就是宗教。"人生"就是这样的一个三层楼。懒得(或无力)走楼梯的,就住在第一层,即把物质生活弄得很好,锦衣玉食,尊荣富贵,孝子慈孙,这样就满足了。这也是一种人生观。抱这样的人生观的人,在世间占大多数。其次,高兴(或有力)走楼梯的,就爬上二层楼去玩玩,或者久居在里头。这就是专心学术文艺的人。他们把全力贡献于学问的研究,把全心寄托于文艺的创作和欣赏。这样的人,在世间也很多,即所谓"知识分子"、"学者"、"艺术家"。还有一种人,"人生欲"很强,脚力很大,对二层楼还不满足,就再走楼梯,爬上三层楼去。这就是宗教徒了。他们做人很认真,满足了"物质欲"还不够,满足了"精神欲"还不够,必须探求人生的究竟。他们以为财产子孙都是身外之物,学术文艺都是暂时的美景,连自己的身体都是虚幻的存在。他们不肯做本能的奴隶,必须追究灵魂的来源,宇宙的

根本，这才能满足他们的"人生欲"。这就是宗教徒。世间就不过这三种人。①

在这里，"宗教"还是一种彻底的、地道的"宗教"——佛教，因为佛教与世界上其他宗教一样，都寻求彼岸世界的信仰与满足，其追求的是绝对的主观，因而要抛却世间一切欢愉。而丰子恺把艺术与宗教进行沟通的思想中的"宗教"，却不是或不完全是这种最为彻底的宗教，而是在"超乎功利"上相通。"儿童对于人生自然，另取一种特殊的态度。他们所见、所感、所思，都与我们不同，是人生自然的另一面。这态度是什么性质的呢？就是对于人生自然的'绝缘'（'isolation'）的看法。所谓绝缘，就是对一种事物的时候，解除事物在世间的一切关系、因果，而孤零地观看。使其事物之对于外物，像不良导体的玻璃的对于电流，断绝关系，所以名为绝缘。绝缘的时候，所看见的是孤独的、纯粹的事物的本体的'相'。"②这里所说的"相"，正如柏拉图所说的"理念"。在丰子恺看来，在儿童世界里，没有对于事物或人与人之间功利、利害方面的考虑，只是留下了事物或人的"相"或"理念"——其实是事物或人的外观、形式或结构而已。虽然丰子恺只是阐述了儿童对人或世界的超越功利的心念，但它同时也完全适用于纯粹艺术作品，因为绝大多数艺术作品都使用"符号"来进行创作，而"符号"最本质的特征便是只指称对象而本身并非对象，使用"符号"制作而成的艺术作品也只能是用来看与听的，即只能使用视觉与听觉进行把握。所以，对艺术作品的欣赏可以最大限度地克服人的占有欲。虽然就整体而言，丰子恺对儿童的性格与心理有明显过誉之处，但他还是把艺术美最为关键的特征描画得毫发毕现。

因而，当丰子恺进一步比较儿童与成人的时候，所侧重的也是借"童心"来传达对纯粹艺术作品的认识：

> 孟子说："大人者，不失其赤子之心者也。"所谓赤子之心，就是前文所说的孩子的本来的心。这心是从世外带来的，不是经过这世间的造作后的心。明言之，就是要培养孩子的纯洁无疵，天真烂漫的真心。使成人之后，能动地拿这心来观察世间，矫正世间，不致受动地盲从这世间的已成的习惯，而被世间所结成的罗网所羁绊。③

> 大人们的一切事业与活动，大都是卑鄙的；其能庶几仿佛于儿童这个尊贵的"赤子之心"的，只有宗教与艺术。故用宗教与艺术来保护，培养他们这赤子

---

① 丰子恺：《我与弘一法师》，见《丰子恺文集》，第6卷，第399-400页，杭州，浙江文艺出版社，1992。
② 丰子恺：《关于儿童教育》，见《丰子恺文集》，第2卷，第250页，杭州，浙江文艺出版社，1990。
③ 丰子恺：《告母性》，见《丰子恺文集》，第1卷，第79页，杭州，浙江文艺出版社，1990。

之心,当然最为适宜。①

这里所表达的,是对儿童或童心的崇拜与热爱,也是把"童心"理解为审美的化身——审美超乎功利,人针对纯粹艺术作品的鉴赏不会引发人与人之间的利害冲突,而且这些纯粹艺术作品还是可以在人与人之间分享的、共有的。在这个意义上,丰子恺认为人们欣赏纯粹艺术作品所得到的超乎功利、自由的愉悦感,与佛教徒所追求的"毕竟空"的境界相通,"'非功利的',便是说艺术创作须全由真心的感动而来,并非为了何种功利的目的而工作。这种事业,在中国称为'净行',在西洋称为'无目的的'、'无关心的'。何谓净行?例如僧人刻苦修行,并非为求现世的福报,乃是真心信仰佛法之故。这种行为至为清净,故曰净行。艺术的工作,也是真心爱美,欲罢不能的,同这僧人的行为相似,故也称为'净行'……但这是艺术创作的最高原则,不是说一切艺术皆非如此不可。例如建筑,工艺,便是有目的的,有关利益的。"②在比较含混的意义上,艺术作品的超功利特性与宗教或佛教的超越性有相通之处,但只是字面上的相通而已,其精确之处却不能不辨,因为艺术作品就整体而言,还是追求视觉与听觉愉悦的,而这种感官愉悦在绝大多数宗教里都是不相容的,而且这同时牵涉到儒佛两者在丰子恺美学思想中的关系问题,这是我们下面所要探究的。

2. 儒家"悦乐"艺术精神的延续

通过丰子恺对艺术欣赏活动无功利性的愉悦感与佛教空无之境界的描述,不难发现,其对"艺术即宗教"的论述需要具体分析,即这一"宗教"并不是严格意义上的宗教活动,也不是偏向佛教的宗教,而是中华传统文化尤其是审美文化之"悦乐"精神的自然延续。

其一,丰子恺所说的艺术,其实是指纯粹的、主要以"符号"作为材料的艺术作品,如文学、音乐、书法、戏剧、舞蹈、绘画等,他是把满足实用目的的"日用品"排除在外的,如建筑、"工艺"(即经过审美设计或工艺美术设计的日用品)的首要价值就在于"一定要有用",而且对日用品的使用也绝不仅仅限于"视觉"与"听觉"所能感知,而是更多地与触觉等身体官能相关联,其所使用的材料也是具有第一度真实感的,如茶杯就是使用石头、金属或塑料做成的,这些特性都决定了造物美学的商品特性,因而是处在功利领域之中的。

其二,丰子恺只是关注到了以纯粹艺术作品为对象的审美活动的超功利性与佛教教义之"空无"的表面相似性,并没有认识到两者在本性上是根本不相容的。因为即使以纯粹的艺术作品作为审美对象的审美活动,根本上还是一种感官的愉悦而

---

① 丰子恺:《告母性》,见《丰子恺文集》,第1卷,第79页,杭州,浙江文艺出版社,1990。
② 丰子恺:《艺术修养基础》,见《丰子恺文集》,第4卷,第88页,杭州,浙江文艺出版社,1990。

已,其所追求的正是彼岸世界的欢愉,而不是彼岸世界的天堂,更不是万念俱寂的禁欲。当然,在审美活动与宗教活动之间也存在相通之处,如佛教就存在宣扬、赞美教义的文艺作品,但这些作品与那些纯粹的、以感官愉悦为特质或目的的艺术作品之间存在根本的差异,宣扬佛教教义的文艺作品只是一种工具与手段而已,只要能达到对教义的宣扬与表达,文艺作品本身就是可有可无的。

其三,在根本上,丰子恺"艺术即宗教"的思想更倾向于以儒家文化或儒家审美文化为主流的中国传统文化。因为儒家文化作为中国传统文化最为主要的形态之一,在以血缘关系为纽带的封建社会生活以及教育获得之中,显然是处在主流地位的。儒家文化虽也带有一定的宗教色彩,但相比于世界其他宗教尤其是基督教、伊斯兰教、佛教而言,其宗教色彩较为淡薄;也可以说,儒家文化在处理主观与客观的关系时,并没有在主客之间的分立、分离上高歌猛进,而是采取了侧重于主客不分离、不分立的态度。因而,儒家文化不强调对神的信仰,也不强调对客观世界的科学探究,而是执着于伦理世界的实践与感官世界的享乐与流连,尤其是感官世界的享乐和流连造就了中国传统审美文化的辉煌与发达。中国文人对于审美、艺术、日常生活美化的热衷甚至会带有宗教性的情愫,但归根结底,对于艺术的欣赏活动还是隶属于感官享乐范畴之内,而不是纯然的、与宗教信仰完全一致的、禁欲主义的超功利、超利害活动。所以,丰子恺所云艺术即宗教,根本上是儒家审美文化思想在中国近现代的延续。

(二)美育基本特征的认识

1. 艺术教育与科学教育的比较

(1)艺术之"真"的时间性涌现状态——科学之真与艺术之真的比较

对于科学研究或历史研究中的"真",丰子恺的认识是极为深刻、精辟的,认为这种"真"只是一种"相符性"的"真",而真的本貌及其存在的原初状态如何,才是最为根本的问题。也就是说,虽然科学与历史研究都以"真"为最高的目标与准则,但它们本身也只是把握"真"的途径之一,其"真"的程度如何却是另外一个问题。"科学固然说是给我们人类幸福的,又是阐明宇宙真相的,然而所谓真相两个字,非常难讲,到底怎么样可叫作真相,还是一个问题。科学都是从假定论的:譬如物理学者,一定先假定世间确有分子的物质的存在,然后可以立脚得住,实行他的研究。这基本的假定一动摇,物理学全部便推翻了;他如研究历史的,也必先假定人类是大皆有意识的,他们看见了人的表情的变化,以为这种物的现象的背面,确有意识存在;又如研究社会学者,使人们勤职务,计幸福,他们假定幸福确是可企图的,尽自己的义务确是有价值的。这种假定是否正确,还是一个问题,就是科学者所谓宇宙的真相,到底是不是真相也是一个问题。"①

丰子恺对科学尤其是自然科学的理解有很大偏差,如对自然科学研究中常见的"假说"的理解就是如此。假说的提出、论证是通向科学之途中的必要一环,由于并非所有规律都能在现象中得到完全体现,因而假说既不是毫无根据的臆说、臆测,也不是科学的真理,还需要进行科学活动的进一步检测、验证或证实。但就整体而言,丰子恺还是指出了科学自身的价值及其局限。当科学的价值体现在对真理的追求及其得到验证、证实、应用之时,这就是其价值的实现;但当科学一旦在人们的运用中超越了其合理的界限,就会走向片面,带来负面的影响。正如丰子恺所言,科学活动作为一个纯粹客观的、冷静的、中立的、普遍性的人类活动,其特定的规则不可能适用于那些主客不分的领域,比如人生的幸福就绝对不能使用科学数据来进行测量并验证,因为人生或生活在构成上的特性正是意向性或主体始终指向对象的,这也正是审美活动在构成上的最根本特性;同理,审美教育、艺术教育活动也是如此。

按照丰子恺对人生幸福的探究思路进行下去,人生或生活本身最为原初的、质朴的状态,正是兴发着、涌现着、具有第一度真实性的"真"。这种"真"不是自然科学、历史学科等所要寻求的那种"相符性"的"真理",而且这种真理往往体现为自然科学中的命题或历史研究中的事实。但是,这些真理或事实本身却不一定显示出意义与价值。而在审美活动中,如在艺术欣赏活动中,观众对于一幅画的激赏、流连、凝视,却是一个原发性、源始性、愉悦的行为,此画之所以如此吸引观众,就是因为其作为一个整体对观众的审美有所超越、有所提升、有所更新,画中所传达的意蕴或"真"是有价值、有意义的。丰子恺对比审美活动的这种状态与科学活动,认为"科学是根据了一种假定来阐明宇宙的真相的,艺术却是不根基于假定来阐明宇宙的真相的;譬如一张海的画,这是用艺术的方法来说明海的真相。但科学者却不以为然,一定说要把海水蒸发了变成盐分和水分等,或又把波浪的运动用物理的方法说明起来,然后说是海的真相。又如一块石,艺术者画了一块石,表示石的真相。科学者定要把石打得粉碎,说明它含着云母长石……等成分,以为是石的真相。如今且看,到底画中的海和石是真相呢?还是水分盐分和长石云母是真相?这可以说科学的不是真相,因为一则科学所谓真相,是从假定上立脚的,假定的正确与否,还没晓得,二则科学把海水分作水分盐分,把石子分作云母长石,这时候不是表示海和石子的真相,是从海和石子移到了别种的东西盐分水分云母长石上去。艺术的画,倒是表示当时所看见的海和石子的真相的。"②这意味着,在艺术作品的欣赏过程中,艺术作品的意蕴是兴发着的,且具有审美活动作为一个整体性活动的所有特性;审美活动的

---

① 丰子恺:《艺术教育的原理》,见《丰子恺文集》,第1卷,第12页,杭州,浙江文艺出版社,1990。
② 丰子恺:《艺术教育的原理》,见《丰子恺文集》,第1卷,第12—13页,杭州,浙江文艺出版社,1990。

对象不像科学活动中的对象那样是绝对客观与中立的,它自身就是一种兴发着、涌现着、原发性的"真"。

所以,丰子恺认为,绝不能使用科学活动的真理来描画艺术活动中的真;拿科学之真来衡量艺术之真,自然就会产生偏见,"原来科学和艺术,是根本各异的对待的两样东西,艺术科的图画,有和各种科学一样重大的效用,绝不是科学的补助品,决不可应用在植物标本画或体操姿势图上,同科学联关于实现的"①。

对于艺术活动、审美活动作为一种兴发着的、涌现着的愉悦活动,丰子恺作了这样的概括:"凡事有没有真的价值,都要经过最高法庭的审判的,这最高法庭便是哲学。科学和艺术的争论,也要拿到这最高法庭去审判过。审判的结果,可以分明科学所示的,并不是事物的真相。譬如一块石,科学者把它打得粉碎,分出云母长石来,科学者以为是明示石的真相了,其实石是石,云母长石是云母长石,它们是两件事物,不过有关系的,绝不是长石云母可以说明石的真相的;又如科学者依定理测知水是由汽变成的,水再冷将变冰的,这也不是水的真相,是水的未来和过去的变化或者水的原因结果。原来最高的真理,是在乎晓得物的自身,不在乎晓得它的关系或过去未来或原因结果,所以物的真相,便是事物现在映在吾人心头的状态,便是事物现在给与吾人心中的力和意义。"②丰子恺所说"哲学"上的"真",便是如上述所言质朴性的、原发性的、主客不分的生活或体验的状态。这种状态是带有冲力的、兴发着的、涌现性的,在审美活动中还带有愉悦性这一根本特质。

更为重要的是,丰子恺从时间性视角阐述了艺术之"真"存在的状态,即"不在乎晓得它的关系或过去未来或原因结果,所以物的真相,便是事物现在映在吾人心头的状态,便是事物现在给与吾人心中的力和意义"。显然,这其中的"力"所指的,正是审美主体为审美对象所吸引,全神贯注地具身投入欣赏过程中,且注意力被强有力地牵引、持续。尤其是把这一句话中最为关键的文字——"力"、"意义"、"现在"——放在一起考究,就会发现,艺术之"真"正是一个延续、延伸着的过程或视域,而且这一过程或视域是涌现着的——即"力"其实就是注意力被吸引及其延续的状态。

因而,尽管丰子恺没有把"现在"理解为一个前牵后挂的过程,或者理解为一个生成着的、兴发着的内时间意识过程,这的确是有些遗憾,但是根据上下文来理解,我们还是可以发现其所言艺术之真的存在状态——"现在"正是一个涌现着的审美行为的开展。

所以,丰子恺对艺术之真与科学之真的比较,为其美育思想做了最为根本性的

---

① 丰子恺:《艺术教育的原理》,见《丰子恺文集》,第1卷,第13页,杭州,浙江文艺出版社,1990。
② 丰子恺:《艺术教育的原理》,见《丰子恺文集》,第1卷,第13页,杭州,浙江文艺出版社,1990。

奠基,亦即审美教育活动也必将呈现为涌现着的愉悦状态,且只能如此。

(2)"使心安住在画中"——艺术教育的目的及效果

由科学之真与艺术之真的比较出发,丰子恺一再申述科学与艺术在"时间性"上的根本差异,认为科学把事物的关系指引向因与果,亦即指向过去与未来,因而科学世界中所存在的逻辑关系便是因果关系,也就是因果性的时间性关系;而在艺术作品中,"物"、"事"、"人"却只是一个与现实世界绝缘的状态,与现实世界中的因果相续没有任何关联。"我们想求事物的真相,科学并不把事物的真相来示我们,却把这事物的关系或过去未来或原因结果来示我们。这非但不是向事物的真相走近来,却是把我们从事物的真相上拉远去,把我们拉到别的事物的身上去。这样看来,科学者非但不示物的真相,而且遮蔽物的真相,可以断定一句:科学所示,不是物的真相。然则宇宙的真相是怎么样的呢?依哲学的论究,是'最高的真理,是在晓得事物的自身,便是事物现在映于吾人心头的状态,现在给与吾人心中的力和意义',这便是艺术,便是画。"[①]这里,丰子恺事实上指出了科学活动自身作为一种思维过程或内时间意识过程的特性,这些特性可以从两个方面进行理解。

其一,这里所说的"拉远",指的正是科研活动中科学家必须保持绝对客观、冷静与中立。尽管在科学研究过程中,科学家的情感体验是极为丰富、活跃的,这些情感往往体现为对科学研究的动力、热情、渴望、追求等,但这些情感体验却不能直接渗透到科学研究的对象之中,在对象中也绝无可能体现出科学家的主观情感。这就是所谓的行为与状态的分离。在这里,"行为"所指的是纯粹的科学活动,是在科学活动中的那些对象以及围绕或指向这些对象所进行的纯粹抽象而客观的意识活动;"状态"指在科研活动中所滋生、伴随性的科学家的情感体验。

其二,这里所说的科学活动中的"过去"与"未来",正是科研对象在逻辑上存在的因果链条,因而丰子恺既揭示了科学自身在数理逻辑上的严谨、严密、客观,同时又揭示了科学家在对这样的对象进行研究时,其内时间意识构成上的理性特性,这一特性使得科学家的思维与意识只能跟随科研对象的因果链条亦步亦趋。

艺术作品中的人、事、物则不然,其存在绝不是纯粹客观、中立和冷静的,而只能在读者业已完成或正在进行的欣赏活动中才会存在。而且,这些人、事、物的存在状态正是"事物现在映于吾人心头的状态","现在"绝不是一个空间上呈现绝对匀速运动的一个点,而是一个延伸着的时间视域。当然,这一时间视域自身绝不是一个孤立存在的主体或主体意识,而是主体始终指向对象或主客不能分离的状态。在丰子恺的描述中,这一状态正是一个注意力被艺术作品所吸引,而后注意力持续地得以持存的过程,用他的话说,那就是"力"。

---

① 丰子恺:《艺术教育的原理》,见《丰子恺文集》,第1卷,第14页,杭州,浙江文艺出版社,1990。

丰子恺精微地描述了艺术欣赏过程的兴发或生成：

> 因为艺术是舍过去未来的探求，单吸收一时的状态的，那时候只有这物映在画者的心头，其他的物，一件也不混进来，和世界一切脱离，这事物保住绝缘的(isolation)状态，这人安住(repose)在这事物中；同时又可觉得对于这事物十分满足，便是美的享乐，因为这物与他物脱离关系，纯粹的映在吾人的心头，就生出美来。①

在对艺术作品可以使时间停留在现在的描述中，丰子恺的语言、思路与叔本华思想极为相似。在叔本华看来，艺术可以很完满地承担认识"理念"的重任，而且本色当行，自有其不可替代之处。他认为，自然科学比如数学研究的是那些赤裸裸的形式；在这些形式中，对于作为个体的主体的认识，理念就分化为杂多，因而所研究的就是时间和空间。叔本华总结说："这一切以科学为共同名称的〔学术〕都在根据律的各形态中遵循这个定律前进，而它们的课题始终是现象，是现象的规律与联系和由此发生的关系。"②这表明科学尤其是自然科学的价值在于始终追求最新的成果，而且这一成果就是体现于对新的"关系"——即由"时间"参与其中并造成的"关系"的发现，而且新的发现一定要取代旧的，而科学活动的过程自然也是受到这种价值的推动才是可能的、有意义的。科学活动一刻也不能停留，因为新的现象一定会在新的时间关系中产生。由此，叔本华直接提出了一个问题——即与自然科学无法摆脱"时间"、无法摆脱"关系"相反的维度："然则在考察那不在一切关系中，不依赖一切关系的，这世界唯一真正本质的东西，世界各现象的真正内蕴，考察那不在变化之中因而在任何时候都以同等真实性而被认识的东西，一句话在考察理念，考察自在之物的，也就是意志的直接而恰如其分的客体性时，又是哪一种知识或认识方式呢？"③他的回答非常简捷明确："那就是艺术。"④

既然艺术与科学的区别已在"时间性"维度得到解决，从而更加凸现了艺术活动自身的价值及其状态，那么，在丰子恺看来，审美教育或艺术教育的状态及其本质问题也就迎刃而解了：

> 本了这理论来实施艺术教育的手段，便是要使学生了解艺术的绝缘的方法，譬如，第一要使描写图画的模型，他们不可联想到实用上去，但使描出当时

---

① 丰子恺：《艺术教育的原理》，见《丰子恺文集》，第1卷，第14页，杭州，浙江文艺出版社，1990。
② 叔本华：《作为意志和表象的世界》，石冲白译，第258页，北京，商务印书馆，1982。
③ 叔本华：《作为意志和表象的世界》，石冲白译，第258页，北京，商务印书馆，1982。
④ 叔本华：《作为意志和表象的世界》，石冲白译，第258页，北京，商务印书馆，1982。

瞬间的印象。看画的时候,也要注意使心安住在画中,但赏画的美,决不可问画中的路通哪里,画中的人姓甚,画中的花属何科,否则他们仍旧不算懂得艺术科。而且他们所描的画,所看的画,都值得一幅历史地理博物的插图,变了科学的一部分,还有什么艺术的价值呢?这个话似乎欲望太奢,又似太近理想,其实我仔细想来,非这样办法,不能满足地奏艺术教育的效果的。①

因而,丰子恺认为,轻视艺术教育,尤其是拿实用的科学来代替艺术,用科学教育来代替艺术教育,势必引发教育的危机、人格成长的危机与中国社会前途的危机。

进一步,丰子恺还把艺术活动中的"美"与"真"作了统一性的论述,即艺术作品中的"真"的存在状态是"美"的,而且这里的"美"也绝不只是一种含混的、情感上的诗意表达与抒写。"美"所指的是作为一个完整的统一体存在的审美活动自身,其最根本的构成是主客不分,且其最为源始的存在状态是兴发着、涌动着、如丰子恺所言充满"力"的过程,他还把这种"真"的涌现着、兴发着的存在状况的保存,称为"哲学论究的最高点"②:

> 科学所示不是真相,艺术所示,确是真相,又生出一个美字来,因此我们就分了知的和美的两个世界。科学和艺术非但不相附属,而且是各一世界的,有关系的是知的世界,绝缘的是美的世界,所以我们看一幅风景画的时候,完全的灌注精神在这画中,并不想起画以外的东西,画的镜框,简直是把人世隔绝的东西,我们但在画里鉴赏它的美,并不问画中的山路通哪处,画中的农夫是怎样的人,画中的山的背面有否住人,更不想这画的材料怎么样,值多少钱了。又我们作画时,眼前的风景,我们但感得它的形状、调子、色彩和表情,决不想到这地方是属何省何县的,这山有什么出产等关系的事体的,因为我们看画作画时,已迁居到另一个世界——美的世界——上去,这世界和别的世界完全断绝交通的。③

其中,丰子恺所提到的艺术欣赏过程中的"灌注精神",正是一个审美主体注意力被强有力地吸引的状态,而艺术作品中的"真"的呈现状态正在其中或正是如此。在此,丰子恺还专门列出九条有关艺术与科学的差异,即"(1)科学是连带关系的,艺术是绝缘的;(2)科学是分析的,艺术是理解的;(3)科学所论的是事物的要素,艺术所论的是事物的意义;(4)科学是创造规则的,艺术是探求价值的;(5)科学是说明

---

① 丰子恺:《艺术教育的原理》,见《丰子恺文集》,第1卷,第14页,杭州,浙江文艺出版社,1990。
② 丰子恺:《艺术教育的原理》,见《丰子恺文集》,第1卷,第15页,杭州,浙江文艺出版社,1990。
③ 丰子恺:《艺术教育的原理》,见《丰子恺文集》,第1卷,第15页,杭州,浙江文艺出版社,1990。

的,艺术是鉴赏的;(6)科学是知的,艺术是美的;(7)科学是研究手段的,艺术是研究价值的;(8)科学是实用的,艺术是享乐的;(9)科学是奋斗的,艺术是慰乐的"。①

通过上述透辟的论述,丰子恺认为,艺术与科学是人生修养中两个不可或缺的方面,如果仅仅把艺术看作科学的辅助品,在教育上就会造成重大的缺陷,"学生的精神上,缺少了一项艺术的享乐的和安慰的供给,简直可说变成了不完全的残废人,不可称为真正的完全的人。因为这种艺术的安慰,实际上可以不绝地使我们增加做事上的努力。譬如图画、唱歌、游戏,不明白艺术教育的人都以为是模仿小孩子的嬉戏罢了,没有多大的价值,除了这种功课,使他们专心攻究正课,看来好像得益的,其实损失多了。"②将这些思想与丰子恺对艺术功用的论述相联系,就可以发现其艺术教育、审美教育思想的完整性与系统性,即艺术教育之所以必须与必要,正是因为艺术是人生不可或缺的慰安,艺术作品中的"真"在存在状态上是涌现着的、时间性的,通过艺术作品可以直接把握住事物之真,而且养成和谐的、开豁的人格。

2. 美育与生态主义、环境伦理

就丰子恺美育思想所论及的审美对象来看,它首先主要是针对艺术作品的,其次是针对日用品的。但是,就其美育思想内涵来看,其意欲通过审美教育所形成的审美能力、审美价值观,却不仅限于以上两个领域,而是涉及对人自身的审美、人与人之间的审美、人对自然物的审美、人对空间环境的审美等领域。就审美对象所存在的领域而言,丰子恺论述所及的对象是极为全面、完备的,其中最值得关注的,就是通过审美教育形成爱美之心、爱美之力,并进而体现在爱护、同情与呵护美的事物的行为上。可见,这已经远远超出了艺术品与日用品的范围。

丰子恺在论及审美"同情心"时说:

> 一片银世界似的雪地,顽童给他浇上一道小便,是艺术教育上的问题。一朵鲜嫩的野花,顽童无端给它拔起抛弃,也是艺术教育上的大问题。一只翩翩然的蜻蜓,顽童无端给它捉住,撕去翼膀,又是艺术教育上的一大问题。我们所惜的,不是雪地本身,不是野花本身,不是蜻蜓本身,而是动手毁坏或残杀的人的"心"。雪总是要溶化的,花总是要零落的,蜻蜓总是要死亡的,有什么可惜呢?所可惜者,见美景而忍心无端破坏,见同类之生物而忍心无端虐杀,是为"不仁",即非艺术的。③

---

① 丰子恺:《艺术教育的原理》,见《丰子恺文集》,第1卷,第15-16页,杭州,浙江文艺出版社,1990。
② 丰子恺:《艺术教育的原理》,见《丰子恺文集》,第1卷,第16页,杭州,浙江文艺出版社,1990。
③ 丰子恺:《桂林艺术讲话之一》,见《丰子恺文集》,第4卷,第15页,杭州,浙江文艺出版社,1990。

这段话中所凸显的,既包括对自然界美好事物的爱,对自然环境的爱,也包括对生命、动物爱护、呵护的生态保护的热心;既包含了生态伦理与环境伦理,也包含了对世界之美的整体性关爱。所以,丰子恺的这一思想远远超出了纯粹的艺术作品的教育与日用品的美育,而直接进入到更为深远、利害感更强的生态伦理与生态美学领域。让一片银世界的雪地、一朵鲜嫩的野花、一只翩翩然的蜻蜓等自然而然地存在,而不去破坏、掠夺、断送,这既是在生态伦理上对环境与自然的保护,更是一种对待环境与自然的积极生态美学主义。而这些教养与素质的达成,则必须经由教育、审美教育或者生态审美教育、环境审美教育。

因此,在很大程度上,丰子恺只是在术语上使用了"艺术教育",而没有更多使用"审美教育"或更为细化、具体化的"环境教育",但其真正用心与具体内涵,就是他所言的"艺术教育"一词,只是在论及纯粹的艺术作品如文学、书法、音乐、雕塑时才是狭义的、在美学知识系统中约定俗成的"艺术教育",而在论及日用品、人及自然物、自然环境时,"艺术教育"就已然是一个宽泛、广义的术语了。因而,绝不能把丰子恺论及日用品、人自身、自然物或者自然环境之时的美学思想或者美育思想,笼统地称为"艺术思想"或"艺术教育"。换言之,在论及上述对象时,都要把"艺术"置换为人、自然、自然物或自然环境。

这种"同情心"在"艺术家"身上的体现,正是所有人都应有的一种对待自然与人的情怀。丰子恺指出:"画家所见的方面,是形式的方面,不是实用的方面。换言之,是美的世界,不是真善的世界。美的世界中的价值标准与真善的世界中全然不同。我们仅就事物的形状色彩姿态而欣赏,更不顾问其实用方面的价值了。所以一枝枯木,一块怪石,在实用上全无价值,而在中国画家是很好的题材。无名的野花,在诗人的眼中异常美丽。故艺术家所见的世界,可说是一视同仁的世界,平等的世界。艺术家的心,对于世间一切事物都给以热诚的同情。"①

他更把这种"同情心"由人拓展至一切生物及无生物,"艺术家的同情心,不但及于同类的人物而已,又普遍地及于一切生物无生物,犬马花草,在美的世界中均是有灵魂而能泣能笑的活物了……我们的心要能与朝阳的光芒一同放射,方能描写朝阳;能与海波的曲线一同跳舞,方能描写海波。这正是'物我一体'的境涯,万物皆备于艺术家的心中"②。

这种"同情心",又被丰子恺称为"众生心"。这种尊重自然、尊重他人、顺应自然、爱护环境、合乎生命的个性,正是一种人格的修养,是需要通过审美教育来养成的修养功夫。如果修养功夫不够,就会做出像丰子恺所抨击的恶行来,"公园的游客

---

① 丰子恺:《美与同情》,见《丰子恺文集》,第2卷,第582页,杭州,浙江文艺出版社,1990。
② 丰子恺:《美与同情》,见《丰子恺文集》,第2卷,第582-583页,杭州,浙江文艺出版社,1990。

中,有许多人要攀花折柳,有许多人要殃及池鱼,有许多人要践踏草地,还有许多人要无心或有心地毁坏公园中的设备……又曾屡屡看见悠然地站在'禁止小便'的大字下面放小便的人。对于这种人,即使一连挂了十张'禁止'的标札,也无效用,即使把'禁止'两字写得同'酱园'或'当'一样大,也不相干"①。这些恶行既然不容易通过外在的规则、条令而禁止,丰子恺的建议便是通过引发民众的"同情心",来激发他们对环境、人、众生与自然物的爱惜、呵护,亦即经由内在的情感教育,使民众获得主动性的"同情心",而这"同情心"既是道德伦理的,同时又是审美的。

  要警告游人勿折花木,用勿着模仿军政法政,板起脸孔来喊"禁止"。不妨描一张美丽的漫画,画中表示一双手正在攀折一朵花,而花心里伸出一个人头来,向着观者颦蹙哀号,痛哭流涕。这不但比"禁止"好看,据我想来实比禁止有效得多。花木虽然不能言语,但它们的具有生机,人类可以迁想而知。有一种花被折断了创口中立刻流出一种白色的滋水来,叶儿立刻软疲下来。看了这光景,谁也觉得凄惨。因为这种滋水可以使人联想到血,这种叶儿可以使人联想到肢体。那幅漫画所表现出来的,便是这种凄惨的光景。向人的内心里要求同情,自比强横的禁止有效得多。②

  当然,这种养育"同情心"的实际效用到底如何,丰子恺对此有着理智、冷静的认识,以为很多人看到这些艺术品也未必就会受到教育,未必会有"同情心",不过这也正说明审美教育与其他教育形态一样,既要有积极教育的准备与实施,也要看具体的机缘。

(三)日用品审美设计的美育思想

  丰子恺对日用品的审美设计极为关切,同时把这一关切延伸到审美教育及国民的日用品使用美感素质的培养上。在美学思想上,可以把丰子恺的这些探究归于人生的美学或人生的艺术化。可以发现,丰子恺的"人生艺术化"、"艺术的人生"、"人生的艺术"③等提法绝不是一种含混的、比喻化的或纯粹文学化的语言,而是仅仅指日用品的美化以及由使用美化的日用品所形成的趣味,并且这种趣味是可以被提高的。这正是丰子恺关于日用品的美学论述在美育思想上的合一或完全并轨。

---

① 丰子恺:《禁止攀折》,见《丰子恺文集》,第3卷,第309页,杭州,浙江文艺出版社,1990。
② 丰子恺:《禁止攀折》,见《丰子恺文集》,第3卷,第310页,杭州,浙江文艺出版社,1990。
③ 丰子恺:《艺术与人生》,见《丰子恺文集》,第4卷,第400页,杭州,浙江文艺出版社,1990。

在中国近现代以来的美育思想中,既重视艺术教育,倡导艺术作品或艺术欣赏活动的超功利、无关利害特性,以此拉开与功利世界的距离并安慰人生苦闷,同时又关注日用品审美设计,并提高国人在日常生活中使用日用品的素质,这样的美育思想家非丰子恺莫属。大多数美学家、美育理论家往往只是极端重视纯粹的艺术教育,其侧重的对象是纯粹的艺术作品,因而把审美教育活动范围缩减为艺术教育,而且也只是更多地强调由艺术作品的超功利性、无利害感等滋生的精神层面的愉悦,而没有均衡地关注和重视"造物"的美学——对日用品的审美设计。如果说,纯粹的艺术作品大多使用"符号"进行创作,其特性不可避免地与视觉、听觉相牵连,且必定超乎功利与利害,那么,日用品则纯粹是为了实用与功利目的,其所使用的媒介虽也包含有"符号性"因素,但这些"符号性"因素只能附着在第一度真实的"物"之上。

1. "灵肉一致的快适":日用品与人生趣味

丰子恺对日用品审美设计的关注丝毫不亚于对艺术品的重视,而且其论述同样是极为精彩的。在根本上,他把日用品之"实用"与"美感"完全结合起来,把人类对美好的日用品的需要看作生活与人生的必需。"人类自从发见了'美'的一种东西以来,就对于事物要求适于'实用',同时又必要求有'趣味'了。讲究实质以外,又要讲究形式。所以用面包与肉来果腹,同时又要它们包成圆形而有花样的馒头;用棉来蔽体,同时又要制成有格式的衣服;要场所来栖宿,同时又要造成有式样的房屋。"[①]人对"衣"、"食"、"居"的美化是出自天然与本能。

当然,在很多情况下,丰子恺还没有完全把日用品作为一个独立的审美对象与领域。如他往往只是把日用品作为艺术中地位最低的一种,"工艺,是实用为主的一种艺术。例如文具,茶壶茶杯,桌子凳子等一切日用器什,都是工艺美术。这种艺术,是在合实用之外,又必求其美观。因为实用的条件太苛刻,美术家不能自由发挥其创作欲,故与照相同样,在艺术中为地位最低的一种"[②]。"工艺美术,如器具,纺织,日用品之类的制造,属于工业的;但其形式的美,是属于艺术的。故工艺与建筑同为羁绊艺术或应用艺术。这两种艺术,都受实用条件的拘束。所以在艺术的园中,这二境位在大门口最浅显的地方。"[③]在此更把"实用艺术"或"应用艺术"称作"羁绊艺术",略有拔高纯粹艺术品而轻视日用品之意。不过,就总的论述与思想来看,丰子恺还是鲜明地指出了纯粹艺术品与日用品之间的区别与联系,他事实上也是把日用品作为一个独立的审美对象来看待的。

在丰子恺看来,美感的发达,尤其是社会美感的发达,同样且合理地体现在日用

---

① 丰子恺:《工艺实用品与美感》,见《丰子恺文集》,第1卷,第53页,杭州,浙江文艺出版社,1990。
② 丰子恺:《艺术修养基础》,见《丰子恺文集》,第4卷,第82—83页,杭州,浙江文艺出版社,1990。
③ 丰子恺:《艺术的园地》,见《丰子恺文集》,第4卷,第353页,杭州,浙江文艺出版社,1990。

品审美设计的程度上,"在美欲发达的社会里,装潢术,图案术,广告术等,必同其他关于实用的方面的工技一样注重。在人们的心理上,'趣味'也必成了一种必要不可缺的要求。从饮食上,也可证明这是事实:据实验过的人说,方糖比白糖不甜,在糖中,要算焦黄而夹杂草叶的次白糖最甜。但我们看见方糖先自整整地陈列在盆子内,自己用瓢舀起来,放下去,看它像白衣人跳在黑海里地没入咖啡中,自己调匀来吃,滋味比放次白糖一定好得多。其实用的'甜'原来一样,也许不及一点,但感觉的趣味是好得多了。丁香萝卜其实并不好吃,但切成片子,橙黄而圆圆地浮在第一盆菜的汤中,滋味自然好起来。巧格力有了五色而有光的锡包纸,滋味也好一点。苹果的滋味,是暗中借重于其深红嫩绿的外皮的。荔枝的滋味,也是暗中借重于其玉洁冰清的肉色的"①。丰子恺对于饮食中设计之美的精彩描述,极为传神地证明了造物美学的价值,那就是满足日常生活中频繁的衣食住行所需。而且,就丰子恺列举的饮食之例来看,对于日用品的审美完全不像对艺术品的欣赏那样——只是使用视觉与听觉,其涉及的官能更为丰富多样,而到底有多少感官参与其中,则取决于某一日用品在"物"上的构成因素、特性或者层次,如对于"巧格力"的使用就同时与视觉、味觉、触觉相关联。即如丰子恺所说:"用具是给人用的,故用具的形式必须适合人体;换言之,即工艺品的形式必须写实。"②"适合人体"正是日用品使用时带来的"舒服"感受,这种舒服感的来源正如丰子恺所说,是灵肉不分的,完全不像对纯粹艺术作品的欣赏。丰子恺以"椅子"与"衣服"作为案例来说明对日用品的审美或使用,在感官上必然超出视觉与听觉,"衣服是身体穿的,椅子是身体坐的。故越是适合身体,就是越适合于目的及用途,就是越美。故西洋工艺实在比中国工艺更美观"③。可见,日用品与人的身体感受尤其与多感官的感受是密切联系的。

为了身体感受的舒适,丰子恺还对"椅子"的案例进行了更为详细的评说,认为日用品虽然首先要满足身体的愉悦与舒适,但又不能拘泥于完全"适体",不能机械地把身体理解为一个僵化不动的骨骼,而要从身体的活动出发来理解设计的真谛,否则"椅子"就会从"工具"变成"刑具":

> 中国家具不适体,所以不好;西洋家具很适体,所以好。中国人悟到这一点后,就拼命地求其"适体"。于是在椅子的坐板上,雕出屁股的阴模型来。这些椅子,到处都有。有的地方,堂皇的讲坛上,会议室里,也都陈列着许多屁股的模型。而且这屁股的阴模型的中间,还凸起一条,把两只大腿隔开。这样子真

---

① 丰子恺:《工艺实用品与美感》,见《丰子恺文集》,第1卷,第53-54页,杭州,浙江文艺出版社,1990。
② 丰子恺:《东西洋的工艺》,见《丰子恺文集》,第4卷,第373页,杭州,浙江文艺出版社,1990。
③ 丰子恺:《东西洋的工艺》,见《丰子恺文集》,第4卷,第373页,杭州,浙江文艺出版社,1990。

讨厌！我每次看到，必吃一惊。因为这好似一种刑具。创造这种椅子的人真笨！人坐椅子，是要转动的。不比菩萨坐庙堂，一直呆坐到底的。你把人的屁股的形状刻在坐板上，教他的身体如何转动呢？即使不转动，他的腿也不是一直并放到底的；有时要架起来（交腿，在古代为不敬，应该戒除。但我以为未免道学臭。燕居之时，两条腿架起来，舒服些，有何不可呢？），架起来的时候，底下的腿就搁在凸起的木条上，多少难过呢？故即使不讲形式的美不美，样子的讨厌不讨厌，单就实用而言，这椅子也不及格。这创造者定是笨伯，购买而受用的人，倘是出于真心欢喜的，也一定是笨伯之流亚了。①

中国有着悠久的、辉煌的重视日用品审美设计的历史传统，丰子恺对其中一个案例——"扇子"——进行了精细的分析：

> 在中国画中，扇面占据特殊的地位。书画家的润例中，大都备有"扇面"一格，而且有的润笔特别贵；裱画店的壁上，常常粘着扇面裱成的画轴，这种画轴在厅堂书房的装饰中被视为特别雅致的一种。这足证在过去的中国，绘画艺术特别发达，不但堂室中处处挂画，连夏日的实用品的扇子都被划作画家的用武之地；因此把这实用品"艺术化"，使成为一种脱离实用而独立的艺术，一种"为扇面的扇面"。又足证在过去的中国，人的生活特别悠闲，不但有工夫摇扇，又必摇描着绘画的扇，以求身体与精神两方的慰安，灵肉一致的快适。②

这里所说的"身体与精神的慰安"以及"灵肉一致的快适"，指的正是对日用品的审美已远远超出对纯粹艺术作品进行欣赏的精神性层面，其所需的感觉、感官与身体有着更为复杂和多层次的关系，如扇子的使用要首先考虑到手的人体工程学，考虑到性别差异、人种差异，甚至职业、气质的不同等等。而且，对于人来说，日用品的需求强度与使用频率更强、更高，没有日用品的合理使用，一个人的日常生活就会受到影响；日用品没有经过精致的、精心的审美设计，也同样会影响人在日常生活中的情绪与感受。因而，如果人们在日常生活中经常使用精致、优美的日用品，其生活就必定是美好的，这正是"人生艺术化"的真谛与具体内涵，也是丰子恺在日用品审美设计思想上的理想。正如他所说的："这可说是'为人生的椅子'了！但是我情愿站着，不要坐这把椅子。世间爱用这种椅子的人恐怕极少吧。可知为衣服的衣服，为人生的衣服，都不是好衣服；为椅子的椅子，为人生的椅子，也不是好椅子"，"我们不

---

① 丰子恺：《东西洋的工艺》，见《丰子恺文集》，第4卷，第375页，杭州，浙江文艺出版社，1990。
② 丰子恺：《扇子的艺术》，见《丰子恺文集》，第3卷，第326页，杭州，浙江文艺出版社，1990。

欢迎'为艺术的艺术',也不欢迎'为人生的艺术'。我们要求'艺术的人生'与'人生的艺术'"①。

在对英国诗人、西方艺术设计理论先驱莫里斯所做的评价中,丰子恺明白无误地阐明了"人生的艺术"的真正内涵,就是对美好的日用品的使用。"英国工艺美术革命者莫理史〔莫里斯〕(William Morris)曾以提倡'生活的艺术化'著名于世。他同王尔德一样,叹息世间大多数的人只是'生存'而已,极少有个'生活'的人。他同卡本德〔卡彭特〕一样,主张生活是一种艺术。但他的主要事业是改良工艺美术品。因此他的所谓'艺术化',偏重了外生活的方面,尤其是日用器物等的形式方面。他说生活的美化,并非奢侈的意想,只要合乎两个条件:即'单纯'与'坚牢'。故美的器物,就是单纯而坚牢的器物。这话实在很对!现今我国大多数的人,大家把'艺术的'及'美的'等字误解,曲解,认为奢侈,浮靡,时髦,甚至香艳的意思。这种人真可谓'不知趣'。"②

莫里斯曾不堪忍受当时英国人所设计的产品之粗陋,意欲施行艺术与手工艺运动,并且身体力行,力图改变其国人使用日用品的品位,也相应提高审美设计的水准。而莫里斯所倡导的"艺术与手工艺运动"既是一个审美设计思想史事件,同时又是一个对民众进行社会审美教育的经典案例。丰子恺认为,"英国有莫理史者,提倡艺术教育而致力于日用品之美化。与诗人画家洛赛蒂〔罗赛蒂〕等合组'美术商社',改良各种家具用品之缺点,创造全新的样式,由此诱导民众爱美之趣味。可谓艺术教育之社会化"③。

2. 日用品之优劣与审美教育

就审美主体所需对象来看,可以划分为四大方面:其一是纯粹的艺术品,其二是日用品,其三是自然环境的美,其四是人与人之间的审美生活。其中,纯粹的艺术品指文学、音乐、舞蹈、电影、书法、绘画、雕塑、戏剧等在一般意义上被称为艺术的门类,其实用性最弱,超越性或非功利性最强,符号性最强,这意味着艺术作为意义与价值的寻求对象在时间性上的体现是——人只是在特定的时间与空间才需要艺术品,仅限于一时一隅,且常常只与视觉与听觉相关联。日用品的功利性与实用性较强,"日用"一词本身就意味着在人的一生中的每一天、每一时段以及任何空间的活动都与日用品须臾不可分,大到城市设计、环境营造等,小至衣饰、鞋袜、桌椅、碗筷等,离开了它们,人类就无法正常地生存、生活。而且,日用品除了与视觉、听觉关系密切之外,还与具体使用这些日用品的身体的感官相关联。自然环境的美好是功利

---

① 丰子恺:《艺术与人生》,见《丰子恺文集》,第4卷,第400页,杭州,浙江文艺出版社,1990。
② 丰子恺:《房间艺术》,见《丰子恺文集》,第5卷,第523页,杭州,浙江文艺出版社,1992。
③ 丰子恺:《近世艺术教育运动》,见《丰子恺文集》,第4卷,第55页,杭州,浙江文艺出版社,1990。

性最强的,甚至可以说是绝对地强大,因为人作为一个生命体,不能须臾离开由空气、水分、森林等所构成的空间环境,如果空气污浊、水被污染、泥沙弥漫,那就直接对人的生存造成了严重影响。人对良好环境的需要在时间性上的体现是贯穿人的一生,从来也不可能中断或有什么片刻的闪失,在空间环境中的美感自然与身体的感受与需求密不可分。人与人之间的审美生活的功利性仅次于对自然环境的需要,但其交互主体性最强,这在集团性的活动中体现得极为显著。

因而,就丰子恺的论述来看,其所强调的日用品审美设计,正是"人生艺术化"或"实用品的美术化"的具体呈现。这样的论述是极为精到与精细的,而不是笼统、含混地说"人生"被"艺术化"了。他说:"这种扇中所有的'美术品的实用性'与'实用品的美术化',却不限定于扇。纯粹的独立的美术,固然具有高贵的艺术价值;可是在生活烦忙的现世,只限于少数人能够领略欣赏。倘要使美术这种香味普遍于人类,提倡纯正美术没用,只有提倡实用美术或有希望。提倡之法,就是使美术品具有实用性,使实用品美术化。这仿佛在家常便菜上撒几点味精,凡有口的人,大家感觉快美。"①

在1926年所撰的《工艺实用品与美感》一文中,丰子恺列举了四件自己极不满意的工艺品:"1.我在永安公司楼上看见过一种象牙雕的裸体女子,大概雕的人不是像外国雕刻家习过人体木炭写生,研究过艺用解剖学的,故雕得很难看:只是把乳房,腹部,臀部作得肥胖胖;姿势的权衡,身体各部的尺寸,筋肉凹凸的表现,全然乖误,狞恶而没有人相,看了不但要'作三日呕',而且怕得很。2.我在无锡——以产泥人形著名的无锡——看见过泥做的叫花子,鸦片鬼,做的非常逼真。蓬蓬的发,青面獠牙的脸,伛偻的腰,使人见了毛骨悚然,不敢逼近去看。3.看了觉得很好的景泰窑的质料,为什么要这样无聊地像乡下姑娘绣鞋地、抄美孚牌煤油箱上的字母来做装饰?真是可惜得很!4.我又在上海的大银楼里看见过银制的黄包车,轿子,船,洋房,纤细得很,周到得很。工夫一定很费,卖给惊叹其细巧而贪爱其为银的太太们,也一定很值钱。所惜不过是一味的徒然的纤巧,大体全然不玲珑,人物尤其无神气。"②他认为,这些物品不仅不能给人以美感,而且会让人觉得乏味和反感:"考察上述四种东西的制造者、购买者的心理,可知象牙裸女是模仿西洋的皮毛,或是取其色情。叫花子与鸦片鬼由于丑恶的、残忍的好奇心。洋字的瓶与匣是幼稚的恶俗的趣味。银黄包车出于盲目的弄富的心理。在我们所日常接触的工艺品,实用品中,这类的东西还有不少,又大概是出于这一类的心理的。这种心理,明明是全然与'美

---

① 丰子恺:《扇子的艺术》,见《丰子恺文集》,第3卷,第329页,杭州,浙江文艺出版社,1990。
② 丰子恺:《工艺实用品与美感》,见《丰子恺文集》,第1卷,第52—53页,杭州,浙江文艺出版社,1990。

感'无关系的。"①对这些日用品的使用,往往能够直接决定一个人乃至一个民族的生活方式、生活风格的高下。丰子恺对日本现代审美设计情有独钟,而且喜欢购买来自日本的物品,并与国人的日用品设计进行对比,认为"日本的一切东西普遍地具有一种风味;在其装潢形式之中暗示着一种精神。这风味与精神虽然原是日本风味与日本精神,无论是小气,是浮薄,总有一个系统,可以安顿我的精神。回顾向来用惯的我国的物品,有一部分是西洋的产物,一部分是东洋的产物,又有一部分是外国人迎合中国人心理而为中国人特制的,又有一部分是中国人模仿外国的皮毛而自制的,还有一部分是中国旧有而沿用至今的东西,混合而成。混合并非一定不好。混合中也许可以寻出多方的趣味。可惜我们的只是'混乱',是迎合,模仿,卑劣,和守旧的混乱的状态,象征着愚昧,顽固等种种心理"②。

就此,丰子恺认为,亟须提高与强化日用品审美设计的教育以及使用日用品趣味、能力的教育。"不良的工艺品,实用品,逐日的产出,大批的销行,可见一定是有人欢喜而购买的。这原是国民美育程度的根本问题,但从工艺品促进改良上促进国民的美育,以工艺品改良为艺术教育的一端,也是可能的事"③。"由于现今我国艺术文化不发达,展览会稀少,音乐会尤罕,工艺品恶化,一般美育废弛,社会人们不得认识艺术对于人生的切实的效果,遂轻视艺术研究"④。显然,对于丰子恺来说,日用品审美设计的发达,源自审美教育尤其是普通国民审美教育的发达,而日用品审美设计的缺憾,则是审美设计教育尤其是国民审美设计教育上的失败。

3. 日用品美育的机制

丰子恺对于世界现代审美设计思潮的把握,充满了深厚的历史感。人类进入大机器时代之后,随着社会分工不断细化,劳动生产率不断提高,越来越丰富的物质产品被生产出来,但随之而来的问题却是——由机器生产出来的产品很可能是粗糙而丑陋不堪的。德国包豪斯学校的兴起为德国的产品设计带来了重大提升,如丰子恺所说,英国之所以重视艺术教育,向德国的艺术教育尤其是设计艺术教育学习,原因就在这里。丰子恺对当时我国日用品的设计与生产状况极为失望,"起码货之工艺品,则可怜而不可笑。彼等'救死而恐不赡',奚暇治美术哉。故其衣但求蔽体,其器但求不漏,其屋但求蔽风雨,其床但求不倒。初民尚在石刀柄上雕花,苗瑶尚知文身求美,吾国穷民之家,竟绝无美之踪迹,言之可痛"⑤。生活空间中充斥着这般龌龊、

---

① 丰子恺:《工艺实用品与美感》,见《丰子恺文集》,第1卷,第53页,杭州,浙江文艺出版社,1990。
② 丰子恺:《工艺实用品与美感》,见《丰子恺文集》,第1卷,第54页,杭州,浙江文艺出版社,1990。
③ 丰子恺:《工艺实用品与美感》,见《丰子恺文集》,第1卷,第62页,杭州,浙江文艺出版社,1990。
④ 丰子恺:《为中学生谈艺术科学习法》,见《丰子恺文集》,第3卷,第25页,杭州,浙江文艺出版社,1990。
⑤ 丰子恺:《工艺术》,见《丰子恺文集》,第4卷,第52页,杭州,浙江文艺出版社,1990。

粗糙、粗鄙的日用品,生活的乐趣从何谈起?即便是居住在这样居室的人能够欣赏《红楼梦》与莫扎特的小夜曲,但在整体上,生活的趣味与风格又显得何等驳杂可笑?

所以,日用品既首先要满足功利性的需要,又要美观、悦目怡神,并进而成为生活中的一种乐趣或趣味,那么经过了审美设计的日用品在其被使用的过程中,就自然会对使用者产生提高、教育的作用。对于这一点,丰子恺尤为关切,强调"日用品之美化,其效果等于寺院建筑与大壁画之效果。故艺术教育有统一社会思想之力"①。

就西方审美设计思想史的典型现象而言,丰子恺关注较多的是英国诗人、思想家莫里斯:"英国艺术教育者莫理史谓提倡艺术教育,须从改良工艺美术入手。曾在伦敦创办制造厂,大事宣传。英国民间生活,至今受其惠赐,此实为社会的艺术教育之急务。"②在这里,丰子恺重点突出了莫里斯审美设计思想在审美教育活动上的价值与意味。这的确抓住了审美设计教育与艺术教育之间的区别。因为日用品在日常生活使用中的迫切性、功利性、频繁性远远超出纯粹艺术作品,而这也才是生活的常态。所以,审美教育活动既要在艺术教育、日用品的审美设计教育上齐头并进,又要看到日用品在使用上的这一特性,或许可以优先进行审美设计教育,从日常生活所必需的日用品入手,因为这样做能够更直接、迅捷地提高审美主体的素质。

关于莫里斯所提倡的"艺术与手工艺运动"之于审美教育的意义,丰子恺认为:"英国十九世纪艺术教育者莫理史说,民众的艺术趣味的高下,与工艺美术的美丑大有关系。故欲提倡艺术教育,首先要改良工艺美术。他自己开一爿卖家具器什美术品的商店,叫作'莫理史公司'。所发卖的工艺品,都很讲究美观。英国人至今还受着他的惠赐。"③

如前所述,一个人只是在特定的时空中才需要纯粹的艺术作品,而对日用品的需要却不限于一时一隅,所谓"日用"正是在"时间"上指明了日用品的根本特性所在——每天都要使用、每天都要重复进行、每天的使用都是自始至终的。从丰子恺对日用品的美育作用所做的形象而生动的描述来看,他正深刻体察了日用品的这一特性:"因工艺品广行于世间,其形色之美丑,及于人目之影响甚大。故吾人一切感觉,皆可由眼翻译为视觉。故形式之美丑,可影响于全部身心。仁者乐山,智者乐水,即环境形式影响人心之一证况。工艺什用之品,旦暮于前,其潜移默化之力,当更大也。礼堂使人肃然,使人整襟,洞房使人促膝(旅馆老板利用此力以招徕顾客),实例不可胜举也。"④从其所言"旦暮"等来看,所揭示的既是日用品在审美活动

---

① 丰子恺:《近世艺术教育运动》,见《丰子恺文集》,第4卷,第55页,杭州,浙江文艺出版社,1990。
② 丰子恺:《工艺术》,见《丰子恺文集》,第4卷,第51页,杭州,浙江文艺出版社,1990。
③ 丰子恺:《艺术修养基础》,见《丰子恺文集》,第4卷,第83页,杭州,浙江文艺出版社,1990。
④ 丰子恺:《工艺术》,见《丰子恺文集》,第4卷,第51页,杭州,浙江文艺出版社,1990。

上的特性,同时也是日用品所起到的审美教育作用的基本机制——那就是在"时间性"上迫切、悠长与频繁。

如果不重视日用品的审美设计及其使用中的优劣状况,就会产生如丰子恺所惯常或反复描述的不良后果:"但请看今日之民间工艺日用之品,形式如何?据吾所见,计有三种:一种富人所用者,质贵而形丑。一种穷人所用者,但求实用,不顾形式,所谓起码货是也。又一种中人所用者,则任工厂发落。莫理史所从事改良者也。"① 就丰子恺对艺术品及日用品的态度来看,其观念与视野是极为高远、宽广的。审美设计上的缺憾不仅仅会导致生活风格的丧失,而且也会导致美感的丧失——这在根本上是一个教育问题,也就是民众的审美素养会下降与丧失。"看见物象本身有什么好处呢?浅而言之,大家能够看见物象的本身,世间的工艺美术一定会大大地进步起来。只因多数人只讲实用,茶杯但求盛茶不漏就好,椅子只要是红木的便贵,对于形式的美恶全不讲究。于是社会上就有许多恶劣的工艺品流行,破坏人生的美感。常见好好的瓷器,只因样子塑得不好,花纹描得难看,而给人恶劣的印象。好好的木器,只因形式造得不好,漆饰涂得难看,而引人不快的感觉。都是为了多数人看不见物象的本身,因而工业者忽略美术的研究所致。进而言之,吾人对物象能看其本身的姿态,眼前的世界便多美景,我的心便多慰乐。所谓'美的世界'并非另有一个世界,便是看物象本身时所见的世界。"②

因此,要对普通国民进行美育,要把艺术教育普及于民间,就要特别关注日用品的审美设计及其使用。"欲求艺术教育之普及于民间,第一须请艺术进工厂,改良工艺品,使合实用而又美观,方有美化人生之望。专门艺术家往往不屑为此,或不能为此。故吾国今日,不要求增加专门艺术家,而要求增加理解美与人生之业余艺术爱好者,以其立于艺术家与民众之间,便于宣传也。"③

(刘彦顺)

---

① 丰子恺:《工艺术》,见《丰子恺文集》,第4卷,第52页,杭州,浙江文艺出版社,1990。
② 丰子恺:《艺术修养基础》,见《丰子恺文集》,第4卷,第74页,杭州,浙江文艺出版社,1990。
③ 丰子恺:《工艺术》,见《丰子恺文集》,第4卷,第52页,杭州,浙江文艺出版社,1990。

八　艺术之内与艺术之外
——冯友兰与20世纪中国美学

冯友兰(1895—1990)在哲学本体论、认识论、伦理学、美学和中国哲学史等方面都取得了十分重要的研究成果。尽管他没有专门的美学著作，但在《心理学》、《新原人》、《新知言》以及《中国哲学史》等著作中，蕴含着大量美学论述和深刻的美学思想。

从20世纪30年代起，冯友兰开始构建其哲学体系。1938年至1946年，他陆续发表《新理学》、《新事论》、《新世训》、《新原人》、《新原道》、《新知言》，统称"贞元六书"。冯友兰也将自己的哲学体系称之为"新理学"①，这是中国现代哲学史上最有现代意味和创新精神的哲学体系之一，在把中国传统儒家思想纳入现代世界哲学话语中起了开创性的作用。② 这个哲学体系涉及本体论、认识论、伦理学、宗教学、历史哲学、政治哲学、文化哲学、美学等哲学分支学科，其中蕴含着许多深刻的思想。近年来对冯友兰哲学思想的研究，多局限在其本体论和认识论即狭义的哲学上，其他哲学分支学科的思想没有得到应有的重视。之所以造成这种局面，主要是因为哲学分支学科的划分造成了不必要的壁垒，冯友兰被定位为狭义的哲学家而非美学家、伦理学家，他在本体论、认识论和哲学史方面的思想遮蔽了美学、伦理学、宗教哲学等方面的思想。

不可否认，冯友兰的美学思想从属于他的哲学思想，构成其哲学体系一部分。

---

① 不加书名号的新理学，指的是冯友兰在20世纪40年代建立起来的整个哲学体系，不仅局限于《新理学》这一本书。冯友兰说："新理学这个名字，在我用起来，有两个意义。一个意义是指我在南越、蒙自所写的，商务印书馆1939年所出版的那部书。另外一个意义是指我在40年代所有的那个哲学思想体系……用不同的符号表明这个区别，以《新理学》表明前者，以'新理学'表明后者。"(冯友兰：《三松堂自序》，第234页，北京，人民出版社，1998)

② 梅勒(Hans-Georg Moeller)认为："在当代新儒学的发展中，新理学的哲学眼界较之熊十力一系正统儒家似乎更合乎时代。所以在我看来，以新理学为典范对于儒家思想在当代哲学的发展加以定位是适宜的。我也认为，冯友兰的新理学并不是新儒学的某种旁枝，而是它的先锋。新理学是构成新儒家与现代哲学之间少有的连接点之一。""当代新儒家不能够在当代世界哲学的讨论中起重要作用的原因之一，恐怕就在于熊十力一系传统主义有众多的追随者，而冯友兰改革主义的儒学却没有得到进一步的发展。"(H. G. 梅勒：《新儒家与后现代主义》，北大讲演稿。)

审美和艺术只是冯友兰哲学所处理的一种现象,这种现象与政治、社会、经济、历史等现象之间没有本质区别。这是冯友兰从其哲学立场看审美和艺术,也即所谓的"在艺术外讲艺术"。"若在艺术外讲艺术,则艺术亦是一类物,亦有其理,此理可称为本然艺术。艺术亦有许多别类,如音乐、画、雕刻、文学等,每一别类艺术,又各有其理。例如音乐有本然音乐,画有本然底画。即对于每一题材之各种艺术作品,亦各有其本然样子。"①这里的许多"亦"字,表明艺术同冯友兰哲学体系中处理的其他事物完全一致。换句话说,冯友兰的本体论发明了一个处理宇宙万物的"套子",艺术同其他许多事物一样,都可以放进这个套子之中。这种讲美学的方法,虽然涉及审美和艺术,但审美和艺术只是用来说明他的哲学思想的一类例子,最终要说明的是他的哲学思想。冯友兰的美学思想多数属于这种类型,它构成冯友兰美学的外围或者表面层次。

冯友兰美学思想还有一个内在层次,即所谓"在艺术内讲艺术",把艺术当作一种特别的事物,揭示它与其他事物之间的本质差异。这部分思想最能体现美学的特征,是冯友兰美学思想中最纯粹的部分。

上述两个层次的思想都直接与美学有关。

在"新理学"哲学体系中,有一些思想虽不是直接讨论美学问题,却具有重要的美学意义。如冯友兰讨论天地境界时,常用诗的境界作为例证;在讨论形上学的方法时,把诗当作讲形上学的"负的方法"。这些思想似乎是在艺术或美学之内讲哲学,或者说,是在用讲艺术或美学的方法讲哲学,它们的美学意义甚至超过了那些直接与美学有关的思想。这是冯友兰美学思想最引人入胜的部分。

由此,我们可以将冯友兰的美学思想区分为三个层次:在美学之外讲美学,在美学之内讲美学,在美学之内讲哲学。在这三个层次上,冯友兰都发表了一些独具特色的见解。

(一)艺术作品的本然样子

"艺术作品的本然样子",是冯友兰用他的哲学"套子"来"套"艺术时所得到的一个重要观念。按照冯友兰的哲学,所有的事物都有它们的"本然的样子":在道德方面,有所谓本然办法;在义理方面,有所谓本然义理和本然命题。与此相应,在艺术方面,有本然的艺术作品,"每一个艺术家对于每一个题材之作品,都是以我们所谓本然底艺术作品为其创作标准。我们批评他亦以此本然底作品为标准"②。

---

① 冯友兰:《新理学·艺术》,见《三松堂全集》,第4卷,第154页,郑州,河南人民出版社,2001。
② 冯友兰:《新理学·艺术》,见《三松堂全集》,第4卷,第155页,郑州,河南人民出版社,2001。

那么，什么是"艺术作品的本然样子"？按照冯友兰的理解，并不是"作品"，"因为它并不是人作底，亦不是上帝作底。它并不是作底，它是本然底"。① 这种本然的艺术作品，在音乐方面是"无声之乐"，在诗歌方面是"不著一字之诗"，在小说方面则是"无字天书"。不符合这种"本然样子"的艺术作品，是坏的艺术作品；近乎这种"本然样子"的，是好的艺术作品；合乎这种"本然样子"的，则是最好的艺术作品。② 这里所说的"艺术作品的本然样子"，实际上指的就是艺术作品所遵循的"理"或"标准"。

冯友兰指出，"艺术作品的本然样子"可因题材、工具、风格等不同而多种多样。"诗或画对于每一题材，因风格不同，可有许多别类，每一别类又有一本然样子，譬如以'远山'为一诗之题材，专就诗说，对于此题材有一本然样子；雄浑一类之诗，对于此题材，有一本然样子；秀雅一类之诗，对于此题材，有一本然样子；以至富丽或冲淡一类之诗，对于此题材，又各有一本然样子"。③ 由此涉及"本然样子"的"一"与"多"之间关系问题。按照冯友兰的观点，艺术作品只能是某种作品，所以有"多""种""本然样子"；但从这些艺术作品所属之"类"来看，它们又是"一""类"作品，多少得符合这类作品的"本然样子"。④

按照冯友兰的这种理论，"艺术作品的本然样子"不是"作品"，因此根本不存在如何创作"艺术作品的本然样子"的问题，而只存在如何判断艺术作品是否符合"本然样子"的问题。对此，冯友兰给出了两方面的答案：一是"从宇宙之观点说"给出的答案，一是"自人之观点说"给出的答案。

冯友兰说："从宇宙之观点说，凡一艺术作品，如一诗一画，若有合乎其本然样子者，即是好底；其是好之程度，视其与其本然样子相合之程度，愈相合则愈好。自人之观点说，则一艺术作品，能使人感觉一种境，而起与之相应之一种情，并能使人仿佛见此境之所以为此境者，此艺术即是有合乎其本然样子者。其与人之此种感觉愈明晰，愈深刻，则此艺术作品即愈合乎其本然样子。"⑤ 事实上，"从宇宙的观点说"试图给出评判艺术价值的客观标准，"自人之观点说"则给出评判艺术价值的主观标准。而从上面引文来看，"从宇宙的观点说"并没有给出任何判断艺术作品是否合于其本然样子的信息。在这方面，冯友兰并没有做出深入的、有实际内容的研究。不过，他提出的问题是非常有意义的，尤其是对于我们怎样欣赏艺术作品有着重要的

---

① 冯友兰：《新理学·艺术》，见《三松堂全集》，第4卷，第155页，郑州，河南人民出版社，2001。
② 冯友兰：《新理学·艺术》，见《三松堂全集》，第4卷，第157页，郑州，河南人民出版社，2001。
③ 冯友兰：《新理学·艺术》，见《三松堂全集》，第4卷，第161页，郑州，河南人民出版社，2001。
④ 冯友兰以画为例说："专就画说之本然样子，无论如何，在实际上是画不出底。因为实际上所有之画，都是这种画，那种画，没有只是画，空头底画。不过此本然样子在实际上虽画不出，而所有实际上对于此题材之画，都必多少有合于此本然样子，不然即不成其为画。"（冯友兰：《新理学·艺术》，见《三松堂全集》第4卷，第160页，郑州，河南人民出版社，2001）
⑤ 冯友兰：《新理学·艺术》，见《三松堂全集》，第4卷，第162—163页，郑州，河南人民出版社，2001。

启示意义,可以与当代西方美学形成多种呼应关系。这里仅举三个例子。

第一个可以与冯友兰"艺术作品的本然样子"的构想形成呼应关系的,是瓦尔顿所说的范畴感知。在《艺术范畴》一文中,瓦尔顿证明正确的艺术欣赏依赖范畴感知。① 瓦尔顿认为,对艺术作品的正确的审美判断可分两个方面:首先是一件艺术作品实际具有的感知性质(类似于朱光潜的所说的"物甲");其次是当艺术作品在它的正确的艺术范畴中被知觉时,这些感知性质所呈现出来的感知状态(类似于朱光潜所说的"物乙"②)。我们对一件艺术作品的审美判断,主要是根据它的感知状态("物乙")而不是感知性质("物甲")。在这个意义上,瓦尔顿与朱光潜的观点完全一致。他与朱光潜不同的地方在于:他明确认识到一件艺术作品的感知性质可以呈现为不同的感知状态,因为艺术作品可以在不同的艺术范畴中被感知,甚至可以在非艺术的范畴中被感知。在不同的范畴中被感知,艺术作品的感知性质就会呈现出不同的感知状态,从而影响到我们对艺术作品做出不同的审美判断。③

一个作品,比如毕加索的《格尔尼卡》,可以在不同的艺术范畴中被知觉,可以被知觉为一幅绘画、一幅印象派的绘画,或者一幅立体派的绘画。根据艺术范畴的不同,一定的感知性质可以被称为常项、反项和变项。例如平面是上述三种艺术范畴共有的常项,色彩是三种艺术范畴共有的变项,但显著地具有像立体一样的形状,对第一种范畴(绘画)来说是变项,对第二种范畴(印象派绘画)来说是反项,对第三种范畴(立体派绘画)来说是常项。之所以会出现常项、变项和反项的感知状态,是因为采用了不同的艺术范畴。如果我们根据立体派绘画的范畴来欣赏《格尔尼卡》,它的像立体一样的形状将被知觉为常项;如果我们根据印象派绘画的范畴来欣赏它,

---

① 以下讨论参见 Kendall L. Walton, Categories of Art, *Philosophical Review*,1970:334—367。
② 朱光潜用"物甲"来指代"物本身"或"感觉素材",用"物乙"来指代"物的形象"或"艺术品"(朱光潜:《论美是客观与主观的统一》,见《朱光潜全集》,新编增订版,第 14 卷,第 78 页,北京,中华书局,2012)。
③ 不可否认,朱光潜的思想中,对一个事物在不同的范畴中被感知而呈现出不同的感知状态,也有明确的认识。如他常用的例子"对一棵松树的三种态度",就说明了同一棵松树因为不同的感知而呈现不同的感知状态,其中有的是美的(如画家眼中的松树),有的则不是(植物学家和商人眼中的松树)。(朱光潜:《谈美》,见《朱光潜全集》,新编增订版,第 3 卷,第 12 页,北京,中华书局,2012。)但朱光潜的区分十分粗糙,只涉及美学范畴和非美学范畴的区分。瓦尔顿则认为,即使都是采用美学范畴,也有正确和错误的区分。这是当代分析美学家比较细致的地方。更重要的是,朱光潜在后期对"物甲"、"物乙"的讨论中,没有贯穿这一思想,以至于把"物甲"理解为客观存在的事物,把"物乙"理解为对客观存在的事物的主观反映,从而出现许多逻辑上的漏洞。在对"一棵松树的三种态度"的例子中,无论是商人、画家还是植物学家,他们都是根据自己的"范畴"来感知松树("物甲"),因此他们都只是知觉到了"物乙"。而在后来的"物甲"、"物乙"的讨论中,仿佛只有画家在他的审美活动中看见的是"物乙",而商人和植物学家则直接看见了"物甲",从而表明只有审美活动是一种主观或主客观交融的活动,并导致他的论争对手对主观性的批判。如果坚持康德的认识论思想,则无论画家、商人还是植物学家,他们看见的都是松树的现象("物乙"),而松树本身("物甲")是不可知的。如果不采取康德的认识论立场,而采用马克思主义哲学的认识论—反映论立场,则所有的认识都应该忠实地反映客观存在,审美也不能例外。朱光潜的矛盾在于:用马克思主义的反映论来解释审美之外的所有认识活动,唯独用康德的认识论来解释审美活动,从而必然出现逻辑上的困难。

同样的像立体一样的形状则被知觉为反项(或者有可能被知觉为变项)。瓦尔顿的心理学主张是:这种感知状态影响到欣赏者的审美判断。"《格尔尼卡》是笨拙的"这个判断,当这幅画被看作是印象派绘画时是真的,因为它的像立体一样的形状被知觉为一种反项(或变项),从而给人一种笨拙的感觉。当这幅画在立体派绘画的范畴下被知觉时,这个同样的判断也许是错的,因为它的像立体一样的形状将被知觉为常项,它不但不引起笨拙的感觉,反而给人一种赏心悦目的美感。但是"《格尔尼卡》是笨拙的"这一判断究竟是对还是错呢?瓦尔顿的哲学主张是:它取决于当《格尔尼卡》在它的正确范畴中被知觉时的感知状态。在这种特殊规定的情况中,"《格尔尼卡》是笨拙的"这一判断是错的,因为《格尔尼卡》应该被正确地知觉为一幅立体派绘画,而在将它作为立体派绘画来感知时对它的像立体一样的形状的感知状态不会引起笨拙的感觉。这里,关键的问题是,如何决定立体派范畴是适合《格尔尼卡》的正确范畴?瓦尔顿指出,决定《格尔尼卡》被正确地知觉为立体派绘画有四个因素,它们是:(1)它有相对多的被看作立体派的特征;(2)当被看作立体派绘画时它是一幅更好的绘画;(3)毕加索倾向于或希望它被看作立体派绘画;(4)立体派绘画的范畴较好地被诞生《格尔尼卡》的社会所确立和认识。瓦尔顿论证,这四种情形的概括性叙述就能中肯地决定任何艺术作品被知觉时所依据的范畴是否正确。

按照瓦尔顿的观点,为了确定像"《格尔尼卡》是笨拙的"这样的审美判断是否具有真的价值,不能像我们确定"《格尔尼卡》是彩色的"这一判断是否有真的价值那样,只是简单地看它就行了。重要的是,我们必须按照它的正确范畴来感知《格尔尼卡》。这就要求至少有两方面的知识:首先要有决定立体派为正确范畴的知识,也就是要有关于20世纪绘画艺术特性和历史的实际知识;其次要有怎样知觉《格尔尼卡》作为立体派绘画的知识,也就是要有一定的、必须通过训练和经验获得的立体派绘画范畴和其他相关艺术范畴的实践知识或技能。

瓦尔顿反对对艺术品进行"范畴相对"的知觉,主张对一件艺术品的正确知觉只能在唯一的正确范畴下进行。换句话说,对艺术作品可以有许多不同的欣赏方式,但只有一种是恰当的。这种恰当的欣赏方式必须能够揭示艺术作品所具有的审美性质和审美价值,由此在对艺术的审美欣赏中,必须有相关的知识,如艺术史的知识和艺术实践的经验。瓦尔顿说:

> 如果我们面对一件艺术作品,对它的来源一无所知(例如,一件从火星上一个尚未发掘的考古遗址的尘埃中提取的作品),我们就处在一种不能对它作审美判断的位置上。不管怎样专注和聪明地盯着它,都不能告诉我们它是连贯的,还是宁静的,或者是动态的,因为仅仅盯着它不能告诉我它应该被看作雕

塑,《格尔尼卡》,还是其他什么奇异的或平常的艺术作品。①

瓦尔顿这个主张的实质是,为了欣赏一件艺术作品所具有的审美性质,必须要知道怎样观看它。知道怎样观看它,实际上指的是具有关于它是什么的知识和经验,知道要将它放在怎样的范畴下面来观看。瓦尔顿否认无范畴的纯粹观看具有任何审美上的意义。比如,凡·高的《星夜》是一件动态的、充满活力的后印象派作品。然而,如果将它看作一件德国表现主义作品,它就会显得过于宁静,有些柔弱,甚至暗淡无趣。为了恰当地欣赏它,欣赏它的动态和活力的特质,我们必须将它看作为一件后印象派的作品。这就需要具有关于后印象派绘画的知识和一些与后印象派绘画有关的学问,这种知识和学问一般是由艺术史、艺术批评和艺术理论提供的。

冯友兰所说的"艺术作品的本然样子",在某种程度上相当于瓦尔顿所说的"正确的艺术范畴"。不过,瓦尔顿的"正确的艺术范畴"不是一个空洞的主张,而有其实际的内容。由此看来,如果对冯友兰的"从宇宙的观点说"做出适当的发展,它也可以给出判断艺术作品是否符合其本然样子以许多具体的信息。更明确地说,如果我们将与艺术有关的历史的、实践的知识注入"艺术作品的本然样子"之中,冯友兰的这一主张就不仅在理论上更加完善,而且在具体的审美和文艺批评实践上也会发挥更大作用。

第二个可以与冯友兰"艺术作品的本然样子"的构想形成呼应关系的,是卡利关于绘画本体的构想。

20世纪美学家对艺术作品的本体论很感兴趣。随着研究的深入,美学家们发现不同艺术作品的本体论地位不同。如同一个音乐作品可以有多个演奏副本,每个副本都可以是原作。像音乐这样的艺术就是多体艺术。但同一幅绘画却不可以有多个副本,任何绘画副本都不可能是原作。像绘画这样的艺术就是单体艺术。一些美学家对于绘画与音乐享有不同的本体论地位感到不满,认为既然绘画与音乐同为艺术,就应分享同样的本体论地位。于是,有人力图证明音乐像绘画一样,也是单体艺术。这种主张可以称之为殊相一元论,其中戴维斯的主张最为激进。在戴维斯看来,所有艺术作品在根本上都是行为,音乐作品是每次演奏行为,它们都是不可重复的。还有一种共相一元论,把绘画看成是像音乐一样的多体艺术。斯特劳森就持这种看法。在他看来,绘画和雕塑也是类型(type),而不是物体或者物理对象(physical object)。绘画和雕塑之所以被当作物体或者物理对象,原因只是在于"复制技术的实际缺乏,我们不能将复制品等同于艺术作品。如果有了这种复制技术,绘画原作的意义就只是像诗歌手稿所具有的意义那样。不同的人在同一时间的不同地方

---

① Kendall L. Walton. Categories of Art. *Philosophical Review*, 1970: 364.

可以看到完全一样的绘画，就像不同的人在同一地方的不同时间可以听到完全一样的四重奏一样"①。根据斯特劳森的理论，如果人类能够发明一种技术，制作出与原作完全一样的绘画和雕塑副本，那么绘画和雕塑就像文学、音乐和蚀刻版画等多体一样，可以有许多不同的殊型（token）、例子或副本，从而就转变成了多体艺术。

与斯特劳森不同，卡利力图从另一个角度证明绘画像音乐一样也是多体艺术。他不是力图证明绘画像版画一样，可以有诸多作为原作的副本，而是力图证明同一种绘画行为可以有不同的执行。如果用类型（type）和殊型（token）两个概念来区分，根据卡利的主张，不是绘画原作是类型、原作的精确复制是殊型，而是某种绘画行为是类型，对于这种行为的不同执行是殊型。对于卡利来说，艺术作品既不是艺术家生产出来的一件物理作品如绘画作品，也不是演奏家所做出的一次演出，还不是画家绘画或演奏家演出所遵循的某种抽象结构——无论是颜色和形状的结构还是声音的结构，而是艺术家达到那种结构的行为和方式。总之，艺术作品是艺术家通过某种探索路径，对某种无论是语言、声音、颜色或者其他什么东西的结构的发现。同一种结构，如果用不同探索路径去发现，就是两个不同的作品；结构本身不是作品，作品是艺术家发现结构的行为，因而不同的作品可以具有同样的结构。我们对艺术作品的欣赏，不仅是欣赏作品的结构，而是欣赏艺术家发现作品的方式、艺术家实现其目标的成就。用卡利的话来说，"欣赏艺术作品就是欣赏某种成就"②。运用同样的结构，艺术家可以达到不同的成就，从而形成不同的作品。"不同的作品可以具有同样的结构。如果是这样的话，将作品区别开来的就是作曲家或者作者达到这种结构的不同环境。"③为了说明这里的问题，卡利采用了列文森的一个例子："勃拉姆斯1852年的钢琴奏鸣曲作品2号是他早期的作品，明显受到李斯特的影响，这是任何一个感觉良好的听众都能够辨认出来的。但是，贝多芬写的一件在声音结构上与之完全一样的作品，却不可能具有受到李斯特影响这种特性。贝多芬的作品所具有的梦幻性质却是勃拉姆斯的作品所没有的。"④由此可见，如果只看最后的结果，而不考虑产生这种结果的行为，就无法将勃拉姆斯与贝多芬区别开来，就无法形成对他们的作品的正确欣赏。由此，卡利将艺术作品称之为行为—类型（action-type），"艺术作品是艺术家为发现作品结构而采取的一种行为类型"。⑤ 由于艺术作品是某种行为类型，因此艺术家既不是创作艺术作品，也不是发现艺术作品，而是通过某种"探索"行为揭示作品的结构。艺术家对作品结构的探索和诱发，不仅受到艺

---

① Peter F. Strawson. *Individuals: An Essay in Descriptive Metaphysics*. London: Methuen, 1964:231.
② Gregory Currie. *The Ontology of Art*. New York: St. Martin's Press, 1989:72.
③ Gregory Currie. *The Ontology of Art*. New York: St. Martin's Press, 1989:65.
④ Jerrold Levinson. What A Musical Work Is. *Journal of Philosophy*, Vol. 77, 1980:12.
⑤ Gregory Currie. *The Ontology of Art*. New York: St. Martin's Press, 1989:75.

术家的思想的影响,而且受到艺术史语境的影响。根据一般的类型—殊型理论,音乐作品是类型,对作品的演奏是殊型;版画模板是类型,印刷出来的版画是殊型;绘画原作是类型,忠实的复制(就像斯特劳森主张的那样)是殊型,如此等等。但是,按照卡利这种特殊的类型—殊型理论,由于作品的类型是行为,因此作品的殊型也应该是行为。进一步说,根据卡利的主张,欣赏艺术作品不是欣赏某人创作出来的某个东西,不是欣赏这个东西的特性,而是欣赏创作这个东西的行为过程。作为创作结果的绘画、演奏等等只是通达艺术创作行为的路径。在这种意义上,卡利的主张与杜威和克罗齐比较接近。克罗齐在谈到杜威的美学时曾经说过:"没有艺术性的'东西'(thing),只有艺术性的行事(doing),一种艺术性的生产(producing)"。①

根据卡利的主张,艺术作品的类型是一种行为模型,艺术作品的殊型是对行为模型的表演或者执行(performance),不仅音乐艺术如此,所有艺术都是如此。就绘画来说,也可以有类型和殊型的区别。这种区别不是斯特劳森所设想的原作与精确复制品之间的区别,而是理想的行为类型(action-type)与这种行为类型的具体实施也就是行为殊型(action-token)之间的区别。由此,卡利将所有的艺术作品都统一为一种行为类型,无论绘画还是音乐,莫不如此。

卡利的这种主张,在许多方面与戴维斯基本一致。所不同的是:戴维斯强调艺术作品是某种特殊的创作行为,这种创作行为只是一次性的,不可以被复制。换句话说,戴维斯希望将所有艺术作品都视为不可重复的事件,都是行为殊型。对于绘画之类的单体艺术来说,戴维斯的这种主张遇到的挑战并不太大。最大的挑战来自像音乐之类的多体艺术,只有将所有音乐都视为不可重复的即兴音乐,戴维斯的理论才能成立。但事实并非如此。卡利强调艺术作品是某种理想的创作行为即行为类型,这种创作行为可以被不同地执行,就像音乐乐曲可以被不同地演奏一样。与戴维斯不同,卡利这种主张遇到的挑战主要来自绘画之类的单体艺术。在艺术史上,我们很难发现不同的具体绘画行为只是对同一种理想的绘画行为的执行。

卡利这种理想的行为类型的构想,与冯友兰的"艺术作品的本然样子"的构想非常类似。理想的行为类型本身不是作品,依据理想的行为类型所做出的实际的行为才是作品。理想的行为类型,是评判艺术作品即实际行为的优劣的标准。

第三个可以与冯友兰的"艺术作品的本然样子"的构想形成呼应关系的,是杜夫海纳的纯粹美学的构想。

杜夫海纳受康德认识论的启发,提出了纯粹美学的构想。根据康德认识论,世界是通过先验直观形式和先验范畴向我们显示出来的现象。杜夫海纳认为,同感性

---

① Benedetto Croce. On the Aesthetics of Dewey. *The Journal of Aesthetics and Art Criticism*, 1948(6): 204.

世界通过先验直观形式、知性世界通过先验知性范畴向我们显现一样,审美世界是通过先验情感范畴向我们显现的。换句话说,我们只有通过先验情感范畴,才能感受到艺术作品的审美世界。杜夫海纳这里所说的情感范畴,就是我们美学原理中所说的审美范畴。

  这些研究涉及的东西(即情感范畴)有时称为审美范畴,有时称为审美类型,有时称为审美价值,如美、崇高、漂亮、雅致,等等(而这个经常使用的"等等"就足以表明思考的局限性。思考由于无法列出准确的审美价值表,往往满足于把审美价值同其他价值进行比较)。这就是我们所说的"情感范畴"。我觉得这个名字最为贴切。①

杜夫海纳认为,情感范畴决定了审美主体和审美对象。比如,"轻快"这个范畴,决定了作为音乐家的莫扎特和莫扎特的音乐;"雄强"这个范畴,决定作为音乐家的贝多芬和贝多芬的音乐。如此等等。杜夫海纳进一步构想,只要我们弄清了所有的情感范畴,我们就掌握了审美的所有可能性,就掌握了艺术作品的所有风格。杜夫海纳将有关情感范畴的研究称之为纯粹美学。但是,杜夫海纳承认,纯粹美学只是一个美好的愿望,在事实上"一种纯粹美学不可能最终构成"②。因为情感范畴是与人有关的范畴,它们不像与物有关的科学范畴那样确定,同时情感范畴在数量上是无限的,随着人类历史的发展而不断展开,因此以情感范畴为研究对象的纯粹美学事实上是不可能的。

杜夫海纳构想的纯粹美学尽管在事实上是不可能的,但他所构想的情感范畴对艺术作品和审美经验仍然可以起规范作用。这就像冯友兰的"艺术作品的本然样子"一样。究竟有多少种"艺术作品的本然样子",我们实际上是无法知道的。同时,每种"艺术作品的本然样子"究竟是什么样子,事实上也不可能知道。但是,对于现实的艺术创作和艺术评价,"艺术作品的本然样子"仍然可以起规范作用。

尽管冯友兰从客观方面即"从宇宙的观点说",对"艺术作品的本然样子"并没有详细的论述,对于它如何规范艺术创作和艺术评价也没有太多的论述。但是,通过与当代西方美学有关思想的比较,我们可以看到冯友兰的这种构想具有极大的理论潜力。

与"从宇宙的观点说"不同,冯友兰从主观方面即"自人的观点说",给出了判断艺术作品是否符合"艺术作品的本然样子"许多重要的信息。按照他的说法,一件艺

---

① 杜夫海纳:《审美经验现象学》,第505页,北京,文化艺术出版社,1992。
② 杜夫海纳:《审美经验现象学》,第529页,北京,文化艺术出版社,1992。

术作品是否符合它的本然样子,关键要看它是否能够让人感觉到"境",是否能够激起人们的"情"。更重要的事,是否能使人感觉到的"境"和激发起来的"情"契合无间。情境契合的作品,就是符合"艺术作品的本然样子"的作品。在中国古典美学中,情境契合实际上指的就是意境。因此,也可以说,判断艺术作品是否符合其本然样子,主要看它是否有意境。显然,冯友兰从主观方面即"自人之观点"来讨论"艺术作品的本然样子"时所发表的观点,已经超出了"在艺术外讲艺术"的层次,进入了"在艺术内讲艺术"的层次。

(二)对"意境"的独特理解

在美学之内讲美学,主要体现在冯友兰从"在艺术内讲艺术"的角度,针对艺术本质所发表的许多很有价值见解。其中最重要的,就是他对艺术作品"意境"所做的独特理解。

冯友兰对"意境"的独特理解,集中体现在对"境"的理解上。按照美学界通常看法,"境"往往指人的感觉的对象世界,在中国古典美学中与"景"的含义比较接近。"'景'这个范畴的出现,显示了我国古代气韵说和意象说这两大学说的合流的趋向。而意境说正是在气韵说和意象说合流的基础上产生的。所以,由'应物象形'到'景'的推移,同唐五代诗歌美学中'象'的范畴向'境'的范畴的推移,是属于同一个思想进程,标志着中国古典美学的意境说的诞生。"①

一般说来,意境指的是艺术作品所表达的情境交融的艺术世界,具有生动形象的特点。尽管"境"不仅指"象",而且指"象外",因而具有超越的特征,但是"象外"并不是抽象的存在,"象外"仍然是"象",即所谓"象外之象"。正如叶朗指出的:

> 唐代美学家讲的"境"或"象外",也不是"意",而仍然是"象"。"象外",就是说,不是某种有限的"象",而是突破有限形象的某种无限的"象",是虚实结合的"象"……总之,"象"与"境"("象外之象")的区别,在于"象"是某种孤立的、有限的物象,而"境"则是大自然或人生的整幅图景。"境"不仅包括"象",而且包括"象"外的虚空。"境"不是一草一木一花一果,而是元气流动的造化自然。②

但冯友兰所说的"境",指的不是具体的"物"、"象"或"象外之象",而是指某种抽象的"性",即事物的超越本质或者本性。"好底艺术作品,必能使赏玩之者觉一种情

---

① 叶朗:《中国美学史大纲》,第248页,上海,上海人民出版社,1985。
② 叶朗:《中国美学史大纲》,第268-270页,上海,上海人民出版社,1985。

境。境即是其所表示之某性,情即其激动人心,所发生与某种境相应之某种情。好底艺术作品,不但能使人觉其所写之境而起一种与之相应之情,且离开其所写,其本身亦即可使人觉有一种境而起一种与之相应之情。"①

"境"的抽象特征,在冯友兰对"止于技"的艺术与"进于道"的艺术的区分中,可以看得更加清楚。所谓"止于技"的艺术,只是表示某个事物的特点,而不能表示某类事物所共有的某"性"之特点,就像讽刺画或者速写画那样。

> 画讽刺画者,或画速写画者,常将一事物所特有之点,特别放大,使观者见之,特别注意。不过此种作品,对于观者所生之效力,只能使观者觉其所欲表示之特点,乃系属于一个体,即一件事物者,而不是属于某类,即某类事物者。换言之,此种画只表示某一事物之特点,而不表示某一类事物所有某性之特点,所以只能使观者见此某事物之个体,而不见其所属于某类之某性。艺术之至此程度者,只是技,而不能进于道。②

与"止于技"的艺术不同,"进于道"的艺术不着重表示某个事物的个体特点,而是要表示某个事物所属的类的特点。事物所属的"类",有点类似于柏拉图所说的"理念",是抽象的或者超越的存在。

> 进于道之艺术,不表示一事物之个体之特点,而表示一事物所以属于某类之某性之特点。例如善画马者,其所画之马,并非表示某一马所有之特点,而乃表示马之神骏之性。杜甫《丹青引》谓曹霸画马:"一洗万古凡马空。"凡马是实际底马,而善画马者所画之马,乃所以表示马之神骏之性者,所以其马不是凡马。不过马之神骏之性,在画家作品上,必藉一马以表示之。此一马是个体;而其所表示者,则非此个体,而是其所以属于某类之某性,使观者见此个体底马,即觉马之神骏之性,而起一种与之相应之情,并仿佛觉此神骏之性之所以为神骏者,此即所谓藉可觉者以表示不可觉者。③

由此可见,在冯友兰心目中,艺术与哲学目标一样、方法不同。艺术与哲学的目标都在于"理"。但在冯友兰哲学体系中,"理"是可思而不可感的,只有实际的事物才是可以感觉的。艺术的独特之处,就在于"能以一种方法,以可觉者表示不可觉

---

① 冯友兰:《新理学·艺术》,见《三松堂全集》,第4卷,第153页,郑州,河南人民出版社,2001。
② 冯友兰:《新理学·艺术》,见《三松堂全集》,第4卷,第151页,郑州,河南人民出版社,2001。
③ 冯友兰:《新理学·艺术》,见《三松堂全集》,第4卷,第151页,郑州,河南人民出版社,2001。

者,使人于觉此可觉者之时,亦仿佛见其不可觉者。艺术至此,即所谓技也而进乎道矣"。① 由于艺术的目的,是以可感觉的个体事物来表达该事物所属种类的共性或共相,因此艺术与哲学的目标没有什么不同,都是以超然的态度静观事物的共相。"哲学家与艺术家,对于事物之态度,俱是旁观底,超然底。哲学家对于事物,以超然底态度分析;艺术家对于事物,以超然底态度赏玩。哲学家对于事物,无他要求,惟欲知之。艺术家对于事物,亦无他要求,惟欲赏之玩之。哲学家讲哲学,乃欲将其自己所知者,使他人亦可知之。艺术家作艺术作品,乃欲将其自己所赏所玩者,使他人亦可赏之玩之。"②

共相是不可感觉的、抽象的、超越的。所谓"境",就它指某一事物所属某类之某性来说,是抽象的、超越的、不可感觉的。艺术的特别之处,就在于它能够写"境",能够显示事物的不可感觉的"性",能够用可感觉者显示不可感觉者。冯友兰认为,这是诗与历史区别的关键所在,"历史之目的在于叙述某事,而历史诗之目的在于表示某事之某性"③。

对"境"作如此理解,可以方便地将艺术与历史区分开来,却很难将艺术与哲学区分开来,因为按照冯友兰的理解,哲学也要表示事物背后的"性"与"理"。冯友兰列举了哲学与艺术的许多共同点,但艺术毕竟不同于哲学,哲学"是对于事物之心观","艺术底活动,是对于事物之心赏或心玩。心观只是观,所以纯是理智底;心赏或心玩则带有情感"。④ 在冯友兰看来,艺术与哲学对待事物的态度是一致的,均是旁观的、超然的;"观"和"赏"的对象是一致的,均是事物背后的"性"和"理";区别仅在于观与赏在方式上有所不同。艺术的心观要带有情感,或者说会激起相应之情,因而判断一个作品是否是艺术作品,是否符合艺术作品的本然样子,主要看它能否感动人心。"所谓感动者,即使人能感觉一种境界,并激发其心,使之有与之相应之一种情。能使人感动者,是艺术作品;不能使人感动者,而只能使人知者,其作品之形式,虽或是诗、词等,然实则不是艺术。"⑤

由此,冯友兰给出了两个评判艺术作品好坏的标准:一个是"艺术作品的本然样子",是纯客观的;一个是艺术作品所引起的感动,是纯主观的。冯友兰认为,这两个标准并不矛盾。因为有许多理,其中都蕴含有可能的主观成分。可能的主观成分不是实际的主观成分。实际的主观成分带有主观任意的色彩,而可能的主观成分则是理中所必然含有的主观成分。冯友兰认为,"美"就包含"可能的主观成分"。"所谓

---

① 冯友兰:《新理学·艺术》,见《三松堂全集》,第4卷,第150页,郑州:河南人民出版社,2001。
② 冯友兰:《新理学·艺术》,见《三松堂全集》,第4卷,第151—152页,郑州:河南人民出版社,2001。
③ 冯友兰:《新理学·艺术》,见《三松堂全集》,第4卷,第156页,郑州:河南人民出版社,2001。
④ 冯友兰:《新理学·艺术》,见《三松堂全集》,第4卷,第151页,郑州:河南人民出版社,2001。
⑤ 冯友兰:《新理学·艺术》,见《三松堂全集》,第4卷,第163页,郑州:河南人民出版社,2001。

美之理,其中亦涵有可能底主观的成分。若完全离开主观,不能有美,正如完全离开主观,即不能有红色。有美之理,凡依照此理者,即是美底;正如有红色之理,凡依照此理者,即是红底。此即是说:凡依照美之理者,人见之必以为美;正如凡依照红色之理者,人见之必以为是红底。此是从宇宙之观点说。若从人之观点说,凡人所谓美者,必是依照美之理者,正如凡人谓为红者,必是依照红之理者。此所谓人,是就一般人说。人亦有不以红色为红色者,此等人我们谓之色盲。亦有对于美之美盲。色盲之人之不以一红色底物是红,无害于一红色底物之是红。美盲之不以一美底事物是美,无害于一美底事物之是美"。① 可见,冯友兰所谓"主观",指的是对"理"的正常的主观反应,它是普遍可传达的。

前面已经指出,所谓纯客观的标准,事实上是很难实施的,因为并没有一个"艺术的本然的样子"现实地存在着。可以具体实施的标准是主观的标准,因为欣赏者是否感觉某种境,是否起了一种与之相应的情,欣赏者自己明白,当然也只有欣赏者自己明白。但是,欣赏者之感觉到某种境与起某种相应之情,均不是主观任意的行为,而是由艺术作品所必然引发的,是普遍可传达的,因而与客观标准并不矛盾。

在《新理学》中,冯友兰对意境的探讨,是与对一件艺术作品是否符合其"本然样子"的判断结合在一起的,有意境的作品就是合乎或近乎"本然样子"的作品。"境"指的是艺术作品所描述的事物所属某类之某性;"意"指的是人欣赏此物之性时所激起的相应之情。冯友兰对"意境"的这种理解,与美学界对"意境"的一般理解有些不同。

冯友兰对"意境"的理解有一个发展过程。在后来的著述中,他对"意境"的理解更加接近美学界对于"意境"的通常理解。如在《中国哲学史新编》第六十九章中,冯友兰对王国维美学做了专题研究,并倾向于赞同王国维对意境的理解。他在梳理王国维美学思想之后,对"意境"做了一个概括性说明:"在一个作品中,艺术家的理想就是'意',他所写的那一部分自然就是'境'。意和境浑然一体,就是意境。"②"所谓意境,正是如那两个字所提示的那样,有意又有境。境是客观的情况,意识对客观情况的理解和情感。"③在这里,冯友兰没有再强调客观的情况或者自然一定要是普遍的"性"。这种理解基本符合王国维的原意,同时与学术界一般观点比较接近。

但是,王国维对意境的理解也有偏颇。正如叶朗指出的,王国维使用"境"这个概念,"并不具有中国古典美学赋予'境'这个概念的那种特定的涵义(即'境生于象外')。因此,他说的'意'与'境'的统一,实际上还是'意'与'象'、'情'与'景'的统

---

① 冯友兰:《新理学·艺术》,见《三松堂全集》,第4卷,第164页,郑州,河南人民出版社,2001。
② 冯友兰:《中国哲学史新编》(下),第547页,北京,人民出版社,1999。
③ 冯友兰:《中国哲学史新编》(下),第549-550页,北京,人民出版社,1999。

一"①。

简要地说,把"境"理解为"某一事物所属某类之某性",有些过于抽象;把"境"理解为"艺术家所写的那部分自然",有些过于具体。冯友兰对于意境的理解,已经涉及它的具体层面和抽象层面,但对于如何将这两个层面结合在一起的问题,仍然有待深入探索。

冯友兰在接受王国维的思想时,并没有完全放弃他先前的观点。尽管王国维没有对"境"与"象"做仔细甄别,但他也强调艺术对超越有限的普遍性的追求。冯友兰在阐释王国维的美学思想时,特别强调了王国维所谓"夫美术之所写者,非个人之性质,而人类全体之性质也"②。冯友兰认为,这是王国维美学的重大原则。根据这个原则,艺术要表达的意境自然不是个人的情意和个别的景物,而是一种普遍的情理和物性。

在阐述了王国维美学之后,冯友兰写了一个"附记"。之所以写这个附记,原因如冯友兰自己所说:"我在写这一章的时候,受到了不少的启发,也做了不少的引申。因其不是王国维所说的,所以不便写入正文,但也许有助于人们理解王国维,所以另为附记。"③由此可见,附记中的思想基本上可以看作是冯友兰自己的美学思想。

在这个附记中,冯友兰谈了自己对意境的经验。1937年中国军队退出北京后,日本军队进驻北京前的几个星期,他和清华校务会的几个人守着清华。在一个皓月当空、十分寂静的夜晚,一同在清华园中巡察的吴正之说:"静得怕人,我们在这里守着没有意义了。"冯友兰说他当时忽然觉得有一些幻灭之感,后来读到清代诗人黄仲则的两句诗"如此星辰非昨夜,为谁风露立中宵",觉得这两句诗所写的正是那种幻灭之感,反复吟咏,更觉其沉痛。④ 冯友兰还描述了其他一些经验,目的是为了证明有同类经验的人有相同的感受。冯友兰说,传说中的伯牙弹琴,钟子期能听出其志在高山或志在流水,这个"志"字也应当作意境解。对于一个艺术作品,其技巧的高下是很容易看出的,对于其意境那就比较难欣赏了。钟子期能欣赏伯牙弹琴的意境,所以伯牙引为平生知音。⑤

冯友兰这个附记非常重要,体现了他对意境的准确把握。"意境"中的"境"的确不是抽象的"性"或"理",但也不是有限的物象,而是一种有限域无限统一的"大象"。在《新理学》中,冯友兰限于他的哲学思想的统一性,将"境"理解为普遍的"性"或

---

① 叶朗:《中国美学史大纲》,第615页,上海,上海人民出版社,1985。
② 王国维:《〈红楼梦〉评论》,见谢维扬、房鑫亮主编:《王国维全集》,第1卷,第76页,杭州,浙江教育出版社,2009。
③ 冯友兰:《中国哲学史新编》(下),第555页,北京,人民出版社,1999。
④ 冯友兰:《中国哲学史新编》(下),第555页,北京,人民出版社,1999。
⑤ 冯友兰:《中国哲学史新编》(下),第556页,北京,人民出版社,1999。

"理";而在《中国哲学史新编》中,冯友兰受到王国维的影响,将"境"理解为客观自然。这两种理解都没有抓住意境的本质。但在这个附记中,冯友兰结合自己的亲身经验,对"意境"做出了准确的理解。"意境"就是一种源于具体物象的感发,如皓月、梅花的感发,所引起的一种人生感、历史感、宇宙感。附记中就描绘了冯友兰在特定的情境中所感受到的人生感、历史感、宇宙感。他把这种感受称为"意境"之感受。可见,"意境"既不是抽象的、不可感的"性"或"理",也不是具体的"物"或"象",而是二者结合所生成的一种崭新境界。

(三)人生境界的美学维度

冯友兰曾说:"就止于技底诗及有些哲学家的形上学说,形上学可比于诗。就进于道底诗及真正底形上学说,诗可比于形上学。"[①]正因为诗可比于形上学,他常常用诗来讲哲学。这就进入了冯友兰美学的第三个层次:在美学之内讲哲学。这个层次的美学思想,集中体现在冯友兰人生境界理论中的美学维度。

在《新原人》中,冯友兰集中阐发了其人生境界理论。这是他在完成《新理学》之后理论上的必然延伸。尽管《新原人》写在《新事论》、《新世训》之后,但实为继《新理学》之作。[②] 简单地说,《新理学》探讨的是哲学之所是,《新原人》探讨的是哲学之所用。按照冯友兰的理解,哲学的任务不是增加关于实际的知识,而是提高人的精神境界。[③] 因此,人生境界理论便构成了冯友兰哲学的"之所用"部分。

人生境界也就是人生的意义世界。"人对于宇宙人生底觉解的程度,可有不同。因此,宇宙人生,对于人底意义,亦有不同。人对于宇宙人生在某种程度上所有底觉解,因此,宇宙人生对于人所有底某种不同底意义,即构成人所有底某种境界。"[④]同一件事情,因不同的觉解而有不同的意义;同一个世界,因不同的觉解而呈现出不同境界。冯友兰根据觉解的不同层次,大体区分了四种不同的人生境界:自然境界、功利境界、道德境界、天地境界。值得注意的是,冯友兰不但没有区分出审美境界,而且在具体论述中也没有涉及审美境界。[⑤] 这就容易给人造成这样的误解:冯友兰在《新原人》中没有发表美学思想,其人生境界理论中没有美学维度。更进一步的误解

---

① 冯友兰:《新知言·论诗》,见《三松堂全集》,第5卷,第231页,郑州,河南人民出版社,2001。
② 冯友兰:《三松堂全集》,第4卷,第498页,郑州,河南人民出版社,2001。
③ 冯友兰:《中国哲学简史》,第8页,389页,北京,北京大学出版社,2012。在冯友兰的文本中,人生境界、精神境界、心灵境界等词语的含义基本相同。
④ 冯友兰:《新原人·境界》,见《三松堂全集》,第4卷,第496页,郑州,河南人民出版社,2001。
⑤ 这一点可以与宗教境界相比,尽管冯友兰没有将宗教境界单独列为一个层次,但对宗教境界仍有明确的、深入的分析。详见冯友兰:《新原人·天地》,见《三松堂全集》,第4卷,第563-564页,郑州,河南人民出版社,2001。

是:根据冯友兰的人生境界理论,审美在提高人生境界的过程中没有多大作用。但是,随着研究的深入,我们发现,如果不从美学的角度,便很难全面理解冯友兰的人生境界理论,尤其是其中的天地境界理论。这就证明,冯友兰的人生境界理论中有一个潜在的美学维度。如果我们进一步把冯友兰集中论述人生境界的著作,同其少数美学论文结合起来看,就会发现,所谓天地境界在很大程度上就是审美境界。下面我们从天人合一、负的方法和风流人格三个方面来进行论述。

1. 天人合一与情景合一

天地境界是冯友兰人生境界理论中的最高境界。"在天地境界中底人的最高底造诣是,不但觉解其是大全的一部分,而并且自同于大全"①,因此,天地境界又可以称之为同天境界。"同天"说的是人与宇宙的同一,因此也就是"天人合一"。

这里的"天人合一",首先不是指人在物质躯体上有什么变化,有限的躯体永远也不可能与无限的宇宙同一。天人合一主要指的是精神的合一,是人的精神所能达到的一种境界。"所以自同于大全者,其肉体虽只是大全的一部分,其心虽亦只是大全的一部分,但在精神上他可自同于大全。"②

由于人在精神上已经完全自同于"大全",因此"大全"是不可思议也无暇思议的。因为有思议,必有思议的对象;思议的对象即是外,有外则非"合内外之道"矣。旁观的人,如思议此种境界,其所思议的此种境界,必不是此种境界。既然"大全是不可思议底。同于大全的境界,亦是不可思议底"③,那么,我们怎样才能知道我们是否同于"大全"?我们在同于大全之后又以怎样的方式存在呢?

关于第一个问题,冯友兰解释道:"不可思议者,仍须以思议得之,不可了解者,仍须以了解解之。以思议得之,然后知其是不可思议底。以了解了解之,然后知其是不可了解底。"④这种解释只是指明了追求同天境界的路径,并没有提供衡量是否达到同天境界的标准,因为它没有说明最终由思到不可思,由解到不可解之间的界限是怎么超越的。由思达到不可思的境界,本身就是一个悖论。这个悖论说明,在追求天地境界的过程中,思只是必要的准备工作的方式,而不是享取最终成果的方式;相反,为了获取最终成果,思如同捕鱼之筌、猎兔之蹄,是需要断然抛弃的东西。

假设由思可以达到不可思的境界,或者对怎样超越由思到不可思之间的界限问题姑且存而不论,但在达到不可思的境界之后,人生又以怎样的方式在世呢?冯友兰用了一系列相互矛盾或者说辩证的语言来描述这种在世方式:

无知而有知。同天境界是不可思议的,因此我们对同天境界是无知的。但这种

---

① 冯友兰:《新原人·天地》,见《三松堂全集》,第4卷,第569页,郑州,河南人民出版社,2001。
② 冯友兰:《新原人·天地》,见《三松堂全集》,第4卷,第570页,郑州,河南人民出版社,2001。
③ 冯友兰:《新原人·天地》,见《三松堂全集》,第4卷,第571页,郑州,河南人民出版社,2001。
④ 冯友兰:《新原人·天地》,见《三松堂全集》,第4卷,第572页,郑州,河南人民出版社,2001。

无知不同于自然境界中的无知。"同天的境界,虽是不可思议了解底,在其中底人,虽不可对于其境界有思议了解,然此种境界是思议了解之所得。所以在天地境界中底人,自觉其在天地境界中,但在自然境界中底人,必不自觉其是在自然境界中。如其自觉,其境界即不是自然境界。在天地境界中的人,自觉其是在天地境界中。就此方面说,他是有知底。在同天的境界中的人不思议大全,而自同于大全。就此方面说,在此中境界中底人,是无知底。"①

无"我"而有"我"。冯友兰把"我"区分为"有私"和"主宰"二义。从"有私"角度来看,天地境界中的人是"无我"的,因为自同于大全的人,"我"与"非我"的区别,对于他已不存在;从"主宰"的角度来看,天地境界中的人是"有我"的,因为自同于大全,并不是"我"的完全消灭,而是"我"的无限扩大。在此无限扩大中,"我"即是大全的主宰。② 因此,同天境界中的人不仅有"我",而且有大"我"。

有为而无为,也可以表述为"顺理应事"。"应事"是"有为","顺理"是"无为"。值得注意的是,冯友兰对"事"与"理"的理解与一般所谓"事"与"理"有一定的区别。"此所谓理,是关于伦职底理。此所谓事,是关于尽伦尽职底事。"③ 也就是说,"理"指的是日常生活中待人接物的"情理",不是科学所谓的事物的规律;"事"指的是日常生活中的待人接物,不是一般所谓的事件或事业。

冯友兰之所以用一系列相互矛盾的语言来描述天地境界,说明天地境界在根本上是神秘的、不可言说的。在这种意义上,天地境界不是西方传统认识论哲学所追求的境界,天地境界中的天人合一不是西方哲学所谓思维与存在的合一。在西方哲学中,如在黑格尔那里,思维与存在的同一不仅可以凭借思维认识到,而且只有在纯粹哲思中才能完全把握。这种在纯思中达到的思维与存在的同一,还不是冯友兰所说的不可思议的同天境界。天地境界也不是或者超出了中国传统人伦思想、特别是儒家思想所追求的境界。在儒家思想中,天人合一中的"天"更多的指的是有道德意义的"天理",还不完全是作为生活世界的"天地"。显然,冯友兰对儒家思想中这种道德意义上的天人合一是情有独钟的。一方面,尽管冯友兰对天地境界和道德境界作了严格区分,但我们仍然可以看到,他所说的"天"更多地带有义理色彩,缺少生活情趣。这恐怕是冯友兰不能在其理论中明确地分立审美境界的主要原因。但另一方面,天地境界毕竟不同并超越于道德境界,这就使它多少能够突破道德义理的范围,具有一定的生活情趣。因此,冯友兰说:"事物的此种意义(指人在天地境界中所领悟到的事物的新意义),诗人亦有言及之。"④ 冯友兰同意天地境界也可以称之为舞

---

① 冯友兰:《新原人·天地》,见《三松堂全集》,第4卷,第572页,郑州,河南人民出版社,2001。
② 冯友兰:《新原人·天地》,见《三松堂全集》,第4卷,第573页,郑州,河南人民出版社,2001。
③ 冯友兰:《新原人·天地》,见《三松堂全集》,第4卷,第575页,郑州,河南人民出版社,2001。
④ 冯友兰:《新原人·天地》,见《三松堂全集》,第4卷,第567页,郑州,河南人民出版社,2001。

雩境界,①而舞雩境界即是审美境界。

张世英明确用"天人合一"来描述审美境界。"审美意识是人与世界的交融,用中国哲学的术语来说,就是'天人合一',这里的'天'指的是世界。人与世界的交融或天人合一不同于主体与客体的统一之处在于,它不是两个独立实体之间的认识论上的关系,而是从存在论上来说,双方一向就是合而为一的关系。"②他还说:"婴儿在其天人合一境界中,尚无主客之分,根本没有自我意识,这种原始的天人合一,我把它叫作'无我之境';有了主客二分,从而也有了自我意识之后,这种状态,我称之为'有我之境';超越主客二分所达到的更高一级的天人合一,应该是一种'忘我之境'。审美意识都是一种忘我之境,也可以说是一种物我两忘之境。"③在冯友兰和张世英的"境界"理论之间,我们可以发现一种类比关系:张世英的"无我之境"可以类比于冯友兰的自然境界,"有我之境"可以类比于功利境界和道德境界,"忘我之境"可以类比于天地境界。由此,在冯友兰那里作为哲学境界的"天地境界",就成了张世英这里作为审美境界的"无我之境"。

把"天人合一"理解为"情景合一",在中国古典美学中可以找到强有力的支持。"情景合一"是中国古典诗歌美学中的重要观点。这种观点在王夫之的诗歌评点中得到了最集中、最明确的阐发。④ 在王夫之看来,意象是诗歌的本质特征,意象的基本结构是"情景合一"。"情景合一"并不需要借助一种外在的力量才能实现,而是由情、景各自的本质特征决定的。王夫之所理解的"情"是"景中情","景"是"情中景";⑤脱离了"情","景"就成了虚景,脱离了"景","情"就成了虚情;⑥按照这种规定,"情"、"景"本来就是合一的,所以王夫之说:"夫景以情合,情以景生,初不相离,唯意所适。截然两橛,则情不足兴,而景非其景"⑦,"情景名为二,而实不可离。神于诗者,妙合无垠。巧者则有情中景,景中情。"⑧

这种"情"、"景"相互蕴含而合一的思想,是以"天人合一"为基础的。在王夫之看来,"情景合一"是在审美感兴中自然契合生成的,⑨而审美感兴又具有还原功能,可以将人还原到与世界本然的合一状态,所以说在兴发状态下自然生成的"情景合

---

① 冯友兰:《南渡集・下编・论感情》,见《三松堂全集》第5卷,第432页,郑州,河南人民出版社,2001。
② 张世英:《天人之际——中西哲学的困惑与选择》,第199页,北京,人民出版社,2005。
③ 张世英:《天人之际——中西哲学的困惑与选择》,第202页,北京,人民出版社,2005。
④ 参见叶朗:《中国美学史大纲》,第453-460页,上海,上海人民出版社,1985。
⑤ 王夫之说:"景中生情,情中含景,故曰:景者情之景,情者景之情也。"(《唐诗评选》卷四岑参《首春渭西郊行呈蓝田张二主簿》评语)
⑥ 王夫之说:"情不虚情,情皆可景;景非虚景,景总含情。"(《古诗评选》卷五谢灵运《登上戍鼓山诗》评语)
⑦ 《姜斋诗话》,卷下,见《清诗话》,上册第十七,第11页,上海,上海古籍出版社,1978。
⑧ 《姜斋诗话》,卷下,见《清诗话》,上册第十四,第11页,上海,上海古籍出版社,1978。
⑨ 参见叶朗:《中国美学史大纲》,第459-460页,上海,上海人民出版社,1985。

一"是以人与世界本然的合一关系为基础的。但我们想进一步指出的是,"天人合一"最自然、最直接表现为"情景合一",或者说,审美活动是"天人合一"最理想的展现场所。当通过审美还原将功利、目的、概念全都用括弧括起来之后,主体剩下的只是"情感",对象剩下的只是景象。这种"情景交融"的世界是通过审美还原呈现出来的世界,是我们"生活世界"的最基本的形式。

由于"天人合一"最直接表现为"情景合一",因此"天人合一"最好理解为一种生活境界而不是抽象的关系、原则。日常生活中充满了功利、目的、概念等因素,本然的"情景合一"的"生活世界"被遮蔽了;只有在艺术、特别是天才艺术那里,这种被遮蔽的然而又是本然的"生活世界"才得到重新展示。

如果把天地境界理解为审美境界,在天地境界中如何对它有所觉解的难题就能得到较好的解释。诚然,审美境界是不可思议的,我们不可能通过思虑知道是否处于审美境界之中,但却可以通过一种无所原由的快适的情感,"知道"是处在审美境界之中。因为我们在对这种无所原由的审美愉悦反思时,只能找到唯一的原因,即人与世界本来就是亲密无间的。正是这种无所原由的快适情感(也就是我们通常所说的审美愉悦),把不可思虑的天人合一呈现给我们的意识。这种无所原由的快适,就是冯友兰所说的忘情之乐。"忘情则无哀乐。无哀乐便另有一种乐。此乐不是与哀相对底,而是超乎哀乐底乐。"①正是这种无所原由的快适,表明我们处在"与万物混杂中感受到人与世界的亲密关系的这一点上"②。由此,在审美境界中的存在样态,也可以被描述为一种位于根源部位的存在或本然的存在。在审美或天地境界中的人并不要做一番特别的事业,只是自然地做事,自然地生活;在这种自然的生活中领略到一种不同寻常的意味。③

2. 负的方法与审美还原

我们不仅可以从冯友兰有关"天地境界"的描述中直接挖掘出其中的美学内涵,而且通过对冯友兰达到"天地境界"的"负的方法"的分析,也可以显示出其中的美学维度。

既然天地境界是不可以思虑的,单凭思虑就不可以达到天地境界。因此,冯友兰指出:"真正形上学的方法有两种:一种是正底方法;一种是负底方法。正底方法是以逻辑分析法讲形上学。负底方法是讲形上学不能讲,讲形上学不能讲,亦是一种讲形上学的方法。"④值得注意的是,冯友兰把诗也当作是用"负的方法"讲形上学,

---

① 冯友兰:《南渡集·上编·论风流》,见《三松堂全集》,第5卷,第316页,郑州,河南人民出版社,2001。
② 杜夫海纳:《美学与哲学》,孙非译,第8页,北京,中国社会科学出版社,1985。
③ 冯友兰:《新原人·天地》,见《三松堂全集》,第4卷,第577页,郑州,河南人民出版社,2001。
④ 冯友兰:《新知言·论形上学的方法》,见《三松堂全集》,第5卷,第149-150页,郑州,河南人民出版社,2001。

"诗并不讲形上学不能讲,所以它并没有'学'的成分。它不讲形上学不能讲,而直接以可感觉者,表现不可感觉,只可思议者,以及不可感觉,亦不可思议者。这些都是形上学的对象。所以我们说,进于道底诗'亦可以说是'用负底方法讲形上学。"① 如果仔细分析,诗同"负的方法"还是有所区别的。负的方法讲形上学不是什么,"但若知道了它不是什么,也就明白了一些它是什么"②。这种"明白"并不是由所讲的直接显示的,而是需要一种另外的反思或觉悟才能得到,而这种另外的反思或觉悟刚好是需要进一步说明的。因此,"负的方法"虽然可以使人明白不可思议者是什么,但还不是必然地使人明白它是什么。诗不同于"负的方法",诗不说不可思议者不是什么,而是以可感觉者直接显现不可思议者。在这种意义上,诗是一种形上学的"正的方法",而且是唯一的能通达不可思议者的"正的方法"。尽管冯友兰并没有强调诗的这方面的作用,但从他承认诗可以显现不可思议者这一点来说,我们的发挥并不至于离题太远。

现在的问题是:诗怎么可以显现不可思议者? 在讨论诗作为一种负的形上学的方法时,冯友兰从三方面涉及了这个问题:诗用可感觉者表显不可感觉、不可思议者;诗用暗示的方法;诗用名言隽语的形式。③ 对冯友兰的这些结论,我们都还可以问为什么,但冯友兰本人并没有继续追问。因为他并没有把它当作问题来思考,而是当作事实来接受。美学刚好是对这些不加怀疑的事实提问。

诗能够用可以感觉者来表显不可思议者,表明可感觉者与不可思议者之间并非截然分裂,而有一种本然的"亲缘"关系。之所以说是本然的,因为诗,更广泛一点可以说审美,显示的是人与世界的本源关系、一种基本的生活世界。在这种生活世界中,可感觉者和不可思议者融为一体、不可分割。诗或审美的作用不是解释、说明这个世界,而是把人带到、使人想起这个世界,让人在这个世界中自己领悟不可思议者。诗用可感觉者表显不可感觉、不可思议者,因为诗并不直接诉说不可感觉、不可思议者,而是用可感觉者唤起一种可想象的生活,让读者在想象的生活中直接领悟不可思议者。不可思议者之所以可以被领悟到,因为在通过审美还原所达到的基本生活世界中,不可思议者同可感觉者本是水乳交融、密不可分的。诗用暗示,这种暗示其实也是暗示那种生活世界。"好底诗必富于暗示。因其富于暗示,所以读者读之,能引起许多意思,其中有些可能是诗人所初未料及者。"④这些"意思"也只有在读者通过审美还原达到天人合一的境界之后,才会自然涌起。

如果我们把天地境界当作形上学不可感觉、不可思议的对象(严格说它不能被

---

① 冯友兰:《新知言·论诗》,见《三松堂全集》,第5卷,第231-232页,郑州,河南人民出版社,2001。
② 冯友兰:《中国哲学简史》,第393页,北京大学出版社,1985。
③ 冯友兰:《新知言·论诗》,见《三松堂全集》,第5卷,第231-233页,郑州,河南人民出版社,2001。
④ 冯友兰:《新知言·论诗》,见《三松堂全集》,第5卷,第233页,郑州,河南人民出版社,2001。

称为对象),获取这种对象的唯一正确有效的方法便是诗或审美。这是由天地境界不可思议的性质和审美特有的还原功能所决定的。反过来也可以说。由于审美是达到天地境界的最有效途径,天地境界自然可以最恰当地理解为审美境界。

3. 风流与人格美

天地境界作为审美境界,还可以由达到天地境界所成就的人格表现出来。冯友兰把通过审美还原驻留在天地境界中的人格称为"风流",同时认为"风流是一种所谓人格美"。① 冯友兰之所以把风流称作美,是因为风流同美一样,都是只可以直观领悟不可以言语传达的东西。② 他从下面四个方面论述了构成真风流的条件:③

就第一点说,真名士、真风流的人必有玄心。玄心可以说是超越感。超越是超过自我,而超过自我则可以无我。真风流底人必须无我。这同天地境界中的人无我而有我的思想是一致的,同时也符合审美活动具有超越性的特征。④

就第二点说,真风流的人,必须有洞见。所谓洞见,就是不借推理,专凭直觉而得来底对于真理的知识。显然,这里的真理并不是科学真理,而是生活世界中的情理;科学真理不借助推理是很难得到的,人情物理却很容易被直观所把握。这种"洞见"也就是美学中讨论得最多的审美直觉。⑤

就第三点说,真风流的人,必须有妙赏。所谓妙赏就是对于美的深切的感觉。这里的妙赏也就是美学所说的用审美眼光或态度来对待整个世界。正是由于有这种妙赏,我们才可以说宇宙的人情化和人生的艺术化。

就第四点说,真风流的人,必有深情。这种深情并不是个人的儿女私情,而是超越自我之后,对宇宙人生的深切的同情。所以冯友兰称之为有情而无我。这种超越的情感也不是日常生活中最基本的哀乐,或者说一种更深切的哀乐。从其极致来说,超越的情感是忘情。忘情则无哀乐,无哀乐便另有一种乐。日常生活中的哀乐总是有什么与之相对,即总是对于什么的哀乐。忘情之乐在根本上与物无对,是一种没有原由的对整个宇宙人生的大乐。这种没有原由之乐也就是美学中常常讨论的审美愉悦。⑥

根据上述分析,把风流当作一种人格美是十分贴切的。在历史上众多的风流人物中,冯友兰最推崇陶渊明和程明道。他特别喜欢陶渊明的诗:"结庐在人境,而无车马喧。问君何能尔,心远地自偏。采菊东篱下,悠然见南山。山气日夕佳,飞鸟相

---

① 冯友兰:《南渡集·上编·论风流》,见《三松堂全集》,第5卷,第309页,郑州,河南人民出版社,2001。
② 冯友兰:《南渡集·上编·论风流》,见《三松堂全集》,第5卷,第310页,郑州,河南人民出版社,2001。
③ 冯友兰关于"真风流"的论述,见冯友兰:《南渡集·上编·论风流》,见《三松堂全集》,第5卷,第311—312页,郑州,河南人民出版社,2001。
④ 叶朗主编:《现代美学体系》,第228—231页,北京,北京大学出版社,1988。
⑤ 叶朗主编:《现代美学体系》,第209—217页,北京,北京大学出版社,1988。
⑥ 叶朗主编:《现代美学体系》,第231—237页,北京,北京大学出版社,1988。

与还。此中有真意,欲辨已忘言。"他从中领悟到:"这歌所表示底乐,是超乎哀乐底乐。这首诗表示最高底玄心,亦表现最大底风流。"①冯友兰还特别欣赏程明道的诗:"云淡风轻近午天,傍花随柳过前川。时人不识予心乐,将谓偷闲学少年。"他从中看到程明道的境界,似乎更在邵康节之上,其风流亦更高于邵康节。② 陶渊明、程明道的风流能通过诗表现出来,冯友兰则能通过他们的诗直观到他们的风流,说明不可言说的风流同诗、审美有一种天然的关系。冯友兰把风流当作一种人格美,可以启示我们更加深入地理解风流同审美人生之间的关系。

通过上述分析,我们可以看到,冯友兰所谓"天地境界",与其理解为哲学境界,不如理解为审美境界。天地境界的不可思议的性质,从根本上要求一种与之相应的审美的在世方式。在这里,审美不能理解为一种抽象的认识活动,而应该理解为通过还原达到的基本生活样态。只有在这种自然地做事、自然地生活中,主体与客体(如果可以说主客体的话)才能完全敞开,呈现其全部可能性;主体才能真正自同于大全。诗不诉说不可说者,只是展示这种可想象的生活样态;诗不告诉人们什么是大全,却让人们自同于大全。自同于大全的人格必然成就为真正的风流,成就为一种人格美。

(彭 锋)

---

① 冯友兰:《南渡集·上编·论风流》,见《三松堂全集》,第5卷,第316页,郑州,河南人民出版社,2001。
② 冯友兰:《南渡集·上编·论风流》,见《三松堂全集》,第5卷,第316页,郑州,河南人民出版社,2001。

九 生命、美感、宇宙三位一体的本体与价值统合美学
——方东美与 20 世纪中国美学

方东美(1899—1977)自诩为"诗哲"。以中国现代哲学家思想形态而论,作为 20 世纪中国把艺术、美融合于哲学从而建成独特系统的大家,方东美不同于冯友兰"接着"宋明理学讲、金岳霖注重认识论;以中国现代美学家思想形态而论,他又不同于朱光潜侧重心理学美学和宗白华的"散步"美学。方东美所建构的,是"原天地之美而达万物之理"的美学化哲学形态,换言之,原于情之美和原于理之玄相融相契,即所谓"情缘理有"、"理依情生"。

(一)美学方法和问题

化思入诗而又援诗入思的写作方式,使方东美获得了"诗哲"美名。他何以要以诗性的智慧来表达哲思呢?这并非属于个人的一种癖好,实在是方东美意识到诗的功能犹如在做"生命之梦"①。他平生服膺的两句话也是"乾坤一戏场,生命一悲剧"。可以说,方东美是挟生命之幽情,把生命和诗作为观赏的对象。在这里,哲学不是与生命隔阂的,相反,哲学就是对生命现实苦难的抚慰!就像怀特海所说,"哲学类似于诗。哲学是为诗人的生动暗示找出一种常规表达的努力"②。然而,透过方东美"玄学的诗",可以发现,其哲学—美学思维方式已远远超越了古典的形而上的致思方法——方东美从不追问美作为实体是什么,也不去问艺术作为特殊的审美对象究竟该如何?他把美和艺术放到文化背景上,对不同民族精神和文明进行文化哲学的比较。

1."既超越又内在"的形上学方法

在方东美那里,美学与宗教、道德同属于人类的精神层面。因此,他所讲的哲学,实际包括了美学、伦理和宗教。他不喜欢西方近现代的逻辑分析哲学和实证主

---

① 据方先生之子方天华说:"父亲在世常引歌德,说诗的功能在作'生命之梦'。"引自方东美:《坚白精舍诗集》,第 497 页,台北,黎明文化事业股份有限公司,1978。

② 转引自菲利浦·罗斯著:《怀特海》,李超杰译,第 105 页,北京,中华书局,2002。

义。他有明显的形而上偏好,这一点和怀特海很相仿。所以,我们很难在其著作中看到"主观"和"客观"这样的词,因为这两个词既不符合他的有机形而上的哲学美学态度,同时又留下了传统西方旧形而上割裂人与自然所带来的偏于认识论痕迹。

在方东美看来,"任何科学研究,都有方法的设定"①。他虽是一个世界主义者,并不排斥哲学领域不同于自己的其他方法,但他在比较三种典型的哲学进路后发现,只有人文主义才能透过生命不断创进而达哲学"玄之又玄"的至境。在这方面,中国的原始儒家、原始道家、大乘佛学以及新儒家担负了精神指向的作用。在西方,只有现代的怀特海、柏格森、海德格尔等人是例外,并且"这些例外却证明了东方哲学时常应用的法则是对的"②。换言之,在方东美的理想中,只有人文主义才是最好的进入哲学殿堂的通途。宗教和科学虽然也能进入哲学领域,但宗教把现世和来世打成两橛,仿佛现实世界和理想世界是对峙的,只有牺牲现实世界来成全理想世界,结果"那哲学即使想为神学服务,也只能促使人们逃避此一玷污的现世,而寄望于另一完美的他世"③。同样,科学的入径也有问题。因为"科学追求真理虽然也是令人向往,但若一旦逾位越界,连哲学都被科学化,便深具排他性,只能处理一些干枯与抽象的事件,反把人生种种活泼机趣都剥落殆尽,这也是同样的危险"④。

于是,方东美认为,只有人文主义才打破了宗教现世和来世的隔绝,也突破了科学主义带来的所谓"价值中立"的偏执,从而把形而上和形而下贯穿起来,再通过"超越形而上"的点化,使之转化为"内在的形上"。这样一来,哲学以生命为本体,并且"整个宇宙,无论它被分割成多少领域——自然界或超自然界、现实界或理想界、世俗界或神性界,在中国人文主义看来,都是普遍生命流行的境界,这种大化流衍,范围天地而不过,曲成万物而不遗,而人类承天地之中以立,身为万物之灵,所以在本质上便是充满生机,真力弥漫,足以驰骤扬厉,创进不已"⑤。值得注意的是,方东美的人文主义哲学路径遵循了中国哲学"体用不二"的思维理绪,它和西方"人本主义"是不一样的。因为西方的"人本主义"在人与自然之间设立了一个界限,甚至由人来奴役自然。与此相反,方东美讲的这种人文主义则体现了人与宇宙彼此相因、同情交感的广大和谐的中道关系。所以,他说:

> 中国艺术妙契人文主义的精神。我所说的人文主义,不是(古)希腊 Protagoras 所说的"人是衡量一切的依据",因为这将陷入主观主义与感性的怀疑

---

① 方东美:《科学哲学与人生》,第174页,上海,商务印书馆,1936。
② 刘梦溪主编:《中国现代学术经典·方东美卷》,第427页,石家庄,河北教育出版社,1996。
③ 方东美:《中国人生哲学》,第82页,台北,黎明文化事业股份有限公司,1982。
④ 方东美:《中国人生哲学》,第85页,台北,黎明文化事业股份有限公司,1982。
⑤ 方东美:《中国人生哲学》,第86页,台北,黎明文化事业股份有限公司,1982。

主义中,一如柏拉图在 Theatretus 语录所指出的。另外,我所说的人文主义也不是像(古)希腊艺术所谓的"以人体来设想所有性质",或"以人形来表现众神",因为,前者将使艺术只陷入主观的感性快乐中,而忽略了客观的精神指望,后者则不论其表现如何完美,皆将使艺术只沦为描绘性。中国的艺术家并不只是以人体来表现美,他们永远是以人类精神的活跃创造为特色,所以他们能将有限的体质点化成无穷的势用,透过空灵的神思而令人顿感真力弥漫,万象在旁,充满了生香活意。①

不难看出,方东美对形而上学的途径考量,是从方法论意义出发的。关于这一点,他说得很直接:"我所谓的形上学途径主要是由方法学上来设想"②。这可以说是"大哲学"的方法。方东美是从人文主义的途径来区别于宗教和科学、古希腊哲学和近代哲学的。在他看来,宗教、科学、古希腊哲学(柏拉图晚年思想除外)和近代哲学都脱不了"二元"的思维格局。这种思维的明显特征就是机械性,把人与自然、有限和无限、物质和精神都看作对立的。而中国哲学以及西方现代的柏格森、怀特海一辈人则主张有机的形而上学观,把人与自然、宇宙看作普遍生命的大化流衍,物质和精神、有限和无限融会贯通,甚至一切至善至美的价值理想也可以随生命的流衍而得以充分实现。

这里,我们可以见出,方东美的人文主义治思途径是综合现代西方哲学的成果,同时又承继了中国传统的原始儒家、原始道家、大乘佛家的体用不二的"既超越又内在"的特性。一方面,这种人文主义致思方法克服了西方主客两分的"二元"难局,突出生命、生存作为哲学的出发点。另一方面,他的思想又不像近现代许多非理性思潮以及逻辑分析哲学、实证哲学一味反对形而上学。在方东美那里,旧形而上的机械性固然应该反对,但形而上还是治哲学的根本入径。"形上学者,究极之本体论也,探讨有关实有、存在、生命、价值等"③。可见,方东美心目中的大哲学是机体主义的,是价值论和知识论的统一,是一种境界哲学。也就是说,它是以生命为单位,层层超升,由物质层面到精神层面,直达"皇矣上帝"。

方东美的人文主义理路同时是以高度美学化的面貌呈现出来的。人与宇宙、生命的情调之呈于美感,是三位一体的。"各民族之美感,常系于生命情调,而生命情调又归抚于民族所托身之宇宙,斯三者如神之于影,影之于形,盖交相感应,得其一即可推知其余者也。"④宇宙是有生命的,"宇宙自身便是情理的连续体,人生实质便

---

① 方东美:《中国人生哲学》,第229页,台北,黎明文化事业股份有限公司,1982。
② 方东美:《原始儒家道家哲学》,第17页,台北,黎明文化事业股份有限公司,1993。
③ 刘梦溪主编:《中国现代学术经典·方东美卷》,第24页,石家庄,河北教育出版社,1996。
④ 刘梦溪主编:《中国现代学术经典·方东美卷》,第212页,石家庄,河北教育出版社,1996。

是情理的集团"①。

既然人与自然、宇宙的有机统一体是"情理集团",那么,"情理集团"又是什么?方东美认为是一个谜,我们只知道情理双融,情缘现有,理依情生,妙如连环,至于要知道这情理从何而来,则"可以直观,难以诠表"②。如此说来,避开方东美讲的形而上学途径的大方法,哲学本身的思维方法是演绎还是归纳,看来在他这里都不是,或者说他的方法不能简单归于某一类。实际上,方东美的哲学方法是"直观"(直觉)的体验方法。大概也正因为如此,他几乎很少从知识论角度谈哲学、美学,而喜欢用"直观"的诗化表现方法来谈哲学、美学。

方东美为什么比较轻视"演绎"和"归纳"③的方法,我们可以从方东美对西方分析法的评价中找到原因。"分析法——中国思想外表上看来似乎有缺点,不像近代西方之重分析法;其实中国不是没有,像名家、墨家在这方面都有高度发展,但是后来中国人觉得要讲分析就应当彻底,片断的分析是错误的,看了一面就执著了,看了另一面又执著了,如此构成边见,而无法透视宇宙人生意义之全体。所以谈分析就应当分析彻底,使宇宙秘密不论上下左右没有一样遗漏,这才是彻底的分析:整个宇宙的全体、整个人生精神的全体,才能都在吾人面前一起透视出来,然后吾人可以针对宇宙人生各方面所形成的旁通统贯的观点,在精神上超越了,提升起来,再发展一个观点来透视一切透视的系统。如此才知道分析法不到家是虚妄分析,真正彻底的分析才能帮助我们由直觉上把握宇宙人生的全体意义、全体价值、与全体真相。"④

我们可以把方东美自己的方法称作"全体的直觉(观)法"。它很似中国画,不是西方的几何透视法,不是选择某一点按照透视法来表现空间的立体关系;相反,它是一种"提其神于太虚而俯之"的"以大观小"的总透视法。这正是杜甫描写的"乾坤万里眼,时序百年心"。因此,可以说,方东美的哲学也是其美学思想的表现,说到底是本体论和价值论的合一,是一种境界哲学,也是一种人学。方东美非常明确地将中国绘画的"透视境界"方法移植到其哲学—美学当中,认为:"中国哲学一向不用二分法以形成对立矛盾,却总是要透视一切境界,求里面广大的纵之而通、横之而通,藉周易的名词,就是要造成一个'旁通的系统'。"⑤方东美注重以"整体"面貌揭示哲学的精神内涵,把直觉(直观或直透)的功能看得比科学理性还要优越。他讲哲学应该是一个"旁通的系统",说明他要以这种"融贯说"来对抗"二元的分离说"(包括主客

---

① 方东美:《科学哲学与人生》,第35页,上海,商务印书馆,1936。
② 刘梦溪主编:《中国现代学术经典·方东美卷》,第302页,石家庄,河北教育出版社,1996。
③ 这两个词不是一般逻辑意义上的,而是指大陆理性从某一"自因"演绎意义上的演绎,以及经验论从某一"不可分"的单元出发的归纳。
④ 方东美:《原始儒家道家哲学》,第19页,台北,黎明文化事业股份有限公司,1993。
⑤ 方东美:《原始儒家道家哲学》,第22页,台北,黎明文化事业股份有限公司,1993。

两分、人与自然对峙、内与外的对立、上界与下界的隔离等)。从这个意义上讲,牟宗三说方东美轻视《论语》,"是用审美的兴会来讲儒家"①,虽带有不屑的态度,但的确道出了方东美哲学是一种美学化的哲学。只不过方东美的这种美学化的表达,是由其哲学"互相旁通贯穿"的特性所决定的。也许,M.怀特对柏格森哲学行文的评价同样适用于对方东美文体风格的评价。怀特说:"他的文体的运行方式和他自己对意识的描述很是相像——不是作为一系列能够分别理解的句子,而毋宁像一系列的'互相贯通'的缺乏确定性、独立性和鲜明性的经验。它们产生的效果,与其说像哲学散文,毋宁说像诗歌那样;它们所表达的,与其说是在逻辑上彼此联系并含有一定结论的命题,毋宁说是定时地迸发为洞见的心境。"②

2."原天地之美而达万物之理"的总原则与生命美学诸问题

方东美的哲学、美学方法是以人文主义为进路的。这种人文主义带有很浓厚的美学意蕴。具体探讨方东美的美学观点,须时刻不能忘记,正是这种人文主义的形而上方法,决定着方东美美学思想有着高抬精神性价值(宗教、艺术、道德)、贬低或者说弱化科学的倾向。

大致说来,方东美以人文主义为指归、以"生命"为本体的美学思想体系的雏形,在其1931年初刊于中央大学《文艺丛刊》第1卷第1期上的《生命情调与美感》一文中即可见出。随后,他又在《生命悲剧之二重奏》和《哲学三慧》两文中,对其思想系统做了进一步的充实和发展。不过,我们应该注意到,在人文主义的总倾向下,方东美美学思想发展的侧重点还是有变化的。

20世纪三四十年代,方东美注重中西文化哲学比较,因此对外来文化多采取"他山取助,尤为切要"③的态度。而到了50至70年代,他开始转向侧重阐述中国美学思想,只是附带提及西方怀特海、柏格森、海德格尔的思想和柏拉图晚期著作的思想,认为中国哲学、美学思想与西方思想可以并行不悖。这种转向并不表示方东美的美学观从西方转向了东方,这种研究视角的调整多半出于文化战略的考虑,是鉴于中西文化比较应在平等对话基础上才能正常进行,而事实上西方人对中国文化的了解远不如中国人对西方文化的了解。在这种情况下,方东美认为有必要更多地向西方人阐明东方人的智慧。所以他晚年谈到美学问题时,都是以中国艺术精神来统领的。

(1)早期美学思想分析(20世纪二三十年代)

首先,方东美最早、最系统地建立了以生命为本体的美学思想体系。在《生命情

---

① 牟宗三:《中国哲学十九讲》,第74页,台北,学生书局,1983。
② M.怀特:《分析的时代》,杜任之主译,第61-62页,北京,商务印书馆,1981。
③ 刘梦溪主编:《中国现代学术经典·方东美卷》,第319页,石家庄,河北教育出版社,1996。

调与美感》里,方东美明显讨厌近代西方以知识论来谈美的倾向,"孰为生命?曷谓美感?'人之生也固若是芒乎?其我独芒而人亦有不芒者乎?'其人尽芒而我竟不芒者乎?美之为美是各人之私见耶?抑尚有客观性耶?此类纯理问题,姑置不论"①。乍一看,方东美这番话似乎是不想深究生命和美的问题,其实他是说如果按照传统西方知识论的主客两分方式来探究生命和美,那是无意义的。那么,究竟如何深层探究生命和美感的本质?方东美选择了从人文主义立场出发,"仰观俯察,穷天地之象以言万物之齐,通古今之变以明事功之故,立人道之极以正性命之理"②。用庄子的话说,就是"原天地之美而达万物之理"。

进一步说,在方东美看来,"宇宙,心之鉴也,生命,情之府也"③。宇宙之"理"和生命之"情"是双融互摄的。美感由情而发,是以生命的生机灌注于人生,"究理则是言事以造奇境",是"托心身于宇宙"。方东美把人和自然、人生和宇宙视为融会贯通的,并曾把自己的哲学—美学浑为一体的思想系统称为"有机的形上学"。显然,这种有机的形上学与西方传统将美学视为认识论一个部分的哲学不同,在方东美这里,哲学和美学是一回事,一由境生,一由情发。所以,方东美说:"各民族之美感,常系于生命情调,而生命情调又规抚其民族所托身之宇宙,斯三者如神之于影,影之于形,盖交相感应,得其一即可推知其余者也。"④

虽然人与自然、生命情调与美感的统一在各民族文化中都是普遍存在的,但方东美指出,古希腊人和近代西洋人之于宇宙往往以科学观之,注重其"理境",而中国人的宇宙则是"艺术之意境也"⑤。当然,"科学理趣之完成,不必违碍艺术之意境,艺术意趣之具足,亦不必损削科学之理境,特各民族心性殊异,故其视科学与艺术有畸重畸轻之别耳"⑥。在这里,"畸重畸轻"是就量的大小而言,方东美似乎也认为西方宇宙观偏于科学的理境,而中国人的宇宙观是艺术的境界(艺境)。前者选择的是科学的形而上途径,后者走的是人文主义的理路;从大的方面讲都是"生命"的表现,情与理都是双融互摄的。不过一从理出,另一从情入,在这个意义上,"中外宇宙观之不同,此其大较,至其价值如何论定,则见仁见智,存乎其人可也"⑦。

其次,方东美从宇宙人生是一个有生命的"情理集团"的观点出发,阐述了生命悲剧的二重奏。1936年,方东美在中国哲学会南京分会成立会上宣读的论文《生命悲剧之二重奏》中,借用萧伯纳的话"生命中有两种悲剧,一种是不能从心所欲,另一

---

① 刘梦溪主编:《中国现代学术经典·方东美卷》,第208页,石家庄,河北教育出版社,1996。
② 刘梦溪主编:《中国现代学术经典·方东美卷》,第209—210页,石家庄,河北教育出版社,1996。
③ 刘梦溪主编:《中国现代学术经典·方东美卷》,第222页,石家庄,河北教育出版社,1996。
④ 刘梦溪主编:《中国现代学术经典·方东美卷》,第212页,石家庄,河北教育出版社,1996。
⑤ 刘梦溪主编:《中国现代学术经典·方东美卷》,第222页,石家庄,河北教育出版社,1996。
⑥ 刘梦溪主编:《中国现代学术经典·方东美卷》,第222页,石家庄,河北教育出版社,1996。
⑦ 刘梦溪主编:《中国现代学术经典·方东美卷》,第222页,石家庄,河北教育出版社,1996。

种是从心所欲"①,以此为标准而将西方的悲剧分为两种,即古典希腊悲剧是"从心所欲",近代欧洲悲剧则是"不能从心所欲"。不难看出,方东美是想借"生命悲剧二重奏"来表述这样一种见解:宇宙人生既是一个"情理集团",那么对待这个"情理集团"就不应抱肤浅的乐观或畏惧的悲观态度。古希腊人之伟大,在于"(古)希腊人之思想始终以生命之美化为着眼处,所以他们尽管历尽艰辛而不致沦入悲观的颓境"②。尼采把这种精神揭示得很精彩,"因为这人生幸福的结局是以深透回远的痛苦润饰而成之美型,我们如欲领略它的韵味,须将实际生活中所经历的酸辛苦楚都点化了,饰之以幻美,始能超越艰难,陶熔乐趣,以显耀人生的胜利"③。简言之,生命的艺术升华可以化现实苦难为审美的愉悦。这的确是一种"从心所欲"、既乐观而又不肤浅的人生态度。一方面,他既肯定古希腊悲剧时代的思想是悲观的,"痛苦为生命的根身,闪避不得"④;另一方面,他又承认从艺术的观点看,"觉宇宙全境贯注形象之美,条理秩然,人类周遭满布欢愉之感,生机活泼"⑤。

与此相应,方东美还认为,叔本华代表了近代欧洲悲剧精神,他"直叩欧洲人的心弦,故一方面主张生命欲之确立可以统摄宇宙万象,他方面又断言生命欲之灭绝乃是人类脱离苦海的'禅门'。这是近代欧洲思想的岔道,左之右之,都是不能从心所欲"⑥。

方东美虽然也承认近代欧洲在"进取的虚无主义"引导下,"对于宇宙人生可以恣意欣羡,肆情享受,流露无限的美感",⑦但总的看来则不免驰情入幻,"毕竟未由契合宇宙之真情实理"⑧。

由此,我们可以看到,方东美在揭示从古希腊"从心所欲"到近代欧洲"不能从心所欲"的悲剧精神转变的同时,因为"(古)希腊人观感宇宙,体察人生,情之所钟,理必应之,理之所注,情必随之,情理圆融,物我无间,所以他们的思想风格恰可体合生命径向,毫无溢妄"⑨,而盛赞古希腊人的审美态度,对近代欧洲人的违情悖理却不免有些微词。这也从侧面反映了方东美人生艺术化的美学态度。

最后,由于方东美把人与自然、人生与宇宙的相容相摄放在以"生命"为支柱的不断超升的立体思想系统上,所以,在他那里,艺术和道德也就不可能像康德那样平

---

① 刘梦溪主编:《中国现代学术经典·方东美卷》,第234页,石家庄,河北教育出版社,1996。
② 刘梦溪主编:《中国现代学术经典·方东美卷》,第244页,石家庄,河北教育出版社,1996。
③ 刘梦溪主编:《中国现代学术经典·方东美卷》,第235页,石家庄,河北教育出版社,1996。
④ 刘梦溪主编:《中国现代学术经典·方东美卷》,第251页,石家庄,河北教育出版社,1996。
⑤ 刘梦溪主编:《中国现代学术经典·方东美卷》,第262页,石家庄,河北教育出版社,1996。
⑥ 刘梦溪主编:《中国现代学术经典·方东美卷》,第241页,石家庄,河北教育出版社,1996。
⑦ 刘梦溪主编:《中国现代学术经典·方东美卷》,第267—268页,石家庄,河北教育出版社,1996。
⑧ 刘梦溪主编:《中国现代学术经典·方东美卷》,第314页,石家庄,河北教育出版社,1996。
⑨ 刘梦溪主编:《中国现代学术经典·方东美卷》,第297页,石家庄,河北教育出版社,1996。

列摆放,而是在境界上层层提升。按照方东美的观点,道德境界要比艺术境界高,因为艺术"这个世界美则美矣,或者丑则丑矣","只能够表现主观的感受",①在价值上还不具有"道德的境界"那样的客观性。再往上提升则是"宗教的境界"。很明显,方东美注重的是精神现象整体向上的发展取向,不主张像西方那样严格区分审美同情和道德同情,毕竟这还是"二元"思维格局的产物。在他看来,在道德同情和审美同情的区分中,道德同情通常是以主体和客体关系表述的,而在审美同情中,主体和客体的生命活动是非自觉的,这种区分还是把美学和伦理学分开来了。在发表于1938年6月《学灯》副刊上的《哲学三慧》里,方东美虽然指出中国人的宇宙观是艺术化的、即体即用的,但早期的方东美没有像后期那样一味赞扬中国的艺术、宗教、哲学"三者合德"的统一性。他指出:"中国哲学家之思想向来寄于艺术想像,托于道德修养,只图引归身心,自家受用,时不免趋于艺术诞妄之说,囿于伦理锢蔽之习,晦昧隐曲,偏私随之。原夫艺术遐想,道德慈心,性属至仁,意多不忍,往往移同情于境相,召美感于俄顷,无科学家坚贞持恒之素德,颇难贯串(穿)理体,巨细毕究,本末兼察,引发逻辑思想系统"。②应该说,方东美早期的观点是冷静的,看到了中国科学和逻辑思维的不足。但没有多久,抗战即将爆发,在通过"中央广播电台"向全国青年广播演讲《中国人生哲学概要》时,他却似乎更凸显了中国先哲美善秉彝的观点,强调"中国先哲所认识的宇宙是一种价值的境界,其中包藏无限的善性和美景"③。

综观方东美早期的美学思想,其中包含的几个问题值得进一步探讨:

其一,方东美的思想突破了传统西方从知识论角度讨论美学问题的认识框架。在他看来,哲学和美学是一体的两面,都属"情理集团","生命"贯穿于人和宇宙之中;不仅人是一个情理集团,宇宙也是一个情理集团。这样,方东美继承了中国传统"天人合一"思维模式,不对诸"生命"和"美"作实体化的追问,而是从生命的实存出发,把美感看作生命情怀的一种抒发,因而是有意义指向的。这不能不说和现代西方存在主义、解释学的致思理路有相通之处。但方东美又不完全和现代西方反形而上思潮合流,他赞扬不为西方主流哲学注意的怀特海有机哲学,大概也是因为怀特海注重形上学,把形上学和美学统一起来,这些观点和方东美自己的观点极为类似。

其二,由于方东美把哲学和艺术结合得很紧密,所以,他讲的艺术实际上是艺术哲学,不是"fine art"的意思。也就是说,方东美是把宇宙当作艺术化的移情对象来处理的。因此,其艺术哲学所追求的境界,是"原天地之美而达万物之理"。艺术的艺境和哲学的理境可以由层层境界超升而达到统一。在这里,"情"(艺术)为缘,

---

① 《方东美先生演讲集》,第21页,台北,黎明文化事业股份有限公司,1978。
② 刘梦溪主编:《中国现代学术经典·方东美卷》,第318页,石家庄,河北教育出版社,1996。
③ 方东美:《中国人生哲学》,第51页,台北,黎明文化事业股份有限公司,1982。

"理"为有(存在);情理双融,才能直观,而不可以逻辑形式来命名和区分。要言之,他是拿"艺境"去统领"理境"。于是,中国文化中的"理境"就不可能像西方概念式的规范和界说,而是一种"意境"。那么,"意"和"艺"就不是相隔阂的,而是可以通过生命来打通与自然、宇宙的关系,生命的情调和美感就融会于宇宙太和意境之中。在这个意义上,我们不赞成方东美只有"美学观"而没有有意识地建构"体系"的观点。[①] 方东美是有美学体系的,而这个体系是同其哲学体系分不开的。

其三,与西方二元思维格局不同,方东美是从"天人合一"的中国传统思维方法出发,把艺术和道德看作可以统一的,认为它们同属于"形而上文化",艺术、哲学、宗教是所谓"三者合德"。并且,他不太注重对道德同情和审美同情再作进一步区分,他虽然也看到艺术和道德有矛盾,但在他那里只有"境界"的高低之分,在本质上看生命本身和道德并不矛盾,生命本身就是艺术,这种艺术的升华必趋于道德境界。然而,"痛苦为生命的根身"固然不错,但痛苦之出还是有一个善与恶的问题。尼采认为生命本身是不道德的,对于这一观点似乎方东美注意不够。所以,他的弟子傅佩荣曾说:"在谈到道德的时候,以人性论作为基础。在我看来,老一辈人用词比较广泛,他喜欢讲中国人都是主张性善的,这个是主流,但也没有讲得很清楚,到底什么是性善,他也没有否认人有罪恶。当然,性善不指单纯的本善,但如何解释恶呢,当时并没有考虑这样的问题。"[②]

(2)后期美学思想分析(20世纪30年代末至70年代初)

方东美的哲学、美学研究由西向东视角转变的原因,除了前述文化因素外,还有一个原因,即抗战爆发,民族情绪高涨,在此情境下,"才有了转变,觉得应当注意自己民族文化中的哲学,于是逐渐由西方转回东方"[③]。前者可以说是理智的考虑,后者则有更多的情绪因素。自1937年4月开始给全国青年发表演讲、后结集为《中国人生哲学概要》开始,方东美进入中国先哲的生命美学领域并以此统领自己的形上学思想系统。

大致说来,方东美后期美学问题集中在三个方面:无言之美;美的本质;中国艺术的特色。

首先,美是什么?美究竟能否言说?在西方,这是自古希腊柏拉图开始的一个老问题了。17、18世纪法国也流行一句口头禅:美就是"我说不出来的什么"(jene sais quoi)。培根也说,美的最好部分是笔墨无法形容的,美是很难定义的。方东美认为,中国先哲之所以很少谈"美是什么",是因为他们最懂得美是无以用语言表达

---

① 蒋国保、余秉颐:《方东美思想研究》,第364—365页,天津,天津人民出版社,2004。
② 傅佩荣、梁燕城:《方东美学统与对儒道的后现代诠释》,载《文化中国》2005年第1期。
③ 方东美:《原始儒家道家哲学》,第2页,台北,黎明文化事业股份有限公司,1993。

的道理,"天地有大美而不言,四时有明法而不议,万物有成理而不说。圣人者,原天地之美而达万物之理,是故至人无为,大圣不作,观于天地之谓也"①。

当然,对于美的非概念性、非功利性,中西方都有论述。在西方,也有思想家表述过美的非逻辑性观点,但占主导地位的仍是把美放在知识论里加以讨论。反观中土文化,则是从整个宇宙人生出发来把握美的无言性。对此,方东美没有明确指出他是一个"世界主义"者,其治学的大方向是"求同"。所以,他引了贝多芬用不断的演奏而不是用语言回答观众对音乐美的追问,以及但丁、培根等人的论述为例来说明这一观点。

这是问题的一方面。另一方面,方东美又的确更多地站在中国人的艺术理想立场上来揭示"无言之美"的内涵。"对艺术而言,我们则可以暂且不谈,但是这个不谈,绝不是轻视的意思,而是深知真正艺术之美,必须以伟大的天才花费极大的苦功才能完成,不能轻易去谈,也就是说,美的创造是极其神圣的,必需神思勃发、才情丰富,始能直透宇宙人生的伟大价值。"②有趣的是,方东美并不用"直觉"、"直观"这种带有西方知识论痕迹的用词,而是自己杜撰了"直透"一词。这个"透"字很好地说明了中国人的审美是把人与宇宙联系在一起,是在"天人合一"思维模式下产生的结果。以"天地之心"来做"仰观俯察"而产生美,是中国画家的一种才能,可以将大的画成小的,小的画成大的。这种审美态度打破了西方几何透视的审美态度。在这样一种审美态度下,美是通过整体思辨而非西方实体化的分析来得到的,即通过"悟"和"透"而得到美感。对此,方东美用"提其神于太虚而俯之"来比喻,并说这种审美的"直透"是"产生一个总透视法,透视其他许多相对的透视境界"③。

其次,美的本质是什么?方东美看来,美的本质就在于寻求"天地之大美"。换言之,这个"大美"和一般日常形容的美有所不同,它是哲学家追问美的普遍意义时指出来的。本来美是不能用言语表达的,但这个美又太重要了,尽管"道可道,非常道,名可名,非常名",但还是要"道"、要"名"。只不过这时所讲的美是哲学家用来"道"、"名"的美,它和日常所说的"美"已有不同。对于这点,《老子》用"大音"、"大象"、"大美"来区分"音"、"象"、"美"就是这个道理。结果,方东美也不得不给美的本质做一个回答:"天地之大美即在普遍生命之流行变化,创造不息。我们若要原天地之美,则直透之道,也就在协和宇宙,参赞化育,深体天人合一之道,相与浃而俱化,以显露同样的创造,宣泄同样的生香活意,换句话说,天地之美寄于生命,在于盎然生意与灿然活力,而生命之美形于创造,在于浩然正气与酣然创意。"④

---

① 《庄子·知北游》。
② 方东美:《中国人生哲学》,第212页,台北,黎明文化事业股份有限公司,1982。
③ 方东美:《原始儒家道家哲学》,第22页,台北,黎明文化事业股份有限公司,1993。
④ 方东美:《中国人生哲学》,第212页,台北,黎明文化事业股份有限公司,1982。

与西方思想家喜欢讲美离不开人、离不开主观性不一样,方东美讲美的这一特性,是在"总透视法"下将生命与宇宙、本体论和价值论联系起来看的。"宇宙假使没有丰富的生命充塞其间,则宇宙即将断灭,哪里还有美之可言。而生命,假使没有玄德,敝则新,生而不有、为而不恃、长而不宰、功成而弗居,则生命本身即将'裂、歇、竭、蹶',哪里更还有美可见。"①同样,与西方人讲"同情"是放在主客关系来讲不一样,方东美也讲"同情",但是对宇宙大道所生的"同情",这在宇宙方面就是"太和",而在生命情怀的表现则是通过诗与乐所达到的"中和"。据此,方东美认为,孔子之所以注重诗和乐,就"因为其审美的主要意向都是要直透宇宙中创进的生命,而与之合流同化,据以饮其太和,寄其同情"②。

最后,方东美将中国艺术的特色概括为四点:一是玄学性重于科学性;二是象征性;三是方法是真正的表现;四是妙契人文主义的精神。在他看来,西方科学往往从具体的自然现象出发来做细密的结构分析,中国艺术则从一开始就以广大和谐的宇宙为整体来做"总透视法"。相比而言,西方科学不免重技能,有"匠气"之嫌,而中国艺术是在融会贯通基础上,用自己的慧心直透"全体宇宙的真相及其普遍生命之美"。因此,与西方重描绘性的艺术不同,中国艺术是象征性的:"中国艺术所关切的,主要是生命之美,及其气韵生动的充沛活力。它所注重的,并不像(古)希腊的静态雕刻一样,只是孤立的个人生命,而是注重全体生命之流所弥漫的灿然仁心与畅然生机,相形之下,其他只重描绘技巧的艺术,哪能如此充满陶然诗意与盎然机趣?"③

方东美从人文途径出发,建构了一个"既超越又内在"的形上学方法作为哲学—美学的理论基础。但就艺术本身来说,它也有一个方法问题。对于这一点,方东美认为中国的艺术方法是真正的表现。在这里,"表现"的意思是指"活泼地勾画出一切美感对象,它把握了生命的黄金时刻,最善于捕捉自然天真的态度与浑然天成的机趣"④。这就是说,"表现"是将个体生命悠然契合于大化宇宙生命之中。也可以说,这种"表现"就是内在生命和外显生命的统一。

根据中国艺术这种内外统一的生命表现精神,方东美指出他的"泱化宇宙生意"不是立普斯所讲的"移情作用"。因为,"移情作用"还是"将主观的感受投射于外",根本上"那只能称为主观主义,反会产生心理与物理的二元论,在身与心之间恒有鸿沟存在,在主体与客体之间也会有隔阂"⑤。在方东美看来,中国艺术妙契人文主义

---

① 方东美:《中国人生哲学》,第214页,台北,黎明文化事业股份有限公司,1982。
② 方东美:《中国人生哲学》,第217页,台北,黎明文化事业股份有限公司,1982。
③ 方东美:《中国人生哲学》,第220页,台北,黎明文化事业股份有限公司,1982。
④ 方东美:《中国人生哲学》,第227页,台北,黎明文化事业股份有限公司,1982。
⑤ 方东美:《中国人生哲学》,第226页,台北,黎明文化事业股份有限公司,1982。

精神,这种人文主义精神是把人和自然看作一致的,不是西方二元思维格局下的对立状态。因此,"在中国艺术中,人文主义的精神,乃是真力弥漫的自然主义结合神采飞扬的理想主义,继而宣畅雄奇的创造生机"①。

总的说来,方东美后期美学思想确实有一个研究方向的调整,即从早年侧重西方美学转向中国美学。在这个转变过程中,柏格森的生命思想对他仍有影响,即体现在他强调生命的外在性和创化性。转向以后,方东美则更加注重以生命为本体的"内在性"和"超越性",强调其为中国哲学、美学的精神命脉。

应该看到,方东美后期美学思想中包含着许多值得进一步探讨的问题。

其一,美的追问可能要突破西方的知识论框架,若对人与自然、生命和宇宙作整体思维"总透视法",而不是局部地、片断地分析,那么我们就会发现:对美的把握是"直透"(这个词在方东美早期用得比较多,但在晚期用得更多)。

显然,方东美的这个"美"难以用言语表达,只能通过思想的直透才能把握。表面上看,方东美对美的审视和追问方式与西方克罗齐等人观点相仿,实则差异极大,其原因就在于思维方法的不同。方东美强调的整体思维"总透视法",是中国艺术家(特别是画家)的一种玄思方式,而西方人即使像谢林那样的哲学家,虽然也讲人与宇宙、自然与艺术的"整体"思维,但那是逻辑的。两相对照,中国的这种思维至少不是西方那种逻辑的思维。

如此说来,方东美的"直透"、"整体思维"和西方知识论立场下的"直观"、"整体思维"还是不一样的。对美的把握究竟是这两种之一,还是两者皆有？如果是两者皆有,在具体美感经验中是如何生成的？这个问题尚须深入探究。

其二,方东美从中国传统"天人合一"立场出发,把美视为"天地之美"(大美),而且"天地之美寄于生命","生命之美形于创造"。在这里,个体生命和整体(宇宙)生命本质上是融贯、一致的。从这个意义上讲,方东美讲中国艺术精神的表现方法是一种"表情"方法,而且,这个"情"是"同情",不是立普斯所讲的从主体移向客体的"移情"。如果这样的话,站在西方逻辑思维方式下将生命分解成个体生命和全体宇宙生命的划分是否精当？从而又得出方东美"个体维度上思考展开得不充分"判断能否成立？也必须进一步申论。

其三,方东美认为中国艺术妙契人文主义的精神,而他对人文主义的理解显然和西方不太一样。他认为"'性'字(Nature)特别是'人性',在中国哲学上,大都作'生'字解(life),自周代一直到唐朝,很少例外,人类受命以生,或依天志,或本天命,或法自然,成就于人,形于一体,都可以叫做'性'——更确切地说,就是人性。"②表面

---

① 方东美:《中国人生哲学》,第230页,台北,黎明文化事业股份有限公司,1982。
② 方东美:《中国人生哲学》,第148页,台北,黎明文化事业股份有限公司,1982。

上看,对"人性"的理解中国与西方似乎没有太大区别。西方的"nature"既指自然,也指人性。然而细想一下,二者还是有很大区别的。原因就在于中国人把自然和生命看作一回事,两者水乳交融、毫无隔阂。相形之下,西方的"nature"虽也可看作人与自然的统一,西方有些思想家和诗人也是这么看的,但那毕竟是少数。从西方近代哲学思潮看,"恶性二分法"把人与自然对峙起来,人成了戡天役物的主宰,在"知识就是力量"的口号下,人类开始了征服自然和改造自然的壮举,到了康德更提出"人给自然立法"的口号。这些精神不同于中国的人文主义精神。中国哲学一向不用二分法以形成对立矛盾,总是要透视一切境界,寻求人与自然的广大和谐。"回顾中国哲学,在任何时代都要'原天地之美而达万物之理',以艺术的情操发展哲学智慧,成就哲学思想体系。"① 西方的人文主义在近代演变为人本主义,科学昌盛,工业发展,这是不争的事实。然而,方东美所热爱的人文主义,多少有些重精神文化、轻物质文化的(科学和实业)倾向。两种倾向之间究竟有没有一个中庸之道,这也是一个值得探讨的问题。

　　无论如何,方东美的美学方法和他所回答的种种美学问题的答案是一致的。由于他是一个真正意义上学贯中西的大学者,其美学方法和美学理论中显然既有传承中国古老文化的许多有益因素,同时又有西方现当代合理且可借鉴的思想因子。这无疑为我们今天正在努力建构的具有现代品格的中国美学思想体系,提供了一个极具参考价值的范型。

(二)生命、美感和宇宙三位一体的体系

　　方东美有"中国的桑塔耶那"之称。他一生最服膺的两句话是:"乾坤一戏场,生命一悲剧。"桑塔耶那也喜欢说:"宇宙就是一部小说。"他们观察宇宙、生命,都是以美的眼光来看的。事实上,他们的理论虽属于生命哲学范畴,但又和柏格森的生命哲学不太一样。在柏格森那里,生命是以一种很哲学化的本体出现的。而对于方东美和桑塔耶那来说,生命的本体不是主客两分意义上客观化了的本体,而是主客原本就融贯于那种生命宇宙统一体之中,并且这种宇宙和生命又是以诗人的美感来表现的。

1. 宇宙人生是一个情理集团

　　方东美所讲的"生命本体",已经超出了古典哲学所用的"客观唯心主义"、"主观唯心主义"的词义范围。② 从一定意义上讲,他是顺着《周易》"生生之德"和"体用不

---

① 方东美:《原始儒家道家哲学》,第14页,台北,黎明文化事业股份有限公司,1993。
② 有人把方东美的生命本体定位在"客观唯心主义"或"客观唯心主义中又包含一定的主观唯心主义",这种观点是难以成立的。参见蒋国保、余秉颐:《方东美思想研究》,第116页,天津,天津人民出版社,2004。

二"的思路展开的。也就是说,这种思维模式是主客合一,而不是主客两分的,从而也无所谓"客观唯心主义"和"主观唯心主义"之说。

还应该看到,在20世纪二三十年代的一批中国哲人中,方东美的思想定型较早。《生命情调与美感》一文已经标志着他建构了一个生命、美感和宇宙三位一体的哲学—美学体系。实际上,这篇文章还可以加一个副标题:"以时空观透视不同民族生命情调和美感表现"。方东美突发奇想,把古希腊人、近代西洋人和中国人的生命情调演绎成由宇宙和美感所表现的一场戏,其中有人物、背景、场合、缀景、题材、主角、表演、音乐、境况、景象、时令、情韵。他则借此揭示了不同民族的文化形态以彰显生命的美感情趣。"此种场合最能使人了悟生命情蕴之神奇,契合宇宙法象之奥妙"①。

在方东美看来,柏格森对宇宙生命的诠解固然有价值,而怀特海把宇宙视为一个有机体的思想似乎更有价值。怀特海有句名言:"我是宇宙里的一个节目(item),宇宙也是我里面的一个节目。"它在方东美那里转换成了另一句非常有名的话:"宇宙,心之鉴也,生命,情之府也。"②他还进一步申述道:"宇宙绷束人生,如抱婴儿,心灵缀缅美感,若佩芬华。"③

也许,我们还可以把方东美受怀特海启发所创构的生命哲学—美学的时间再往前提一些。因为《科学哲学与人生》虽出版于1936年,但方东美在"自序"中称这本书前五章是在中央政治学校讲《近代西洋哲学》所用的讲稿,其时间在1927年。在其中,方东美根据怀特海所说的"若以诗意解释我们的具体经验,便知价值,值价,有价值,自身的目的,内在的意味,对于任何实事实相之解释都是不能遗漏的。'价值'一词所指者便是事情内在的真相。价值的因素简直充满了诗的宇宙观"④,认为哲学思想起于对"境的认识",属于"事理与色相",是"理彰"而非"情胜",因为"情与理原非两截的,宇宙自身便是情理的连续体,人生实质便是情理的集团。哲学对象之总和亦不外乎情理的一贯性"⑤。在这里,"情理"其实是生命的别称。方东美又说:"严格地说,'情理'之绝对的来源只是一个哑谜,尽人类之所知,亦无从解答。我们只知有'情理',有人生,有世界是根本不可否认的事实"⑥,"生命以情胜,宇宙以理彰"⑦。但"我们如以关系的全体(Relational whole)说明之,有法是一端(Relatum on term),有情又是一端。执其两端,性质自异,合其两端使成一连续体,则有法之天下与有情之天下是互相贯串的。因此我们建设哲学时,每提到生命之创进,便须类及

---

① 刘梦溪:《中国现代学术经典·方东美卷》,第208页,石家庄,河北教育出版社,1996。
② 刘梦溪:《中国现代学术经典·方东美卷》,第210页,石家庄,河北教育出版社,1996。
③ 刘梦溪:《中国现代学术经典·方东美卷》,第210页,石家庄,河北教育出版社,1996。
④ 方东美:《科学哲学与人生》,第25页,上海,商务印书馆,1936。
⑤ 方东美:《科学哲学与人生》,第35页,上海,商务印书馆,1936。
⑥ 刘梦溪主编:《中国现代学术经典·方东美卷》,第35—36页,石家庄,河北教育出版社,1996。
⑦ 刘梦溪主编:《中国现代学术经典·方东美卷》,第37页,石家庄,河北教育出版社,1996。

于世界,每一论及世界之色法,亦须归根于生命"①。

由此可知,方东美的"生命"(情之府)是要和"理"(色法)相联系,属于所谓的"情理集团"。这在后来的《哲学三慧》中说得更清楚:"情理为哲学名言系统中之原始意象,情缘理有,理依情生,妙如连环,彼是相因,其界系统会可以直观,难以诠表。"②

值得注意的是,方东美的这个"生命"不像古典哲学追求的那种"客观性"的本体;他的这个本体实质上是宇宙人生的"情理集团"。如果把方东美的"情理集团"和怀特海的"事变"(后来用"实有"——actual entity 和"实缘"——actual occasion 来表示)做对比,是非常有意思的。我们会发现,他们的思想非常相似:在怀特海那里,自然是一个有机整体,可谓牵一发而动全身(宇宙),一切存在必须在这宇宙中有一个位置;时空不隔物质,物质不碍生命,生命不离心灵,层层相依,环环相扣,构成一个有机宇宙;这个宇宙有一个最基本的单位叫"事变"(类似于旧哲学讲的"本体")。而在方东美那里,生命、美感和宇宙为三位一体,"各民族之美感,常系于生命情调,而生命情调又规抚其民族所托身之宇宙,斯三者如神之于影,影之于形,盖交相感应,得其一即可推知其余者也"③,并且在层层相依的连环套背后,还深藏着一个不可"诠表"、只能"直观"的"情理集团"。而方东美就借用中国传统的说法,把这个"情理集团"用一种很玄妙的方式加以呈现:"太初有指,指本无名,熏生力用,显情于理"④。

可见,由于方东美在"生命"本体这个词之外还用了"情理集团"来指称,并且这个"情理集团"原于"无名",这就比本体的层次还高,可以说是"超本体论"。方东美后来在《中国哲学之精神及其发展》一书中谈到老子的"有无"对举时,特别强调,这个"无"不能采取西方的理解和用法。因为古希腊爱利亚学派巴门尼德所讲的"有"(存在),是"同永恒法相界本体实有之全域,而将'无'划属最低层次之虚幻界"⑤。巴门尼德只承认存在(有)的真实性,"唯有存在(有)是真实的,非存在(无)是不真实的"。而方东美认为,老子的"无"另有所指,是"道之无上性相,据以建立一套超本体论系统,且优先于论'有'属于变易现象界之动态本体论"⑥。如此说来,方东美的"生命"本体后面还有超本体的"无名",并且这个"无"很有一点佛家和道家的结合之义。这也是方东美为什么会说"生命—悲剧",因为生命的根身是"无"。

生命何以能够把握呢?在方东美看来,要从"道之发用"来观之。所以,情之蕴发的人、理之托身于的宇宙,以及沟通情与理的美感,抒发为"三位";生命是三位的

---

① 方东美:《科学哲学与人生》,第37页,上海,商务印书馆,1936。
② 刘梦溪主编:《中国现代学术经典·方东美卷》,第302页,石家庄,河北教育出版社,1996。
③ 刘梦溪主编:《中国现代学术经典·方东美卷》,第212页,石家庄,河北教育出版社,1996。
④ 刘梦溪主编:《中国现代学术经典·方东美卷》,第302页,石家庄,河北教育出版社,1996。
⑤ 刘梦溪主编:《中国现代学术经典·方东美卷》,第122页,石家庄,河北教育出版社,1996。
⑥ 刘梦溪主编:《中国现代学术经典·方东美卷》,第122页,石家庄,河北教育出版社,1996。

一体,从不同的"位格"可窥见生命的奥秘。譬如分析古希腊人的时空观点、近代西方人的时空观点、中国人的时空观点,可以见出不同民族生命的情调和精神。而从生命情调的表现来看,又可以得出不同民族的"特殊美感"。倘对"天地之大美"进行深入探究,就会发现"天地之大美即在普遍生命之流行变化,创造不息。我们若要原天地之美,则直透之道,也就在协和宇宙,参赞化育,深体天人合一之道,相与浃而俱化,以显露同样的创造,宣泄同样的生香活意,换句话说,天地之美寄于生命,在于盎然生意与灿然活力,而生命之美形于创造,在于浩然生气与酣然创意"①。

2. 从宇宙空间的文化符号透视不同民族生命活动的意向

方东美认为:"空间者文化之基本符号也,吾人苟于一民族之空间观念澈(彻)底了悟,则其文化之意义可思过半矣。"②不仅如此,他还借用斯宾格勒所谓"符号论",认为生命是一种"基本符号,贯注于各个人、各社会、各时代而为之矩约,一切生命表现之风格,悉于是取决焉"③。由此,他进一步诠解了不同民族生命的"理趣"。

大致说来,方东美认为,古希腊的宇宙观是一个"有限说",近代欧洲的宇宙观是"无限说",而中土宇宙观则是艺术的神思,是"寓有限而达无限"。

应该说,方东美早年对各民族的空间观以及宇宙观之不同的理趣的把握,是依据一种现象学的描述,并不带有价值判断的意思。虽然他有时对近代西方物质科学表示异见,但也还是补充说这属于"理趣各别耳"④。而到晚年,他似乎有了批评的意思。"中国人和(古)希腊人的宇宙观大部分可以拿'万物有生论'来解释,这几乎成了一个通则,但在近代西方思想却不然,因为近代欧洲人往往把宇宙当作物质的机械系统,其中并不表现生命,即使有时遇着生命现象,比如说,在地球上的或是在火星的生命现象,也会被化约成物理条件,以迎合物理化学等科学定律的研究,这种思想的趋势,除去新近所发展的'新唯生论'、'有机论'与'物活论'以外,可以称之为'宇宙无生论'。"⑤尽管如此,我们并不能据此推断,方东美晚年已完全肯定中国的宇宙观而否定西方近代的宇宙观,更不能得出他从西方哲学完全转向中国哲学的结论。在上述这段话里,方东美明明把柏格森的"新唯生论"、怀特海的"有机论"以及亚历山大的"物活论"都放在所谓"宇宙无生论"论题之外。由此可见,他在讨论宇宙观的"世界主义"情怀时,观点仍没有改变。确切地说,一方面,方东美是想通过不同民族的空间观点以揭示其宇宙观的不同,进而说明各民族的生命情调不同;另一方面,我们必须把各民族不同宇宙观所显示的生命意向之不同,视为对"普遍生命"共

---

① 方东美:《中国人生哲学》,第212页,台北,黎明文化事业股份有限公司,1982。
② 刘梦溪主编:《中国现代学术经典·方东美卷》,第213—214页,石家庄,河北教育出版社,1996。
③ 刘梦溪主编:《中国现代学术经典·方东美卷》,第214页,石家庄,河北教育出版社,1996。
④ 方东美:《科学哲学与人生》,第217页,上海,商务印书馆,1936。
⑤ 方东美:《中国人生哲学》,第117页,台北,黎明文化事业股份有限公司,1982。

相的一种殊相的呈现。也就是说,方东美内心还是有一个衡量不同文化生命价值的共同尺度,亦即他所谓"共命慧"。但对"共命慧"究竟属何义,他似乎没有深言,只是说"意义深密,常藉具体民族生命精神为之表彰"①。看来,方东美走的还是一条"以用显体"的理路。

对于古希腊人的宇宙观,方东美早年在《科学哲学与人生》里称为"物格化的宇宙观"。这种宇宙观"只把宇宙看作状如覆碗,局促有限的境界了。(古)希腊民族寄托在这种整洁有限的宇宙中,仰观天运之象而严得其序,俯察地形之宜而确定其理,上下四方,往来终始,处处都能范围天地之化,会通万象之变,于是产生一种所居而安,所乐而玩,识情明趣,妍虑悦心的感想,他们文化的创作都有这种心理的背景。这样看来,物格化的宇宙观不过是(古)希腊民族精神的缩影,他们文化的象征"②。此后在《生命情调与美感》中,方东美又用"拟物宇宙观"来称呼,但含义并未发生多大变化,只是更加形象地指出了古希腊人的时空是"模拟其宇宙形象之美焉",并说明这种模拟宇宙结构的依据是建筑学和数学原理。在方东美看来,如果了解了古希腊人记数方法之三途,其有限特征便立刻呈现:

第一,排比字母,以状其多寡,例如:

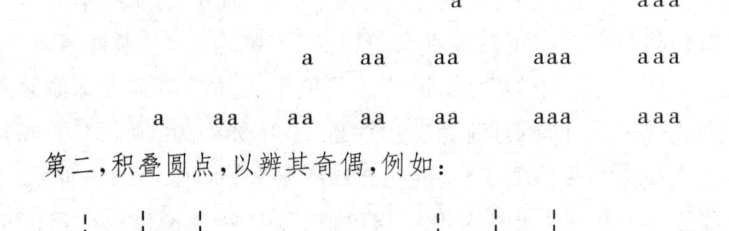

第二,积叠圆点,以辨其奇偶,例如:

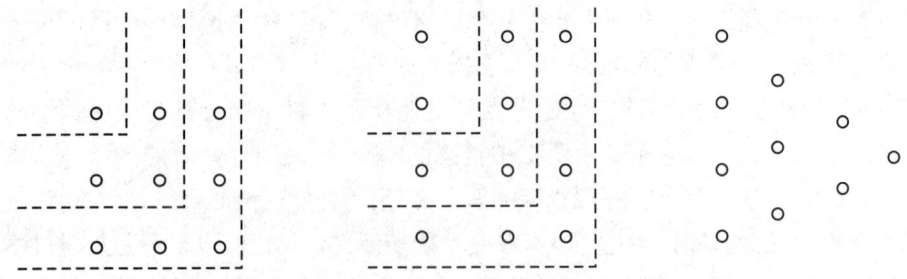

第三,罗列线条以示其形象,例如欧克里(Euclid)之表数法。

方东美指出,第(一)法"则零即不齿于数",第(二)法"则唯有正数及整数始可思

---

① 刘梦溪主编:《中国现代学术经典·方东美卷》,第304页,石家庄,河北教育出版社,1996。
② 方东美:《科学哲学与人生》,第79—80页,上海,商务印书馆,1936。

议",而第(三)法"则无理数殆难设想矣"。显然,古希腊之数的概念只停留在"有限"上,与现代"数"之"无限"不合。

那么,方东美又是怎样看待近代西方人的宇宙观呢? 方东美认为,近代西方科学史向人们表明:对物质、时空、数论虽所论几度变更,但"其趋势必渐脱具体之形迹,而邻于抽象之理想"①,"旷观近代西洋思想史,科学哲学,虽时或异趣,然其视宇宙为一无穷之系统,则理无二致也"②。这就是说,宇宙空间在近代西洋人那里已经可以被抽象地解析为至大无外、其小无内的"无限"。

值得注意的是,方东美虽然只是描述性地分析了古希腊和近代西方人的宇宙空间,但他有意拿中土宇宙观的有限和无限的统一,以及"宇宙"是一个"充满了道德性和艺术性"的观点,来与前者相对比,从而肯定中国人"以天地之美达万物之理"的宇宙观是将价值作为中心来层层超越的。换句话说,在中国人心目中,伦理道德、审美乃至宗教都是能和谐协调的,因为"中国人空间之形迹,虽颇近似(古)希腊人之有限,然其势用乃酷似近代西洋人之无穷。其故盖因中国人向不迷执宇宙之实体,而视空间为一种冲虚绵渺之意境"③。由此观之,"中国人之宇宙,艺术之意境也。科学理趣之完成,不必违碍艺术之意境,艺术意趣之具足,亦不必损削科学之理境,特各民族心性殊异,故其视科学与艺术有畸重畸轻之别耳。中外宇宙之不同,此其大较,至其价值如何论定,则见仁见智,存乎其人可也"④。总之,科学与艺术互不损益、并行不悖,对两者的价值评价上也见仁见智、各有所取。而在方东美看来,中国人把宇宙视为普遍生命的一种大化流衍,物质与精神并不像柏拉图以后的西方世界那样把人与自然"截然二分"。相反,中国人的物质与精神现象是融会贯通的,也可以说是毫无隔阂的。因此,一切至善至美的价值理想皆可以随生命的流行而得以实现。

3.一切美的成就与欣赏都是人类生命欲的表现

方东美的哲学—美学以价值为中心,而这个价值又是相对于生命而言的。实际上,他把天、地、人(三才)的结合看作一个生命的不断超越过程("上回向"和"下回向")。因此,他所讲的"生命"不单是个体人的生命,还指宇宙的盎然生机,因为个体人的生命源自于宇宙生生不已的大化流衍。而与西方的抽象的机械论相比,中国哲学把价值论和本体论结合在一起,显示了独特的优势。"中国的本体论是一个以生命为中心的本体论,把一切集中在生命上,而生命的活动依据道德的理想,艺术的理想,价值的理想,持以完成在生命的创造活动中,因此周易的系辞大传中,不仅仅形成一个本体论系统,而更形成以价值为中心的本体论系统。第一是以生命为中心的

---

① 刘梦溪主编:《中国现代学术经典·方东美卷》,第218页,石家庄,河北教育出版社,1996。
② 刘梦溪主编:《中国现代学术经典·方东美卷》,第220页,石家庄,河北教育出版社,1996。
③ 刘梦溪主编:《中国现代学术经典·方东美卷》,第225页,石家庄,河北教育出版社,1996。
④ 刘梦溪主编:《中国现代学术经典·方东美卷》,第222页,石家庄,河北教育出版社,1996。

哲学体系,第二是以价值为中心的哲学体系。则周易从宇宙论、本体论、价值论的形成,成了一套价值中心的哲学。"①正是根据《周易》的哲学系统,方东美发展成了他自己的自下而上又自上而下的立体的、以生命为中心层层超越的境界哲学——美学体系的。他这样论证道:

> 假使我们从形而下的境界上面看,我们在建筑图里面要建筑一个物质世界,把这个物质世界当作人类生活的起点、根据、基础,把这一层建筑起来之后,才可以把物质点化了变成生命的支柱,去发扬生命的精神;根据物质的条件,去从事生命的活动,发现生命向上有更进一层的前途,在那个地方去追求更高的意义、更高的价值、更美的理想。这样把建筑打好了一个基础,建立生命的据点,然后在那里发扬心灵的精神;因此以上回向的这个方向为凭借,在这上面去建筑艺术世界、道德世界、宗教领域;把生命所有存在的基础,一层一层向上提高、一层一层向上提升,在宇宙里面建立不同的生命领域。②

很明显,方东美勾画的"人与世界的理想文化中的蓝图"是充满着生命的,人与物、人与人可以感通的,并且人作为生命体还要不断实现其价值的超越过程(提升),以达到至美至善的境界。对于这个架构,方东美的学生傅佩荣在肯定这个"蓝图"的积极意义后,似乎不无遗憾地指出,方东美讲的这个生命的人性基础在"恶"的方面似乎强调不够。③ 这个看法值得商榷。因为方东美之所以主张道家的艺术超越精神,骨子里是承认人性有"恶"的一方面,不过不需要有意识地去讲它;你越去讲它,它的"恶"的作用反倒容易显现。在这方面,孔子就很高明。他也不正面讲人性的恶,而只是说人"性相近,习相远",并劝人从善,努力克服人性中容易受世俗影响堕落(恶)的倾向。应该说,方东美之所以总是侧重从艺术的精神来谈宇宙和生命,恰恰是因为他看到了生命情调和美感能使人摆脱世俗的沾滞:"因为,艺术和宇宙生命一样,都是要在生生不息之中展现创造机趣,不论一首诗词,一幅绘画,一座雕刻,或任何艺术品,它所表露的酣然生意与陶然趣机,乃是对大化流行劲气充周的一种描绘,所以才能够超脱沾滞而驰骋无碍。然而这种宇宙的生命劲气,不论如何灿然展现,也都需要艺术心灵钩深致远,充分发挥,其生命气象始能穆穆雍雍宣畅无遗!"④

---

① 方东美:《原始儒家道家哲学》,第158—159页,台北,黎明文化事业股份有限公司,1993。
② 刘梦溪主编:《中国现代学术经典·方东美卷》,第459—460页,石家庄,河北教育出版社,1996。
③ 傅佩荣是这样说的:"在我看来,老一辈人用词比较广泛,他喜欢讲中国人都是主张性善的,这个是主流,但也没有讲得很清楚,到底什么是性善,他也没有否认人有罪恶。当然,性善不是指单纯的本善,但如何解释恶呢,当时并没有考虑这样的问题。"见傅佩荣《方东美学统与对儒道的后现代诠释》,载《文化中国》(加拿大)2005年第1期。
④ 方东美:《中国人生哲学》,第222页,台北,黎明文化事业股份有限公司,1982。

在这里，也可以看出方东美所讲的艺术，乃是一种超越相对价值世界的理想精神。从这一理想出发，他对美的本质的揭示便是强调超验的"大美"，而不是经验世界里的"美"，因为经验世界里的美还只是处在相对价值层面上。老子说："天下皆知美之为美，斯恶已；皆知善之为善，斯不善已。"①方东美对此阐释道："这句话所指的是价值学上的两套系统。我们平常在经验世界或现实世界里，不论是谈艺术、谈道德，或者谈其他的价值，这些价值都还是所谓的'相对价值'。一提到'善'，马上有'恶'同它对待（应），一提到'美'，马上有'丑'同它对待（应）。这相互一对照之后，所谓'善'也好，'美'也好，通通离不开同他对比的负面价值。这就是所谓的相对价值。但是，老子在此地就是要从相对的价值领域里面，出离、越脱、解放，把相对的价值点化掉，成为绝对的最高的价值。这个绝对的最高价值，我们一定不能把它跟相对价值混淆。所谓绝对的'善'，不是善恶相对的善，绝对的美，也不是美丑相对的艺术价值，而是绝对的价值。"②

由此，我们也不难理解，为什么方东美把美的成就和创造看作一种生命欲的表现，并且这种表现是一种价值的提升和超越，因为只有不断地超越，才能克服世俗世界的诱惑，也才能摆脱善与恶、美与丑的相对价值层面，一跃而达致理想的绝对价值层面。而之所以有这种超越，则是因为这种审美的超越是与宇宙、生命紧密联系在一起的。方东美强调艺术精神要"提其神于太虚"，要升腾至"寥天一"的高度，唯其如此，个体的艺术创造精神才可以和大道冥合、与真宰为一、与宇宙生命同流。这就是庄子讲的"原天地之美而达万物之理"。

方东美所追求的美，不仅体现在广度上，而且体现在深度上。他所追求的美境是"大美"，而不是经验世界里与"丑"对立的"美"。因此，他一再声称中国哲人对美的意境是崇尚所谓的"无言之美"。当然，需要指出，方东美认为真正的圣人、真人在达到那"寥天一"的"大美"境界后，还要反观现实世界，点化现实世界的苦难，并使之转化为光明的世界。这其实也和他幼年同窗好友朱光潜所信奉的一句人生箴言——"以出世的精神做入世的事业"——相一致。

诚然，美在于生命欲的不断创化。"天地之美寄于生命，在于盎然生意与灿然活力，而生命之美在于创造，在于浩然生气与酣然创意。"③从美感出发，更能使我们看出中国艺术家宇宙生命浑然同体、浩然同流，参赞天地而化育万物。

4. 兼容中西生命精神的"万物有生论"

学术界一般把方东美哲学—美学看作以"生命"为本体的理论系统。但是，对这

---

① 《道德经》，第二章。
② 方东美：《原始儒家道家哲学》，第 188-189 页，台北，黎明文化事业股份有限公司，1993。
③ 方东美：《中国人生哲学》，第 212 页，台北，黎明文化事业股份有限公司，1980。

个"生命"本体应作何种解释？我们似乎很难从方东美的著作中找到他对其理论系统的指称。方东美曾说过："宇宙根本是普遍生命之变化流行，其中物质条件与精神现象融会贯通，而毫无隔绝。因此，我们生在世界上，不难以精神寄色相，以色相染精神，物质表现精神的意义，精神贯注物质的核心，精神与物质合在一起，如水乳交融，共同维持宇宙和人类的生命。"①有学者以此证明方东美以"普遍生命"为本体，而且由于这个"普遍生命"是已预先设定为超越（在一切生命之上）而又内在（体现在一切生命之中）的，这个"普遍生命"是"超本体论"范畴。②

这个看法有明显的误读。一是方东美并没有把"普遍生命"看作"超本体论"。他在辨析道家的"无"和西方对"无"的不同理解时，指出道家的"无"更根本，是"超本体论"。而就他自己的哲学—美学体系来说，虽然没有用"无"来指称"超本体"，但从《哲学三慧》的"释名言"（"太初有指，指本无名，熏生力用，显情与理"）以及他讲这个无法说清楚从何而来的"情理"只可"直观"、"难以诠表"来看，应该说方东美实际上也是把"无名"看作"超本体"的。二是硬要把"普遍生命"和具体生命现象勉强分开来，似乎也并不是方东美的本义，而是运用旧哲学思维方式的结果。具体地说，方东美的"普遍生命"即使作本体解的话，也不是传统哲学那种与现象对峙的本体之义，而是"有机主义"意义上的"本体"。这也是方东美反复强调这个"生命"是"物质条件"和"精神现象"融会贯通的"第三种现象"的原因。因此，方东美虽然也说过"生命是一个普遍流行的大化本体"③这样的话，但这绝不是旧哲学意义上与现象分开的"本体"，而应该是"体用不二"的"用"的方面。

为什么这么说？我们可以从方东美的一段话做出推断。他说：

> 宇宙在太初原始阶段之"本体"实乃万有一切之永恒根本（寂然不动）；然自宇宙生命之大化流衍行健不已而观之，"本体"抑又感应而动，元气沛发，遂通万有，弥贯一切，无乎不在，无时或已。本体实性则渗入功用历程（即用显体）。④

显然，这里的"本体"是"一切之永恒根本"，用道家的话来说，就是"无"；它"寂然不动"，要通过"生命"的感应而动，才能参赞天地化育。从这个意义上讲，"生命"似乎是"即用显体"。从现代哲学的"在场"与"不在场"关系来探求宇宙万物本源，就是从"在场者"追溯到"不在场者"，而不是从某个"实体"概念出发。那么，我们可以说方东美的"生命"好似"在场"，而"无名"则是"不在场"；前者是"用"，后者是"体"，或者说前者是

---

① 方东美：《中国人生哲学概要》，第13页，台北，问学出版社，1980。
② 蒋国保、余秉颐：《方东美思想研究》，第95—98页，天津，天津人民出版社，2004。
③ 方东美：《中国人的人生观》，第45页，台北，黎明文化事业股份有限公司，1982。
④ 刘梦溪主编：《中国现代学术经典·方东美卷》，第26—27页，石家庄，河北教育出版社，1996。

"本体",后者是"超本体"。但必须把这两者关系看作"体用不二"、即体即用的关系。

如此说来,也许方东美曾经用过的"万物有生论"这个词,更能准确地体现其哲学—美学体系所具有的生命、宇宙、美感三位一体特征。方东美的学生陈康曾把"本体论"(Ontology)译作"万有论",而现在方东美在里面加了个"生"字,即"万物有生论"。这一加,便显现出生命和本体的结合。由此亦可见方东美的苦心。在此,他将《周易》所呈现的生生不息哲学精神和西方哲学中多少有些静止的"本体"(实体)会通起来,并且克服了旧哲学"本体"(实体)的机械性,使之成为一个"动态的"有机体。

吴森先生在谈及唐君毅、牟宗三和方东美三人的治学方法时指出,从西洋哲学观点来审视,恐怕唯独方东美的见识能赶得上20世纪,牟宗三却停留在康德时代,唐君毅虽懂得20世纪西洋哲学,但在致思上太受黑格尔精神支配,"只有方氏能从20世纪西洋哲学的命脉找出路。他融会贯通了中国传统的形上学(以'易'为主的宇宙论)及现代西哲柏格森、怀特海诸家学说,用文学的神思、生命的情调、千锤百炼的生花妙笔表达出来"[①]。的确,方东美哲学—美学的致思,与20世纪以后西方哲学—美学是合拍的,他一再声称要"向处处不脱二元对立、时时陷于困惑疑难、在在表现橛裂型态之西方思想模式展开挑战"[②]。从这方面来说,这其实体现了方东美已摆脱西方古典哲学主客两分的"二元"格局,因而旧的"唯物主义"和"唯心主义",乃至所谓"客观唯心主义"和"主观唯心主义"已经被超越。倘若以这些旧哲学标准来衡定方东美哲学—美学的位置,肯定要产生误差。不仅如此,即使是"本体"这一词,也不能作旧哲学的理解。换句话说,方东美所讲的"本体",不是和"现象"对立的,而是"本体现象,略无间阂,澈上澈下,旁通不隔"[③]。由是我们也可以理解,为什么方东美在撷取西方哲人思想时以非理性派人物为多,如尼采、柏格森、怀特海、桑塔耶那等,而对海德格尔、亚历山大等人的思想既有吸取又有批评。

既然方东美的"生命"本体不是旧哲学意义上的"抽象物",就不应被看作"独立于物质与精神之外的实体"[④],也不应认为"他的'生命本体论'哲学应属于客观唯心论",更不能抽象地把方东美本来的"有机体的生命"拆开为主观与客观、唯物与唯心两个部分。有的学者之所以会出现那样的误读,是因为没有看到方东美哲学—美学的方法——"既超越又内在",实际已不能用旧哲学的主观、客观或唯心、唯物来说明了。它侧重的是物我(宾主)不分,是"同一",而不是主客对立后的"统一"。对于方东美哲学—美学来说,不存在所谓"一元"和"二元"的矛盾,也不存在硬要把"生命"归入物质现象或者精神现象的做法。

---

① 吴森:《比较哲学与文化》(一),第192页,台北,东大图书公司,1978。
② 刘梦溪主编:《中国现代学术经典·方东美卷》,第3页,石家庄,河北教育出版社,1996。
③ 刘梦溪主编:《中国现代学术经典·方东美卷》,第27页,石家庄,河北教育出版社,1996。
④ 蒋国保、余秉颐:《方东美思想研究》,第430-431页,天津,天津人民出版社,2004。

总之,"万物有生论"很好地说明,方东美成功地将《周易》的"生生"哲学与西方怀特海的"机体主义"哲学调和起来。同时,生命、宇宙和美感的观照也在这生生不已的大化中一体同流。这就是方东美整个哲学——美学本体论的建构。他的这种带有诗化的宇宙(时空)情怀,可以拿杜甫诗句"乾坤万里眼,时序百年心"来做象征。而只有了解了他的美学神韵,方可更深入地把握其体系建构中的情理双融特征。

(三)《人生哲学讲义》的美学思想

《人生哲学讲义》[①]是1949年至1957年间方东美在台湾大学哲学系讲课的内容,从时间上看,恰好处于方东美前后期思想的中转站(一般说法是抗战期间,方氏接访印度总统拉达克利新南博士,一番交谈后,激发了他用英文向西方介绍中国哲学精义的想法。入台后,方东美倾心用英文写作,介绍中国哲学精神,成为他前后两期的分水岭)。由这部著作,可以看到方东美如何重新梳理自己早期若干代表作品,如《生命情调与美感》(1931年)、《科学哲学与人生》(1936年)、《哲学三慧》(1938年)。在这本书里,方东美明确表示其思想有了新的变化,如《哲学三慧》没有把印度佛教哲学放入其中,而《人生哲学讲义》则主要以西方(古希腊、近代)、中土、印度为三种智慧范型加以比较论述。另外,虽然在早期的《科学哲学与人生》里,方东美就已经主张价值与存在的合一,但并没有很明确地加以正面阐述,而《人生哲学讲义》前半部分就是以价值与存在为人生哲学的讨论主题。这些都约略可以窥见方东美晚年写作《中国哲学精神及其发展》(英文)的格局变化由来,包括他晚年对中国哲学和艺术的高度肯定。

1."透过艺术看宇宙,透过哲学看艺术"——《人生哲学讲义》中的美学本体论

方东美给自己定位为"诗人兼哲学家",这个称呼很能反映其学术思想的总体品貌。其实,方东美讲人生哲学,依然是从道德和艺术这一中土传统价值观来立论的(当然也融合了西方思想文化诸多元素)。因此,讨论《人生哲学讲义》,既可以从道德层面入手,也可以从艺术和美学层面入手。这里仅从美学视角来检讨方东美这部著作的学术内涵和思想成就。

首先,"尼采说:'透过艺术看宇宙,透过生命核心看艺术',在中国可以说,'透过

---

① 21世纪初,台北黎明文化事业股份有限公司出版了方东美弟子孙智燊、冯沪祥、傅佩荣等合作修订的《方东美全集》十三册,被认为是迄今最周详的方东美思想研究的权威经典。笔者作为祖国大陆研究方东美的学者,也是基本依据这一材料写作《方东美与中西哲学》一书。然而,前不久方东美再传弟子、台湾东海大学俞懿娴教授来安徽大学给研究生做关于方氏思想研究的学术报告,她带给我一本黎明社《全集》中未收入的方东美著作《人生哲学讲义》(约二十余万字)。问及为何黎明社《全集》没有将其收入,她说这本书是方东美弟子黄振华根据方氏在台湾大学讲课录音、笔记整理,台北时英出版社1993年出版。因版权问题,该书未能收入《方东美全集》,这不能不说是一件非常遗憾的事。

艺术看宇宙,透过哲学看艺术'。不懂得中国哲学去欣赏中国艺术(文学、绘画),是白费工夫的"①。方东美说得太精彩了!应该说,他不是简单得出这一结论,而是经过一番缜密的逻辑和历史的推理得出的。方东美仔细检讨了存在与价值关系的两种形式:一是 VfE(不调和),一是 V+E,其中 V=价值,E=存在。并认为这两种形式都有缺陷。而"中国哲学可以骄傲的一点,人生哲学不采取 VfE、V+E 的观点,而采取 V.E 的观点,中国文化却无断绝期,其原因即在此"②。具体地说,"在中国,存在界就是价值界,价值界就是存在界,二者之间可作一个'='号。即本体论与价值论合为一体"③。

那么,为什么前两种存在与价值关系的看法有问题呢?方东美从批评"存在"的三种代表学说入手:第一种——"自然主义的存在观",把自然看作受因果律(universal causality)支配的机械运动,实际讲的所谓"真理",并非 truth,而是 validity,它把现实生活看得很重,不再追求理想的精神价值生活(像道德价值、艺术价值等)。第二种——"斯宾诺莎的存在观"。实际上,斯宾诺莎有两套互为矛盾的理论系统:其一是在宗教立场上,永恒存在和美、善本体价值是一致的;其二是从机械主义立场上看,则存在永无恒久性,与价值不能相联系,也可以说,"一切价值(艺术、道德等)都不存在"④。第三种——"黑格尔的存在观",一方面赋予"概念"(Begriff)完满的存在实现,另一方面又讲这个完满的价值实现离不开"本质"(Wesen)稍低些的价值、再低些的"现实存在"(Dasein)的价值。但"黑格尔的逻辑学只是逻辑上的矛盾过程,而未看到时间的矛盾冲突,故黑格尔的逻辑学是静止的,而非动性的结构,其根本观念还是 substance(本体),接近斯宾诺莎(Spinoza)"⑤。也就是说,黑格尔最终所揭示的,还是非现实的动的世界,因而他说的最高"概念"即便指道德、哲学、艺术、宗教领域,也还是"玄想的世界",价值与存在终究是隔阂的。

不仅如此,方东美进一步从"各种文化对存在与价值的看法"来揭示为何唯独中国人的生命本体观才把价值和存在视作合一的,并且只有这种观点才能把哲学美学化、美学哲学化,故而观察中国宇宙本体必须从美学的眼光着手,即如方东美所说:"可见哲学智慧的形式并非单独成就的,哲学的高度发展总是与艺术上的高度精神配合,与审美的态度、求真的态度贯穿成为一体不可分割,将哲学精神处处安排在艺术境界中。所以儒家的主张是'志于道,据于德,依于仁,游于艺'。就是文化总体须

---

① 方东美:《人生哲学讲义》,第103页,台北,时英出版社,1993。
② 方东美:《人生哲学讲义》,第46页,台北,时英出版社,1993。
③ 方东美:《人生哲学讲义》,第101页,台北,时英出版社,1993。值得注意的是,方东美这里所讲"价值",又指理想的道德价值、艺术价值。
④ 方东美:《人生哲学讲义》,第15页,台北,时英出版社,1993。
⑤ 方东美:《人生哲学讲义》,第24页,台北,时英出版社,1993。

有高度的形上学智慧,高度的道德精神之外,还应该有艺术能力贯穿其中,以成就整体文化。庄子也说'圣人者原天地之美而达万物之理',中国人总以文学为媒介来表现哲学,以优美的诗歌或造型艺术或绘画,把真理世界用艺术手腕点化,所以思想体系的成立同时也是艺术精神的结晶。"① 反过来说,由于中国的这种形上学是以生命为本体,而生命的表现为灿溢之美,故而也可说观察中国美学和艺术不能不从哲学的形上学出发。这就是中国哲学与美学的二而一、一而二的合一关系。

以此反观,希腊、欧洲、印度的人生哲学都有缺陷,不能把价值与存在合而为一。其原因往往是对生命的诠解有问题。他们往往将宇宙一分为二,把理想给了来世,现世则是污秽不堪的。这种两重世界,就把"形上"和"形下"分隔开来了。苏格拉底之后走的是抬高理智、否定感官的路线,方东美称之为"人死哲学",而不是"人生哲学"。因为只有"死"才能永恒,现世反而得不到"尊重"。中世纪基督教融合苏格拉底、柏拉图"人死哲学"的哲学思想,依然是上帝高高在上、全真全善全美,而尘世中的人则微不足道! 近代欧洲人也还是把永恒给予了"实体","属性"则是"次性质"。既然这样,方东美拷问道:"艺术价值如何安排? 把艺术学当作美学来看,但美的欣赏要靠感觉,则美的价值又是假象了! 因感觉经验是第二性质,那么要欣赏美,只有这种情形:音乐的美,乐谱是数学理论写成的,是真实的,故欣赏音乐不在参加音乐会,而在研究乐谱;同理,建筑之美从几何学看其构图,力学看其支柱,至于其型式之美,那是假象,同理,文学亦然……"② 这是何等糟糕的观点! 这便是用科学代替精神的崇高价值和理智。虽然黑格尔后来把道德、艺术价值抬高了,不过他是把道德、艺术提到宗教境界来讲,这个价值仍不在此世界之中。印度民族虽然没有希腊民族哲学中透出的悲观主义,"世间即涅槃,涅槃即世间",不否认现实世界,而只否认现实世界的罪恶,罪恶涤除掉仍能达到理想世界。尽管如此,"希腊、欧洲、印度思想,都产生'灵肉二元论',由是产生:(1)宇宙的二分:印度有生灭变化界及永恒的法界之分,欧洲亦有天国、世界之分;(2)人生二分法:精神性与躯壳性之分;(3)价值的二分法:现实世界,不是非价值便是无价值"③。

由此可知,就本体论来说(存在与价值的关系),生命的美感起于健全的人生哲学。中土的生命观是体用不二(不像希腊、欧洲、印度是体与用分离的),所以中国人看宇宙是一个大生机,是大化流行,无一刻、无一处不是发育生成、流衍贯通。美感不过是这生命本体的灿溢表现罢了。《人生哲学讲义》在总结见于各民族文化的美的本体差异时说道:"庄子云:'天地有大美而不言,圣人者原天地之美而达万物之

---

① 方东美:《方东美全集·原始儒家道家哲学》,第44页,台北,黎明文化事业股份有限公司,2005。
② 方东美:《人生哲学讲义》,第68页,台北,时英出版社,1993。
③ 方东美:《人生哲学讲义》,第92—93页,台北,时英出版社,1993。

理',故道家把宇宙看成充满艺术价值。西洋人探求宇宙,用科学方法,印度人用逻辑,而中国人则透过艺术以了解宇宙。"①

其次,《人生哲学讲义》的美学范畴论。在方东美看来,酒神精神把悲剧英雄投入生命本体界,以艺术眼光创造壮美世界;日神精神再从本体界返回现象界,使无意义人生变得有意义,引领我们走入优美世界。

"壮美"是王国维较早译自德文"Erbalen"或英文"the Sublime",现在一般翻译成"崇高"。王国维有时也译作"宏壮"。"优美"就是我们一般常言的"美的"之义。应该说,这两个词由博克到康德加以理论系统化后,学界大致都比较赞同康德的解释,即"优美"往往指体积小的对象,在知性的范围内和想象力作和谐的"心意状态"就是优美;而"崇高"则不同,它面对的往往是体积巨大的对象,想象力不能满足一刹那间对象射入心象的范围,于是有压抑感(痛感)。随后人类有"理性"来帮忙,因为"理性"指向无限的对象,有超越经验的一面,可以满足这种知性和想象力不能超越经验的不足。"崇高"就是这样夹杂着痛感并随之舒解而得到的一种快感(也有说是美的一种)。

然而,我们在《人生哲学讲义》里发现,方东美完全不从博克到康德一脉相承的理论说事。他从叔本华和尼采来解读这两个重要的美学范畴。在这里,首先有一个问题,即一般来讲,方东美对西方的二分法思维模式多有批评,而主张中国人天人合一的思维模式。既如此,则他在这里又以古希腊悲剧为对象,盛赞叔本华、尼采揭示了古希腊悲剧的精神,而且这悲剧精神里体现了崇高和优美的艺术价值。难道古希腊的思维模式不是"二分法"的?的确,方东美本人知道这种矛盾,所以他才有意把前苏格拉底划出来,认为前苏格拉底时期,古希腊悲剧精神还没有死,因为悲剧精神是酒神精神(非理性)和日神精神(理性)的结合。而苏格拉底之后,理性精神高扬,其结果是悲剧精神衰亡。故而方东美认为尼采正确地看到了这一点,而把前苏格拉底看作古希腊悲剧衰亡转折点。方先生在书中这样说道:

> 希腊人的热情(Eros)和理性(Logos),挪至一个系统内,假设以理性为据点,则光天化日之下,排斥云雾,很难了解希腊人的智慧。但从其悲剧的智慧来看,则希腊人创造出许多神奇奥妙的境界,由这境界更发展出更多的清明境界。这种清明境界可以说是由悲剧的艺术造出来的。由此可知尼采在这方面的看法是对的,即希腊智慧要推溯至苏格拉底以前的时代。②

---

① 方东美:《人生哲学讲义》,第103页,台北,时英出版社,1993。
② 方东美:《人生哲学讲义》,第249页,台北,时英出版社,1993。

换言之，他把古希腊前苏格拉底时期的哲学精神视作"纯正的希腊哲学"，当然不是苏格拉底之后日益倾向理性、把世界打成主客两橛的哲学时代。基于此，方东美实际上就把古希腊前苏格拉底时期的思维模式和中土"天人合一"思维模式看作可以契合的。所以他才说出："人与自然浃而俱化，固是希腊思想的通性，但是此地所谓契合，并非屈人就天，以人为自然的顺民；亦非强天从人，以自然为心中虚构的影像。人天合一，正像天与人都是普遍生命的流行。"①这就是"从心所欲"的悲剧。方东美说古希腊悲剧是"从心所欲"的，和后来西方近代已在"二分法"思维格局下的思维自然不一样，"二分法"的思维格局必然导致左也不是，右也不是，只能产生"不能从心所欲"的悲剧。

现在，我们可以进一步讨论方东美关于"壮美"和"优美"的观点。

方东美认为："痛苦为生命的根身"②。因此，要产生这世界的"壮美"（崇高）情绪，必须深入到生命本体之中。因为人生可以分为深浅二种生命境界，"深的是梦呓的世界，浅的是觉醒的世界"③。尼采的高超之处，就在于他要人见出希腊人看世界不单是冷酷无情的，"而是以艺术的眼光看作是艺术的创造世界，是壮美的世界，由生命的表面，进入生命的核心，再进入生命的根源。悲剧是壮美的世界"④。这可以说是方东美颂扬尼采酒神精神的体现，因为酒神精神不是现象界，而是本体界。

但是，光有这第一层的深入还不够，方东美认为还要有日神精神（阿波罗精神）的点化和照耀。也就是说，再要设法从本体界（生命的根身）一跃而到现象界之上（不是回到现象界）。这是第二次境界的超升。经此超升，"使无意义的人生变得有意义，无价值的变得有价值。这不是壮美，而是优美！造形艺术之美领导我们走入这种优美的世界"⑤。

可见，方东美把这种二层化的超升看作是"双回向"的，即：一方面，悲剧的酒神精神引入到本体界，这是崇高的境界，但"因本体界的意境不是庸俗人所能体会的，故要重返现象界来，但又不可回至 a、b、c……的原来位置，而要提升至崇高的现象界，要提高至此现象界，必需透过艺术"⑥。他把这第二次提升不是看作酒神的音乐和舞蹈，而是日神的绘画、雕刻、建筑。方东美形象地用中国艺术术语称之为"班象赋形"。如果把这两层超升用图表示，则其如下⑦：

---

① 方东美：《方东美全集·"生生之德"》，第99页，台北，黎明文化事业股份有限公司，2005。
② 方东美：《方东美全集·"生生之德"》，第91页，台北，黎明文化事业股份有限公司，2005。
③ 方东美：《人生哲学讲义》，第143页，台北，时英出版社，1993。
④ 方东美：《人生哲学讲义》，第144页，台北，时英出版社，1993。
⑤ 方东美：《人生哲学讲义》，第147页，台北，时英出版社，1993。
⑥ 方东美：《人生哲学讲义》，第146页，台北，时英出版社，1993。
⑦ 方东美：《人生哲学讲义》，第146页，台北，时英出版社，1993。

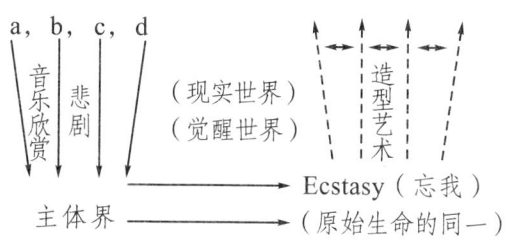

这就是化现实苦难(本体＝生命的本身)达到"形象的解脱"(尼采)的审美愉悦！不过,对于这日神和酒神的结合,有的学者侧重日神(如朱光潜就是主张这日神的点化作用才产生审美的快乐,故而日神是更重要的);有的学者侧重酒神(如方东美)。那么,究竟如何看待这两种精神的结合产生古希腊的悲剧精神呢？对于这一点,方东美在宏观视域下,通过中西哲学比较来看这个问题,认为苏格拉底之后走上了重理性的哲学道路,结果非理性被抹杀了。故而方东美更强调酒神精神,因为酒神精神更有原始的艺术生命力。方东美讲尼采,并非说明酒神和日神是"怎样结合的理由,而只说这种结合是希腊的极大秘密"①。揭示这个"秘密"就是要把表现"文学艺术的精神"呈现出来,而不仅仅是科学的理性精神。他甚至说:"欧洲人对于整个(古)希腊精神不了解,他们以为(古)希腊人成就在于科学、苏格拉底、柏拉图的哲学,把整个宇宙揭开放入Logos(理性)的范围内,这是科学精神。如从这个观点来看(古)希腊精神,则抹杀了(古)希腊人另一种才能,即capacity for madness(疯狂的才能),如斯宾格勒便是忽略(古)希腊人这种才能的人。然而(古)希腊人的艺术,如文学诗歌表现了这种才能。此外(古)希腊人还有一种才能,即造云雾,这种精神有如柏拉图所说的Eros(热情),这热情产生柏拉图所谓madness(疯狂)"②。

毋庸置疑,倘若依据方东美对于古希腊悲剧精神的揭示,他给"壮美"(崇高)和"优美"的定义似乎无可厚非。但这与博克、康德一派对崇高和优美的说明相抵触。在康德那里,崇高是受理性力量(实际是道德理性)决定的,这个本体应该是道德形上学。而在方东美这里则是结合酒神的原始冲动来说明崇高(方称"壮美")精神的,显然非理性占据了主导地位。具体地说,方东美把崇高心理产生过程不是放在认知意义上来说明,因为这是西方近代步入知识论(认识论)、走向主客二元对立的歧途;要说明审美范畴,就应该放在人生哲学的意义上来揭示,也即与生命结合一起来表现;生命和悲剧原本不能分开。方东美最服膺的一句名言:"乾坤一场戏,生命一悲剧!"酒神的狂歌狂舞、如醉如痴的生命表现,呈现的是一整体的"壮美"(崇高)感!

---

① 方东美:《人生哲学讲义》,第248页,台北,时英出版社,1993。
② 方东美:《人生哲学讲义》,第248-249页,台北,时英出版社,1993。

由此可见,他对崇高这一审美范畴是从现象学角度而非认识论视角说明的,甚至,我们可以说他是站在中国人思维立场"华化"西方的悲剧理论。

同样,方东美说日神精神的点化犹如"班象赋形",也是从"意象"的生成整体面貌来看,绘画、雕刻、建筑易产生"优美"的形态!这也不是像康德侧重认识论、以知性和想象力的和谐架构所呈现的那样。

总之,方东美虽然凭借对古希腊悲剧精神的揭示,来说明壮美(崇高)和优美这两个美学范畴,但这种说明仍是以生命为本体的"体用不二"思维模式为基础的(前苏格拉底和中土这种思维一致)。因此,他对这两个重要范畴的阐释是具有一般的典型意义的。

2. 余论

方东美《人生哲学讲义》对美学思想的阐发,还有诸多有趣且有价值的观点,这里撮其要点略述如下。

首先,方东美指出,中国艺术有优点也有缺点,而最显著的缺点就是缺乏悲剧精神。其原因,在于中国文化从一开始就从善如流,不大讲人性的阴暗面。尼采对人类三种精神做了比喻:(1)"骆驼",(2)"狮子",(3)"赤子"。"赤子"是中国文化的精神,"中国没有原始的宗教,即没有受过骆驼般的压迫,因此,也没有反过来作狮子,一走来便是赤子之心"①。这样,中国艺术精神在此文化基础上就缺少古希腊和欧洲的罪恶意识下的悲剧精神。所以,方东美说:"中国文学最缺乏一种精神——悲剧精神。同印度相比,中国也没有可歌可泣之描写民族奋斗精神的文学。屈原的诗,不能算是悲剧诗,其悲剧来源是现实(政治),而非对整个宇宙人生的悲观;燕太子丹虽略有悲剧情调,而其实仍是以政治为其悲剧原因。此为中国文学的最大缺点,亦为没有本位宗教的结果。"②

中国有没有悲剧精神,学术界还有争论。而方东美是从文化的内在精神出发来讲这番话的。我们尤其应注意他所强调的条件限制语——"非整个宇宙人生的悲观"。换言之,在方东美看来,只有对生命根身是痛苦的有着深切感同,甚而提升到整个宇宙和人生的形上观上,才能估价是否有悲剧意识。这个判断应该说是深刻的。

其次,方东美又辩证地补充说,恰恰是中国悲剧精神的缺失,故而用伟大的创造来弥补此缺陷。"从儒家的本体论出发,创造出山水诗,陶渊明山水诗,开后来李杜的诗,再化为词、画,积极地肯定人生,歌颂世界。老庄是赤子,儒家是赤子,由哲学领域,化变为文学领域,诗词、画的领域;一切人生欢愉的情绪,藉自然发泄出来。整个宇宙是极大的和谐,人生亦是极大的和谐。从汉至魏的山水诗,由汉代的赋而来,

---

① 方东美:《人生哲学讲义》,第97页,台北,时英出版社,1993。
② 方东美:《人生哲学讲义》,第97—98页,台北,时英出版社,1993。

司马迁云:赋家之心,包括天地之心。山水诗发展至唐代出现大诗人李、杜等人之诗。至晚唐,诗变成词,描写宇宙、美人、芳草,宇宙人生是甜蜜的和谐。这种走来就是赤子之心的中国哲学,是健康的人生哲学。"①这就从另一侧面肯定了中国文化虽没有悲剧精神,却有"天人合一"的广大和谐的宇宙人生观。这种观点可以纠正西方"二分法"带来的人性"疏离"化(即异化)。

乍看上去,方东美似乎前后矛盾,但仔细一想,也不矛盾,因为这是从价值形态角度讲的,今天我们既不能回到传统天人合一的人与自然和谐统一时代,便不可避免地要吸收西方竞争(在"二分法"下产生的)意识、悲剧意识。由此,方东美把近现代西方文化对中国的侵入视作一种重新塑造自我文化的机会,强调"中国的艺术最缺乏悲剧感(sense of tragedy),除在春秋战国时代文化曾开出一朵花之外,从秦汉一直到现在都未有特别表现。因此,我希望从目前的大灾难中(我理解指西方近现代文化的侵入——引者注),能提炼出悲剧智慧,创造新的文化!"②

第三,方东美讲中国美学与艺术,总是放在文化范型下进行规约。由于东西方文化的差异性,在谈到中国艺术方法论时,他特别指出:西洋科学是逐步的解决问题(也就是注重逻辑和分析),但此心态不能拿来认识中国艺术。"研究东方不能如此,而必须融会贯通,文学、艺术、哲学、宗教不可划分的、综合性的知识,可说是'直觉',在印度看来(和在中国看来在这点上相同——引者注),此综合性的全体的直觉的知识,才是最高的知识。在西方人看来,这是神秘的知识。"③显然,方东美并不认为这种综合性的"直觉"(有时其著作更用"直透",我认为更妥帖)有什么不好(如西方称"神秘主义"),相反,他肯定这种"神秘主义"。

最后,我们要充分意识到,方东美是一个学贯中西的大哲,其论述往往纵横捭阖、恣肆汪洋,中西经典俯拾即是,穿插说明往往颇具慧心。因此,当他把中国美学和艺术精神提升到形上学高度时,其概括极具洞察力。我们一般都说中国的审美"意境"是最高范畴,非西方美学概念分析所能达到。但究竟如何"意境"法,则众说纷纭,且往往越说越糊涂。方东美指出古希腊文化为契理文化,援理证真,注重"实";而欧洲文化则是尚能文化,要在驰情入幻,注重"虚"字。那么中国文化怎样呢?方东美说中国文化非实非虚,是"挈幻归真"的文化。而中国的"意境"又如何呢?在《人生哲学讲义》中,方东美对我们常说的"意境"给了个线路图:由意趣而达意象,再造成一种景象,以培养成神韵,引发其神思。这种"意境"可以称之为"充量和谐"(他有时用"广大和谐"来说明)。也就是说,对"意境"的理解一定要提升到"太

---

① 方东美:《人生哲学讲义》,第98页,台北,时英出版社,1993。
② 方东美:《人生哲学讲义》,第139页,台北,时英出版社,1993。
③ 方东美:《人生哲学讲义》,第208页,台北,时英出版社,1993。

和的意境"。唯有这样,才能理解中国的艺术之美能培养道德(美能尽善,不是李泽厚讲的美能储善),也才能理解中国建筑、山水画的"空灵境界",都是要表现这至大至广的生命和谐韵律之美!

我们不妨整段引述方东美对于中国艺术精神的说明:

> 回到中国来,显然又到达一种境界:(古)希腊表现"实"字诀,近代欧洲表现"虚"字诀;中国的艺术所表现的境界,既非实,也非虚,而是意趣,根据其意趣,造成一种景象,培养其神韵,我称其为"充量和谐",又称为"同情交感的中道",根据其意趣发其神思……从先秦至唐宋,一贯表现天人合一,在先秦为"天人合德",两汉称为"天人合一",唐宋则称为"天人无间"。中国哲学所讲的整个意境是太和意境,仿佛交响乐的交响和谐。中国历史上的理想政治,如尚书赞美的光……等,都表现太和的意境,在此种情形下,启发出中国人生命的情调,非彼无我,非我无所取,成就博大真人的美德。礼、乐、诗,在中国都表现这种精神,庄子所谓执其环中,以应无穷,他最了解这道理。中国的建筑,绝不是孤立的建筑,而要山环水抱,再加上飞檐以破狭小的境界,开辟广大的空灵境界,表现生命韵律之美。六朝以后的绘画,讲六法,但不从形体方面讲,而从气韵上讲,在神奇奥妙的境界上,布置和谐法相。又如汉代的赋,明明描写一个都城,却要描写整个山脉河流,表现文学格局之美,造远景,开境界,表现元气淋漓的生命,表现韵律之美。如从这方面看,汉赋在文学上有极高价值。其次,中国绘画不讲透视法,其实何尝不讲透视法,西洋画以小观小,以大观大,以远观远,以近观近,这样,远的不会看得大,但中国绘画的方法则不如此,它可以以小观大,以远观近,有一套最重要的方法,即取一立脚点,采取高空的俯视法,画远山,同样是高山,但不是从一个平面来看,而是从许多平面来看,不是横的安排、直的安排,而是在空灵的意境中,以超越的精神表现周遭生命的气氛,在整个境界中表现神韵的美。从中国的宇宙观直到生命的情调,彻始彻终都是精神上的和谐。①

从这段精彩绝伦的论述中,我们可以见出方东美的中国心:中国艺术精神深深蕴藏在中国哲学精神之中;更准确地说,中国哲学和中国艺术的精神是一体的,都是在至广至大的和谐"中道"之中,由此生出的"境界"则是空灵的、有神韵的,一切中国的诗、赋、山水、建筑等都可从中去玩味、体会!

(宛小平)

---

① 方东美:《人生哲学讲义》,第258—259页,台北,时英出版社,1993。

十　民族审美心灵的再造
——徐复观与20世纪中国美学

由于海峡两岸长期隔绝和政治因素的影响，也因为徐复观(1903—1982)本人"杂家"的身份，使得我们在视其为20世纪现代新儒学代表人物、在先秦人性论和两汉思想史研究上做出重要贡献的思想家之外，很容易忽略其作为20世纪中国美学领域思想独特、有着重要建树的中国美学家身份。事实上，徐复观在美学上提出了不少原创性的理论，尤其是他对"中国艺术精神"的现代疏释，凸显出台湾、香港和大陆美学界之间学术上的关联性，对中华美学精神的发掘做出了重要贡献。以往有关徐复观的诸多研究，由于受文献、视野的局限，忽略了徐复观美学思想与20世纪中国美学之间的关联性，不能贴近徐复观美学思想本身的发展逻辑，不能对他在20世纪中国美学史上承上启下的重要地位做出客观评价。

（一）美学思想的理论背景

徐复观美学思想有着复杂的理论背景。

首先，徐复观受西方近代美学和艺术思潮的冲击，尤其是康德美学的影响，把艺术看作陶冶民众、重塑灵魂、提升道德境界、完善健全人格的重要方式。这与其受19世纪以来席勒、康德为代表的德国美学思想影响有着莫大关系。康德认为，科学有自身的界限，如不加限制地把科学思维扩展到人类所有领域，将毁灭很多真正有价值的东西。康德"三大批判"把知、情、意作为把握世界的三个途径，"情"是沟通"知"和"意"的桥梁，借此消解工业文明和人类诗意生存的对立。这就是徐复观所说："康德在纯粹理性批判、实践理性批判之外，另建立判断力批判；在判断力批判中，强调了对美的判断，与前两者并不相同的特别性格，使之不致互相混淆混乱，因而奠定了近代美学的基础。"[①]他在辨析中国艺术精神时，时常借用康德观点来剖析儒道美学间的差异。康德将美分为"纯粹美"和"依存美"，"纯粹美"是指纯粹的、自由的美，只

---

① 徐复观：《石涛之一研究》，第21-22页，台北，学生书局，1979。

关乎形式而排斥一切利害关系。在徐复观看来,庄子美学比较接近于康德的"纯粹美",代表着中国的"纯艺术精神",而儒家美学则接近于康德的"依存美",这种美是"审美的快感与理智的快感二者结合",①可看作"仁美合一"的典型;"为艺术而艺术"与"为人生而艺术",正好体现了艺术的"无目的性"与"合目的性"之间的二律背反。康德不仅把人看作艺术和美的创造主体,而且强调审美超越现实功利的愉悦感。这种审美无功利性思想和价值论视角,对徐复观美学思想的形成具有重要作用。徐复观认为,康德的审美判断不是认识判断,而是趣味判断,"乃是纯粹无关心的满足"②;审美判断对于提高人的想象力、知解力、情感力和鉴赏力,使自然的人上升为道德的人具有重要作用。在此意义上,艺术精神可作为人类进入文明时期后的"宗教",它安顿着人类分裂、疲惫而迷惘的心灵。这和王国维"境界说"以及蔡元培"以美育代宗教"的理念背后的康德美学影子如出一辙。

除康德美学影响外,徐复观还受到德国哲学家卡西尔的影响。卡西尔承秉古希腊认识自我的人文主义思想,上溯苏格拉底、亚里士多德,下及蒙田、德罗等,把艺术看作人类创造的文化符号,而我们在艺术作品中看到的则是人类灵魂最深沉、最多样化的运动。"艺术是一条通向自由的道路,是人类心智解放的过程;而人类的心智解放则又是一切教育真正的、终极的目标"。③ 艺术从一个新的广度和深度揭示了生活,传达了人类的伟大和苦痛。徐复观深深服膺于卡西尔把理性批判变成文化批判的思想,他在解释"诗,可以观"、"文以气为主"、"逍遥游"等重要概念时,便多次引用卡西尔思想与自己的解释相互印证。

在现代的视野下,徐复观一方面把西方美学家康德、黑格尔、谢林、席勒、立普斯等作为其立论的依据,另一方面又在中西对照视角下将庄子思想纳入世界美学和艺术大潮中进行比较分析,以平等、客观的态度对其进行条分缕析,使其与文学上的意识流,心理学上的深层心理、行为主义,哲学上的现象学、柏格森生命主义、萨特的实存主义、逻辑实证论,政治上的纳粹主义及物理学上的原子论等相遇,形成了以中西对照视野来阐释中国艺术特点、内涵和现代价值的美学观,给我们反观传统提供了一个新的视角。

其次,徐复观美学思想的基础,是儒道两家的人性论。在他看来,中国艺术精神"并不从某件具体的艺术作品本身,而是直接从中国文化、中国哲学里直接流出"④。应该说,这一认识是很有洞察力的。艺术精神蕴涵着一种文化的根本观念,它虽不脱离艺术作品本身,但也不可能直接来自艺术本身,而应源于民族文化中最核心的东西——哲学或宗教。如果我们说海德格尔从艺术作品入手追问艺术本源的方式

---

① 康德:《判断力批判》,上卷,宗白华译,第68页,北京,商务印书馆,1965。
② 徐复观:《中国艺术精神》,第56页,沈阳,春风文艺出版社,1987。
③ 卡西尔:《语言与神话》,于晓等译,第197-198页,北京,三联书店,1988。
④ 徐复观:《中国艺术精神》,第44页,沈阳,春风文艺出版社,1987。

是由下往上溯,那么,徐复观从哲学和文化入手探索艺术精神的方式则是由上往下落。一部《中国艺术精神》,本质上就是描述中华美学精神呈现、发展、具体、丰富的过程。在"中西文化论战"中,徐复观感到有必要对中国文化有价值的成分进行有条理的现代阐释,使其融入世界文化主流。在写出《中国人性论史·先秦篇》后,他感到有更重要的东西即独立于科学精神和道德精神之外的艺术精神还未能得到充分阐发,这就是其《中国艺术精神》的写作背景。从人性论的发掘到艺术精神的诠释,二者之间有一条明晰的思维脉络。很多学者认为徐复观的人性论研究与美学思想无涉,而忽略了二者之关联。但如果我们把它放在徐复观美学思想发展过程的大背景中看,就会发现人性论在其美学思想的形成过程中其实起了奠基的作用。徐复观虽然在《中国人性论史·先秦篇》中没有过多谈论美学问题,但对儒家和道家哲学的分析已经奠定了其美学思想的哲学基础。

徐复观认为,人性论是理解文化中一切问题的基础。"(人性论)是一个起点,也是一个终点。文化中其他的现象,尤其是宗教、文化、艺术乃至一般礼俗、人生态度等,只有与此一问题关联在一起时,才能得到比较深刻而正确的解释。"①人性论史的阐释尤其对艺术精神的展开具有奠基性的重要意义。通过梳理人性论,徐复观发现了儒道人格修养的伟大,"中国只有儒道两家思想,由现实生活的反省,迫进于主宰具体生命的心或性,由心性潜德的显发以转化生命力的夹杂,而将其提升,将其纯化,由此而落实于现实生活之上,以端正它的方向,奠定人生价值的基础。所以只有儒道两家思想,才有人格修养的意义。因为这种人格修养,依然是在现实人生生活上开花结果,所以它的作用,不止是文学艺术的根基,但也可以成为文学艺术的根基"②。人性论是儒道两家的思想基础,也是中国艺术精神的落脚之处。在20世纪中国美学史上,对艺术精神持这种看法的美学家为数不少,如宗白华就认为,中国画的境界似主观而实为一片客观的全整宇宙,和中国哲学及其他精神方面一样。③ 方东美也说:"如果从艺术史来看,则整个中国艺术所表现的创造精神,正是儒道两家在哲学上所表现的思想。"④徐复观对中国艺术精神的阐释以及现代艺术的批判也由此出发,"儒道两家人性论的特点是:其工夫的进路,都是由生理作用的消解,而主体始得以呈现;此即所谓'克己'、'无我'、'丧我'"⑤,并由此而成就了伟大的艺术精神,

---

① 徐复观:《中国人性论史·先秦篇·自序》,见李维武编:《徐复观文集》,第3卷,第1页,武汉,湖北人民出版社,2002。
② 徐复观:《儒道两家思想在文学中的人格修养问题》,见《中国文学精神》,第8页,上海,上海书店出版社,2006。
③ 宗白华:《美学散步》,第133页,上海,上海人民出版社,1981。
④ 方东美:《中国艺术的理想》,冯沪祥译,见牟宗三等编:《中国文化论文集》,第二编,第336—337页,台北,幼狮文化事业公司,1980。
⑤ 徐复观:《中国艺术精神》,第115页,沈阳,春风文艺出版社,1987。

它在根本上体现为一种肯定人性和自我价值、追求自由解放的新人文精神。尽管儒道走向了两种艺术形态,但其出发点和归宿点依然是落实于现实人生之上,这就是徐复观所说的"为人生而艺术,才是中国艺术精神的正流"①。

另外,鄂东历史文化的传承、熏陶,对徐复观美学思想的形成有着不可忽视的影响。这种影响一方面渗透到他的精神血液和生命情感中,潜移默化地使他无论身在台湾、香港还是美国,都有着浓厚的鄂东乡土情结;另一方面又通过熊十力的言传身教,使他最终体认到中国文化最基本的特征即是"心的文化","(庄子)由'心斋'的工夫所把握的心,正是艺术精神的主体"②。这也成为他学术思想的基石。鄂东有着悠久的"心学"传统,在历史上曾是佛教发展的中心,东晋慧远大师在鄂州创立了净土法门。净土即是净心,"睹夫渊凝虚镜之体,则悟灵相湛一,清明自然。察夫玄音以叩心听,则尘累每消,滞情融朗。非天下之至妙,孰能与于此哉?"③净土理论把佛性建立在人的心性之上。禅宗的三祖僧璨、四祖道信、五祖弘忍皆出自鄂东。道信提出"念佛即是念心,求心即是求佛"④,弘忍则主张"守本真心,妄念云尽,慧日即现"。六祖慧能也是在鄂东黄梅形成了自己的禅学思想,"菩提自性,本自清净,但用此心,直了成佛"⑤。佛教将"心"的作用推到了一个极高位置,这种转变可以说是在鄂东之地完成的。宋明新儒家继承和发展了这种心性传统,尤其是王阳明心学大盛于鄂东,王阳明弟子郭善甫(黄冈),泰州学派耿定向、耿定理(红安),顾问、顾阙(蕲春)等人,都为心学的继承和发展做出了重要贡献,崇正书院、问津书院成为鄂东长期传播阳明心学的基地,书院讲学之风一直延续到晚清。关于这段历史,熊十力有精要的概括:"夫古今言哲理者,最精莫如佛,而教外别传之旨,尤为卓绝。自达摩东渡,宗风独盛于蕲、黄。蕲水三祖,蕲春四祖,黄梅五祖,迭相授受,独成中国之佛学。黄梅传慧能、神秀,遂衣被南北,永为后世利赖。有明心学兴,黄冈郭氏、黄安(即红安,引者注)耿氏、蕲春顾氏,并为荆楚大师。"⑥

徐复观所受鄂东"心学"传统影响,并非直接上承于陆象山、王阳明,而主要是通过其师熊十力。熊十力早年追慕王夫之,而后以孟子、陆、王之"心学"融摄《易经》并会通佛学而成《新唯识论》,认为造化之本在无我无人之法体,也即本心。他写作《心书》和《新唯识论》,就是把要鄂东的这种"心学"传统继承、发扬下去,"识者,心之异名。唯者,显其特殊,即万化之原而名以本心……《新论》究万殊而归一本,要在反之此心,是

---

① 徐复观:《中国艺术精神》,第118页,沈阳,春风文艺出版社,1987。
② 徐复观:《中国艺术精神》,第61页,沈阳,春风文艺出版社,1987。
③ 慧远:《念佛三昧诗集序》。
④ 道信:《入道安心要方便法门》。
⑤ 慧能:《坛经·行由品第一》。
⑥ 熊十力:《心书》,见萧萐父主编:《熊十力全集》,第1卷,第23页,武汉,湖北教育出版社,2001。

故以唯识彰名"①。受此影响,现代新儒家学者大都重视"心"的作用。牟宗三讲心体与性体以建立道德的形上学,唐君毅讲生命存在与心灵境界的"心通九境"论,而徐复观则提出"形而中者谓之心"②,"中国传统的学问,乃是一种'心学'"③,把心作为人生价值的根源,认为"心的作用、状态,庄子即称之为精神;即是在自己的精神中求得自由解放"④,"假定谈中国艺术而拒绝玄的心灵状态,那等于研究一座建筑物而只肯在建筑物的大门口徘徊"⑤。鄂东的"心学"传统构成了徐复观学术思想的哲学基础。

(二)中国艺术精神:新美学"范式"的形成

徐复观美学思想是围绕"中国艺术精神"这个问题展开的,不仅注重对传统美学资源的"现代疏释",还创造性地发掘出中华美学精神具有反专制统治、追求自由解放以及反省现代性的现代价值。可见,徐复观有着从解决"中国艺术精神"出发、重构中国美学研究范式的企图,其"中国艺术精神"不仅包含《中国艺术精神》所阐明的中国绘画精神以及儒家乐教精神,还包括他在《中国文学论集》及《中国文学论集续篇》⑥中所阐明的中国文学精神。他以庄子美学为主体、儒家美学为补充来建构其"中国艺术精神"体系,就是力图建立一个与西方文化艺术系统不同的美学"范式"。

1. 问题的提出

英国19世纪著名批评家阿诺德曾说:"在某时代的文学中,从文学的支流,辨别出何者是它的主流,是文学批评的最高任务。"余英时在谈到清代思想史时,也曾提出一个"内在理路"⑦的思想史研究方法,与阿诺德的说法有异曲同工之妙。可以说,这种方法对于研究徐复观美学思想也是非常适用的。自1987年祖国大陆开始公开出版徐复观著作以来,学界先后有百余篇学术论文、11篇博士论文和7部学术专著⑧涉及儒道美学在徐复观美学思想中的地位问题。然而徐复观美学思想的核心是什么?儒家美学和庄子美学何者是徐复观美学思想的主体?这二者在徐复观美学思想体系中又占有何种地位?不少学者颇为"中庸"地将徐复观美学思想归结为"儒

---

① 熊十力:《新唯识论·序》,第1页,台北,学生书局,1972。
② 徐复观:《心的文化》,见李维武编:《徐复观文集》,第1卷,第33页,武汉,湖北人民出版社,2002。
③ 徐复观:《如何读马浮先生的书?》,见李维武编:《徐复观文集》,第2卷,第360页,武汉,湖北人民出版社,2002。
④ 徐复观:《中国艺术精神》,第53-54页,沈阳,春风文艺出版社,1987。
⑤ 徐复观:《中国艺术精神·自叙》,第5页,沈阳,春风文艺出版社,1987。
⑥ 祖国大陆将此二书合编为《中国文学精神》出版。
⑦ 余英时:《清代思想史的一个新解释》,见《历史与思想》,第124-125页,台北,联经出版社,1995。
⑧ 学术论文从1987年卢善庆《中国古代文化中艺术精神的探源溯流——读徐复观〈中国艺术精神〉》(见《中国文化》,上海,复旦大学出版社,1987)算起至2015年10月。

道互补",这个说法听起来似是放之四海而皆准的,而落实到具体美学家思想研究上,则相当于什么也没说——事实上,徐复观的美学思想恰恰是从"儒道分疏"这个视角展开的,"互补"是建立在"分疏"基础上。忽略了这一点,就很难对徐复观的美学世界有一个整体的把握。学界在对以上问题的回应中,以"重庄轻儒"、"根儒道华"、"儒学化的庄子"三种观点最具代表性。

一、"重庄轻儒"。刘纲纪认为,徐复观从哲学史和思想史角度考察中国美学和艺术理论,突破了邓以蛰、宗白华、朱光潜等人从美学和艺术角度观照中国美学理论的限制。这是徐复观美学思想的特点,也是其贡献所在。但徐复观给予道家美学比儒家美学更高的评价,对儒家美学分析阐释不足,这种单线条式的分析不免脱离了中国美学发展的多样性与复杂性。① 孙邦金亦认为徐复观的艺术精神有归约化倾向。② 从《中国艺术精神》看,刘纲纪的论断是非常中肯的。该书十章,除第一章谈儒家美学在音乐上的落实、转化外,其余九章都是谈论庄子美学在绘画上的展开与落实。然而,如果我们突破《中国艺术精神》的局限,从《中国文学论集》(1965)、《石涛之一研究》(1968)、《黄大痴两山水长卷的真伪问题》(1977)、《中国文学论集续编》(1981)等论著以及百余篇文艺论文入手,放眼徐复观整个思想,则会发现,其实在徐复观的美学思想中,儒家美学亦占有非常重要地位。

二、"根儒道华"。李淑珍认为,徐复观从道家中发现儒家的特质,而不是在儒家中寻找道家的痕迹,其美学思想更接近于儒家"美善合一"的典型。③ 耿波则明确提出"根儒道华"的观点,认为徐复观美学之思的最终点,实际是以儒家为根柢。④ 的确,从艺术作为一种文化现象来看,徐复观猛烈批判西方文化和现代艺术的姿态,无疑受到儒家美学"文以载道"传统的影响。但从艺术作为一种自足、自律的存在形态来看,这种观点忽略了徐复观对艺术不同于文化现象之独立价值的发现,其出发点大多从徐复观写作《中国艺术精神》的动机入手去诠释其文本本身的意义,再由此诠释徐复观美学思想的主旨。然而,作者意图并不等于文本意图,"'作者前文本的意图'——即可能导致某一作品之产生的意图——不能成为诠释有效性的标准,甚至可能与文本的意义毫不相干,或是可能对文本意义的诠释产生误导"⑤。诠释既受特定历史和语境的制约,又要接受客观文本的检验。如果我们称徐复观美学思想是"根儒道华",那么他为何要"根儒道华"?我们又如何解释徐复观以儒家美学来阐释

---

① 刘纲纪:《略论徐复观美学思想》,见李维武编:《徐复观与中国文化》,第509页,武汉,湖北人民出版社,1997。
② 孙邦金:《儒家乐教与中国艺术精神》,载《武汉大学学报》(人文社科版)2002年第1期。
③ 参见李淑珍:《徐复观论现代艺术——就台湾文化生态及儒家人性论双重脉络的考察》,见李维武编:《徐复观与中国文化》,第558页,武汉,湖北人民出版社,1997。
④ 参见耿波:《徐复观心性与艺术思想研究》,第21页,北京,中国传媒大学出版社,2007。
⑤ 艾柯等:《诠释与过度诠释》,柯里尼编,王宇根译,第10页,牛津大学出版社(中国),1995。

音乐、文学,而独在诠释"纯艺术精神"的绘画精神方面却又旗帜鲜明地标举庄子美学的大旗?以庄子美学论绘画,以儒家美学论音乐、文学,恰恰体现了徐复观对中国艺术精神的独到理解。

三、"儒学化的庄子"。刘桂荣认为,徐复观有将庄子儒学化的倾向。① 其实,有关庄子的儒学倾向论断,古已有之。《史记·老庄韩非列传》中谓庄子"其学无所不窥,然其要本归于老子之言"。庄子生活的时代,各种思想相互激荡、冲突、融合。我们从《庄子》中可以发现,他对当时流行的各家思想都颇有研究并且自有取舍,其思想除了主要受老子影响之外,还受杨朱"保身、全性"、宋钘与尹文子"齐物"、列子"贵虚"思想以及惠施论辩艺术的影响,②这其中当然也少不了儒家的影响。③ 后世也有人将庄子比附为儒学弟子,认为其思想不仅不与儒家相悖,反而大有助于儒学之弘扬。如唐韩愈云:"盖子夏之学,其后有田子方,子方之后,流而为庄周,故周之书喜称子方之为人"④,认为庄周乃子夏、子方之后学。宋苏东坡在《庄子祠堂记》中也认为,庄子之言对孔子皆"实予而文不予,阳挤而阴助之"⑤。清代刘鸿典也持此论:"且夫庄子受业于子夏之门人,则其所学者犹是孔子之道,孔子之言性与天道,不可得闻,而心斋坐忘,直揭孔颜相契之旨。"⑥黄锦宏在《庄子及其文学》一书中,对儒家和《庄子》一书的关联有着较为详细的考证,认为《庄子》中的《天地》、《天道》、《天运》诸篇可能出于秦至汉初儒家手笔,至于《天下》篇则无疑是战国后期或汉初儒家后学的作品。⑦ 而在《庄子哲学及其演进》⑧中,刘笑敢也从语言及思想的角度,对《庄子》的内、外、杂诸篇进行了详细考证和辨析,认为《庄子》内篇基本为庄子所作,而外篇、杂篇则多为庄子后学及汉代儒生杂凑而成。由此可见,儒、道之间的共通和互补,是历

---

① 参见刘桂荣:《生命境界的会通——徐复观文学精神的美学阐释》,载《名作欣赏》2007年第6期。
② 郎擎宵认为,庄子学说当出自老子而自立为一家,其学较老子为博大。除老子外,对庄子产生影响的人还有杨朱、尹文子、惠施、列子、东郭子、商太宰荡、曹商等。参见郎擎宵:《庄子学案》,第9—17页,天津,天津古籍书店,1990。
③ 庄子对孔子也表示过钦佩。《寓言》云:"庄子谓惠子曰:孔子行年六十而六十化。始时所是,卒而非之,未知今之所谓是之非五十九非也。"惠子曰:"孔子勤志服知也。"庄子曰:"孔子谢之矣,而其未之尝言。孔子云:'夫受才乎大本,复灵以生。鸣而当律,言而当法。利义陈乎前,而好恶是非直服人之口而已矣。使人乃以心服而不敢蘁立,定天下之定。'已乎,已乎!吾且不得及彼乎!"这里体现了庄子对孔子的赞赏与倾慕,瑞士汉学家毕来德就认为庄子发挥了儒家学说为自己立说。(参见毕来德:《庄子四讲》,宋刚译,北京,中华书局,2009)但纵观《庄子》全篇,庄子对孔子和儒家基本上还是持嘲笑和批判的态度,他借田圆之口讽刺孔子"身之不能治,而何暇治天下乎"(《天地》),借扁子之口批评儒家"饰知以惊愚,修身以明汙,昭昭乎若揭日月而行也"(《山木》),认为儒家"夫仁义之行,唯且无诚,且假乎禽贪者器"(《徐无鬼》)。
④ 钱伯城:《韩愈文集导读》,第152页,成都,巴蜀书社,1993。
⑤ 苏轼:《庄子祠堂记》,见《苏东坡全集》(上),第251页,北京,中国书店,1986。
⑥ 刘鸿典:《庄子约解》。
⑦ 黄锦宏:《庄子及其文学》,第18—40页,台北,东大图书有限公司,1977。
⑧ 刘笑敢:《庄子哲学及其演进》,北京,中国社会科学出版社,1988。

史存在的客观事实。徐复观通过台湾"现代艺术论战"和《中国人性论史·先秦篇》的研究,则发现庄子美学于儒家美学之外,实有其特异而独立的精神价值,因此走出了传统诠释模式的束缚。通过《中国艺术精神》,徐复观所要辨明的,不是庄子儒学化的一面,而是要凸显儒道美学相异的一面;不是庄子美学与儒家美学相通的一面,而恰恰是庄子美学为儒家美学所遮蔽而特异的一面。

以上三种对徐复观美学思想的解读,大多脱离了台湾的历史文化传统和"现代艺术论战"的历史背景,脱离了徐复观个人的性情、遭遇及其内心情感,更忽略了徐复观美学思想的丰富性和内在脉络的差异性。

2. 两个主旨

理解一个问题,其实就是对这个问题提出问题。徐复观并非如其他人那样笼而统之地谈论"儒道互补"①,而是既会通而又能铨别。他以中国艺术两大主干——绘画和文学为例,通过对儒道美学的梳理和区分来建构"中国艺术精神"体系。儒道美学既对立又统一的关系,在徐复观美学思想中体现得尤为明显。

徐复观认为,中国文化"从人的具体生命的心、性中,发掘出艺术的根源,把握到精神自由解放的关键,并由此而在绘画方面,产生了许多伟大的画家和作品"②。这点出了中国艺术精神的两个重要层面:一是由反省而来的人格修养和人生价值的确立,"儒道两家的人性论,虽内容不同,但在把群体涵融于个体之内,因而成己即要求成物的这一点上,却有其相同的性格"③。这是儒道会通的一面。徐复观谓庄子的艺术精神是中国艺术精神的主体,"彻底是纯艺术精神的性格",显然不是要阐述儒道之间的这种相通性,而是在立足于对儒道美学之间差异性发掘上。那么,徐复观发现的儒道美学间的根本差异是什么呢?这就涉及中国艺术精神的第二个层面——以精神的自由解放为旨归。在这一点上,儒道美学呈现出完全不同的价值取向。

首先,从对待艺术的态度来看,由孔子所代表的儒家艺术精神,注重对上古诗教、乐教的传承,强调艺术对人的行为的规范和道德教化作用。这种"文以载道"、"艺以载道"的美学,无疑有其局限性,"儒家所开出的艺术精神,常需要在仁义道德根源之地,有某种意味的转换。没有此种转换,便可以忽视艺术,不成就艺术"④。无论对于促进艺术自身的自律,还是对于艺术在人格独立和精神自由解放方面所做的开拓,以及在现实中对于人生的安顿,儒家美学都和庄子所代表的艺术精神大相径庭。李泽厚也指出:"(儒家)由于其狭隘的功利框架,经常造成对审美和艺术的束缚、损害和破坏;那么,后者(道家)恰恰给予这种框架和束缚以强有力的冲击、解脱

---

① 李泽厚:《美的历程》,第54页,北京,文物出版社,1981。
② 徐复观:《中国艺术精神·自叙》,第1—2页,沈阳,春风文艺出版社,1987。
③ 徐复观:《中国艺术精神》,第39页,沈阳,春风文艺出版社,1987。
④ 徐复观:《中国艺术精神》,第118页,沈阳,春风文艺出版社,1987。

和否定。浪漫不羁的形象想象,热烈奔放的情感抒发,独特个性的追求表达,他们从内容到形式不断给中国艺术发展提供新鲜的动力。"①而在庄子哲学体系中,艺术精神却具有某种独立的地位。儒家和道家一者体现为道德精神,一者体现为艺术精神,徐复观显然注意到了庄子精神的这种审美化倾向,并用洋洋三十余万言来发掘、阐释这一影响中国艺术数千年而又往往为人们所忽略的艺术精神的根源,真可谓前无古人。他对儒道美学这一差异的挖掘和阐释,独具慧眼,表现出了伟大的异端精神。由此,我们也就可以理解徐复观独钟情于庄子精神的缘由了——徐复观美学思想恰恰是从对儒道美学的区分开始的。

其次,徐复观看重庄子精神,恰恰是领悟到了其追求精神自由解放的审美价值,"庄子的艺术精神,是要成就艺术地人生……乃是在使人的精神得到自由解放"②。这是庄子精神的实质,也是中国艺术精神的核心。徐复观痛心地看到,儒学在长期的专制暴政统治下,日益沦落变异为专制的附庸,从"大丈夫"蜕化为"软体动物"。③受儒家美学支配的文学、诗歌等成为歌功颂德的载体,日益失去了其讽谏的现实意义。在《石涛之一研究》中,徐复观认为,石涛晚年弃僧入道,亦有反抗专制政治的精神趋向,所以其"画笔浩瀚纵恣,实以此一生命的大升华大解放为基底,不能仅从笔墨技巧上去加以解释"④。徐复观曾以岩石中的种子以喻道家的这种精神,"松树的种子,偶然被风吹堕到岩石的缝隙里,因被岩石所逼,不容许它直挺挺的伸长出来。但种子中的生命力,并未曾因此罢休;不能直挺着伸长,便曲折的伸长;不能成为撑天蔽日的形态,却成为钩铜曲铁的形态;伸长的途径不同,成就的形态各异,要其终能突破岩石的压力而能有所成,以无负于一粒种子所含蕴的价值则一"⑤。这粒在岩石缝隙中生存的种子,其实就是在专制统治下追求精神自由解放的庄子精神的真实写照。庄子精神体现在现实生活中,即是要追求精神自由解放,做一个"真人";体现在政治上,即是一种"不合作"的姿态,不受任何组织和权力的控制;体现在思想上,则表现为批儒讽墨的"异端"立场,⑥对主流的价值观念和权威进行无情的批判和彻底的解构;体现在美学上,则是人与自然相融相生、和谐一体的诗意境界;它对于解蔽技术时代沉沦在功利、物欲中的人类心灵具有重要的现代价值。

另外,从儒道美学的本质来看,庄子精神较儒家美学更具有现实的、现代的和世

---

① 李泽厚:《美的历程》,第54页,北京,文物出版社,1981。
② 徐复观:《中国艺术精神》,第52页,沈阳,春风文艺出版社,1987。
③ 徐复观:《痛悼吾敌 痛悼吾友》,第333页,见萧欣义编:《儒家政治思想与民主自由人权》,台北,学生书局,1988。
④ 徐复观:《石涛之一研究》,第103页,台北,学生书局,1979。
⑤ 徐复观:《〈张佛千先生文集〉序》,见黎汉基、李明辉:《徐复观杂文补编・思想文化卷》,上册,第484—485页,台北,台湾"中央研究院"中国文哲研究所,2001。
⑥ 萧萐父:《道家传统与思想异端》,见朱哲编:《吹沙纪程》,第42—46页,上海,上海文艺出版社,1998。

界性的意义。从现实角度看,孔子通过音乐所显现出的艺术精神,即是"仁美合一"的境界,有其永恒的艺术价值,"它将像天体中的一颗恒星样的,永远会保持其光辉于不坠"①。这种艺术精神高超玄妙,树立了人类永恒的美的标杆,但在现实中却不容易生根落脚,尤其是对于当时台湾的艺术风气而言,让人有"犹河汉而无极也"之感,遥不可及。从这个意义上讲,徐复观恰恰不是给了道家美学比儒家美学更高的评价,而是在诠释庄子美学之现代价值的同时,又充分肯定了儒家美学的重要地位。其《儒道两家思想在文学中的人格修养问题》就明确指出:"中国有文字的文学的根,只能求之于儒家的经"②,"由道家回到儒家的大统,亦即是回到文学的主流"③。从徐复观美学思想的整体视角来看,他在儒道互补、诗画融合的基础上,又看到了儒道美学、绘画和文学之间的差异,从而突破了传统以儒家美学为主导的固有思维模式,对庄子美学做出了富有创造性的现代诠释。

3. 三条线索

徐复观美学思想是通过三条重要的线索展开的——起于"现代艺术论战",成熟于中国画史梳理,并通过中国文学得以发展。他曾明确指出:"中国艺术精神的自觉,主要是表现在绘画与文学两方面,而绘画又是庄学的'独生子'。"④我们可以发现,绘画在徐复观美学体系中占有主导性地位。徐复观的美学论著合计 5 本,美学论文共 117 篇。其中绘画方面的论著 3 本,论文合计 67 篇;文学方面的论著 2 本,论文合计 43 篇;另有音乐、戏剧、电影及雕塑方面的论文 7 篇。由此,以绘画作为徐复观美学思想的中心是可以得到确证的,而文学则是徐复观美学思想的重要补充(见图 1)。学界关于徐复观美学思想的大量研究多侧重于文学视角,这无异于本末倒置,难得其要。

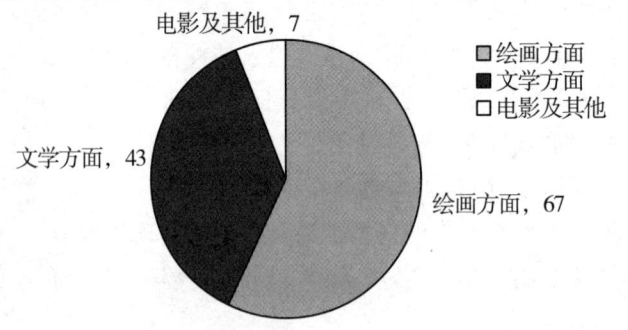

图 1 徐复观之绘画、文学、电影等论文比重一览图

---

① 徐复观:《中国艺术精神》,第 35 页,沈阳,春风文艺出版社,1987。
② 徐复观:《儒道两家思想在文学中的人格修养问题》见《中国文学精神》,第 13 页,上海,上海书店出版社,2006。
③ 徐复观:《儒道两家思想在文学中的人格修养问题》,见《中国文学精神》,第 13－14 页,上海,上海书店出版社,2006。
④ 徐复观:《中国艺术精神·自叙》,第 5 页,沈阳,春风文艺出版社,1987。

通过对徐复观美学思想的梳理和论著论文的统计，可以看到，徐复观美学思想是围绕着现代艺术、中国画和文学三条线索展开的，其美学思想也可划分为现代艺术、中国画和文学三个时期。徐复观谈现代艺术的文章共27篇，1957—1962年间有15篇(占55.6%)，1963—1969年间有7篇(占25.9%)，1970—1982年间有5篇(占18.5%)，因而，1957—1962年可被视为围绕台湾"现代艺术论战"展开的现代艺术时期(见图2)。徐复观谈中国画的文章有40篇，1957—1962年间有7篇(占17.5%)，1963—1969年间有24篇(占60%)，1970—1982年间有9篇(占22.5%)，1963—1969年可被视为以《中国艺术精神》为中心的中国画时期(见图3)。而徐复观谈文学的论文共43篇，1957—1962年间有12篇(占27.9%)，1963—1969年间有6篇(占14%)，1970—1982年间有25篇(占58.1%)，因此，1970—1982年可被视为徐复观去香港后的文学时期(见图4)。由上可知，绘画是徐复观美学思想展开的主要线索，而文学、音乐则是其美学思想展开的重要补充。① 落实于绘画的庄子美学，是徐复观美学思想的核心，而落实于音乐、文学的儒家美学则是其美学思想的重要补充。

---

① 徐复观以绘画为中国艺术中心，这是从狭义上讲的。事实上，艺术应包括绘画、文学、音乐、戏剧、电影、雕塑等不同门类。中国古典艺术以绘画为中心，这是艺术史发展的结果。诗歌、书法、绘画、雕塑等虽属不同艺术门类，但随着中国艺术的发展，这些原本分属表现与再现、抒情与摹仿、时间或空间的艺术门类逐渐渗透、融合进绘画。音乐是最早融入绘画的。宗白华认为，中国绘画中的时间感和节奏即来源于音乐，对气韵的追求是绘画音乐感的体现。(参见宗白华：《美学散步》，第51页，上海，上海人民出版社，1981)而后，文学也渗透进绘画。"诗画本一律，天工与清新。"(参见苏轼：《书鄢陵王主簿所画折枝二首》，《苏东坡全集》，上，第230页，北京，中国书店，1986)"画者，天地无声之诗；诗者，天地无色之画。"(叶燮：《赤霞楼诗集序》，《己畦文集》，卷八，见北京大学哲学系美学教研室编《中国美学史资料选编》，下，第324页，北京，中华书局，1985)沈宗骞则把诗和画当作一回事："画与诗，皆士人陶写性情之事，故凡可以入诗者，均可入画。"(沈宗骞：《芥舟学画编》)俞剑华则认为文学融入绘画，给中国绘画带来新的活力："王维以诗境作画，赋予中国画以新生命，遂由宗教化而入于文学化。此种文学化之画，遂日渐扩充，而占领艺术界之全土，不特以此开中唐以后之风气，而且立一千余年文人画之基础，以形成东方特有之艺术，矫然独立于世界。"(参见俞剑华：《中国绘画史》，上，第109页，上海，上海书店，1937)西方艺术也有此说。达·芬奇曾言："画是嘴巴瞎的诗，诗是眼睛瞎的画。"尤其是宋代以来，诗歌、书法、雕刻、金石、建筑日益渗透进绘画艺术之中，很多画家在这种艺术氛围中养成了能诗工书善画的全面素质，画完画后顺便题诗、留印成为风气，同时其所题之诗、所刻之印，在书法和篆刻上也需非常之技巧，如此这样一幅画才算完成。董其昌对仇英评价不高，就是因为仇英不能诗不工书。很多不能书的画家，在题款时抄前人的诗，或请人代笔，也是常有的事。同时，绘画中的虚实、气韵、境界等理论也成为书法、戏曲、建筑、雕刻的重要品评标准，因而宗白华认为，绘画是中国艺术的中心。(参见宗白华：《美学散步》，第146页)绘画可谓中国古典艺术的集大成者，徐复观以中国绘画为中国艺术精神的代表，是有一定道理的。

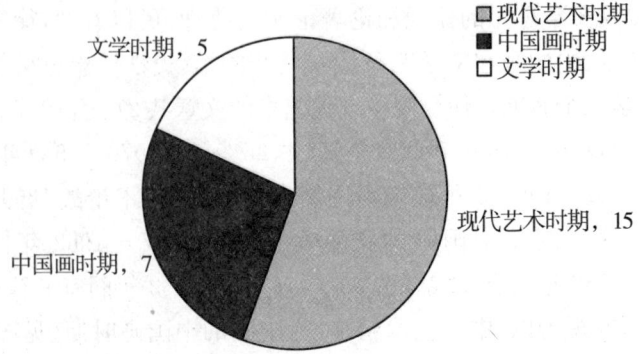

图 2　徐复观现代艺术论文在三个时期所占比重一览图

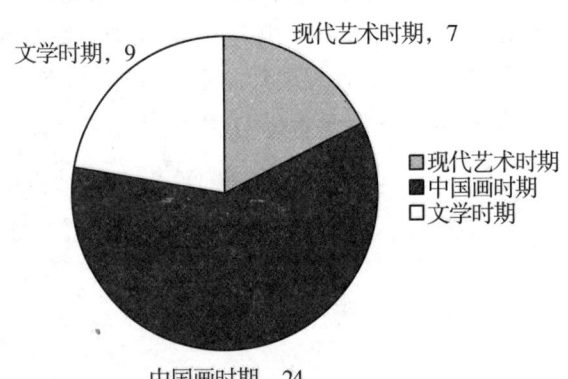

图 3　徐复观中国画论文在三个时期所占比重一览图

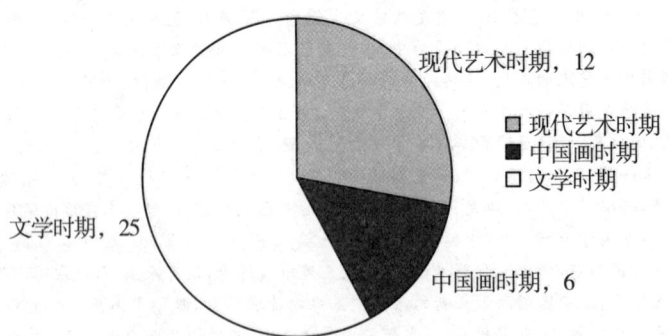

图 4　徐复观文学论文在三个时期所占比重一览图

　　徐复观的绘画论文主要探讨了中国画和西方现代艺术,合计 67 篇。从这些论著和论文的写作时间看,绘画类论文基本集中于现代艺术时期(1957—1962)和中国画时期(1963—1969),分别为现代艺术时期 21 篇,中国画时期 31 篇,香港时期 15 篇。而他在文学方面的论文,主要集中于去香港后的文学时期(1970—1982)。徐复观曾说:"在文学方面,到1965年为止,仅写了八篇文章,汇印成《中国文学论集》,以后每重印一次便增加若干文章,到1980年的第四版,长长短短的,共增加了十六篇,由原来的三百多页,增加到今天的五百五十七页。"①在这个过程中,1969年是一个重要转折点。1969年秋,徐复观到香港中文大学新亚书院哲学系任客座教授,主要开设"《文心雕龙》研究"及"中国文学批评史研究"两门课程。徐复观自谓"我也想借此机会,写一部像样点的《中国文学批评史》……今后假定还能侥幸多活几年,按原计划再写几篇,加到《中国文学论集续集》的再版中去,那便太幸运了"②。他原计划在文学批评方面选择若干关键性题目,写10篇左右深入而具纲维性的文章,可惜天不假年,除了完成《陆机〈文赋〉疏释》及《宋诗特征试论》等文章外,其余篇章均未及动笔。可见,徐复观晚年除了集中精力于"两汉思想史"研究外,在艺术上以文学为其主要研究对象,而"写一部像样点的《中国文学批评史》"则是其晚年的心愿。

综上所述,本节试作结论如下:

(1)从诠释路径来看,徐复观敏锐地洞察到儒、道美学间的差异,从而突破了传统的以儒家美学为主导的固有思维模式,为中国艺术精神开辟了一片新的天地。他写《中国艺术精神》,就是要通过现代语言,把以庄子为代表的道家美学被儒家美学所遮蔽的光辉梳理、凸现出来,并通过有组织的语言,对其现代的和世界的意义作出创造性诠释。庄子精神是徐复观美学思想的起点,也是"中国艺术精神"问题最终的归结点。这是我们研究徐复观美学思想必须把握的一个关键。

(2)在徐复观美学思想发展的三个时期中,其主题和思考重点是有所变化的。澄清这一点,对于我们把握徐复观美学思想具有重要价值。具体而言,就是:1957—1962,以台湾"现代艺术论战"为中心展开的现代艺术时期,徐复观美学思想的重点主要体现为对西方现代文明危机的反思;1963—1969,以《中国艺术精神》为中心展开的中国画研究时期,徐复观美学思想的重点主要体现为对庄子美学和中国画现代意义的诠释;1970—1982,去香港后以两部文学论集为中心的文学研究时期,徐复观美学思想的重点主要体现为对中国文学精神的探索。

(3)结合中国的文化传统和学术传统来探究人物的思想脉络,对于我们梳理和诠释传统中国知识分子的思想是非常重要的。作为20世纪新儒学大家的徐复观,何以对道家的庄子精神推崇备至呢?这在经过严格的现代学术规范训练的人眼里,无疑是一个思想上的"矛盾"。Guy Salvatore Alitto在研究梁漱溟思想时,也曾大惑不解:一个人如何可以既是佛家又是儒家?既认同马列思想又赞许基督教?后来他

---

① 徐复观:《中国文学精神·自序三》,第3页,上海,上海书店出版社,2006。
② 徐复观:《中国文学精神·自序三》,第3页,上海,上海书店出版社,2006。

终于明白,"这种可以融合多种相互矛盾的思想,正是典型的中国传统知识分子的特质"。①徐复观也无疑具备了传统中国知识分子的这种"特质"。这种"矛盾"对于徐复观而言,显然不是一个问题,"儒道两家精神,在生活实践中乃至于在文学创作中的自由转换,可以说是自汉以来的大统"②。由此,我们不仅可以理解徐复观对庄子精神情有独钟的缘由,亦可发现他在唐君毅、牟宗三等"书斋型"新儒家研究路向之外,开辟"学术与政治之间"的学术之路的独特价值了。

(三)承上启下的美学大家

徐复观美学思想的形成,与20世纪中国美学的发展是同步的。在对于五四启蒙精神的继承与发展、传统美学思想资源的诠释、文艺论争中热点问题的辨析、中国美学现代价值的发掘等问题上,徐复观的思考具有前瞻性和启蒙意义,不仅深刻影响了近三十年来中国美学的发展,也成为我们认识、了解港台及海外美学的一面镜子。徐复观对中国美学的贡献,在于他一方面在中西美学比较视野下挖掘中华美学精神,检讨中国传统美学资源的现代价值,并对世界美学思潮做出了回应;另一方面,他又对中国艺术精神进行现代重构,主张继承传统美学精神,重新认识和构造中国美学的理论系统和解释系统,以此作为现代化发展的基础。具体而言,体现在以下三个方面:

1. 开启了中国美学现代转型的思潮

近百年来,中国文化在世界文化版图上已被边缘化。即使在中国内部,台湾面临着"去中国化"的文化、政治危机,祖国大陆则经过了半个多世纪的社会和政治运动,文化传统几乎丧失殆尽。这是我们不愿承认,却又不得不面对的现实。宗白华在感慨中国文化艺术精神的消失时说过,"一个最尊重乐教、最了解音乐价值的民族没有了音乐。这就是说没有了国魂,没有了构成生命意义、文化意义的高等价值"③。中国社会从传统到现代的断裂,使得传统美学精神成为一个无处附体的"游魂"、一首荡气回肠的历史挽歌,成为一个和现代中国人的现实生活、生命情感失去了天然联系的瑰丽幻影。在"艺术终结论"思潮的冲击下,中国美学和艺术也面临着自身身份焦虑和转型的危机。徐复观在此背景下重构中国艺术精神,可以看作是回应世界美学思潮的一个尝试。

从整个20世纪中国美学发展的历史脉络看,徐复观的美学思想与梁启超、蔡元

---

① Guy Salvatore Alitto 采访、梁漱溟口述,一耽学堂整理:《这个世界会好吗——梁漱溟晚年口述》,第2-3页,上海,上海东方出版中心,2006。
② 徐复观:《中国文学精神》,第13页,上海,上海书店出版社,2006。
③ 宗白华:《中国文化的美丽精神往哪里去?》,见《艺境》,第172页,北京,北京大学出版社,1987。

培、朱光潜、邓以蛰、方东美等几位美学家相似的地方,就在于它不是单纯美学学科意义上理论性的建构,而是直面现实中人的生存意义和价值问题,从而在理论形态、话语方式上具备了与西方美学、现实社会人生对话的思想基础。在他们的努力之下,中国美学摆脱了传统诗话、词论的束缚,而成为一种新的、具有时代感的、开放的话语形态。在徐复观之前,有对"中国艺术精神"问题的思考但没有产生广泛的影响。在徐复观之后,对"中国艺术精神"问题的探究开始成为一种有意识的思想自觉。因此,在20世纪"中国艺术精神"问题的链条上,徐复观可谓是一个"原点"。"中国艺术精神"命题不是徐复观首先提出来的,但毫无疑问,他是20世纪"中国艺术精神"探索者中影响最大的。换句话说,正是通过徐复观的现代诠释,"中国艺术精神"成为20世纪中国美学的重要问题,并在20世纪下半叶以来在海峡两岸产生了强烈的反响,成为一个有着鲜明时代烙印的美学"范式"。①

同时,对中华美学精神的"开陈出新",也是方东美、唐君毅、徐复观等现代新儒家美学思想的主题。方东美被称作"诗人哲学家",他善于用抒情的笔触,采用东西方诗词,来象征、比喻中国美学意境蕴涵着的同情交感、天人和谐之神韵,②尤其是长篇论文《中国艺术的理想》,把中国艺术精神的源头追溯到"生生之德"。唐君毅在1953年出版的《中国文化之精神价值》一书中,以两个专章③来论述中国艺术精神并将之归结为孔子的"游"。而徐复观则在中西文化冲突和西方文明危机的忧患中,在现代的视野下,从艺术史发展层面反思中国美学及艺术精神的本质,并在与世界文化艺术精神相互比较、衡量中反观民族艺术精神的价值及其限度,进而重构中国艺术精神的价值体系,丰富并充实了20世纪中国美学的原创理论。"回顾我们学术界的现状,我宁愿多做点开路筑基的工作,而期待由后人铺上柏油路"④。由徐复观所开创的这条中国艺术精神的现代转型之路,并未随着《中国艺术精神》的出版而完成。相反,它所激起的思考和探索才刚刚开始。

2. 从反省现代性的视角反观中国美学和艺术的现代价值

20世纪中国美学的核心问题,体现为中国美学家们从现实生存体验和个体感性生命的视角,如何通过审美来重建现代人格、重构价值体系,以安顿个体精神生命的问题。这个主题,从王国维、蔡元培到宗白华、朱光潜、邓以蛰,再到徐复观、李泽

---

① 称"中国艺术精神"为审美范式,是因为它在80年代以来的中国美学研究中成为一个主流话语系统,沈语冰认为:"自从徐复观的《中国艺术精神》在80年代中后期的中国内地出版以后,'中国艺术精神'就与80年代初的'积淀'(李泽厚)一道,担当起了对中国艺术现代化的持久的反动的使命。"参见沈语冰:《艺术与哲学》,第79—91页,北京,中国社会科学出版社,2003。

② 蒋国保、余秉颐:《方东美思想研究》,第379页,天津,天津人民出版社,2004。

③ 分别为"第十章:中国艺术精神"、"第十一章:中国文学精神",见唐君毅:《中国文化之精神价值》,台北,正中书局,1987。

④ 徐复观:《中国艺术精神·自叙》,第8页,沈阳,春风文艺出版社,1987。

厚等人,一以贯之。而徐复观在人格重建和价值重构问题的解决上,都做出了重要的贡献。

通过审美来恢复人性的完整,这是席勒《审美教育书简》的核心思想。20世纪现代文明的发展,造成了单向度的人、虚无主义、工具理性、极权政治等现代性的危机。在20世纪60年代台湾的"现代艺术论战"中,徐复观对现代艺术展开了一系列的批判,这些批判正是源自他对现代文明所造成的诗意缺失和精神危机的反省。徐复观对现代艺术反形相、官能艺术、变态人格的批判,其本质就是在反思西方现代性文明危机的基础上,以中国传统艺术精神为本位,对现代艺术进行新的解读;其对人性论的重视,推进了中国传统美学与西方美学之间的沟通与融会。在《中国艺术精神》中,徐复观对中国艺术精神做了很多重要的澄清和还原工作。他强调中国艺术精神对于诗意生存状态的坚守、人与自然融合为一的理想追求、人类心灵世界的开拓以及多样化生存状态的尊重,所针对的正是20世纪西方现代文明人性分裂的精神危机,因而其对于中国艺术精神进行重新诠释便有着重要的现代价值。在徐复观那里,作为庄子精神在现实中的落实的中国画,对于由机械、社会组织、工业合理化等而来的精神自由的丧失以及生活的枯燥、单调,乃至剧烈竞争、变化而产生的精神病患,能产生积极的治疗作用,这即是中国画的"反省性的反映"[①]的现代意义之所在。如果说,王国维、蔡元培视美育为"现代文明的象征",以美育来扫除封建愚昧、重建现代人格,带有一种现代性启蒙色彩的话,那么徐复观提出重构"中国艺术精神"的目的,则远远跨越了此一传统视域而带有解蔽现代性的意味,开启了从反省现代性、"反异化"的价值维度评价中国艺术之先河,这是徐复观美学思想异于王国维、蔡元培的一个重要特点。

在全球化浪潮及大众消费文化的冲击下,中国美学也面临着"非中国化"、"非艺术化"以及精神的虚无化、粗俗化等问题。人类"异化"的生存状态,使生活世界失去了让我们可感受的多样性和丰富性,而沦为一种日常生活式的平庸和贫乏。正是在此意义上,徐复观对于中国艺术精神的建构才会进入我们的视野,成为我们解决现代中国人诗意匮乏、精神疲困以及重建人生理想和精神家园的重要资源。徐复观在半个世纪前对这个问题卓有成效的研究,值得我们重视。

3. 开辟了诠释庄子的新视角

徐复观在《中国人性论史·先秦篇》、《中国艺术精神》等论著中最为精彩的论断,莫过于通过考据与诠释并重、以归纳补训诂、"以心印心"等新的研究方法,对庄

[①] 事实上,儒家美学所影响的音乐、文学同样具有"反省"的现代意义,韶乐之"入人也深,化人也速",《诗经》之"思无邪",都可以促进人心灵的净化、精神的提升,解现代文明之弊。徐复观只看到庄子精神以及中国绘画的这种"功效",无疑是有失偏颇的。

子思想做出的现代诠释。他消解了庄子思想的形而上学性,祛除了庄子思想中的神秘主义色彩,揭示了庄子精神除具有反抗现代性意义之外的另一层深意——以追求精神自由解放为旨归,不仅是庄子精神的本质,也是中国艺术精神的核心。徐复观凸显了庄子哲学的这个思想,赋予其新的时代价值。陈鼓应曾说:"我于60年代,在一个特殊的环境下,对庄子富有抗议性的言论及其突破儒学框架的思想视野发生兴趣。"①陈鼓应在《庄子今注今译》一书中多次引用徐复观对庄子的诠释,这里可看出徐复观的影响。

徐复观对庄子思想的另一个贡献,就是从文艺美学上对庄子思想做出了现代性诠释,把庄子所创造的艺术化生活态度及生存方式作为中国艺术精神的主体,可谓开风气之先。徐复观认为,庄子的一生是体道的一生,即艺术化的人生。庄子以人生之乐为"至乐"、"天乐",人生之美为"天地之大美",而这种美是在精神的自由解放即"游"中实现的,"能游的人,实即艺术精神呈现出来的人,亦即是艺术化了的人"。徐复观在中西美学互释视野下,对庄子的审美心理进行了层层剖析,细致入微,在庄学阐释史上别开生面。孙中峰在《庄学之美学义蕴新诠》中就明确指出:"徐复观《中国艺术精神》一书,从美学艺术思想史的角度探究庄子思想,致力抉发庄学中所涵具的'艺术精神',是一部深具代表性与影响力的专著。在徐氏的大力引证下,庄学与艺术美感精神的联系,也获得了更笃定的确认。庄学具备'艺术性格'的特点,在现今学界中广获认同;由一书及审美的角度探究庄子,也已俨然成为一个令人注目的研究方向。"②从审美的角度,徐复观将庄子思想定位为追求精神的自由解放,为庄学研究者开辟了一个新的视角。

徐复观对庄子思想的审美化诠释,在半个世纪以来的海峡两岸激起了强烈反响,几乎成了庄子诠释的"范式"。20世纪八九十年代,台湾学术界先后出现颜昆阳的《庄子艺术精神析论》③、郑峰明的《庄子思想及其艺术精神之研究》④、朱荣智的《庄子的美学与文学》⑤、董小蕙的《庄子思想之美学意义》⑥、孙中峰的《庄学之美学义蕴新诠》⑦等深受其影响的论著。20世纪80年代初,徐复观的相关著作传入祖国

---

① 陈鼓应:《修订版前言》,见《庄子今注今译》(上),第1页,北京,中华书局,2008。
② 孙中峰:《庄学之美学义蕴新诠》,第12页,台北,文津出版社,2005。
③ 台北华正书局1985年版。
④ 台湾文史哲出版社1987年版。
⑤ 台湾明文书局1992年版。
⑥ 台湾学生书局1993年版。
⑦ 台北文津出版社2005年版。

大陆后①，对学术界也影响深远。如漆绪邦的《道家思想与中国文学理论》、刘绍瑾的《庄子与中国美学》、张利群的《庄子美学》以及陶东风的《超迈与随俗——庄子与中国美学》等论著中，我们都很容易看到徐复观的影响。李泽厚、刘纲纪在《中国美学史》中以四万余字篇幅，从庄子美学的哲学基础、美的本质、审美感受、历史地位等方面比较全面地梳理了庄子美学思想，与徐复观的《中国人性论史·先秦篇》、《中国艺术精神》相比，二者在庄子美学的自由本质、儒道两家关系的梳理、庄子美学现代价值的评价等思维脉络和相关论断有诸多相似、相合之处。② 徐复观对《庄子》的审美化诠释及对庄子"反异化"思想的发掘，极大地丰富了20世纪中国的美学理论，既凸显了庄子思想的现代价值，也为庄学研究开辟了新的道路。

在20世纪中国美学史上，徐复观是一个承上启下的人物。从他对五四新文化运动以来人格重建的历史使命和"人生艺术化"思潮的承接和发展来看，他在20世纪中国美学史上是与王国维、梁启超、宗白华同等重要的美学家；从对中国美学和艺术精神的现代梳理、开陈出新的努力来看，其"中国艺术精神"理论与李泽厚"积淀说"可谓20世纪80年代以来在中国社会影响最大的美学理论。可以说，徐复观对20世纪下半叶以来中国美学界起着重要的启蒙和引导作用。

(刘建平)

---

① 早在1980年，徐复观的相关著作就传入祖国大陆。徐复观患癌症后，自知时日无多，在1980年就将论著分批寄回祖国大陆，12月1日日记记载："检初王师葆心及熊十力先生遗著与《湖北诗征传略》二十册，及我所著纯学术性之著作，由世高分包两包，寄湖北省图书馆。"(参见徐复观著，翟志成、冯耀明校注：《无惭尺布裹头归——徐复观最后日记》，第66页，台北，允晨文化实业公司，1987)12月3日日记记载："早服药满两周。与世高寄书两包与湖北省立图书馆，寄一包与社会科学研究院文学研究所图书馆。写一封信与徐孝宓先生言寄书事。"(同上，第67页)

② 对于这个问题，笔者在《徐复观与20世纪中国美学》一书中有详细论述，详见刘建平：《徐复观与20世纪中国美学》，第211-220页，北京，中国社会科学出版社，2015。

十一 从"实践"到"主体性"的迁移
——李泽厚与20世纪中国美学

李泽厚的学术探索,对20世纪中国美学的发展产生了应予充分估计的影响。这种影响首先不在于对具体学术问题的有新意的阐发,而在于他作为哲学家的宏观视野在美学学科建构过程中发挥的独特作用。20世纪50年代,他率先将"自然人化"命题引入美学研究,肯定"实践"对审美主体和对象的本体地位,推动美学大讨论超越了心—物外在对立的反映论模式。20世纪70年代后期,他通过康德研究建立了"主体性实践哲学",其中对使用、制造工具的物质性实践作为社会存在本体地位的强调,对历史唯物论作为马克思主义哲学核心地位的正面肯定,具有双重的进步意义,那就是强调实践的主体性有助于消解庸俗唯物论的影响,强调实践的物质性有助于消解"斗争哲学"的影响。"主体性实践哲学"对主体性的个体内涵的领悟,使其所谓"社会"、"实践"等范畴透出区别于同时代其他哲学教科书的特殊活力。这种领悟与其立足于整体性的基本理论视角之间存在着明显的紧张,但这种紧张对年轻一代的个性解放及"后实践美学"的问世,都曾产生过有效的刺激。80年代末以后,李泽厚提出"情感本体"的概念,反映出他追踪时代潮流的努力。在世界范围内哲学后现代转向的大背景下,立足于中国传统思维方式和价值取向的"情感本体"范畴,应该说隐含着巨大的阐释空间。但由于种种原因,这个范畴的阐释潜力没有能够得到充分发挥,其于思想文化界所产生的冲击效果,也无法与诸如"主体性"、"积淀"、"自然人化"等范畴相提并论。

(一)创立"实践美学"

王国维是近现代中国美学的开创性人物,尽管如此,对20世纪五六十年代美学讨论的切入和展开方式具有直接影响的,主要还是朱光潜和蔡仪此前的研究。朱光潜是学者型人物,他的贡献主要在对西方美学的介绍和引进方面。在这种介绍和引进的过程中,朱光潜逐步建立起了虽谈不上严密,却也自有某些"基本的一贯的东西"①的美学学科体系。受知识结构与所介绍对象的固有倾向的影响,他这个体系就哲学基础看,与马克思主义之后的现代西方哲学、特别是尼采和克罗齐的哲学有较多关联。受大气候的影响,李泽厚登上美学舞台之初,是以朱光潜为主要批判目标的。但在当时的环境条件下,真正构成新的理论确立的障碍的,应该说是蔡仪的美学。蔡仪是从认识论立场切入美学问题的,他有关美与美感的论述,大都和经由苏联介绍到中国的唯物主义反映论的原理有着直接的对应关系。在这种框架内,美学基本问题被归纳为心—物关系问题,美的本质被对应于物,人的活动则被对应于心,因此,问题的核心,就成了美、也就是物,与美感、也就是心,何者为第一性,何者为第二性的问题。这种框架的弊端在于,单纯从意识—反映的角度对审美活动进行分析,则人的地位和功能的问题,无形中就被转化成了心的地位和功能问题,结果是,强调人在审美活动中的能动地位,就流入主观主义,抗拒主观主义的结果,则又往往陷入机械唯物论。李泽厚的贡献,在于将"实践"范畴引入审美认识论,超越了狭隘的心—物二元对立的框架。"蔡仪所主张的'由现实事物去考察美'的'现实事物',是缺乏人类社会生活实践内容的静观的对象。蔡仪美学的根本缺陷,我们觉得,首先在于缺乏生活—实践这一马克思主义认识论的基本观点……'人'在蔡仪这里也仅是作为鉴赏者、认识者而存在,根本没有看到'人'同时也是作为实践者、对现实的改造者的存在。"②由此,蔡仪式的美感与美的静态的映现与消费的关系,就转化成了李泽厚式动态的创造与表现的关系。李通过"实践"范畴将时间因素引入有关美的本质问题的思考,将美的静态属性分析与其动态的历史发生过程联系了起来:"我所主张的'美是客观的,又是社会的',其本质含义不只在指出美存在于现实生活中或我们意识之外的客观世界里,因为这还只是一种静观的外在描绘或朴素的经验信念,还不是理论的逻辑说明,为什么社会生活中会有美的客观存在? 美如何会必然地在现实生活中产生和发展? 要回答这问题,就只有遵循'人类社会生活的本质是实践的'这一马克思主义根本观点,从实践对现实的能动作用的探究中,来深刻地论证美的客观性和社会性。从主体实践对客观现实的能动关系中,实即从'真'与'善'的相互作用和统一中,来看'美'的诞生。"③在"'真'与'善'的相互作用和统一中",审美活动所涉及的客观因素,即审美对象,与主观因素,即审美经验,都有了不同的阐释。在他看来,孤立的、与人不发生关系的对象存在,谈不上价值和意义,因而也就无美丑可言。对象世界的审美意义,仅仅是和实践这种主体性的物质力量发生了关

---

① 朱光潜:《我的文艺思想的反动性》,见《朱光潜全集》,新编增订版,第 14 卷,第 11 页,北京,中华书局,2012。
② 李泽厚:《新美学的根本问题在哪里?》,见《美学论集》,第 121~122 页,上海,上海文艺出版社,1980。
③ 李泽厚:《美学三题议》,见《美学论集》,第 160-161 页,上海,上海文艺出版社,1980。

系,并通过这种关系而转化成了主体"本质力量的对象化"的结果。在"'美'的诞生"的实践过程,同时也是文化与文明的生成过程中,消极被动性的"心"或云"美感",顺理成章地转化成了创造历史、也创造自身的"人",其活动范围拓宽了,僵化的心—物对立得以消解。

对"'美'的诞生"问题,李泽厚依据《1844年经济学—哲学手稿》中的"自然人化"理论,进行了哲学上的分析:"所谓'人化',所谓通过实践使人的本质对象化,并不是说只有人直接动过的、改造过的自然才'人化'了,没有动过、改造过的就没有'人化'。而是指通过人类的基本实践使整个自然逐渐被人征服,从而与人类社会生活的关系发生了改变……自然由'自在的'而日益成为'为我的'了"①。"实践在人化客观自然界的同时,也就人化了主体的自然——五官感觉,使它不再只是满足单纯生理欲望的器官,而成为进行社会实践的工具。正因为主体的自然人化与客观的自然的人化同是人类几十万年实践的历史成果,是同一事情的两个方面,所以,客观自然的形式美与实践主体的知觉结构或形式的互相适合、一致、协调,就必然地引起人们的审美愉悦"②。历史性的"实践"作为沟通主体与客体的桥梁,超越了传统唯心主义的片面主观性,也超越了传统唯物主义僵化的客观性,将美学从美和美感何者为第一性的死胡同中解放了出来,给作为历史主体的人与作为历史客体的自然的不断自我超越,都留下了宽广的余地。因而,这种学说一经提出,就产生了广泛的影响,李泽厚也成为当代中国最重要的美学派别——实践美学的主要代表人物。

"实践美学"在产生巨大影响的同时,也存在着不容忽视的困难与弊端。首先,如何理解作为美的根源的人的"本质力量对象化"。李泽厚是在群体或云类的意义上谈论实践的,具体某对象是否经过人工改造,在他那里不影响该对象审美价值的有无。具体某实践活动改造了某具体对象,这个对象却可能不美,因为这项具体的实践活动,尽管符合具体实践主体的"本质力量",却可能脱离甚至违背了那超越具体之上的真正的"人的本质力量"。某具体对象没被实实在在地改造过,却可能由于它恰好能显示出其所从属的整体自然性与类主体的亲和关系,而显出美。人类学本体论层次的实践和具体个别实践,抽象整体的"人的本质力量"和具体个人、具体团体阶层的目标、愿望、追求间的断裂,使很多人感到困惑,进而对这种美学理论提出

---

① 李泽厚:《美学三题议》,见《美学论集》,第173-174页,上海,上海文艺出版社,1980。
② 李泽厚:《美学三题议》,见《美学论集》,第175页,上海,上海文艺出版社,1980。

质疑。这里面当然有误解因素,也有具体表述不严谨造成的影响,[①]但过分强调"人的本质力量"与具体人属性的区别,确会使人对这种"人的本质力量"有难以捉摸的感觉。有人批评这种所谓"人的本质力量"背后,游荡着黑格尔式"绝对理念"的影子,不能说没有一点道理。

"实践美学"之所以必须强调"人的本质力量"同现实的人的距离,是因为李泽厚对于美的本质的思辨,其逻辑前提,乃是某种理想化的、一般状态的"人"和相应的"实践"。按照他的思路,具体现实的人的本质和实践都以这种理想状态为最后依归,只有如此,才可能坚信某种对美的本质之谜的"最终解答",坚信某种普遍适用的美的本质的存在。正是对美的普遍性本质的这种确信,及把对这种本质的寻求作为核心任务的自我定位,导致了"实践美学"的第二种弊病,那就是对所谓"科学"性、"客观"性的盲目推崇,及对自身作为人文科学特性的缺乏自觉。人文科学研究不仅涉及对象性的客体事实,而且涉及作为研究主体的人对于这种客体事实的价值评判,其成果必然内在地包含着研究者的个性特点。在这个意义上,人文科学的研究成果是个性化的,非进化的。人文科学的所谓科学性,有两方面的意指,一是说,这种学说的内在个性化特质,不是私人性的、与科学追求的普遍有效性相敌对的,恰恰相反,愈是包含了独特个性化特质的理论,愈是具有普遍的人类性意义;二是说,人文科学不仅立足于特定价值立场对有关问题进行分析,而且它还试图跳出特定价值观念的限制,对各种个性化的价值观念之形成与发展的外在社会与内在心理根源,进行社会学的与心理学的描述归纳,从中找出规律性的东西。两层意指中,第一层是更根本的,只有这个方面的存在,才保证了人文科学之不同于自然科学的社会文化功能。当代美学由于缺乏这种学科特性的自觉,从而直至今日,仍然不能正确对待理论个性与普遍性价值的关系。这种不能正确对待在实践中的表现,或者是不恰当地比照实证科学的模式来规范美学研究,或者是罔顾美学理论的个性化特质而予以客观真理化,陷于教条主义和独断论的泥潭。

(二)构建"主体性"

20世纪70年代中期和80年代初,李泽厚通过对康德哲学的批判性研究,提出

[①] 如李泽厚反复批评朱光潜将美的社会性理解为美的意识形态性,但在其《论美感、美和艺术》中却出现了这样的论述:"美的自然是社会化的结果,也就是人的本质对象化的结果。自然的社会性是自然美的根源。一张风景画和一张科学的自然图片,尽管其描述的对象完全相同,但所以一则能唤起美感,一则不能……是因为一则反映和表现了对象的社会性,一则只反映了对象的自然属性的原故。"(《美学论集》,第25页,上海,上海文艺出版社,1980)风景画与科学图片的根本区别,正在于前者所表现着的艺术家的主观情感,这同人类整体实践由于改变了自然与人类的根本关系而赋予自然的"社会性",显然是不同层次上的。李泽厚自己可能觉得意思是清楚的,但读者却非常容易由此而生误解。

了"主体性实践哲学"的口号,并以此为前提对有关美学的诸多问题进行了新的探索。"主体性实践哲学"将20世纪五六十年代所倡导的"实践"范畴中潜含的"主体性"内涵突出了出来,使作为历史主体的行动着的"人"成为哲学关注的焦点。就当代美学的学科发展言之,"实践"范畴曾对美学摆脱静态的认识—反映模式起过推动作用,而"主体性"范畴的提出,则不仅明确了审美活动内在的自由本性,也大大加快了美学突破长期以来习惯了的哲学—文艺社会学限阈,向人类学、文化学、历史学、深层心理学等多学科开放的历史进程。与此相应,就哲学本身言之,不再是辩证唯物主义与历史唯物主义并列、甚至后者成了只是前者在社会历史领域内的运用的苏式马克思主义体系,而形成了"历史唯物论是马克思主义哲学的核心和主题"①的新的观念自觉。20世纪五六十年代谈"实践",只是针对孤立的实体观念及相应的认识—反映模式,强调其作为物质性力量在改造自然与人自身方面的巨大可能性,七八十年代强调的,则主要是"实践"体现着的人所特有的自动、自觉、自为的特性:"脱离了人的主体(包括集体和个体)的能动性的现实物质活动,'社会存在'便失去了它本有的活生生的活动内容,失去了它的实践本性,变成了某种客观式的环境存在,人成为消极的、被决定、被支配、被控制者,成为某种社会生产方式和社会上层建筑巨大结构中无足轻重的砂粒或齿轮。"②

李泽厚对主体与人的概念的理解,开始透出某种新的时代气息。20世纪六七十年代中国社会发展过程中所暴露出的诸多尖锐矛盾,对于作者的心灵不会没有触动。这种触动的直接表现,是对历史中的偶然的巨大感喟:"偶然不仅是必然的表现形式,而且还是它的'补充',也就是说,并非每一偶然都一定是必然的体现。"③"社会历史和生活中的某些偶然总是那样惊心动魄,追悔莫及,令人神伤。"④是对所谓历史必然规律的残酷性的反省:"我有时总想起卢梭与启蒙主义的矛盾、浪漫派与理性主义的矛盾,康德与黑格尔的矛盾,托尔斯泰与屠格涅夫的矛盾,油画《近卫军临刑的早晨》中雄图大略的彼得大帝与忠诚的无畏勇士的矛盾,也想起今天实证主义与马尔库塞的矛盾。"⑤

这种感喟与反省,对他的理论探索方向产生了影响,促使他在主体性范畴中给个体留下了某种比较明确的存在空间:"'主体性'概念包括有两个双重内容和含义。第一个'双重'是:它具有在外的即工艺—社会的结构面和内在的即文化—心理的结

---

① 李泽厚:《康德哲学与建立主体性论纲》,见《批判哲学的批判》,修订本,第428页,北京,人民出版社,1984。
② 李泽厚:《康德哲学与建立主体性论纲》,见《批判哲学的批判》,修订本,第428页,北京,人民出版社,1984。
③ 李泽厚:《中国近代思想史论·后记》,北京,人民出版社,1979。
④ 李泽厚:《李泽厚哲学美学文选·序》,长沙,湖南人民出版社,1985。
⑤ 李泽厚:《中国古代思想史论》,第326页,北京,人民出版社,1985。

构面。第二个'双重'是：它具有人类群体（又可区分为不同社会、时代、民族、阶级、阶层、集团等等）的性质和个体身心的性质。这四者相互交错渗透，不可分割。"①不仅如此，他还对"从黑格尔到现代某些马克思主义理论……对历史必然性的不恰当的、近乎宿命的强调，忽视了个体、自我的自由选择并随之而来的各种偶然性的巨大历史现实和后果"②的倾向，提出了正面批评，认为"康德在某些方面比黑格尔高明，他看到了认识论不能等同也不能穷尽哲学。黑格尔把整个哲学等同于认识论或理念的自我意识的历史行程，这实际上是一种泛逻辑主义或唯智主义……把一切予以逻辑化、认识论化，像黑格尔那样，个体的存在的深刻的现实性经常被忽视或抹掉了。人成了认识的历史行程或逻辑机器中无足道的被动一环，人的存在及其创造历史的主体性质被掩盖和阉割掉了……黑格尔这种泛逻辑主义和唯智主义在今天的马克思主义哲学中也留下了它的印痕和不良影响。这忽视了人的现实存在"③。为了克服"不良影响"，他对美学在哲学系统中的地位给了更突出的强调："如果说，认识论和伦理学的主体结构还具有某种外在的、片面的、抽象的理性性质，那么，只有在美学的人化自然中，社会与自然，理性与感性，历史与现实，人类与个体，才得到真正内在的、具体的、全面的交融合一。如果说，前二者还是感性中内化和凝聚的理性，那后者则是积淀了理性的感性……这种统一是最高的统一……它是超道德的本体境界。"④"审美的特征正在于总体与个体的充分交融，即历史与心理、社会与个人、理性与感性在心理、个体和感性自身中的统一。这不再是理性的一般内化，不再是理性的集中凝聚，而是理性的积淀。它不再是以一般压倒个别，而是沉积着一般的个性潜能的充分培育和展现……从而理性的积淀——审美的自由感受便构成人性结构的顶峰。"⑤

但李泽厚并没有由此走向认同解构整体性框架的个性解放思潮，而只是希望通过改良使这个整体性框架变得更富于弹性一些，更温和一些。在根本性的理论视角上，"主体性实践哲学"与"实践美学"仍然一脉相承。尽管承认了主体存在具有与群体区别的个体层面，但"主体性"概念的内涵，仍主要是在与"类本质"的联系中加以确定："这种主体性的人性结构就是'理性的内化'（智力结构）、'理性的凝聚'（意志

---

① 李泽厚：《关于主体性的补充说明》，载《中国社会科学院研究生院学报》1985年第1期。
② 李泽厚：《康德哲学与建立主体性论纲》，见《批判哲学的批判》，修订本，第434页，北京，人民出版社，1984。
③ 李泽厚：《康德哲学与建立主体性论纲》，见《批判哲学的批判》，修订本，第430页，北京，人民出版社，1984。
④ 李泽厚：《康德哲学与建立主体性论纲》，见《批判哲学的批判》，修订本，第436页，北京，人民出版社，1984。
⑤ 李泽厚：《关于主体性的补充说明》，载《中国社会科学院研究生院学报》1985年第1期。

结构)和'理性的积淀'(审美结构)。它们作为普遍形式是人类群体超生物族类的确证"①。个体的生存活动,由此成了不过是某种负载工具,某种显现形式,某种"理念的感性显现的符号",而主体性不同侧面或云不同层次间的区别,不过是落实"类本质"即"历史必然性"的不同渠道而已。

20世纪五六十年代的"实践美学"最突出的特征,是否定个体审美活动影响美的本质的可能,而将"本质"的决定权系于作为类的物质性实践活动的总体,这种倾向在80年代依然如故:"这并不是说人的主观意志、情感、思想不重要,不起作用,而是说从哲学上看,它们不能在美的最终根源和本质这个层次上起作用……'人'更明确是指人类,而不是指个体、个人。不是个人的情感、意识、思想、意志等'本质力量'创造了美,而是人类总体的社会历史实践这种本质力量创造了美。"②体会了"主体性实践哲学"这种与"实践美学"内在理路上的相通性,才能明白,为什么纵然是在最严厉地批评黑格尔的"泛逻辑主义和唯智主义"的时候,李泽厚也仍然不忘记交代:"对人类总体的伟大历史感构成了黑格尔的辩证法的灵魂,黑格尔的'精神'的逻辑运动,只是人类历史发展的唯心主义的倒映,所以把黑格尔的唯心主义辩证法颠倒过来的结果,正是以人类历史为中心课题的历史唯物主义。"③人们有理由反问:黑格尔的泛逻辑主义之所以能够对今日马克思主义哲学造成"不良影响",这种点铁成金式的"颠倒过来"的思路是否正是通道之一呢?

(三)"积淀"的探索

一方面是坚持理论的整体性视角,强调制造—使用工具的物质性实践及相应的群体、理性之类概念的本体地位;另一方面,又试图给这种整体性框架贯注新的活力,给个体性留下适度的空间。这种双重努力决定了"主体性实践哲学"的内在理论紧张。"积淀"学说的明确提出及充分阐发,某种意义上就可以视作这种内在紧张的结果。

"积淀"概念的提出,有受康德先验认识形式、荣格集体无意识心理原型及克莱夫·贝尔有意味的形式等思想影响的成分,但在最根本的层面上,还是"人化自然"理论自身逻辑发展的结果。"人化自然"理论将对象世界的审美属性与主体自身的审美能力都建立在实践的基础上,但又强调这种实践的抽象总体性,强调其对具体主体活动的超越关系,这就出现了一个问题,即抽象总体性的实践,是通过什么途径影响具体对象的审美属性及具体社会成员的内在文化—心理结构的。也就是说,

---

① 李泽厚:《关于主体性的补充说明》,载《中国社会科学院研究生院学报》1985年第1期。
② 李泽厚:《美学四讲》,第73页,北京,三联书店,1989。
③ 李泽厚:《康德哲学与建立主体性论纲》,附注,见《批判哲学的批判》,修订本,第428页,北京,人民出版社,1984。

"实践"范畴对于僵硬的心—物对立、主—客对立以及主体自身的感性—理性对立的超越,都存在着如何具体落实的问题。对于20世纪五六十年代的"实践美学",这个问题并不突出,因为那时个体以及具体完全被笼罩在总体性的阴影之下。但对明确承认了主体性的个体和群体两个不同层面的"主体性实践哲学"来说,这个问题就无法回避了。"积淀"就是在这样的理论背景下诞生的。

不论客体自然对象的审美属性,还是主体内在的文化—心理结构或云审美形式感,都不是总体性的物质实践活动所能直接决定的,也不是在这种实践活动基础上抽象出的认识理性或道德理性所能直接设计的,这种决定必然经过个体生命的中介,"积淀"说的目标,就是既论证这种总体性实践作为本体对具体审美活动作为现象的决定地位,同时,也对个体的地位和作用给出充分肯定:"要研究理性的东西是怎样表现在感性中,社会的东西怎样表现在个体中,历史的东西怎样表现在心理中。后来我造了'积淀'这个词,就是指社会的、理性的、历史的东西累积沉淀成了一种个体的、感性的、直观的东西,它是通过'自然的人化'的过程来实现的。"①"在认识领域和智力结构中,超生物性表现为感性活动和社会制约内化为理性;在伦理和意志领域,超生物性表现为理性的凝聚和对感性的强制,实际都表现超生物性对感性的优势。在审美中则不然,这里超生物性已完全溶解在感性中。"②为了突出对个体作用的重视,在《美学四讲》的结束部分更是说:"积淀既由历史化为心理,由理性化为感性,由社会化为个体,从而,这公共性、普遍性的积淀如何落实在个体的独特存在而实现,自我的独一无二的感性存在如何与这共有的积淀配置,便具有极大的差异。这在美学展现为人生境界、生命感受和审美能力(包括创作和欣赏)的个性差异。这差异具有本体的意义,即那似乎是被偶然扔入这个世界,本无任何意义的感性个体,要努力去取得自己生命的意义。这意义不同于机器人的'生命意义',它不能逻辑地产生出来,所以它不只是发现自己,寻觅自己,而且是去创造、建立那只能活一次的独一无二的自己。人作为个体生命是如此之偶然、短促和艰辛,而死却必然和容易。所以人不能是工具、手段,人是目的自身。"③

李泽厚对"积淀"的具体形态、类型、方式和途径等,都曾从不同角度进行过某些解释,总体上看,这些解释还属于猜想性质,因此,在产生广泛影响的同时,也受到了众多非议。作为哲学讨论,缺少实证性根据并不是最重要的,重要的是,意在克服"实践美学"忽视个体历史地位的倾向的"积淀"说,在这些解释中并没有达到目的,从而也就很难消除因正视"主体性"的个体内涵而产生的内在紧张。作为"实践美

---

① 李泽厚:《美学四讲》,第123页,北京,三联书店,1989。
② 李泽厚:《批判哲学的批判》,修订本,第413页,北京,人民出版社,1984。
③ 李泽厚:《美学四讲》,第250页,北京,三联书店,1989。

学"的延伸,"积淀"说的内在理路,仍然是从起源过程中寻求现实的秘密,是从外在的工艺—社会结构中寻求内在心理的秘密,这也就是有的论者所描述的"中国当代美学讨论问题的角度":"非常喜欢把美学的问题转换为美学发生学的问题。美的本质与美的根源、'美如何可能'与'美在何处'、美的本质与人的本质、审美活动的本质与实践活动的本质,诸如此类的问题都往往以后者来取代前者。"①所以它对于文化进程的描述,就总是强调由历史而现实、由群体而个体的单向度传递。就文化—心理结构的发展说,历时性积淀和共时性建构是应该互为前提的,内涵性的积淀只有在外延性的建构活动中才可能得到实现和积累,某种意义上甚至可以说,建构是直接现实性的、第一性的,而积淀只是从属性的、第二性的,在这个意义上,"积淀"说"忽视了群体共时性建构的能动性及其对人类历时性积淀的作用,从而也就窒息了群体或个体建构对于人类历史积淀进行超越或'突破'的可能性,并且使人类历时性积淀成了无本之木,无源之水,甚至成为一成不变的僵固的模式"②。就生命的现实超越说,个体作为主体的直接现实的形式,其愿望和追求、意义和价值应该构成主体性哲学的逻辑出发点和价值归依,也提供了文化世界进步的根本动力。立足于抽象整体性实践的"积淀"说,则事实上把个体转化成了"工具本体"的负载手段,借用某些批评者的话说:"当李氏倾力强调将美与'心'还原于物质生产的实践时,这种作为人类学本体基础条件的物质生产实践同时已自觉不自觉地吞并了价值的本体。"③这就使得前述所谓"人是目的本身"的说法成了缺少实际内容的空头支票。

"积淀"说在历史与现实、群体物质实践与个体精神生命关系问题上的这种逻辑,也贯穿在其自由观上:"自由不是任性。你想干什么就干什么,恰恰是奴隶,是不自由的表现,是做了自己动物性的情绪、欲望,以及社会性的偏见、习俗的奴隶……从主体性实践哲学看,自由是对于必然的支配,使人具有普遍形式(规律)的力量……所以所谓'自由的形式',也首先指的是掌握或符合客观规律的物质现实性的活动过程和活动力量。"④本来,"实践"范畴的积极意义,就在于突破传统形而上学思维方式所造成的僵化的主—客和心—物对立,但当李泽厚将这种"实践"所联系着的自由性同个体生命意识切割开来,而将其等同于"工具本体"中蕴含着的客观必然性的时候,当所谓"社会性"成了完全外在于具体社会成员的强制的时候,已经被突破的心—物对立事实上就在社会—个人的层面重新复活了。要遏制这种倾向,就必须消解"实践"范畴与个体间的断裂。

"主体性实践哲学"及"实践美学"曾有效地推动过20世纪80年代前期的精神

---

① 潘知常:《实践美学的本体论之误》,载《学术月刊》1994年第12期。
② 邱明正:《建构——积淀与超越的中介》,载《学术月刊》1994年第4期。
③ 尤西林:《朱光潜实践观中的心体》,载《学术月刊》1997年第7期。
④ 李泽厚:《美学四讲》,第69—70页,北京,三联书店,1989。

觉醒,但作为其理论核心的"积淀"学说的上述特征,随着旧有的高度集权的政治经济模式的逐渐解体及相应的个性观念的崛起,不可免地受到来自各种不同方向的理论质疑。高尔太在接受"实践"原则的基础上,自觉地选择了与"实践美学"的整体性视角不同的个体性视角,使其原有的所谓"主观论"美学获得了新的生命力。朱光潜"主客观统一论"美学对于"实践"范畴的把握,尽管存在着混淆群体、个体的不同层次内涵的毛病,①但其基于自己特有知识结构和艺术素养,而表现出的对"审美实践"活动中的自觉意识性的强调,对"实践美学"也是一种有意义的补充。②当然,更重要的挑战来自更年轻一代,如果说刘晓波的"对话"是这种挑战愿望的情绪性抒发的话,则取向各异的诸多"后实践美学"的问世,则是这种挑战在学理层面的具体落实。③值得注意的是,"后实践美学"对"实践美学"的批评,在"主体性实践哲学"自身的发展中也有体现。某种程度上也可以说,"后实践美学"对"实践美学"的批判,"主体性实践哲学"内部潜伏着的理论紧张本来就是精神渊源之一。

(四)"情感本体"

从20世纪80年代末期开始,一种与"主体性"范畴存在着明显气质差异的"情本体"概念,在李泽厚的美学与哲学思考中愈来愈引人注目。"情本体"概念的提出,一方面同其早在1984年就提出的"建立新感性"的命题有继承关系,另一方面,则同存在主义等西方现代思潮的冲击及国内更年轻一代对"积淀"学说的批判不可分。

"建立新感性"强调通过审美活动塑造新的人性,在个体、感性的形式中实现理性的社会的飞跃,因而它与"积淀"观念是一致的。只是前者立足于个体接受的角度,后者立足于群体传递的角度。但在《华夏美学》中,我们听到了这样的声音:"这个似乎是普遍性的情感积淀和本体结构,却又恰恰只存在在个体对'此在'的主动把握中……去把握、去感受、去珍惜它们吧! 在这感受、把握和珍惜中,你便既参与了人类心理本体的建构和积淀,同时又是对它的突破和创新。因为每个个体的感性存在和'此在',都是独一无二的。"④由对"此在"的独一无二性的强调,李泽厚走向了从"工具本体"到"情本体"的转变:"从程朱到阳明到现代新儒家,讲的实际都是'理本体'、'性本体'。这种'本体'仍然是使人屈从于以权力控制为实质的知识—道德体

---

① 参见韩德民:《当代美学四派理论视角的考察》,载《学习与探索》1993年第5期。
② 这种"补充"是不自觉的,因而对其理论意义不宜给予太高的评价。
③ 可参看刘晓波《选择的批判——与李泽厚对话》(上海,上海人民出版社,1988)、杨春时《超越实践美学,建立超越美学》(《社会科学战线》1994年第1期)、陈炎《试论"积淀说"与"突破说"》(《学术月刊》1993年第5期)等。
④ 李泽厚:《华夏美学·后记》,见《李泽厚十年集》,第1卷,第416页,合肥,安徽文艺出版社,1994。

系或结构之下。我以为,不是'性(理)',而是'情';不是'性'('理')本体',而是'情本体';不是道德的形而上学而是审美形而上学,才是今日改弦更张的方向。"①

"情本体"与"文化—心理结构"之间的区别在于,后者尽管不否定个体感性的存在形式,但其内容却被看作外在工艺—社会结构作为"工具本体"的直接延伸,基于这样的前提,李泽厚才能在20世纪七八十年代满怀信心地设想某种真正科学的美学:"审美……的结构是社会历史的积淀,表现为心理诸功能(知觉、理解、想象、情感)的综合……其具体形式将来应可用某种数学方程式和数学结构来做出精确的表述。"②"康德认为,形成审美愉快的想象力与知性的自由协调,其具体关系是不可知的,所以引进了神秘的形式合目的性概念。现代心理学还未能科学地规定审美的心理状态,但将来肯定可以做到。"③最后一句话"将来肯定可以做到"在该书1984年修订本中改为"将来可以做到",其间语气上的细小差异,不知仅仅是文字润饰的结果,还是反映了内在信念的某种弱化。但起码到90年代的"情本体"时,作者已明确承认:"'情'是'性'(道德)与'欲'(本能)多种多样不同比例的配置和组合,从而不可能建构成某种固定的框架、体系或'超越的''本体'(不管是'外在超越'或'内在超越')。"④"我提出人的本体是'情感本体',情感作为人的归宿,但这个'本体'又恰恰是没有本体……以前一切本体……都是构造一个东西来统治着你,即所谓权力—知识结构。但假如以'情感'为本体的话,由于情感是分散的,不可能以一种情感来统治一切。"⑤

李泽厚走向"情本体"的理由,按他自己的解释,是"人类学历史本体论""以'人活着'为出发点",因而要将"使用—制造工具的人类实践活动""命名为'工具本体'"⑥。随着社会生产力的发展和现代化生活水平的提高,"精神世界支配、引导人类前景的时刻将明显来临。历史将走出唯物史观,人们将走出传统的'马克思主义'。从而'心理本体'('人心'—'天心'问题)将取代'工具本体',成为注意的焦点"⑦。这种将超越"工具本体"的终极性价值关切视作仅仅人类特定存在阶段的需要的倾向,理所当然地受到了批评:"李氏基于第二国际庸俗唯物论视美与心体为食饱衣暖后的特定阶段需要,与其始终未谙审美的本体价值功能相一致,从而不能理解五万年前的山顶洞人在朝不保夕的条件下审美的生存论意义。"⑧如果说,在"主体性实践哲学"中,所谓"工具本体"吞并了作为主体自由本性之标志的价值性关切而

---

① 李泽厚:《哲学探寻录》,见《世纪新梦》,第27页,合肥,安徽文艺出版社,1998。
② 李泽厚:《批判哲学的批判》,修订本,第415页,北京,人民出版社,1984。
③ 李泽厚:《批判哲学的批判》,第403页,注④,北京,人民出版社,1979。
④ 李泽厚:《哲学探寻录》,见《世纪新梦》,第27页,合肥,安徽文艺出版社,1998。
⑤ 李泽厚:《与王德胜的对谈》,见《世纪新梦》,第288页,合肥,安徽文艺出版社,1998。
⑥ 李泽厚:《哲学探寻录》,见《世纪新梦》,第10页,合肥,安徽文艺出版社,1998。
⑦ 李泽厚:《哲学探寻录》,见《世纪新梦》,第11页,合肥,安徽文艺出版社,1998。
⑧ 尤西林:《朱光潜实践观中的心体》,载《学术月刊》1997年第7期。

事实上膨胀成了"本体"的话,则所谓"情感本体"由于割断了同构成人之存在前提的物质性实践的内在关联,而重新陷入了曾被李泽厚批评过的"主观性"之中,根本不可能形成对"工具本体"的批判性超越,也无法发挥规范、引导后者的实践功能。这种陷入"主观性"的"情感本体",因此也就不可能成其为真正的"本体"。对此李泽厚本人也有所自觉:"这个'情本体'即无本体,它已不再是传统意义上的'本体'。"[①]"'不知何事萦怀抱,醉也无聊,睡也无聊'。如此偶然人生,如此孤独命运,怎能不'烦'、'畏'?但与其去重建'性'、'理'、'天'、'Being'、'上帝'、'五行'……等等'道体'来管辖、统治、皈依、归宿,又何不就皈依归宿在这'情'、这'乐'、这'超时间'、这'天人交会'总之这'故园情意'中呢?"[②]所谓"情感本体"与作为人类生存基础的"工具本体",与作为这种"工具本体""积淀"成果的内在"文化—心理结构"都看不出有什么实质性的互动关系,而流为"饱暖思淫欲"式的纯粹感性咏叹。《哲学探寻录》等新作文体上的有时失于油滑,不知是否也与这种对"主观性"也即"私人性"的沉迷有关系。

提出"情本体"范畴,体现了李泽厚适应现代社会发展方向和世界哲学主导思潮,超越"主体性实践哲学"的努力。但是,"情本体"之丧失形上超越品格,与其强调"工具本体"的一贯思路,却应该说有着内在的关联。虽然李泽厚是国内较早对黑格尔泛逻辑主义和第二国际庸俗经济决定论提出批评的哲学家[③],但这两种倾向对其思想的影响却根深蒂固。就是在大力鼓吹"情感万岁"的时候,他所坚信的也仍然是:"只要经济上去了,许多问题就会逐渐得到解决,社会的各个方面,包括经济领域本身也会由无序慢慢变成有序,由混乱慢慢走向成熟。"[④]"……这说明政治的控制力在减弱,而经济的控制力则越来越强。当然,现在经济还没有达到左右政治的地步,等到经济能左右政治,那将是更大的进步。一句话,还是要靠经济。"[⑤]当然,他是针对中国以往"政治统率一切"的特定历史情况说这些话的,但无论如何,将"经济能左右政治"简单化地等同于"进步",是让人很难理解的。汉初叔孙通定礼仪制度,批评者曾以为应先与民休养生息尔后兴礼乐。对此,王夫之议论说:"譬之树然,生养休息者,枝叶之荣也;有序而和者,根本之润也。今使种树者曰:待枝叶之荣而后培其本根。岂有能荣枝叶之一日哉?"[⑥]时代虽有不同,而道理未免没有可相互参验之处。

在李泽厚的思路中,超越性的价值关切与个体存在意义的追寻,并不构成人类实践进程的内在环节,它们与经济发展活动没有本质性的相关,而只是"经济上去

---

① 李泽厚:《哲学探寻录》,见《世纪新梦》,第27页,合肥,安徽文艺出版社,1998。
② 李泽厚:《哲学探寻录》,见《世纪新梦》,第31页,合肥,安徽文艺出版社,1998。
③ 参见李泽厚:《康德哲学与建立主体性论纲》,见《我的哲学提纲》,第226页,台北,风云时代出版公司,1991。
④ 李泽厚:《与王德胜的对谈》,见《世纪新梦》,第279页,合肥,安徽文艺出版社,1998。
⑤ 李泽厚:《与王德胜的对谈》,见《世纪新梦》,第281页,合肥,安徽文艺出版社,1998。
⑥ 王夫之:《读通鉴论》,第19页,北京,中华书局,1975。

了",社会发展到更高阶段后人们可以获得的某种权利、享受、奢侈。其有关政治民主等问题的许多议论,反映的也是同一思路。在"实践美学"中,个体生存活动的意义,包括个体的审美与自由,被规定为体现"工具本体"必然性的某种形式,到"情感本体",则被定义为"工具本体"高度发达后的某种衍生物或点缀,两种情况下,个体性都不具有对"工具本体"的建构功能。如果说区别的话,则定位为"形式"表明的是个体对现实生存危机的忧患意识甚至献身愿望,而定位为"本体"乃至"万岁"①则表明的是从生存压力下有所解脱之后心态上的闲适和惬意。

"体""用"本无确定所指,不同的人在使用中所做的解释往往大相异趣。但在不同使用中,有一点却大体相通,即"体"的界定,总意味着某种强调、重视,某种期望、寄托,乃至某种主动性的生成、构造功能,而"用"则相应地联系着某种从属性,某种被生成、被构造的特点。也是基于这种特点,李泽厚说,"'体'指本体、实质、原则(body,substance,principle),'用'指运用、功能、使用(use,function,application)"②。按这样的界定,则在"实践美学"及"主体性实践哲学",作者是立足于总体性而将"工具本体"当作处在主动构造地位的"本体、实质、原则"的,因为处于这样的"体"的地位,"工具本体"事实上已超越了"工具"的定位。"情感本体"的提出则意味着,李泽厚试图将立足点转移到个体的精神性生存层面。但"情感本体"缺乏内在于类的物质实践的规范功能,这就既使得对它的强调落入前文所说的"主观性",又使得所谓"本体"的定位流于空泛。这从李泽厚90年代对"西体中用"一说的继续坚持中,可以得到证明。因为"西体"中的"体"是、也只能是指外在的工艺—社会结构,即生产力:"把制造—使用工具作为人与动物的分界线,作为人类的基本特征和社会存在的本体所在,也就是把发展科技生产力作为进入现代社会的根本关键,这也就是'西体'。"③只有在这种层面,中国人而"西体"才是可能的。而按"情感本体"的逻辑,则"体"在个体,是生命意义的探寻,在民族,应该是共同体终极性的价值关切,这种意义上的"体",当然不可能移植。因而,对中国人而言也就不可能"西体"。"西体中用"的口号表明,李泽厚总体思路上仍在坚持"工具本体","情感万岁"与其在20世纪70年代就有的对于偶然的感叹一样,游离于基本理论倾向之外,只不过前者在"文革"刚刚结束的情况下,表明的是对无视人的尊严的专制倾向的正义的愤慨,而后者所表明的则是作者与社会心理意识主流的某种游离。

(韩德民)

---

① 李泽厚:《哲学探寻录》,见《世纪新梦》,第30页,合肥,安徽文艺出版社,1998。
② 李泽厚:《再说"西体中用"》,见《世纪新梦》,第169页,合肥,安徽文艺出版社,1998。
③ 李泽厚:《再说"西体中用"》,见《世纪新梦》,第175页,合肥,安徽文艺出版社,1998。

十二 唯物主义的美学家
——蔡仪与20世纪中国美学

早在20世纪40年代,蔡仪(1906—1997)不仅开始了新文学的创作活动,而且接受了进步思想,加入了中国共产主义青年团。生活上、事业上和政治上的变化,对他的学习、工作,乃至人生道路选择,都产生了重要影响。他一方面开始用新的眼光来观察社会,对现实生活逐步有了真实的认识;另一方面开始用新的观点来看待人生,对生活前途有了新的思索。

(一)用"新的观点"研究美学

20世纪20年代末,蔡仪东渡日本,先后学习了哲学、文艺理论等课程。30年代初的日本,左翼文化运动虽然屡遭右派及反动势力的打击,但翻译、宣传和研究马克思主义的书籍仍很流行,一些马克思主义的学术研究活动也未中断。这些都为蔡仪接触、了解马克思主义创造了有利的条件。他在1981年所写的《自述》中,曾这样描述自己当时的激动心情:"1933年第一次出版日译的马克思、恩格斯关于文学艺术的文献,其中提倡的现实主义与典型的理论原则,使我在文艺理论的迷离摸索中看到了一线光明,也就是这一线光明指引我长期奔向前进的道路。"①

马克思主义哲学和文艺理论开拓了蔡仪的思路和视野。虽然在20世纪30年代后期,紧张、繁忙的抗日救亡运动使蔡仪未能对所关心的文艺问题给予更大关注,但到40年代初,由于工作方面的变动,他又回到文艺和美学的研究上。在三年多时间里,他写出了两本有影响的专著:较有系统的艺术理论——《新艺术论》和较有系统的美学理论著作——《新美学》。这两本专著都冠以"新"字,既表明了作者的写作态度,也表明了所论的内容是用"新的观点"②来探索艺术理论和美学问题的。所谓"新的观点",不只表现在这两本著作引用了马克思、恩格斯关于文艺和美学问题的一些精彩言论,给读者耳目一新的感觉;更主要的,还在于贯穿这两本书的指导思

---

① 蔡仪:《美学论著初编·序》,第4页,上海,上海文艺出版社,1982。
② 蔡仪:《美学论著初编·序》,第9页,上海,上海文艺出版社,1982

想,是与数十年、甚至数百年来流行的旧的艺术理论、美学观点所不同的"新的观点",即马克思主义的观点。

蔡仪在1982年说道:"在40年代初期,我写完《新艺术论》之后又写了《新美学》。当时想试用唯物主义原则考察美学上的基本问题,并批判唯心主义的旧美学,为新美学的前进扫清道路。这是我最初研究美学问题的心情,也是一直至今写作美学论文的态度。"①诚然,探讨美学问题,把它同哲学学说、一般唯物主义联系起来,在中外美学史上都不乏其人,但在20世纪40年代初的中国,又是在"国统区",在美学专著中把解决美学基本问题同马克思主义哲学基本原理联系起来考察的,却绝无仅有。而把美的本质问题同马克思《1844年经济学—哲学手稿》提出的"美的规律"联系起来考察的,更是凤毛麟角。蔡仪在《新美学》中两次引用《手稿》中关于美的规律的精辟见解,其著名的"美的东西即典型的东西"、"美的规律即典型的规律"的论点,就是受到《手稿》中某些论点的启示而提出的。不管人们是否承认或接受这个论点,起码这个提法为正确解决美的本质问题提供了一种新的方法、一条新的研究途径。

在中外美学史上,对于美的看法,对于美的本质的解释,往往由于美学家们的哲学观点不同而各异。一般说来,马克思主义以前的美学家们虽然在某些方面或个别问题上,对美学理论的发展有一定贡献,但整个来说,由于他们的唯心主义哲学观,或虽具有唯物主义哲学思想,但由于在社会历史观上的唯心主义性质,妨碍了他们彻底地解决美的本质诸问题。

马克思主义哲学的产生,标志着人类思想史和哲学史上的真正革命。它对整个复杂的自然界、人类社会和思维现象做出了统一的解释,并制定了认识的一般方法——唯物辩证法。辩证方法的客观基础就是物质世界发展的最一般规律。这一方法虽不能代替其他具体科学的方法,但却是它们的一般哲学基础。美学与哲学的关系也十分密切。在历史上,不少美学家就是把美学当作哲学的一部分或一个分支来研究的。但是,要想真正科学地解决美学上的许多重要问题,仅具有一般的哲学基础(哪怕是唯物主义的)是远远不够的,还必须具有马克思主义的哲学理论,即掌握和依靠辩证唯物主义和历史唯物主义才行。

蔡仪是20世纪中国较早运用马克思主义哲学观点来解决美学基本问题的美学家之一。在长期的研究中,他依据马克思主义基本原理,逐渐形成了自己的美学理论,不仅在中国美学界自成一家,而且是较有成就的一家。而他之所以能取得巨大的成绩,与他的马克思主义理论修养是分不开的。长期以来,蔡仪一直注重马克思主义理论的学习和研究,关心马克思主义的丰富和发展。在晚年,他除了撰写美学文章外,还写了不少有关马克思主义哲学方面的文章,如关于客观真理的问题,关于

---

① 蔡仪:《蔡仪美学论文选》,第1页,长沙,湖南人民出版社,1982。

马克思思想发展及其成熟的主要标志问题,关于《1844年经济学—哲学手稿》的多次探讨的文章,等等。这些哲学文章的写作,肯定有助于他对美学问题的思考,这在《新美学》改写工作中就有所体现,即从辩证唯物主义认识论的角度来探讨美论、美感论的哲学基础。

蔡仪的美学体系虽然在四十多年前就已经基本形成,但他并没有停滞不前。1949年后,他曾写信给出版社,要求不再印行《新美学》。这说明,在新的形势面前,当他有条件熟悉了更为丰富的中外美学史料后,为了对读者负责,他采取了慎重行事的态度。今天看来,当时完成的《新美学》虽然有浅薄、粗略甚至错误之处,但是,我们看待它的历史价值和意义时,应该注意到这样两点:一是这本书的最大特点是较早运用马克思主义哲学原则来考察美学的根本问题,以新的论证来建立新的美学系统;二是这本书出现在唯心主义美学思想笼罩和统治中国美学领域的40年代,这无疑会使那些徘徊于旧美学圈子内的读者看到一线曙光,呼吸到清新的空气。

(二)背景及其他

探讨蔡仪美学在20世纪中国美学史上的历史地位,不能不注意到1949年以前中国美学研究的实际状况。否则,就不容易理解蔡仪美学的价值,也就不能给予它恰当的评价。

作为一门相对独立的学科,美学虽然产生较晚,但无论在中国还是西方,它的历史渊源都是久远的。当然,人们对美学应该研究或解决哪些问题,却又说法各异。中外美学史上虽然有不少人讨论过美的本质问题,也有人探讨过具体艺术部门的美的问题,但系统阐述美学理论的著述并不多见,仅有的几部也多是唯心主义观点的,如鲍姆加登的《美学》、康德的《判断力批判》、黑格尔的《美学讲演录》。原因在于,德国古典美学是从德国古典哲学中衍生出来的。虽然他们在试图辩证地解释许多重要美学问题方面取得了一定成绩,但他们的唯心主义理论却存在着深刻的矛盾,而这些矛盾又是他们自己所不能克服的。到19世纪后半期和20世纪初,虽然美学学说五花八门,也有几本以《美学》、《美学原理》命名的著作,但认真说来,它们对一些美学基本问题的解说,甚至比康德、黑格尔的理论还后退了一大步,如立普斯、克罗齐的美学观点。

中国古代的美学思想更是丰富多彩,并且无论在术语、概念的含义和使用上,还是在理论体系上,都有别于西方美学。不过,这些美学见解多是融合在哲学、政治、历史等著作中,虽然有像《乐记》这样专门的音乐美学著作,也有像《典论·论文》、《文心雕龙》、《论画》、《古画品论》这样的部门艺术理论著作,但较为系统地阐述美学基本原理的著作并不多见。中国古代美学思想还有一个特点,即与西方的交流几乎没有。只是到了近现代,随着社会改革的需要,一批资产阶级改良主义者才开始介绍西方资产阶级的社会理想、政治理论、文化思想,其中也包括对于近现代资产阶级美学理论的翻译、介绍。

从目前我们接触到的材料来看,1949年前的三十年间,除去一般文学和艺术理论专著及文章外,切实探讨美学基本问题的著作和论文寥寥可数。在文章中,不外乎这样几部分内容:一是介绍西方美学家或美学思潮,从古希腊的柏拉图到18世纪德国古典美学家席勒、康德、黑格尔,再到19世纪以至近代的泰勒、费肖尔、立普斯、斯宾塞、格罗塞、谷鲁斯、克罗齐、柏格森等;在流派方面,既有客观唯心主义、实证主义、直觉主义、心理学等学说,也有人本主义、唯物主义,甚至马克思主义的美学学说;二是谈论具体艺术门类的美学问题,如美术、音乐、戏剧等;三是关于美论方面的文章,而在为数不多的美学理论文章中,美育问题又占有较大分量。在专著方面,虽然有三两本"美学"著作,但在当时和对后来影响较大的,却只有朱光潜的《谈美》和《文艺心理学》。相对说来,翻译方面的情况比专著好些,早在20世纪二三十年代就有了马绍尔《美学原理》、克罗齐《美学原理》的中译本,后又有克罗斯《美学原理》的译本。

从20世纪20年代末开始,中国的无产阶级革命文学倡导者们提出了学习和传播马克思主义文艺理论的任务,先后出版了"文艺理论小丛书"、"科学的艺术论丛书",以及东京"左联"分盟成员编译的"文艺理论丛书",主要翻译和介绍了梅林、普列汉诺夫、卢那察尔斯基等人的著述和苏联的有关文艺政策,瞿秋白还编译了马克思、恩格斯、列宁、拉法格、普列汉诺夫等人的文艺论著。在这期间,革命文艺工作者们一方面翻译出版了苏联、日本的一些研究者阐释马克思主义文艺理论和观点的论文、专著,另一方面着重翻译了马克思主义经典作家有关哲学和文艺的论著。这些工作,都为马克思主义文艺理论在20世纪中国的普及和传播起了很好的作用。与此同时,也有一些文艺理论工作者努力运用马克思主义文艺原理和观点来探索文艺创作、文艺理论中的一些问题。从广义上讲,这些译著和论文当然也是马克思主义美学的一部分。

综观当时的论文和译著情况,不难发现,它们的内容庞杂,既有史的介绍(美学家、美学流派和思潮),也有论的叙述(美的分析、美的标准、美感等),思想倾向也是多样的,既有唯心主义观点的,也有唯物主义观点的;既有近现代资产阶级美学观点的,也有马克思主义观点的。虽然观点众多、学说各异,但在当时,一般介绍的居多。由于译著者的倾向和爱好,对近现代资产阶级唯心主义美学的介绍、翻译较为系统,如立普斯、克罗齐等人的观点,也因此,他们的美学思想较为流行,对一些美学爱好者也有相当影响。

在20世纪中国美学史上,有两位学者的作用和影响是不能无视的。一位是蔡元培。他在五四前后积极倡导美育,提出"以美育代宗教"说,并拟出了具体的美育实施方法。应该说,"以美育代宗教"说、提倡道德教育和美育,对于当时反对"读经尊孔"的封建教育、反对宗教教育有一定的积极意义,也在社会上、教育界产生了一定影响。但是,由于蔡元培的哲学观点是唯心主义的,他的社会观是改良的,所以他把美育当作根除社会种种弊端,消灭剥削、压迫和不平等现象的根本手段,而不是认为要通过革命来改变社会制度,这就显然过分夸大了美育在社会变革中的作用。所以当时就有人对"以美育代宗教"说表示了疑义。

另一位是朱光潜。他从20世纪20年代中期就开始撰写美学文章,30年代又出版了对青年影响较大的《谈美》、《文艺心理学》等著作,并陆续翻译、介绍了西方各唯心主义美学流派的著作和观点,如克罗齐的直觉说、立普斯的移情说、谷鲁斯的内摹仿说等。虽然这些介绍对人们了解西方资产阶级美学思想有所帮助,但因为朱光潜在介绍时既不是纯客观的叙述,也不是批评式的,而是采取了赞同的态度,所以,无论是他自己的美学著作还是翻译的西方著作,从整个思想体系来说都具有资产阶级唯心主义的性质。如30年代初,朱光潜在《谈美》中认为:"……我坚信中国社会闹得如此之坏,不完全是制度的问题,是大半由于人心太坏","人心之坏,由于'未能免俗'。什么叫'俗'?这无非是像蛆钻粪似地求温饱,不能以'无所为而为'的精神作高尚纯洁的企求;总而言之,'俗'无非是缺乏美感的修养。"显然,这里已经由谈美联系到社会制度的好坏了。朱光潜认为,"谈美",谈"美感的修养",就可以根治社会之"糟"。本来,在剥削阶级的政治制度下,这样把"美感的修养"当作救国救民的根本方法就是错误的,更何况是在全民抗战迫在眉睫的时刻呢!朱光潜对当时的这种局势是清楚的,但他仍在《谈美》一书的开卷说:"谈美!这话太突如其来了!在这个危急存亡的年头,我还有心肝来'谈风月'么?是的,我现在谈美,正因为时机实在太紧迫了。"①这就过分强调了美学的作用。其结果只会引导人们逃避现实,沉湎于所谓"美感的修养"。由于朱光潜在自己的著作中比较系统地介绍了西方美学诸流派,又由于他的文笔优美、通俗易懂,再加上当时类似的读物匮乏,读者没有选择的余地,很自然地,他的美学论文和著作就成了一些美学爱好者的热门读物。而且,他在北京几所高校任教时所用的教材就是《文艺心理学》的书稿,所以,他的美学观点在青年中还是有影响的。有人在评价朱光潜这一阶段的成就时说,他"增加了人们对西方近代美学的了解,普及了美学知识,对美学这门学科在中国的发展起了推动作用"②。这样说是可以的,但还不够。因为西方现代各派唯心主义美学在中国的传播,同时也更加促进了人们对马克思主义美学的学习,用新的观点来研究美学。周

---

① 见《朱光潜全集》,新编增订版,第3卷,第7页,北京,中华书局,2012。
② 李泽厚、刘纲纪主编:《中国美学史》,第1卷,第51页,北京,中国社会科学出版社,1984。

扬 1937年在《知识月刊》创刊号上发表了《我们需要新的美学》一文,1942年翻译了车尔尼雪夫斯基的《生活与美学》,同年又在延安《解放日报》上发表题为《唯物主义的美学》。还有一些人也写了评论唯心主义美学的文章。这也可以说是对当时流行在"国统区"的资产阶级美学思想的一种论争、批评形式吧。

20世纪三四十年代的中国,虽然马克思主义文艺理论的介绍、研究活动已经陆续展开,但在当时,专门的马克思主义观点的美学理论著作并没有问世。其实,就是在苏联,尽管对马克思主义美学的研究开始较早,也先后出版了不少有关马克思主义美学问题的论文集,但作为系统的美学理论著作,也只是到1960年才出版了由苏联科学院哲学研究所和艺术史研究所集体编写的《马克思列宁主义美学原理》一书。

蔡仪美学论著的出现,表明了作者对当时美学研究状况的不满和挑战。《新美学》之可贵,就在于它冲破旧的唯心主义美学的束缚,试图为建立新的、马克思主义的美学扫清道路。

(三)方法论与认识论

蔡仪美学思想最早集中体现在《新美学》中。他在对待美学根本问题上,没有沿袭陈规旧说,也没有停留在对旧学说的修修补补上,而是进行了新的探索。正是这种理论上的新尝试,才逐渐形成了他美学思想的体系和特色。

那么,蔡仪美学思想的主要特点是什么?或者说,他的美学思想与当时其他美学家的不同之点在哪里呢?

最主要的区别在于方法论的不同。对于一门科学采用什么样的研究方法,才能同所研究的客体相适合,这是至关重要的。虽然各个具体学科都有其特殊的方法,但它们也有着认识的一般方法。而由于哲学观点的不同,认识的一般方法也不同。马克思主义方法论的出发点,是承认自然界和社会的客观规律作为认识方法的基础,而认识方法只有在它反映现实本身的客观规律时,才是科学的。作为唯物主义辩证法,马克思主义的方法论既是认识的一般方法,又是运用于认识中的方法的科学理论;它既以对象的辩证法为依据,又以它在思维中反映的特点为依据。马克思主义方法论注重思维活动的特殊规律性,并把这种规律性同社会主体对客观世界的实践作用联系起来。这不仅使马克思主义方法论根本有别于唯心主义方法论,也使它优于马克思主义以前的唯物主义方法论。

蔡仪研究美学和撰写美学论著时,是按照"新的观点"、"新的方法"来表述自己"新的体系"的。由于辩证唯物主义把关于存在、关于客观世界的学说同关于客观世界在人类意识中的反映的学说是联系在一起的,所以,蔡仪在写《新艺术论》时,首先考察的是"艺术与现实"的关系,并认为艺术是反映现实的;而《新美学》的第一章,探讨的就是"美学方法论"问题,讲的是把握美的本质的几种途径。他在比较了众多途径之后,认为新美学的途径,即由客观现实去把握美的本质,是唯一正确的途径。蔡仪的这个出发点,肯定了美的存在的第一性在于客观现实本身,同时也就承认了美的客观性。这个观点的重要意义,在于它突破了旧的美学传统——新观点是根据辩证唯物主义的基本原则提出的,有着坚实的哲学基础。

恩格斯在《路德维希·费尔巴哈和德国古典哲学的终结》中曾指出:"全部哲学,特别是近代哲学的重大的基本问题,是思维和存在的关系问题。""哲学家们依照他们如何回答这个问题而分成了两大阵营。凡是断定精神对自然界说来是本原的……组成唯心主义阵营。凡是认为自然界是本原的,则属于唯物主义的各种学派。"①对于美学与哲学的关系,不管是把美学当作哲学的一个分支,还是把哲学当作一切领域(包括美学)中认识的一般方法,总之,它们的关系是十分密切的。有休谟关于客观世界是否存在的问题是不可解决的理论,才有他关于美只存在于观赏者心里的理论;有黑格尔关于自然界和社会一切现象的基础是绝对理念的理论,才有他关于美是理念的感性显现的说法;有马克思真正科学的哲学理论,才有美的规律之说。这说明,"全部哲学的最高问题",即思维对存在、精神对自然界的关系问题,在美学中也是存在的。蔡仪在一篇序文中这样说:"现在有人对于美学上的唯物主义和唯心主义之分很为反对,大约以为这种区分是不应该的,也是无意义的;并表示不要从哲学上去研究美,而要从心理学上去研究美感经验,以为这样就可以摆脱唯物主义和唯心主义的羁绊了。我们认为,这是不对的。美学上的唯物主义和唯心主义之分,正如哲学上的这种区分一样,是由美学思想本身的性质决定的,绝不是别人强加给的……这种区分已有两千多年美学史的事实摆在那里,是不会随人的否认或反对而消失的。"②应该说,蔡仪不仅认识到了美学与哲学的关系,而且正确地解决了它们之间的关系。

根据马克思主义方法论的原则,蔡仪在研究美学时,首先提出的问题是美在哪里,即美的根源问题。他的回答是:美的根源在于客观现实。其次是关于美是什么的问题,他的回答是:美是客观事物显现其本质真理的典型。不管人们是否都同意他的观点,应该说,蔡仪比较清楚而明确地回答了美学研究中的两个关键问题。在不少美学家那里,对美在哪里和美是什么这两个问题的答案常常只有一个:或美是主观的,或美是观念,或美在于社会性。问题的症结,在于他们混淆了美的存在与美的认识的关系,以美感、人的主观感受来审视美。

蔡仪坚持了现实的美的客观存在,这只是美学研究中的一个问题,或者说是一

---

① 见《马克思恩格斯选集》,第4卷,第219页、220页,北京,人民出版社,1976。
② 见《蔡仪美学论文选》,第2—3页,长沙,湖南人民出版社,1982。

个最根本的问题。如果只停留在这里,那还不能建立科学的美学理论。恩格斯在谈到思维与存在的关系问题时,还指出了这个问题的另一方面,即思维与存在的同一性问题。"我们关于我们周围世界的思想对这个世界本身的关系是怎样的?我们的思维能不能认识现实世界?我们能不能在我们关于现实世界的表象和概念中正确地反映现实?"①蔡仪有关美的认识的观点是符合这个原理的,即认为现实的美是美的认识(美感)的根源。由此,美学的领域就不能只限于客观存在的美,还必须包括美的认识(即美感)。如果只有现实世界,而没有人类,这现实世界当然谈不上什么意义。同样,如果只有客观存在的美,而没有人类对美的认识,这客观的美当然也没有什么意义。但是,这现实世界的存在却是不依赖于人类、在人类出现以前就存在的。人的思维可以认识这现实世界,并且能够正确反映它。我们知道,思维活动的特殊规律性,在于它不是机械的反映,而是能动的辩证的反映。蔡仪认为,美的认识以具象的概念的认识为基础,它不仅是对于美的存在的反映,也是美的观念的创造,进一步又发展成为客观的美的创造(即艺术)。至此,美学领域的三个方面才算最终形成,即:美的存在(客观的美)、美的认识(美感)、美的创造(艺术),而美的存在则是最基础的东西。这个辩证唯物主义的美学研究方法不仅揭示了美学领域中各个组成部分的本质,而且科学地论证了这些组成部分之间的主次和递进关系。

蔡仪在美学研究中坚持了辩证唯物主义的认识论,这是他的美学思想的另一个特点。认识论的出发点是对哲学基本问题的不同回答。唯心主义认识论或是把认识说成是神秘的、观念的反映,或是认为世界是在感知过程中才形成的,或是根本否定认识世界的可能性。唯物主义认识论的出发点是承认外部世界的客观性和认识外部世界的可能性。当然,马克思主义以前的唯物主义具有直观性的缺点,往往形而上学地看待认识。但是,马克思主义的唯物主义辩证法却向我们提供了唯一科学的认识论。它既没有把主体在认识方面的能动性绝对化,也没有把主体看作是某种消极的、静止的、外来作用的接收者。

蔡仪在运用马克思主义认识论来研究美学问题时,较有成效地论证了美、美感与认识的关系。对于这个问题,以往的美学家虽不是没有说到过,但正确的并不多,有的甚至把它们之间的关系颠倒了。蔡仪认为,美的事物能给予美感,就是通过认识的关系;如果在认识论上不能恰当地解决,那么美感论和艺术论也难得到圆满的解决。所以,美感论和艺术论都须有认识论的基础。在论述认识活动的过程中,蔡仪先后阐述了感觉、表象、概念各自反映事物的特点,特别是在探讨概念的辩证特性时,指出概念是分析的又是综合的,是抽象的又是具体的,是感性的又是智性的,是自觉的又是不自觉的;概念的两重性与概念运动的两种形式有关。由概念的抽象性

---

① 见《马克思恩格斯选集》,第4卷,第221页,北京,人民出版社,1976。

和具象性分别引出科学的认识和美的认识。在美的认识中,美的观念是重要的概念,它是联结美感与美的创造的中介。这个术语虽然在美学史上早有人提出过,但蔡仪却赋予了美的观念以唯物主义的含义:它是客观的美的现象和规律在人类头脑中的一种反映;它关系着美感、美的创造和美感教育的最终完成。

蔡仪对美的观念(甚至还有美是典型)的解释,是对美的认识的重要贡献。

美的观念是现实事物的本质和普遍性的形象反映,它既具有充分的种类本质,又具有非常鲜明的具体形象。美的观念的形成,当然也离不开认识论的基本原则,即列宁所说的"从生动的直观到抽象的思维,并从抽象的思维到实践,这就是认识真理、认识客观实在的辩证的途径"①。但美的观念的提出,使认识进到了更高一级。一般人们凭感性直观,认为美的事物是看得见摸得着的具体物体,如花、山、水、月、人等。但这仅仅是部分而不是全体、现象而不是本质。当我们用美的观念来概括所见到的美的事物,而这美的事物又是不依赖于人的意识、并为人的意识所反映的客观实在时,这就不仅概括了宏观世界和微观世界各种美的事物和现象,而且揭示了各种美的事物和现象的本质特性,即客观实在性。表面看来,美的观念似乎离开了我们感官所直接感觉到的具体的美的事物和现象,似乎离开事物的客观真理越来越远,但实际上,美的观念却反映了美的事物和现象的全体,反映了美的本质,因而更接近于客观真理。

蔡仪关于美的观念的理论,辩证地运用了从抽象上升到具体的方法。真正科学的理论认识应该是从感性多样化的具体出发,达到再现客体的一切本质性和复杂性的抽象。这种使整个客体在意识中理论地再现的方法,就是从抽象上升到具体——这种上升乃是展开科学知识、在概念中系统地反映客体的一个普遍形式。在抽象的阶段,形成了反映客体个别方面和属性的概念。由具体进到抽象和由抽象上升到具体的方法,是辩证法在思维过程中的表现,是人们认识世界的科学方法。但是,对这两个"具体"要区分开:前一个"具体"是作为被研究对象、作为研究之起点的具体(即感性的具体),后一个"具体"是作为研究之结果和终结、作为关于客体之科学概念的具体(即思维的具体)。美的观念的形成,就是对于客观事物的美的理智认识的重要过程,而理智的功能就在于通过个别现象去把握内在的普遍本质,按照事物的种类进行概括作用的集中化和创造性的改造、提高。所以,美的观念在人们的美感活动中,无论是对现实事物美的欣赏活动还是对文艺创作和文艺欣赏的美感活动,都起着主导作用。如果说,在《新美学》中,美的观念还只是"一时的假说"、缺少充分论证的话,那么在四十年后的《美学原理》中,蔡仪对于美的观念的阐释则是强有力的、令人信服的。当然,根本原因还在于美的观念经得住人们美感活动(欣赏、艺术创造

---

① 列宁:《哲学笔记》,第155页,北京,人民出版社,1957。

等)的检验和证明。

蔡仪的《新美学》在1947年出版后,马上引起学术界的注意,一些热心的读者还撰写了书评。不管人们是否接受蔡仪对新美学的解说,他们大都指出,这本书有它的新体系:它一方面破坏了旧的唯心主义美学系统,揭露了旧美学的痼疾;另一方面则提出了美学研究的途径,建立了唯物主义的新美学体系。

(四)对评价的评价

对蔡仪美学理论的第一次真正检验是在20世纪50年代。在那场持续了七八年时间的美学论战中,涉及的主要之点,集中在诸如美的本质、自然美、美感等问题上。这是很自然的。因为正是在这些基本问题上才显露出各种观点的根本分歧。在这次美学论争中,蔡仪的美学观点首当其冲,成为论辩的中心。综观这次讨论,虽然谈的是美的本质、美感等问题,实际上仍然是美学上的唯物主义与唯心主义之争。所以,归根结底,这场争论与其说是探讨美学的一些基本问题,不如说是进行哲学上的唯心主义和唯物主义之争更符合讨论的实质——正是由于哲学观点不同,才衍变出美学见解的相异。这里,我们只就讨论中对蔡仪美学理论提出的非难,谈一点看法。

对于蔡仪的美学思想,褒贬不一。例如,对于他的理论的总评价问题,有人认为:"《新美学》实际上是折衷德国唯心论各派美学的产物,从古典唯心论者到近代唯心论者。"①也有人认为:"蔡仪同志由于片面地、机械地、教条地运用马克思列宁主义,结果便只会走到唯心主义的道路上去。"②还有人认为,"蔡仪所信奉的就正是这种形而上学唯物主义的美学观","其缺点是静观的机械唯物论的反映论"。③ 学术上不同观点的争论,这是正常现象。如果争论是实事求是的,责难是有根据的,也必将对学科发展繁荣有益。至于蔡仪美学是唯心主义还是机械唯物主义的,是马克思主义还是反马克思主义的,并不是由哪一个人的意见来确定的。这既要看他的理论本身是否有科学性,还要看用什么样的观点来评价他的理论。问题是,批评蔡仪美学是唯心主义的人,却主张"美是人的一种观念";批评蔡仪会走到反马克思主义道路上去的人,却认为"死守住列宁在《唯物主义与经验批判主义》所阐明的反映论",是

---

① 吕荧:《美学问题——兼评蔡仪教授的〈新美学〉》,见《吕荧文艺与美学论集》,第433页,上海,上海文艺出版社,1984。
② 朱光潜:《美学怎样才能既是唯物的又是辩证的——评蔡仪同志的美学观点》,见《朱光潜全集》,新编增订版,第14卷,第44页,北京,中华书局,2012。
③ 李泽厚:《美的客观性和社会性——评朱光潜、蔡仪的美学观》、《关于当前美学问题的争论》,见《美学论集》,第58、67页,上海,上海文艺出版社,1980。

不能解决美学基本问题的,因为反映论只适用于感觉阶段,而不适用于美感阶段;批评蔡仪美学是机械唯物主义的人,认为马克思讲的"人是自然界的一部分",是"旧唯物主义的老命题",而说自然界是"人的本质力量的现实"才是"真正崭新的思想"。虽然人们都声称是用唯物主义来研究美学,但对唯物主义的看法却又截然不同。

1949年后,由于马克思主义哲学的普及,人们开始用辩证唯物主义和历史唯物主义方法来观察、分析、研究和衡量一切理论和工作,美学研究也不例外。既然争论的各方都说是根据马克思主义来研究美学,那么也就应该按照马克思主义哲学的科学用语来讨论问题。如果不是在同一含义上来使用概念、术语,这种争论就是无的放矢,因为它违反了形式逻辑的同一律,如有人说的典型的地主分子、典型的青蛙美不美的问题,就是犯了这样的错误。

蔡仪的美学理论体系是完整和一致的,逻辑结构是严谨和周密的,所使用的概念、术语是明晰的、确定的。不管人们怎样评价蔡仪的理论,也不管人们是否接受或赞同他的观点,但大都承认,他的理论是一个整体,是按照严格的逻辑结构组织起来的。他的一些重要概念、术语的出现和运用,是由于理论本身的发展和需要,每个概念都有着确定的内涵和外延,不能既这样理解,又那样去理解。有人在反诘蔡仪时,往往只抽取其中一个概念、一个方面或一个例证,而不顾及这个概念、方面或例证在其理论中的具体情况,也不过问蔡仪对这个概念、方面或例证的界定或假说,而只是按照自己的理解来任意解释,这就必然会把整个论断搞得含糊不清。于是也就出现了所谓典型的恶霸、典型的青蛙美不美的问题,或是提出所有的动物都比植物美的问题。其实,在蔡仪的理论中,对典型的界说,以及对典型的种类、种类的变化等的解说,是回答了读者所提出的这些问题的。他在美的种类论中,对现象美、种类美和个体美的阐释,也回答了动植物美的问题。事实证明,如果不同意蔡仪的观点,只能从根本出发点上来反驳,而不是在个别术语上偷换概念所能奏效的。

再如,有人把蔡仪的"美的根源在于客观现实",说成是美在于客观事物的"简单的机械的数学比例、物理性能"、"均衡统一"中,认为蔡仪"把美归结为这种简单的低级机械、物理、生物的自然条件或属性",[1]以此来证明蔡仪美学的形而上学和机械唯物主义倾向。如果这不是有意的歪曲,就是很大的疏漏。因为在《新美学》第二章第二节中,很清楚地写着这样的小标题:"变化的统一或秩序不是美的特性"、"比例或调和不是美的特性"、"均衡或对称不是美的特性"、"明确和圆满性与美无关"等等。[2] 这说明蔡仪并不同意在"简单的机械的数学比例、物理性能、形态样式中"找

---

[1] 李泽厚:《美的客观性和社会性——评朱光潜、蔡仪的美学观》,见《美学论集》,第58页,上海,上海文艺出版社,1980。

[2] 蔡仪:《美学论著初编·目录》,第27-28页,上海,上海文艺出版社,1982。

美,也不认为"黄金分割"、"形态的均衡统一"就是美的标准。

在一本美学史著作中,对蔡仪美学作了这样的评价:"蔡仪在40年代末发表了他的《新美学》,试图努力建立一个和唯心主义美学相对立的唯物主义美学体系。但由于各种条件的局限,他所理解唯物主义同马克思所理解的以社会历史实践为基础的唯物主义还有不小的距离,加上对审美和艺术的特征缺乏充分的重视和分析,这就使得《新美学》对许多问题的论述常常显得烦琐抽象,未能产生预期的影响"。① 然而,事实(即蔡仪所写的论述马克思主义哲学和美学的一系列文章)可以证明,蔡仪采用的是马克思主义的方法论,是运用唯物辩证法来解决美学基本问题的。认为蔡仪"对审美和艺术的特征缺乏充分的重视和分析",这个判断未免有些武断,因为它没有事实依据。蔡仪在为《新美学》写的"序"中曾这样说:"既是美学,便须详细论到艺术。但是去年曾有拙著《新艺术论》在商务出版,为着避免重复,只将《新艺术论》中的要点及没有论到的问题,分别附入本书相关各处,一则以作《新艺术论》的补充,一则以求本书的完整。"②这说明,蔡仪既没有轻视审美和艺术的特性,也没有对审美和艺术的特性不加分析。这从《新美学》和《新艺术论》两本专著的章、节和论点目录中就可见出,它们都有专章或专节论述到现实主义、典型和美感教育等问题。

马克思在给《资本论》法文译本出版者的信中曾说:"在科学上没有平坦的大道,只有不畏劳苦沿着陡峭的路攀登的人,才有希望达到光辉的顶点。"③蔡仪的美学道路印证了马克思论断的深刻。

研究美学,而且是用唯物主义的新的原则和新的论证来研究,这在抗日战争后期的重庆是多么不容易!这不容易既有资料匮乏的原因,也有为避免书刊审查而不能畅所欲言的原因。要冲破旧的美学体系,走出过去美学史上没有的路,建立自己新的理论体系,又是多么不容易!但是,蔡仪走过了这段崎岖不平的山路,并且取得了令人欣慰的成果,写出了一本唯物主义的美学著作——《新美学》。尽管这本书还有缺点甚至错误,但它的基本观点和主要论点是站得住的。

(王善忠)

---

① 李泽厚、刘纲纪主编:《中国美学史》,第1卷,第53页,北京,中国社会科学出版社,1984。
② 蔡仪:《美学论著初编》(上),第183页,上海:上海文艺出版社,1982。
③ 马克思:《资本论》,第1卷,法文版序和跋。

十三　美学上的浪漫主义
——高尔太与 20 世纪中国美学

以王国维美学为起点，20世纪中国美学已经历了百年的历史发展，逐步形成了认知再现论和意欲表现论两大美学体系对峙互动的格局。认知再现论强调美与主体实践的关系，强调理性思维在审美中的作用以及艺术对社会生活的客观揭示；意欲表现论则相反，它突出美与主体存在的关系，突出感性能量在审美中的释放以及艺术对内心情感的强烈抒发。高尔太美学属于后一个理论系统。高尔太继他的先行者而起，在人的哲学的高度上，对美感的能动性和创造性进行了更为深刻的论证，把审美是一种解放的思想推向了高峰。那种对人和生命力的热情洋溢的赞美，那种对自由的热切渴望，那种对内在心灵的深入体验，那种对大自然的倾心爱恋以及饱含诗意的理论思辨，非常明显地表现着他的理论的基本倾向和个性特征，因此，高尔太的美学也可以称为美学上的浪漫主义。

（一）"美是自由的象征"

高尔太美学可以概括为美感论。但是与朱光潜对美感经验的心理学研究不同，高尔太在美感论上为自己提出的中心课题，是论证美感的本质。在高尔太那里，美是由美感创造的，因此对美感本质的论证亦即对美的本质的论证。他指出，西方美学自近代以来以美感研究的现象论代替了美的哲学本体论，对美的价值规范的定性让位于经验事实的论证和描述。这种美学的科学化倾向，特别是心理学派对美是一种内在价值体验的论证，使美学研究获得了巨大的进展。"但是，为什么美是一种内在价值，是一种什么样的内在价值，价值的量度是什么，价值量度的根据又是什么？这些他们都没有说明。他们仅仅在描述的意义上科学地指出了事实，但是没有哲学地解释它……实用主义美学、心理分析美学、行为主义美学、语义美学、结构主义美学、逻辑实证主义美学等等，基本上都放弃了对美的本质问题的宏观探讨，而纷纷转入对具体现象的微观考察……但是这条道路并没有使科学家们比哲学家们更接近于了解美是什么"①。高尔太认为,美的现象是以价值体系为构架的文化心理结构的产物,而价值体系与人相关。人是一种宏观的历史现象,美是一种微观的心理现象,后者是前者的一个缩影,没有人就没有美;研究美学,归根结底也就是研究人。离开了以文化心理结构为中介的人与世界整体关系的哲学概括,便无法真正形成对美的认识,而马克思关于"人的本质的对象化"的思想,则为解答美是什么的古老难题提供了深刻启示。

把人的问题和美学研究直接联系在一起,自觉而紧迫地要求从哲学的宏观上把握美的本质,这在20世纪中国意欲表现论美学发展中还未曾有过。宗白华对个体生流和生命情调的强调,朱光潜对情感动力和主观能动性的强调,都涉及美与人的关系,但与认知再现论相比,他们都没有达到李泽厚那样的深度。高尔太向美的本体的沉潜和在使命感催动下对人的问题所做的艰苦探寻,则把意欲表现论提升到了可以与认知再现论同步对峙的地位。他在1957年发表的第一篇论文中,就把美与人的关系突出到了美学研究的首位。二十多年后,他又以《关于人的本质》、《异化现象近观》、《异化及其历史考察》、《美的追求与人的解放》、《美是自由的象征》、《现代美学与自然科学》等,不断展示了他长期思考美和人的问题的成果。

重视人的主观能动性,强调人作为价值尺度的意义,是高尔太美学的出发点,他对生命和精神现象的哲学思考就建立在这个基础上。高尔太在美学研究中运用了现代自然科学理论和方法,广泛涉及非平衡态热力学、分子生物学、量子力学、现代宇宙学、耗散结构理论、测不准原理以及系统论、控制论、信息论等,显示了美学开拓发展的新动向。他对生命问题的哲学思考,首先表现为将包括生命和精神现象的万物,还原为自然本身。在他看来,人的生命和精神能力是物质运动的特殊形态;现代自然科学正在把物质实体的概念,同人类精神、生命意义这些同样基本和实在的概念纳入一个统一解释中。从最深层意义上看,人类生命并不是与自然对立的力量,人的活动不过是拥有人类的自然自身的活动;人对自然的改造,不过是自然通过人而进行的自我改造;人的自我意识和人对自然的认识,也是自然通过人而对自己的意识。作为人的本质对象化的世界,包括历史、社会及其变化规律,都是相对于其他生物界来说不同水平上的自然自身的活动。需要注意的是,把人的生命以及社会历史现象还原为自然本身,这并不是高尔太的理论目的;他所要达到的,是对人的创造活动的能动性和多样性的论证。高尔太高度重视熵定律和耗散结构理论,认为可把宇宙万物还原为"一"的自然本身具有产生变化、差异和多样性的无限可能,生命现象是自然物质无限众多组合形式中的一种特殊组合,它向着有序化即从简单到复杂、低级秩序向高级秩序的方向发展。热力学第二定律表明了物质演化向无序或熵

---

① 高尔太:《美是自由的象征》,第41页,北京,人民文学出版社,1986。

增加即瓦解秩序方向发展的趋势,熵最大是无序的平衡态。生命为了保存自己的有序结构和存在,必须通过与外界交换物质能量、信息,以抗拒熵流的瓦解和侵蚀。生命系统是典型的耗散结构,它与外界进行能量交换的过程就是其运动过程。通过论述有序和无序、熵流和耗散结构的矛盾对立关系,高尔太指出:人作为高级生命现象,对变化、差异和多样性的追求有着不可阻止的必然性,"一个物种生存的方式愈是多样和能动,就愈是能适应变化中的严酷环境,就愈是能对抗熵流的侵蚀。所以追求变化、差异和多样性,就成为进化的方向"①。人类的自由正是高度的变化、差异和多样性的表现。当生物的结构和功能对环境的能动适应发展到主体能够反过来认识和驾驭必然性,并根据自身需要改造世界的时候,也就出现了人类的自由。② 因此所谓人类的自由或主观目的与客观规律的统一,不过是生命力按照自己存在和发展的需要对自然无限多样可能性的更为自觉、更为有效的利用而已。③

　　从生物能动地适应世界,到人作为主体能动地认识改造世界,人从进化过程转入历史过程。正是意识的产生,把自然本身的运动过程划分为进化和历史两种不同形态:意识把人与动物区别开来,动物活动由本能控制,人的活动却由意识支配。有意识的人不仅可以把他所从出的世界作为其对象和无机的躯体,而且可以把自己的生命活动变成意志和认识的对象。"所以人的本质的最基本的规定性就是人类的有意识的、万能的、自由的活动,要言之,人的本质是自由。"④人的自由是人作为有社会性的物种在劳动实践中取得的,它表现为个体与整体、自然与社会、存在与本质、有限与无限的统一;所谓"异化",正是这两者的分离和矛盾。高尔太指出,异化作为经验形态,是一种既成的心理结构,表示主体把自己体验为客体、异物,体验为他的自我的完全丧失;作为社会形态,异化是一种既成的关系结构,表示人与自身、与他人、与社会处在一种对立关系之中。这种关系作为中介,反映出人的自由与必然、个体与整体、存在与本质都处在深刻的矛盾中。⑤ 他认为,人的本质的自由与异化的分别,就是美与丑的分别;异化作为人的本质的否定,也是美的否定方面。正因此,对象世界才有美也有丑。⑥ 在这里,高尔太表现出他与认知再现论在论证"自然人化"问题上的不同倾向:"人的本质的对象化"或"自然的人化",包括客观对象的人化和主观感觉的人化,即包括实践和感觉两个方面,而"在感觉过程中人化的对象是美的对象"。⑦ 劳动创造了人和人的自由,创造了人的感觉和需要,"感觉必然地从那些暗

---

① 高尔太:《美是自由的象征》,见《论美》,第54页,兰州,甘肃人民出版社,1982。
② 参见高尔太:《论美》,第41页,兰州,甘肃人民出版社,1982。
③ 参见高尔太:《论美》,第212页,兰州,甘肃人民出版社,1982。
④ 高尔太:《美学与哲学》,见《论美》,第184页,兰州,甘肃人民出版社,1982。
⑤ 人民出版社编辑部编:《人是马克思主义的出发点》,第165—166页,北京,人民出版社,1981。
⑥ 人民出版社编辑部编:《人是马克思主义的出发点》,第140页,北京,人民出版社,1981。
⑦ 高尔太:《论美》,第8页,兰州,甘肃人民出版社,1982。

示着、或者象征着人的本质的事物的形式,体验到一种特殊的快乐。这种体验,就是美。所以美是自由的象征"①。高尔太在论证美的本质的同时,规定了审美活动的本质是对自由的体验,也即通过感觉把握人的个体与整体、存在与本质的统一。在审美活动中,人体验到自由解放的快乐,"通过审美感觉,物进入人,人进入物,有限进入无限,无限进入有限,从而消灭了我与外间世界的对立,不再存在与我对立的他物。这种境界的出现,就是他所体验到的自由的证明"②。"一次'人的'感觉对'人的'对象的把握,是一次主体在对象世界中'直观自身'的活动,是一次主体在对象世界肯定自己的活动"③,因此,"人愈是自由,美就愈是丰富。所以美的存在,反过来说,也就是人类自由的象征。对象世界有多少美,反过来也就表明人有多少自由"④。正是由于人与美的这种关系,"研究美,也就是研究美感,研究美感也就是研究人。美的哲学是人的哲学,它的目的是使我们的思想和行为具有一种美学的规律。所以它的主要的和根本的任务不是指导艺术创作,而是证明一种有价值的、进步的生活理想和人格理想,以及我们对于这些理想的渴望和追求何以是正确的和必要的。通过这种证明,它也推动历史前进"⑤。

生命活力通过感觉的人化而创造美,这不仅不同于认知再现论所强调的外在客观的"自然人化",也不同于与这种外在方面相应的内在主体的"自然人化"。在李泽厚那里,内在主体的自然人化只是对美感的基本规定,而高尔太则赋予它本体论的意义;在李泽厚那里,美感尽管不能脱离个体主观直觉和感性心理情感,但社会和理性的方面始终占主导地位,高尔太则相反,虽然个体与整体、存在与本质、自然与社会的统一始终是他追求的目标,但更强调那种蓬勃跃动的个体生命、探索创造的主体需求,他又称之为感性动力。在他看来,活跃的感性动力与僵固的理性结构是对立的。他不赞成以"历史积淀"解释美感。历史积淀是一种既成的理性结构,它是过去事件的静态存在的结果和遗物,所以它趋向于保守、固定和单一;而美作为未来创造的动力是动态的存在,美的创造不是"积淀"而是"积淀"的扬弃,不是成果而是成果的超脱。⑥ 感性动力作为人的自然生命力,天然地具有开放的性质。个人结构的遗传信息是以分子形式储存在人体内的,人的本质就有可能具有许多偶然性和量子模糊性,不可预测,不可设计,不可事先预定,而必然地要在其发展中通过某种选择,同自古遗留下来的信念和伦理规范相冲突。审美活动是感性动力进行的一种形式,

---

① 高尔太:《美学与哲学》,见《论美》,第202页,兰州,甘肃人民出版社,1982。
② 高尔太:《美学与哲学》,见《论美》,第207页,兰州,甘肃人民出版社,1982。
③ 高尔太:《美学与哲学》,见《论美》,第180页,兰州,甘肃人民出版社,1982。
④ 高尔太:《美是自由的象征》,见《论美》,第44页,兰州,甘肃人民出版社,1982。
⑤ 高尔太:《美学与哲学》,见《论美》,第210页,兰州,甘肃人民出版社,1982。
⑥ 参见高尔太:《美是自由的象征》,第109-110页,北京,人民文学出版社,1986。

它表示远在能够进行逻辑分析和科学实验之前,人类的本性就是要进行摸索和试探;新思想的萌芽和新的行为方式,都以模糊的、无意识的状态首先存在于感性审美活动中。① 高尔太并不一概地排斥理性结构的作用;那种应当被排斥的理性结构,是一种疏远的、僵死的结构。理性结构与感性动力的统一,在于它的开放性,也就是说,理性结构只能作为一个被扬弃的环节包含在感性动力之中,才能获得美的意义;以感性和理性的统一所构成的动态平衡或多样统一,是建立在感性基础之上的,理性并不具备战略上的优越性,它可以说明过去却难以展现未来。②

从逻辑上说,个体与社会、感性与理性的矛盾关系不仅是20世纪中国美学发展的动力源泉,而且是主、客两大美学体系形成对峙格局的基础。但须强调,矛盾关系的双方并不来自同一历史阶段,而有古代和现代之分。具体地说,就是觉醒的个体与古代浑整社会的矛盾,以及向人的境界回升的感性与古代抽象理性的矛盾。这两种矛盾关系同时带来社会和理性的现代变革,新的社会理性反过来也带动了个体感性对古代缺陷的超越。因此,李泽厚相当关注个体存在和感性欲求一面,但更强调社会和理性对生物性存在和原始本能的调控。高尔太虽不排除社会规范和理性结构的作用,但更强调个体生命和感性动力对异化成规或僵死结构的超越。这就是我们常说的个体与社会、感性与理性的统一和矛盾:统一是共同历史基础上的统一,高、李的契合点在于此;矛盾是不同历史性质的矛盾,高、李二人不同的侧重点源于此。共同的契合点使他们面对着中国现代美学共同的理论课题,不同的侧重点又使他们分离开来,形成了社会理性与个体感性对峙互动的格局;共同的契合点引导他们走向未来和谐的目标,不同的侧重点却使个体感性对存在论的偏重、社会理性对认识论的偏重以及两者的相互排斥成为不可避免的过程。中国美学两大理论体系的内在关联及其矛盾对峙的不同基础,在高、李的美学中如此清晰地显示出来,预示

---

① 参见高尔太:《美是自由的象征》,第38页、108页、112页,北京,人民文学出版社,1986。
② 参见高尔太:《美是自由的象征》,第114页、262-263页,北京,人民文学出版社,1986。

着它将进入一个深入发展的新阶段。①

(二)"美感点燃了美"

美感的能动性和创造性是人的生命活力在审美心理活动上的体现,用高尔太的话说,就是人的宏观的自由本质进入了微观的经验形态。② 高尔太认为,审美心理是一个蕴含着深厚巨大能量的动态结构或开放系统。这种能量有三个来源:历史文化的积淀,个人生活经验的积累和生命力的原始根源。这三个来源使心理结构形成两个基本层次:"无限丰富的历史和社会现象构成心理的表层,无限深邃的自然和生命的内容构成心理的深层。心理是一个网状结构,当我们立体地考察它的时候,我们发现深层心理学是更根本的东西"③。在第一个层次上,高尔太运用了"积淀"这个概念,认为人的感觉不同于动物的感觉,它是一种人化的或主体化的自然;美感积淀着历史和文化的丰富结晶以及千百代人的生活经验,积淀着个人的社会经历和文化教

---

① 现代美学本体论的人学重建包括历史本体和生存本体两个维度,它们之间既相互激发又相互限制的联贯关系,构成推进现代美学发展的基本动力。中国现代美学的本体论建构困难重重,两个维度的对峙互补仍处在贫弱乏力的状态。20世纪90年代,以批判实践美学为契机,生存论美学似乎得到了较快发展,然而这个理论在排斥历史本体的同时,也忽略了高尔太美学作为先行者的存在;这种做空历史现实的态度将生存论美学导入玄虚的老庄境界并随之出现物欲化变异,中国美学至今仍处在这样的衰败格局之中。下面这段文字是从拙文《中国当代美学的"主客二分"问题》第三节"本体论人学重建的两个维度"转来的:"一个难解的困惑是,当个体、感性、精神、情感、自由等概念在这个理论中反复出现并成为其基调和主题的时候,它却未曾表明与高尔太美学的些许联系。高尔太美学出现在20世纪50年代,因其突出地强调人的自由本性和美感能动性在当时就产生了重大影响。80年代伊始,这个美学再次兴起并贯通此后的整个十年。由于前后两个时段在思想脉络和基本范畴上的一致,其发端于20世纪50年代的理论被划分为中国当代美学的一个重要学派;然而生存论却完全无视了高尔太美学的存在,认为50年代的中国美学除了朱光潜的'唯心主义美学'就只有'自然派'和'社会派'两派。退一步说,如果因高尔太美学早期曾出现中断而对其另有评价尚可理解,那么对于这个美学80年代以来所产生的巨大影响,后来者却是无论如何也不能视而不见,尤其是对于90年代初期就接着提出'生存本体'的理论,那就更应当如此要求。从50年代发展到80年代,高尔太美学是一个内在连贯的整体,尽管他的理论没有其后来者的那些来自西方美学的外在形式,但其思想内质却是当之无愧的'生存本体论',美是自由的象征、美的追求与人的解放、美学微观上研究美感宏观上研究人等等,这些来自现实深处并在80年代震撼整个美学界的人性呼唤和哲理思考,在生存本体论的建构上,达到了中国当代美学前所未有的高度,这是此后兴起的生存论所无法企及的。这里谈高尔太美学与生存本体论的关系,并非要争辩生存本体论的提出和创立的归属权,而是想由此带出两个相关的问题。第一,正如不能因为关注本体论就否定认识论一样,也不能反过来忽略了本体论问题,仅就生存论本身讲,如果不考虑王国维、宗白华等人20世纪更早时期的相关理论,那么它最迟在20世纪80年代就出现了,这就是说,本体论的人学重建和认识论的主体建构一样,它是中国现代美学的内在逻辑和历史使命,并不创始于'后实践'的凌空超越。第二,高尔太美学与李泽厚美学均发端于20世纪50年代,前者在强调个体感性的同时亦强调深植现实人生,后者在强调社会历史的同时又容涵个体感性,中国美学的现代历史表明,本体论的人学重建是双向并进的,'生存本体'并非唯一走向;一旦切断两者的联系,生存论将很快走向末路,而这正是它当前面临的困境。"(见《学术月刊》2015年第5期)

② 高尔太:《美是自由的象征》,第112页,北京,人民文学出版社,1986。

③ 高尔太:《美学与哲学》,见《论美》,第187页,兰州,甘肃人民出版社,1982。

养,这一切作为无意识或本能在人的意识阈之外暗中存在。在第二个层次上,高尔太运用了"心理原型"这个概念,认为历史和社会的积淀是一个变数,而人的自然存在则是一个常数;人的物质躯体的能量、人的自然生命力即人的存在本身是美感的基础。人的心理组织的先天的自然形式是可以通过遗传积淀在人的深层意识领域里的"原型",这个原型是比社会历史因素更为基本的东西,因此美感的历史可以上溯到生命的起源,与宇宙一样古老而深邃。高尔太运用自然科学理论对美感的深层次进行了论证,他指出:万物来源于"一",自然本身的普遍性融合在它的各种组合形式中,人所看到的世界,实际上仅仅是他所从之而来的世界,人类只能存在于这些物理参数初始条件取特定值的宇宙中;这些和人的生存相统一的特定值,与人的无意识目的相契合。于是,历史积淀与先天原型、社会因素与自然基础的结合,形成双层次的有机统一的审美心理结构。

高尔太在其早期论文中就指出,感觉在审美中人化或评价客观对象的时候,需要主、客两个方面的条件,这个观点是他关于内在世界和外在世界同态对应的思想萌芽。主观条件就是积聚着巨大能量的心理结构,高尔太又称之为"潜在的情感可能性"。依照心理结构的两个基本层次,客观条件也有两个方面,即历史社会条件和原始条件。历史社会条件是在人的社会实践中形成的价值客体,它对应于心理结构中历史积淀的层次;在审美过程中,这种价值客体依照它对于人的本质的肯定或是否定,被表象为美和丑。原始条件是物理的力在客体对象上面运动的不同轨迹或形式,它对应于先天心理结构中的原型或生命力的原始形式,例如植物、动物、人的外部形态都大体符合"黄金律"的比例,这种比例是自然生物的最佳条件,它与人的心理原型的结构相吻合;这内外两种力的符合,是宇宙和谐的表现,在审美中则体现为美。内在心理结构与外部客观结构的两个层次的对应,表现为自由的主体与大自然的融合;对自然的观照是直接的融合,对社会历史的观照则是间接的融合。在后一种融合中,作为价值客体的社会历史是一个中介环节,审美通过人和历史的统一、历史和自然的统一,进而达到人和自然的统一。人与自然、人与"一"的一致,是审美得以产生的最基本条件。直接和间接两种方式的审美观照所产生的审美价值有所不同,由间接方式所产生的审美价值的特征是变化、差异和多样性,由直接方式所产生的审美价值的特征是对"一"的回复。审美价值作为统一体,它同时具有这两个方面的特征。我们看到,在主、客两方的审美对应中,自然美是高尔太突出的重点。

审美心理结构作为历史积淀、经验积累和原始生命力的统一,作为一种潜在的情感可能性和一种能量,潜伏在人的意识阈之外。但潜伏并不等于静止无息。心理能力是一种强大的动力,它具有追求和表现的主动性,当它被某一外物形式触发或激活的时候,就成为美感;而那个相应的外物形式,就成为它的一个表现,成为美的对象。高尔太认为,美的实现是一种审美体验,它只能发生在人的个体的审美过程中。个人的体验是美得以实现的确证,必须承认个人参与美的创造。个人的体验又表现出美感的绝对性。情感可能性与个人审美体验的结合,也是可能性与现实性的统一:可能性是"一",现实性是"多",个人审美体验的变化、差异和多样性正是这个"多"的表现。人作为不同于动物的物种,他的自由表现为高度的变化、差异和多样性,而审美活动的无限创造力和它所创造的无限丰富的美,生动地证明了生命在人这个层次上进入了一个怎样的自由境界。高尔太认为,社会标准对美感体验没有裁判权,它作为价值定向,可以成为美感产生的基础,也可以通过历史的积淀进入心理结构,使审美体验反映出一种历史形成的价值定向,但它在美感中必须转化为个人的体验。在美感创造中,逻辑认识结构转化为感觉过程,历史的东西转化为心理的东西,社会的东西转化为个人的东西;个人的美感经验是这种转化的最终成果和具体证明,因而它首先应当受到美学的重视和研究。

高尔太把社会历史还原为自然,把生命还原为物质,把宇宙还原为混沌,把"多"还原为"一";又从混沌生发出宇宙,从物质引出生命,从自然过渡到社会和历史,把"一"展开为"多"。前一个过程是生命和宇宙的融合:宇宙即生命,生命在融合中达到了宇宙的广袤,在同宇宙的融合中寻到了生命活力的源头。后一个过程是生命活力的展开:宇宙自然在涌出生命、发展生命的过程中走向了变化、差异和多样性,展示出不为封闭的理性结构所限制的创造性。这两个过程在美感经验中的综合,恰恰对应了中国现代艺术中仍在持续的浪漫主义。高尔太以自然科学论证的宇宙和谐及生命活力的思想、审美活动中人与自然结合以及个体美感绝对性的思想,表现出一种强烈的浪漫主义倾向,这是宗白华、郭沫若的泛神论思想和朱光的潜移情说的继续。宗白华在生命流灌世界的过程中,郭沫若在诗魂漫游自然的过程中,感到了宇宙与人的内外节奏的共鸣;朱光潜在主观移情的过程中看到了有情的、参艺术的宇宙自然,而高尔太则在现代自然科学的引导下窥见了宇宙生命的秘密。这三环相连的美学思想所共有的主题是:永恒的、无限的宇宙自然及其活跃的生命力,正是主体的无限性和自由的确证。

(三)"美必然是负熵的"

高尔太的早期论文几乎包括了他美学思想的全部要点。除了提出美与人的关系、美的主客对应之外,还重点论述了诗意、表现等意欲表现论美学的重要范畴和概念,这些范畴和概念在他后来的美学研究中得到更为充分的阐述。高尔太美学自觉地顺应了中国现代美学历史变革的要求,顺应了崇高超越古代和谐的基本趋势,虽然他对"崇高"这个范畴的直接阐述并不多见,但其美学思想在基调上与崇高相通。他早期曾论及雄伟与美的关系,认为美和雄伟应当统一。他后来的美学研究涉及崇高的,主要是他关于生命在阻力中运动突围的思想。如前所述,高尔太认为生命存在是对抗熵流的耗散结构,生命的本质是运动、追求而不是静止与安息,是耗散能量的开放系统而不是减少消耗的闭合系统。消耗能量愈大,与熵流的对抗愈有效,生命力也就愈旺盛。"生命力的运动并不是一往无前的,相反,它是在各种与生命力相对立的力的斗争中前进的。有阻力,有斗争,这才显出了生命力的存在。"[①]因此,"孤立、静止的所谓'圆满境界'并不是导向美的境界。心灵的安息正如生命的安息,恰恰只能导向美的反面,即导向生活与自由的反面"[②],"美必然是负熵的"[③]。崇高在现象形态上表现了一种从无序向有序发展的交织混合的状态,因此高尔太所注重的那种与熵流对抗而呈现的力的结构,正是一种崇高美。

高尔太把艺术家沉重的心理负荷看作是艺术创作的重要的主观条件。"圆满的生活从来不曾创造过真正的艺术。真正的艺术家们即使在最快乐的时候,心中也总有一种潜在的忧郁、不安和期待。他们总是在圆满中感到不圆满,力图突破这圆满而追求更高的人生价值。"[④]"忧患意识"是高尔太美学中与崇高感相通的一个概念。他运用这个概念对中国古代哲学和艺术的特色进行了分析,认为人的自觉是忧患意识产生的前提条件,儒家思想和道家思想都是一种忧患意识,即人的自觉的两种不同表现。古典艺术含蓄、敦厚、温和的特色,古典美学"以理节情"的法则,都来自深沉迂回的忧患意识;中国古代悲剧大团圆的结局"反而呈现出一种更深沉的忧郁"[⑤],浩大而又沉重的忧郁与哀伤是古代艺术的基调。高尔太把具有崇高痛感色彩的忧患意识,与偏重素朴和谐的古代艺术联系在一起,这显然是牵强的。与古代低下的主体水平相适应,忧患意识不可能作为普遍的人文现象和人的自觉形式出现在古代哲学和艺术中。然而我们所要关注的并不是高尔太这里的非历史倾向,而是他提出忧患意识的现代背景。实际上,作为与崇高相通的概念,"忧患意识"的提出恰恰表现出高尔太美学与中国现代美学的一致,以及与崇高取代和谐的历史趋向的一致。因此,可以把忧患意识作为崇高的一种内在规定而纳入现代美学的范畴体系。高尔太对古典艺术和近现代艺术所做的比较表明,他已经相当准确地把握了崇高的特征。他指出,古代艺术注重平衡和谐的形式美,但在近现代艺术中,主体心理的不平衡导致了艺术内容的倾斜,形式和内容的矛盾继续发展,内容便完全超出形式规范,在无形式的形式中,人们看到了迂回曲折、升沉起伏的真实的生活。高尔太认为,不能说丑在任何情况下都是负价值,丑作为美的对立面不但常常可以转化为美,而且

[①] 高尔太:《美学与哲学》,见《论美》,第197页,兰州,甘肃人民出版社,1982。
[②] 高尔太:《美是自由的象征》,见《论美》,第71页,兰州,甘肃人民出版社,1982。
[③] 高尔太:《美学与哲学》,见《论美》,第198页,兰州,甘肃人民出版社,1982。
[④] 高尔太:《美是自由的象征》,见《论美》,第67页,兰州,甘肃人民出版社,1982。
[⑤] 高尔太:《中国哲学与中国艺术》,见《论美》,第258页,兰州,甘肃人民出版社,1982。

它本身就是一种美,一种错杂、紧张、广阔的美,所以丑是一个深刻的美学范畴;研究美学必须研究丑,这是当代美学面临的一个新课题。①

在高尔太美学中,有关崇高的理论经常是从情感问题提出的。"诗"在高尔太那里是与美或美感同质的范畴,它们之间的差别在于:诗是美感发展的最高阶段;美是诗的基础,诗是美的升华,它比美更深微、更复杂、更辽远。高尔太指出,诗的本质是抒情、表现,诗流注于一切艺术;有没有诗意,是艺术与非艺术的根本区别。他把艺术概念分为五个层次,其中第四和第五这两个深层都是情感问题。② 他认为,情感在作品中的生成过程,也就是艺术从非艺术中产生的过程;人类的情感愈是炽热和深沉,艺术也就愈发达。心理结构中融入情感是美感产生的前提,创作的灵感来自植根于生活的激情,艺术创作活动是创作者使情感客体化的活动,艺术的整个旋律由情感的逻辑所决定;情感是自然美和艺术美的源泉。③ 高尔太在研究中国古代美学和艺术的同时,对中西美学进行了比较,他指出:西方美学侧重再现论,强调摹仿和反映现实;中国美学侧重表现论,强调抒情写意;《诗学》和《乐记》分别代表着这两种不同的美学倾向。中国古代艺术包括小说和戏曲,都遵循写意原则,重神似不求形似。他甚至认为,中国山水画所揭示的美与善或理想的结合,可以看作一条普遍的美学原理。对于西方现代艺术和美学向中国艺术和美学靠拢的趋向,他给予了肯定的评价。

高尔太对于诗意、情感等范畴的论述,是他的美学思想与中国现代浪漫思潮相呼应的理论表现。他从中国古代美学研究中总结出来的艺术和美学的表现论原理,一方面深入揭示了古代艺术和美学的特征,同时也是他偏重主观表现的美学思想的一个组成部分。高尔太认为,艺术的本质不是摹仿,不是再现,而是表现;即使有摹仿和再现,那不过是通过摹仿来表现,通过再现来抒情。艺术作为情感的表现,天然的具有浪漫主义的倾向,或者说它本身就是浪漫精神的产物。艺术家可以采取现实主义的创作方法,但其以表现为目的的活动在本质上是浪漫主义的活动;再现现实只是一种广义的技巧。④ 20世纪80年代后期,高尔太向中国当代艺术呼唤过现实主义,这并不与他的浪漫主义的主张相矛盾,实质上是要求强化情感表现的现实感和生活基础。还应该看到,高尔太所推崇的浪漫主义与西方近现代浪漫主义之间仍有相当大的区别。在"一"与"多"的关系上,他一方面强调生命表现的多样性和情感的能动性,这使他超越了朱光潜所推崇的静观的"日神精神";另一方面,他更倾向于

---

① 参见高尔太:《论美》,第117-118页,兰州,甘肃人民出版社,1982。
② 参见高尔太:《论美》,第79-85页,兰州,甘肃人民出版社,1982。
③ 参见高尔太:《论美》,第80页、91页、109页、112页、163页、224页,兰州,甘肃人民出版社,1982。
④ 参见高尔太:《论美》,第87、124页,兰州,甘肃人民出版社,1982。

把"一"看作是"中国精神文明的伟大和谐"。① 他借费尔巴哈的话,表达了把东方的统一和西方的差异结合起来的思想。高尔太赞美中国传统的乐观超脱的民族精神,"东汉末年在《古诗十九首》中流露出来的那种无边的忧伤,到魏晋之际达到了颓废的边缘,而又忽然振起,在山水中化作一片宁静。山水画对自然的追求,既没有卢梭的那种忧郁,也没有拜伦的那种骚动不安,更没有后来颓废派的那种绝望和狂乱。相反,它超脱而不厌世,宁静而不消沉。温婉敦厚中透露着刚毅和傲岸"②。在西方近代的浪漫精神和中国古代的抒情倾向之间,高尔太常常偏重于后者,尽管他也充分肯定近现代艺术对平衡形式的超越以及在阻力中动态发展的气势。在某种意义上,高尔太对人的独立精神和个体尊严的强调,还烙有古代魏晋风度的印记;与朱光潜美学中酒神与日神的关系一样,他们的思想理论都包含着现代意识与古代倾向的矛盾。

高尔太的全部美学是美感论。美感与人的关系、美感的主观条件和客观条件、美感的历史积淀和自然生命的根源、美感的结构、美感中的意识和无意识、美感的直接性、美感的共同性和差异性,以及美感的主动性和创造性等一系列重大问题,都被高尔太触及到了。在美感与人的关系上,高尔太发展了宗白华在哲学宏观上强调生命活力和情感体验应植根于现实人生的思想;以人这一范畴的全部丰富性和复杂性来解说审美心理问题,这成为高尔太美学的主要内容和他从事美学研究的自觉使命。也正因为如此,高尔太美学充满着一种强烈的现实感,他的美感论明显地趋向于扩展审美体验的生活内容。在他看来,审美感觉是和一个时代的价值结构的全部复杂性相对应的复合感觉,其中包含着巨大的历史积淀和个人生命的丰富经验;善与爱是作为复合感觉的美感组合的共同原则,善是理想和信念,真通过善走向美,善又通过爱得以实现;善通过历史的积淀,成为心理结构的一个元素,在审美中起着决定的作用。在高尔太那里,美与善是相通的,美更多的是与善而不是与真相联系;它们的区别只是在于:善是内在的美,美是外在的善;前者诉诸理性,后者诉诸感性;前者的归宿是行为,后者的归宿是体验。高尔太反对把审美作为安顿惊魂的世外桃源,也不赞同西方现代审美心理学的"孤立说",认为人对美的热爱就是对人的真正生活的热爱,美是自由的象征而不是苦闷的象征,它不仅使人们在审美中体验到自由,而且推动人去创造自由的生活。人不是在美的体验中拉开同生活的距离,而是突破距离从美走向生活、走向世界。

美是自由的象征,这是意欲表现论对美的界定;美是实践中取得的自由,这是认知再现论对美的界定。客观的社会实践是一个过程,主体的精神发展也是一个过

---

① 高尔太:《中国哲学与中国艺术》,见《论美》,第284页,兰州,甘肃人民出版社,1982。
② 高尔太:《中国山水画探源》,见《论美》,第309-310页,兰州,甘肃人民出版社,1982。

程,"自由"的实现就在这个过程之中。正如高尔太所指出的那样,人对自由的追求常常以丧失自由为代价;在现实中,自由常常如同海市蜃楼那样的辽远和渺茫。在这个意义上,自由被象征了。但是,不论历史的进程多么艰难,它都在走向自由,实现着自由——尽管是有限的,然而却是真实的。真实的、有限的、不断在实现着的自由,正是精神世界的自由具有巨大感召力的基础,而这种感召力又激励着人们在现实世界、社会实践中去争取更大的自由和更加充实的美。

(邹 华)

论析　从朱光潜"接着讲"

冯友兰有一个提法："照着讲"和"接着讲"。他说,哲学史家是"照着讲",例如康德是怎样讲的,朱熹是怎样讲的,你就照着讲,把康德、朱熹介绍给大家。但是哲学家不同。哲学家不能限于"照着讲",他要反映新的时代精神,要有所发展、创新,冯友兰称之为"接着讲"。例如,康德讲到哪里,后面的人要接下去讲;朱熹讲到哪里,后面的人要接下去讲。冯友兰认为,这是哲学、人文学科和自然科学的一个很大的不同。"我们讲科学,可以离开科学史,我们讲一种科学,可以离开一种科学史。但讲哲学则必须从哲学史讲起,学哲学亦必须从哲学史学起,讲哲学都是'接着'哲学史讲底"①。

哲学是如此,美学作为一门哲学学科,当然也是如此。美学也不能离开美学史,美学也要"接着讲"。

那么,我们今天讲美学,应该从哪儿接着讲呢?如果一直往前追溯,当然可以说从老子、孔子、柏拉图、亚里士多德"接着讲"。但如果从最近的继承关系来说,也就是从中国当代美学和中国现代美学②之间的继承关系来说,那么我们应该从朱光潜"接着讲"。

我们这么说,是把朱光潜作为中国现代美学的代表人物来看待的。所以,从朱光潜"接着讲",并不是从朱光潜一个人接着讲。除了朱光潜,还有宗白华,还有其他许多先生。

(一)朱光潜是中国现代美学的代表人物

我们说朱光潜是中国现代美学的代表人物,最主要是因为朱光潜美学思想集中

---

① 冯友兰:《论民族哲学》,见《三松堂全集》,第5卷,第274页,郑州,河南人民出版社,2001。
② 在美学著作中,"现代"一词有两种不同的含义和用法,一种是指理论形态或艺术形态,也就是在"传统"与"现代"或"古典"与"现代"相对立的意义上用的,一种是在"古代"、"近代"、"现代"、"当代"这种历史分期的意义上用的。此处是在第二种意义上用的。但本文后面谈西方美学从古典走向现代的趋势时所说的"现代",则是在第一种意义上用的。

体现了美学这门学科在20世纪中国发展的历史趋势。也正因为这样,所以在中国现代的美学界,朱光潜在理论上的贡献最大,最值得后人重视。

这可以从两方面来看。

第一,朱光潜的美学思想集中反映了西方美学从古典走向现代的趋势。

西方美学从古典走向现代的趋势,从思维方式看,就是从"主客二分"的模式走向"天人合一"(借用中国古代的这个术语)的模式。西方美学史上长期占主导地位的思维模式是"主客二分",就是把"我"与"世界"分割开,把主体和客体分成两个东西,然后以客观的态度对对象进行观察和描述。但西方现代美学突破了这个"主客二分"的模式,走向"天人合一"式的体验美学。这个转折,在朱光潜的美学中得到了反映。

朱光潜的美学,从总体上来说,还是传统的认识论模式,也就是主客二分的模式。这大概同他受克罗齐的影响有关。但是在对审美活动进行具体分析的时候,他常常突破这种"主客二分"的模式,而趋向于"天人合一"模式。他在分析审美活动时最常用的话是"物我两忘"、"物我同一",以及"情景契合"、"情景相生"。"物"和"我"、"情"和"景"的关系中,朱光潜强调物的形象包含有观照者的创造性,强调物的形象与观照者的情趣不可分。

"见"为"见者"的主动,不纯粹是被动的接收。所见对象本为生糙零乱的材料,经"见"才具有它的特殊形象,所以"见"都含有创造性。比如天上的北斗星本为七个错乱的光点,和它们的临近星都是一样,但是现于见者心中的则为像斗的一个完整的形象。这形象是"见"的活动所赐予那七颗乱点的。仔细分析,凡所见物的形象都有几分是"见"所创造的。凡"见"都带有创造性,"见"为直觉时尤其是如此。凝神观照之际,心中只有一个完整的孤立的意象,无比较,无分析,无旁涉,结果常致物我两忘而同一,我的情趣与物的意态遂往复交流,不知不觉之中人情与物理相渗透。[①]

物的形象是人的情趣的返照。物的意蕴的深浅和人的性分密切相关。深人所见于物者亦深,浅人所见于物者亦浅。比如一朵含露的花,在这个人看来只是一朵平常的花,在那个人看或以为它含泪凝愁,在另一个人看或以为它能象征人生和宇宙的妙谛。一朵花如此,一切事物也是如此。因我把自己的意蕴和情趣移于物,物才能呈现我所见到的形象。我们可以说,各人的世界都由各

---

① 朱光潜:《诗论》第3章,见《朱光潜全集》,新编增订版,第5卷,第50页,北京,中华书局,2012。

人的自我伸张而成。欣赏中都含有几分创造性。①

后一段话比上一段话又推进了一层。物的形象所包含的"意蕴"是审美活动所赋予的,这也就是"即景生情,因情生景"。情景相生而且契合无间,"象"也就成了"意象"。所以,西方美学从古典走向现代的趋势,在朱光潜美学思想中的反映,就是把审美对象从实在物转向意象。

朱光潜的这种思想,可能和他受立普斯"移情说"的影响有关。立普斯的"移情说"尽管仍有明显的片面性,但已经包含了审美对象从实在物向意象的转折。立普斯说:"审美的欣赏并非对于一个对象的欣赏,而是对于一个自我的欣赏。它是一种位于人自己身上的直接的价值感觉,而不是一种涉及对象的感觉。毋宁说,审美欣赏的特征在于它里面我的感到愉快的自我和使我感到愉快的对象并不是分割开来成为两回事,这两方面都是同一个自我,即直接经验的自我。"②我们在朱光潜的著作中,可以很清楚地看到立普斯这种思想对他的影响,他用"移情作用"来解释"即景生情,因情生景",解释意象的创造。③

第二,朱光潜的美学思想反映了中国近代以来美学发展的历史趋势:寻找中西美学的融合。

中国历史进入近代以后,如何对待中西文化的矛盾始终是中国文化界、知识界面临的一大课题。人们提出了各种主张,争论一直不断。在美学领域,几位大学者,梁启超、王国维、蔡元培,他们有一个共同点,就是寻求中西美学的融合。王国维的《人间词话》最明显地表现了这种追求。

到了现代,朱光潜的美学也反映了这个趋势。最明显的是朱光潜的《诗论》这本书。朱光潜自己说,在他的著作中,他最看重的是《诗论》这本书。他企图用西方的美学来研究中国的古典诗歌,找出其中的规律。实际上这也是一种融合中西美学的努力,它集中表现为对于诗歌意象的研究。《诗论》这本书就是以意象为中心来展开的。一本《诗论》可以说是一本关于诗歌意象的理论著作。

(二)对"意象"的重视与研究

"意象"是中国古典美学的一个核心概念。中国古典美学认为,"情"和"景"的统一乃是审美意象的基本结构。中国古典美学强调:对于审美意象来说,"情"和"景"

---

① 朱光潜:《谈美》,见《朱光潜全集》,新编增订版,第3卷,第26页,北京,中华书局,2012。
② 立普斯:《论移情作用》,见《古典文艺理论译丛》,第8辑,北京,人民文学出版社,1964。
③ 参见朱光潜:《诗论》,第3章第2节,见《朱光潜全集》,新编增订版,第5卷,北京,中华书局,2012。

是不可分离的,"景无情不发,情无景不生"①。离开主体的"情","景"就不能显现,就成了"虚景";离开客体的"景","情"就不能产生,也就成了"虚情"。这两种情况都不能产生审美意象。只有"情""景"的统一,所谓"情不虚情,情皆可景,景非虚景,景总含情"②,才能构成审美意象。

中国古典美学对于"情"、"景"关系的这种分析,实际上已经接触到审美主客体之间的意象性结构:审美意象正是在审美主客体之间的意象性结构之中产生,而且只能存在于审美主客体的意象性结构之中。③

朱光潜吸取了中国古典美学关于"意象"的思想。在他的美学中,审美对象("美")是"意象",是审美活动中"情""景"相生的产物,是一种创造。

在《谈美》的"开场话"中,朱光潜就明白地指出:"美感的世界纯粹是意象世界"④。而在《谈文学》第一节,他也指出:"凡是文艺都是根据现实世界而铸成另一超现实的意象世界,所以它一方面是现实人生的返照,一方面也是现实人生的超脱。"⑤

朱光潜一再强调指出,把"美"看成是天生自在之物,乃是一种常识的错误:

> 以"景"为天生自在,俯拾即得,对于人人都是一成不变的,这是常识的错误。阿米尔(Amiel)说得好:"一片自然风景就是一种心情。"景是各人性格和情趣的返照。情趣不同则景象似同而实不同。比如陶潜在"悠然见南山"时,杜甫在见到"造化钟神秀,阴阳割昏晓"时,李白在觉得"相看两不厌,惟有敬亭山"时,辛弃疾在想到"我见青山多妩媚,料青山见我应如是"时,姜夔在见到"数峰清苦,商略黄昏雨"时,都见到山的美。在表面上意象(山)虽似都是山,在实际上却因所贯注的情趣不同,各是一种境界。我们可以说,每人所见到的世界都是他自己所创造的。物的意蕴深浅与人的性分情趣深浅成正比例,深人所见于物者亦深,浅人所见于物者亦浅。诗人与常人的分别就在此。同是一个世界,对于诗人常呈现新鲜有趣的境界,对于常人则永远是那么一个平凡乏味的混乱体。⑥

所以,"意象"是创造出来的;"美"(审美对象)是创造出来的。

朱光潜的这个思想,和中国传统美学是相通的。柳宗元说:"夫美不自美,因人

---

① 范晞文:《对床夜话》。
② 王夫之:《古诗评选》,卷五,谢灵运《登上戍鼓山诗》评语。
③ 参见叶朗主编:《现代美学体系》,第116页,北京,北京大学出版社,1988。
④ 见《朱光潜全集》,新编增订版,第3卷,第7页,北京,中华书局,2012。
⑤ 见《朱光潜全集》,新编增订版,第6卷,第161页,北京,中华书局,2012。
⑥ 朱光潜:《诗论》,第3章,见《朱光潜全集(新编增订版)》,第5卷,第52页,北京,中华书局,2012。

而彰。兰亭也,不遭右军,则清湍修竹,芜没于空山矣。"①王夫之说:"情景虽有在心在物之分,而景生情,情生景,哀乐之触,荣粹之迎,互藏其宅。""情景名为二,而实不可离。"②王国维说:"一切境界,无不为诗人设。世无诗人,即无此种境界。夫境界之呈于吾心而见诸外物者,皆须臾之物,惟诗人能以此须臾之物,镌诸不朽之文字,使读者自得之。"③这几位大学者的话,都是说明,审美活动是审美主体和审美客体的沟通。这种沟通的中介以及沟通的结果,都是审美意象。因此,审美意象既不可能是单纯审美客体的感性形式(实在的"景"),也不可能是审美主体的抽象心意(抽象的"情"),而是审美活动的产物。

朱光潜的这个思想和西方现代美学也是相通的。西方现代的体验美学的一个特点,是强调审美体验的意象性:客体的显现("象")总是与针对客体的意象密切相关的,意象刺激主体和客体去自我揭示。在意象性中,主体和客体只是产生意蕴的条件;意蕴产生于意象过程。正是意蕴使客体成为对象,即成为被感兴的一个整体,人的存在自身有一种从实在中升华而透悟生命本真的能力,这就是审美的体验能力,因而人才根本不同于动物。当人把自己的本体存在即生命存在灌注到实在中去时,实在就可能升华为非实在的形式,即从实在分离出一种无功利、无概念、无目的的形式。例如一座远山,就是一个实在;然而这座远山可能由于灌注了生命的存在,而充满了一种不可言说的意蕴,于是这座远山就成了一个"意象",而脱离和超越了实在的远山。审美的前提和目的都是要使内容变为形式,使实在变为意象。④

由此可见,由于抓住了"意象"这个概念以及通过对"意象"的解释,朱光潜找到了中国美学(中国传统美学和西方现代美学)的契合点。

朱光潜先生对意象的这种思想一直没有放弃。在50年代"美学大讨论"中,他提出"美是主客观的统一"的主张。在论证这一主张时,他提出"物"("物甲")和"物的形象"("物乙")的区分。朱光潜认为,美感的对象是"物的形象"而不是"物"本身。"物的形象"是"物"在人的既定的主观条件(如意识形态、情趣等)的影响下反映于人的意识的结果。这"物的形象"就其为对象来说,它也可以叫作"物",不过这个"物"(姑简称物乙)不同于原来产生形象的那个"物"(姑简称物甲)。他说:

> 物甲是自然物,物乙是自然物的客观条件加上人的主观条件的影响而产生的,所以已经不纯是自然物,而是夹杂着人的主观成分的物,换句话说,已经是社会的物了。美感的对象不是自然物而是作为物的形象的社会的物。美学所

---

① 柳宗元:《邕州柳中丞作马退山茅亭记》。
② 王夫之:《姜斋诗话》。
③ 王国维:《人间词话》。
④ 参见叶朗主编:《现代美学体系》,第559、566页,北京,北京大学出版社,1988。

研究的也只是这个社会的物如何产生,具有什么性质和价值,发生什么作用;至于自然物(社会现象在未成为艺术形象时,也可以看作自然物)则是科学的对象。①

朱光潜在这里明确指出,"美"(审美对象)不是"物"而是"物的形象"。这个"物的形象",这个"物乙",不同于物的"感觉印象"和"表象"。借用郑板桥的概念,"物的形象"不是"眼中之竹",而是"胸中之竹",也就是朱光潜过去讲的"意象"。"'表象'是物的模样的直接反映,而物的形象(艺术意义的)则是根据'表象'来加工的结果。""物本身的模样是自然形态的东西。物的形象是'美'这一属性的本体,是艺术形态的东西。"

参加那场讨论的学者和朱光潜自己都把这一理论概括为"美是主客观的统一"的理论。但在我们看来,如果更准确一点,这一理论应该概括成为"美在意象"的理论。

由于朱光潜坚持了这一理论,所以在50年代的"美学大讨论"中,他解决了别人没有解决的两个理论问题:

第一,说明了艺术美和自然美的统一性。

在50年代的美学讨论中,很多人所谈的美的本质,都只限于所谓"现实美"(自然美),而不包括艺术美。例如,客观派关于美的本质的主张,就不能包括艺术美。当时朱光潜就说,现实美和艺术美既然都是美,它们就应该有共同的本质才对,怎么能成为两个东西呢?"有些美学家把美分成'自然美'、'社会美'和'艺术美'三种,这很容易使人误会本质上美有三种,彼此可以分割开来。实际上这三种对象既都叫作美,就应有一个共同的特质。美之所以为美,就在这共同的特质上面"。但是他的质疑没有引起人们的重视。其实朱光潜这么发问是有原因的。因为在他那里,自然美和艺术美的本质是统一的:都是情景的契合,都离不开人的创造。我们前面引过的朱光潜关于北斗星的一段话就是例子。所以朱光潜认为,自然美可以看作是艺术美的雏形,"我认为任何自然状态的东西,包括未经认识与体会的艺术品在内,都还没有美学意义的美。""自然美就是一种雏形的起始阶段的艺术美,也还是自然性与社会性的统一、客观与主观的统一。"②这种说法是有道理的。郑板桥说的"眼中之竹"还不是自然美,郑板桥说的"胸中之竹"才是自然美,而郑板桥说的"手中之竹"则是艺术美。从"胸中之竹"到"手中之竹"当然仍是一个创造的过程,但它们都是审美意

---

① 朱光潜:《美学怎样才能既是唯物的又是辩证的》,见《朱光潜全集》,新编增订版,第14卷,第41页,北京,中华书局,2012。

② 以上均见朱光潜:《论美是客观与主观的统一》,见《朱光潜全集》,新编增订版,第14卷,第79页、80页,北京,中华书局,2012。

象,在本质上具有同一性。所以朱光潜说:"我对于艺术美和自然美的统一的看法是从主客观统一、美必是意识形态性这个大前提推演出来的"①。

第二,对美的社会性作了合理的解释。

在50年代的美学讨论中,有一派主张美就在自然物本身;还有一派主张美是客观性和社会性的统一,认为美在于物的社会性,但这种社会性是物客观地具有的,与审美主体无关。在讨论中,很多人认为,否认美的社会性,在理论上固然会碰到不可克服的困难,而把美的社会性归之于自然物本身,同样也会在理论上碰到不可克服的困难。朱光潜反对了这两种观点。他坚持认为美具有社会性,一再指出:"时代、社会形态、阶级以及文化修养的差别不大能影响一个人对于'花是红的'的认识,却很能影响一个人对于'花是美的'的认识"。与此同时,他又指出:美的社会性不在自然物本身,而在于审美主体。朱光潜批评主张美在自然物本身的学者说:"他剥夺了美的主观性,也就剥夺了美的社会性"。②

今天看来,朱光潜在美的社会性问题上的观点,是比较合理的。美(审美意象)当然具有社会性;换句话说,美(审美意象)受历史的、民族的制约。中国人欣赏兰花,从中感受到丰富的意蕴,而外国人对兰花可能不欣赏,至少不能像中国人感受到这么丰富的意蕴。兰花的意蕴从何而来?如果说兰花本身具有这种意蕴(社会性),为什么西方人感受不到这种意蕴?兰花的意蕴是审美活动中产生的,是和作为审美主体的中国人的审美意识分不开的。

在50年代的讨论中,有一种很普遍的心理,就是认为只要承认美和审美主体有关,就会陷入唯心论。朱光潜把这种心理称之为"对于'主观'的恐惧"。这种心理其实是出于一种很大的误解。我们说美(审美意象)是在审美活动中产生的,不能离开审美主体的审美意识,这并不是说"美"纯粹是主观的,或者说"美"的意蕴纯粹是主观的。因为审美主体的审美意识是由社会存在决定的,是受历史传统、社会环境、文化教养、人生经历等等因素的影响而形成的。所以这并没有违反历史唯物主义。撇开审美主体,单从自然物本身来讲美的社会性,只能是堕入五里雾中,越讲越糊涂。

(三)宗白华是中国现代美学的另一位代表人物

宗白华是中国现代美学的另一位代表人物。在宗白华身上,同样反映了西方美学从传统走向现代的历史趋势,反映了中国近代以来寻求中西美学融合的趋势。

---

① 朱光潜:《"见物不见人"的美学》,见《朱光潜全集》,新编增订版,第14卷,第122页,北京,中华书局,2012。

② 朱光潜:《美学怎样才能既是唯物的又是辩证的》,见《朱光潜全集》,新编增订版,第14卷,第42页,北京,中华书局,2012。

几十年来,宗白华一直倡导和追求中西美学的融合。早在五四时期,宗白华就说:"将来世界新文化,一定是融合两种文化的优点而加之以新创造的,这融合东西文化的事业,以中国人最相宜,因为中国人吸取西方新文化,以融合东方,比欧洲人采撷东方旧文化,以融合西方,较为容易,以中国文字语言艰难的缘故。中国人天资本极聪颖,中国学者心胸思想本极宏大,若再养成积极创造的精神,不流入消极悲观,一定有伟大的将来,于世界文化上一定有绝大的贡献。"①30年代,他又说:"将来世界美学自当不拘于一时一地的艺术表现,而综合全世界古今的艺术理想,融合贯通,求美学上最普通的原理而不轻忽各个性的特殊风格……各个美术有它特殊的宇宙观与人生情绪为最深基础。中国的艺术与美学理论也自有它伟大独立的精神意义。所以中国的画家对将来的世界美学自有它特殊重要的贡献。"②

1994年安徽教育出版社出版的《宗白华全集》,第一次发表了宗白华题为《形上学》的笔记和提纲。这为我们研究宗白华的哲学和美学思想提供了极为重要的资料。可惜目前发现的笔记尚不完全,更可惜的是宗白华没有把这个笔记和提纲中的思想写成一部著作。在这个笔记和提纲中,宗白华认为,中西的形上学分属两大体系:西洋是唯理的体系,中国是生命的体系;唯理的体系是要了解世界的基本结构、秩序理数,所以是宇宙论、范畴论;生命的体系则是要了解、体验世界的意趣(意味)、价值,所以是本体论、价值论。③

宗白华的美学思想就立足于中国古代的这种"天人合一"的生命哲学。

宗白华强调审美活动是人的心灵与世界的沟通。"美与美术的源泉是人类最深心灵与他的环境世界接触相感时的波动"④,"以宇宙人生的肉体为对象,赏玩它的色相、秩序、节奏、和谐,借以窥见自我的最深心灵的反映;化实景为虚境,创形象以为象征,使人类最高的心灵具体化、肉身化,这就是'艺术境界'。艺术境界主于美。所以一切美的光是来自心灵的源泉:没有心灵的映射,是无所谓美的"⑤。

宗白华在阐释清代大画家石涛《画语录》的"一画章"时说:"从这一画之笔迹,流出万象之美,也就是人心内之美。没有人,就感不到这美,没有人,也画不出、表不出这美。所以钟繇说:'流美者人也。'所以罗丹说:'通贯宇宙的一条线,万物在它里面感到自由自在,就不会产生出丑来。'画家、书家、雕塑家创造了这条线(一画),使万

---

① 宗白华:《中国青年的奋斗生活与创造生活》,见《宗白华全集》,第1卷,第102页,合肥,安徽教育出版社,1994。
② 宗白华:《介绍两本关于中国画学的书并论中国的绘画》,见《宗白华全集》,第2卷,第43页,合肥,安徽教育出版社,1994。
③ 参见宗白华:《形上学(中西哲学之比较)》,见《宗白华全集》,第1卷,第642页、644页、646页。
④ 宗白华:《介绍两本关于中国画学的书并论中国的绘画》,见《宗白华全集》,第2卷,第43页,合肥,安徽教育出版社,1994。
⑤ 宗白华:《中国艺术意境之诞生》,见《宗白华全集》,第2卷,第358页,合肥,安徽教育出版社,1994。

象得以在自由自在的感觉里表现自己,这就是'美'! 美是从'人'流出来的,又是万物形象里节奏旋律的体现。所以石涛又说:'夫画者从于心者也……'所以中国人这支笔,开始于一画,界破了虚空,留下了笔迹,既流出人心之美,也流出万象之美。"①

宗白华也引瑞士思想家阿米尔的话:"一片自然风景是一个心灵的境界。"(译文与朱先生的略有不同)又引石涛的话:"山川使予代山川而言也……山川与予神遇而迹化也。"接着说:"艺术家以心灵映射万象,代山川而立言,他所表现的是主观的生命情调与客观的自然风景交融互渗,成就一个鸢飞鱼跃,活泼玲珑,渊然而深的灵境。"②这个"灵境",就是"意象"(宗白华有时又称之为"意境"③)。

宗白华指出,意象乃是"情"与"景"的结晶品。"在一个艺术表现里情和景交融互渗,因而发掘出最深的情,一层比一层更深的情,同时也透入了最深的景,一层比一层更晶莹的景。景中全是情,情具象而为景,因而涌现了一个独特的宇宙,崭新的意象,为人类增加了丰富的想象,替世界开辟了新境,正如恽南田所说'皆灵想之所独辟,总非人间所有!'④这是一个虚灵世界,"一种永恒的灵的空间"。在这个虚灵世界中,人们乃能了解、体验人生的意味、情趣与价值。

宗白华以中国艺术为例来说明审美活动的这种本质。"中国宋元山水画是最写实的作品,而同时是最空灵的精神表现,心灵与自然完全合一。花鸟画所表现的亦复如是,勃莱克的诗句:'一沙一世界,一花一天国',真可以用来咏赞一幅精妙的宋人花鸟。一天的春色寄托在数点桃花,二三水鸟启示着自然的无限生机。中国人不是像浮士德'追求'着'无限',乃是在一丘一壑、一花一鸟中发现了无限,表现了无限,所以他的态度是悠然意远又怡然自足的。他是超脱的,但又不是出世的。他的画是讲求空灵的,但又是极写实的。他以气韵生动为理想,但又要充满着静气。一言以蔽之,他是最超越自然而又是最切近自然,是世界最心灵化的艺术,而同时是自然的本身。"⑤

宗白华指出,西方艺术的思维方式与中国不同,从古典到近代,西方艺术所体现的思维方式是"主客二分",而不是"天人合一"。"中、西画法所表现的'境界层'根本不同:一为写实的,一为虚灵的,一为物我对立的,一为物我浑融的"⑥。"文艺复兴的西洋画家虽然是爱自然,陶醉于色相,然终不能与自然冥合于一,而拿一种对立的抗

---

① 宗白华:《中国书法里的美学思想》,见《宗白华全集》,第3卷,第409页,合肥,安徽教育出版社,1994。
② 宗白华:《中国艺术意境之诞生》,见《宗白华全集》,第2卷,第358页,合肥,安徽教育出版社,1994。
③ 关于"意象"和"意境"的区分,可参看叶朗主编:《现代美学体系》,北京,北京大学出版社,1988。
④ 宗白华:《中国艺术意境之诞生》,见《宗白华全集》,第2卷,第360页,合肥,安徽教育出版社,1994。
⑤ 宗白华:《介绍两本关于中国画学的书并论中国的绘画》,见《宗白华全集》,第2卷,第46页,合肥,安徽教育出版社,1994。
⑥ 宗白华:《论中西画法的渊源与基础》,见《宗白华全集》,第2卷,第102页,合肥,安徽教育出版社,1994。

争的眼光正视世界"①。近代绘画"虽象征了古典精神向近代精神的转变,然而它们的宇宙观点仍是一贯的,即'人'与'物','心'与'境'的对立相视"。②

西方现代美学扬弃了"主客二分"的思维模式,而走向了"天人合一"的思维模式。宗白华对西方现代美学谈论得不很多,但他本人立足于中国古代"天人合一"思维模式的美学思想,与西方现代美学是相通的。

(四)朱光潜的局限性与 50 年代对朱光潜的批评

朱光潜的美学思想反映了西方美学从古典走向现代的趋势。但是,我们也要看到,朱光潜并没有最终实现从古典到现代的转折。因为从总体上来说,朱光潜美学还没有完全摆脱传统的认识论模式。在朱光潜那里,"主客二分"是人和世界最本源的关系。他没有从古典哲学的视野,彻底转移到以人生存于世界之中并与世界相融合这样一种现代哲学的"天人合一"视野。一直到后期,我们从他对"美"下的定义"美是客观方面某些事物、性质和形状适合主观方面意识形态,可以交融在一起而成为一个完整形象的那种特质"③,仍然可以看到他的这种"主客二分"的哲学视野。

与此相联系,朱光潜研究美学,主要采取的是心理学的方法和心理学的角度。他影响最大的一本美学著作题为《文艺心理学》,也说明了这一点。心理学的方法和心理学的角度对分析审美心理活动是十分重要的,但是,心理学的方法和角度也有局限,最大的局限是往往不容易上升到哲学的、本体论的和价值论的层面。朱光潜自己也察觉到这种局限,特别是后期,他试图突破这一局限,提出要重新审定"美学是一种认识论"这种传统的观念:

> 我们应该提出一个对美学是根本性的问题:应不应该把美学看成只是一种认识论? 从 1750 年德国哲学家鲍姆嘉通把美学(Aesthetik)作为一种专门学问起,经过康德、黑格尔、克罗齐诸人一直到现在,都把美学看成只是一种认识论。一般只从反映观点看文艺的美学家也还是只把美学当作一种认识论。这不能说不是唯心美学所遗留下来的一个须经重新审定的概念。为什么要重新审定呢? 因为依照马克思主义把文艺作为生产实践来看,美学就不能只是一种认识

---

① 宗白华:《中西画法所表现的空间意识》,《宗白华全集》第 2 卷,第 145 页,合肥,安徽教育出版社,1994。
② 宗白华:《论中西画法的渊源与基础》,见《宗白华全集》,第 2 卷,第 110 页,合肥,安徽教育出版社,1994。
③ 朱光潜:《论美是客观与主观的统一》,见《朱光潜全集》,新编增订版,第 14 卷,第 77 页,北京,中华书局,2012。

论了,就要包括艺术创造过程的研究了……我在《美学怎样才能既是唯物的又是辩证的》一文里还是把美学只作为认识论看,所以说"物的形象"(即艺术形象)"只是一种认识形式"。现在看来,这句话有很大的片面性,应该说:"它不只是一种认识形式,而且还是劳动创造的产品"。①

朱光潜试图用"艺术是生产劳动"这个命题来突破把美学作为认识论的旧框框。他的思路是:生产劳动是创造性的过程,这个过程的结果是"物的形象","物的形象"是主客观的统一。这样就避免了直观反映论的局限。

但马克思说的生产劳动是物质生产活动,而审美活动是精神活动,这二者有质的不同,朱光潜把它们混在一起了。更重要的是,引进"艺术是生产劳动"的命题,并没有从本体论的层面上克服"主客二分"的模式,并没有为美学找到一个本体论的基础——人和世界的本源性的关系。

50年代"美学大讨论"对于朱光潜美学思想的批判,它的大前提依然是把美学归结为认识论,把哲学领域中唯物唯心的斗争简单地搬到美学领域中来。

例如在50年代"美学大讨论"中崭露头角并在当时和日后产生很大影响的李泽厚,就明白宣称:"美学科学的哲学基本问题是认识论问题"②。"我们和朱光潜的美学观的争论,过去是现在也依然是集中在这个问题上:美在心还是在物?美是主观的还是客观的?是美感决定美呢还是美决定美感?"③

李泽厚认为,朱光潜主张的美是主客观统一的理论,是"彻头彻尾的主观唯心主义",是"近代主观唯心主义的标准格式——马赫的'感觉复合''原则同格'之类的老把戏,而这套把戏的本质和归宿仍然只能是主观唯心主义"。④李泽厚斩钉截铁地宣称:

> 不在心,就在物;不在物,就在心;美是主观的便不是客观的,是客观的便不是主观的;这里没有中间的路,这里不能有任何的妥协、动摇,或"折中调和"。任何中间的路或动摇调和必然导致唯心主义。⑤

---

① 朱光潜:《论美是客观与主观的统一》,见《朱光潜全集》,新编增订版,第14卷,第68页,北京,中华书局,2012。
② 李泽厚:《论美感、美和艺术——兼论朱光潜的唯心主义美学思想》,见《美学论集》,第2页,上海,上海文艺出版社,1980。
③ 李泽厚:《美的客观性和社会性》,见《美学论集》,第52页,上海,上海文艺出版社,1980。
④ 李泽厚:《论美感、美和艺术——兼论朱光潜的唯心主义美学思想》,见《美学论集》,第21页,上海,上海文艺出版社,1980。
⑤ 李泽厚:《论美感、美和艺术——兼论朱光潜的唯心主义美学思想》,见《美学论集》,第21页,上海,上海文艺出版社,1980。

对于李泽厚的这种批评,朱光潜在当时就说是"对主观存着迷信式的畏惧,把客观绝对化起来,作一些老鼠钻牛角尖式的烦琐的推论",从而把美学研究引进了"死胡同"。①

80年代以后,李泽厚也感到了当时这些绝对化的说法有些不妥。但他并没有放弃而是继续坚持他当时的观点,不过做了更精致的论证,同时在表述上作了一些修正。最大的修正是承认审美对象离不开审美主体,作为审美对象的美"是主观意识、情感和客观对象的统一"②。这不是回到朱光潜"美是主客观统一"的立场了吗?不。李泽厚说,"美"这个词有三层含义:第一层含义是审美对象,第二层含义是审美性质(素质),第三层含义则是美的本质、美的根源。李泽厚认为:"争论美是主观的还是客观的,就是在也只能在第三个层次上进行,而并不是在第一层次和第二层次的意义上。因为所谓美是主观的还是客观的并不是指一个具体的审美对象,也不是指一般的审美性质,而是指一种哲学探讨,即研究'美'从根本上到底是如何来的?是心灵创造的?上帝给予的?生理发生的?还是别有来由?所以它研究的是美的根源、本质,而不是研究美的现象,不是研究某个审美对象为什么会使你感到美或审美性质到底有哪些,等等。只有从美的根源,而不是从审美对象或审美性质来规定或探究美的本质,才是'美是什么'作为哲学问题的真正提出。"③

对于这所谓第三个层次的美的本质或美的根源,李泽厚自己的回答是"自然的人化"。人通过制造工具和使用工具的物质实践,改造了自然,获得自由。这种自由是真与善的统一、合规律性与合目的性的统一。自由的形式就是美。在李泽厚看来,这也就是他50年代提出的"美是客观性和社会性的统一"的观点,所以他的观点是前后一贯的。

80年代以来,有些研究、评论朱光潜美学的文章和著作,它们的理论出发点就是李泽厚的这个三层次说。这些文章和著作认为,朱光潜的失误在于混淆了美的这三个层次,只回答了审美对象的问题,而没有回答美的本质、美的根源问题,但是他却把审美对象问题等同于美的本质问题。

实际上,李泽厚的三层次说,在理论上和逻辑上都存在着许多混乱。

首先,美(或审美活动)的"最后根源"或"前提条件"和美(或审美活动)的本质虽有联系,但并不是一个概念。《现代美学体系》一书中说过,人使用工具从事生产实践活动,创造了社会生活的物质基础。这是人类一切精神活动得以产生和存在的根

---

① 朱光潜:《论美是客观与主观的统一》,见《朱光潜全集》,新编增订版,第14卷,第72页,北京,中华书局,2012。
② 李泽厚:《美学四讲》,第62页,北京,三联书店,1989。
③ 李泽厚:《美学四讲》,第61页,北京,三联书店,1989。

本前提，当然也是审美活动得以产生和存在的根本前提。这是没有疑问的。但是不能因此就把人类的一切精神活动归结为物质生产活动。仅仅抓住物质生产实践活动，仅仅抓住所谓"自然的人化"，不但说不清楚审美活动的本质，而且也说不清楚审美活动的历史发生。① 李泽厚后来把自己的观点称之为"人类学本体论美学"，其实他所说的"自然的人化"，最多只能说是"人类学"，离美学领域还有很远的距离。

其次，脱离活生生的现实的审美活动，脱离所谓"美的现象层"，去寻求所谓"美的普遍必然本质"，寻求所谓"美本身"，其结果找到的只能是柏拉图式的美的理念。这一点其实朱光潜在50年代的讨论中就早已指出了。

总之，在50年代美学讨论中涌现出来的各种派别的美学（包括李泽厚的美学），并没有超越朱光潜的美学，因为他们没有真正克服朱光潜的美学。朱光潜美学中的合理东西并没有被肯定和吸收，朱光潜美学的局限性也没有真正被揭示。朱光潜美学被不加分析地整个儿撇在一边。所以朱光潜美学并未丧失它的现实性，它仍然有存在的根据。

这就要求我们重新回到朱光潜（以及宗白华等人）的美学。我们要细读朱光潜、宗白华的著作，充分吸收其中一切合理的东西，同时突破朱光潜的局限，以现代的哲学视野，综合这一个世纪东方美学和西方美学的一切积极成果，把美学学科的建设推向前进。这就是我们从朱光潜"接着讲"所要做的工作。

（叶　朗）

---

① 参见叶朗主编：《现代美学体系》，第8章"审美发生"，北京，北京大学出版社，1988。

第一版后记

1998年4月,在贵阳参加中华美学学会召开的"百年中国美学"学术讨论会时,我曾经提出:世纪末的今天,中国美学界应该有一种十分清醒的研究意识,那就是回过头来认认真真地清理、探讨和反省一下20世纪的一百年里,中国美学所走过的这段学术历程。特别是,这种对于20世纪中国美学的探究,不仅可以从一般的思想发展史层面去加以有效的整理,而且应该、也尤其重要的,是能以一种学术史的把握方式来对它做出十分具体的讨论。也就是说,把"20世纪中国美学"作为一个必须面对的问题放到学术演进的整体考察视野中进行具体的研究和思考,"把握其总体面貌、学术特性和学术发展进程,强调美学历史本身的'思想整体性'和'文化联系性',发掘百年中国美学的学术价值构造,而不仅仅是完成对于一般美学历史知识的描述",这是我们在走向21世纪美学发展路程上所要完成的学理性工作。(见《百年美学的学术史探求——"百年中国美学"学术讨论会综述》,载《文史哲》1998年第4期)

我之所以提出这样的观点,一方面,当然是从中国美学本身的发展需要来考虑的。因为很显然,无论我们怎样去评说20世纪中国美学的功过得失,也无论我们怎样看待这百年时间里美学在中国的命运,我们都无法回避"20世纪中国美学"这个具体对象的存在,不能不仔细地探问其中的纠葛、冲突与理论发生、发展过程。中国美学将来的路怎么走,在很大程度上正取决于我们今天对于已经过去的学术经历的反省。但是,另一方面,也正因为中国美学的路还要继续走下去,而"路怎么走"的问题又不会是一个自然解决的问题,它必定是建立在我们今天对待既往历史的学理方式的有效性之上的,故而如何面对"20世纪中国美学",便成了一个问题中的问题。换句话说,我之所以主张要从学术史层面来回望中国美学的百年历程,不仅仅因为这个问题重要,更是因为这个问题本身实际上就提出了一种学术上的可能性,即:对于20世纪的中国美学,我们既需要能够对它做出一番非常考究的思想材料的归纳、整备,而且我们应该能够将它放到一种学术自身的演进上,对它做出某种知识性的考察和评估。我们不仅需要有一部能够告诉大家"20世纪中国美学做了什么"的美学史,同时更需要能够向我们揭示这种"做"的理由、"做"的方式和"做"的价值,即揭示"20世纪中国美学知识增长方式与过程"的美学史。既然这样,那么,只是从事思想分析和材料整理的美学史研究就显得不够了。我们应该有一种从学术史立场来探问20世纪中国美学的信心和要求,有一种站在学术史立场上把握20世纪中国美学价值建构和建构历程的研究方式和结论。可以说,这正是我提出"20世纪中国美学学术史"研究的出发点、基本意图。

也就在那次会后,我产生了编写一部以学术史探讨方式来面对20世纪中国美学问题的研究著作的想法。在安徽教育出版社张丹飞女士、唐元明先生的大力支持下,这个想法很快就具体落实了下来。与此同时,著名美学家汝信先生欣然同意主持这项工作,这大大增加了我的信心。从1998年10月开始具体组织写作,到今天,经过将近一年的工夫,终于有了现在这样规模的一本书。

作为一项集体合作的成果,值得一提的是,在我看来,本书有这样几个明显的特点:一是本书的作者集中了当今中国美学界老、中、青三代学者,既包括了从五六十年代就参与中国美学学科建设的知名美学家,也有80年代起崭露头角、而今在中国美学界已成中坚的中年学者,还有在90年代新的学术环境中成长起来的年轻一辈学者。他们的知识结构、学术经历各有不同,因而也就使得本书具有了相当的代表性;甚至,说它在一定程度上反映了今天中国美学界对待"20世纪中国美学"这个问题的主要意见,这是一点也不为过的。而三代学者能够同处一个话题之下,来讨论一个相当复杂的学术问题,这当然是很难得、也很有意思的。它也表明,"20世纪中国美学"对于美学界的所有人来说,都是一个值得高度关注的问题。二是尽管我们在这里努力从学术史立场来审视、反省20世纪中国美学的具体学术历程和价值结构等问题,这毕竟只是非常初步的探索性工作。本书实际上还只能算是对于"20世纪中国美学学术史"一些主要问题或专题的讨论;或者说,是提出了从学术史层面探讨"20世纪中国美学"的一种可能性、基本的思路,而不是一部真正详备的美学学术史。对于这一点,应该说,从一开始我们就是有着非常清醒的自觉的——我们合作这部书的目的,在一个方面,就是为了展示一种思路(意识)、一种可能性、一种面对中国美学百年构造的基本立场。第三,也是十分重要的一点,就是像上面所说的,由于本书作者集中了目前中国美学界的各方代表,他们有着各自不同的学术经历、学术观点,所以,本书实际上多侧面地反映了不同学者对于"20世纪中国美学"的具体把握,同时也体现了一种在学术史层面上多方位考察、理解问题的具体形式。我们在编写这本书时,并不希求用一个很"体系化"的框架来把各种意见统一在一起,而是尽可能充分地体现出问题的多样性、视角的多向性和理解的多层性,在本书的各个部分中完整地体现出各位作者的原意,表达作者自己的意见。一句话,本书在"研究的充分性"方面,力图将历史的丰富性和复杂性凸现得更完整一些。这一点,在大家的共同努力下,应该说是已经基本做到了。

当然,对于20世纪中国美学的学术史研究,需要更深入的讨论过程。事实上,提出问题是一回事,怎样把提出的问题推向学术的深入又是一回事;讨论问题是一回事,如何讨论、在什么样的语境中讨论又是一回事。20世纪中国美学的学术史研究,是一个要求我们进一步去强调、去思考、去深入的大问题。既然是"大问题",当然也就不可能以一本书的力量来把它全部解决掉。在我看来,关于"20世纪中国美学"的学术史探讨,本书中不过是提出了一些"纲",而对于这些"纲"的进一步展开,至少还应该、也可以做得更细和更全面一些。我们将在这方面继续去努力、去尝试,争取在不久的将来能够有更为系统、更加具体和精细的成果奉献给大家。

走过世纪,中国美学拥有值得骄傲的历史,也有缺憾和遗落。走过世纪,中国美学曾经辉煌与热烈,也面对挑战与艰难。我们,接过了历史;我们,迎着未来。

再一次谢谢所有为本书付出辛勤努力的作者,特别要谢谢各位美学界前辈学者的支持。

我们期待着,期待着批评与合作。

王德胜
1999年10月26日

增订本后记

16年前,《美学的历史——20世纪中国美学学术进程》作为进入21世纪后的第一部专题研究20世纪中国美学学术史现象与具体问题的著作,在众多前辈和同行学者的热情支持下,顺利成稿并在安徽教育出版社出版。其时,书中各部分的作者,集中了中国美学界老、中、青三辈学者,包括权威学者如叶朗、周来祥、童庆炳、胡经之、聂振斌、皮朝纲等诸先生,都给予了许多实际的支持,提供了自己的研究成果。正因此,该书不仅呈现了当时中国美学界对于"20世纪中国美学"的多样性研究视角,而且很好地体现了美学界的一种学术合作态势,它在把有关讨论引入一个问题集中而又内容丰富的研究领域的同时,也在学术研究的包容性中具体展示了21世纪中国学者对于相关美学问题的理论思考。可以说,该书之所以在当时、并在以后很长的一段时间里,受到美学界同行的好评,同时也被许多关注20世纪中国美学问题研究、关注中国美学发展的研究者所重视,很大程度上,正是基于它所具有的这样一种集合多样性、包容性与深入性的学术努力。

这些年中,对于"20世纪中国美学"的研究已进入一个更加多元纷呈的境地,不仅出现了许多以20世纪中国美学家、20世纪中国美学个案问题研究为内容的新的成果,而且涉及问题的广度、讨论问题的深度及研究者的理论把握能力,也都较以前有很大的发展。如果说,十多年前,当"20世纪(百年)中国美学"作为一个学术话题被集中提出的时候,《美学的历史——20世纪中国美学学术进程》的出版曾起了一定的推波助澜作用的话,那么,时至今日,反过头来看,近十多年间围绕"20世纪中国美学"的研究进展及其多方面成果的出现,在表明这一研究领域有着不断被证明的学术价值的同时,也一定程度上"再现"了该书的特殊意义——作为21世纪初年中国美学研究的一项重要合作成果,它以集体发声的方式,确立了"20世纪中国美学"的可能性及其价值维度。

早在几年前,安徽教育出版社的张丹飞女士就多次向我提出,希望能将该书重新印行。而这些年中,也不断有一些学者以及年轻的美学研究生来信询问。我虽然也一直有心对其进行一些修订,只是由于其他事务的耽搁,一直到去年下半年才终于正式着手相关工作。

需要说明的是,现在呈现在大家面前的这部书稿,已不止于一般意义上的"修订",其中不仅对原书进行了不少必要的文字勘误,而且修改、增删了十余万字的具体内容,实际是对原书进行了一定规模的"扩容":

其一,考虑到近些年中围绕"20世纪中国美学"的研究已有了许多新的学术进展,本次有所选择地对原书部分内容作了全面更新、重写或较大调整,以求能在一定程度上反映出美学界最近在本领域的成果积累。

其二,由于受条件的局限,部分研究工作当初在原书成稿时未及充分展开,一些20世纪重要的中国美学家在原书中没有做专章讨论。此次我们专门约请了有关学者撰写、增补了这方面的内容,包括对梁启超、邓以蛰、冯友兰、丰子恺、方东美、徐复观等人美学思想的探讨,从而弥补了原书的缺憾,也使得现在这本书的内容更加完整和充实。

其三,当初参与原书写作的学者们,这些年中对于相关问题多有新的研究和思考。借着这次增订工作的机会,一部分学者通过增加新的研究材料、深化相关讨论及观点,或全面、或部分地重新审改了原有的内容,从而使本书更加贴近新的研究实际。

其四,为了规范体例、方便读者,本次对书中所有的注释集中进行了一次认真的校订和梳理,不仅校正了原书中存在的一些文献引证方面的错讹、遗漏,同时统一了全书的引用文献出处与版本。

应该说,现在这本书既在总体上保持了16年前那部原书的结构体例和主体内容,又实实在在地做了一回"增订"工作,因此将本书定名为《美学的历史——20世纪中国美学学术进程(增订本)》。

16年过去,周来祥、童庆炳先生已驾鹤仙去,当年参与本书写作的一些青年学者也已步入学术旺盛之年。然而,时虽已过,而境不迁。继续着当年的合作精神,为着中国的美学事业,大家又一次在这里会合。感谢他们,感谢所有为本书增订工作热情地贡献智慧与成果的各位学者!

本书出版得到首都师范大学出版经费资助,谨此致谢!

王德胜
2016年5月于京西